Air Conditioning System in Building

최신

건축공기조화설비

정광섭 · 김영일 · 이정재 · 정용호 지음

■ 도서 A/S 안내

성안당에서 발행하는 모든 도서는 저자와 출판사, 그리고 독자가 함께 만들어 나갑니다.

좋은 책을 펴내기 위해 많은 노력을 기울이고 있습니다. 혹시라도 내용상의 오류나 오탈자 등이 발견되면 "좋은 책은 나라의 보배"로서 우리 모두가 함께 만들어 간다는 마음으로 연락주시기 바랍니다. 수정 보완하여 더 나은 책이 되도록 최선을 다하겠습니다.

성안당은 늘 독자 여러분들의 소중한 의견을 기다리고 있습니다. 좋은 의견을 보내주시는 분께는 성안당 쇼핑몰의 포인트(3,000포인트)를 적립해 드립니다.

잘못 만들어진 책이나 부록 등이 파손된 경우에는 교환해 드립니다.

저자 e-mail : kschung@seoultech.ac.kr(정광섭)

본서 기획자 e-mail : coh@cyber.co.kr(최옥현)

홈페이지 : http://www.cyber.co.kr 전화 : 031) 950-6300

Preface | 머리말

최근 전 세계적으로 4차 산업혁명의 도래와 함께 인류가 당면하고 있는 지구환경문제인 지구온난화와 오존층 파괴문제를 비롯한 기후변화문제가 그 어느 때보다 심각하게 부각되고 있다. 더불어 과학기술의 급속한 발전에 따라 건축분야에서도 최신 공법과 재료가 하루가 멀다하고 새롭게 등장하고 있고, 건축설비기술도 눈부시게 발전을 거듭하여 건축에서 설비가 차지하는 비중이 날로 높아만 가고 있다.

공기조화설비는 주변의 변화하는 자연환경과 도시의 온갖 공해로 열악한 환경 속에서 생활하는 도시인을 위해 인공적으로 건축물에 쾌적한 환경을 창출해 주는 기술로서 건축설비의 핵심적인 위치에 있는 과목이라 할 수 있다. 다시 말하면, 건축물에 공기조화설비를 어떻게 적용했느냐에 따라 그 건축물 전체의 진가가 평가된다 해도 과언이 아닐 정도로 오늘날의 공기조화설비는 건축의 기본계획에서부터 필수적으로 설비계획에 포함되고 있다 또한 공조설비는 날로 그 수요가 급증하고 있을 뿐 아니라 기술 또한 고도화되어 가고 있고, 이와 관련된 에너지 절약 및 환경보호문제는 국가적으로 해결해야 할 숙명적 과제가 되어 가고 있다.

본서는 공기조화설비에 대한 가장 최신의 내용을 담고 있으며, 가능한 한 많은 그림을 수록하여 초심자라도 기본원리 및 설계방법을 쉽게 이해하고 터득할 수 있도록 구성하였다. 그리고 주요 단원마다 상세한 해설을 곁들인 "예제"를 두었으며, 각 장마다 "연습문제"를 두어 자율학습의 능률을 높이고 실력 배양에 도움이 되도록 편집하였다.

한편 본서의 전신인 「건축공기조화설비」는 2009년에 초판을 발행해 온 이래 대학교재로서, 건축현장에서 종사하고 있는 일반 건축설비기술자들의 참고도서 및 입문서로서 활용해 왔으며, 공기조화설비기술을 종합적으로 이해하며 공부하는데 도움이 될 수 있는 내용으로 애독되어 왔었다. 이번에 기존의 공학단위에서 SI(System International)단위로 전환하고, 그 내용도 대폭 수정 · 보완함으로서 새로운 교과서 혹은 각종 시험용 도서로서 활용되도록 출판을 하게 된 것이다.

아무쪼록 본서가 독자 여러분들의 학습에 조금이나마 도움이 되길 바라며, 오류나 미흡한 점이 있으면 앞으로도 더욱 수정 · 보완하여 바로 잡아나갈 것을 약속드린다.

끝으로 동료 · 선배님들의 기탄없는 지도편달을 바라며, 이 책의 출판에 남다른 열정으로 적극적인 협조를 아끼지 않으신 성안당의 편집부 관계자 여러분께 심심한 감사의 뜻을 전한다.

저자 일동

Contents | 차례

Chapter 01 공기조화의 기초

1 계산의 기초 3
1. 단위 3
2. SI단위 3
3. 공학단위 3
4. 단위변환 4
2 상태량 6
3 기본상태량 7
1. 밀도, 비체적, 비중량, 비중 7
4 대기압 10
5 이상기체 11
6 선형보간법 14
7 포화상태 15

Chapter 02 공기조화의 기본원리

1 공기조화의 정의 21
2 공기조화의 기본요소 21
1. 건구온도의 조정 21
2. 상대습도의 조정 22
3. 기류의 조정 24
4. 청정도의 조정 24
3 공기조화설비의 구성 25
4 습공기 27
1. 습공기의 가정 27
2. 습공기의 상태량 28
5 습공기선도 40
◆ 연습문제 42

Chapter 03

공기조화과정

1 습공기선도의 구성 47
2 현열변화와 잠열변화 48
1. 현열변화 48
2. 잠열변화 51
3. 냉각감습변화 53
3 공기의 혼합변화 56
4 단열변화 57
5 현열비와 열수분비 59
1. 현열비와 공기의 상태변화 59
2. 열수분비와 공기의 상태변화 60
6 장치노점온도와 송풍량 62
1. 상태선과 송풍량 62
2. 장치노점온도와 풍량 63
◆ 연습문제 66

Chapter 04

공기조화부하

1 개요 71
1. 열부하의 분류 71
2. 부하 계산법 72
2 난방부하 74
1. 난방부하의 구성요소 74
2. 설계조건 74
3. 손실열량 79
3 냉방부하 85
1. 냉방부하의 구성요인 85
2. 설계조건 85
3. 취득열량 86
4. 냉방부하와 공조장치부하 99
◆ 연습문제 110

Contents

Chapter 05 난방설비

1 개요 117
2 증기난방설비 117
1. 개요 117
2. 증기난방의 분류 119
3. 증기난방용 기기 122
4. 증기배관의 설계 127
3 온수난방설비 137
1. 개요 137
2. 온수난방의 분류 138
3. 온수난방용 기기 140
4. 온수배관의 설계 146
4 복사난방설비 151
1. 개요 151
2. 복사난방의 분류 152
3. 복사난방배관의 시공법 154
4. 복사난방의 설계 158
5 온풍난방설비 162
1. 개요 162
2. 온풍난방의 분류 163
3. 온풍난방용 기기 164
◆ 연습문제 169

Chapter 06 공기조화방식

1 개요 175
2 공조방식의 분류 176
1. 전공기방식 176
2. 물-공기방식 177
3. 전수방식 177
4. 냉매방식 178
3 공기조화의 각종 방식 179
1. 단일덕트방식 179
2. 각 층 유닛방식 183

3. 멀티존유닛방식 184
4. 이중덕트방식 185
5. 유인유닛방식 186
6. 팬코일유닛방식 188
7. 복사냉난방방식 190
8. 단일유닛방식 191
9. 각종 공조방식의 비교 194

◆ 연습문제 196

Chapter 07 덕트 및 부속설비

1 개요 199
1. 개요 199
2. 덕트의 종류 199
3. 덕트의 배치 201
4. 덕트의 설계 202
5. 덕트의 구조와 시공 216

2 송풍기와 댐퍼 226
1. 송풍기 226
2. 댐퍼 230

3 공기분포와 취출구 233
1. 실내기류분포 233
2. 취출구와 흡입구의 종류 234
3. 취출구와 흡입구의 배치 237

◆ 연습문제 240

Chapter 08 공조장치 및 기기

1 개요 245

2 각종 공조용 기기 및 장비 246
1. 공조유닛 246
2. 공기가열 및 냉각기 256
3. 공기가습 및 감습장치 258
4. 공기정화장치 262

Contents

3 보일러 및 난방기기 269
1. 난방설비의 용량 269
2. 방열기 269
3. 보일러 및 부속장치 274
4 냉동기기 280
1. 냉동원리 280
2. 냉동기의 종류 283
3. 냉동기의 성적계수 288
4. 냉매와 흡수제 289
5. 냉각탑 291
5 펌프와 열펌프 295
1. 펌프 295
2. 열펌프 306
6 축열조 309
1. 개요 309
2. 축열의 방법 310
3. 축열의 형식과 분류 312
7 자동제어설비 318
1. 개요 318
2. 자동제어동작 319
3. 자동제어회로 321
4. 자동제어기기 324
5. 공조시스템의 자동제어 325
6. 중앙감시장치 329
◆ 연습문제 334

환기 및 제연설비

1 환기설비 339
1. 개요 339
2. 실내환기의 오염원 339
3. 환기방식 345
4. 필요환기량 351
5. 건물의 환기계획 358

2 제연설비 364
1. 개요 364
2. 제연방식 365
3. 제연설비의 구성 368
4. 제연계획과 제연경계벽 370
5. 제연설비의 설계 373
6. 제연설비의 제어 및 감시 383

◆ 연습문제 384

Chapter 10 공기조화의 계획과 설계

1 공기조화의 계획 389
1. 계획상의 요점 389
2. 공조기계실의 크기와 배치계획 390
2 공기조화의 설계 396
1. 다실 건물의 공조설계 396
2. 비다실(非多室) 건물의 공조설계 407
3. 주택의 공기조화 410

◆ 연습문제 413

Chapter 11 지역냉난방설비

1 개요 417
2 열매 및 열원플랜트방식 418
1. 지역냉난방의 열매 418
2. 열원플랜트방식 419
3 지역냉난방의 배관계획 424
1. 배관방식 424
2. 배관부설방식 425
3. 서브스테이션 427
4. 중앙보일러플랜트의 배관방식 427
4 지역냉난방의 배관 예 428

◆ 연습문제 432

Contents

Chapter 12

종합설계 예

1 건물의 개요 및 설비계획 435
1. 건물계획 435
2. 공조설비계획 435
2 공조부하의 계산 445
1. 설계조건의 결정 445
2. 기준단위열량의 산출 446
3. 각 실의 부하 계산 448
4. 건물 전체의 부하집계 450
3 공조설비의 설계 451
1. 주요 기기용량의 결정 451
2. 덕트 및 배관크기의 결정 454
4 환기설비의 설계 455
5 공조설비설계도면 457
1. 일반사항 457
2. 설계도의 종류 457

부록

[부표 1] 온도환산표 469
[부표 2] 여러 가지 단위 470
[부표 3] 냉난방장치의 용량 계산을 위한 설계 외기온습도 471
[부표 4] 각종 재료의 비중(ρ), 전도율(λ), 비열(C), 실험온도(t) 471
[부표 5] 각종 재료의 열관류율 472
[부표 6] 포화증기표 473
[부표 7] 습공기표 477
[부표 8] 기체의 물성표(포화수증기는 제외) 479
[부표 9] 물의 물성표(포화온도 이상은 포화압력) 479
[부표 10] 단위 및 도량형 480

참고문헌 487
찾아보기 489

Chapter 01

공기조화의 기초

1. 계산의 기초
2. 상태량
3. 기본상태량
4. 대기압
5. 이상기체
6. 선형보간법
7. 포화상태

1 계산의 기초

1. 단위

공학에서는 여러 단위를 혼합하여 사용하고 있다. 세계적으로 국제단위계인 SI(International system of units)를 사용하기로 합의하였으나, 현장에서는 공학단위를, 미국에서는 영국단위를 주로 사용하고 있다. 따라서 각 단위를 다른 단위로 변환하는 방법을 잘 알아야 한다.

2. SI단위

SI단위계에서는 질량(kg), 길이(m), 시간(s)을 기본단위로 하여 다른 단위를 유도한다. 힘의 단위 N(newton)은 질량 1kg에 가속도 $1m/s^2$이 가해질 때의 힘이라고 정의된다.

$$1N = 1kg \times 1m/s^2 = 1kg \cdot m/s^2$$

일의 단위 J(joule)은 힘 1N으로 거리 1m를 이동할 때의 일이라고 정의된다.

$$1J = 1N \times 1m = 1N \cdot m$$

동력의 단위 W(watt)는 일 1J를 시간 1s 동안 행할 때의 동력(動力, power)이라고 정의한다.

$$1W = 1J/1s = 1J/s$$

이 외에도 여러 유도단위가 사용되는데 필요할 때마다 소개하기로 한다.

3. 공학단위

공학단위계에서는 힘(kgf), 길이(m), 시간(s)을 기본단위로 하여 다른 단위를 유도한다. 힘의 단위 kgf(kilogram-force)은 질량 1kg에 중력가속도 g(표준중력가속도 $g = 9.807m/s^2$)이 가해질 때의 힘이라고 정의된다.

$$1kgf = 1kg \times 9.807m/s^2 = 9.807kg \cdot m/s^2 = 9.807N$$

질량단위인 kg과 힘의 단위인 kgf를 혼동하는 경우가 많다. kg은 질량단위, kgf은 힘의 단위이므로 둘은 차원이 전혀 다르다.

일의 단위는 cal(calorie)를 사용하며, 1cal=4.1868J이다. cal는 작은 단위이므로 일반적으로 cal의 1,000배인 kcal단위를 사용한다. cal 앞의 k는 kilo이며 1,000을 의미한다. 따라서 1kcal=4.1868kJ이 된다.

공학단위계에서의 동력은 kcal/h이며, 이 단위는 1kcal의 일을 1h(시간, hour) 동안 행할 때의 동력이다. 말이 수송수단으로 사용되던 예전에는 말 한 필의 동력인 hp(horse power)단위를 많이 사용하였다.

$$1\text{hp} = 745.7\text{W}$$

4. 단위변환

종종 단위변환이 필요하다. 쉽게 할 수 있는 방법은 필요한 관계식을 나열한 후 당초의 단위에 1을 곱해주는데, 이때 1의 형태는 원하지 않는 단위는 소거되고, 원하는 단위는 나타나게 분자와 분모를 표현한다. 예를 들어, 1kcal/h를 W로 단위변환하고자 한다. 여기서 h는 시간 hour의 약자이다. 먼저 관계식을 나열한 후 1을 곱하면서 필요 없는 단위를 소거해 나간다.

$$1\text{kcal} = 4.1868\text{kJ},\ 1\text{h} = 3{,}600\text{s},\ 1\text{kJ} = 1{,}000\text{J},\ 1\text{W} = 1\text{J/s}$$

$$1\frac{\text{kcal}}{\text{h}} = 1\frac{\text{kcal}}{\text{h}} \times \frac{4.1868\text{kJ}}{1\text{kcal}} \times \frac{1{,}000\text{J}}{1\text{kJ}} \times \frac{1\text{h}}{3{,}600\text{s}} \times \frac{1\text{W}}{1\text{J/s}} = 1.163\text{W}$$

위 계산과 같이 1kcal/h는 1.163W와 동일하다.

문제 1. 1ft는 몇 m인가? (1ft=12inch, 1inch=2.54cm, 1m=100cm)

풀이 $1\text{ft} = 1\text{ft} \times \frac{12\text{inch}}{1\text{ft}} \times \frac{2.54\text{cm}}{1\text{inch}} \times \frac{1\text{m}}{100\text{cm}} = 0.3048\text{m}$

문제 2. 속도 100km/h는 몇 m/s인가? (1km=1,000m, 1h=3,600s)

풀이 $100\frac{\text{km}}{\text{h}} = 100\frac{\text{km}}{\text{h}} \times \frac{1{,}000\text{m}}{1\text{km}} \times \frac{1\text{h}}{3{,}600\text{s}} = 27.8\text{m/s}$

문제 3. 유량 10lpm(liter per minute)은 몇 m^3/h인가? (1,000liter=1m^3, 1h=60min)

풀이 $10\text{lpm} = 10\frac{\text{liter}}{\text{min}} \times \frac{1\text{m}^3}{1{,}000\text{liter}} \times \frac{60\text{min}}{1\text{h}} = 0.6\text{m}^3/\text{h}$

문제 4. 속도가 65mile/h이다. 이 속도는 몇 km/h인가? (1mile=1,760yard, 1yard=3feet, 1feet =12inch, 1inch=2.54cm, 1m=100cm, 1km=1,000m)

풀이 $65\frac{\text{mile}}{\text{h}} = 65\frac{\text{km}}{\text{h}} \times \frac{1{,}760\text{yard}}{1\text{mile}} \times \frac{3\text{feet}}{1\text{yard}} \times \frac{12\text{inch}}{1\text{feet}} \times \frac{2.54\text{cm}}{1\text{inch}} \times \frac{1\text{m}}{100\text{cm}} \times \frac{1\text{km}}{1{,}000\text{m}}$
$= 104.6\text{km/h}$

문제 5. 열관류율 0.5kcal/m^2 · h · ℃는 몇 W/m^2 · ℃인가? (1kcal=4.1868kJ, 1kJ=1,000J, 1W =1J/s, 1h=3,600s)

풀이 $0.5\frac{\text{kcal}}{\text{m}^2 \cdot \text{h} \cdot ℃} = 0.5\frac{\text{kcal}}{\text{m}^2 \cdot \text{h} \cdot ℃} \times \frac{4.1868\text{kJ}}{1\text{kcal}} \times \frac{1{,}000\text{J}}{1\text{kJ}} \times \frac{1\text{h}}{3{,}600\text{s}} \times \frac{1\text{W}}{1\text{J/s}}$
$= 0.5815\text{W/m}^2 \cdot ℃$

문제 6. 압력 1kgf/cm^2은 몇 kPa인가? (1kgf=9.807N, 1Pa=1N/m^2)

풀이 $1\frac{\text{kgf}}{\text{cm}^2} = 1\frac{\text{kgf}}{\text{cm}^2} \times \frac{9.807\text{N}}{1\text{kgf}} \times \frac{10^4\text{cm}^2}{1\text{m}^2} \times \frac{1\text{Pa} \cdot \text{m}^2}{1\text{N}} \times \frac{1\text{kPa}}{1{,}000\text{Pa}} = 98.07\text{kPa}$

문제 7. 비열 4.2kJ/kg · ℃는 몇 kJ/kg · K인가? (T[K]=t[℃]+273.15)

풀이 분모에 있는 온도단위 ℃는 온도차 Δt=1℃를 의미한다. 섭씨온도와 절대온도의 온도차는 동일하다. 즉 Δt=1℃=1K이다. 예를 들어, 물이 어는 온도 0℃와 끓는 온도 100℃ 사이의 온도차는 100℃이다. 절대온도로 변환하면 물이 어는 온도 273.15K와 끓는 온도 373.15K 사이의 온도차는 100K이다.

$4.2\frac{\text{kJ}}{\text{kg} \cdot ℃} = 4.2\frac{\text{kJ}}{\text{kg} \cdot ℃} \times \frac{1℃}{1\text{K}} = 4.2\text{kJ/kg} \cdot \text{K}$

문제 8. 섭씨온도 30℃는 화씨온도로 몇 °F인가? (화씨온도(°F)=섭씨온도(℃)×9/5+32)

풀이 화씨온도(°F)=섭씨온도(℃)$\times \frac{9}{5} + 32 = 30 \times \frac{9}{5} + 32 = 86$°F

문제 9. 비열 1Btu/lbm · °F은 몇 kJ/kg · ℃인가? (1Btu=1.055056kJ, 1kg=2.2046226lbm, 화씨온도(°F)=섭씨온도(℃)×9/5+32)

풀이 lbm는 pound mass로 영국단위계의 질량단위이다. 비열은 질량당, 온도차당 필요한 열로 정의된다. 분모의 화씨온도 °F는 온도차 1°F를 의미한다. 물이 어는 온도 0℃와 끓는 온도 100℃ 사이의 온도차는 100℃이다. 이것을 화씨온도로 변환하면 물이 어는 온도 32°F와 끓는 온도 212°F 사이의 온도차는 180°F이다. 두 상태 사이의 온도차는 동일해야 하므로 100℃=180°F이다.

$$1\frac{\text{Btu}}{\text{lbm}\cdot°\text{F}}=1\frac{\text{Btu}}{\text{lbm}\cdot°\text{F}}\times\frac{1.055056\text{kJ}}{1\text{Btu}}\times\frac{2.2046226\text{lbm}}{1\text{kg}}\times\frac{180°\text{F}}{100℃}=4.1868\text{kJ/kg}\cdot℃$$

문제 10. 열관류율 0.5W/m^2 · ℃는 몇 Btu/h · ft^2 · °F인가? (1Btu=1.055056kJ, 1inch=0.0254m, 1ft=12inch, 화씨온도(°F)=섭씨온도(℃)×9/5+32)

풀이 0℃=32°F, 100℃=212°F, 100℃와 0℃의 온도차 100℃−0℃=100℃, 212°F−32°F=180°F이다. 따라서 100℃=180°F이다.

$$0.5\frac{\text{W}}{\text{m}^2\cdot℃}$$

$$=0.5\frac{\text{W}}{\text{m}^2\cdot℃}\times\frac{1\text{J/s}}{1\text{W}}\times\frac{3{,}600\text{s}}{1\text{h}}\times\frac{1\text{Btu}}{1{,}055.056\text{J}}\times\frac{(0.0254\text{m})^2}{1\text{inch}^2}\times\frac{(12\text{inch})^2}{1\text{ft}^2}\times\frac{100℃}{180°\text{F}}$$

$$=0.08806\,\text{Btu/h}\cdot\text{ft}^2\cdot°\text{F}$$

문제 11. 질량 10kg인 물체에 가속도 2m/s^{2}가 가해질 때 이 물체에 작용하는 힘은 몇 N인가? 또 kgf단위로는 얼마인가?

풀이 $F=ma=10\text{kg}\times2\text{m/s}^2=20\text{kg}\cdot\text{m/s}^2=20\text{N}$

힘 20N을 kgf단위로 변환하면 다음과 같다.

$$20\text{N}\times\frac{1\text{kgf}}{9.807\text{N}}=2.04\text{kgf}$$

2 상태량

상태량(property)은 물질의 상태를 나타내는 물리적인 특성이다. 대표적인 상태량의 예로는 온도 t, 압력 P, 밀도 ρ, 비체적 v', 내부에너지 u, 엔탈피 i, 엔트로피 s, 비열 C, 상대습도 ϕ(습공기만 해당), 절대습도 x(습공기만 해당) 등이 있으며, 그 외에도 무수히 많다. 독립상태량(independent property)은 독립적으로 정해질 수 있는 상태량이다. 온도와 밀도는 독립적인 상태량이 된다. 포화(saturated)상태가 아닌 경우 온도와 압력은 독립적인 상태량이다. 포화상태란 2개 이상의 상(狀, phase)이 공존할 수 있는 상태를 말한다. 포화상태에서는 온도와 압력은 서로 종속적이므로 독립상태량이 될 수 없다. 예를 들어, 액체와 기체가 평형을 이루는 포화상태에서는 온도가 정해지면 그 온도에 상응하는 압력도 정해진다.

순수물질(pure substance)은 1개의 성분으로 구성된 물질을 말하며, 2개의 독립상태량으로 그 상태가 결정된다. 예를 들어, 냉매 R-22, 산소(O_2), 질소(N_2), 물(H_2O), 암모니아(NH_3), 이산화탄소(CO_2), 알코올 등의 물질은 독립상태량 2개(예, 온도와 밀도)를 알면 나머지 상태량(예, 압력, 내부에너지, 엔탈피, 비열 등)은 상태량표 또는 상태식에 의해 알 수 있다.

2성분 혼합물(2-component mixture)은 3개의 독립상태량으로 상태가 결정된다. 공기조화에서 다루는 습공기(moist air)는 일반적으로 건조공기와 수증기로 구성된 2성분 혼합물로 가정하며, 습공기의 상태를 알려면 3개의 독립상태량이 필요하다. 예를 들어, 습공기의 상태를 확정하려면 온도, 압력, 상대습도 3개의 독립상태량이 필요하다. 성분이 하나씩 늘어날 때마다 상태를 확정하기 위한 독립상태량의 개수는 1개씩 증가한다.

3 기본상태량

밀도(ρ, density)는 단위체적당 질량이라고 정의되며, 단위는 kg/m^{3}이다.

$$\rho = \frac{m}{V}$$

문제 12. 체적 2m^{3}인 액체의 질량은 1,800kg이다. 이 액체의 밀도는 얼마인가?

풀이 $\rho = \frac{m}{V} = \frac{1{,}800\text{kg}}{2\text{m}^3} = 900\text{kg/m}^3$

비체적(v', specific volume)은 단위질량당 체적이라고 정의되며, 단위는 m^3/kg이다.

$$v' = \frac{V}{m}$$

밀도와 비체적의 곱은 1이 된다.

$$\rho v' = 1$$

문제 13. 체적 $2m^3$인 액체의 질량은 10kg이다. 이 액체의 비체적은 얼마인가?

풀이 $v' = \frac{V}{m} = \frac{2m^3}{10kg} = 0.2m^3/kg$

비중량(γ, specific weight)은 단위체적당 중량이라고 정의되며, 단위는 N/m^3이다. 공학단위계에서는 kgf/m^3가 사용된다.

$$\gamma = \frac{W}{V}$$

$W = mg$, $m = \rho V$이므로 비중량은 다음과 같이 표현할 수도 있다.

$$\gamma = \frac{\rho V g}{V} = \rho g$$

문제 14. 체적 $2m^3$인 액체의 질량은 1,800kg이다. 중력가속도(g)는 $9.807m/s^2$라고 가정한다. 이 액체의 비중량은 N/m^3과 kgf/m^3로 얼마인가?

풀이 $\rho = \frac{m}{V} = \frac{1,800kg}{2m^3} = 900kg/m^3$

$\gamma = \rho g = 900kg/m^3 \times 9.807m/s^2 = 8,826kg/m^2 \cdot s^2 = 8,826N/m^3$

다음 변환식과 같이 $kg/m^2 \cdot s^2$는 N/m^3단위와 동일하다.

$$\frac{kg}{m^2 \cdot s^2} = \frac{kg}{m^2 \cdot s^2} \times \frac{N}{kg \times \frac{m}{s^2}} = \frac{N}{m^3}$$

$1kgf = 9.807N$이므로

$$\gamma = 8,826N/m^3 \times \frac{1kgf}{9.807N} = 900kgf/m^3$$

비중(S, specific gravity)은 4℃ 물의 비중량에 대한 어떤 물체의 비중량의 비를 말한다. 4℃ 물의 비중량의 비중량을 γ_w이라고 하고, 어떤 물체의 비중량을 γ라고 하면 이 물체의 비중 S는 다음 식으로 정의된다. 비중은 비중량의 비이므로 단위는 없다.

$$S = \frac{\gamma}{\gamma_w}$$

비중은 밀도의 비로도 나타낼 수 있다. $\gamma_w = \rho_w g$, $\gamma = \rho g$이므로

$$S = \frac{\gamma}{\gamma_w} = \frac{\rho g}{\rho_w g} = \frac{\rho}{\rho_w}$$

문제 15. 체적 $2m^3$인 액체의 질량은 1,800kg이다. 중력가속도(g)는 $9.807m/s^2$라고 가정한다. 4℃ 물의 비중량이 $1,000kgf/m^3$이면 이 액체의 비중은 얼마인가?

풀이 $\rho = \frac{m}{V} = \frac{1,800\text{kg}}{2\text{m}^3} = 900\text{kg/m}^3$

$\gamma = \rho g = 900\text{kg/m}^3 \times 9.807\text{m/s}^2 = 8,826\text{kg/m}^2 \cdot \text{s}^2$

$1\text{kgf} = 9.807\text{kg} \cdot \text{m/s}^2$이므로

$\gamma = 8,826\frac{\text{kg}}{\text{m}^2 \cdot \text{s}^2} \times \frac{1\text{kgf}}{9.807\text{kg} \cdot \text{m/s}^2} = 900\text{kgf/m}^3$

$S = \frac{\gamma}{\gamma_w} = \frac{900\text{kgf/m}^3}{1,000\text{kgf/m}^3} = 0.9$

물질의 비중량과 비중은 온도의 함수이다. 물체의 비중이 1보다 크면 물에 가라앉고, 1보다 작으면 물 위에 뜬다. [표 1-1]은 여러 가지 액체의 비중을 나타낸다.

[표 1-1] 액체의 비중(20℃)

액 체	비 중
물(4℃)	1.000
물(20℃)	0.998
해수(海水)	1.025
원유	0.86
가솔린	0.68
등유	0.82
부동액(에틸렌글리콜 20%)	1.025
부동액(에틸렌글리콜 40%)	1.053
글리세린	1.264
수은	13.546

문제 16. 체적 $1m^3$인 해수의 질량은 얼마인가? 해수의 비중값은 [표 1-1]을 참조한다. 4℃ 물의 밀도는 $1,000kg/m^3$이다.

풀이 [표 1-1]에서 해수의 비중(S)은 1.025이다.

$$S=\frac{\rho}{\rho_w}$$

$$\rho=S\rho_w=1.025\times1,000kg/m^3=1,025kg/m^3$$

$$\rho=\frac{m}{V}$$

$$m=\rho V=1,025kg/m^3\times1m^3=1,025kg$$

4 대기압

표준대기압은 해발 0m에서의 평균대기압이다.

$$1atm=101,325Pa=101.325kPa$$
$$=1.0332kgf/cm^2=760mmHg(\text{수은기둥높이})$$
$$=10.332mAq(\text{물기둥높이})=760torr$$

여기서 atm은 atmospheric pressure의 약자로 대기압을 의미한다. 1kgf에서 f는 force의 약자로 힘을 의미한다. 1kgf는 질량(m) 1kg이 표준중력가속도(g) $9.807m/s^2$로 가속할 때 작용하는 힘이다. 힘의 SI(System International)단위는 N(Newton)이다.

$$1kgf=1kg\times9.807m/s^2=9.807kg\cdot m/s^2=9.807N$$

1atm을 kgf/cm^2단위로 변환하는 방법은 다음과 같다.
압력은 단위면적당 수직힘으로 정의된다.

$$\text{압력단위 }1Pa(pascal)=1N/m^2$$
$$1atm=101,325Pa$$
$$=101,325Pa\times\frac{1N}{1Pa\cdot m^2}\times\frac{1kgf}{9.807N}\times\frac{1m^2}{10^4cm^2}=1.0332kgf/cm^2$$

압력은 밀도(ρ)×중력가속도(g)×높이(h)로 계산된다. 1atm에 해당하는 압력은 수은의 높이를 760mm까지 상승시킨다. 수은의 밀도(ρ)는 0℃ 기준 $13,595kg/m^3$이다.

$$P=\rho gh$$

$$h = \frac{P}{\rho g} = \frac{101,325\text{Pa}}{13,595\text{kg/m}^3 \times 9.807\text{m/s}^2} \times \frac{1\text{N}}{1\text{Pa}\cdot\text{m}} \times \frac{1\text{kg}\times 1\text{m/s}^2}{1\text{N}}$$

$$= 0.760\text{m} = 760\text{mm}$$

5 이상기체

이상기체(ideal gas)란 분자 간의 거리가 충분히 멀어 분자 간의 상호작용이 없는 상태의 물질을 의미한다. 분자 간에는 밀어내는 반력(反力, repulsive force)과 서로 끌어당기는 인력(人力, attractive force)이 작용한다.

[그림 1-1]과 같이 분자 간 사이가 너무 가까우면 서로 밀어내는 반력이 지배적이고, 사이가 멀어지면서 인력이 작용한다. 분자 사이의 간격이 특정 거리를 넘으면 두 분자 사이에는 아무 힘도 작용하지 않는다. 이상기체는 이와 같이 두 분자 사이의 거리가 충분히 떨어져 있어 서로에게 미치는 힘이 없는 상태를 말한다.

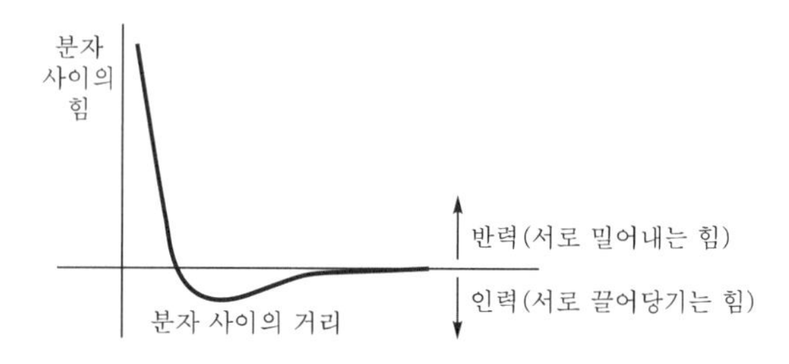

[그림 1-1] 분자 사이의 힘

보일(Boyle)과 샤를(Charles)은 [그림 1-2]의 (a)와 같이 피스톤-실린더장치에 이상기체를 채우고 압력, 체적, 온도의 관계를 측정하였다. 보일은 온도(T)를 일정하게 유지하면서 압력(P)과 체적(V)의 관계를 관찰하였는데 [그림 1-2]의 (b)와 같이 압력과 체적의 관계가 서로 반비례함을 알았다. 이를 보일의 법칙이라고 한다.

샤를은 압력을 일정하게 유지하면서 체적과 온도의 관계를 살펴보았으며 [그림 1-2]의 (c)와 같이 체적과 온도의 관계가 서로 비례함을 알았다. 이를 샤를의 법칙이라고 한다.

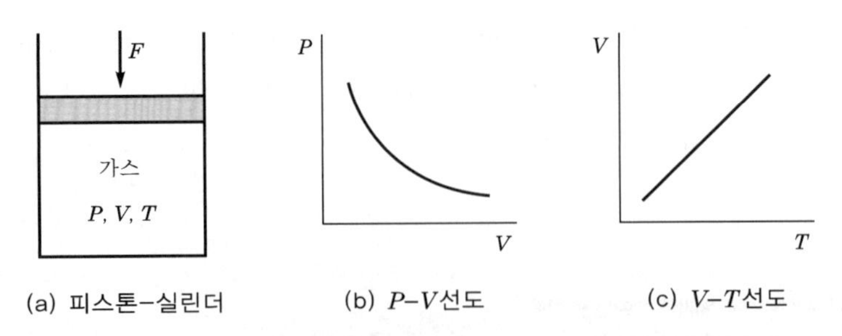

[그림 1-2] 이상기체의 압력-온도-체적관계

보일의 법칙을 식으로 표현하면 식 (1)과 같다. 여기서 C는 상수(constant)를 의미한다.

$$PV = C \text{ 또는 } P = \frac{C}{V} \tag{1}$$

샤를의 법칙을 식으로 표현하면 식 (2)와 같다.

$$\frac{V}{T} = C \text{ 또는 } V = CT \tag{2}$$

보일과 샤를의 법칙을 조합하면 식 (3)이 된다.

$$\frac{PV}{T} = C \tag{3}$$

상수 C는 기체의 질량 m과 기체의 특성과 관계가 있으므로 $C = mR$로 하면 이상기체상태식(ideal gas equation of state)인 식 (4)가 유도된다. 여기서 R은 기체상수이며 기체에 따라 그 값이 달라진다. 공기조화에서는 건조공기와 수증기를 가장 많이 취급하므로 건조공기의 기체상수는 $R_{air} = 0.287$kJ/kg · K, 수증기는 $R_{water\ vapor} = 0.4615$kJ/kg · K이다. 상태식(equation of state)은 압력 P, 체적 V, 절대온도 T의 관계이며 물질의 특성을 나타내는 중요한 식이다.

$$PV = mRT \tag{4}$$

주의할 점은 상태식의 온도(T)는 반드시 절대온도(K, kelvin)를 사용해야 한다. 섭씨온도(℃)를 절대온도(K)로 변환하기 위해서는 섭씨온도에 273.15를 더하면 된다.

$$T[\text{K}] = t[℃] + 273.15 \tag{5}$$

비체적 v'는 단위질량당 체적이므로 $v' = V/m$가 된다. 따라서 식 (4)는 식 (6)과 같이 표현할 수 있다.

$$Pv' = RT \tag{6}$$

밀도 ρ는 단위체적당 질량이므로 $\rho = m/V$이 된다. 따라서 식 (4)는 식 (7)과 같이 표현할 수 있다.

$$P = \rho RT \qquad (7)$$

각 상태량 및 상수를 정리하면 다음과 같다.

- m : 질량(kg)
- P : 압력(kPa)
- V : 체적(m^3)
- v' : 비체적(m^3/kg)
- R : 기체상수(kJ/kg · K)
- T : 절대온도(K, Kelvin), $T[K] = t[℃] + 273.15$
- ρ : 밀도(kg/m^3)

문제 17. 섭씨온도 20℃는 절대온도 몇 K인가?

풀이 $T[K] = t[℃] + 273.15 = 20 + 273.15 = 293.15K$

문제 18. 절대온도 250K은 섭씨온도 몇 ℃인가?

풀이 $T[K] = t[℃] + 273.15$

$t[℃] = T[K] - 273.15 = 250 - 273.15 = -23.15℃$

문제 19. 체적 1m^3 용기에 압력 100kPa, 온도 25℃인 공기가 들어 있다. 공기를 이상기체로 가정할 때 공기의 질량은 몇 kg인가?

풀이 공기의 기체상수 $R_{air} = 0.287kJ/kg \cdot K$

$T[K] = t[℃] + 273.15 = 25 + 273.15 = 298.15K$

이상기체상태식 $PV = mRT$에서

$$m = \frac{PV}{RT} = \frac{100\,kPa \times 1m^3}{0.287kJ/kg \cdot K \times 298.15\,K} = 1.1686kg$$

문제 20. 체적 8m×10m×3m(H, 높이)인 공간에 온도 24℃, 질량 284kg 건조공기가 들어 있다. 압력은 몇 kPa인가?

풀이 공기의 기체상수 $R_{air} = 0.287kJ/kg \cdot K$

$T[K] = t[℃] + 273.15 = 24 + 273.15 = 297.15K$

이상기체상태식 $PV = mRT$에서

$$P = \frac{mRT}{V} = \frac{284\,kg \times 0.287kJ/kg \cdot K \times 297.15\,K}{240\,m^3} = 100.917kPa$$

문제 21. 체적 $1m^3$ 용기에 압력 100kPa, 온도 25℃인 수증기가 들어 있다. 수증기를 이상기체로 가정할 때 수증기의 질량은 몇 kg인가?

풀이 수증기의 기체상수 $R_{water\ vapor}=0.4615\text{kJ/kg}\cdot\text{K}$

$T[\text{K}]=t[℃]+273.15=25+273.15=298.15\text{K}$

이상기체상태식 $PV=mRT$에서

$$m=\frac{PV}{RT}=\frac{100\,\text{kPa}\times 1\text{m}^3}{0.4615\text{kJ/kg}\cdot\text{K}\times 298.15\,\text{K}}=0.7268\text{kg}$$

6 선형보간법

상태량표를 사용하다 보면 모든 값이 연속적으로 나타나 있지 않으므로 두 지점의 데이터로부터 그 사이에 있는 데이터값을 추정해야 하는 일이 종종 발생한다.

[그림 1-3]과 같이 A(x_1, y_1)과 B(x_2, y_2)가 상태량표에서 제시되었지만 그 사이의 값 x에 대하여 y값이 필요할 때 선형보간법을 사용한다. 실제 x의 변화에 대한 y의 변화를 알 수 없다면 A와 B의 간격을 작게 설정하여 A와 B의 관계를 선형으로 가정한다.

실제의 관계를 알 수 있다면 y의 참값인 y_{true}를 추정할 수 있지만 그 관계를 모르므로 A와 B를 선형으로 가정하여 근사값인 y_{LI}를 추정한다. 선형보간법에서는 A와 B의 간격이 충분히 작아 참값과 선형보간법으로 구한 근사값의 오차 $y_{LI}-y_{true}$가 충분히 작다고 가정하는 것이다.

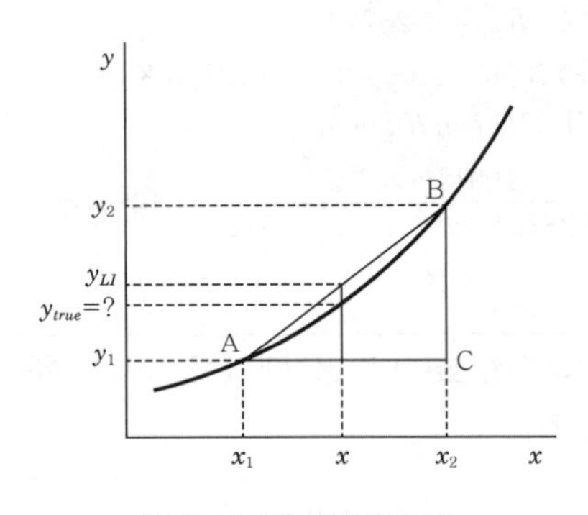

[그림 1-3] 선형보간법

[그림 1-3]에서 삼각형 ABC를 고려하면 작은 삼각형과 큰 삼각형 2개가 보인다. 두 개의 삼각형은 3개의 각도가 동일하므로 닮은꼴이 된다. 닮은꼴 삼각형은 밑변과 높이의 비가 동일하다.

$$\frac{x-x_1}{x_2-x_1}=\frac{y_{LI}-y_1}{y_2-y_1} \tag{8}$$

식 (8)을 y_{LI}에 대하여 풀면 식 (9)가 된다.

$$y_{LI}=\frac{x-x_1}{x_2-x_1}(y_2-y_1)+y_1 \tag{9}$$

문제 22. 선형보간법을 이용하여 다음 표에서 $x=1.2$일 때 y의 값을 추정하시오.

x	y
…	…
$x_1=1$	$y_1=10$
$x_2=2$	$y_2=28$
…	…

풀이 $y=\frac{x-x_1}{x_2-x_1}(y_2-y_1)+y_1=\frac{1.2-1}{2-1}\times(28-10)+10=13.6$

7 포화상태

포화상태란 2개 이상의 상(狀, phase)이 공존할 수 있는 상태를 말한다. [그림 1-4]의 (a)는 기체와 액체가 평형을 이루는 상태를 보여주고 있다. 평형이라고 하여 액체와 기체 사이의 경계에서 아무런 현상이 발생하지 않는 것이 아니고 실제로는 액체에서 기체로, 기체에서 액체로 끊임없이 물질이 이동하고 있다. 다만, 평형상태에서는 그 수가 동일하기 때문에 각각의 양이 일정하게 보일 뿐이다.

포화상태에서는 온도와 압력은 서로 독립적으로 변화할 수 없고 반드시 서로 종속적이다. 포화상태에서 온도를 증가시키면 액체경계면에서의 액체분자의 운동에너지가 증가하여 더 많은 양이 기체상태로 변화한다. 기체상태로 더 많은 물질이 이동하면 기체의 압력은 증가하게 된다. 따라서 온도가 상승하면 거기에 상응하는 포화압력도 증가하게 된다. 포화상태에서 온도와 압력의 관계를 선도로 표현한 것이 [그림 1-4]의 (b)이다. 온도가 증가하면 포화온도도 증가하고, 온도가 감소하면 포화압력도 감소하지만 그 관계는 선형적이지 않다. 온도가 증가함에 따라 압력의 증가폭은 증가한다.

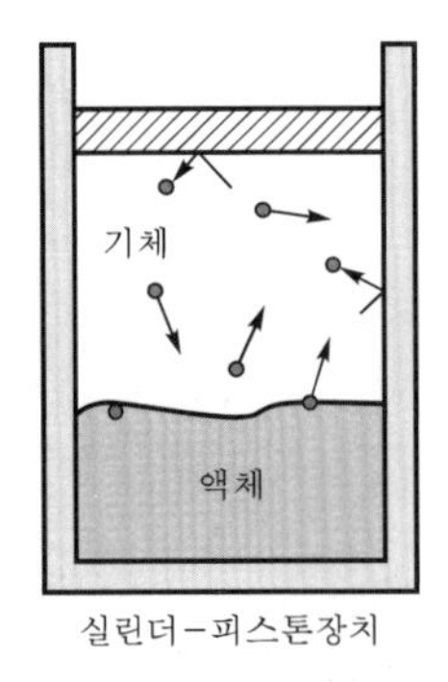

(a) 기체-액체의 평형

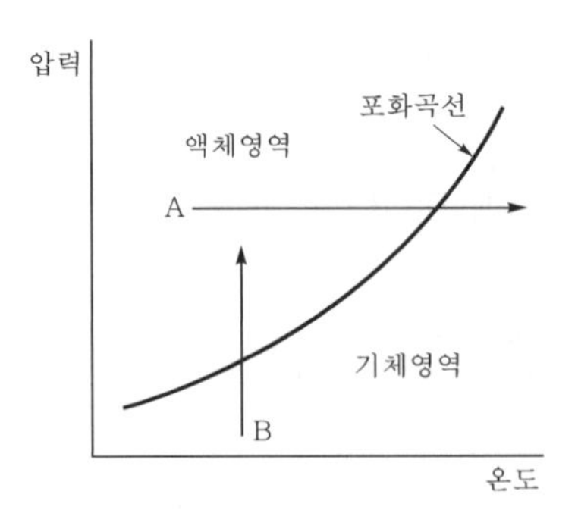

(b) 포화곡선

[그림 1-4] 포화상태

[그림 1-4]의 (b)에서 포화곡선 위는 액체영역, 아래는 기체영역이 된다. 과정 A는 압력을 일정하게 유지하면서 온도를 증가시키는 과정으로, 초기에는 액체상태였지만 온도가 증가함에 따라 포화상태가 되었다가 최종적으로는 기체상태가 된다. 과정 B는 온도를 일정하게 유지하면서 압력을 증가시키는 과정으로, 초기에는 기체상태였지만 압력이 증가함에 따라 포화상태가 되었다가 최종적으로는 액체상태가 된다. 위 두 과정은 우리 생활에서도 자주 경험하는 현상들이다.

[그림 1-4]의 (a)와 같이 2개의 상이 평형을 이루면 액체는 포화액체(saturated liquid), 기체는 포화증기(saturated vapor)라고 한다. 전체 질량 m은 포화액체의 질량 m_f과 포화증기의 질량 m_g와의 합이다. 여기서 하첨자 f는 fluid(액체)의 약자로 포화액체를, g는 gas(기체, 증기)의 약자로 포화증기를 의미한다.

$$m = m_f + m_g \tag{10}$$

여기서, m : 전체 질량(kg), m_f : 포화액체의 질량(kg), m_g : 포화증기의 질량(kg)

건도(乾度, quality) x는 포화상태의 건조한 정도를 나타내는 상태량으로 전체 질량 중 포화증기의 질량비율이다.

$$x = \frac{m_g}{m} \tag{11}$$

식 (10)을 전체 질량 m으로 나누면

$$\frac{m}{m} = \frac{m_f}{m} + \frac{m_g}{m}$$

정리하면

$$1 = \frac{m_f}{m} + x$$

포화액체의 비율은

$$\frac{m_f}{m} = 1 - x \tag{12}$$

포화상태의 전체 체적은 포화액체와 포화증기 각각의 체적을 합친 체적과 동일하다.

$$V = V_f + V_g \tag{13}$$

비체적 v'은 단위질량당 체적이므로 $v' = V/m$가 된다.

$$V = mv', \quad V_f = m_f v'_f, \quad V_g = m_g v'_g \tag{14}$$

식 (14)를 식 (13)에 대입하면

$$mv = m_f v'_f + m_g v'_g \tag{15}$$

식 (15)의 양변을 전체 질량 m으로 나누고 식 (11)과 식 (12)를 대입하면

$$v' = (1-x)v'_f + xv'_g \tag{16}$$

$$= v'_f + x(v'_g - v'_f) \tag{17}$$

$$= v'_f + xv'_{fg} \tag{18}$$

포화상태의 평균비체적 v'는 식 (17) 또는 (18)로 계산된다. 여기서 $v'_{fg} = v'_g - v'_f$는 포화증기의 비체적에서 포화액체의 비체적을 뺀 값이다.

문제 23. 용기 내에 질량 m=10kg의 물질이 포화상태로 들어 있다. 이 중 포화증기의 질량이 m_g=2kg이면 건도 x는 얼마인가?

풀이 $x = \frac{m_g}{m} = \frac{2\,\text{kg}}{10\,\text{kg}} = 0.2$

문제 24. 탱크에 건도 x=0.5인 물질이 들어 있다. 물질의 비체적 v'는 몇 m^3/kg인가? 포화액체의 비체적 v'_f=0.01m^3/kg, 포화증기의 비체적 v'_g=0.90m^3/kg이다.

풀이 $v' = v'_f + xv'_{fg} = 0.01 + 0.5(0.90 - 0.01) = 0.455\,\text{m}^3/\text{kg}$

문제 25. 체적 V=1m^3인 탱크에 건도 x=0.5인 물질이 들어 있다. 물질의 질량 m은 몇 kg인가? 포화액체의 비체적 v'_f=0.01m^3/kg, 포화증기의 비체적 v'_g=0.9m^3/kg이다.

풀이 앞 문제에서 비체적 v'=0.455m^3/kg이다.

$$m = \frac{V}{v'} = \frac{1\text{m}^3}{0.455\text{m}^3/\text{kg}} = 2.22\,\text{kg}$$

Chapter

02

공기조화의 기본원리

1. 공기조화의 정의
2. 공기조화의 기본요소
3. 공기조화설비의 구성
4. 습공기
5. 습공기선도

1 공기조화의 정의

공기조화(air conditioning)란 실내의 온도, 습도, 공기질, 기류, 박테리아, 먼지, 냄새, 가스 등의 조건을 실내의 사용목적에 알맞은 상태로 유지시키는 것을 말한다. 일반적인 실내에서 요구하는 환경기준을 정리하면 [표 2-1]에 나타낸 바와 같다. 온도는 17 ~ 28℃, 상대습도는 40 ~ 70%, 공기의 속도는 0.5m/s 이하, 공기 중의 부유분진량은 체적 $1m^3$당 0.15mg 또는 150μg 이하, 일산화탄소의 농도는 10ppm 이하, 이산화탄소의 농도는 1,000ppm 이하가 요구된다. 여기서 m(milli)는 10^{-3}, μ(micro)는 10^{-6}, ppm은 particles per million을 의미한다.

[표 2-1] 실내환경기준

물리량	범 위
온도	17 ~ 28℃
상대습도	40 ~ 70%
기류속도	0.5m/s 이하
부유분진량	$0.15mg/m^3(150\mu g/m^3)$ 이하
일산화탄소	10ppm 이하
이산화탄소	1,000ppm 이하

2 공기조화의 기본요소

1. 건구온도의 조정

공기의 온도는 보통 건구온도계를 사용해서 측정한다. 더운 여름철에는 옥외기온이 30℃를 넘을 때가 자주 있다. 그때 실내에서는 일사 · 벽 및 유리창으로부터의 전열, 실내의 조명과 인체 등으로부터의 발열이 있으며, 이들 열에 의해 실온을 그대로 방치시키면 외기온보다도 상승한다. 그러므로 한 예로서 룸쿨러(room cooler)에 의해 건물 밖으로 열을 방출시켜 건구온도를 조정한다.

겨울에는 여름과는 반대로 외기의 온도가 낮으며 전도에 의해 실내의 열을 빼앗기기 때문에 석유난로 · 보일러 등으로 가열해서 22℃ 전후의 실온으로 조정한다. 이와 같은 식으로 실내의 공기를 냉각 혹은 가열하여 공기의 건구온도를 조정하고 있다.

2. 상대습도의 조정

공기의 습한 상태는 상대습도로 표현되므로, 인간의 쾌감도는 공기의 건구온도만이 아니라 상대습도에 따라서도 변한다. 인간은 흔히 체표면으로부터 계속 조금씩의 땀을 증발시켜 체온을 조절하며, 격렬한 운동과 노동을 하면 땀을 많이 흘리고 그 증발의 잠열에 의해 다량의 열을 발산시킨다.

이때 주위 공기의 습도가 낮으면 피부표면에 땀으로 나온 수분은 공기 중으로 증발하게 되지만, 습도가 높으면 땀의 증발이 충분히 행해지지 않아서 신체표면이 땀으로 끈적끈적해져 불쾌한 상태가 된다.

이와 같이 상대습도에 의해 공기 중으로의 발한의 정도를 추측할 수 있으며, 이 값은 공기의 건구온도에 의해 크게 변하므로 건구온도를 일정하게 제어할 필요가 있다.

1) 공기의 감습

장마 등과 같이 습도가 아주 높아 불쾌한 경우에는 공기 중의 습분(濕分)을 감소시키기 위한 대책이 필요하다. 여름의 더운 날 건조한 컵에 찬 얼음을 넣어두면 자연히 컵의 외측에 물방울이 부착하는 것을 볼 수 있다. 이 물방울은 컵 속의 물이 흘러나와 부착된 것이 아니라 공기 중의 수분이 컵의 표면에서 냉각하여 물방울로 응축되어 부착된 것이다.

일반적으로 습공기를 동일한 습분량(濕分量)으로 유지해서 냉각해 두면 어떤 온도 이하로 될 때 공기 중의 습분은 물방울로 되어 낙하한다. 이 온도를 노점온도라 부르고 있다. 공기 중의 수분은 컵에 부착한 양만큼 감소하고 있다([그림 2-1] 참조).

공조장치에 있어서도 이와 마찬가지 원리에 의해 공기 중의 습분을 감소시키고 있다. [그림 2-2]에 나타낸 바와 같이 실내의 습한 공기를 그 공기의 노점온도 이하인 냉각코일에 통과시키면 공기 중 과잉수분이 추출된다. 한 예로서 룸쿨러의 외측으로 물이 떨어지고 있는 것을 가끔 보게 되는데, 이는 쿨러 속에서 공기가 냉각될 때 공기 중의 수분이 응축되어 물방울로 되어 나온 것이다.

[그림 2-1] 공기 중의 수분제거원리

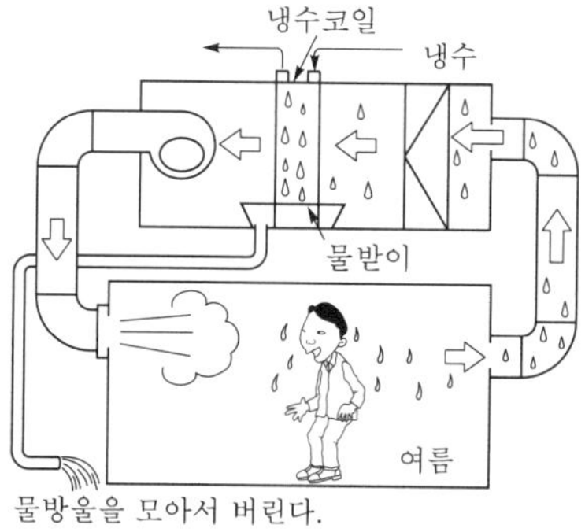

[그림 2-2] 공조장치를 이용한 감습방법

2) 공기의 가습

겨울철의 가습은 [그림 2-3]에 나타낸 바와 같이 공기 중에 물을 순환분무하고 수조에 떨어지는(낙하하는) 물을 재차 펌프로 흡상해서 분무를 되풀이하면 분무수의 온도는 통과하는 공기의 습구온도에 서서히 근접하며, 분무수는 공기로부터 증발에 필요한 열(잠열)을 빼앗아 수증기로 되고 공기 중에 가습된다. 한편 공기는 열을 빼앗긴 양만큼 건구온도가 낮아진다.

이와 같이 가습은 행해지지만 온도가 낮아지기 때문에 재차 가열해서 소정의 온도를 유지할 필요가 있다. 난로나 방열기 위에 물주전자 혹은 증발접시 등을 놓고 난방하는 방법은 가습과 동시에 가열도 행해진다.

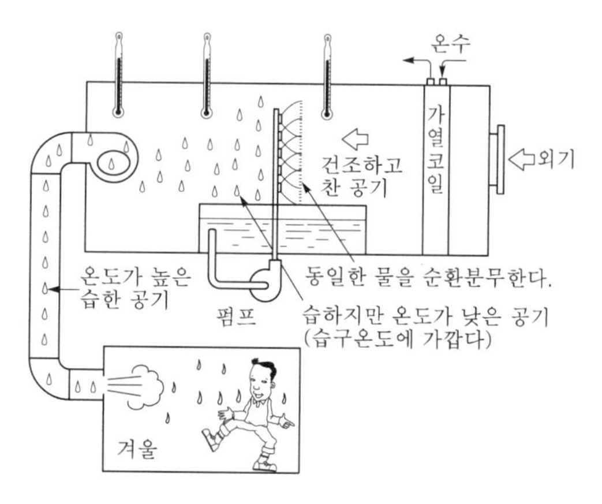

[그림 2-3] 겨울철의 가습방법

3. 기류의 조정

인체 주변의 공기는 대류작용에 의해 항시 교체되고 있다. 그러나 기류의 분포가 나쁘면 불쾌감을 느끼기도 하고, 또는 역으로 공기류가 정지된 장소가 생기며 부분적으로 불쾌한 온습도로 된다([그림 2-4] 참조).

그러므로 공조 시에는 적당한 기류를 실내에 균일하게 분포시키는 것이 중요하다. 즉 공조를 하고 있는 실내에서는 온도와 습도를 일정하게 제어하기 때문에 기류에 대해서는 어떤 범위 내에 유속을 제어할 필요가 있다. 이와 같은 실내의 기류는 실의 형상 · 취출구의 형식과 그 풍속 및 실내공기와의 온도차, 취출구와 흡입구와의 상대적인 위치관계 등 여러 가지 요소에 의해 결정된다.

[그림 2-4] 기류와 쾌적감

4. 청정도의 조정

실내에는 많은 사람들의 출입이 있게 되며, 이때 의복에 부착해서 실내로 들어온 먼지와 실내에서 직접 인체로부터 발생하는 탄산가스와 체취, 더욱이 담배연기 등이 공기 중에 비산해서 위생상 좋지 않은 상태가 된다. 일반적인 공조에서는 이를 위해서 외기를 송풍량의 15~30% 정도 도입해서 희석하고, 동시에 공기정화기를 장치해 공기의 청정화를 도모하고 있다([그림 2-5] 참조).

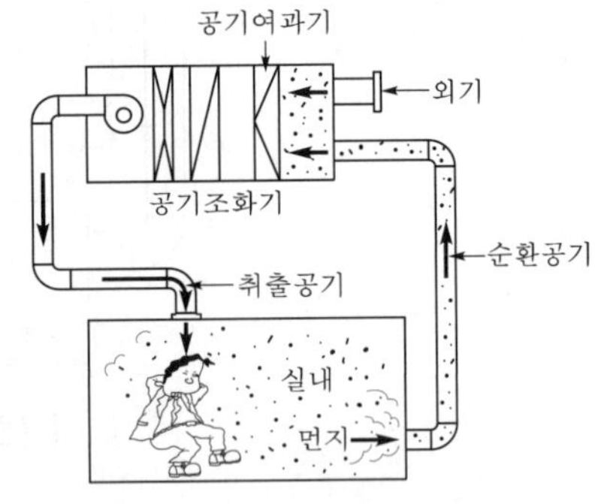

[그림 2-5] 공기청정도의 조정

3 공기조화설비의 구성

공기조화설비는 공기의 가열가습 또는 냉각감습 등과 같이 온습도를 조정하는 공기조화기(열교환장치), 공조기로 냉각 혹은 가열하기 위해 필요한 냉수나 온수 또는 증기를 만드는 냉동기나 보일러 등의 열원기기, 다시 이 공기와 물 등의 열매를 실내로 보내는 송풍기와 덕트 또는 펌프나 배관 등의 반송기기로 구성된다.

이와 같은 공기조화설비에 사용되는 주요한 기기들의 조합에는 여러 가지 방식이 있는데, 그 일례로서 [그림 2-6]에 나타난 단일덕트방식을 설명하면 공기조화기에 실내환기(還氣)를 위해 신선한 외기를 도입시키고 공기여과기로부터 공기 속의 먼지 등을 제거한다. 이 혼합공기를 겨울에는 가열가습, 여름에는 냉각감습해서 적당한 정도의 조화공기로 만든 다음 송풍기에 의해 공조하는 실의 조건을 만족시키는 풍량으로 덕트와 취출구를 통해 송풍한다.

공기를 가열냉각하는 데는 증기, 온수, 냉수, 냉매가스 등을 공조기의 코일에 보내서 열교환하는데, 이 공조기부하에 알맞은 만큼의 열량을 공급하기 위해 열원장치 및 부속기기가 설치되고 있다.

열원장치로서 냉각용의 열원기기에는 냉동기가 사용되며, 이것은 크게 압축식 냉동기와 흡수식 냉동기로 구분된다. 흡수식 냉동기는 압축동력 대신 가열열원을 사용하는 것으로, 보일러에서 발생한 증기나 온수를 사용하는 것과 기기 내에서 연료를 직접 태우는 것이 있다. 또 최근 태양열로 가열한 온수를 열원으로 하는 것도 사용되고 있다.

가열용의 열원기기에는 증기보일러, 온수보일러, 온풍난방기, 열펌프(heat pump), 흡수식 냉온수기, 태양열 집열기 등이 사용된다. 이 중 열펌프는 냉동기와 그 원리는 같은 것이나 냉난방을 겸하여 사용할 수 있도록 한 것이다. 또 흡수식 냉온수기는 연소식의 온수기를 설치한 것으로, 이것도 1대로 냉난방 겸용으로 사용된다.

한편 부속장치로서 보일러에는 저유탱크와 순환펌프 및 배관이, 냉동기에는 냉각수를 순환 사용하기 위한 냉각탑과 펌프, 배관이 필요하다.

자동제어장치는 실내의 온습도를 일정하게 조절하고 공조설비의 감시 및 제어와 경제적인 운전을 하기 위해 설치된다. [표 2-2]에는 공기조화설비를 구성하는 각종 기기들의 기능을 나타낸다.

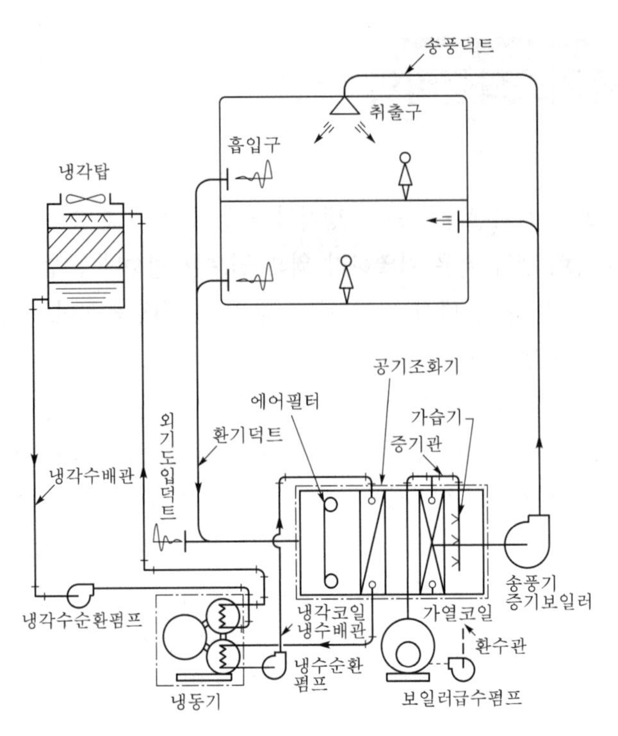

[그림 2-6] 공기조화설비의 계통도

[표 2-2] 공기조화설비의 구성

항 목	기 기	기 능
열원설비	보일러, 온풍로, 열펌프, 냉동기, 기타 부속기기	• 공조부하에 따른 가열 및 냉각을 하기 위해 증기, 온수 또는 냉수를 만드는 설비
열교환설비	공기조화기, 열교환기	• 공조공간으로 보내는 공기의 온습도를 조정하는 설비 • 공조공간으로 보내는 냉온수의 온도를 조정하는 설비
열매수송설비	송풍기, 에어덕트, 펌프, 배관	• 공조공간으로 열매(공기 또는 물)를 보내기 위한 설비
실내유닛	취출구, 흡입구, FCU, 유인유닛, 복사패널, 기타의 방열기	• 실내로 조화공기를 공급하는 장치 • 실내공기를 가열 · 냉각 · 감습 · 가습하는 장치
자동제어 중앙관제설비	자동제어용 기기, 중앙감시, 원격조작판 등	• 온도 · 습도 · 유량 등의 자동제어 · 감시 · 기록 · 기기의 원격조작 · 감시 등

4 습공기

1. 습공기의 가정

우리 주변의 습공기는 건조공기와 수증기의 혼합물이다. 건조공기(dry air)는 수증기를 전혀 함유하지 않은 건조한 공기이다. 실제의 건조공기는 [표 2-3]과 같이 여러 기체성분의 혼합물이다.

[표 2-3] 건조공기의 성분

성 분	N_2(질소)	O_2(산소)	Ar(아르곤)	CO_2(이산화탄소)
체적(%)	78.09	20.95	0.93	0.03
질량(%)	75.53	23.14	1.28	0.05

과학과 공학에서는 실제의 복잡한 상태 및 현상을 단순한 모델 또는 식으로 가정하여 해석한다. 건조공기를 [표 2-3]과 같이 여러 성분으로 가정하면 해석이 불필요하게 복잡해지므로 공기조화의 해석에서는 건조공기를 여러 성분의 혼합물질이 아닌 단일성분의 순수물질로 단순하게 가정한다. 이 가정은 건조공기가 액화하지 않는 한 유효한 가정이다.

공기조화의 해석에서는 습공기를 다음과 같이 단순하게 가정한다.

① 습공기는 [그림 2-7]과 같이 건조공기와 수증기의 2성분 이상기체혼합물(ideal gas mixture)이다.

② 습공기 중의 수증기만 액체로 응축되고, 건조공기는 응축되지 않고 항상 기체상태로만 존재한다.

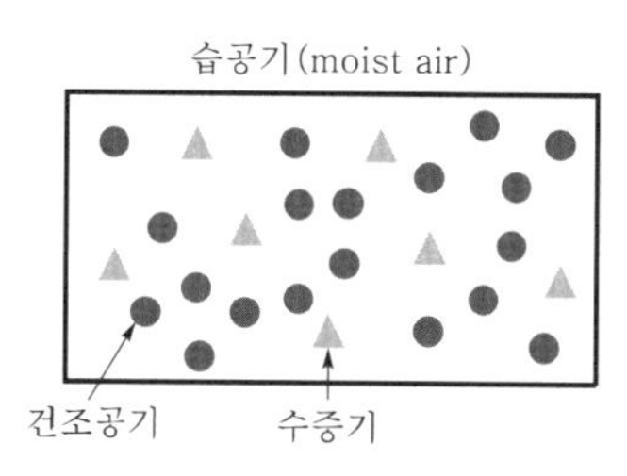

[그림 2-7] 건조공기와 수증기로 구성된 습공기

습공기는 건조공기와 수증기의 2성분 혼합물이므로 상태를 정하려면 3개의 독립상태량이 필요하다. 3개의 상태량으로 상태를 구하는 일은 복잡하고 상태량표로 나타내는 것도 쉽지 않으므로 추가적인 가정을 하게 된다. 일반적인 공기조화 적용분야에서는 습공기의 압력은 표준 대기압(101.325kPa)에서 크게 벗어나지 않는다. 따라서 독립상태량 중 압력은 대기압이라고 가정하는 것이 일반적이다.

이 경우 한 개의 독립상태량인 압력(P)은 정해졌으므로 독립상태량 2개만 추가로 필요하다. 습공기상태 확정에 필요한 독립상태량이 당초 3개에서 2개로 감소하였으므로 해석이 단순해진다. 물론 압력이 대기압과 다른 환경에서는 압력을 대기압으로 가정하여 습공기를 해석하면 오차가 커진다. 예를 들어, 높은 산에서는 대기압이 낮아지고 가압체임버에서는 압력이 상승하므로 압력을 대기압으로 가정하는 것은 더 이상 유효하지 않다. 이 경우에는 실제 압력을 사용해야 하며 독립상태량도 3개가 필요하다.

2. 습공기의 상태량

습공기는 다음과 같은 상태량이 중요하다. 여기서 하첨자 DA는 dry air(건조공기)를 의미한다.

① 건구온도(dry bulb temperature) t[℃]

② 습구온도(wet bulb temperature) t_w[℃]

③ 수증기분압(water vapor partial pressure) P_v[kPa]

④ 상대습도(relative humidity) ϕ[% 또는 −]

⑤ 절대습도(absolute humidity, humidity ratio) x[kg/kg$_{DA}$]

⑥ 노점온도(dew point temperature) t_{dew}[℃]

⑦ 비체적(specific volume) v'[m^3/kg$_{DA}$]

⑧ 밀도(density) ρ[kg$_{DA}$/m^3]

⑨ 엔탈피(enthalpy) i[kJ/kg$_{DA}$]

습공기의 상태량을 구하는 방법은 크게 세 가지로 분류된다.

① 상태량표+간단한 식

② 습공기선도(psychrometric chart)

③ 프로그램. 예, EES(engineering equation solver)

방법 ①은 간단하지만 약간의 오차를 감수해야 한다. 방법 ②는 간단하지만 습공기선도를 정확하게 읽어야 하는 불편이 따른다. 방법 ③은 정확하지만 프로그램이 있어야 한다는 불편함이 있다.

1) 건구온도(Dry bulb temperature)

건구온도의 단위는 섭씨온도 ℃이며, 온도는 우리에게 친숙한 상태량이지만 정의하기는 어렵다. 보통 덥고 차가운 정도로 인식된다. 공기의 건구온도는 일반적으로 온도계를 사용하여 측정한다. 온도계에는 체적의 팽창원리를 이용하는 알코올온도계 또는 수은온도계가 많이 사용된다. 실외건구온도는 여름철에는 실내보다 높고, 겨울철에는 실내보다 낮다. 따라서 여름에는 실외공기가 도입되면 냉각이 필요하고, 겨울에는 실외공기 도입 시 가열이 필요하게 된다.

온도의 측정원리는 열역학 제0법칙을 따른다. 이 법칙은 두 물체를 접촉시켜 열역학적 평형을 이루면 두 물체의 온도는 동일하게 된다는 점을 설명하고 있다. 이 법칙은 당연한 것처럼 여겨지지만 사실 예외적인 특성이다. 두 물체를 접촉시켜도 다른 상태량, 예를 들어 밀도, 비열은 같아지지 않는다.

2) 습구온도(Wet bulb temperature)

[그림 2-8]과 같이 감온부를 물에 젖은 천으로 감싼 후 주변의 공기를 속도 0.5m/s 정도로 통과시키면 증발에 의해 감온부 온도가 감소되는데, 이때 측정되는 온도가 습구온도이다. 습공기는 100% 포화되어 있지 않으면 젖은 천에 있는 물이 기화하면서 감온부의 온도가 하강한다. 이는 물이 기화하려면 기화열이 제공되어야 하는데 습공기의 온도하강, 즉 습공기의 에너지 감소로 기화열이 제공된다. 습구온도는 건구온도보다 낮거나 같다. 습공기가 100% 포화되어 있으면 더 이상 물의 증발이 가능하지 않으므로 습구온도와 건구온도는 동일하게 된다. 습공기가 건조할수록 기화량(증발량)이 많아지므로 온도감소폭은 증가한다.

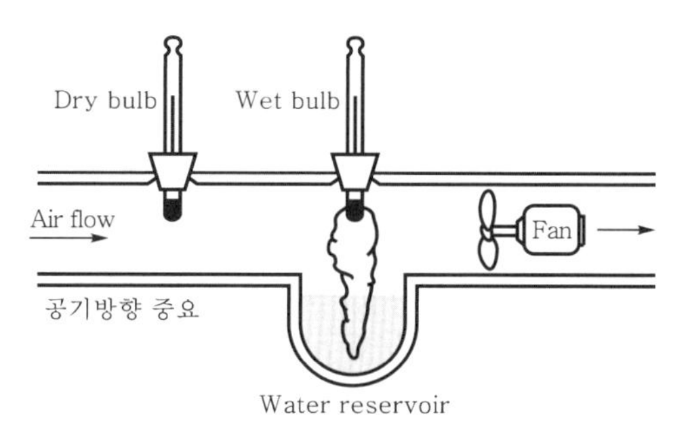

[그림 2-8] 습구온도의 측정

3) 수증기분압(Water vapor partial pressure)

분압(partial pressure)이란 혼합물에서 각 성분이 기여하는 압력이다. 수증기분압은 수증기에 의한 분압이다. 습공기는 이상기체의 혼합물로 가정하므로 각 성분의 합이 전체 압력과 동일하다는 돌턴(Dalton)의 분압법칙을 따른다.

$$P = \sum_{i=1}^{n} P_i \tag{1}$$

습공기의 전체 압력은 건조공기와 수증기의 분압과의 합과 같다.

$$P(\text{전체 압력}) = P_a(\text{건조공기압력}) + P_v(\text{수증기압력}) \tag{2}$$

문제 1. 습공기압력 P=101.325kPa이고 수증기분압 P_v =1.5kPa일 때 건조공기분압은?

풀이 $P = P_a + P_v$

$P_a = P - P_v$=101.325kPa−1.5kPa=99.825kPa

문제 2. 체적 V=1m^3, 온도 t=25℃, 압력 P=101.325kPa인 습공기가 있다. 수증기질량 m_v = 0.01kg일 때 ① 수증기분압 P_v, ② 건조공기분압 P_a, ③ 건조공기질량 m_a를 구하여라.

풀이 ① 수증기분압

이상기체상태식 $P_v V = m_v R_v T$, R_v =0.4615kJ/kg · K

$T = t + 273.15 = 25°C + 273.15 = 298.15K$

$$P_v = \frac{m_v R_v T}{V} = \frac{0.01kg \times 0.4615kJ/kg \cdot K \times 298.15K}{1m^3} = 1.376kPa$$

② 건조공기분압

$P = P_a + P_v$, $P_a = P - P_v$=101.325kPa−1.376kPa=99.949kPa

③ 건조공기질량

이상기체상태식 $P_a V = m_a R_a T$, R_a =0.287kJ/kg · K

$$m_a = \frac{P_a V}{R_a T} = \frac{99.949kPa \times 1m^3}{0.287kJ/kg \cdot K \times 298.15K} = 1.168kg$$

문제 3. 체적 V=1m^3, 온도 t=25℃, 압력 P=101.325kPa인 습공기가 있다. 수증기분압 P_v =3kPa 일 때 ① 수증기질량 m_v, ② 건조공기분압 P_a, ③ 건조공기질량 m_a를 구하여라.

풀이 ① 수증기질량

이상기체상태식 $P_v V = m_v R_v T$, R_v =0.4615kJ/kg · K

$T = t + 273.15 = 25°C + 273.15 = 298.15K$

$$m_v = \frac{P_v V}{R_v T} = \frac{3kPa \times 1m^3}{0.4615kJ/kg \cdot K \times 298.15K} = 0.02180kg$$

② 건조공기분압

$P = P_a + P_v$, $P_a = P - P_v$ =101.325kPa−3kPa=98.325kPa

③ 건조공기질량

이상기체상태식 $P_a V = m_a R_a T$, $R_a = 0.287\text{kJ/kg}\cdot\text{K}$

$$m_a = \frac{P_a V}{R_a T} = \frac{98.325\text{kPa} \times 1\text{m}^3}{0.287\text{kJ/kg}\cdot\text{K} \times 298.15\text{K}} = 1.149\text{kg}$$

4) 상대습도(Relative humidity)

습공기는 건조공기(dry air)와 수증기(water vapor)의 2성분 이상기체혼합물이라고 가정한다. 습공기성분 중 수증기만 응축 또는 증발하고 건조공기는 항상 기체상태로만 존재한다. 상대습도는 수증기분압을 포화수증기분압으로 나눈 값이다. 포화수증기분압이란 주어진 온도에서 습공기의 수증기량이 최대가 되었을 때, 즉 100% 포화되었을 때의 수증기의 분압이다. 상대습도 ϕ는 식 (3)으로 정의된다.

$$\phi = \frac{\text{수증기분압}}{\text{포화수증기압}} = \frac{P_v}{P_s} \tag{3}$$

여기서 P_v는 수증기분압, P_s는 포화수증기압으로 온도의 함수이다. [표 2-4]는 수증기의 포화상태량표이다.

[표 2-4] 수증기의 포화상태량표

t[℃]	0	5	10	15	20	25	30	35	40
P[kPa]	0.6113	0.8726	1.228	1.706	2.339	3.169	4.246	5.627	7.381

온도가 증가하면 포화수증기압도 증가한다. 수증기량(또는 수증기분압)이 일정해도 온도가 변하면 포화수증기압이 변하므로 상대습도도 변한다. 그래서 온도에 따라 변하므로 "상대"라는 명칭이 붙게 되었다. 날씨 또는 실내열환경 등 일상생활에서는 상대습도가 범용적으로 사용되는데, 이는 생물(특히 인체)은 상대습도의 영향을 많이 받기 때문이다. 공학 계산에서는 수증기량이 일정하면 습도도 일정한 절대습도(absolute humidity)가 더 편리하다. 상대습도는 수증기질량을 포화수증기질량으로 나눈 값과도 동일하다.

수증기의 이상기체상태식 $P_v V = m_v R_v T$

포화상태의 수증기의 이상기체상태식 $P_s V = m_{v,s} R_v T$

여기서 V는 체적, T는 절대온도, m_v는 수증기질량, $m_{v,s}$는 포화상태의 수증기질량, R_v는 수증기의 기체상수이다. 위의 두 식으로부터 식 (4)가 얻어진다.

$$\phi = \frac{P_v}{P_s} = \frac{m_v}{m_{v,s}} \tag{4}$$

여름철 외기는 실내공기 대비 온도가 높고 수증기량이 많은데, 이 외기를 실내에 도입하면 실내온도와 수증기량이 상승하므로 냉각과 제습과정이 필요하다. 이와 반대로 겨울철 외기는 실내공기 대비 온도가 낮고 수증기량이 적은데, 이 외기를 실내에 도입하면 실내온도와 수증기량이 감소하므로 가열과 가습과정이 필요하다.

문제 4. 습공기온도 t=20℃, 압력 P=101.325kPa, 수증기분압 P_v=1.5kPa일 때 상대습도 ϕ는?

풀이 [표 2-4]에서 P_s=2.339kPa

$$\phi = \frac{P_v}{P_s} = \frac{1.5}{2.339} = 0.641 \text{ 또는 } 64.1\%$$

문제 5. 습공기온도 t=20℃, 수증기분압 P_v=2.0kPa일 때 상대습도 ϕ는?

풀이 [표 2-4]에서 P_s=2.339kPa

$$\phi = \frac{P_v}{P_s} = \frac{2}{2.339} = 0.855 \text{ 또는 } 85.5\%$$

문제 6. 습공기온도 t=30℃, 수증기분압 P_v=2.0kPa일 때 상대습도 ϕ는?

풀이 [표 2-4]에서 P_s=4.246kPa

$$\phi = \frac{P_v}{P_s} = \frac{2}{4.246} = 0.471 \text{ 또는 } 47.1\%$$

수증기분압(수증기량)이 2.0kPa로 동일해도 온도가 20℃에서 30℃로 증가하면 상대습도는 85.5%에서 47.1%로 감소한다.

문제 7. 습공기온도 t=25℃, 상대습도 ϕ=50%이면 수증기분압은 얼마인가? 단, kPa과 kgf/cm² 단위로 구하여라.

풀이 [표 2-4]에서 P_s=3.169kPa

$$\phi = \frac{P_v}{P_s}, \quad P_v = \phi P_s = 0.5 \times 3.169\text{kPa} = 1.5845\text{kPa}$$

공학단위 kgf/cm²로 변환하면

$$P_v = 1.5845\text{kPa} \times \frac{1.0332\text{kgf/cm}^2}{101.325\text{kPa}} = 0.01616\text{kgf/cm}^2$$

5) 노점온도(露點溫度, Dew point temperature)

습공기 중의 수증기는 온도가 감소하면 응축이 발생하는데, 온도가 감소함에 따라 처음 응축이 발생하는 온도를 노점온도라고 한다. 건축물에서 벽체의 외부 또는 내부의 결로를 판별하는데 사용되는 온도이다. 노점온도는 수증기분압 P_v에 해당하는 포화온도이다.

$$t_{dew} = t_s(P_v) \tag{5}$$

노점온도는 수증기분압(수증기량)만의 함수이며 건구온도와는 무관하다. 노점온도를 정확하게 측정하는 계측기로 표면거울방식의 노점온도계가 있다. 이 노점온도계의 원리는 표면을 냉각시키면서 표면에 빛을 발사하여 표면에서 반사된 빛을 수신한다. 표면에 첫 응축이 발생하면 빛을 산란시키는데, 이를 감지하는 원리이며 정밀한 냉각장치 및 제어가 필요하므로 매우 고가이면서 반응도 느리다.

문제 8. 온도 t=20℃, 수증기분압 P_v=1.228kPa이면 노점온도 t_{dew}는?

풀이 [표 2-4]에서 t_s=10℃

∴ t_{dew}=10℃

문제 9. 온도 t=30℃, 수증기분압 P_v=1.228kPa이면 노점온도 t_{dew}는?

풀이 [표 2-4]에서 t_s=10℃

∴ t_{dew}=10℃

노점온도는 온도와 무관하다.

문제 10. 수증기분압 P_v=2kPa이면 노점온도 t_{dew}는?

풀이 [표 2-4]를 이용하여 선형보간법으로 구한다. 압력 2kPa은 포화온도 15℃와 20℃ 사이에 존재한다.

t[℃]	P[kPa]
15	1.706
t_{dew}=?	2
20	2.339

[표 2-4]를 이용하면 선형보간법은 $\dfrac{t_{dew}-15}{20-15}=\dfrac{2-1.706}{2.339-1.706}$

∴ t_{dew} = 17.32℃

문제 11. 습공기온도 25℃, 상대습도 50%이면 노점온도는?

풀이 [표 2-4]에서 $P_s=3.169\text{kPa}$

$\phi=\dfrac{P_v}{P_s}$, $P_v=\phi P_s=0.5\times3.169\text{kPa}=1.5845\text{kPa}$

t[℃]	P[kPa]
10	1.228
$t_{dew}=?$	1.5845
15	1.706

[표 2-4]를 이용하면 선형보간법은 $\dfrac{t_{dew}-10}{15-10}=\dfrac{1.5845-1.228}{1.706-1.228}$

$\therefore\ t_{dew}=13.73℃$

문제 12. 습공기온도 25℃, 노점온도 15℃이면 상대습도는?

풀이 [표 2-4]에서 $P_s=3.169\text{kPa}$, 수증기분압 $P_v=1.706\text{kPa}$

$\phi=\dfrac{P_v}{P_s}=\dfrac{1.706\text{kPa}}{3.169\text{kPa}}=0.538$ 또는 53.8%

문제 13. 습공기온도 25℃, 노점온도 13℃이면 상대습도는?

풀이 [표 2-4]에서 $P_s=3.169\text{kPa}$, 수증기분압은 온도 13℃에서의 포화수증기압이다.

t[℃]	P[kPa]
10	1.228
13	$P_v=?$
15	1.706

[표 2-4]를 이용하면 선형보간법은 $\dfrac{13-10}{15-10}=\dfrac{P_v-1.228}{1.706-1.228}$

$\therefore\ P_v=1.5148\text{kPa}$

$\phi=\dfrac{P_v}{P_s}=\dfrac{1.5148\text{kPa}}{3.169\text{kPa}}=0.478$ 또는 47.8%

6) 절대습도(Absolute humidity, humidity ratio, specific humidity)

절대습도 w는 건조공기질량당 수증기질량으로 정의된다. 단위는 $\text{kg}_\text{v}/\text{kg}_\text{DA}$ 또는 $\text{g}_\text{v}/\text{kg}_\text{DA}$이다. 여기서 하첨자 v는 수증기(water vapor), DA는 dry air(건조공기)를 의미한다. 그러나 혼란의 염려가 없는 경우 하첨자 v와 DA를 생략하여 절대습도의 단위를 kg/kg 또는 g/kg로 표현하는 경우도 많다.

$$x(\text{절대습도}) = \frac{\text{수증기질량}}{\text{건조공기질량}} = \frac{m_v}{m_a} \tag{6}$$

절대습도는 상대습도와는 달리 온도의 함수가 아니다. 따라서 상대습도보다 공학적 계산에 편리하다. 절대습도는 공학적으로, 상대습도는 생물학적으로 중요하다.

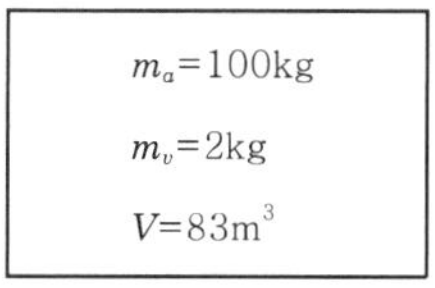

m_a=100kg
m_v=2kg
V=83m^3

[그림 2-9] 습공기의 예-1

[그림 2-9]와 같이 건조공기질량 $m_a = 100\text{kg}$, 수증기질량 $m_v = 2\text{kg}$, 체적 $V = 83\text{m}^3$인 습공기가 있다. 절대습도는 수증기질량을 건조공기질량으로 나눈 값이다.

$$x = \frac{m_v}{m_a} = \frac{2\text{kg}_\text{v}}{100\text{kg}_\text{DA}} = 0.02\text{kg}_\text{v}/\text{kg}_\text{DA}$$

여기서 전체 질량은 $m = m_v + m_a = 2 + 100 = 102\text{kg}$이 된다. 만약 수증기질량을 전체 질량으로 나누면 절대습도와는 약간 다른 값을 얻는다.

$$\frac{m_v}{m} = \frac{2\text{kg}_\text{v}}{102\text{kg}} = 0.0196\text{kg}_\text{v}/\text{kg}$$

절대습도를 정의할 때 전체 질량이 아닌 건조공기질량이 기준인 이유는 다음과 같다. 기준은 변동하지 않고 일정한 값을 유지하는 것이 편리하다. 습공기 중의 수증기는 상황에 따라 응축(수증기질량 감소) 또는 액체가 증발(수증기질량 증가)한다. 즉 습공기 중의 수증기질량값은 계속 변동되어 기준으로는 적절하지 않다. 전체 질량($m_a + m_v$)을 기준으로 하면 수증기질량(m_v)이 계속 변동되므로 기준값이 변동되어 불편하다. 따라서 절대습도를 정의할 때는 응축 또는 증발되지 않고 질량 불변인 건조공기질량(m_a)을 기준으로 하는 것이 편리하다.

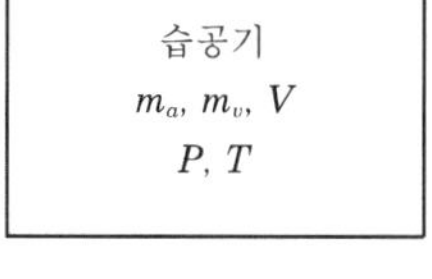

습공기
m_a, m_v, V
P, T

[그림 2-10] 습공기의 예-2

[그림 2-10]의 습공기를 고려한다.

질량 $m = m_a + m_v$

압력 $P = P_a + P_v$

건조공기의 이상기체상태식 $P_a V = m_a R_a T$

수증기의 이상기체상태식 $P_v V = m_v R_v T$

여기서 건조공기의 기체상수 $R_a = 0.287$kJ/kg · K, 수증기의 기체상수 $R_v = 0.4615$kJ/kg · K 이다. 두 이상기체상태식과 기체상수값을 식 (6)에 대입하고 정리하면 식 (7)이 얻어진다.

$$x = \frac{m_v}{m_a} = \frac{R_a P_v}{R_v P_a} = \frac{0.287 P_v}{0.4615 P_a} = 0.622 \frac{P_v}{P_a} = 0.622 \frac{P_v}{P - P_v} \qquad (7)$$

식 (4)로부터 $P_v = \phi P_s$이므로, 이 식을 식 (7)에 대입하면 식 (8)이 된다.

$$x = 0.622 \frac{\phi P_s}{P_a} \qquad (8)$$

식 (8)을 상대습도 ϕ에 대한 식으로 정리하면 식 (9)가 된다.

$$\phi = \frac{w P_a}{0.622 P_s} \qquad (9)$$

7) 비체적(Specific volume)

비체적은 건조공기질량당 습공기의 체적으로 정의된다. 단위는 m^3/kg_{DA} 또는 하첨자 DA를 생략한 m^3/kg이다.

$$v' = \frac{V}{m_a} \qquad (10)$$

절대습도와 마찬가지로 전체 질량이 아닌 건조공기질량의 기준이 되는 이유는 동일하다. [그림 2-9]의 습공기의 비체적은 다음과 같이 계산된다.

$$v' = \frac{V}{m_a} = \frac{83 m^3}{100 kg} = 0.83 m^3/kg$$

습공기의 비체적을 계산할 때 체적을 전체 질량으로 나누면 당초 정의에 부합되지 않는다.

$$v' \neq \frac{V}{m} = \frac{83 m^3}{102 kg} = 0.8137 m^3/kg$$

8) 엔탈피(Enthalpy)

물질이 보유하는 총에너지는 ① 내부에너지, ② 운동에너지, ③ 위치에너지의 합이다.

총에너지 $E = U + KE + PE$ (11)

단위질량당 총에너지 $e = \dfrac{E}{m}$ (12)

내부에너지 $U = mu$ (13)

운동에너지 $KE = \dfrac{1}{2} m V^2$ (14)

위치에너지 $PE = mgz$ (15)

여기서, E : 총에너지(kJ)

e : 단위질량당 총에너지(kJ/kg), $e = E/m$

g : 중력가속도(m/s^2), 표준중력가속도 $g_o = 9.807\text{m/s}^2$

KE : 운동에너지(kinetic energy, kJ)

m : 질량(kg)

PE : 위치에너지(potential energy, kJ)

U : 내부에너지(kJ)

u : 단위질량당 내부에너지(kJ/kg), $u = U/m$

V : 속도(m/s)

z : 높이(m)

[그림 2-11]과 같이 검사체적(control volume) 내부로 질량유입과 외부로 질량유출이 있는, 즉 유동이 있는 경우 유동일(flow work) $W_{flow\,work} = PV$(압력×체적)[kJ]이 발생한다. 단위질량당 유동일은 $w_{flow\,work} = Pv$[kJ/kg]이 된다.

[그림 2-11] 검사체적

유동이 있는 해석의 경우 u(내부에너지)가 단독으로 나타나는 경우보다는 내부에너지와 유동일이 결합된, 즉 $u + Pv$가 더 중요한 의미를 가진다. $u + Pv$를 엔탈피(enthalpy) i라고 정하며, 단위는 kJ/kg이다.

$i = u + Pv$ (16)

습공기의 엔탈피를 구하는 방법은 크게 ① 근사식, ② 습공기선도, ③ 프로그램을 이용하는 방법이 있다. 여기서는 근사식을 이용하는 방법을 소개한다. 근사식이라고 하는 이유는 물질의 비열은 상태(온도, 압력)에 따라 달라진다. 그러나 계산의 편의를 위해 비열이 일정하다고 가정하여 계산하므로 근사식이라고 한다.

습공기는 건조공기와 수증기 2개의 성분으로 구성되었다고 가정한다. 온도 0℃에서 건조공기는 기체, 물은 액체인 상태를 기준으로, 이 상태에서의 습공기의 엔탈피를 0이라고 하여 다른 상태의 엔탈피를 근사식으로 구하는 방법이다. 습공기의 엔탈피 근사식은 식 (17)과 같다.

$$i = C_{pa}t + x(h_{fg} + C_{pv}t) \tag{17}$$

여기서, C_{pa} : 건조공기의 정압비열(1.004kJ/kg · ℃)

C_{pv} : 수증기의 정압비열(1.863kJ/kg · ℃)

h_{fg} : 0℃에서의 물의 잠열(2,501kJ/kg)

t : 온도(℃)

x : 절대습도(kg/kg)

문제 14. 온도 20℃, 절대습도 0.008kg/kg인 습공기의 엔탈피는?

풀이 $i = C_{pa}t + x(h_{fg} + C_{pv}t) = 1.004 \times 20 + 0.008 \times (2,501 + 1.863 \times 20) = 40.38$kJ/kg

문제 15. 상태 1 : 20℃, 절대습도 0.008kg/kg이고, 상태 2 : 25℃, 절대습도 0.012kg/kg이다. 두 습공기상태의 엔탈피차 $i_2 - i_1$는?

풀이 $i_2 - i_1$

$= \{C_{pa}t_2 + x_2(h_{fg} + C_{pv}t_2)\} - \{C_{pa}t_1 + x_1(h_{fg} + C_{pv}t_1)\}$

$= \{1.004 \times 25 + 0.012 \times (2,501 + 1.863 \times 25)\} - \{1.004 \times 20 + 0.008 \times (2,501 + 1.863 \times 20)\}$

$= 55.659 - 40.378 = 15.281$kJ/kg

문제 16. 체적 240m^{3}공간에 24℃, 상대습도 40%, 압력 101.325kPa인 습공기가 있다. 다음 습공기의 상태량을 구하시오. ① 수증기분압(kPa), ② 수증기질량(kg), ③ 건조공기분압(kPa), ④ 건조공기질량(kg), ⑤ 절대습도(kg/kg), ⑥ 비체적(m^3/kg), ⑦ 노점온도(℃), ⑧ 엔탈피(kJ/kg)

풀이 ① 수증기분압

t[℃]	P[kPa]
20	2.339
24	?
25	3.169

[표 2-4]를 이용하면 선형보간법은 $\frac{P_s - 2.339}{3.169 - 2.339} = \frac{24-20}{25-20}$

$P_s = 3.003\text{kPa}$, $\phi = \frac{P_v}{P_s}$, $P_v = \phi P_s = 0.4 \times 3.003\text{kPa} = 1.2012\text{kPa}$

② 수증기질량

이상기체상태식 $P_v V = m_v R_v T$, $R_v = 0.4615\text{kJ/kg} \cdot \text{K}$

$T = t + 273.15 = 24 + 273.15 = 297.15\text{K}$

$$m_v = \frac{P_v V}{R_v T} = \frac{1.2012\text{kPa} \times 240\text{m}^3}{0.4615\text{kJ/kg} \cdot \text{K} \times 297.15\text{K}} = 2.102\text{kg}$$

③ 건조공기분압

$P = P_a + P_v$, $P_a = P - P_v = 101.325\text{kPa} - 1.2012\text{kPa} = 100.124\text{kPa}$

④ 건조공기질량

이상기체상태식 $P_a V = m_a R_a T$, $R_a = 0.287\text{kJ/kg} \cdot \text{K}$

$$m_a = \frac{P_a V}{R_a T} = \frac{100.124\text{kPa} \times 240\text{m}^3}{0.287\text{kJ/kg} \cdot \text{K} \times 297.15\text{K}} = 281.768\text{kg}$$

⑤ 절대습도

절대습도 $x = \frac{m_v}{m_a} = \frac{2.102\text{kg}}{281.768\text{kg}_{\text{DA}}} = 0.007461\text{kg/kg}_{\text{DA}}$

또는 식 (8)에 의해

$$x = 0.622\frac{P_v}{P - P_v} = 0.622 \times \frac{1.2012}{101.325 - 1.2012} = 0.007462\text{kg/kg}$$

⑥ 비체적

$$v' = \frac{V}{m_a} = \frac{240\text{m}^3}{281.768\text{kg}} = 0.8518\text{m}^3/\text{kg}_{\text{DA}}$$

또는 이상기체상태식 $P_a V = m_a R_a T$, $R_a = 0.287\text{kJ/kg} \cdot \text{K}$

$$v' = \frac{V}{m_a} = \frac{R_a T}{P_a} = \frac{0.287\text{kJ/kg} \cdot \text{K} \times 297.15\text{K}}{100.124\text{kPa}} = 0.8518\text{m}^3/\text{kg}_{\text{DA}}$$

⑦ 노점온도

t[℃]	P[kPa]
5	0.8726
?	1.2012
10	1.228

[표 2-4]를 이용하면 선형보간법은 $\frac{t_{dew} - 5}{10 - 5} = \frac{1.2012 - 0.8726}{1.228 - 0.8726}$

$t_{dew} = 9.62℃$

⑧ 엔탈피

$i = C_{pa} t + x(h_{fg} + C_{pv} t)$

$C_{pa} = 1.004\text{kJ/kg} \cdot ℃$, $C_{pv} = 1.863\text{kJ/kg} \cdot ℃$, $h_{fg} = 2{,}501\text{kJ/kg}$

$i = 1.004 \times 24 + 0.007461 \times (2{,}501 + 1.863 \times 24) = 43.08\text{kJ/kg}$

5 습공기선도

습공기는 건조공기와 수증기의 2성분 이상기체혼합물이다. 따라서 상태를 확정하기 위해서는 3개의 상태량이 필요하다. 독립변수가 3개이면 3차원 선도가 필요하므로 복잡하게 된다. 따라서 단순화를 위해 습공기의 여러 상태량 중 전체 압력을 고정하여 습공기의 모든 상태량을 표시한 것이 습공기선도(psychrometric chart)이다.

가장 일반적인 습공기선도는 전체 압력을 표준대기압인 101.325kPa로 가정하여 선도로 표시한 것이다. 압력을 고정하므로 2개의 상태량을 알면 나머지 상태량은 선도에서 찾을 수 있다. 습공기선도는 압력이 고정되었으므로 습공기의 다른 상태량, 즉 건구온도, 습구온도, 상대습도, 절대습도, 노점온도, 비체적, 수증기분압, 엔탈피, 현열비, 열수분비를 선도에서 찾을 수 있다.

[그림 2-12]은 표준대기압(101.325kPa) 가정 하의 습공기선도이다. 상태가 정해지면 습공기선도에서 모든 상태량을 구할 수 있다. 상태점에서 수직으로 내려와 x축과 만나는 값이 건구온도(℃)이다. 수평으로 우측으로 선을 연장하면 우측 수직선과 만나게 되는데, 이 값을 읽으면 절대습도(kg/kg) 또는 수증기분압(kPa)이 된다. 수평으로 좌측으로 선을 연장하면 좌측 100% 포화선을 만나는데, 이 값이 노점온도(℃)가 된다. 습구온도와 엔탈피선은 유사한 기울기이지만 동일 습구온도선의 기울기 절대값이 엔탈피선보다 약간 더 크다. 상대습도와 비체적값은 [그림 2-12]에서 나타난 선을 읽으면 된다.

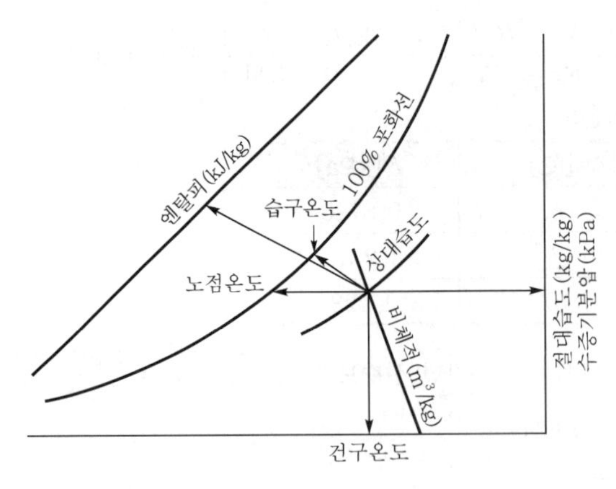

[그림 2-12] 습공기선도

문제 17. 온도 27℃, 상대습도 50%, 체적 240m^3, 압력 101.325kPa인 습공기가 있다. 습공기선도를 이용하여 다음을 구하여라. ① 수증기분압(kPa), ② 건조공기분압(kPa), ③ 절대습도(kg/kg), ④ 건조공기질량(kg), ⑤ 수증기질량(kg), ⑥ 노점온도(℃), ⑦ 비체적(m^3/kg), ⑧ 엔탈피(kJ/kg), ⑨ 습구온도(℃)

풀이 ① 수증기분압

습공기선도에서 27℃, 상대습도 50%의 교점을 구한다. 이 상태점으로부터 수증기분압을 읽는다.

$P_v = 1.784\text{kPa}$

② 건조공기분압

$P = P_a + P_v$, $P_a = P - P_v = 101.325\text{kPa} = 1.784\text{kPa} = 99.541\text{kPa}$

③ 절대습도

습공기선도에서 절대습도값을 읽는다.

$x = 0.01115\text{kg/kg}$

④ 건조공기질량

이상기체상태식 $P_a V = m_a R_a T$, $R_a = 0.287\text{kJ/kg} \cdot \text{K}$

$T = t + 273.15 = 27℃ + 273.15 = 300.15\text{K}$

$$m_a = \frac{P_a V}{R_a T} = \frac{99.541\text{kPa} \times 240\text{m}^3}{0.287\text{kJ/kg} \cdot \text{K} \times 300.15\text{K}} = 277.329\text{kg}$$

⑤ 수증기질량

이상기체상태식 $P_v V = m_v R_v T$, $R_v = 0.4615\text{kJ/kg} \cdot \text{K}$

$$m_v = \frac{P_v V}{R_v T} = \frac{1.784\text{kPa} \times 240\text{m}^3}{0.4615\text{kJ/kg} \cdot \text{K} \times 300.15\text{K}} = 3.090\text{kg}$$

⑥ 노점온도

습공기선도에서 노점온도값을 읽는다.

$t_{dew} = 15.7℃$

⑦ 비체적

습공기선도에서 비체적값을 읽는다.

$v' = 0.866\text{m}^3/\text{kg}$

⑧ 엔탈피

습공기선도에서 엔탈피값을 읽는다.

$i = 55.54\text{kJ/kg}$

⑨ 습구온도

습공기선도에서 습구온도값을 읽는다.

$t_b = 19.5℃$

제2장 연습문제

1. 공기조화의 정의와 실내환경기준에 관해 설명하여라.

답 본문 참조.

2. 공기조화의 원리와 기본요소들에 관해 기술하여라.

답 본문 참조.

3. 공기조화설비를 구성하는 항목, 기기 및 기능에 대해 설명하여라.

답 본문 참조.

4. 습공기의 용어에는 어떤 것들이 있는가? 이들에 관해 간단히 설명하여라.

답 본문 참조.

5. 건조공기, 습공기, 포화습공기는 어떠한 공기인지 설명하여라.

답 본문 참조.

6. 건구온도와 습구온도를 설명하여라.

답 본문 참조.

7. 절대습도, 상대습도 및 노점온도에 대하여 설명하여라.

답 본문 참조.

8. 현열, 잠열 및 엔탈피에 대하여 설명하여라.

답 본문 참조.

9. 습공기선도란 무엇인지 설명하여라.

답 본문 참조.

10. 엔탈피(전열량) 230kJ/kg의 습공기 4,000kg/h을 엔탈피 160kJ/kg인 습공기로 냉각하는 경우 필요한 냉각용량은 몇 kW인가?

답 77.8kW

11. 겨울에 난방할 때 실내공기의 상태는 건구온도 26℃, 상대습도 50%이었다. 이 공기의 습구온도, 노점온도, 비체적 및 엔탈피를 습공기선도에서 구하여라.

답 습구온도 : 13.6℃
노점온도 : 9.1℃
비체적 : 0.84m^3/kg′
엔탈피 : 38.0kJ/kg′

12. 여름철 냉방할 때 실내공기의 상태는 건구온도 26℃, 습구온도 18℃이었다. 이 공기의 상대습도, 노점온도, 전열량, 수증기분압 및 절대습도를 습공기선도에서 구하여라.

답 상대습도 : 46.3%
노점온도 : 13.6℃
전열량 : 50.7kJ/kg′
수증기분압 : 11.3mmHg
절대습도 : 45.7%

13. 실온 20℃, 상대습도 30%인 실이 있다. 대기압이 99kPa인 경우 공기 중의 수증기분압, 수증기의 밀도 및 1kg의 건조공기 중의 수증기질량을 산출하여라.

답 수증기분압 : 0.7017kPa
수증기의 밀도 : 0.00519kg/m^3
1kg의 건조공기 중의 수증기질량 : 0.00444kg/kg_{DA}

14. 1kg의 건조공기가 압력 79kPa, 체적 1m^3에서 압력 196kPa, 온도 100℃로 되었다. 공기를 이상기체로 하여 처음 상태의 공기온도 및 그 뒤의 상태의 체적을 구하여라.

답 공기온도 : 2.11℃
비체적 : 0.546m^3/kg′

15. 외기온도 0℃, 상대습도 60%의 공기를 26℃, 50%의 상대습도로 하여 실내에 공급하는 경우 건조공기 1kg에 대하여 가해야 할 수증기의 중량은 얼마로 하면 되는가? 단, 대기압은 760mmHg로 한다.

답 0.0083kg/kg_{DA}

Chapter 03

공기조화과정

1. 습공기선도의 구성
2. 현열변화와 잠열변화
3. 공기의 혼합변화
4. 단열변화
5. 현열비와 열수분비
6. 장치노점온도와 송풍량

1 습공기선도의 구성

습공기선도는 제2장에서 설명한 바와 같이 공기의 상태변화를 파악하는 데 이용되고 있다. 즉 건구온도 · 습구온도 · 절대습도 · 상대습도 · 엔탈피 등의 상호관련성은 [그림 3-1]의 습공기선도상에서 잘 표현된다. 습공기선도에는 엔탈피와 절대습도를 좌표로 사용하는 $i-x$선도가 일반적으로 사용되고 있으나, 건구온도와 절대습도를 좌표로 하는 $t-x$선도, 건구온도와 엔탈피를 사용하는 $t-i$선도도 이용되고 있다.

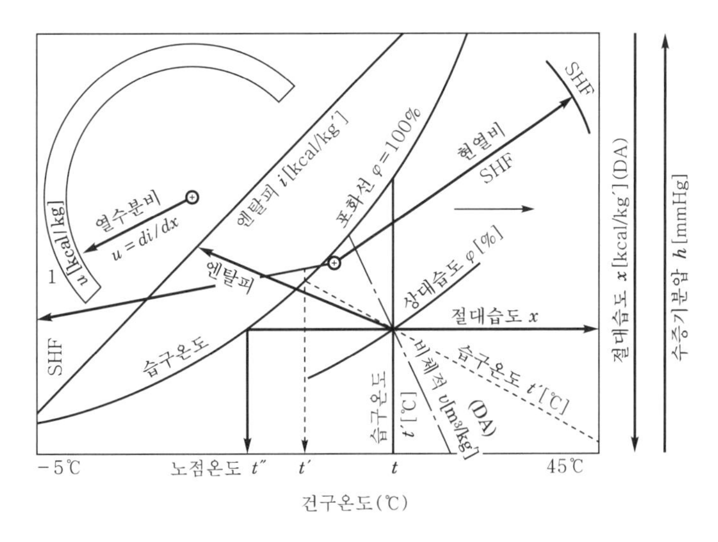

[그림 3-1] 습공기선도의 구성($i-x$ 선도)

$i-x$선도는 절대습도 x를 세로축에, 엔탈피 i를 경사축으로 하여 구성되며, 엔탈피, 절대습도 이외에 건구온도, 상대습도, 수증기분압, 습구온도, 비체적 등과 같은 상태값이 기입되어 있고, 포화곡선, 현열비, 열수분비 등이 나타나 있으며, 습구온도에는 단열포화온도가 이용되고 있다. 부록으로 첨부한 습공기선도는 일반적으로 공기조화에서 사용되는 온도범위의 것이며, 이것보다 고온의 것(HC)과 저온의 것(LC)도 있다. 또한 이 선도는 압력을 1기압(=760mmHg)으로 하여 작성된 것이며, 압력이 변화하면 포화곡선과 절대습도의 관계 또는 엔탈피, 비체적 등도 변화한다. 그래서 압력이 1기압과 다른 경우에는 해당 압력에 대해 실용적으로 1기압의 선도를 그대로 사용해도 지장이 없다.

$t-x$선도는 캐리어선도(Carrier chart)라고도 불리며, 건구온도 t를 가로축으로, 절대습도 x를 세로축으로 하여 직각좌표를 작도하고 각종 상태치를 나타내는 선들을 그려 넣은 것이다. $i-x$선도와 비슷한 점이 많으나 실용상 편리하도록 간략하게 되어 있어 사용하기 좋은 것

이 특징이다. 또 이 선도에서 보면 건구온도선이 전부 평행으로 되어 있고 습구온도선을 이용하여 엔탈피의 값을 읽도록 되어 있는 것이 특징이다. 이것은 습구온도가 변화하지 않는 한 엔탈피가 거의 일정하게 된다는 개념을 채용한 것이다.

$t-i$선도는 건구온도 t와 엔탈피 i를 직교좌표로 하여 그린 것이다. 이 선도는 물과 공기가 접촉하면서 변화하는 경우의 해석에 편리하며, 공기류 중에 물을 분무하는 공기세정기(air washer)나 냉각탑 등의 해석을 할 때 이용된다.

2 현열변화와 잠열변화

1. 현열변화

공기조화에서 습공기의 상태는 항상 가변적이다. 즉 공기가 가열되면 현열량은 증가하게 되고, 또 공기에 가습을 하게 되면 잠열량이 증가하게 된다. 그럼 이제 습공기선도상에서 좀 더 구체적인 공기의 상태를 고찰해 보기로 한다.

지금 전기히터를 사용하여 공기를 가열하는 경우 실내의 건구온도계가 나타내는 것과 같이 실온은 시간이 경과함에 따라 상승하게 되나, 이와 같은 가열과정 중에서는 공기 중에 수분이 가해지거나 제거되는 일이 없으므로 실내의 건조공기 1kg을 함유하는 습공기 중의 수분의 질량, 즉 절대습도는 변함없이 일정하다.

이를 선도상에 나타내면 [그림 3-2]에 나타낸 바와 같이 건구온도 t_A[℃], 절대습도 x [kg/kg′]인 공기 A를 가열해서 건구온도 t_B[℃]의 공기 B로 만드는 경우 습공기선도상을 점 A에서 오른쪽으로 수평선을 따라 그 상태가 변화한다.

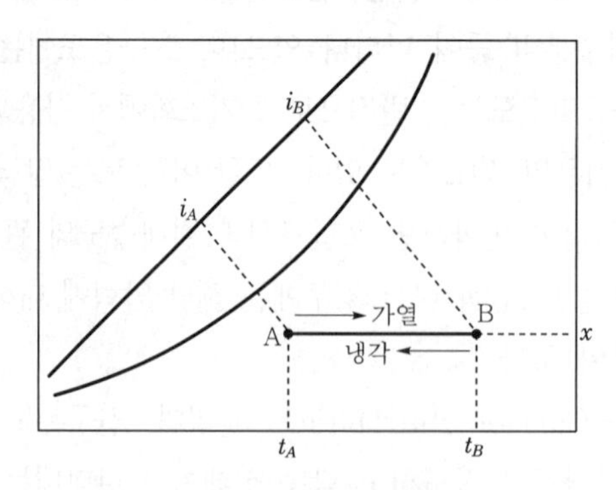

[그림 3-2] 현열변화

[그림 3-2]에서 보아서 알 수 있듯이 이때 절대습도에는 변화가 없으나 상대습도는 가열됨에 따라 내려간다. 겨울에 실내에서 난로만 피우고 그 위에 물을 담은 용기를 놓지 않으면 실내가 건조해지는 것은 이 때문이다.

이와 같이 절대습도는 일정하고 온도만이 변하는 상태를 현열변화(sensible heat change)라고 부르며, 습분(濕分)변화가 없는 냉각의 경우도 현열변화로 된다. 냉각의 경우에는 예를 들어 건구온도 t_B[℃]에서 t_A[℃]로 냉각시킬 경우, B의 공기가 습분이 일정한 상태로 냉각되어 A로 되기 때문에 습공기선도상에서는 가열만 하는 경우와 반대방향의 변화로 된다.

여기에서 현열변화, 즉 점 A에서 B까지 가열(혹은 반대방향으로의 냉각)하는 데 필요한 열량 q_{SH}[kW]는

$$q_{SH} = C_{pa} G (t_B - t_A) [\text{kW}] \quad (1)$$

여기서, q_{SH} : 가열량(혹은 냉각량, kW)

C_{pa} : 정압비열(kJ/kg · ℃, 공기의 C_{pa}는 1.004이다)

G : 질량유량(kg/s)

t_A, t_B : 점 A, B의 건구온도(℃)

가 된다.

또한 공기의 비체적을 v'[m³/kg'](공기조화에서는 표준공기의 비체적이라 하여 $v' = 0.83\text{m}^3/\text{kg}'$로 하고 있다)이라고 하면 풍량 Q[m³/h]는 다음 식과 같이 된다.

$$Q = G v' [\text{m}^3/\text{h}], \quad G = \frac{Q}{v'} [\text{m}^3/\text{h}] \quad (2)$$

식 (2)를 식 (1)에 대입하면

$$q_{SH} = C_{pa} \frac{Q}{v'} (t_B - t_A) [\text{kW}] \quad (3)$$

가 된다.

한편 가열량(혹은 냉각량)은 습공기선도상에서 점 A와 B의 엔탈피의 변화에 상당하므로

$$q_{SH} = G(i_B - i_A) = \frac{Q}{v'} (i_B - i_A) [\text{kW}] \quad (4)$$

여기서, i_A, i_B : 점 A, B의 엔탈피(kJ/kg')

로 된다.

문제 1. 현열만을 가하는 경우로서 건구온도 $t_1=15℃$, 상대습도 $\phi=60\%$인 습공기를 공기가열기를 사용하여 가열시켜 건구온도 $t_2=40℃$인 공기 1,000kg/h를 만드는 데 필요한 가열량을 구하여라.

풀이 구하고자 하는 조건들을 [그림 3-3]에 나타내면 습공기선도로부터 $t_1=15℃$, $\phi=60\%$인 상태점 A의 엔탈피는 $i_1=31.43\text{kJ/kg}'$이다. 점 A로부터 건구온도 눈금선에 평행인 직선 AB를 그어 $t_2=40℃$인 수평선과의 교점 B를 구하면 AB는 수평선이므로 A, B의 절대습도는 같다. 점 B에 있어서는 엔탈피 $i_2=56.57\text{kJ/kg}'$이므로 식 (4)에 의거하여

$$q_{SH}=G(i_2-i_1)=\frac{1,000\times(56.57-31.43)}{3,600}=6.98\text{kW}$$가 된다.

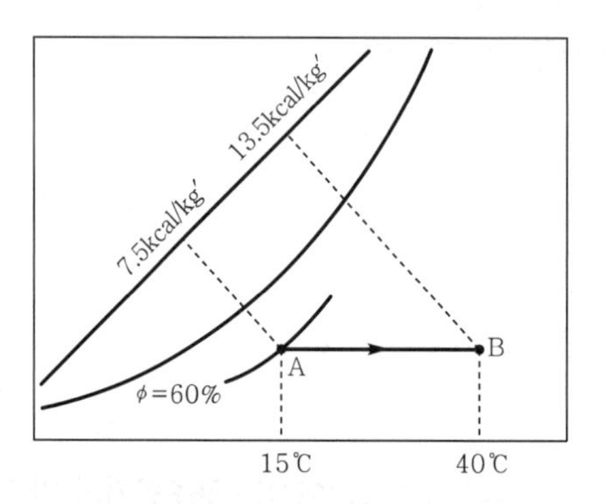

[그림 3-3] 현열만을 가하는 경우

문제 2. 현열만을 제거하는 경우로서 건구온도 $t_1=32℃$, 습구온도 $t_1'=16℃$인 공기 5,000m³/h를 공기냉각기에서 냉각시켜 $t_2=20℃$의 공기를 만들려면 제거해야 할 열량은 얼마인가?

풀이 [그림 3-4]에서 $t_1=32℃$, $t_1'=16℃$와의 교점 A로부터 엔탈피 $i_1=44.41\text{kJ/kg}'$, 비체적 $v'=0.871\text{m}^3/\text{kg}$이다(습공기선도 이용). $t_2=20℃$인 점 B의 엔탈피 $i_2=32.35\text{kJ/kg}'$이므로 식 (4)로부터

$$q_{SH}=\frac{Q}{v'}(i_2-i_1)=\frac{\frac{5,000}{0.871}\times(32.35-44.41)}{3,600}=-19.23\text{kW}$$가 된다.

이 문제에 있어서 노점 이하로 냉각하는 경우를 생각하면 AB선이 포화곡선과 교차하는 점을 C로 했을 때(C는 포화점이고 노점온도 3.3℃이다) 절대습도를 일정하게 유지하면서 계속 냉각시키면 D와 같은 과냉각상태로 된다. 이 상태는 불안정한 과포화인 경우이며, 실제에 있어서는 점 C에 달한 포화공기는 포화곡선을 따라 변화하며 온도 $t_2'=2℃$에서 $\Delta x=0.0048-0.0044=0.0004\text{kg/kg}'$의 수분이 냉각코일의 표면에서 물방울로 맺히게 된다. 즉 $t_2'=2℃$인 포화공기가 된다. 다시 말하면 공기를 노점 이하로 냉각시키면 [그림 3-4]에서와 같이 A → B → C → C′와 같은 상태변화를 하게 되는 것이다.

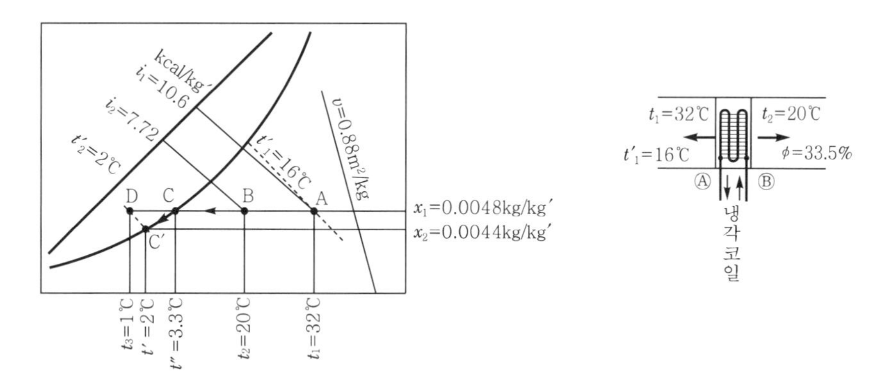

[그림 3-4] 현열만을 제거하는 경우

2. 잠열변화

이번에는 공기에 가습(혹은 감습)만 하는 경우를 살펴보기로 한다.

지금 [그림 3-5]에서와 같이 건구온도 t[℃], 절대습도 x_A[kg/kg′]의 공기 A를 절대습도 x_B[kg/kg′]의 공기 B로 변화시키는 경우, 이 변화는 습공기선도상에서는 동일 건구온도의 선상을 수직방향으로 변화하는 것이 된다. 즉 건구온도는 변화하지 않고 수증기량만이 증가해서 공기에 부여된 열(이 경우 두 상태의 엔탈피차)은 모두 습분 증가를 위해서만 소비되게 된다.

이 변화를 잠열변화(latent heat change)라 부르며, 이와 같이 습분이 증가하는 것을 가습이라고 한다. 보통의 공조장치에서 사용되는 가습방법 가운데 증기를 공기 중에 분무하는 방법 등이 쓰인다.

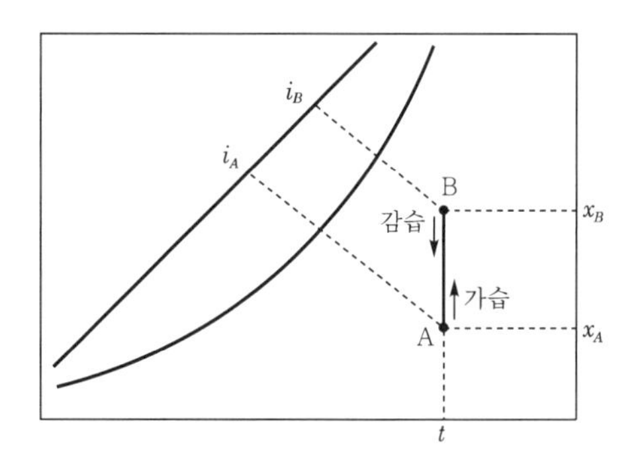

[그림 3-5] 잠열변화

다시 말해서 이 잠열변화는 건구온도의 변화는 없고 절대습도만이 증대하는 경우이지만, 실제로는 이와 같은 변화는 없고 반드시 온도변화가 수반되고 있고, 이론상 가습만의 경우로서 [그림 3-5]에 나타낸 바와 같이 등온선(等溫線)으로 평행인 변화로 된다.

또한 감습인 경우는 절대습도 x_B[kg/kg′]에서 x_A[kg/kg′]로 습분 감소가 되는 경우로 보면 x_B[kg/kg′]의 공기가 일정한 상태로 감습되어 x_A[kg/kg′]로 되기 때문에 습공기선도상에서는 가습만 하는 경우의 역방향의 변화로 된다.

여기에서 잠열변화, 즉 점 A에서 B까지 가습(혹은 반대방향으로의 감습)하는데 필요한 가습량(혹은 감습량)은 절대습도만의 변화이므로 다음 식과 같이 된다.

$$L = G(x_B - x_A)[\text{kg/h}] \tag{5}$$

여기서, L : 가습량 혹은 감습량(kg/h)

G : 질량유량(kg/h)

x_A, x_B : 점 A, B의 절대습도(kg/kg′)

또한 물의 증발잠열을 h_{fg}[kJ/kg′](0℃를 기준으로 하면 $h_{fg}=2,501$kJ/kg′이다)라고 하면 잠열 증가량(혹은 감소량) q_{LH} [kW]는

$$q_{LH} = h_{fg} L[\text{kW}] \tag{6}$$

로 된다.

식 (5)를 식 (6)에 대입하면

$$q_{LH} = h_{fg} G(x_B - x_A) = \frac{2,501\,G(x_B - x_A)}{3,600}[\text{kW}] \tag{7}$$

가 된다.

또 식 (2)를 식 (7)에 대입하면

$$q_{LH} = \frac{Q}{v'} h_{fg}(x_B - x_A) = \frac{3,013\,Q(x_B - x_A)}{3,600}[\text{kW}] \tag{8}$$

로 된다.

한편 잠열 증가량(혹은 감소량)은 습공기선도상에서 점 A와 B의 엔탈피변화에 해당하므로

$$q_{LH} = G(i_B - i_A)[\text{kW}] \tag{9}$$

로도 된다.

3. 냉각감습변화

공기를 그 노점온도보다 낮은 온도의 분무수(噴霧水)에, 또는 냉각코일에 통과시키면 통과공기에 함유되어 있던 수분의 일부는 응축하므로 그 절대습도는 저하한다. 이와 동시에 현열도 빼앗기므로 그 건구온도는 낮아진다. 이와 같이 건구온도와 절대습도가 동시에 변화하는 경우를 [그림 3-6]에서 설명하기로 한다.

지금 점 B에서 A로 냉각감습(혹은 반대방향으로의 가열가습)하는 과정에 있어서 냉각량(혹은 가열량)은 $(i_B - i_A)$이며, B로부터 A로 직접 연결되거나 BCA의 경로를 거치거나 또 B → 2 → 1 → A와 같이 변화해도 그 결과는 동일하다. 이러한 변화의 양식 가운데서 BCA과정을 생각해 보면 이를 두 과정으로 나눈 현열변화$(i_C - i_A)$와 잠열변화$(i_B - i_C)$의 합성변화로 생각해도 좋다.

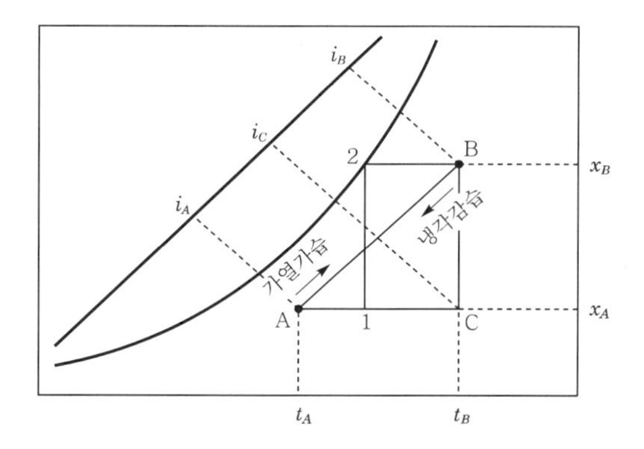

[그림 3-6] 현열과 잠열의 동시변화

이들을 [그림 3-6]에서 단위공기량에 대하여 고찰해 보면

$$\begin{aligned} \text{B} \rightarrow \text{C} \rightarrow \text{A의 냉각량(혹은 가열량)} &= G(i_C - i_A) + G(i_B - i_C) \\ &= G(i_B - i_A) \\ &= \text{B} \rightarrow \text{A의 냉각량(혹은 가열량)} \end{aligned}$$

또한 감습량(혹은 가습량)의 변화에 있어서는

$$\begin{aligned} \text{B} \rightarrow \text{C} \rightarrow \text{A의 감습량(혹은 가습량)} &= G(x_B - x_A) + 0 \\ &= G(x_B - x_A) \\ &= \text{B} \rightarrow \text{A의 감습량(혹은 가습량)} \end{aligned}$$

여기서 전열량을 q_H[kW]라 놓으면

$$q_H = q_{SH} + q_{LH}[\text{kW}] \tag{10}$$

가 된다.

식 (4)와 식 (9)를 식 (10)에 대입하면

$$q_H = G(i_C - i_A) + G(i_B - i_C) = G(i_B - i_A)[\text{kW}] \tag{11}$$

로 된다. 이것이 냉각감습량(혹은 가열가습량)을 구하는 식이 된다.

문제 3. 질량유량 1kg/h, DB 5℃, WB 2℃인 공기를 가열가습하여 DB 30℃, RH 40%인 공기를 만드는데 가해야 할 현열량, 잠열량 및 전열량을 구하여라.

풀이 부록의 습공기선도로부터 공기의 두 상태점에 대한 절대습도를 구하면 각각 x_A = 0.0032kg/kg′, x_B =0.0106kg/kg′이며, 이들을 도시하면 [그림 3-7]에 나타낸 바와 같다.

먼저 현열량 q_{SH}[kW]는 질량유량 G[kg/h]를 단위유량으로 간주하여 식 (1)로부터 구하면

$$q_{SH} = \frac{1.01 \times 1 \times (30-5)}{3,600} = 0.007\text{kW}$$

또 잠열량 q_{LH}[kW]는 식 (7)에 의거하여

$$q_{LH} = \frac{2,501 \times 1 \times (0.0106 - 0.0032)}{3,600} = 0.005\text{kW}$$

그러므로 전열량 q_H[kW]는 식 (10)에 의거하여 $q_H = q_{SH} + q_{LH} = 0.007 + 0.005 = 0.012$kW가 필요하다.

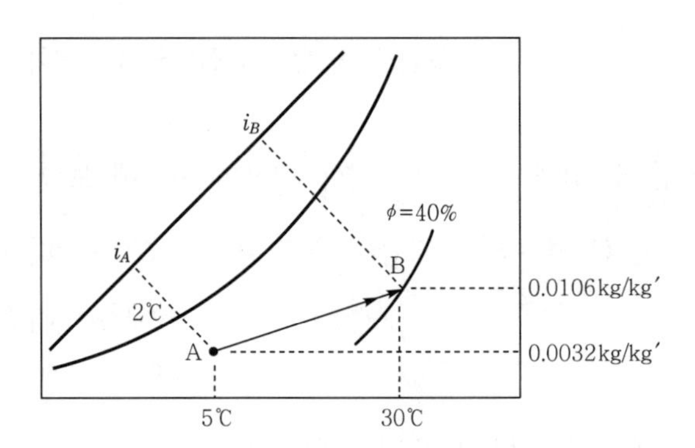

[그림 3-7] 가열가습하는 경우

문제 4. 건구온도 35℃, 습구온도 26℃의 공기 1,000m^3/h를 냉각코일을 통하여 코일 출구의 건구온도 15℃, 상대습도 90%로 하기 위하여 냉각코일에서 제거해야 할 열량과, 이때 코일에서 응축하는 수분의 양을 구하여라. 단, 기압은 760mmHg로서 일정한 것으로 한다.

풀이 우선 코일 입구의 공기상태를 나타내는 상태점 A를 35℃의 건구온도선과 26℃의 습구온도의 교점에서 구한다. 점 A의 상태인 공기의 절대습도는 0.0176kg/kg′, 엔탈피는 80.87kJ/kg′, 비체적은 0.897m^3/kg′이다. 다음 코일 출구공기의 상태점 B를 15℃의 건구온도선과 90%의 상대습도선의 교점에서 구한다. 점 B의 상태인 공기의 절대습도는 0.0095kg/kg′이다. 이들을 도시하면 [그림 3-8]에 나타낸 바와 같다.

코일 입구의 1,000m^3/h의 공기질량유량은 $\frac{1,000}{0.897}$=1,120kg′/h이므로 점 A의 공기 1kg이 점 B의 상태로 변화할 때 감소하는 열량은 엔탈피의 차로부터 80.87−39.39=41.48kJ/kg′이다. 따라서 코일에서 제거해야 할 열량은 $q_H = 41.48 \times 1,120 \times \frac{1}{3,600} = 12.9$kW로 된다. 또 점 A의 공기 1kg이 점 B의 상태로 변할 때 수분의 감소량은 절대습도차로부터 0.0176−0.0095=0.0081kg/kg′이다. 따라서 공기 중에서 응축하는 수분량은 0.0081×1,120=9.1kg/h이다.

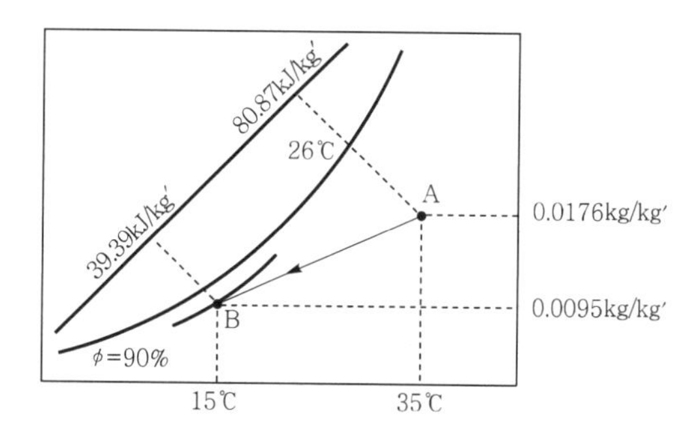

[그림 3-8] 냉각감습하는 경우

이 문제에서 공기 중의 수분이 응축하는 경우에는 수분이 증발하는 경우와는 반대로 응축열을 방출하므로 냉각코일이 통과하는 공기로부터 제거하는 열량은 점 A상태의 공기 중의 수분을 9.1kg/h만큼 제거하는 데 요하는 열량(즉 잠열)과 공기의 건구온도를 35℃에서 15℃까지 낮추는 데 필요한 열량(즉 현열)의 두 가지 종류의 열량을 제거할 만한 용량이 있어야 코일의 출구공기를 원하는 상태로 만들 수 있다. 이 두 가지 열의 합이 전열량, 즉 엔탈피이다.

3 공기의 혼합변화

위생기구의 혼합밸브(mixing valve)를 이용해서 냉수와 온수를 혼합하여 수도꼭지에서 나오는 수온을 조절하는 것과 같이 공기조화에 있어서도 제어상의 이유에서 상태가 다른 두 가지 공기류를 혼합하여 사용할 때가 많다. 가장 많이 사용하는 것은 공기조화기의 입구에서 실내로부터의 환기와 옥외에서 도입한 외기를 혼합하는 경우이다. 이때 혼합의 결과로서 어떤 상태의 공기가 얻어지는가를 아는 것은 장치의 계획상에서 보나, 또는 장치의 운전상 필요하다.

가령 A라는 상태의 공기 m_A[kg/h]와 B라는 상태의 공기 m_B[kg/h]가 혼합되는 경우 얻어지는 공기의 상태점을 습공기선도에서 구하는 데는 [그림 3-9]에서와 같이 우선 이미 알고 있는 공기의 상태점 A, B를 습공기선도상에 표시하고, 이 두 점 사이를 직선으로 연결한다. 이때 혼합공기의 상태는 직선 AB상의 점 C로 나타내며, 점 C는 $m_A : m_B$와 같은 혼합비에 의하여 결정된다.

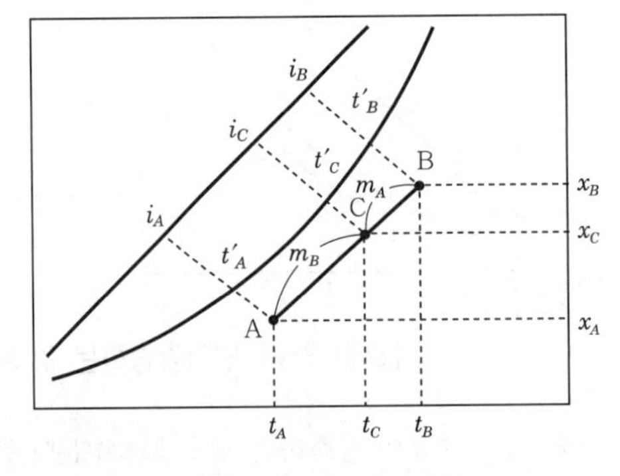

[그림 3-9] 공기의 혼합

지금 혼합의 과정에서 열의 손실이 없다고 가정하고 t_B[℃], m_B[kg/h]의 공기 B와 t_A[℃], m_A[kg/h]의 공기 A를 $m_B : m_A$의 비율로 단열혼합하는 경우, 혼합 후의 공기온도를 t_C[℃]로 하면 $t_A < t_B$이므로

$$\text{공기 B의 손실열량} = \frac{1.01 m_B (t_B - t_C)}{3{,}600} [\text{kW}]$$

$$\text{공기 A의 취득열량} = \frac{1.01 m_A (t_C - t_A)}{3{,}600} [\text{kW}]$$

이다. 두 가지를 같다고 보면

$$\frac{1.01m_B(t_B - t_C)}{3,600} = \frac{1.01m_A(t_C - t_A)}{3,600}$$

$$\therefore\ T_t = \frac{m_A}{m_A + m_B}t_A + \frac{m_B}{m_A + m_B}t_B[℃] \quad (12)$$

가 되며, 이것이 혼합공기의 온도를 구하는 식이 된다.

마찬가지 방법으로 하여 혼합공기의 습구온도, 절대습도 및 엔탈피는 각각 다음 식으로 나타낼 수 있다.

$$t_C' = \frac{m_A}{m_A + m_B}t_A' + \frac{m_B}{m_A + m_B}t_B'[℃] \quad (13)$$

$$x_K = \frac{m_A}{m_A + m_B}x_A + \frac{m_B}{m_A + m_B}x_B[kg/kg'] \quad (14)$$

$$i_K = \frac{m_A}{m_A + m_B}i_A + \frac{m_B}{m_A + m_B}i_B[kJ/kg'] \quad (15)$$

그러므로 공기 A와 B를 단열혼합하는 경우의 혼합공기의 상태는 습공기선도상에서 AB의 선분을 그어 중량비로 내분하는 점으로 표시할 수 있다.

문제 5. 여름에 외기를 우물물에 세정하여 DB 18℃, RH 95%의 공기를 만들고, 이것에 DB 26℃, RH 50%의 재순환공기를 혼합하여 DB 20℃의 공기로 만들고자 한다. 외기와 재순환공기와의 혼합비를 얼마로 하면 되는가?

풀이 외기량을 m_A[kg/h], 재순환공기량을 m_B[kg/h]로 놓으면 식 (12)에 의거하여

$$t_C = \frac{m_A}{m_A+m_B}t_A + \frac{m_B}{m_A+m_B}t_B$$

$$20 = \frac{m_A}{m_A+m_B}\times 18 + \frac{m_B}{m_A+m_B}\times 26$$

$$\therefore\ m_A = 3m_B$$

그러므로 외기와 재순환공기의 혼합비는 3 : 1로 한다.

4 단열변화

[그림 3-10]과 같이 유동하는 공기에 물을 분사하면 물이 증발하면서 공기 중의 수증기량은 증가하고 온도는 감소한다. 이때 외부와의 열출입이 없으므로 이 과정은 단열변화(adiabatic change)가 된다. 이것을 에어워셔(air washer)라고도 한다.

이 에어워셔를 통과하는 공기의 상태는 최초 공기의 상태점을 통과하는 습구온도선상을 포화곡선을 향하여 이동하게 되며, 공기는 그 건구온도가 내려감(즉 냉각)과 동시에 절대습도가 증가(즉 가습)하게 된다. 따라서 이와 같은 공기의 처리과정을 증발냉각(evaporative cooling)이라 한다.

[그림 3-10]에 나타낸 바와 같이 DB t_A[℃], WB t_A'[℃], 절대습도 x_A[kg/kg′]인 습공기 A(에어워셔 입구의 공기상태점)가 단열된 용기 속에 유입하여 온도 t_B[℃]의 물 B(분무수의 온도를 나타내는 점)로부터 증발한 수증기로 포화되어 t_C, t_C', x_C인 상태의 공기 C로 유출하는 경우를 생각한다. 용기는 단열되어 있으므로 외부로부터의 열의 전달은 없다. 이때 에어워셔를 통과하는 동안 공기의 상태는 점 A에서 직선 AB상을 B점으로 향하여 이동하여 출구점에서는 점 C와 같은 상태가 된다. 이 점 C가 AB상의 어느 위치에 있느냐 하는 것은 에어워셔의 효율에 의해 결정된다.

$$\text{가습효율 } \eta = \frac{x_C - x_A}{x_B - x_A}$$

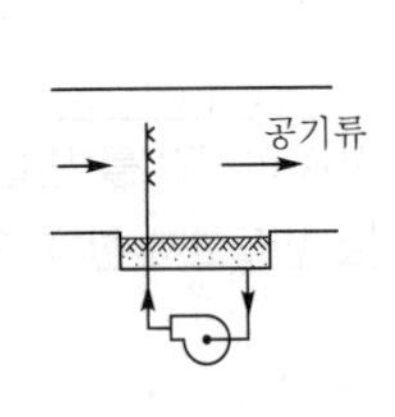

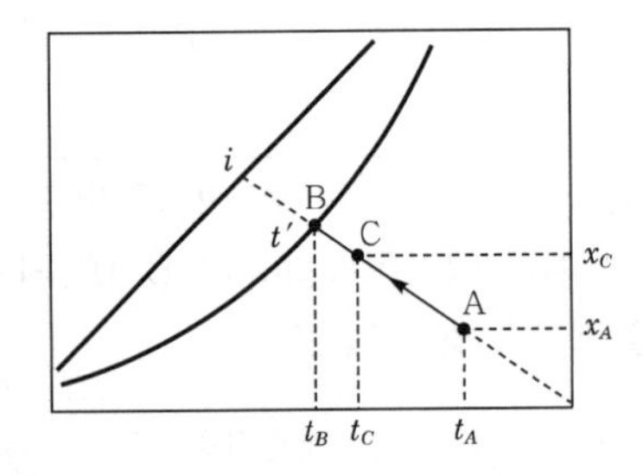

[그림 3-10] 단열변화

그러므로 습공기와 물이 단열상태에서 장시간 함께 존재하게 되면 그동안에 물의 온도는 변화하는 일이 없고 공기의 상태가 변화해서 결국 그 물의 온도와 똑같은 온도의 포화공기가 되는데, 이때 이 온도(출구공기의 온도)를 단열포화온도라고 한다. 단열포화온도는 공기의 상태에 의해 결정되지만 직접 측정이 어려우므로 근사적으로 같은 습구온도를 측정해서 그것으로 대신하고, 이를 열역학적 습구온도라고도 한다. 더욱 공기의 엔탈피는 그 공기의 습구온도에서의 포화공기의 엔탈피와 근사적으로 같으므로 공기의 엔탈피는 그 공기의 습구온도에 의해 정해진다. 이때 변화는 습구온도가 일정한 선상에서 이루어진다.

문제 6. 건구온도 20℃, 습구온도 10℃의 공기 1,000m^3/h를 에어워셔의 순환분무수 속을 통과시킨 경우, 출구공기의 상태와 가습량을 구하여라. 단, 워셔의 효율은 80%로 한다.

풀이 [그림 3-11]에 나타낸 바와 같이 에어워셔 입구의 공기 A의 절대습도는 0.0036kg/kg′, 비체적은 0.835m^3/kg′이다. 이 공기가 에어워셔 내를 통과함으로써 공기의 상태는 점 A를 통과하는 습구온도선상을 따라 변화한다. 출구상태 C는 길이 AB의 80%에 해당하는 AC가 된다. 점 C의 공기상태는 DB 12.1℃, WB 10℃, 절대습도 0.0068kg/kg′, 상대습도 79%이다. 또 에어워셔에 의해 통과공기에 가해지는 수분량은 $\frac{1,000}{0.835} \times (0.0068 - 0.0036) = 3.8$ kg/h이다.

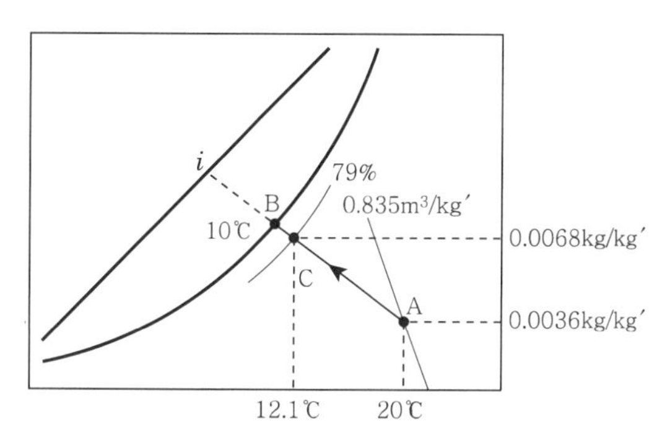

[그림 3-11] 순환분무수에 의한 상태변화

5 현열비와 열수분비

1. 현열비와 공기의 상태변화

공기가 상태변화(온도, 습도의 동시변화)는 현열량과 잠열량의 비율에 의해 습공기선도상을 이동하는 방향이 정해진다. 전열량에 대한 현열량의 비율을 현열비(SHF : Sensible Heat Factor)라고 하며 다음 식과 같다.

$$SHF = \frac{q_{SH}}{q_{SH} + q_{LH}} \tag{16}$$

여기서, SHF : 현열비

q_{SH} : 공기에 가해진 현열량(kW)

q_{LH} : 공기에 가해진 잠열량(kW)

여기서 사용하는 $i-x$선도는 좌단 외곽눈금이 SHF의 수치이며, 원점 ⊕표($t=22$℃, $\phi=93\%$의 상태점 부근)와 SHF수치의 눈금을 잇는 직선을 현열비선이라고 하며, 이 직선에 평행하는 변화는 모두 동일한 현열비변화이다.

[그림 3-12]처럼 냉방의 경우 공조기에서 실내에 취출공기의 상태점 Ⓐ, 실내공기의 상태점을 Ⓑ라고 하면 점 Ⓑ는 현열비선과 같은 구배로 점 Ⓐ를 통하는 직선상에 있다. 다시 말해서 SHF가 정해지며 실내를 점 Ⓑ의 공기상태로 하는데, 점 Ⓑ에서 현열비선과 같은 구배로 그린 직선상에 취출공기의 상태점이 있어야 한다. 이 점 Ⓐ와 Ⓑ를 잇는 직선을 상태선이라고 하며, SHF는 이 상태선구배를 뜻한다. 이 상태선과 포화곡선($\phi=100\%$)과의 교점 Ⓔ를 장치노점온도(ADP)라고 한다. 또한 다른 $i-x$선도에서는 SHF의 눈금위치나 원점의 위치가 다를 수 있다.

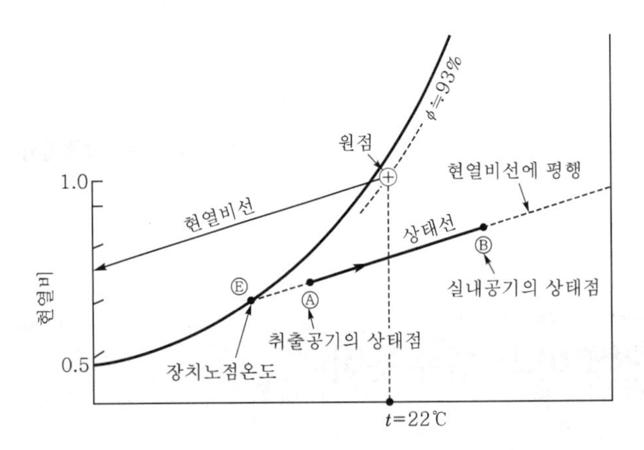

[그림 3-12] 현열비와 공기의 상태변화

2. 열수분비와 공기의 상태변화

공기온도 및 습도가 변화할 때 가감된 열량의 변화량과 수분량의 변화량과의 비율을 열수분비(u)라고 하며 다음 식과 같다.

$$u=\frac{i_2-i_1}{x_2-x_1} \tag{17}$$

$$=\frac{q_s+q_L}{L}=\frac{q_s}{L}+i_v \tag{18}$$

여기서, u : 열수분비(kJ/kg)

i_1, x_1 : 변화 전 공기의 엔탈피(kJ/kg′), 절대습도(kg/kg′)

i_2, x_2 : 변화 후 공기의 엔탈피(kJ/kg′), 절대습도(kg/kg′)

q_s : 공기에 가해진 현열량(kW)

q_L : 공기에 가해진 잠열량(kW)

L : 공기에 가해진 수분량(kg/h)

i_v : 수분의 엔탈피(kJ/kg)

(물에 대해 $i_v \fallingdotseq 4.19t$, 증기에 대해 $i_v \fallingdotseq 2{,}501 + 1.863t$, t는 물 또는 증기의 온도)

여기에 사용되는 $i-x$선도는 좌상으로 반원주상의 눈금이 열수분비의 수치이며, 기준점 ⊕표와 열수분비의 수치를 이으면 일정한 구배의 직선이 되며, 현열비와 같이 공기의 상태변화에서 공기선도상의 상태선방향이 정해진다.

[그림 3-13]처럼 처음 공기의 상태점을 ①, 가열가습 후의 상태점을 ②라고 하면 점 ②는 기준점 ⊕표와 열수분비의 수치를 이은 직선에 대해 점 ①에서 그린 평행선상에 있다. 이 점 ①과 ②를 잇는 직선을 상태선이라고 한다. 근사적으로 다음 식에서 u의 수치를 구할 수 있다.

$$u = i_v \fallingdotseq 4.19t \quad \cdots\cdots \text{물로 가습할 경우}$$
$$\fallingdotseq 2{,}501 + 1.863t \quad \cdots\cdots \text{증기가습의 경우} \qquad (19)$$
$$\fallingdotseq -333 + 2.1t \quad \cdots\cdots \text{얼음가습의 경우}$$

여기서, t : 물, 증기, 얼음 각각의 온도(℃)

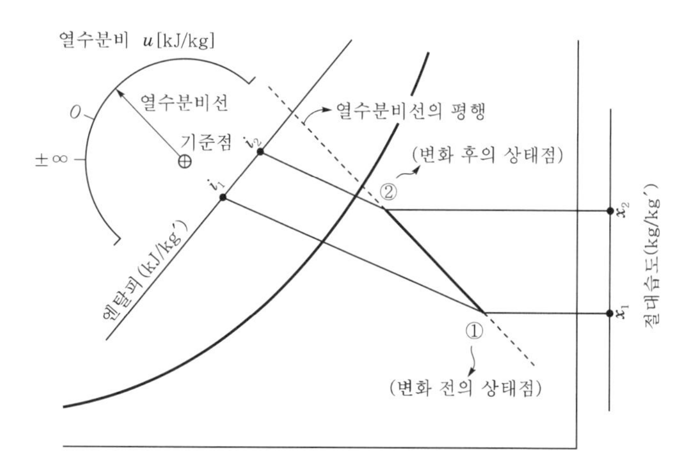

[그림 3-13] 열수분비와 공기의 상태변화

[그림 3-14]는 여러 가지 가습의 상태변화와 u수치의 관계이다.

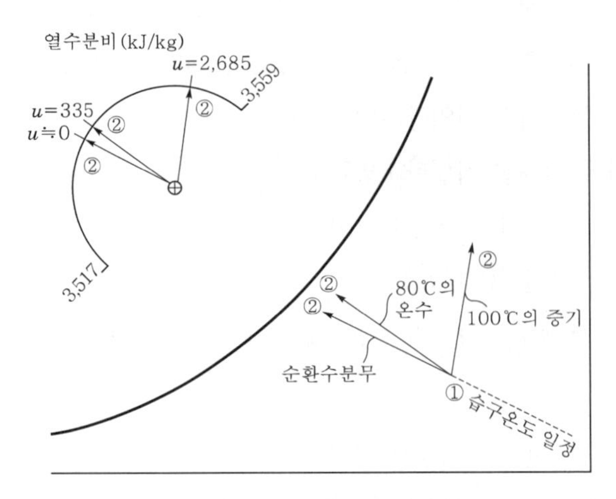

[그림 3-14] 여러 가지 가습의 상태변화와 열수분비

6 장치노점온도와 송풍량

1. 상태선과 송풍량

1) 상태선

현열비가 얻어지면 소정의 실내온습도를 유지하기 위하여 어떤 상태의 공기를 보내야 할 것인가를 습공기선도상에서 얻을 수 있다. 즉 공기의 상태변화선이 선도상에 표기되게 되는데, 전술한 현열비선 및 열수분비선 모두가 바로 이 상태선(condition line)을 가리킨다.

상태선상에 있는 점은 모두 실내로의 송풍상태를 나타내며, 실내로의 송풍상태점은 모두 이 선상에 있게 된다. 다만, 여기에서 말하는 송풍상태란 코일의 출구상태를 의미하며, 실내에서의 토출상태는 송풍기, 급기덕트에서의 건구온도 상승분(1~1.5℃)만큼 변화한다.

2) 송풍온도와 송풍량

코일 출구온도가 결정되면 공기조화용 송풍량은 식 (1) 및 식 (3)에 의거하여 다음과 같이 계산한다.

$$G = \frac{3,600 q_{SH}}{1.003(t_r - t_d)} [\mathrm{kg/h}], \quad Q = \frac{3,600 q_{SH}}{1.20(t_r - t_d)} [\mathrm{m^3/h}] \tag{20}$$

여기서, G, Q : 송풍량(kg/h, m^3/h)

q_{SH} : 실내취득현열량(kW)

t_r, t_d : 실내온도, 송풍공기온도(℃)

또한 위 식에서 $(t_r - t_d)$를 송풍온도차라 부르며, 이 온도차를 크게 하면 풍량은 감소하지만 냉방 시의 실내온도분포가 악화되고, 온도차를 작게 하면 풍량이 증가해 냉기(draft)를 느껴 불쾌하게 된다. 일반적으로 이 온도차는 취출구의 형상 · 성능 및 천장높이에 의해 결정되며, 냉방 시에 10~15℃, 난방 시에 10~20℃ 정도이다.

한편 식 (20)을 변형시키면 다음과 같은 송풍온도 t_d를 구할 수 있다.

$$\text{냉방 } t_d = t_r - \frac{3,600 q_{SH}}{1.20Q} [℃], \text{ 난방 } t_d = t_r + \frac{3,600 q_{SH}}{1.20Q} [℃] \tag{21}$$

2. 장치노점온도와 풍량

공기가 냉수를 분무하는 공기세정기 또는 냉각코일을 통과하는 경우, 충분하게 물방울과 접촉하여 100% 열교환을 하게 되면 포화상태가 된다. 이 온도를 코일의 장치노점온도(apparatus dew point, ADP)라고 한다.

지금 실내공기조건이 SHF가 일정한 비율로 변화하고 있는 것으로 생각해 보자. [그림 3-15]에서와 같이 실내를 A의 상태로 유지하기 위해 냉방을 하는 경우, 만일 냉방을 하지 않는다면 SHF가 일정한 변화로서 A → B로 실내온습도가 상승하게 된다. 그래서 적당한 냉풍을 송풍해서 냉방을 하면 되겠지만, 이 경우 임의상태의 온습도조건의 냉풍을 공급해도 되는 건 아니다. 말하자면 SHF 일정의 변화를 무시해서 송풍하면, 예로서 실내는 A의 상태로 되지 않으며 C의 상태가 되어 설계조건에 적합하지 않게 된다. 그러므로 BA의 연장선 위에서 B′A=AB인 점 B′를 구해 이 상태의 공기를 송풍하면 실내를 A의 상태로 유지할 수 있다. 그러나 B′의 공기보다는 D의 공기, 또 D의 공기보다도 D′의 공기를 송풍하는 편이 공기량이 적게 된다. 더욱이 그 극한은 포화공기 E의 상태이며, 이 공기를 송풍하는 경우는 최소공기량으로 될 수 있다. 점 E에서는 건구온도, 습구온도 및 노점온도가 같게 되며, 이 온도를 장치노점온도(ADP)라고 한다. 이 ADP는 재순환공기 100%(외기도입 0%)로 냉각감습할 때 장치효율 100%일 때의 출구공기의 상태점이다.

이와 같이 ADP는 최소 공기량으로 냉각코일을 통과하는 공기가 100% 열교환할 경우의 온도이며, 코일표면온도가 일정하며 코일열수(列數)가 무한으로 많을 때 가능하다. 그러나 실제적으로는 [그림 3-16]에서와 같이 코일을 통하여 나오는 공기는 코일 입구상태와 ADP와의 중간상태로 되어 나온다. 그래서 그 상태는 [그림 3-16]에 나타낸 바와 같이 코일의 바이패스계수(bypass factor, BF)에 의해 선도상에서 구한다.

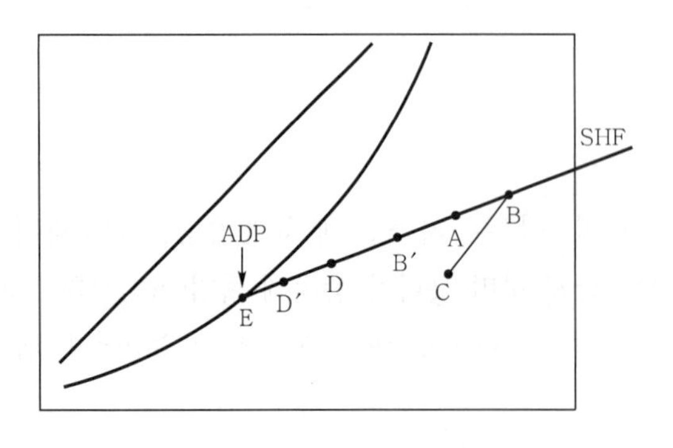

[그림 3-15] 장치노점온도

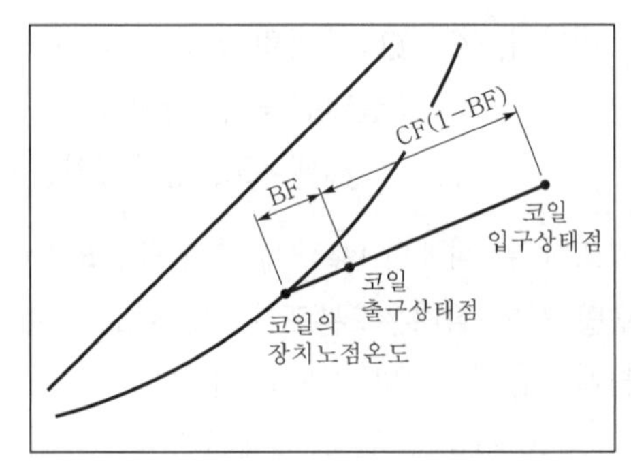

[그림 3-16] 코일의 바이패스계수(BF)

공조기의 냉각코일을 통과하는 공기 중에는 코일의 튜브표면에 접촉하지 않고 그대로 실내에 들어오는 것이 있다. 이를 바이패스라 하며, 이것은 코일의 구조, 공기의 흐름속도 및 상태, 열교환기의 면적, 표면의 청결도 등의 영향을 받는다. 그리고 바이패스한 공기와 전 공기량의 비를 BF라고 부른다. 예를 들어, BF 20%라 함은 열교환기를 통과한 공기 중 20%가 열교환기의 코일에 접촉하지 않고 그대로 통과하였음을 뜻한다. 이에 대해서 (1−BF)를 접촉계수(contact factor, CF)라고 부른다.

따라서 이와 같은 BF를 고려하게 되면 식 (20)[이 경우의 송풍량은 냉각코일을 통과하는 감습공기량을 말하며, 냉각코일을 통과하지 않는 공기량은 포함하지 않은 것이다]은 다음과 같이 된다.

$$Q=\frac{3,600q_{SH}}{1.20(t_r-t_d{}')(1-BF)}[\mathrm{m^3/h}] \qquad (22)$$

여기서, Q : 송풍량($\mathrm{m^3/h}$)

q_{SH} : 실내취득현열량(kW)

t_r : 실내온도(℃)

$t_d{}'$: 코일의 ADP(℃)

문제 7. 건구온도 $t_1=20$℃, 습구온도 $t'_1=11$℃의 공기를 60℃ 수분무로 완전히 가습한 경우와 100℃의 증기분사로 가습한 경우 출구공기의 절대습도를 $x_2=0.0080$kg/kg′로 하면 각각 가습 후 공기의 건구온도와 상대습도를 구하여라.

풀이 ① 60℃ 수분무의 경우 공기상태변화의 방향은 식 (19)에서

$u=i_v \fallingdotseq 4.19t=4.19\times 60=251.4\mathrm{kJ/kg}$

$i-x$선도를 사용해서 $u=251.4$kJ/kg과 기준점 ⊕를 이은 직선에 대해 점 ①에서 평행선을 그리면 $x_2=0.0080$kg/kg′와의 교점이 출구공기의 상태점이다.

$\therefore\ t_2=12$℃, $\phi=92\%$

② 100℃ 증기분사의 경우 공기상태변화의 방향은 식 (19)에서

$u = i_v = 2{,}501 + 1.863t = 2{,}501 + 1.863 \times 100 = 2{,}687\,\text{kJ/kg}$

이와 같이 해서 구하면 $t'_2 = 20.8$℃, $\phi = 52.5\%$이다.

또한 i_v를 구하는 경우 부록의 [부표 6]을 사용하면 정확한 수치를 구할 수 있다.

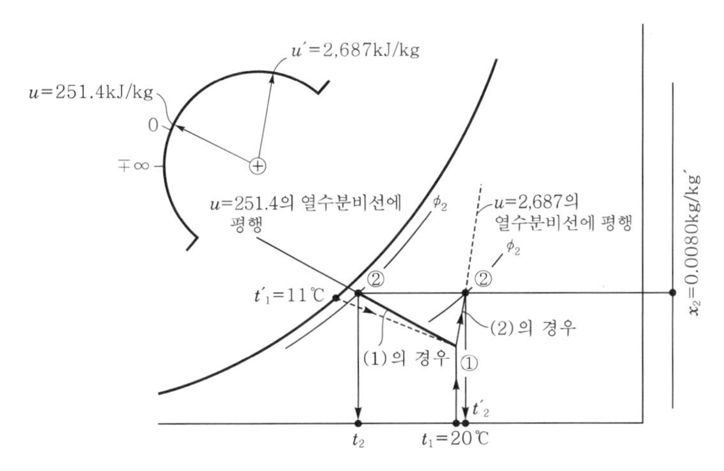

[그림 3-17] 수분무(증기분무)의 상태변화

문제 8. 여름철 공기조화에 있어서 어떤 실의 취득현열량이 29.07kW이고, 잠열량이 7.27kW이었다. 실내를 DB 22℃, RH 55%로 유지하려는 경우 장치노점온도(ADP)를 구하여라. 또한 송풍공기의 온도를 그대로 ADP로 하는 경우 그때의 송풍공기량(kg/h)을 계산하여라.

풀이 식 (17)에 의해 현열비를 구하면

$$SHF = \frac{q_{SH}}{q_{SH} + q_{LH}} = \frac{29.07}{29.07 + 7.27} = 0.80$$

이것을 습공기선도상에 도시하면 [그림 3-18]이 얻어진다. 점 A에서 ADP는 10.3℃가 되며, 또 이때의 송풍량은 식 (18)로부터

$$G = \frac{3{,}600 q_{SH}}{1.003(t_r - t_d)} = \frac{3{,}600 \times 29.07}{1.003 \times (22 - 10.3)} = 8{,}918\,\text{kg/h}$$

가 된다.

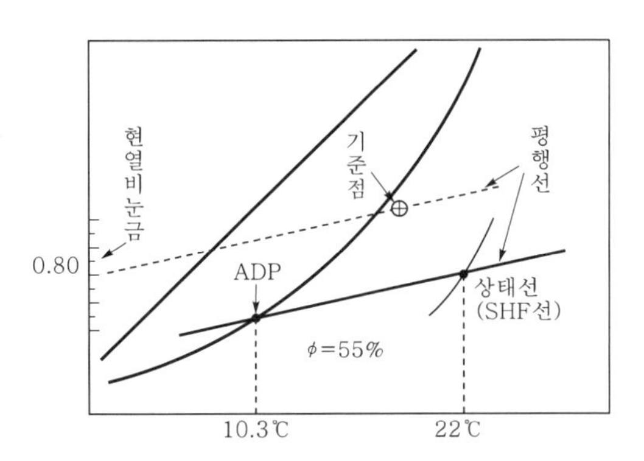

[그림 3-18] 습공기선도

제3장 연습문제

1. 건구온도 10℃, 습구온도 5℃의 공기를 공기가열기를 써서 건구온도 25℃까지 가열하고 싶다. 가열기를 통과하는 공기량이 $1,000m^3/h$(정확하게는 가열기 출구풍량)인 경우 가열기에 필요한 열량을 구하여라.

답 5.07kW

2. 건구온도 35℃, 상대습도 50%의 공기 $1,000m^3/h$를 냉각하여 감습하지 않고 상대습도 100%의 공기를 얻고 싶다. 이때 냉각기에서 공기로부터 제거해야 할 열량을 구하여라.

답 3.76kW

3. 건구온도 22℃, 습구온도 16℃의 공기 $1,000m^3/h$를 건구온도 20℃까지 냉각하고 동시에 공기의 수증기량을 0.0020kg/kg′로 제습할 때 필요한 현열량과 잠열량을 구하여라.

답 현열량 : 0.67kW
잠열량 : 1.67kW

4. 건구온도 32℃, 습구온도 23℃인 $1,000m^3/h$의 공기가 건구온도 22℃, 습구온도 16℃로 상태변화하는 데 필요한 열량을 구하여라.

답 전열량 : 7.24kW

5. 건구온도 10℃, 습구온도 5℃의 공기 1kg과 건구온도 26℃, 습구온도 18℃의 공기 3kg을 혼합한 경우 혼합공기의 엔탈피와 절대습도를 구하여라.

답 엔탈피 : 37.92kJ/kg
절대습도 : $0.00625kg/kg'_{DA}$

6. 단열변화란 무엇인지 간단히 설명하여라.

답 본문 참조.

7. 상태선 혹은 현열비선이란 무엇인지 설명하여라.

답 본문 참조.

8. 장치노점온도란 무엇인지 설명하여라.

답 본문 참조.

9. 외기와 실내공기의 상태가 각각 다음과 같다.

구 분	건구온도(℃)	절대습도(kg/kg′)
외기	32.0	0.0207
실내	26.0	0.0105

이 조건에서 어떤 실의 열부하 계산의 결과 현열부하(q_{SH}) 14.07kW, 잠열부하(q_{LH}) 4.42kW, 외기량(Q_o) 1,000m^3/h를 얻었다. 실내로의 취출온도 t_d를 15℃로 할 때 재순환공기량 Q[m^3/h], 현열비 SHF, 외기와 재순환공기와의 혼합공기의 상태점 t_m, x_m, 장치노점온도 ADP[℃]를 구하여라. 단, 재순환공기의 온도는 실온과 동일한 것으로 가정한다.

답 Q : 2,793m^3/h, SHF : 0.76, t_m : 27.6℃, x_m : 0.0132kg/kg′, ADP : 16.5℃

10. DB 30℃, RH 50%인 재순환공기 7kg에 건구온도 20℃, RH 70%인 신선한 공기 3kg을 혼합하였을 때 혼합공기의 상태를 구하여라. 다만, 단열적 혼합이다.

답 혼합공기의 온도 : 27℃(나머지 상태는 부록의 습공기선도상에서 찾는다)

11. 열적으로 절연되어 있는 장치로부터 20℃, 760mmHg의 포화공기가 나오고 있다. 입구에서는 28℃이며, 장치(용기) 속에 필요한 양만큼의 20℃ 물이 공급된다고 할 때 유입공기의 상태를 구하여라.

답 절대습도 : 0.0113kg/kg′
엔탈피 : 57.01kJ/kg

12. 외기온도 2℃, 상대습도 40%인 공기를 20℃, 60%로 공기조화하여 실에 공급하는 장치에서 공기는 처음에 예열되어 습도 60%에 필요한 절대습도로써 포화되는 온도에서 물을 분사하여 세척하고 최후로 필요온도 20℃로 가열한다고 생각한다. 이때 다음 사항을 구하여라.

(1) 실내의 수증기량
(2) 가열기에 있어서의 공기의 포화온도
(3) 외기의 수증기의 중량
(4) 가습기에 가한 물의 중량
(5) 가습기에서 분사하는 물의 온도를 14℃로 할 때 실내에 유입하는 공기에 가열기에서 가해야 할 열량(다만, 대기압은 758mmHg로 한다)

답 (1) 0.00875kg/kg_{DA}
(2) 12℃
(3) 0.00174kg/kg_{DA}
(4) 0.00701kg/kg_{DA}
(5) 35.49kJ/kg

Chapter 04

공기조화부하

1. 개요
2. 난방부하
3. 냉방부하

1 개요

1. 열부하의 분류

실내를 일정한 온습도로 유지하고 있을 경우 실외에서 유입되는 열과 실내에서 발생하는 열을 열취득이라 하며, 실외에 유출하는 열을 열손실이라 한다. 다음으로 어떤 실내를 주어진 온습도로 유지하기 위해 제거하거나 공급하는 열량을 열부하(heat load)라고 한다. 그러나 이 값은 열취득이나 열손실과 다른 값이 될 수도 있다.

간헐운전과 같이 장치가 정지상태에서 시동하여 실내설정조건까지 끌어올리는 동안 실내설정온도를 운전 도중 바꾸는 경우에는 일시적으로 특별한 부하가 추가되어 열부하와는 다른 열량을 제거해야 한다. 이것을 제거열량이라고 한다.

이상은 실내측에서 생기는 부하이나, 여기에 도입외기를 실내온습도상태로 하기 위한 열량, 송풍기의 동력열, 덕트로부터의 침입열 등을 가한 것이 공조기에 걸리는 부하이며, 이것을 일반적으로 냉방부하, 난방부하라고 한다.

또한 하나의 실에 1대의 공조기를 담당시키는 경우에는 냉방부하, 난방부하가 그대로 공조기부하가 되지만, 몇 개의 실을 1계통으로 한 경우의 공조기부하는 각 실의 냉(난)방부하의 합계와 약간 달라지게 된다. 이것은 각 실의 최대 부하시각이 다르거나 소요송풍온습도가 다르게 되기 때문이다. 여기에서 계통별의 공조부하를 장치부하라고 하며 별도로 계산한다.

한편 건물 전체로 보면 계통별의 부하합계와는 또 다른 부하로 되며 각 계통의 최대 부하시각의 차이, 배관 · 펌프로부터의 열, 축조열의 유무 등과 같이 열원기기로부터 결정되는 부하를 열원부하라고 한다.

이들의 관련을 [그림 4-1]에 나타내는데, 이들 부하 계산의 목적은 송풍공기량의 계산, 열원기기, 공조기기 등의 선정을 위한 것이며, 공기조화 설계에 있어서는 가장 기본이 되는 과정이다.

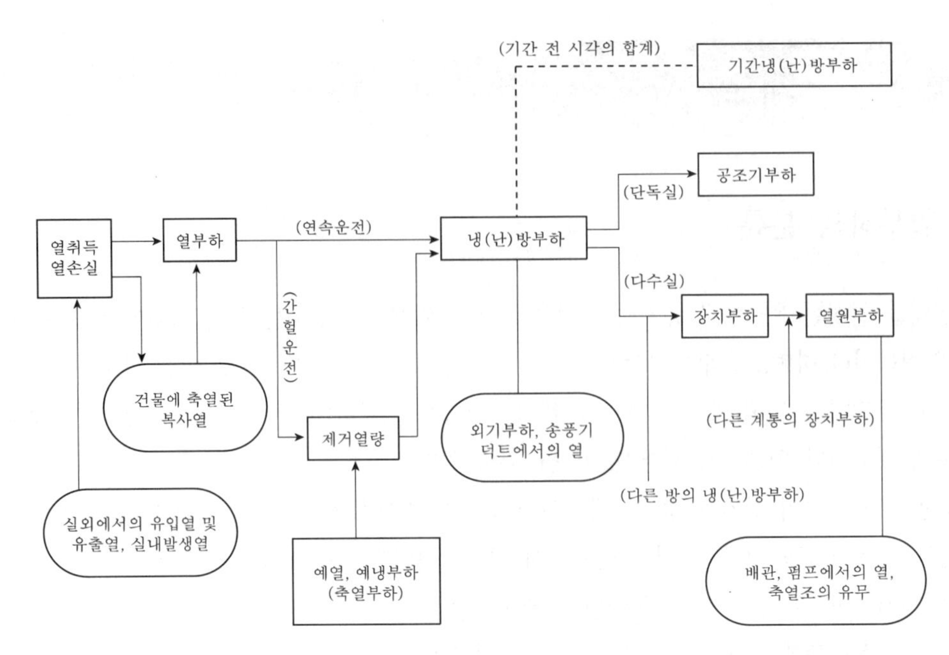

[그림 4-1] 부하의 형태 및 흐름

2. 부하 계산법

공조대상 건물이나 실에서는 냉방부하 또는 난방부하가 존재하며, 부하 계산이란 이들을 계산하는 것으로 대별하여 두 가지 방법이 있다. 하나는 연간을 통하여 각 시각에 대한 부하를 계산하는 것이며, 이것에 의해 합리적인 공조장치의 계획을 세워서 연간 운전비를 산출하는데, 그러기 위해서는 방대한 계산이 필요하다. 전자계산기를 이용하지 않으면 안 되므로 준비된 프로그램에 필요한 데이터를 사용하여 계산한다.

다른 하나는 공조설비에 필요한 용량을 결정하기 위한 최대 부하를 구할 목적으로 특정한 월이나 시간에 대해 계산한다. 이것은 일반적으로 수(手)계산으로 행하며, 여기에 필요한 많은 수표(數表) 또는 계산양식이 만들어져 있다.

1) 조닝

공조부하의 계산에 앞서 먼저 건물 전체를 공조하고자 하는 구역별로 몇 개로 구획분할하여 각 구역별로 공조계통을 수립한다. 이와 같이 건물을 몇 개의 구역으로 구분하는 것을 조닝(zoning)이라고 한다. 조닝을 나누는 방식은 여러 가지가 있지만, 대별하면 다음의 두 가지로 구분된다.

(1) 방위별 조닝

계절을 고려하여 건물의 각 방위별 조닝을 구분하는 것으로 [그림 4-2]에서와 같이 구획한다. 이 경우 창쪽 부분을 외부존(perimeter zone 또는 exterior zone)이라 하여 [그림 4-2]

와 같이 동, 서, 남, 북의 존으로 구분할 수 있다. 또한 실내측 부분을 내부존(interior zone)이라고 하며, 외부에서의 열손실이나 열취득은 거의 없는 것으로 간주한다.

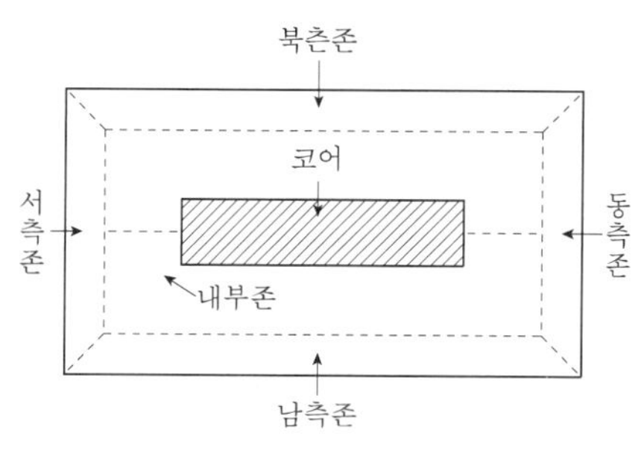

[그림 4-2] 건물의 존

(2) 사용별 조닝

실의 사용목적에 따라 조닝을 하는 것이며, 그에 따라 공조의 계통을 구분하거나 각 실별로 독립하여 온도제어 또는 풍량제어를 실시한다.

① 사용시간별 조닝 : 빌딩 내의 사무실이나 상점, 다방, 식당과 같이 운전시간이 다르며 사용용도가 다른 경우의 구별

② 공조조건별 조닝 : 전자계산기실과 같이 온습도조건이 항상 일정하게 유지되어야 할 필요성 등에 따라 계통별로 구별

③ 부하특성별 조닝 : 건물의 중역실 및 회의실, 식당과 같이 일반사무실에 비해 현열비가 크게 다른 경우 계통별로 구별

2) 최대 부하 계산

건물의 부하는 시시각각 변화하는데, 하루 중에서 이것이 최대가 되는 시각에 대해 열량을 계산하여 공조의 각종 설계에 사용하는 경우가 있다. 이와 같이 최대 부하시간(peak hour)에 대한 부하 계산을 최대 부하 계산(peak load design)이라고 하는데, 이는 종래의 부하 계산이라 부르는 것이다. 이 계산은 일반적으로 수(手)계산에 의해 행해지며, 이제부터 본서에서 설명하는 부하 계산은 바로 이 방식에 의한 것이다.

3) 기간열부하 계산

1년간 또는 어떤 일정기간에 걸쳐 모든 시각의 부하를 계산하는 방법으로, 전자계산기를 이용해야 하는 방대한 작업이 요구되나 보다 정확한 연간 에너지소비량을 계산할 수 있다. 이러한 기간열부하를 계산하기 위하여 여러 가지 방법이 연구되어 실용화되고 있으며, 대표적인 몇 가지 방법을 제시하면 다음과 같다.

① 동적열부하 계산법
② 전 부하상당시간에 의한 방법
③ 냉난방도일법
④ 확장도일법
⑤ 감도해석에 의한 효과추정법
⑥ 온도계급별 출현빈도표에 의한 방법
⑦ 축열계수법
⑧ 기타

2 난방부하

1. 난방부하의 구성요소

동기(冬期)의 열부하, 즉 난방부하는 공조(또는 직접난방)장치 가운데 보일러, 공기가열기(또는 방열기) 등 설비기기용량의 산정 및 연료소비량의 추정에 사용되는 기초자료이다. 난방부하는 [표 4-1]에 나타내는 바와 같이 냉방부하보다 내용은 간단하다. 이는 냉방부하에서 고려할 일사의 영향이나 조명기구 · 재실자의 발생열량 등은 일반적으로 무시하며, 냉방의 경우처럼 시각별 계산의 필요도 없기 때문이다. 그러나 조명기구나 재실자의 발생열량이 특히 많은 경우에는 이를 고려해야만 하는데, 이에 따라 기기용량이 과대해지는 예가 있으므로 주의해야 한다.

[표 4-1] 난방부하

종 류	내 용	열의 종류
실내손실부하	구조체를 통한 외벽 · 지붕 · 창유리 · 내벽 · 바닥 · 문틈새의 손실열량	현열
	바람에 의한 손실열량	현열, 잠열

2. 설계조건

1) 외기 설계조건

현재 적용하고 있는 외기조건은 [표 4-2]의 「건축물의 에너지절약 설계기준(국토교통부 고시 제2017-71호)」 중 냉난방장치의 용량 계산을 위한 설계외기온습도기준에서 정한 외기온습도를 사용한다. 기타 지역인 경우에는 상기 위험률을 기준으로 하여 가장 유사한 기후조건을 갖는 지역의 값을 사용하거나 인접한 지역의 설계외기온습도기준을 적용한다.

[표 4-2] 외기온습도기준

구분 / 도시명	냉방		난방	
	건구온도(℃)	습구온도(℃)	건구온도(℃)	상대습도(%)
서울	31.2	25.5	−11.3	63
인천	30.1	25.0	−10.4	58
수원	31.2	25.5	−12.4	70
춘천	31.6	25.2	−14.7	77
강릉	31.6	25.1	−7.9	42
대전	32.3	25.5	−10.3	71
청주	32.5	25.8	−12.1	76
전주	32.4	25.8	−8.7	72
서산	31.1	25.8	−9.6	78
광주	31.8	26.0	−6.6	70
대구	33.3	25.8	−7.6	61
부산	30.7	26.2	−5.3	46
진주	31.6	26.3	−8.4	76
울산	32.2	26.8	−7.0	70
포항	32.5	26.0	−6.4	41
목포	31.1	26.3	−4.7	75
제주	30.9	26.3	0.1	70

[주] 건축물의 에너지절약 설계기준(국토교통부 고시 제2017−71호) [별표 7] 냉난방장치의 용량 계산을 위한 외기온습도기준

2) 실내 설계조건

① 실내온습도기준 : 「건축물의 에너지절약 설계기준」에 따르면 난방 및 냉방설비의 용량 계산을 위한 설계기준의 실내온도는 난방의 경우 20℃, 냉방의 경우 28℃를 기준으로 하되(목욕장 및 수영장은 제외), 각 건축물의 용도 및 개별 실의 특성에 따라 [표 4−3]에서 제시된 범위를 참고하여 설비의 용량이 과다해지지 않도록 한다. 다만, 발주처의 요구조건이나 지침서에 값을 제시하는 경우에는 법규를 고려하여 그 값을 이용한다. 교실(학교)의 경우 학교보건법에 별도의 기준이 있으므로 설계에 적용 시 적용기준을 주의해야 한다.

[표 4-3] 냉난방장치의 용량 계산을 위한 실내온습도기준

구분 / 용도	난방	냉방	
	건구온도(℃)	건구온도(℃)	상대습도(%)
공동주택	20~22	26~28	50~60
학교(교실)	20~22	26~28	50~60
병원(병실)	21~23	26~28	50~60
관람집회시설(객석)	20~22	26~28	50~60
숙박시설(객실)	20~24	26~28	50~60

용 도 \ 구 분	난 방	냉 방	
	건구온도(℃)	건구온도(℃)	상대습도(%)
판매시설	18~21	26~28	50~60
사무소	20~23	26~28	50~60
목욕장	26~29	26~29	50~75
수영장	27~30	27~30	50~70

[주] 건축물의 에너지절약 설계기준(국토교통부 고시 제2017-71호) [별표 8] 냉난방장치의 용량 계산을 위한 실내온습도기준

② 학교(교실) 실내온습도기준 : 학교보건법 시행규칙에 의해 교실은 [표 4-4]와 같은 실내 조건을 만족해야 한다.

[표 4-4] 교실의 실내온습도기준

용 도 \ 구 분	난 방	냉 방	
	건구온도(℃)	건구온도(℃)	비교습도(%)
학교(교실)	18~20	26~28	30~80

[주] 학교보건법 시행규칙 제3조(환경위생 및 식품위생의 유지관리) [별표 2] 환기, 채광, 조명, 온습도의 조절기준과 환기설비의 구조 및 설치기준

③ 실내온도는 일반적으로 벽체(직접난방인 때에는 방열기가 설치되어 있는 반대측 벽체)에서 1m 떨어지고, 바닥 위에서 1.5m높이(바닥복사난방일 때에는 0.75m높이)의 호흡선에서 측정한다. 또한 일반적으로 노동량·운동량이 큰 실내는 온도를 보다 낮게 책정하고 있으며, 천장이 높은 실의 온도분포는 높이에 따라 다르게 나타나므로 주의해야 한다. 따라서 천장이 높은 실의 온도분포는 [표 4-5]를 이용하여 보정해야 한다.

[표 4-5] 천장높이와 실내온도

천장높이	실온분포
3m 이하	[표 4-3]과 [표 4-4]를 표준실온으로 함
3~4.5m	$t_h = t + 0.06(h - 1.5)t$
4.5m 이상	$t_h = t + 0.18t + 0.183(h - 4.5)$

[주] t_h : 바닥 위 h[m]의 온도(℃)
t : 표준실온(℃)
h : 바닥 위의 높이(m)

3) 열관류율

열관류율은 벽체표면의 열전달과 내부의 열전도과정을 종합한 계수이다. 열관류율을 일컬어 열통과율 또는 전열계수라고 부를 때도 있는데, 본서에서는 K로 나타내고, 그 단위는 W/m^2·℃

이다. 건축의 대표적인 구조의 K값을 [부표 4]에 게시한다. 열관류율 K의 값은 다음 식으로 구할 수 있다.

① 한쪽 면은 외기와 접하고, 다른 한쪽 면은 실내공기와 접해있을 때

$$\frac{1}{K}=\frac{1}{\alpha_o}+\frac{d_1}{\lambda_1}+\frac{d_2}{\lambda_2}+\frac{d_3}{\lambda_3}+\frac{1}{C}+\frac{1}{\alpha_i} \quad (1)$$

② 양쪽 면이 모두 실내공기와 접해있을 때

$$\frac{1}{K}=\frac{1}{\alpha_i}+\frac{d_1}{\lambda_1}+\frac{d_2}{\lambda_2}+\frac{d_3}{\lambda_3}+\frac{1}{C}+\frac{1}{\alpha_i} \quad (2)$$

③ 바닥이나 지층벽처럼 한쪽이 흙에 접하고 다른 쪽이 실내공기와 접해있을 때

$$\frac{1}{K}=\frac{1}{\alpha_i}+\frac{d_1}{\lambda_1}+\frac{d_2}{\lambda_2}+\frac{d_e}{\lambda_e} \quad (3)$$

여기서, K : 열관류율(W/m^2 · ℃)

α_i : 실내측 벽표면의 열전달률(W/m^2 · ℃)([표 4-6] 참조)

α_o : 실외측 벽표면의 열전달률(W/m^2 · ℃)([표 4-6] 참조)

λ_1, λ_2, λ_3 : 각 층의 열전도율(W/m^2 · ℃)([부표 4] 참조))

d_1, d_2, d_3 : 벽 내의 각 층 두께(m)

$1/C$: 벽 내부에 공기층이 있을 때의 열저항([표 4-7] 참조)

l_e : 흙의 두께(1m로 잡는다)

λ_e : 흙의 열전도율(W/m^2 · ℃)

[표 4-6] 벽표면의 열전도율(W/m^2 · ℃)

실내측(α_i)	• 수평면(상향열류) : 11.0 • 수평면(하향열류) : 7.0 • 수직면 : 8.7
실외측(α_o)	• 수평면, 수직면 : 23.3

[표 4-7] 공기층의 열저항($1/C$[m^2 · ℃/W])

공기층의 위치	열류방향	보통 재료		편면알루미늄박	양면알루미늄박
		폭 1cm	폭 2cm 이상		
수평	상향	0.13	0.15	0.28	0.34
수직	수평	0.14	0.16	0.39	0.40
수평	하향	0.15	0.20	0.82	0.95

문제 1. 양면을 회반죽으로 마감한 내벽의 K를 구하여라. 단, 회반죽의 열전도율은 0.79W/m · ℃, 두께는 20mm, 공기층의 두께는 90mm로 한다.

풀이 내표면 $\frac{1}{\alpha_i} = \frac{1}{8.7} = 0.1149$

회반죽 $\frac{d}{\lambda} = \frac{0.020}{0.79} = 0.0253$

공기층 $\frac{1}{C} = 0.16$

회반죽 $\frac{d}{\lambda} = \frac{0.020}{0.79} = 0.0253$

내표면 $\frac{1}{\alpha_i} = \frac{1}{8.7} = 0.1149$

(+

$1/K = 0.4404$

$\therefore K = \frac{1}{0.4404} = 2.271\mathrm{W/m^2 \cdot ℃}$

문제 2. 콘크리트바닥 밑에 현수천장이 있는 경우 열관류율을 구하여라. 단, 콘크리트바닥의 두께는 100mm로 하고, 그 윗면은 20mm의 모르타르를 바르고, 마감은 플라스틱타일(두께 3mm)로 한다. 현수천장은 석면슬레이트판 3mm이고 윗면에 유리솜(20kg/m^3), 보온재(두께 25mm)를 시공한다. 이 바닥의 상부는 사무실로 하고, 하부는 옥내주차장으로 한다. 열전도율은 플라스틱타일 0.190, 모르타르 1.30, 콘크리트 1.40, 유리솜 0.44, 석면슬레이트판 1.20W/m · ℃이다.

풀이 옥내주차장은 환기가 충분히 되고 있으므로 $\alpha_0 = 23.3\mathrm{W/m^2 \cdot ℃}$으로 한다. 난방을 고려해서 하향열류로 하고 $\alpha_i = 7.0$으로 한다.

실내측 $\frac{1}{\alpha_i} = \frac{1}{7.0} = 0.1429$

플라스틱타일 $\frac{d}{\lambda} = \frac{0.003}{0.19} = 0.0158$

모르타르 $\frac{d}{\lambda} = \frac{0.020}{1.30} = 0.0154$

콘크리트 $\frac{d}{\lambda} = \frac{0.100}{1.40} = 0.0714$

공기층 $\frac{1}{C} = 0.20$

유리솜 $\frac{d}{\lambda} = \frac{0.025}{0.044} = 0.5682$

석면슬레이트판 $\frac{d}{\lambda} = \frac{0.003}{1.20} = 0.0025$

실외측 $\frac{1}{\alpha_o} = \frac{1}{23.3} = 0.0429$

(+

$1/K = 1.0590$

$\therefore K = 0.9442\mathrm{W/m^2 \cdot ℃}$

3. 손실열량

실내의 손실열량은 벽 · 유리 및 기타 구조체를 통한 열관류에 의한 손실열량과 창이나 문의 틈새 사이로 침입하는 틈새바람에 의해 손실되는 열량과를 10% 정도의 안전율을 가산하여 합계한 것이다. 그러나 완전공기조화를 하기 위해 겨울에도 실내온습도를 일정하게 유지하기 위해서는 잠열부하도 계산해야 한다. 즉 외기의 절대습도와 실내절대습도와의 차에 따른 잠열부하가 있지만, 이것에 관해서는 후술하는 냉방부하 계산법을 참조하기 바란다.

1) 벽체 등을 통한 손실열량

난방에 있어서 실내외의 열의 출입은 냉방과는 달리 태양복사열의 영향, 벽체의 축열효과, 외기온도의 주기변화 등을 계산하지 않고 일정한 온도차에 의한 정상상태의 열전도 계산만을 실시한다. 즉 유리창 · 천장(또는 지붕) · 바닥 · 간벽 등의 전열손실이 있는 면에 대하여 열관류율(K값, [부표 5] 참조)과 실내외온도차를 적용하여 다음 식과 같은 정상열전도 계산을 한다.

$$H_s = KA(t_i - t_o)p\,[\mathrm{W}] \tag{4}$$

여기서, H_s : 전열손실열량(W)

K : 구조체의 열관류율(W/m^2 · ℃)

A : 전열면적(m^2)

p : 방위보정계수(S : 1.0, SE/SW : 1.05, E/W : 1.1, NE/NW : 1.15, N/수평 : 1.2)

t_i, t_o : 실내외온도(℃)

또한 실내외온도차는 외기와 실내온도와의 건구온도차를 적용하는데, 천장 · 바닥 · 간벽 등이라든가 복도와 접해있을 때에는 그 인접개소와의 온도차를 사용한다. 인접개소가 지붕 속 공간이거나 창고, 복도 등으로 비난방공간인 경우에는 [그림 4-3]에 제시된 방법에 의해 그 온도를 계산한다. 일반적으로 그 온도차는 비난방공간이 외기와 접하는 면이 적을 때에는 3~4℃의 온도차, 많을 때에는 외기와 실내설계온도와의 차에 대한 절반 정도의 온도차로 계산한다.

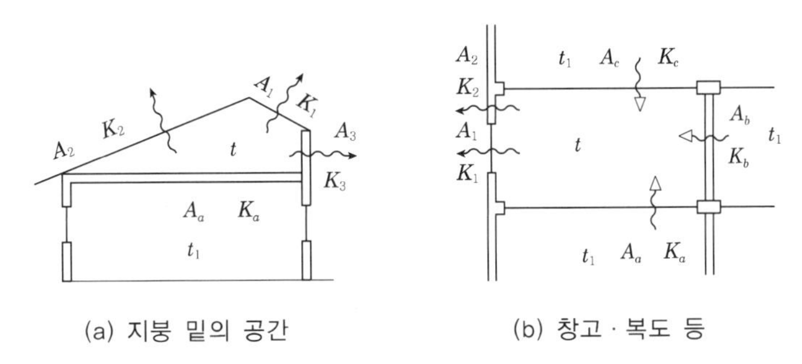

(a) 지붕 밑의 공간 (b) 창고 · 복도 등

[그림 4-3] 비난방공간의 온도 계산법

$$t = \frac{t_1(A_aK_a + A_bK_b + \cdots) + t_0(A_1K_1 + A_2K_2 + \cdots)}{(A_aK_a + A_bK_b + \cdots) + (A_1K_1 + A_2K_2 + \cdots)}$$

여기서, t : 비난방스페이스의 온도(℃)

t_1 : 난방스페이스의 온도(℃)

t_0 : 외기온도(℃)

A_a, A_b : 난방스페이스와 접한 면적(m^2)

A_1, A_2 : 외기와 접한 면적(m^2)

K_a, K_b : A_a, A_b의 열통과율($W/m^2 \cdot ℃$)

K_1, K_2 : A_1, A_2의 열통과율($W/m^2 \cdot ℃$)

한편 지하층의 벽, 바닥에서의 열손실은 벽 · 바닥의 열관류율 K[$W/m^2 \cdot ℃$]×면적(m^2)×(실내온도(℃)−지중온도(℃))에 의해 구한다. [표 4-8]은 지역별 설계용 지중온도를 나타낸다.

[표 4-8] 난방 설계용 지중온도(t_x) (단위 : ℃)

지 명	월평균지표면온도		동결심도 (cm)	깊이에 따른 지중온도(1월)		
	최 저	최 고		0.5m	2m	3m
속초	−0.4	25.9	47	0.19	6.5	8.6
춘천	−2.9	26.7	157	−5.3	2.8	5.5
강릉	−0.1	26.4	44	0.4	3.9	9.4
서울	−2.5	27.0	77	−0.2	5.6	8.1
인천	−1.3	27.0	65	−0.1	6.0	8.3
울릉도	1.4	26.1	14	2.2	8.1	10.1
수원	−1.5	26.7	117	−4.3	3.7	6.4
서산	−0.6	27.3	75	−1.7	5.8	8.3
청주	−1.7	27.8	98	−3.2	4.7	7.4
대전	−0.7	27.2	87	−2.1	5.6	8.2
추풍령	−1.2	27.1	79	1.9	5.5	8.0
포항	0.8	28.3	37	0.9	7.8	13.0
군산	0.7	28.6	43	0.5	7.5	9.9
대구	−0.1	28.9	59	−0.7	6.9	9.4
전주	0.6	28.7	58	−0.6	6.7	9.2
울산	2.4	28.4	37	0.9	7.9	11.0
광주	1.3	28.7	42	0.6	7.8	10.2
부산	3.0	28.4	7	2.8	9.1	11.2
충무	2.3	27.4	22	1.9	8.5	10.7
목포	2.1	28.0	15	3.5	9.4	11.5
여수	1.6	26.8	11	2.7	9.0	11.1

2) 틈새바람에 의한 손실열량

틈새바람에 의한 열손실은 난방부하 계산에 있어서는 중요한 요소이며, 특히 고층 건물일 때는 건물의 굴뚝효과에 의한 틈새바람의 유입을 고려해야 하므로 간단히 취급해서는 안 된다. 그러나 그 양은 풍속 · 풍향 · 건물의 높이 · 구조 · 창이나 출입문의 기밀성 등 많은 요소에 의한 영향을 받으므로 정확한 계산은 어렵다. 틈새바람에 의한 손실열량은 일반적으로 다음과 같이 계산한다.

$$H_I = \frac{1.2}{3,600} Q(t_i - t_o)[\text{kW}] \tag{5}$$

여기서, H_I : 틈새바람에 의한 손실열량(kW)

Q : 틈새바람의 양(m^3/h)

t_i, t_o : 실내외온도(℃)

식 (5)에서 틈새바람의 양을 계산하는 방법에는 다음의 세 가지 경우가 있다.

(1) 틈새법(Crack method)

창이나 문의 틈새의 길이를 산출하여 풍속과의 관계에서 틈새바람의 양을 계산하는 방법으로 가장 정확한 방법이기는 하나 계산이 좀 번거롭다. 틈새의 길이는 각각의 새시(sash)에 대해 계산하지만 하나의 실에 있어서 3면 이상이 외기와 접하고 있을 때에는 바람맞이의 2면에 대해서만 계산하면 된다. 그러나 그 길이는 적어도 그 방의 전 틈새길이(외기와 접하는 것)의 1/2 이상이어야 한다.

틈새법에 의한 풍량 계산을 식으로 표현하면 다음과 같다.

$$Q = BL[\text{m}^3/\text{h}] \tag{6}$$

여기서, Q : 틈새바람의 양(m^3/h)

B : 틈새길이당 풍량(m^2/h)

L : 새시의 틈새길이(m)

[표 4-9] 목재 또는 철재새시창의 틈새바람(틈새길이 1m당의 풍량, m^3/h)

창의 종류	주단의 틈새(mm)	옥외풍속(m/s)				
		2	4	6	8	10
목제상하식 창	1.6	0.8	1.7	3.2	4.6	6.5
목제상하식 창	2.4	2.2	5.5	9.0	12.6	16.4
철제상하식 창	–	1.6	3.8	6.1	9.2	11.2
철제회전창	1.6	4.4	9.3	14.4	19.7	25.2
철제밀어내기창	1.2	1.6	4.2	7.1	10.1	13.4

(2) 환기횟수법(Air change method)

실의 용적에서 풍량을 구하는 가장 간단한 방법이지만 실용적과 틈새바람과는 반드시 일정한 관계가 아니므로 결과는 개략치가 된다. 따라서 개략 계산을 하거나 검토용으로 [표 4-10]을 기준으로 하여 다음 식에 의해서 구한다.

$$Q = nV[\mathrm{m^3/h}] \tag{7}$$

여기서, Q : 틈새바람의 양($\mathrm{m^3/h}$)
n : 환기횟수(회/h)
V : 실의 용적($\mathrm{m^3}$)

[표 4-10] 환기횟수 n[회/h]

건축구조	환기횟수	
	난방 시	냉방 시
콘크리트조(대규모 건축)	0~0.2	0
콘크리트조(소규모 건축)	0.2~0.6	0.1~0.2
양식 목조	0.3~0.6	0.1~0.3
일식 목조	0.5~1.0	0.2~0.6
외부로부터의 입구가 있는 방 (현관, 홀, 다방, 일반점포 등) (바람을 마주 받는다)	3~4	1~2
동상(바람을 등지고 있다)	1~2	0.5~1

[주] 창의 새시는 모두 알루미늄새시로 한다.

(3) 면적법

창이나 문의 면적에서 풍량을 구하는 방법으로 [표 4-11] 및 [표 4-12]에 의거하여 산정한다. 이 면적법은 바람의 영향만을 고려한 것이며, 틈새법에 비해 다소 간단한 방법이다.

[표 4-11] 알루미늄창문의 틈새바람의 양($\mathrm{m^3/h}$)

풍속(m/s)		2	4	6	8	10
풍압(mmAq)		0.184	0.735	1.65	2.94	4.59
미닫이문	A	0.070	0.16	0.25	0.25	0.46
	B	1.42	2.0	2.4	2.4	3.0
	C	5.1	7.0	8.4	8.4	10.5

외미닫이문		A	–	0.021	0.039	0.059	0.077
		B	0.057	0.11	0.16	0.21	0.26
		C	0.078	0.18	0.28	0.40	0.52
여닫이문		A	0.070	0.094	0.112	0.13	0.14
		B	0.14	0.23	0.30	0.40	0.52
		C	0.068	0.19	0.34	0.52	0.72
오르내리창		A	0.030	0.040	0.049	0.056	0.062
		B	0.050	0.14	0.27	0.42	0.60
		C	0.23	0.56	0.93	1.30	1.70
회전창		A	0.012	0.031	0.058	0.090	0.12
		B	0.054	0.16	0.27	0.40	0.56
		C	0.22	0.50	0.81	1.01	1.05
미닫이 이중새시		A	0.044	0.11	0.18	0.27	0.36
		B	0.95	1.75	2.5	3.2	3.9
		C	1.6	3.3	5.1	7.1	9.0
주택용	미닫이문	A	1.10	2.3	3.4	4.7	5.9
		B	2.8	6.4	10.5	14.5	19
		C	5.0	10.5	16	22	27
	BL형, 방음	A	0.060	0.11	0.15	0.20	0.24
		B	0.13	0.28	0.48	0.66	0.86
		C	1.10	2.3	3.4	4.7	5.9

[주] A, B, C는 기밀성의 정도를 표시한다(A는 양호, B는 중간 정도, C는 불량).

[표 4-12] 벽체의 구조와 열관류율

구 분	구 조	K[W/m² · ℃]
외벽	콘크리트 15cm 외부모르타르 내부플라스터마감	3.64
내벽	경량블록 12cm 양면플라스터마감	2.01
바닥	콘크리트 12cm	2.45
창유리	플로어링마감 이중유리	6.40
문	목제문 3cm	2.44
천장	방수콘크리트 12cm 모르타르, 도료마감	4.36

문제 3. [그림 4-4]와 같은 사무소 건물의 난방부하를 계산하여라. 단, 설계조건은 실내온도 20℃, 외기온도 0℃, 인접실온도 20℃, 상층온도 0℃, 하층온도 20℃, 복도온도 10℃이다. 또한 [그림 4-4]의 실에 대한 구조체의 열관류율을 [표 4-12]에 나타낸다.

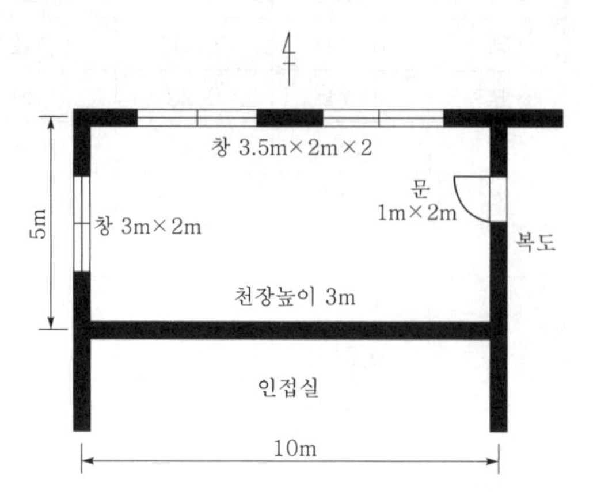

[그림 4-4] 난방부하의 계산 예

풀이 계산결과를 [표 4-13]에 나타낸다.

[표 4-13] 난방부하 계산표

	방 위	벽 면	면적(m²)	K	$t_i - t_o$	p	q[W]
H_S	동	내벽	(5×3)−2=13	2.01	10	1.0	261
	동	문	(1×2)=2	2.44	10	1.0	49
	서	외벽	(5×3)−6=9	3.64	20	1.1	721
	서	창유리	(3×2)=6	6.40	20	1.1	845
	남	내벽	(10×3)=30	2.01	0	1.0	0
	북	외벽	(10×3)−14=16	3.64	20	1.2	1,398
	북	창유리	(3.5×2)×2=14	6.40	20	1.2	2,150
		바닥	(10×5)=50	2.45	0	1.0	0
		천장	(10×5)=50	4.36	20	1.1	4,796
							계 10,220

		실용적	V[m³]	n[회/h]	Q[m³/h]	계수	$t_i - t_o$	q[W]
H_I	틈새바람	10×5×3	150	0.5	75	0.33	20	495

합계 10,220+495=10,715W

$\therefore\ H=(H_S+H_I)\times1.1=10{,}715\times1.1 \fallingdotseq 11{,}786\text{W}$

3 냉방부하

1. 냉방부하의 구성요인

실내온습도를 일정하게 유지하기 위해 실내의 취득열량에 대응하여 제거해야 할 열량을 냉방부하(cooling load)라고 하며, 여기에는 [표 4-14]에 나타낸 바와 같은 부하가 있다. 계산은 이들 순서에 따라 현열과 잠열로 구분하여 시행한다.

[표 4-14] 냉방부하의 종류

구 분		내 용	열의 종류
실내부하	태양복사열	유리를 통과하는 복사열, 외기에 면한 벽체(지붕)를 통과하는 복사열	현열
	온도차에 의한 전도열	유리를 통과하는 전도열, 외기에 면한 벽체(지붕)를 통과하는 전도열, 간벽, 바닥, 천장을 통과하는 전도열	현열
	내부발생열	조명에서의 발생열	현열
		인체에서의 발생열, 실내설비에서의 발생열	현열, 잠열
	침입외기	외부창, 문틈에서의 틈새바람	현열, 잠열
	기타(실내부하에 준하는 것)	급기덕트에서의 손실, 송풍기의 동력열	현열, 잠열
외기부하	도입외기	외기를 실내온습도로 냉각감습시키는 열량	현열, 잠열
기타	기타	환기덕트, 배관에서의 손실, 펌프의 동력열	현열, 잠열

2. 설계조건

1) 외기 설계조건

냉방설계용 설계외기의 온습도조건은 여름철(6, 7, 8, 9월)의 전 냉방시간에 대한 위험률 2.5%를 기준으로 한 외기온도와 일사량을 이용하여 작성된 상당외기온도를 사용하며, 일반적으로 지역별 외기조건은 [표 4-2]를 적용한다. 그러나 [표 4-2]는 그 기준이 여름철 오후 1~3시의 값이므로 계산시간이 다른 경우에는 [표 4-15]에 나타낸 바와 같이 시각별 보정을 해야 한다.

또한 어떤 실에 대한 냉방 시의 풍량이나 송풍온도, 실내유닛의 용량을 결정할 때에는 그 방의 실내부하가 최대가 되는 계절과 시간에 대해 부하 계산을 시행한다. 실내부하는 반드시 외기기온이 최고가 되는 여름철의 오후 2~3시경에 최대가 되지는 않는다. 대개 동쪽에 면해 있는 방은 오전 중(9~11시), 남쪽은 오후(12~14시), 서쪽은 늦은 오후(15~17시)에 최대가 된다. 북쪽에 면해 있거나 외기에 면하지 않는 방은 시간에 영향을 받지 않으므로 오후 3시를 적용한다. 최대 부하발생시간이 불확실한 경우에는 계산을 되풀이해서 확인할 필요가 있다.

부하 계산은 위와 같은 실내부하가 최대가 되는 시간을 적용하며, 그 외에 장치부하 또는 건물 전체의 부하를 어떤 특정시간에 대해 계산하는 경우도 있고, 공조장치의 계획상 중간 계절이나 겨울철 냉방부하를 계산하는 경우도 있다.

[표 4-15] 외기조건의 시각별 보정

시 각	건구온도의 보정(℃)	습구온도의 보정(℃)	시 각	건구온도의 보정(℃)	습구온도의 보정(℃)
오전 6시	−6.3	−2.4	오후 2시	0	0
7시	−4.6	−1.8	3시	0	0
8시	−3.2	−1.1	4시	−0.5	−0.2
9시	−2.0	−0.8	5시	−1.3	−0.4
10시	−1.0	−0.4	6시	−2.2	−0.7
11시	−0.6	−0.2	7시	−3.3	−1.1
정오	−0.3	−0.1	8시	−4.0	−1.3
오후 1시	0	0			

2) 실내 설계조건

① 인간을 대상으로 하는 쾌적공조에서는 작업상황과 착의상태 및 계절에 따라 쾌적범위가 다르나 통상적인 사무실작업 또는 가벼운 보행 정도의 노동을 하고 있는 건강한 사람을 대상으로 할 때 유효온도(ET*)의 범위 안에서 건구온도 22~22.5℃, 상대습도 40~70% 범위에서 유지하도록 설계한다.

② 냉방 설계 시 정확한 실내조건이 요구되지 않는 경우에는 건구온도 26℃, 상대습도 50%를 기준으로 한다.

③ 난방 설계 시에는 건구온도 20~22℃, 상대습도 40%를 기준으로 한다.

④ 일반적으로 설계 시 적용하는 실내온습도조건의 기준치는 [표 4-3]과 같다.

3. 취득열량

1) 외벽 · 지붕을 통한 취득열량

외기에 직접 면해 있는 벽체 또는 지붕에서의 침입열에는 건물 내 · 외의 온도차에 의한 전도열과 일사에 의한 태양복사열이 있다. 태양복사열은 일사가 외벽에 닿아서 그 표면온도가 상승하여 이것이 온도차에 의해 안쪽으로 열이 이동하게 된다. 따라서 온도차와 더불어 태양복사의 열량을 더해 열전도를 계산해야 한다. 즉 빛의 직사, 반사 또는 복사열에 의해 벽의 외면이 열을 받으면 그 일부는 반사하고, 나머지는 흡수하여 벽체의 온도를 상승시킨다. 흡수하는 양은 벽체표면의 색채, 조밀현상, 재질 등에 따라 다르며, 흡수된 열은 구조두께에 따라 상이한 시간적 지연(time lag)을 가지고 실내로 전달된다. 이와 같이 벽 외부의 온도는 외기온도보다 높게 되는데, 이 온도를 상당외기온도 또는 일사온도(equivalent temperature 혹은 sol-air temperature)라고 한다. 바꿔 말하면 상당외기온도란 벽면, 지붕면에 일사가 있을 때 그 효과를 기온의 상승에 환산하여 실제의 기온과 합한 것으로 다음 식으로 구할 수 있다.

$$aJ = \alpha_o(t_e - t_o)$$

$$t_e = t_o + 0.030J[℃] \qquad (8)$$

여기서, a : 흡수율

α_o : 외측 대류열전달계수(W/m^2 · ℃)

t_e : 상당외기온도(℃)

t_o : 외기온도(℃)

J : 전 일사량(W/m^2)

벽 · 지붕에 있어서는 이 상당외기온도와 실내온도와의 차에 따라 열의 취득이 이루어지므로, 이 온도차를 상당온도차(equivalent temperature difference)라 한다. 즉 상당온도차를 Δt_e로 하면 태양열에 의한 취득열량은 다음 식과 같이 된다.

$$q_s = K_s A_s \Delta t_e[W] \qquad (9)$$

여기서, q_s : 외벽, 지붕으로부터의 취득열량(W)

K_s : 구조체의 열관류율(W/m^2 · ℃)

A_s : 구조체의 면적(m^2)

Δt_e : 상당온도차(℃)

상당온도차의 값은 계절, 시각, 방위, 구조체에 따라서 달라지므로 대상이 되는 구조체 형태에 따라 여러 가지 자료가 있어야 하는데, 일반적으로 [표 4-16]의 값을 사용한다.

[표 4-16] 상당온도차(Δt_e)

벽의 종류	방 위	시각(태양시)												
		오 전							오 후					
		6	7	8	9	10	11	12	1	2	3	4	5	6
Ⅱ	수평	1.1	4.6	10.7	17.6	24.1	29.3	32.8	34.4	34.2	32.1	28.4	23.0	16.6
	N · 그늘	1.3	3.4	4.3	4.8	5.9	7.1	7.9	8.4	8.7	8.8	8.7	8.8	9.1
	NE	3.2	9.9	14.6	16.0	15.0	12.3	9.8	9.1	9.0	8.9	8.7	8.0	6.9
	E	3.4	11.2	17.6	20.8	21.1	18.8	14.6	10.9	9.6	9.1	8.8	8.0	6.9
	SE	1.9	6.6	11.8	15.8	18.1	18.4	16.7	13.6	10.7	9.5	8.9	8.1	7.0
	S	0.3	1.0	2.3	4.7	8.1	11.4	13.7	14.8	14.8	13.6	11.4	9.0	7.3
	SW	0.3	1.0	2.3	4.0	5.7	7.0	9.2	13.0	16.8	19.7	21.0	20.2	17.1
	W	0.3	1.0	2.3	4.0	5.7	7.0	7.9	10.0	14.7	19.6	23.5	25.1	23.1
	NW	0.3	1.0	2.3	4.0	5.7	7.0	7.9	8.4	9.9	13.4	17.3	20.0	19.7

벽의 종류	방 위	시각(태양시)												
		오 전							오 후					
		6	7	8	9	10	11	12	1	2	3	4	5	6
Ⅲ	수평	0.8	2.5	6.4	11.6	17.5	23.0	27.6	30.7	32.3	32.1	36.9	36.9	22.0
	N · 그늘	0.8	2.1	3.2	3.9	4.8	5.9	6.8	7.6	8.1	8.4	8.6	8.6	8.9
	NE	1.6	5.6	10.0	12.8	13.8	13.0	11.4	10.3	9.7	9.4	8.6	8.6	7.8
	E	1.7	5.3	11.7	16.0	18.3	18.5	16.6	13.7	11.8	10.6	9.0	9.0	8.1
	SE	1.1	3.6	7.5	11.4	14.5	16.3	16.4	15.0	12.9	11.3	9.8	9.8	8.2
	S	0.5	0.7	1.5	2.9	5.4	8.2	10.8	12.7	13.6	13.6	10.8	10.8	9.2
	SW	0.5	0.7	1.5	2.7	4.1	5.4	7.1	9.8	13.1	16.2	19.3	19.3	18.2
	W	0.5	0.7	1.5	2.7	4.1	5.4	6.6	8.0	11.1	15.1	21.9	21.9	22.5
	NW	0.5	0.7	1.5	2.7	4.1	5.4	6.6	7.4	8.5	10.7	16.8	16.8	18.2
Ⅳ	수평	1.7	2.6	4.9	8.5	12.8	17.3	21.4	24.8	27.2	28.4	28.2	26.6	23.7
	N · 그늘	1.3	1.9	2.6	3.2	3.9	4.8	5.6	6.4	7.0	7.5	7.8	8.0	8.3
	NE	1.7	4.1	7.1	9.5	10.9	11.2	10.6	10.1	9.8	9.6	9.4	9.0	8.4
	E	1.8	4.6	8.3	11.7	14.2	15.3	14.9	13.6	12.4	11.6	10.9	10.1	9.3
	SE	1.4	2.9	5.4	8.3	11.0	12.9	13.8	13.6	12.6	11.7	11.0	10.2	9.3
	S	1.1	1.1	1.4	2.3	4.0	6.0	8.1	9.9	11.2	11.7	11.6	108	9.8
	SW	1.3	1.3	1.6	2.3	3.2	4.3	5.6	7.6	10.2	12.8	15.0	16.3	16.4
	W	1.5	1.4	1.7	2.4	3.3	4.3	5.3	6.5	8.7	11.8	15.0	17.7	19.1
	NW	1.4	1.3	1.6	2.3	3.2	4.3	5.2	6.1	7.0	8.8	11.2	13.6	15.2
Ⅴ	수평	3.7	3.6	4.3	6.1	8.7	11.9	15.2	18.4	21.2	23.3	24.6	24.8	23.9
	N · 그늘	2.0	2.1	2.4	2.8	3.2	3.8	4.5	5.1	5.7	6.3	6.7	7.1	7.4
	NE	2.2	3.1	4.7	6.5	8.1	9.0	9.4	9.4	9.4	9.3	9.2	9.1	8.8
	E	2.3	3.3	5.3	7.7	10.0	11.7	12.6	12.6	12.2	11.8	11.3	10.8	10.2
	SE	2.2	2.6	3.8	5.5	7.5	9.4	10.8	11.6	11.6	11.4	11.1	10.6	10.1
	S	2.1	1.8	1.8	2.1	2.9	4.1	5.6	7.1	8.4	9.5	10.0	10.0	9.7
	SW	2.8	2.4	2.3	2.5	2.9	3.5	4.3	5.5	7.2	9.1	11.1	12.8	13.8
	W	3.2	2.7	2.5	2.7	3.0	3.6	4.3	5.1	6.4	8.3	10.7	13.1	15.0
	NW	2.8	2.4	2.3	2.4	2.9	3.5	4.1	4.8	5.6	6.7	8.2	10.1	11.8
Ⅵ	수평	6.7	6.1	6.1	6.7	8.0	9.9	12.0	14.3	16.6	18.5	20.0	20.9	21.1
	N · 그늘	3.0	2.9	2.9	3.0	3.2	3.6	4.0	4.4	4.9	5.3	5.7	6.1	6.4
	NE	3.3	3.6	4.3	5.4	6.4	7.3	7.8	8.1	8.3	8.4	8.5	8.5	8.5
	E	3.7	3.9	4.9	6.2	7.7	9.1	10.0	10.5	10.7	10.7	10.6	10.4	10.1
	SE	3.5	3.5	4.0	4.9	6.1	7.3	8.5	9.3	9.8	10.0	10.0	9.9	9.7
	S	3.3	4.0	2.8	2.8	3.1	3.7	4.6	5.6	6.6	7.4	8.1	8.4	8.6
	SW	4.5	4.0	3.7	3.5	3.6	3.8	4.2	4.9	5.9	7.2	8.6	9.9	11.0
	W	5.1	4.5	4.1	3.9	3.9	4.1	4.4	4.8	5.6	6.7	8.3	10.0	11.5
	NW	4.3	3.9	3.6	3.4	3.5	3.7	4.1	4.5	5.0	5.6	6.7	7.9	9.2

벽의 종류	방 위	시각(태양시)												
		오 전							오 후					
		6	7	8	9	10	11	12	1	2	3	4	5	6
Ⅶ	수평	10.0	9.4	9.0	9.0	9.4	10.1	11.1	12.2	13.5	14.8	15.9	16.8	17.3
	N · 그늘	4.0	3.8	3.7	3.7	3.7	3.8	4.0	4.2	4.4	4.7	4.9	5.2	5.5
	NE	4.7	4.7	4.9	5.3	5.8	6.3	6.6	6.9	7.2	7.3	7.5	7.6	7.7
	E	5.4	5.3	5.6	6.1	6.8	7.6	8.2	8.9	8.9	9.1	9.3	9.3	9.3
	SE	5.2	5.0	5.0	5.3	5.8	6.4	7.1	7.6	8.0	8.3	8.5	8.7	8.7
	S	4.6	4.3	4.1	3.9	3.9	4.1	4.5	4.9	5.6	6.0	6.5	6.8	7.1
	SW	6.1	5.7	5.4	5.1	5.0	4.9	5.0	5.2	5.7	6.3	7.0	7.8	8.5
	W	6.8	6.3	6.0	5.7	5.5	5.4	5.4	5.5	5.8	6.3	7.1	8.0	8.9
	NW	5.7	5.3	5.0	4.8	4.7	4.7	4.7	4.9	5.1	5.4	5.9	6.5	7.3

[주] 위의 표에 있어서 벽과 지붕의 종류는 개략적으로 다음 표에 따른다.

벽의 종류	Ⅱ	Ⅲ	Ⅳ
구조 예	• 목조의 벽 · 지붕 • 두께합계 20~70mm의 중량벽	• Ⅱ+단열층 • 두께합계 70~110mm의 중량벽	• Ⅲ의 중량벽+단열층 • 두께합계 110~160mm의 중량벽
벽의 종류	Ⅴ	Ⅵ	Ⅶ
구조 예	• Ⅳ의 중량벽+단열층 • 두께합계 160~230mm의 중량벽	• Ⅴ의 중량벽+단열층 • 두께합계 230~300mm의 중량벽	• Ⅵ의 중량벽+단열층 • 두께합계 300~380mm의 중량벽

[주] ① 기준실온은 여름철 26℃이며 설계실온이 다를 경우에는 다음과 같이 보정하여 사용한다.
온도보정(℃)=26℃－설계실온
② 각 지역별 보정은 다음 표를 참고로 하여 적용한다.
보정된 상당온도차(℃)=상당온도+온도보정

[지역별 상당온도보정표]

지 명	위 도	적용치(℃)	지 명	위 도	적용치(℃)
서울	37.57	－0.5	대구	35.88	－0.1
인천	37.48	－0.5	부산	3.51	+0.1
수원	37.27	－0.4	울산	35.55	0
전주	35.82	0	목포	34.78	+0.6
광주	35.13	+0.1	제주	33.52	+0.8

[주] 위에 나타나지 않은 지역은 다음의 위도범위에 따라 보정하여 사용한다.

위도범위	기준치(℃)(북위)	보정온도(℃/북위 1도)
$37.67 < x < 43$	−0.5(37.67)	−0.62
$35.67 < x < 37.67$	0(35.67)	−0.25
$35 < x < 35.67$	+0.1(35)	+0.15
$34.67 < x < 35$	+0.8(34.67)	+2.1

2) 내벽 · 바닥면에서의 취득부하

$$q_{WI} = KA\Delta t[\mathrm{W}] \tag{10}$$

여기서, q_{WI} : 내벽 · 바닥면의 취득부하(W)

K : 내벽 · 바닥면의 열통과율(W/m^2 · ℃)

A : 내벽 · 바닥면의 면적(m^2)

Δt : 실내외온도차(℃)

내벽면적 A를 구할 때의 벽면높이는 천장높이를 사용하며, 실내외온도차의 개념은 일반적으로 [표 4−17]과 같이 된다.

[표 4-17] 실내외온도차 Δt[℃]

인접실 · 상층 · 하층의 상태	Δt
인접실 · 상층 · 하층이 공조되고 있는데 저온일 때	0
인접실 · 상층 · 하층의 온도가 t[℃]일 때(t > 실온)	t−온도
인접실 · 상층 · 하층이 공조가 안 된 일반실 · 복도	(외기온−실온)/2
인접실 · 상층 · 하층이 보일러실 · 주방일 때	15~20
지면상 바닥, 바닥 밑에 통풍이 없는 바닥	0
필로티의 바닥	[표 4−16]의 N값

3) 창유리를 통한 취득열량

태양일사면에 유리창이 있으면 일부의 열은 흡수되나 그 대부분은 직접 실내로 전달된다. 또 옥외의 지면이나 다른 건물, 그 밖의 태양일사광의 복사열 · 대류에 의한 열의 침입이 있으면 실의 열취득은 증가한다. 이와 같이 외부에서 유리를 통하여 실내에 들어오는 열은 [그림 4−5]와 같이 분류된다.

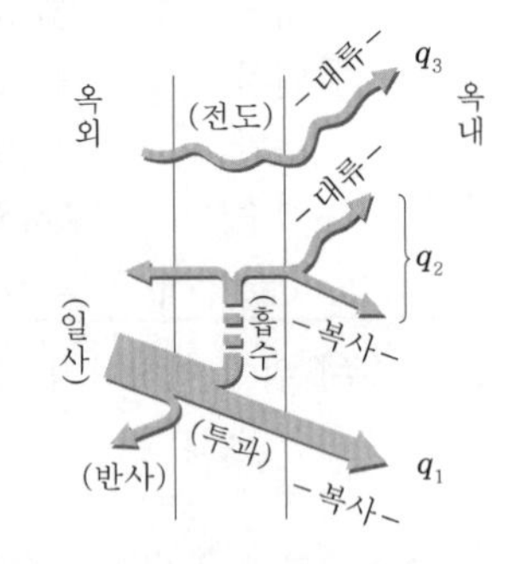

[그림 4-5] 유리창을 통한 열취득

- q_1 : 복사열 중에서 직접 유리를 투과하여 침입하는 열량
- q_2 : 복사열 중에서 일단 유리에 흡수되어 유리온도를 높인 다음 다시 대류 및 복사에 의하여 실내에 침입하는 열량
- q_3 : 유리면의 내외온도차에 의한 열전도에 의해 실내로 침입하는 열량

이 중에서 $(q_1 + q_2)$를 넓은 의미에서 유리를 통과하는 태양복사열이라 하여 계산하며, q_3는 벽체, 천장, 바닥 등과 같이 단순한 전도열로서 계산한다.

(1) 태양복사열량의 계산

이 복사에는 태양광선이 직접 닿는 직달일사와 허공에서 산란하거나 물체표면에서 반사되어 닿는 확산일사가 있다. 따라서 햇빛이 닿지 않는 북쪽 또는 그늘진 유리창에서도 복사에 의한 부하는 생긴다. 일반적으로 건물에 닿는 태양복사의 열량은 위도, 계절, 시각, 유리창의 방위에 따라서 다르며, 유리를 통과하는 열량은 입사각, 유리의 종류, 차폐성에 의해 달라진다. [표 4-18]은 표준유리(두께 3mm)에 의한 유리창에서의 일사취득열량을 나타내며, [표 4-19]는 각종 유리에 대한 차폐계수이다.

[표 4-18] 유리창에서의 표준일사열취득(W/m^2)

계 절	방 위	시각(태양시)															합 계
		오 전								오 후							
		5	6	7	8	9	10	11	12	1	2	3	4	5	6	7	
여름철 (7월 23일)	수평	1	67	243	441	602	732	816	844	816	732	602	441	243	67	1	6,650
	N · 그늘	0	85	53	33	40	45	49	50	49	45	40	33	53	85	0	659
	NE	0	341	447	406	335	117	49	50	49	45	40	33	24	14	0	1,949
	E	0	374	554	573	506	363	159	50	49	45	40	33	24	14	0	2,784
	SE	0	174	323	399	412	363	255	120	49	45	40	33	24	14	0	2,250
	S	0	14	24	33	62	117	164	181	164	117	62	33	24	14	0	1,009
	SW	0	14	24	33	40	49	49	120	255	363	412	399	323	174	0	2,254
	W	0	14	24	33	40	49	49	50	159	363	506	573	554	374	0	2,788
	NW	0	14	24	33	40	49	49	50	49	117	277	406	447	341	0	1,895

[표 4-19] 차폐계수

유 리	블라인드	차폐계수
보통 단층	없음	1.0
	밝은색	0.65
	중간색	0.75

유 리	블라인드	차폐계수
흡열단층	없음 밝은색 중간색	0.8 0.55 065
보통 이층(중간 블라인드)	밝은색	0.4
보통 복층	없음 밝은색 중간색	0.9 0.6 0.7
외측흡열 내측보통	없음 밝은색 중간색	0.75 0.55 0.65
외측보통 내측거울	없음	0.65

따라서 유리창에서의 태양열복사에 의한 취득열량은 다음 식으로 계산한다.

$$q_{GR} = I_{gr} A_g S_C [\mathrm{W}] \tag{11}$$

여기서, q_{GR} : 유리창에서의 태양복사에 의한 취득열량(W)

I_{gr} : 표준일사열취득(W/m^2)

A_g : 유리창의 면적(m^2)

S_C : 차폐계수

(2) 전도열량의 계산

외기에 면하는 유리창을 통해 들어오는 열 중에서 q_1(직접투과열량), q_2(대류, 복사열량)에 대해서는 태양복사열 계산에 의해 이루어졌으므로 여기서는 실내외온도차에 의해 침입하는 열량 q_3을 계산한다. 온도차로서는 계산하는 계절, 시각에 있어서의 외기온도와 실내온도와의 차를 사용한다.

따라서 유리창에서의 전도에 의한 취득열량은 다음 식에 의해 계산한다.

$$q_{GT} = K_g A_g \Delta t \,[\mathrm{W}] \tag{12}$$

여기서, q_{GT} : 유리창에서의 전도에 의한 취득열량(W)

K_g : 유리창의 열관류율(W/m^2 · ℃)

A_g : 유리창의 면적(m^2)

Δt : 실내외온도차(℃)

또한 각종 유리의 열관류율은 [표 4-20]과 같다.

[표 4-20] 유리의 열관류율(W/m^2·℃)

종 류	열관류율	종 류	열관류율
단창유리(여름)	5.9[1)]	흡열유리	6.6[2)]
단창유리(겨울)	6.4[2)]	블루페인 3~6mm	6.6[2)]
이중유리		그레이페인 3~6mm	6.3[2)]
공기층 6mm	3.5	그레이페인 8mm	3.5[2)]
공기층 13mm	3.1	서모페인 12~18mm	
공기층 20mm	3.0		
유리블록	3.1		

[주] 평균풍속 1) 3.5m/s, 2) 7m/s

4) 실내에서의 취득열량

(1) 인체에서의 발생열

실내에 거주하는 재실자들로부터의 발생열량은 [표 4-21]에 나타내는데, 발한작용도 고려하여 다음 식과 같이 현열과 잠열로 나누어 계산할 필요가 있다.

$$q_H = q_{HS} + q_{HL}[\text{W}] \quad (13)$$

$$q_{HS} = 1\text{인당 현열량} \times \text{재실인수}[\text{W}]$$

$$q_{HL} = 1\text{인당 잠열량} \times \text{재실인수}[\text{W}]$$

여기서, q_H : 인체로부터의 취득열량(W)

q_{HS} : 현열취득열량(W)

q_{HS} : 잠열취득열량(W)

[표 4-21] 인체발열량(W/인)

장 소	실온(℃)		28		27		26		24		21	
	동 작	전발열량	현 열	잠 열	현 열	잠 열	현 열	잠 열	현 열	잠 열	현 열	잠 열
극장	정좌	93	47	51	51	42	56	37	60	33	69	24
학교	경작업	106	48	51	51	55	56	50	64	42	72	34
사무소·호텔·백화점	가벼운 보행	119	48	52	52	66	57	62	65	53	76	43
은행	사무	133	48	52	52	80	58	74	67	65	77	56
식당	앉은 동작	145	50	59	59	86	65	80	74	71	85	60
댄스홀	보통 댄스	226	59	65	65	160	72	154	86	140	106	120
볼링장	볼링	384	119	123	123	261	127	257	138	245	160	223

장 소	실온(℃)		28		27		26		24		21	
	동 작	전발열량	현 열	잠 열	현 열	잠 열	현 열	잠 열	현 열	잠 열	현 열	잠 열
공장(경작업)	착석작업	198	50	59	59	138	65	133	78	120	97	101
공장(중작업)	보행 (4.8km/h)	264	119	123	123	261	127	257	138	245	160	223

한편 재실인원수가 분명하지 않을 때는 [표 4-22]의 개략치에 의해 계산한다.

[표 4-22] 인원, 조명산출용 참고값

실의 종류	인원(m^2/인)	조명(W/m^2)	실의 종류	인원(m^2/인)	조명(W/m^2)
일반사무실	5.0	20~30	호텔 객실	18.0	15~30
은행영업실	5.0	60~70	백화점(평균)	3.0	25~35
레스토랑	1.5	20~30	(혼잡시)	1.0	25~35
상점	3.0	25~35	(한산)	6.0	25~35
호텔 로비	6.5	20~40	극장	0.5	–
학교(교실)	1.4	10~15	공장	–	10~20

[주] 조명은 호텔은 백열등, 기타는 형광등기준임

(2) 기기로부터의 발열량

실내에서 발생하는 열원이 되는 기기는 조명기구, 전동기와 같이 현열만을 발생하는 것과 전기기구, 가스기구와 같이 수증기를 발생시켜 잠열도 고려할 필요가 있는 것이 있다.

[그림 4-6]에서와 같이 발생열량은 백열등인 경우 P[kW]이며, 형광등은 안정기에서 전력이 소비되므로 $1.16P$[kW]이다. 기타에 대해서는 [표 4-23]에 나타낸다. 각종 기기로부터의 발열량을 산정하는 식은 다음과 같다.

$$\text{백열등}\ q_{ES} = Pf\,[\mathrm{W}] \tag{14}$$

$$\text{형광등}\ q_{ES} = 1.16Pf\,[\mathrm{W}] \tag{15}$$

$$\text{전동기}\ q_m = \frac{P}{\eta_m} f f_e\,[\mathrm{W}] \tag{16}$$

$$\text{기타 기기}\ q_A = Pf\,[\mathrm{W}] \tag{17}$$

여기서, P : 소비전력(kW)

f : 사용률

f_e : 부하율(%)

η_m : 전동기효율(%)(1kW 이하 50~70%, 1kW 이상 80~90%)

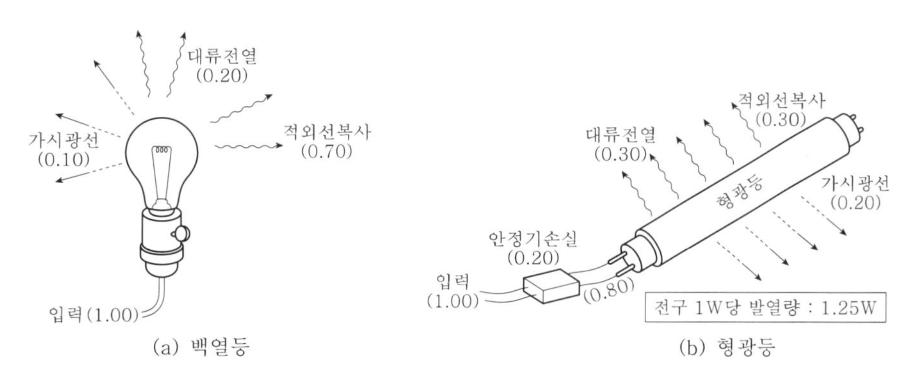

[그림 4-6] 전등에서의 발열량

[표 4-23] 실내기구에서의 발열량

기구의 종류	용량 및 크기 $W \times H \times L$[mm]	열원용량	부하열량(W)			
			후드가 없을 때			후드가 있을 때
			현 열	잠 열	계	현 열
(전기기구)						
커피포트	12L	2,326	744	250	994	297
토스터	4매용, 일반식	2,954	651	576	1,227	384
헤어드라이어	블로어식	1,838	675	116	791	–
헤어드라이어	헬멧식	820	547	99	645	–
파마웨이브	25W 히터×60개	1,745	250	47	297	–
(가스기구)						
커피포트	12L, ϕ300	2,931	1,023	442	1,465	291
프라이팬	350×525×375	8,792	2,198	2,198	4,396	878
벤젠버너	ϕ11	884	122	122	611	–

5) 틈새바람에 의한 취득열량

(1) 틈새바람의 양

창문새시의 틈새 또는 출입문에서는 틈새바람이라는 외기가 침입한다. 그러나 냉방인 때에는 난방인 경우만큼 대단한 요소는 아니다. 그것은 실내외온도차가 여름에는 겨울철보다 적고 일반적으로 더운 날에는 강한 바람이 불지 않기 때문이다.

또한 이 부하에 대해서는 신선외기를 혼합해서 급기하고 있을 때는 그것에 의해 틈새바람은 방지된다. 따라서 일반 건물에서는 이것을 계산하지 않는 일도 많으며, 밀폐창인 경우에는 냉방 시 틈새바람의 계산은 생략한다. 그러나 틈새가 많은 구조의 새시라든가 개폐할 수 있는 창이 많은 실에 대해서는 계산할 필요가 있으며, 4-2-3절의 난방부하 계산법에 있어서의 손실열량을 참조하여 계산한다.

또한 비교적 적은 실에 있어서 외기에 면해 있는 곳에 출입구가 설치되어 있을 때에는 그 개폐에 의한 외기의 침입이 부하에 영향을 미치므로 [표 4-24]의 값을 적용하여 계산한다.

[표 4-24] 출입문의 개폐에 의한 틈새바람

실의 종류	출입문의 종류	
	회전식(폭 1.8m)	스윙식(폭 0.9m)
소규모 백화점	11.0	13.5
은행	11.0	13.5
병실	–	6.0
식당(점심 전용)	7.0	8.5
(레스토랑)	3.4	4.2
상점(구두가게)	4.6	6.0
(옷가게)	3.4	4.2
이발소	7.0	8.5

[주] ① 단위는 실내인원수 1인당 틈새풍량(m^3/h · 인)이다.
② 스윙식 출입문에 전실이 있는 경우에는 회전식을 적용한다.
③ 출입문에 3.5m/s의 바람이 수직으로 들어오는 경우이며 경사지어 닿는 경우에는 0.6배로 한다.

(2) 틈새바람에 의한 취득열량

틈새바람의 양이 결정되면 다음 식에 의해 부하를 계산한다.

$$q_I = q_{IS} + q_{IL} [\text{W}] \tag{18}$$

$$q_{IS} = \rho C_{pa} Q(t_o - t_i) [\text{W}] \tag{19}$$

$$q_{IL} = \rho \gamma_0 Q(x_o - x_i) [\text{W}] \tag{20}$$

여기서, q_I : 틈새바람에 의한 취득열량(W)
q_{IS} : 틈새바람에 의한 취득현열량(W)
q_{IL} : 틈새바람에 의한 취득잠열량(W)
ρ : 공기밀도(kg/m^3)
C_{pa} : 공기정압비열(J/kg · ℃)
Q : 틈새바람의 양(m^3/h)
γ_0 : 0℃ 물의 증발잠열(2,501kJ/kg)
$(t_o - t_i)$: 외기온도와 실내온도와의 차(℃)
$(x_o - x_i)$: 외기와 실내공기의 절대습도차(kg/kg')

6) 기타 부하

기타 부하요소는 실제적으로는 실내에서 발생하는 부하는 아니지만 이것에 준하는 것으로 실내부하에 포함시켜 취급하는 것이 편리하며 다음과 같은 항목이 있다.

(1) 급기덕트에서의 열취득

냉방되지 않는 온도가 높은 곳을 급기덕트가 지나게 되면 표면에서의 열의 침입이 있게 된다. 이에 따라 손실열량은 실내부하 계산에 포함시켜야 한다.

(2) 급기덕트의 누설손실

덕트는 일반적으로 누설이 있게 마련이고 시공성이 불량하면 더욱 누설한다. 이것은 현열과 잠열의 손실이며 실내부하에 더해주어야 한다. 누설량은 덕트의 길이, 형상, 시공, 공기의 압력 등에 따라 달라지므로 정확하게는 알 수 없지만 일반적으로는 송풍량의 5~10% 정도이다. 그러나 이 중에서 열손실이 되는 것은 공조하지 않은 공간을 통하는 부분에서의 누설량이다. 패키지형 공조기를 사용하는 경우와 같이 덕트의 길이가 짧거나 없는 경우에는 덕트에서의 손실은 거의 없다.

(3) 송풍기 동력

송풍기에 의해 공기가 가압되는 때에 주어지는 에너지는 열로 변해 급기온도를 상승시키므로 현열부하로서 가산하지 않으면 안 된다. 다만, 송풍기가 냉각코일보다 상류측에 있을 때는 이 열은 냉각코일의 부하가 되며 실내현열부하는 아니다. 이중덕트방식이나 멀티존방식은 이러한 경우이다. 이 열도 실내현열부하에 대한 %로 표시되는 것이 취급하기 쉽다.

(4) 기타 부하의 합계

상술한 기타 부하는 덕트열취득, 덕트누설손실, 송풍기 동력 등 각각의 %를 구해 실내부하에 가산하면 되지만, 일반적인 공조부하 계산에서는 이것들을 한데 묶어서 하나의 합계 %로 하여 간단히 계산하는데, 그 참고값을 제시하면 다음과 같다.

■ 기타 부하
- 실내현열 및 잠열부하소계의 10%(일반적인 경우)
- 실내현열 및 잠열부하소계의 15%(고속덕트 등 송풍기 정압이 높은 경우)
- 실내현열 및 잠열부하소계의 5%(급기덕트가 없거나 짧은 경우)

7) 외기부하

실내에는 항상 신선한 외기가 보급될 필요가 있다. 일반적으로 덕트에 의한 공조시스템에서는 실내로부터의 환기와 신선외기를 혼합해서 냉각코일로 소요의 풍량을 만들어 실내로 송풍하는 방식을 취한다(보통 외기량은 총급기량의 15~30% 정도이다). 그 까닭은 산소를 공급하여 인체에서의 냄새를 제거하고 담배연기 또는 오염물질을 배출시켜서 공기의 청정도를 높이기 위해서이며, 일반적으로 이것을 환기라고 한다.

즉 이것은 외기를 송풍량의 일부로서 실내로부터의 환기와 혼합해서 다시 실내로 도입함으로써 생기는 부하이며, 외기의 도입은 재실자를 위한 일종의 환기이므로 이것을 환기부하라고 한다.

인간에 대한 필요외기량은 [표 4-25]에 나타내고 있다. 도입외기량이 결정되면 다음 식으로 외기를 실내상태에서 냉각감습시키기 위한 열량을 계산하여 도입외기부하로 한다.

외기부하 $q_F = q_{FS} + q_{FL}$[W] (21)

취득현열 $q_{FS} = \rho C_{pa} Q_F (t_o - t_i)$[W] (22)

취득잠열 $q_{FL} = \rho \gamma Q_F (x_o - x_i)$[W] (23)

여기서, ρ : 공기밀도(kg/m^3)

γ : 수증기잠열(kJ/kg)

Q_F : 도입외기량(m^3/h)

$(t_o - t_i)$: 온도차(℃)

$(x_o - x_i)$: 절대습도차(kg/kg′)

또한 전열로서 다음 식을 쓰는 일도 있다.

$$q_F = \rho Q_F (i_o - i_i)[W]$$

여기서, $(i_o - i_i)$: 외기와 실내공기의 엔탈피차(J/kg′)

[표 4-25] 필요외기취입량

종 별	실 별	재실자율		소요외기량			
		인/100ft^2	인/m^2	l/s · 인	m^3/h · 인	l/s · m^2	m^3/m^2 · h
호텔	침실, 거실			15	54		
	욕실			18	64.8		
	집회실	50	0.54	10	36		
사무소	사무실	7	0.075	10	36		
	회의실	50	0.54	10	36		
특수	이발소	25	0.27	8	28.8		
	미용실	25	0.27	13	46.8		
스포츠시설	관객석	150	1.61	8	28.8		
	게임실	70	0.75	13	46.8		
	아이스링크장					2.5	9
	수영장					2.5	9
	볼링장	70	0.75	13	46.8		
극장	로비	150	1.61	10	36		
	관객석	150	1.61	8	28.8		
	무대	70	0.75	5	18		

4. 냉방부하와 공조장치부하

1) 냉방부하 계산법

단독실인 경우의 냉방부하는 이상에서 계산한 실내부하와 외기부하와의 합계를 말한다. 다만, 이 냉방부하는 어디까지나 계산적용시간에 있어서의 것이며, 실내부하는 최대라 하더라도 냉방부하는 최대가 아닌 경우도 있다. 예로서 여름철이 아닌 계절에 대해 계산하거나 같은 여름철이라 하더라도 낮시간이 아닌 경우에는 냉방부하가 최대가 되는 시간으로 바꿔서 계산하고, 이것을 이 방에 대한 공조기의 부하로 한다. 다만, 이 경우 이 방에 대한 송풍량은 실내부하의 최대 시간에서 얻어진 송풍량을 기준으로 한다.

이와 같이 냉방부하 계산은 종래에는 정도가 높고 실용적인 냉난방부하 계산방식이 확립되어 있지 않아서 부하가 과다하게 산출되는 경우가 많았다. 공조장치의 과다한 설비는 열원의 과잉 설계를 방지하기 위해 엄밀한 부하 계산을 시행한다. 냉난방부하 계산은 [표 4-26]을 이용하여 구역별 최대 부하가 예상되는 시간과 건물 전체의 최대 부하가 예상되는 시간으로 계산하며, 전자는 구역별 공조기부하가 되고, 후자는 장치(냉동기)부하가 된다.

문제 4. [그림 4-7]과 같은 사무소 건물의 냉방부하를 계산하여라. 단, 설계조건은 다음과 같다. 외벽은 콘크리트두께 15cm, 문의 면적은 1면당 $1.8m^2$로 하고, 창면적은 1면당 $1.8m^2$의 보통유리단창으로 한다. 실내조건은 26℃, 50%(절대습도 0.0105kg/kg')이며, 장소는 서울로 한다. 창의 안쪽에는 밝은색의 베니션블라인드를 설치하며, 내부조명은 형광등으로서 3kW, 사무기기는 2kW, 재실인원은 40인, 틈새바람은 환기횟수 0.6회/h, 도입외기량은 환기횟수 1회/h를 기준으로 구한다. 구조체의 열관류율은 외벽에서 $3.73W/m^2 \cdot ℃$, 지붕(콘크리트두께 10cm)에서 $1.90W/m^2 \cdot ℃$, 창유리 $5.91W/m^2 \cdot ℃$, 문 $4.07W/m^2 \cdot ℃$(최대부하 시는 오후 2시로 함), 급기온도 15℃, 벽의 종류는 문 Ⅱ, 지붕 Ⅲ, 외벽 Ⅳ로 가정한다.

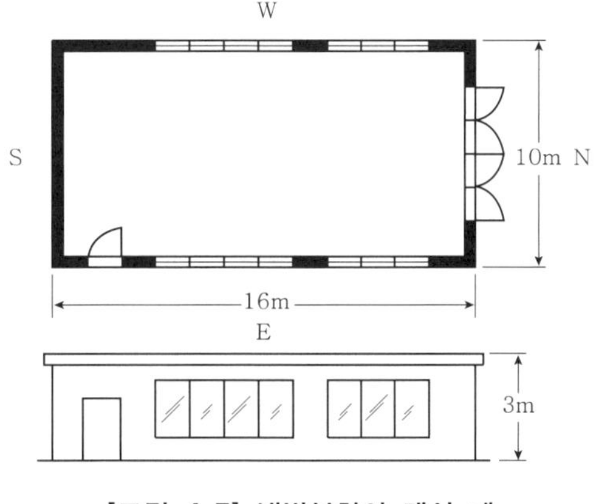

[그림 4-7] 냉방부하의 계산 예

풀이 계산결과를 [표 4-26]과 같이 나타낸다.

[표 4-26] 냉방부하 계산서 명칭 : 사무소 건물의 냉방부하

성명 : 최상층 사무실		실면적=10×16=160m², 실체적=160×3=480m³		
외기 31.1℃ DB		25.8℃ WB	66% RH	0.0189kg/kg
실내 26℃ DB		18.75℃ WB	50% RH	0.0105kg/kg
항목	면적(m^2)	복사열(W/m^2) 온도차(℃)	계수 열관류율($W/m^2 \cdot ℃$)	부하(W)
태양열복사열-유리				
유리 E	12.6	45.36	0.65	371.5
유리 W	12.6	362.9	0.65	2,972.2
소계(A)				3,343.7
전도열-유리				
유리 E	12.6	31.1−26=5.1	5.91	379.8
유리 W	12.6	31.1−26=5.1	5.91	379.8
소계(B)				3,343.7
전도열-문, 외벽, 지붕, 기타				
문 N, Ⅱ	7.2	8.7−0.5=8.2	4.07	240.3
문 E, Ⅱ	1.8	9.6−0.5=9.1	4.07	66.7
외벽 N, Ⅳ	22.8	7.0−0.5=6.5	3.73	552.8
외벽 S, Ⅳ	30	11.2−0.5=10.7	3.73	1,197.3
외벽 E, Ⅳ	33.6	12.4−0.5=11.9	3.73	1,491.4
외벽 W, Ⅳ	35.4	8.7−0.5=8.2	3.73	1,082.7
지붕, Ⅲ	160.0	32.3−0.5=31.8	1.90	9,667.2
소계(C)				14,298.4
침입외기 현열(D)	288m³/h×5.1℃×1.2kg/m³×1,003J/kg · ℃			491.1
소계($E=A+B+C+D$)				18,892.8
내부발생열				
인체	58.15W/인×40인			2,326.0
기기	2kW			2,000.0
전등	형광등 3,000W, 계수 1.16			3,480.0
소계(F)				7,806.0
실내현열소계($E+F$)				26,698.8
실내현열계(안전율 10%)(G)				29,368.7
침입외기 잠열	288m³/h×0.0084kg/kg×1.2kg/m³×2,500J/kg			2,016.0
인체	61.64W/인×40인			2,465.6
실내잠열소계				4,481.6
실내잠열계(안전율 10%)(H)				4,929.8
실내부하계($I=G+H$)				34,298.4
외기부하 현열	480m³/h×5.1℃×1.2kg/m³×1003J/kg · ℃			818.4
외기부하 잠열	480m³/h×0.0084kg/kg×1.2kg/m³×2,500J/kg			3,360.0
외기부하소계(J)				4,178.4
장치부하계($K=I+J$)				38,476.9

SHF=현열/잠열=29,368.7/34,298.4=0.8563
송풍량=현열/($\rho C_p \Delta t$)=29,368.7/(1.2×1,003×(26−15))×3,600=7,986m³/h
단위면적당 실내부하=실내부하계/면적=34,298.4/160=214.4W/m²

2) 공조장치부하의 계산

단독실인 경우의 냉방부하는 그대로 공조기부하가 되지만, 여러 실이 하나의 송풍계통으로 되는 경우에는 각개 실의 냉방부하의 합계가 그대로 공조기 또는 공조장치의 부하로 되지 않는다. 이것은 그 송풍계통(공조계통)의 부하가 최대로 되는 시간과 각개 실의 시간이 반드시 일치하지 않으며, *SHF*도 틀리고 각개 실의 현열비에서 얻을 수 있는 송풍상태점이 조금씩 달라지기 때문이다. 따라서 다수실을 하나의 공조계통으로 묶은 경우에는 그 장치부하를 별도로 다음 방법에 의해 계산한다.

(1) 각개 실의 부하 계산은 실내부하만을 계산하고 외기부하는 계산하지 않으며, 대신 각개 실별 현열비를 계산한다. 이 현열비는 조금씩 다르므로 그 중에서 이 계통용으로서 하나를 선정해야 하며, 일반적으로 안전하게 가장 낮은 것을 채용한다. 그러나 그 중에는 다른 것과 현저하게 낮은 것이 있을 수 있으므로 그런 것은 제외시키는 것이 좋다. 그래서 그 방에 대해서는 분기덕트 내에서 재열하고 그 열량을 실내현열부하에 가산하여 현열비를 높게 해서 다른 것과 균형을 이루도록 한다.

(2) 선정된 현열비에 의해 습공기선도상에 그은 상태선(*SHF*선)을 참고로 하여 적당한 송풍온도차를 결정하여 장치로서의 냉각코일 출구공기의 온도와 습도를 구한다.

(3) 송풍량 계산식에 의해 각 실별 송풍량을 산출하고, 이것을 합계하여 이 계통의 송풍량으로 한다. 또한 계통에서 필요한 도입외기량을 정하여 송풍량을 외기량과 환기량으로 구분한다.

(4) 장치가 최대가 된다고 예상되는 계절과 시간을 정한다. 대개의 경우 도입외기의 부하가 최대가 되는 여름철 오후 1~3시로 하지만, 각 실의 최고 부하가 다른 계절이나 시간에 집중되어 있는 경우에는 주의를 요한다.

(5) 냉방 시의 공조장치용량

냉방부하 계산으로 구한 실내취득부하 q_{SH}와 q_{LH}에서 *SHF*(또는 u)를 구해 [그림 4-8]처럼 상태선으로 E를 구한다. 취출공기온도 t_4[℃]는 ① E선상에서 실내공기 t_1[℃]과의 온도차 9~12℃ 정도가 좋다고 되어 있다.

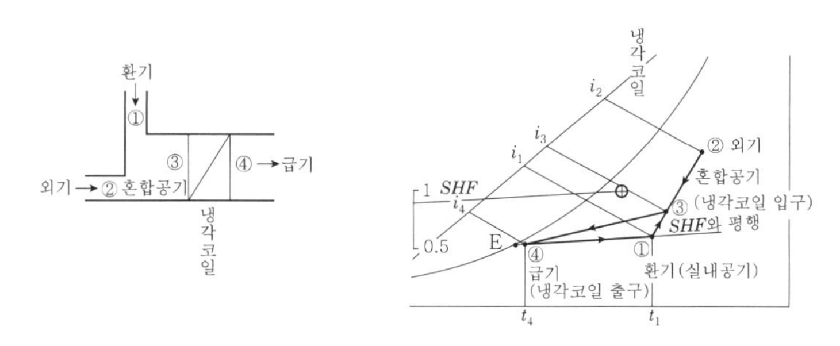

[그림 4-8] 혼합냉각감습

취출공기온도 t_4[℃]가 결정되면 필요송풍량 G[kg/h](또는 Q[m^3/h])는 다음 식으로 구해진다.

$$G = \frac{q_{SH}}{C_{pa}(t_1 - t_4)},\quad Q = \frac{q_{SH}}{\rho C_{pa}(t_1 - t_4)} \tag{24}$$

외기 ②와 환기(실내공기) ①이 혼합되어 ③이 되며, ③의 공기는 냉각코일을 통과해서 냉각감습되어 ④가 되어 실내로 송풍된다. 냉각코일의 용량(냉각코일부하) q_c[W]는 다음 식과 같다.

$$\begin{aligned} q_c &= \text{외기부하} + \text{실내취득부하} \\ &= \rho Q(i_3 - i_1) + \rho Q(i_1 - i_4) \\ &= \rho Q_F(i_2 - i_1) + \rho Q(i_1 - i_4) = \rho Q(i_3 - i_4) \end{aligned} \tag{25}$$

여기서, Q : 외기량(kg/h)

ρ : 공기밀도(kg/m^3)

C_{pa} : 공기정압비열(J/kg · ℃)

열원부하로서는 패키지형 공조기는 그대로 선정해도 좋으나 냉수 또는 냉매를 멀리 반송해 오는 공조기인 경우 냉동기의 부하는 장치부하에 냉수배관 또는 냉매배관에서의 침입열, 냉수순환펌프의 동력열 등 약 5% 정도의 손실을 더한다. 더욱 실내상대습도를 유지하기 위하여 냉각코일을 통과한 공기를 재열기에서 가열하면서 보내는 경우에는 가열량만큼 실내현열부하에 가산하고 냉동기부하도 증가시킨다.

(6) 난방 시의 공조장치용량

[그림 4-9]처럼 냉방 시와 같은 순서로 습공기선도상에 그릴 수 있다. 실내공기온도 t_1[℃]과 취출공기온도 t_5[℃]와의 차는 10~12℃ 정도가 좋다고 되어 있다.

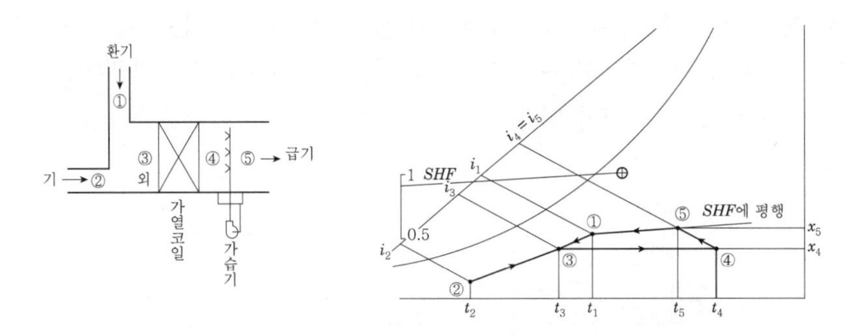

[그림 4-9] 혼합가열가습

난방 시 풍량은 냉방 시의 식 (12)와 같은 방식으로 구해지는데, 통상 냉방 시에 구한 풍량을 사용한다. 실내손실부하를 q_{SH}[W]라고 하면

$$G = \frac{q_{SH}}{C_{pa}(t_5 - t_1)}, \quad Q = \frac{q_{SH}}{\rho C_{pa}(t_5 - t_1)} \tag{26}$$

$$t_5 = t_1 + \frac{q_{SH}}{C_{pa}G} = t_1 + \frac{q_{SH}}{\rho C_{pa}Q} \tag{27}$$

외기 ②와 환기 ①이 혼합되어 ③이 되며, ③의 공기는 가열코일을 통과해서 ④가 되며, ④의 공기는 가습기에 의해 가습(단열변화)되어 ⑤가 되어 실내에 송풍된다.

가열코일용량(가열코일부하) q_H[W]는 다음 식과 같다.

$$\begin{aligned} q_H &= \text{외기부하} + \text{실내손실부하} \\ &= \rho Q(i_1 - i_3) + \rho Q(i_5 - i_1) \\ &= \rho Q(i_1 - i_2) + \rho Q(i_5 - i_1) = \rho Q(i_4 - i_3) \end{aligned} \tag{28}$$

보일러의 상용출력 H_c[kW], 정격출력 H_m[kW]은 상용출력 H_c에 배관열손실(15~20%)이나 예열부하(20%) 등을 더해 구한다.

문제 5. 어떤 건물을 한 계통으로 공조하는데 냉방부하를 계산하여 [표 4-27]을 만들었다. 이것에 의해 최대 부하 시의 전 냉방부하, 송풍공기량 및 냉동기용량을 구하여라. 단, 취출온도차는 10℃, 도입외기부하는 46.52kW로 한다.

[표 4-27]

(단위 : kW)

항 목	오전 8시		오후 4시	
	현 열	잠 열	현 열	잠 열
동측	58.15	17.45	29.08	17.45
서측	17.45	13.96	75.60	13.96

풀이 오전 8시에 있어서는 전 현열부하는 q_{SH}=75.60kW, 전 잠열부하는 q_{LH}=31.41kW, $q_{SH}+q_{LH}$=107.01kW이다. 오후 4시에 있어서는 q_{SH}=104.68kW, q_{LH}=31.41kW, $q_{SH}+q_{LH}$= 136.09kW이다. 따라서 한 계통으로 공기조화하면 최대 부하시간은 오후 4시로 되며, 이때의 냉방부하는 136.09kW이다.

또 이때의 송풍공기량은 식 (24)에 의거하여

$$Q = \frac{q_{SH}}{\rho C_{pa}(t_r - t_d)} = \frac{29.08 + 75.60}{1.2 \times 1.003 \times 10} \times 3{,}600 = 31{,}310\text{m}^3/\text{h}$$

여기에 10%의 여유를 예상하여

$$Q = 31{,}310 \times 1.1 = 34{,}441\text{m}^3/\text{h}$$

로 한다. 다음에 냉동기의 용량은 냉방부하와 도입외기부하의 합에서 구하고 5% 정도의 여유를 예상하여(1냉동톤을 3.517kW로 한다)

$$R = \frac{136.09 + 46.52}{3.517} \times 1.05 = 54.5\text{RT}(\text{냉동톤})$$

로 한다.

문제 6. 여름철 공기조화의 설계에 있어서 실내취득열량 가운데서 현열이 41.87kW, 잠열이 10.47kW이었다. 실내조건은 27℃, 50%로 하고, 외기조건은 32℃, 68%로 하며, 외기는 전 급기공기량의 1/3, 취출온도차를 11℃로 할 때 공조기의 풍량 및 냉동기의 용량을 구하여라.

풀이 먼저 현열비(SHF)를 구해보면 제3장의 식 (16)에 의거하여

$$SHF = \frac{q_{SH}}{q_{SH}+q_{LH}} = \frac{41.87}{41.87+10.47} = 0.80$$

이 조건들을 습공기선도상에 도시하면 [그림 4-10]이 얻어진다.

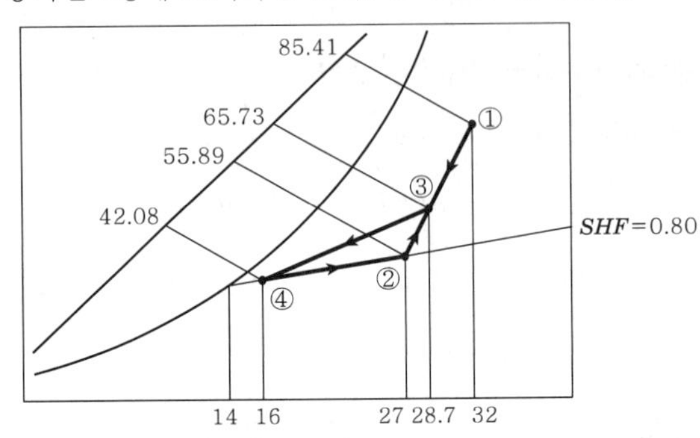

[그림 4-10] 습공기선도

따라서 전 송풍공기량은 식 (24)에 의거하여

$$Q = \frac{q_{SH}}{\rho C_{pa}(t_r - t_d)} = \frac{41.87}{1.2\times1.003\times(27-16)}\times3{,}600 = 11{,}385\text{m}^3/\text{h}$$

로 된다. 이때 신선외기량은 $Q_{OA} = 1/3 \cdot Q = 1/3\times11{,}385 = 3{,}795\text{m}^3/\text{h}$이 된다.

혼합공기온도 $t_3 = 27℃\times2/3 + 32℃\times1/3 ≒ 28.7℃$

또한 냉각부하 q_c[kW]는 식 (25)에 의거하여

$$q_c = \rho Q(i_3 - i_4) = 1.2\times11{,}385\times(65.73-42.08)\times\frac{1}{3{,}600} = 89.75\text{kW}$$

외기부하 $q_o = \rho Q_{OA}(i_1 - i_2) = 1.2\times3{,}795\times(85.41-55.89)\times\dfrac{1}{3{,}600} = 37.34\text{kW}$

(검산) $q_F = (q_{SH}+q_{LH}) + q_o = 41.87+10.47+37.34 = 89.68\text{kW}$(오차 0.1% 미만)

문제 7. 어느 실의 냉방 시 q_{SH}=34.89kW, q_{LH}=11.63kW의 부하가 있다. 실내조건을 t_1=26℃, RH=50%로, 외기조건을 t_2=32℃, RH=65%로, 도입외기량을 송풍량의 20%로 할 때 냉각코일부하 및 외기부하를 구하여라. 단, 취출공기와 실내공기의 온도차를 10℃로 한다.

풀이 송풍량 $Q = \dfrac{34.89}{1.2\times1.003\times10}\times3{,}600 = 10{,}436\text{m}^3/\text{h}$

외기량 ② $= 10{,}436\times0.2 = 2{,}087\text{m}^3/\text{h}$

환기량 $= 10{,}436 - 2{,}087 = 8{,}349\text{m}^3/\text{h}$

혼합공기온도 ③ $= \dfrac{(26℃\times8{,}400)+(32℃\times2{,}100)}{10{,}000} = 27.2℃$

현열비 $SHF = \dfrac{34.89}{34.89+11.63} = 0.79$

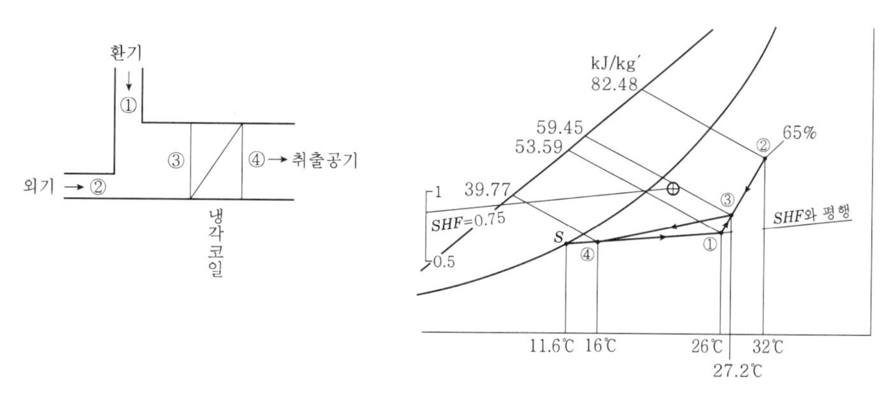

[그림 4-11] 냉각감습의 예

이때의 엔탈피는 $i = 59.45\text{kJ/kg}'$

코일 출구온도 ④= 26℃ − 10℃ = 16℃

냉각코일부하 $q_c = 1.2 \times 10{,}436 \times (59.45 - 39.77) \times \dfrac{1}{3{,}600} = 68.46\text{kW}$

외기부하 $q_F = 1.2 \times 10{,}436 \times (59.45 - 53.59) \times \dfrac{1}{3{,}600} = 20.38\text{kW}$

(검산) $(q_{SH} + q_{LH}) + q_F = 34.89 + 11.63 + 20.38 = 66.9\text{kW}$

문제 8. [문제 5]의 실난방 시에 q_{SH} =39.54kW, q_{LH} =5.35kW의 부하가 있다. 실내조건을 t_1 =20℃, RH=40%로, 외기조건을 t_2 =−12℃, RH=68%로 할 때 가열코일부하, 외기부하 및 가습량을 구하여라. 단, 가습은 증기, 107℃ 가습으로 하고, 송풍량과 외기량은 [문제 7]과 같다.

풀이 혼합공기온도 ③ $= \dfrac{(20℃ \times 8{,}130) + (-12℃ \times 2{,}032)}{10{,}162} = 13.6℃$

코일 출구온도 ④ $= 20 + \dfrac{39.54}{1.2 \times 1.003 \times 10{,}162} \times 3{,}600 = 31.3℃$

현열비 $SHF = \dfrac{39.54}{39.54 + 5.35} = 0.88$

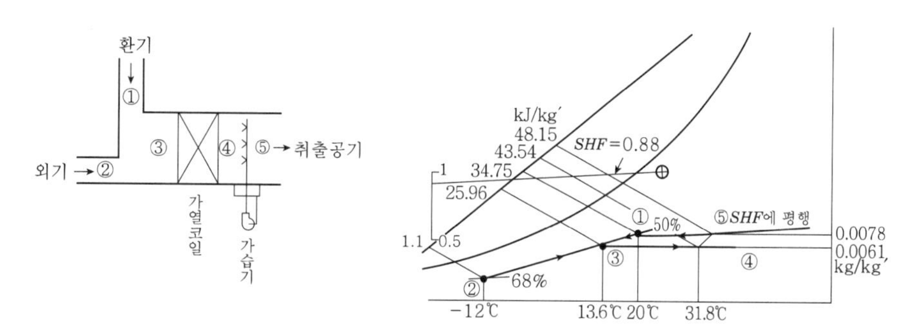

[그림 4-12] 가열가습의 예

가열코일부하 $q_H = 1.2 \times 10{,}162 \times (43.54 - 25.96) \times \frac{1}{3{,}600} = 59.55\text{kW}$

열수분비 $u = 2{,}501 + (1.863 \times 107) = 2{,}700.3\text{kJ/kg}$

외기부하 $q_F = 1.2 \times 10{,}162 \times (34.75 - 25.96) \times \frac{1}{3{,}600} = 29.77\text{kW}$

가습부하 $q_w = 1.2 \times 10{,}162 \times (48.15 - 43.54) \times \frac{1}{3{,}600} = 15.62\text{kW}$

가습량 $L = 1.2 \times 10{,}162 \times (0.0062 - 0.0047) \fallingdotseq 18.3\text{kg/h}$

(검산) $(q_H + q_w) = 59.55 + 15.62 = 75.17\text{kW}$

$(q_{SH} + q_{LH}) + q_F = (39.54 + 5.35) + 29.77 = 74.66\text{kW}$(오차 0.7%)

검산에서 오차가 5% 이상인 경우에는 재검산한다.

문제 9. [그림 4-13]과 같은 실내공간에 대하여 냉방 및 난방부하를 계산하시오. 단, 실내공간은 최상층으로 사무실용도이며, 아래층의 실내조건은 실내공간과 동일하다.

(단위 : m)

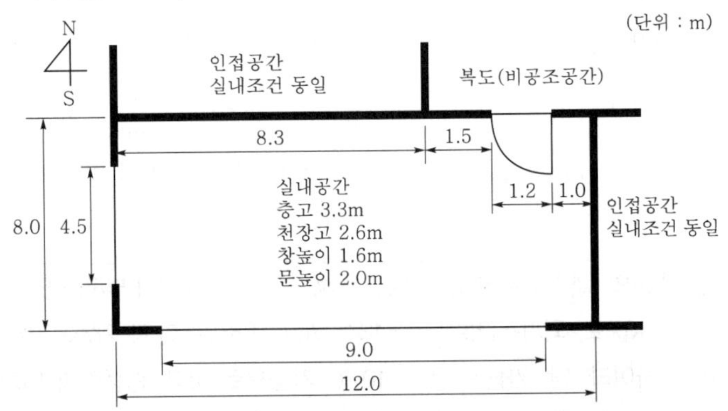

[그림 4-13] 사무실구조

〈조건〉

[냉방 및 난방의 설계용 온습도]

구 분	냉 방	난 방
실내	건구온도 26℃ 상대습도 50% 절대습도 0.01050kg/kg	건구온도 18℃ 상대습도 40% 절대습도 0.00511kg/kg
실외	건구온도 33℃ 상대습도 65% 절대습도 0.02076kg/kg	건구온도 −7℃ 상대습도 62% 절대습도 0.00129kg/kg

- 외벽의 열관류율 $U_{wall,ext} = 0.55\text{W/m}^2 \cdot ℃$
- 지붕의 열관류율 $U_{roof} = 0.50\text{W/m}^2 \cdot ℃$
- 내벽의 열관류율 $U_{wall,int} = 3.00\text{W/m}^2 \cdot ℃$
- 상당온도차의 지붕 $\Delta t_{e,roof} = 16.6℃$, 남측 벽 $\Delta t_{e,wall,S} = 5.6℃$, 서측 벽 $\Delta t_{e,wall,W} = 5.8℃$
- 창의 열관류율 $U_{glass} = 3.5\text{W/m}^2 \cdot ℃$, $SHGC = 0.6$
- 문의 열관류율 $U_{door} = 2.5\text{W/m}^2 \cdot ℃$

- 공기의 밀도 $\rho_{air} = 1.2\text{W/m}^2 \cdot ℃$, 정압비열 $C_{p,air} = 1.00\text{kJ/kg} \cdot ℃$
- 수증기 잠열 $h_{w,fg} = 2{,}500\text{kJ/kg}$
- 사무실 업무 시 인체발열, 현열 $q_{human,S} = 63\text{W/p}$, 잠열 $q_{human,L} = 69\text{W/p}$
- 일사량의 남측 수직면 $I_{s,S} = 117\text{W/m}^2$, 서측 수직면 $I_{s,W} = 363\text{W/m}^2$
- 침기량의 환기횟수 $n = 0.5$회/h
- 1인당 외기도입 $v_{OA} = 30\text{m}^3/\text{h} \cdot \text{p}$
- 면적당 사람의 수(사무실 공간기준) $p_A = 0.2\text{p/m}^2$
- 면적당 조명부하 $q_{light} = 20\text{W/m}^2$
- 면적당 기기부하 $q_{equip} = 15\text{W/m}^2$
- 비공조공간의 온도는 실내와 실외의 평균
- 난방 시 외벽방위계수 남 k_S=1.0, 동 및 서 k_{EW}=1.1, 북 및 수평 $k_{N,h}$=1.2

풀이 1) 냉방부하

(1) 실내부하

① 창의 태양복사열

$$\dot{Q}_{solar,g} = \sum I_s A_g SHGC = I_{s,S} A_{g,S} SHGC + I_{s,W} A_{g,W} SHGC$$
$$= 117\text{W/m}^2 \times 9.0\text{m} \times 1.6\text{m} \times 0.6 + 363\text{W/m}^2 \times 4.5\text{m} \times 1.6\text{m} \times 0.6$$
$$= 2{,}579.04\text{W}$$

② 외벽의 태양복사열을 고려한 열전달량

$$\dot{Q}_{solar,rw} = \sum UA\Delta t_e$$
$$= U_{roof} A_{roof} \Delta t_{e,roof} + U_{wall,ext} A_{wall,S} \Delta t_{e,wall,S} + U_{wall,ext} A_{wall,W} \Delta t_{e,wall,W}$$
$$= 0.50\text{W/m}^2 \cdot ℃ \times 12\text{m} \times 8\text{m} \times 16.6℃ + 0.55\text{W/m}^2 \cdot ℃ \times (12 \times 3.3 - 9 \times 1.6)\text{m}^2 \times 5.6℃ + 0.55\text{W/m}^2 \cdot ℃ \times (8 \times 3.3 - 4.5 \times 1.6)\text{m}^2 \times 5.8℃$$
$$= 935.66\text{W}$$

③ 내벽 및 문의 열전달량

$$\dot{Q}_{int,wd} = U_{wall,int} A_{wall,int} \Delta t + U_{door} A_{door} \Delta t$$
$$= 3.0\text{W/m}^2 \cdot ℃ \times (2.5 \times 2.6 - 1.2 \times 2)\text{m}^2 \times \left(\frac{33+26}{2} - 26\right)℃ + 2.5\text{W/m}^2 \cdot ℃ \times 1.2\text{m} \times 2\text{m} \times \left(\frac{33+26}{2} - 26\right)℃$$
$$= 64.05\text{W}$$

④ 침기부하

실내체적 $V_i = LWH_{ceiling} = 12\text{m} \times 8\text{m} \times 2.6\text{m} = 249.6\text{m}^3$

침기량 $\dot{V}_{inf} = nV = 0.7\text{회/h} \times 249.6\text{m}^3 = 174.72\text{m}^3/\text{h}$

현열 $\dot{Q}_{inf,S} = \rho_{air} \dot{V}_{OA} C_{p,air} (t_o - t_i)$
$$= 1.2\text{kg/m}^3 \times 174.72\text{m}^3/\text{h} \times 1.00\text{kJ/kg} \cdot ℃ \times (33 - 26)℃$$
$$= 407.68\text{W}$$

잠열 $\dot{Q}_{inf,L} = \rho_{air} \dot{V}_{inf} h_{w,fg} (w_o - w_i)$
$$= 1.2\text{kg/m}^3 \times 174.72\text{m}^3/\text{h} \times 2{,}500\text{kJ/kg} \times (0.02076 - 0.01050)\text{kg/kg}$$
$$= 1{,}493.86\text{W}$$

⑤ 인체부하

사람의 수 $n_p = p_A A_{floor} = 0.2\text{p/m}^2 \times 12\text{m} \times 8\text{m} = 19.2\text{p}$

현열 $\dot{Q}_{h,S} = n_p q_{human,S} = 19.2\text{p} \times 63\text{W/p} = 1{,}209.6\text{W}$

잠열 $\dot{Q}_{h,L} = n_p q_{human,L} = 19.2\text{p} \times 69\text{W/p} = 1{,}324.8\text{W}$

⑥ 조명부하

$\dot{Q}_{light} = q_{light} A_{floor} = 20\text{W/m}^2 \times 12\text{m} \times 8\text{m} = 1{,}920\text{W}$

⑦ 기기부하

$\dot{Q}_{equip} = q_{equip} A_{floor} = 15\text{W/m}^2 \times 12\text{m} \times 8\text{m} = 1{,}440\text{W}$

(2) 외기부하

외기도입량 $\dot{V}_{OA} = n_p v_{OA} = 19.2\text{p} \times 30\text{m}^3\text{/h} \cdot \text{p} = 576\text{m}^3\text{/h}$

현열 $\dot{Q}_{OA,S} = \rho_{air} \dot{V}_{OA} C_{p,air} (t_o - t_i)$

$= 1.2\text{kg/m}^3 \times 576\text{m}^3\text{/h} \times 1.00\text{kJ/kg} \cdot ℃ \times (33-26)℃$

$= 1{,}344\text{W}$

잠열 $\dot{Q}_{OA,L} = \rho_{air} \dot{V}_{OA} h_{w,fg} (w_o - w_i)$

$= 1.2\text{kg/m}^3 \times 576\text{m}^3\text{/h} \times 2{,}500\text{kJ/kg} \times (0.02076 - 0.01050)\text{kg/kg}$

$= 4{,}924.8\text{W}$

(3) 종합

부 하		현열(W)	잠열(W)	소계(W)
실내부하	창의 태양복사열	2,579.04	0	2,579.04
	외벽의 태양복사 열전달	935.66	0	935.66
	내벽의 열전달	64.05	0	64.05
	침기	407.68	1,493.86	1,901.54
	인체	1,209.60	1,324.80	2,534.40
	조명	1,920.00	0	1,920.00
	기기	1,440.00	0	1,440.00
	소계(A)	8,556.03	2,818.66	11,374.69
외기부하(B)		1,344.00	4,924.80	6,268.80
냉방부하의 합($A+B$)		9,900.03	7,743.46	17,643.69

$$\text{단위면적당 냉방부하} = \frac{\text{냉방부하의 합}}{\text{면적}} = \frac{17{,}643.49\,\text{W}}{12\,\text{m} \times 8\,\text{m}} = 183.79\text{W/m}^2$$

$$\text{실내부하의 현열비} = \frac{\text{실내현열}}{\text{실내현열} + \text{잠열}} = \frac{8{,}556.03\,\text{W}}{8{,}556.03\,\text{W} + 2{,}818.66\,\text{W}} = 0.7522$$

2) 난방부하

(1) 실내부하

① 벽의 열전달

$\dot{Q} = kUA\Delta t$

지붕 $\dot{Q}_{roof} = 1.2 \times 0.5\text{W/m}^2 \cdot ℃ \times 12\text{m} \times 8\text{m} \times (18+7)℃ = 1{,}440\text{W}$

남측 벽 $\dot{Q}_{wall,S} = 1.0 \times 0.55\text{W/m}^2 \cdot ℃ \times (12 \times 3.3 - 9 \times 1.6)\text{m}^2 \times (18+7)℃$

$= 346.5\text{W}$

남측 창 $\dot{Q}_{g,S} = 1.0 \times 3.5\text{W/m}^2 \cdot ℃ \times 9\text{m} \times 1.6\text{m} \times (18+7)℃ = 1{,}260\text{W}$

서측 벽 $\dot{Q}_{wall,W} = 1.1 \times 0.55\text{W/m}^2 \cdot ℃ \times (8 \times 3.3 - 4.5 \times 1.6)\text{m}^2 \times (18+7)℃$
$= 290.4\text{W}$

서측 창 $\dot{Q}_{g,W} = 1.1 \times 3.5\text{W/m}^2 \cdot ℃ \times 4.5\text{m} \times 1.6\text{m} \times (18+7)℃ = 693\text{W}$

북측 벽 $\dot{Q}_{wall,N} = 1.0 \times 3.0\text{W/m}^2 \cdot ℃ \times (2.5 \times 2.6 - 1.2 \times 2)\text{m}^2 \times \left(18 - \dfrac{18-7}{2}\right)℃$
$= 153.75\text{W}$

북측 문 $\dot{Q}_{door,N} = 1.0 \times 2.5\text{W/m}^2 \cdot ℃ \times 1.2\text{m} \times 2\text{m} \times \left(18 - \dfrac{18-7}{2}\right)℃$
$= 75\text{W}$

② 침기부하

실내체적 $V_i = LWH_{ceiling} = 12\text{m} \times 8\text{m} \times 2.6\text{m} = 249.6\text{m}^3$

침기량 $\dot{V}_{inf} = nV = 0.7\text{회/h} \times 249.6\text{m}^3 = 174.72\text{m}^3\text{/h}$

현열 $\dot{Q}_{inf,S} = \rho_{air}\dot{V}_{inf}C_{p,air}(t_o - t_i)$
$= 1.2\text{kg/m}^3 \times 174.72\text{m}^3\text{/h} \times 1.00\text{kJ/kg} \cdot ℃ \times (18+7)℃$
$= 1{,}456\text{W}$

잠열 $\dot{Q}_{inf,L} = \rho_{air}\dot{V}_{inf}h_{w,fg}(w_o - w_i)$
$= 1.2\text{kg/m}^3 \times 174.72\text{m}^3\text{/h} \times 2{,}500\text{kJ/kg} \times (0.00511 - 0.00129)\text{kg/kg}$
$= 556.19\text{W}$

(2) 외기부하

외기도입량 $\dot{V}_{OA} = n_p v_{OA} = 19.2\text{p} \times 30\text{m}^3\text{/h} \cdot \text{p} = 576\text{m}^3\text{/h}$

현열 $\dot{Q}_{OA,S} = \rho_{air}\dot{V}_{OA}C_{p,air}(t_o - t_i)$
$= 1.2\text{kg/m}^3 \times 576\text{m}^3\text{/h} \times 1.00\text{kJ/kg} \cdot ℃ \times (18+7)℃$
$= 4{,}800\text{W}$

잠열 $\dot{Q}_{inf,L} = \rho_{air}\dot{V}_{OA}h_{w,fg}(w_o - w_i)$
$= 1.2\text{kg/m}^3 \times 576\text{m}^3\text{/h} \times 2{,}500\text{kJ/kg} \times (0.00511 - 0.00129)\text{kg/kg}$
$= 1{,}833.6\text{W}$

(3) 종합

부 하		현열(W)	잠열(W)	소계(W)
실내부하	벽의 열전달	4,258.65	0	4,258.65
	침기	1,456.00	556.19	2,012.19
	소계(A)	5,714.65	556.19	6,270.84
외기부하(B)		4,800.00	1,833.60	6,633.60
난방부하의 합($A+B$)		10,514.65	2,389.79	12,904.44

$$\text{단위면적당 난방부하} = \frac{\text{난방부하의 합}}{\text{면적}} = \frac{12{,}904.44\text{W}}{12\text{m} \times 8\text{m}} = 134.42\text{W/m}^2$$

$$\text{실내부하의 현열비} = \frac{\text{실내현열}}{\text{실내현열} + \text{잠열}} = \frac{5{,}714.65\text{W}}{5{,}714.65\text{W} + 556.19\text{W}} = 0.9113$$

제4장 연습문제

1. 공기조화부하를 분류하고 설명하여라.

답 본문 참조.

2. 공기조화의 조닝방식을 분류하고 설명하여라.

답 본문 참조.

3. 두께 0.03m인 철판에 0.003m두께의 스케일층이 부착하고 있다. 이 두 층이 만드는 두께 0.033m인 벽의 평균열전도율을 구하여라. 단, 철판 및 스케일층의 열전도율은 각각 58.14W/m · K, 1.74W/m · K로 한다.

답 14.77W/m · K

4. 외기온도 −2℃, 난방하고 있는 실(X)의 온도가 20℃일 때 이것에 인접한 실(Y)의 온도는 얼마인가? 단, X실과 Y실과의 격벽의 면적은 49m^2, 그 열관류율 K_x =1.86W/m^2 · K 이고, Y실이 외기에 접하고 있는 벽체의 면적은 20m^2, 열관류율 K_y =2.09W/m^2 · K이다. Y실의 공간체적은 60m^3, 매시 환기횟수 1.5회로 한다.

답 환기가 없을 때 : 13.1℃
환기가 있을 때 : 10.3℃

5. 다음 벽체의 열관류율을 구하여라.

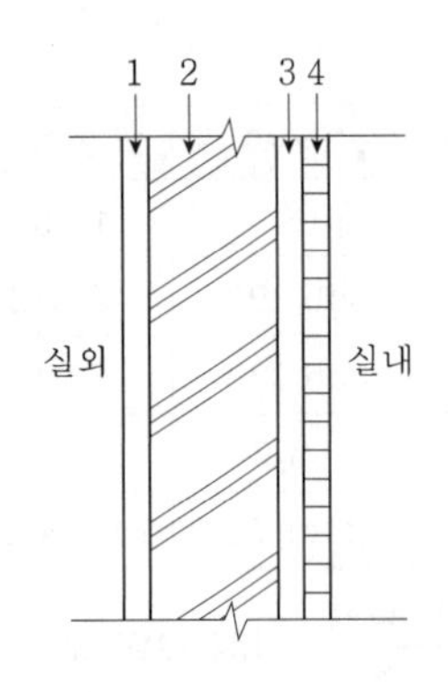

구 분	두께 t [mm]	열전도율 λ [W/m · K]
1. 모르타르	30	1.40
2. 콘크리트	150	1.63
3. 모르타르	30	1.40
4. 치장블록	40	1.80
실외측의 표면열전달율 α_o	23.26W/m^2 · K	
실내측의 표면열전달율 α_i	9.30W/m^2 · K	

답 3.24W/m^2 · K

6. [문제 5]의 결과를 이용해서 면적 30m^2, 외기온도 32℃, 실내온도 26℃일 때의 관류열량을 구하여라.

답 584.0W

7. 어떤 건물의 남서쪽 유리창의 총합계면적이 20m^{2}일 때 오후 2시에 이 유리면을 통하여 침입하는 열량은 얼마인가? 단, 창유리는 보통유리단층이고, 그 안쪽에는 베니션블라인드(밝은색)를 설치한다. 또한 실내온도 및 외기온도는 각각 27℃, 32℃로 하며, 장소는 서울로 한다.

답 5,298W

8. 상당온도차(Δt_e)란 무엇인지 구체적으로 설명하여라.

답 본문 참조.

9. 어떤 실의 체적이 V[m^3]이고 환기횟수가 n[회/h]일 때 틈새바람 열부하는 얼마인가? 단, 실내외온도는 각각 t_i, t_o[℃]이고, 실내외절대습도는 각각 x_i, x_o[kg/kg′]로 한다.

답 $Vn\{0.34(t_o - t_i) + 834(x_o - x_i)\}$[W]

10. 여름철 공기조화의 설계에 있어서 실내조건은 DB 27℃, RH 50%이며, 외기조건은 DB 32℃, RH 68%이었다. 실내취득열량 중 현열이 69,767W, 잠열이 9,302W이고, 도입외기량은 5,000kg/h로 한다. 냉각코일의 바이패스팩터(BF)를 0.05로 할 때 장치노점온도, 냉각코일 출구온도 및 냉동기용량을 구하여라.

답 장치노점온도 : 14.8℃
냉각코일 출구온도 : 15.5℃
냉동기용량 : 33냉동톤

11. 열적으로 절연되어 있는 장치로부터 20℃, 760mmHg의 포화공기가 나오고 있다. 입구에서는 28℃이며, 장치(용기) 속에 필요한 양만큼의 20℃ 물이 공급된다고 할 때 유입공기의 상태를 구하여라.

[조건]

① 실내온도 : 20℃
② 외기온도 : 0℃
③ 열관류율
- 외벽 : $K = 3.72$W/m^2 · K
- 내벽 : $K = 2.44$W/m^2 · K
- 바닥 : $K = 2.15$W/m^2 · K
- 유리 : $K = 3.49$W/m^2 · K
- 출입문 : $K = 3.14$W/m^2 · K

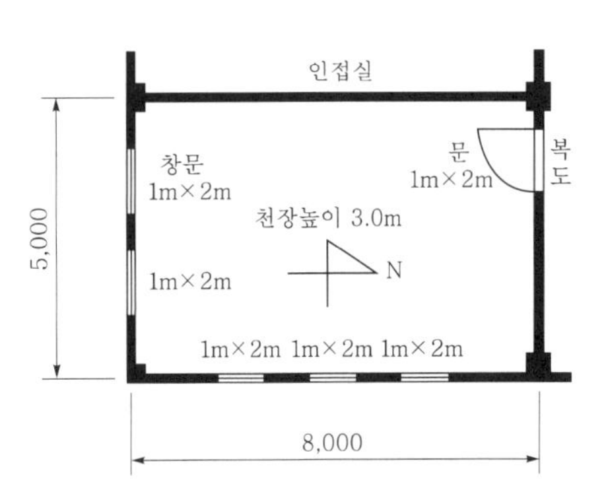

답 5,088.1W

12. 다음 그림과 같은 철근콘크리트 사무소 건물 내의 사무실(18m×12m)에 대한 냉방부하를 계산하여라. 단, 이 실의 상하층과 동측 인접공간은 공조를 하며, 환기횟수는 0.5회/h, 거주자는 없으며, 기기 및 일사부하는 무시한다. 건조공기의 밀도는 1.2kg/m^3, 정압비열은 1.004kJ/kg · K, 수증기 잠열은 2,500kJ/kg, 수증기 정압비열은 1.863kJ/kg · K. 기타 조건은 다음 표와 같다.

[조건 1]

구 분	t[℃]	ϕ[%]	x[kg/kg′]
실내	24	50	0.00930
실외	32	60	0.01803
복도	28	–	–

[조건 2]

구 분	구 조	K[W/m^2 · K]
외벽	두께 15cm, 콘크리트, 글라스울 25mm	1.11
내벽	두께 20cm, 콘크리트블록	2.13
유리창	1중 유리 알루미늄새시	6.40
문	2중 스테인리스스틸	3.14

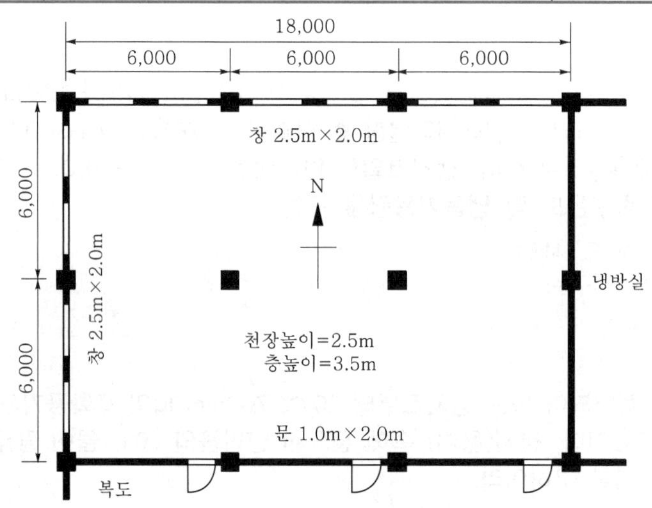

답 현열 4,179W, 잠열 1,974W

13. [문제 12] 건물의 사무실에 대한 난방부하를 계산하여라. 단, 실내, 실외, 복도의 조건은 다음 표와 같고 나머지 조건은 [문제 12]와 동일하다.

[조건]

구 분	t[℃]	ϕ[%]	x[kg/kg′]
실내	22	50	0.00822
실외	0	40	0.00150
복도	11	–	–

답 현열 12,833W, 잠열 1,512W

14. 사무실의 냉방부하를 계산하여라. 단, 설계조건은 다음과 같고, 기타 필요한 사항은 각자가 가정한다.

① 장소 : 서울 시내의 최상층 건물

② 외기조건 : 32℃, 63%

③ 실내조건 : 26℃, 50%

④ 실내인원 : 30명, 조명(형광등) : 20W/m²

⑤ 주위상황 : 옥상에는 일사가 있으며, 인접실은 냉난방을 하고 있고, 복도 및 아래층은 냉난방하지 않는다.

⑥ 건물구조

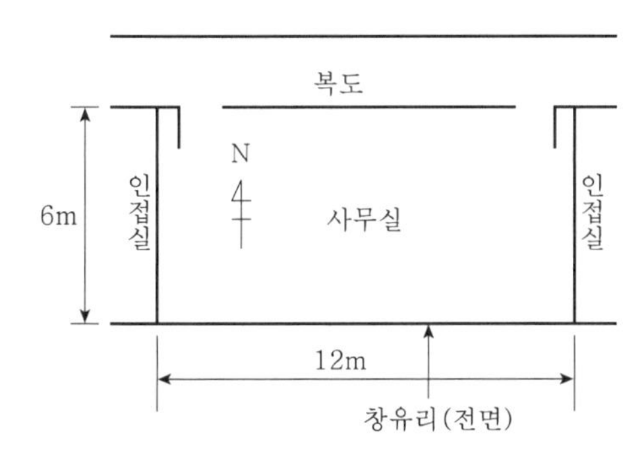

▲ 사무실 평면도

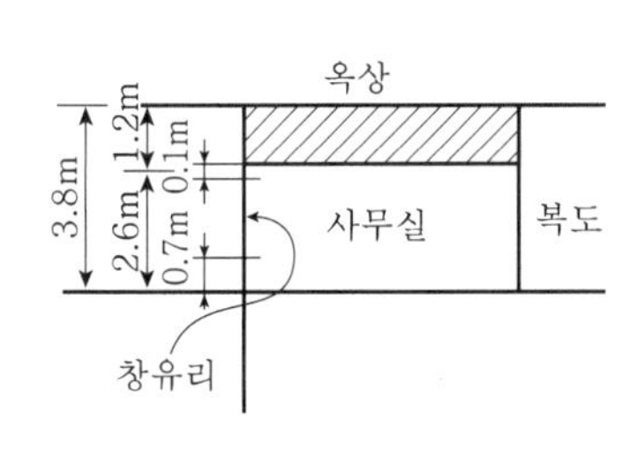

▲ 사무실 단면도

• 지붕

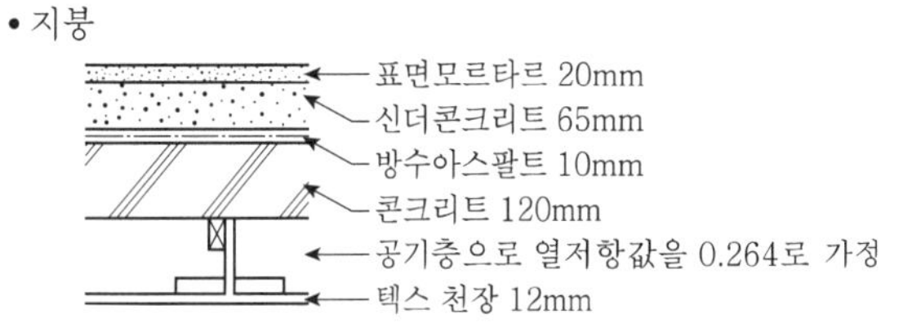

• 외벽

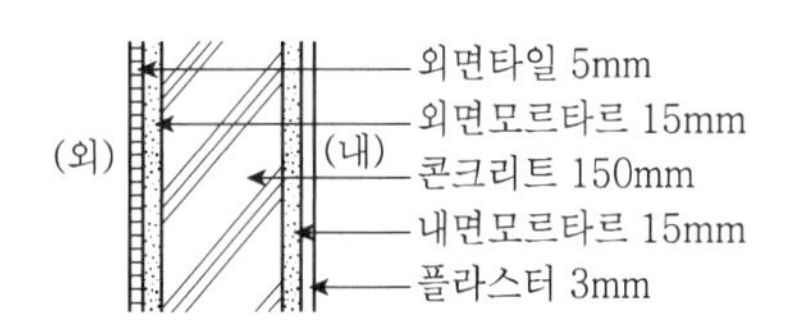

• 바닥

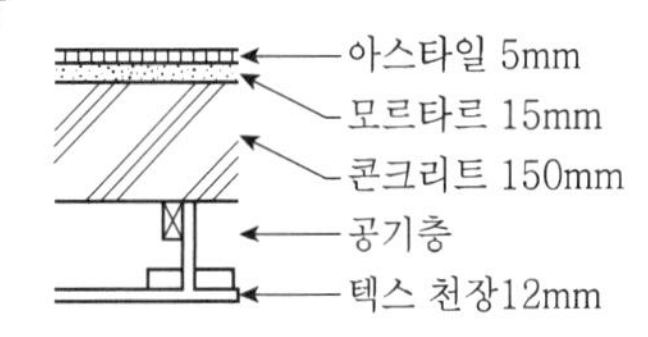

• 간벽

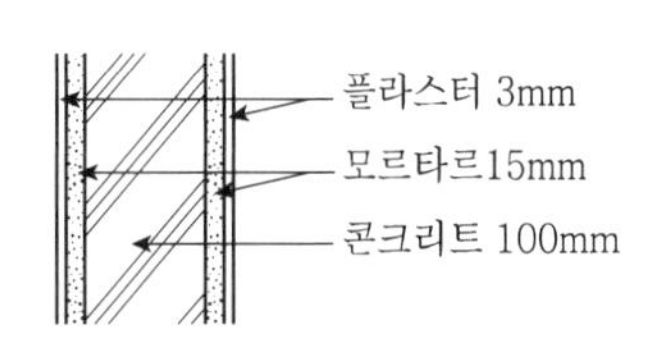

창 보통유리단창 0.75×1.80 금속제 기밀새시
내측에 밝은색의 블라인드 설치(남향층 전면유리창)

답 현열 : 11,483W, 잠열 : 3,499W

Chapter

05

난방설비

1. 개요
2. 증기난방설비
3. 온수난방설비
4. 복사난방설비
5. 온풍난방설비

1 개요

난방이란 열원기기에서 가열된 증기 · 온수 등의 열매를 직접 실내에 방열장치에 공급하여 난방하거나 또는 열원장치에서 가열된 열매가 공기조화기 · 배관 · 덕트 등을 지나서 실내로 공급되어 난방하는 방식 등으로 이루어진다. 전자를 직접난방이라 하고, 후자를 간접난방이라고 하는데, 전자는 후자에 비해 비교적 설비가 간단하고 취급이나 유지관리가 용이하지만, 일반적으로 실내습도의 조절이나 공기의 청정도 유지가 곤란하다.

또한 난방의 방식에는 개별식 난방과 중앙식 난방이 있다. 화로 · 스토브 등과 같이 난방하는 실에서 직접 불을 사용하는 것을 개별난방이라 부른다. 이에 대해서 보일러 · 온풍로 등을 기계실에 설치하고, 여기에서 발생되는 증기 · 온수 · 온풍 등을 여러 실에 공급 · 배분하는 것을 중앙난방이라고 한다. 중앙난방을 분류하면 증기난방 · 온수난방 · 온풍난방이 있는데, 특히 중앙난방의 대규모 방식으로서 도시의 일정구역의 다수 건물에 대해 1개소의 보일러 '플랜트'로부터 고압증기 혹은 고온수를 공급하는 방식으로 지역난방이 있다.

이들을 정리하면 다음과 같이 요약할 수 있다.

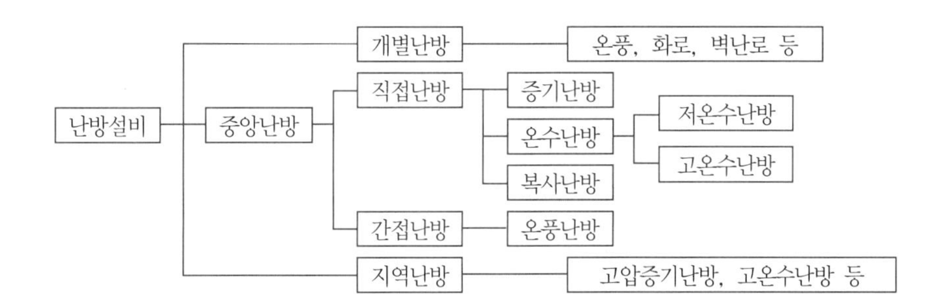

2 증기난방설비

1. 개요

증기난방은 기계실에 설치한 증기보일러에서 증기를 발생시켜 이것을 배관을 통해 각 실에 설치된 방열기에 공급한다. 공급된 증기는 방열기에서 실내공기와 열교환하여 응축되고 온수로 된다. 이 온수를 응축수 또는 환수(還水)라 부르고 있다. 증기난방에서는 주로 증기가 갖고 있는 잠열, 즉 증발잠열(100℃ 증기에서는 1kg당 약 2,257kJ의 열량)을 이용하므로 방열기

출구에는 거의 증기트랩(steam trap)이 설치된다. 트랩의 작동에 의해 자동적으로 증기와 응축수가 분리되며, 응축수만 환수관을 통해 보일러로 보내진다. 이 응축수는 중력 또는 펌프에 의해 다시 보일러로 급수되고 가열되며, 재차 증기로 되어 장치 내를 순환하게 된다.

이와 같은 증기의 유동은 결국 압력차에 의해 이루어지게 되는데, 증기의 흐름을 일으키려면 두 가지 요소가 필요하다. 그 하나는 보일러에 열을 가하여 증발을 일으켜 체적팽창과 압력 상승을 유도하는 것이고, 다른 하나는 관 및 방열기에서 응축을 일으켜서 체적을 감소시키는 것이다. 따라서 이 압력차로 인하여 보일러로부터 연속적인 증기의 공급을 받게 된다. 즉 보일러에서 발생된 열은 매개체인 방열기를 통해 발산하고 응축하여 보일러에 돌아오는 하나의 회로를 순환하여 난방의 효과를 가져온다. 일반적으로 방열기로부터의 방열은 70~75%가 자연대류로 행해지며, 나머지가 복사열에 의하고 있다.

증기난방계통도와 그 배관 예를 [그림 5-1]과 [그림 5-2]에 나타내며, 또 증기난방의 특성을 [표 5-1]에 나타낸다.

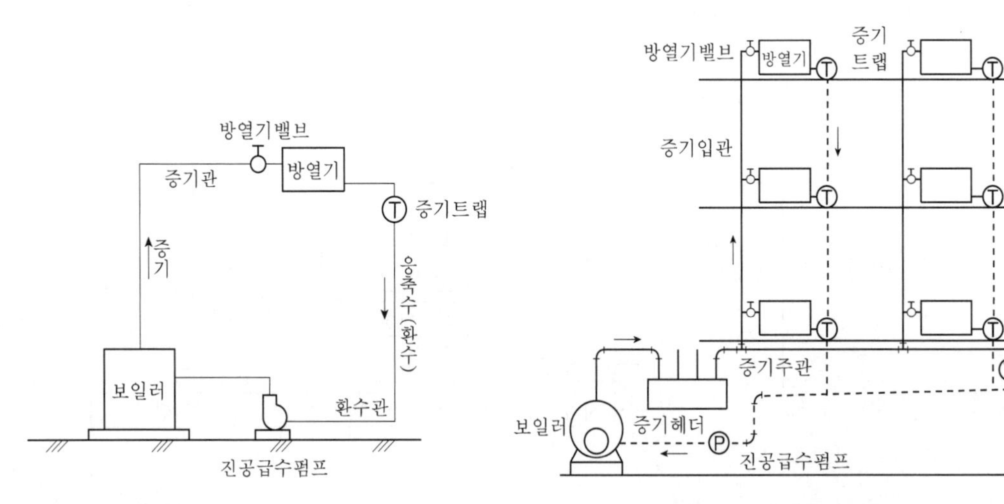

[그림 5-1] 증기난방계통도

[그림 5-2] 증기난방배관 예

[표 5-1] 증기난방의 특징

장 점	단 점
① 온수와 비교해서 열매온도가 높기 때문에 방열면적이 적다. ② 실내온도의 상승이 빠르고 예열손실이 적다. ③ 배관 내에 거의 물이 없으므로 한랭지에서도 동결의 위험이 적다. ④ 온수난방과 비교해서 설비비가 싸다.	① 보일러의 용량에 따라 취급자격이 생긴다. ② 부하에 대한 실온조절이 곤란하다. ③ 수격작용(steam hammering)에 의한 소음이 생기기 쉽다. ④ 배관(특히 환수관)의 부식이 빠르다.

2. 증기난방의 분류

1) 증기압에 의한 분류

(1) 고압식

100kPa · G 이상의 증기(건축설비에서는 통상 100~294kPa · G 정도를 사용)를 사용하는 방식이며, 공장 및 지역난방 등에 많이 사용된다. 이 방식에서는 고압증기를 발생시킨 뒤 배관 도중에 감압장치를 설치해 저압증기로 한 다음 이용한다.

(2) 저압식

100kPa · G 이하의 증기(통상 10~34.3kPa · G 정도를 사용)를 사용하는 방식이며, 일반적으로 저압증기가 많이 사용된다.

(3) 진공식

환수관에 진공펌프를 설치해서 배관 내를 진공 20~26.7kPa · G 정도의 증기로 공급하는 방식이며, 증기온도를 변화시켜서 방열량을 가감할 수 있는 장점이 있다.

2) 공기배출방식에 따른 분류

(1) 자연배기식

① 에어벤트식(air vent system) : [그림 5-3]의 (a)에 나타낸 바와 같이 증기관의 말단 및 각 방열기에 공기빼기 밸브를 설치해서 배관계의 공기를 배출하는 방법이다.

② 에어리턴식(air return system) : [그림 5-3]의 (b)에서와 같이 배관계의 공기를 방열기의 트랩과 증기관 등을 경유해서 환수관으로 들어오게 하고, 그 말단에서 공기빼기 밸브에 의해 배출하는 방법이다.

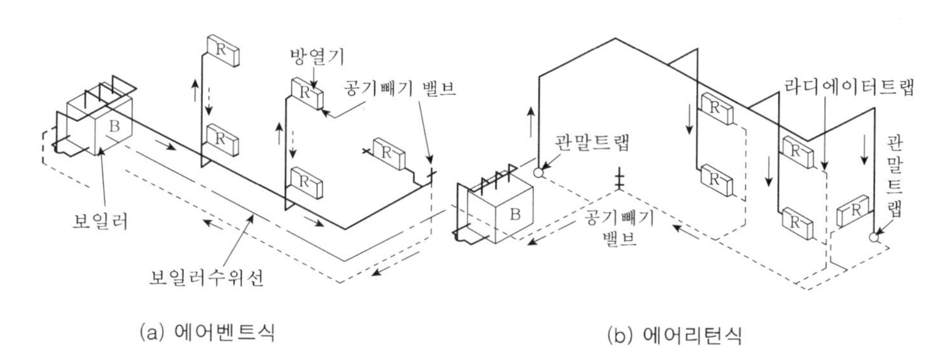

[그림 5-3] 자연배기식 증기난방

(2) 기계배기식

환수관의 말단에 진공펌프를 설치하여 배관계의 공기를 배출하는 방법으로서, 통기가 확실하므로 대형 건축에 적합하다([그림 5-4] 참조).

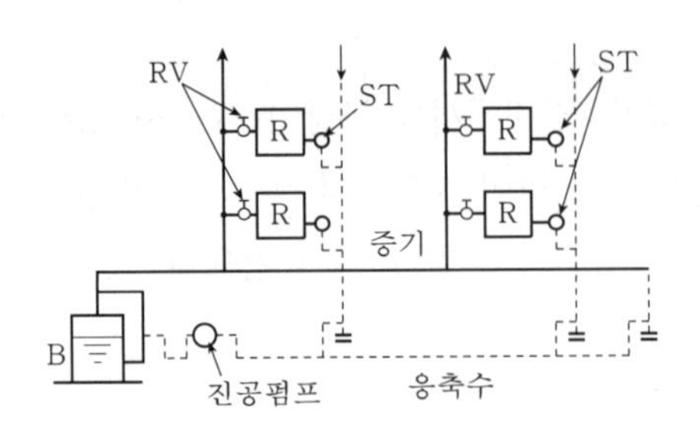

[그림 5-4] 증기난방

3) 응축수의 환수방식에 따른 분류

(1) 중력환수식

중력만으로 응축수를 보일러에 환수하는 방법이며, 대형 건축물인 경우에는 환수의 유통이 나쁘기 때문에 응축수펌프(condensation pump)를 설치할 필요가 있다.

(2) 기계환수식

환수관의 말단에 진공펌프([그림 5-5] 참조)를 설치해서 응축수와 관내의 공기를 흡인하여 환수를 강제적으로 행하는 방법이다. 이 방법에 의하면 환수관의 관경을 적게 하고 구배를 완만하게 할 수 있으며, 또한 방열기가 환수관보다 밑에 있는 경우에도 [그림 5-6]에 나타낸 바와 같이 리프트이음(lift fitting)배관을 써서 응축수를 흡상시킬 수 있다. 또한 이 방식은 환수의 유통이 원활하므로 대규모 건축물에 많이 사용된다.

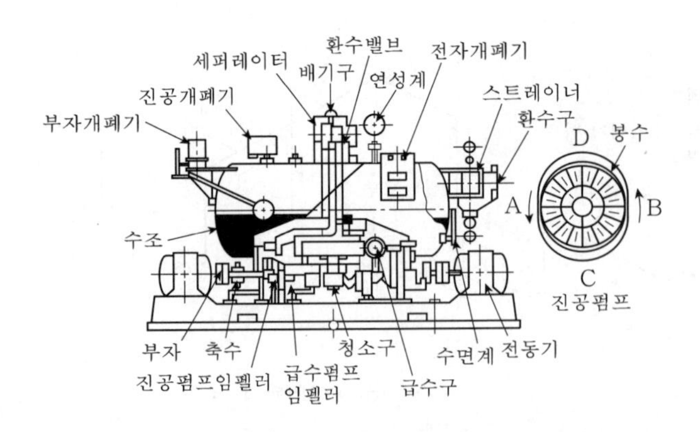

[그림 5-5] 진공급수펌프

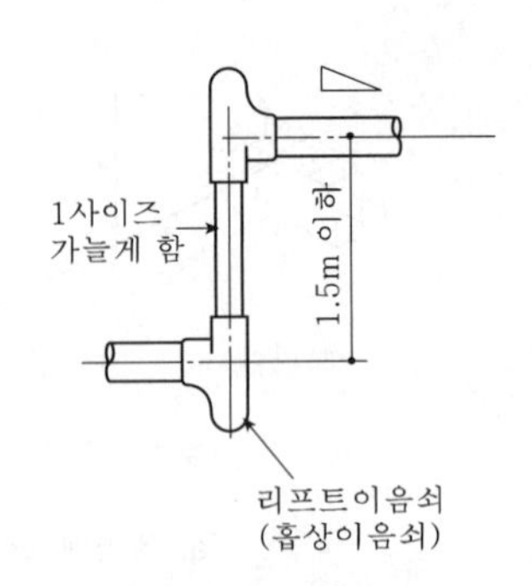

[그림 5-6] 리프트이음

4) 배관방법에 따른 분류

(1) 단관식

[그림 5-3]의 (a)에 나타낸 바와 같이 방열기의 증기와 응축수를 동일 관으로 사용하는 방법이다.

(2) 복관식

[그림 5-3]의 (b)에 나타낸 바와 같이 증기관과 환수관을 별도로 한 것이며, 일반적으로 많이 사용된다.

5) 증기공급방식에 의한 분류

(1) 상향공급식

증기를 공급하는 수평주관을 최하층의 천장에 배치하고, 거기에서 입상관을 분기하여 각 방열기로 증기를 공급하는 방식이다. 유지관리면에서 이 방식이 하향공급식보다 유리하므로 많이 사용된다([그림 5-3]의 (a) 참조).

(2) 하향공급식

증기주관을 최상층 천장에 배치하여 거기에서 입하관을 분기하여 각 방열기로 공급하는 방식이다([그림 5-3]의 (b) 참조).

6) 환수관의 배관방법에 의한 분류

(1) 건식환수식

[그림 5-7]의 (a)에 나타낸 바와 같이 보일러 기준수면보다 높은 위치에 환수주관을 설치하는 방식이다.

(2) 습식환수식

[그림 5-7]의 (b)에 나타낸 바와 같이 보일러 기준수면보다 낮은 위치에 환수주관을 설치하는 방식이다.

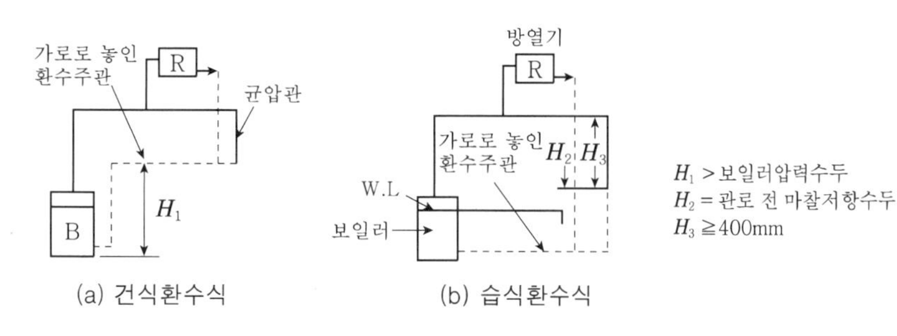

[그림 5-7] 중력환수식 증기난방

3. 증기난방용 기기

1) 보일러

증기배관에서 사용되는 보일러에는 저압보일러로서 주철제 보일러가, 고압보일러로서는 강판제 보일러가 사용된다. 한편 보일러 주변의 배관은 [그림 5-8]에 나타낸 바와 같이 하트포드접속법(hartford connection)으로 한다. 이 접속법은 환수관의 일부가 파손된 경우 보일러수가 유출해서 안전수위 이하가 되어 보일러가 빈 상태로 되는 것을 방지하기 위한 것이다. 배관의 접속은 증기관과 환수관을 접속한 밸런스관(balance pipe)에 급수관을 접속한다. 이 접속법은 증기압과 환수압과의 균형을 취해줄 뿐 아니라 환수주관 안에 침전된 찌꺼기를 보일러에 유입시키지 않는 특징도 있으며, 환수구를 연결한 환수헤더에 역지밸브를 써서 접속하는 것보다 신뢰도가 높다.

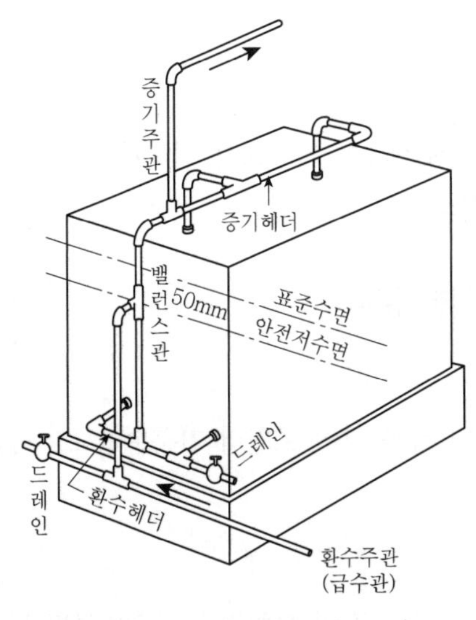

[그림 5-8] 하트포드접속법

2) 방열기

증기난방용 방열기는 주철제 방열기, 주형방열기, 컨벡터, 베이스보드히터 등이 사용된다. 방열기는 열손실이 가장 높은 곳에 설치하되 실내장치로서의 미관에도 유의해야 하며, 벽면과의 거리는 보통 5~6cm 정도가 가장 적합하다([그림 5-9] 참조).

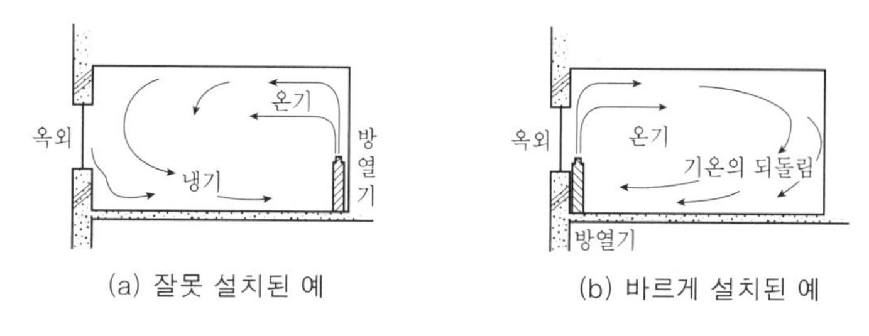

(a) 잘못 설치된 예 (b) 바르게 설치된 예

[그림 5-9] 방열기의 설치위치

3) 방열기 부속품

(1) 방열기 밸브(readiator valve)

방열기 입구에 설치하여 증기유량을 수동으로 조절하는 밸브이며, 디스크밸브를 사용한 스톱밸브(stop valve)형이 많다. 또 유체의 흐름방향에 따라 [그림 5-10]에 나타낸 바와 같이 앵글형, 스트레이트형 등이 있다.

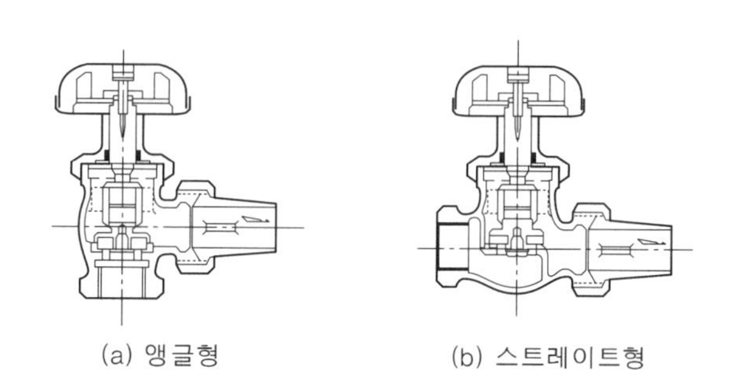

(a) 앵글형 (b) 스트레이트형

[그림 5-10] 방열기 밸브

(2) 공기빼기 밸브(air vent)

수동식과 자동식이 있으며, 자동식으로는 열동식과 부자식(浮子式) 외에 병용식이 있다. 또 제품에 따라서는 진공역지밸브가 부착된 것과 벨로즈(bellows)나 다이어프램밸브에 의해 밸브 속이 진공상태가 되면 공기의 역류를 방지하는 것도 있다. 한편 공기빼기 밸브는 [그림 5-11]에 나타낸 바와 같이 방열기용과 배관용이 있으며, 주로 중력환수식 증기난방배관의 방열기 배관 등에 사용된다. 방열기에 설치할 경우 공기는 증기보다 무거우므로 증기유입구의 반대측 하부에 부착하는 것이 좋으나, 응축수가 밸브에 유입할 우려가 있기 때문에 방열기 하부로부터 1/3 정도 위치에 부착하는 것이 보통이다.

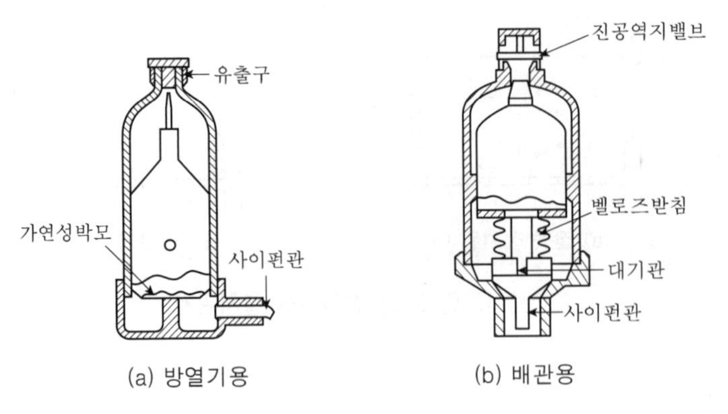

(a) 방열기용 (b) 배관용

[그림 5-11] 공기빼기 밸브

(3) 방열기 트랩(radiator trap)

방열기 트랩은 열교환에 의해 생긴 응축수와 증기에 혼입되어 있는 공기를 자동적으로 배출하여 열교환기의 가열작용을 유지하는 장치이다. 방열기 트랩(증기트랩, steam trap이라고도 한다)에는 여러 가지 종류가 있고 각각 고유의 특징을 갖고 있으므로 그 작동원리를 잘 이해하여 사용목적에 알맞는 것을 선정 · 사용해야 한다.

① 열동(熱動)트랩(thermostatic trap) : 휘발성 액체가 봉입된 금속제의 벨로즈를 내장한 트랩으로, 소형이고 공기배출이 용이하여 많이 사용되고 있으며, 일명 벨로즈형 트랩이라고도 한다. [그림 5-12]의 (a)와 같은 구조의 것이며, 트랩 내의 온도변화에 의해 벨로즈를 신축시켜 배수밸브를 자동적으로 개폐하는 형식이다.

② 버킷형 트랩(bucket trap) : 버킷의 부침(浮沈)에 의해 배수밸브를 자동적으로 개폐하는 형식이며, 응축수는 증기압력에 의해 배출된다. 이 트랩은 대체로 감도가 둔한 결점을 갖고 있으며, [그림 5-12]의 (b)와 같이 상향 버킷형과 하향 버킷형으로 세분된다. 주로 고압증기의 관말트랩으로 사용된다.

③ 플로트형 트랩(float trap) : [그림 5-12]의 (c)에 나타낸 형태의 것이며, 트랩 내의 응축수의 수위변동에 따라 부자(float)를 상하시켜 배수밸브를 자동적으로 개폐하는 형식이다.

④ 충격형 트랩(thermodynamic trap) : [그림 5-12]의 (d)와 같이 트랩의 입구측과 출구측의 중간에 설치한 변압실의 압력변화 및 증기와 응축수의 밀도차를 이용하여 배수밸브를 자동개폐하는 형식이다. 여기에는 디스크(disc)형과 오리피스(orifice)형이 있다.

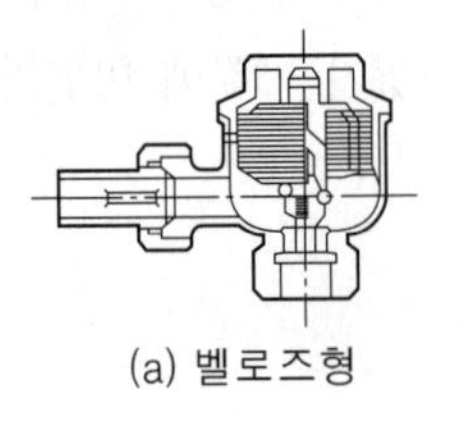

(a) 벨로즈형

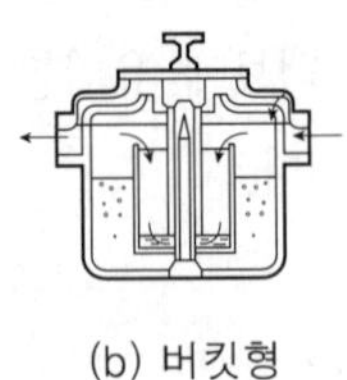
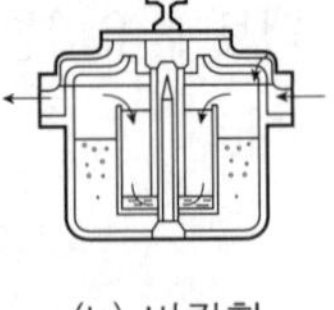

(b) 버킷형

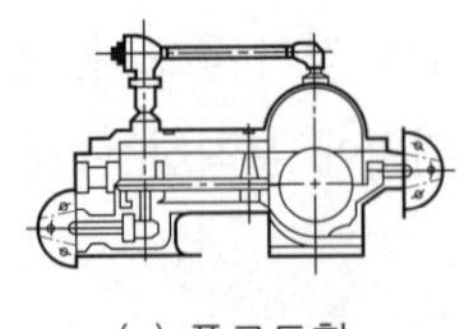

(c) 플로트형

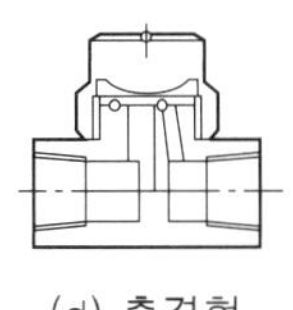

(d) 충격형

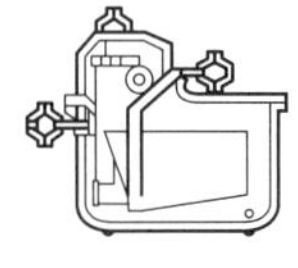

(e) 리프트형

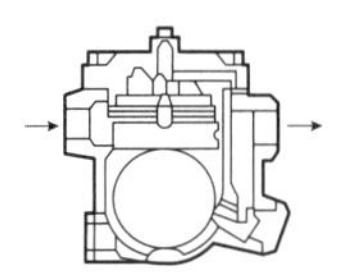

(f) 프리플로트형

[그림 5-12] 각종 트랩

4) 감압밸브와 증발탱크

감압밸브는 증기를 고압으로 사용하는 것이 적절하지 않을 때 2차측의 공급압력을 적당히 감압시켜 사용할 경우에 쓰인다. 감압밸브의 성능으로는 1차측의 압력변동이 있어도 2차측 압력의 변동이 없을 것, 감압밸브가 닫혀 있을 때 2차측에 누설이 없을 것, 2차측의 증기소비량의 변화에 대한 응답속도가 빠르고 압력변동이 적을 것 등이 요구된다. [그림 5-13]에는 감압밸브 주변의 배관 예를 나타낸다.

한편 고압증기난방방식에서는 고압환수관 내의 응축수의 포화압력이 1기압 이상이므로, 이것을 [그림 5-14]에 나타낸 바와 같은 증발탱크(flash tank)에 도입하여 재증발시켜 발생한 저압증기는 저압증기관계통에 접속하여 재이용하고, 응축수는 저압용 트랩을 통과시켜 저압환수관 또는 응축수 탱크에서 접수한다. 이 응축수는 펌프에 의해 다시 보일러에 급수된다.

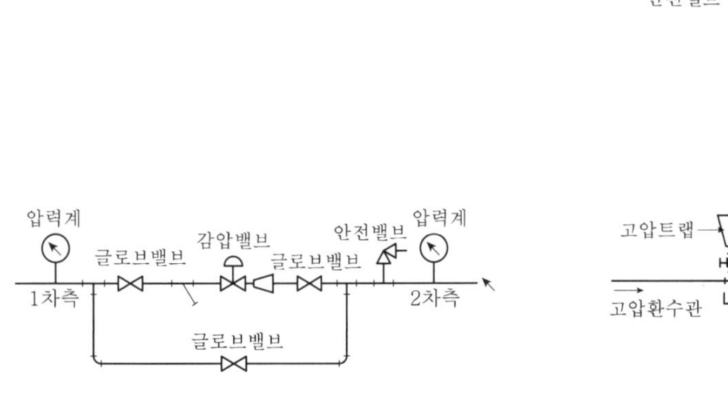

[그림 5-13] 감압밸브 주변의 배관도

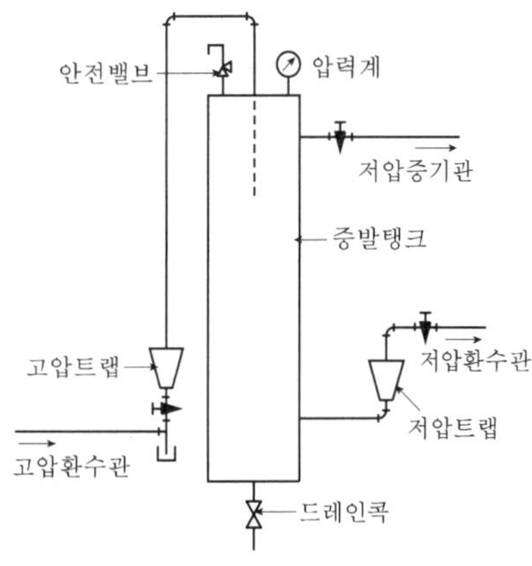

[그림 5-14] 증발탱크 주변탱크의 배관 예

5) 배관재료와 부속품

(1) 배관재료

난방에 사용되는 배관재료는 여러 가지가 있는데, 그 주요한 것을 설명하면 다음과 같다.

① 배관용 탄소강강관 : 가장 널리 사용되고 있는 배관재(配管材)이며, 생산량도 가장 많고 물 · 유류 · 가스 · 공기 등 사용용도도 아주 넓다. 사용온도는 −15~350℃ 정도의 범위

이며, 사용압력 980kPa 이하의 부식성이 없는 유체에 사용할 수 있다. 증기배관용의 강관은 아연도금을 하지 않은 흑관(黑管)을 사용하며, 접합법은 소규모 난방용의 경우에는 거의 나사접합으로 한다.

② 경질염화비닐 피복강관 : 피복방식 강관의 한 가지이며, 염화비닐의 내식성 · 내약품성과 강관의 강도를 포함시킨 것으로 개발되었기 때문에 염화비닐의 충격에 약한 결점이 강관으로 보강되어 있다.

③ 스테인리스강관 : 내식성 · 내충격성은 강하지만 가공이 어렵고 가격이 비싼 점 등의 결점을 갖고 있어 그 사용이 제한되고 있다.

④ 동관 : 내식성이 우수한 점과 열 및 전기전도성에 있어서 우수한 점, 가공성이 용이한 점 등 여러 가지 장점을 갖고 있어 널리 사용되고 있다.

(2) 신축이음쇠(expansion joint)

난방배관에는 관내를 증기와 온수가 흐르고 있기 때문에 배관은 온도변화에 의해 신축을 한다. 철의 팽창률은 1℃일 때 1m당 0.012mm로 이 신축을 흡수하기 위해 사용되는 것이 신축이음쇠이다.

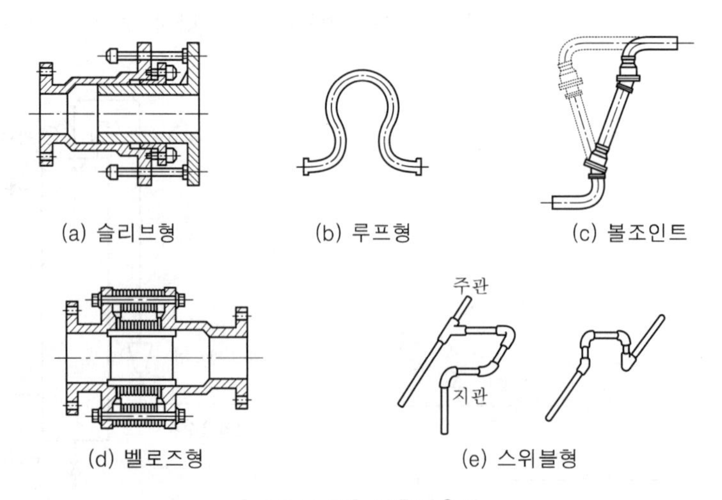

[그림 5-15] 신축이음쇠

① 슬리브형 이음쇠(sleeve joint) : 이음쇠 내에 활동(滑動)하는 슬리브를 두고 그 활동에 의해 신축을 흡수하는 것이다. [그림 5-15]의 (a)와 같은 형상의 것이며, 신축량은 비교적 크지만 활동부의 패킹이 파손되면 누수한다.

② 루프형 이음쇠(loop joint) : 강관을 [그림 5-15]의 (b)와 같이 U자형 혹은 루프형으로 구부려서 그 휨에 의해 신축을 흡수하는 것이다. 신축곡관이라고도 하며, 구조가 간단하고 고압배관 및 옥외배관에도 적합하지만 넓은 스페이스를 필요로 한다.

③ 볼조인트(ball joint) : 내측 케이스와 외측 케이스로 구성된 볼조인트 2~3개를 써서 관의 신축을 흡수할 수 있도록 한 것이다([그림 5-15]의 (c) 참조). 이것은 설치공간을 필요로 하지 않고 고온 · 고압에 견디며 구조가 간단한 장점이 있으나, 개스킷이 열화(劣化)되는 경우가 있다.

④ 벨로즈형 이음쇠(bellows joint) : [그림 5-15]의 (d)와 같은 모양이며 동 · 스테인레스강 등으로 만든 벨로즈의 신축을 이용하는 것이다. 이것은 누수될 염려는 없지만 값이 비싸고 고압배관에도 부적합하다.

⑤ 스위블형 이음쇠(swivel joint) : 주관에서 지관을 분기시키는 경우에는 특수한 신축이음쇠를 쓰지 않고 주관에서 수평 및 수직으로 몇 번 꺾어서 지관굴곡부의 비틀림에 의해 신축을 흡수시킨 것이다. [그림 5-15]의 (e)에서와 같이 두 개 이상의 엘보를 사용해서 만들며, 방열기나 FCU 등으로의 접속배관부에 쓰인다.

(3) 밸브류

밸브는 관내에 흐르는 유체의 ① 유량조절, ② 관로의 개폐, ③ 유로의 방향 전환, ④ 관내 유체의 배출 등의 목적으로 사용된다. 밸브에는 글로브(혹은 스톱)밸브, 게이트(혹은 슬루스)밸브, 체크(혹은 역지)밸브, 버터플라이밸브, 볼밸브, 콕, 안전밸브 등이 있고, 그 주요한 것은 재질, 구조, 치수 등이 KS로서 규정되어 있으며, 동등한 성능을 갖는 메이커의 규격품도 있다. [그림 5-16]에 몇 가지 주요한 밸브류의 형상을 나타낸다.

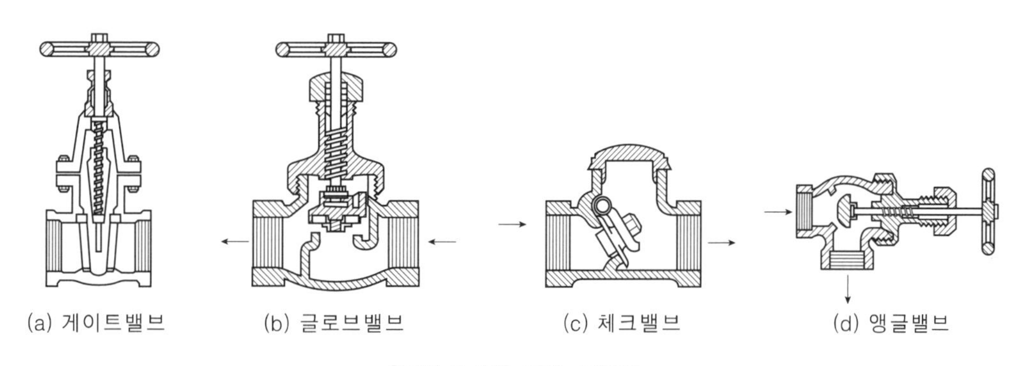

[그림 5-16] 각종 밸브류

4. 증기배관의 설계

1) 난방부하의 계산

각 실 난방부하의 산출에 대해서는 제4장을 참조하면 된다.

2) 기기용량의 결정

보일러형식 및 기기용량은 8-3절을 참조해서 결정한다.

3) 방열기의 선정

방열기의 수, 용량 등은 8-3절을 참조해서 결정하지만, 통상 방열기 한 대의 방열면적은 $10m^2$ 이하가 되도록 한다.

방열기를 은폐시키는 경우에는 [그림 5-17]에 나타낸 예에서와 같이 그 은폐상태에 따라 방열량이 증감하므로 이를 고려해야만 한다. 이 외에도 절수와 도료에 의한 보정도 경우에 따라서는 할 필요가 있다.

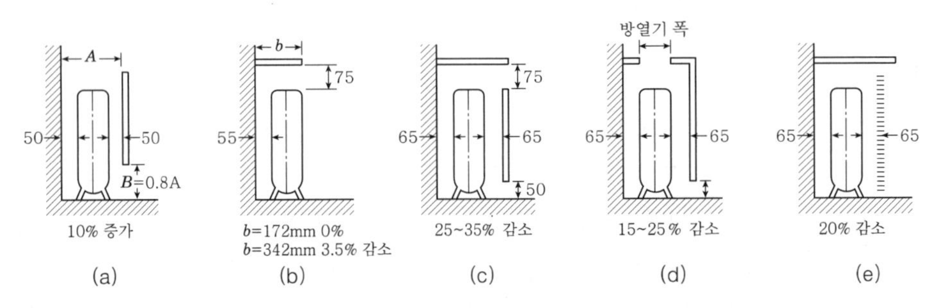

[그림 5-17] 은폐상태에 따른 방열량의 변화

4) 배관방식의 결정

여기에서는 증기난방의 시스템과 배관경로를 결정한다. 배관경로는 배관구배([표 5-2] 참조)를 고려하여 결정한다.

[표 5-2] 증기난방의 배관구배

구분	배관구배
증기관	• 순구배 1/200~1/300 • 역구배 1/50~1/150
환수관	• 순구배 1/200~1/300

5) 배관경의 결정

배관경로가 정해지면 그 최대 관길이를 구하고, 이것에 국부저항에 대응하는 상당관길이를 곱해서 전 상당관길이를 산출한다. 국부저항의 비율은 건물에 따라 다르며 [표 5-3]을 표준으로 한다.

[표 5-3] 증기배관의 국부저항비율

배관종별	국부저항/전 저항(%)
주택 및 기타 소건축	60~80
사무소건축 등의 대건축	35~60
원거리배관을 약 50m마다 취출하는 경우	20~25
원거리배관을 약 100m마다 취출하는 경우	10~15
기계실	70~100

다음에 [표 5-4]로부터 전 압력강하를 구하여 이것을 전 상당관길이로 나누어 단위길이(100m)당 압력강하 R[kPa/100m]를 다음 식으로 구한다.

$$R = \frac{9{,}800\Delta P}{L + L'} \fallingdotseq \frac{9{,}800\Delta P}{2L} \text{[kPa/100m]} \quad (1)$$

여기서, ΔP : 증기관 내의 허용 전 압력강하(kPa)

L : 보일러에서 가장 먼 방열기까지의 거리(m)

L' : 관의 저항+국부저항상당길이(m)

$2L$: 전 저항상당길이(m)

[표 5-4] 보통 사용되는 증기관 내의 전 압력강하

초기 증기압력 (kPa · G)	관길이 100m당의 압력강하 (kPa/100m)	증기관 내의 전 압력강하 (kPa)
진공환수식	2.94~5.88	0.686~13.72
0	0.686	0.49
6.86	2.94	0.49~1.96
14.7	2.94	3.92
34.3	5.88	9.8
68.6	11.76	19.6
98	22.54	29.4
196	49	29.4~68.6
343	49~117.6	68.6~98
686	49~117.6	98~171.5
980	49~225.4	73.5~196

한편 다음 식에 의해 평균증기압력을 계산하고, 이것에 대응하는 밀도 ρ[kg/m^3]를 구한다(부록의 [부표 6]을 참조할 것).

$$\text{평균증기압력} = (\text{보일러의 상용압력} + \text{사용증기압력}) \times 1/2 + 1 \qquad (2)$$

이상 R, ρ 및 증기량 G[kg/h]로부터 [그림 5-18]에 나타낸 선도에 의해 관경이 결정된다. 그림 속의 d는 배관의 내경이다.

또한 저압증기난방의 관경결정에는 일반적으로 표로부터 간단히 구하는 일이 많다. 증기관 및 환수관에 대해서 각각 [표 5-5], [표 5-6]을 사용한다. 이때 환수가 증기와 역행하는 상향 공급배관과 역구배배관에 주의해야만 한다. 또 배관의 최소 관경을 [표 5-7]에 나타낸다.

고압증기난방에 있어서는 환수관의 관경을 결정하기 위해 [표 5-8]을 쓰는 것이 좋다.

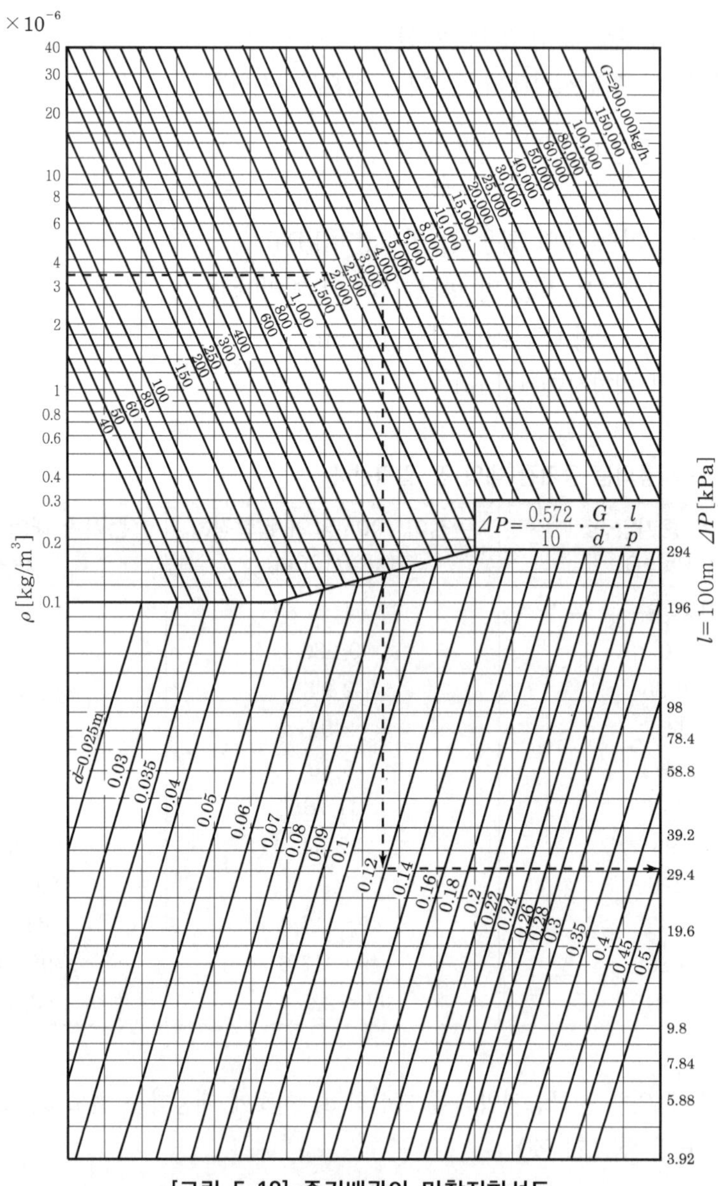

[그림 5-18] 증기배관의 마찰저항선도

[표 5-5] 저압증기난방배관 관경표

관의 종류 \ 난방의 종류		단관식	복관식		
		중력환수식	중력환수식	증기식	진공환수식
증기관	주관 · 하향 급기입관 관 및 순구배지관	(A)~(C)란 R=0.98~1.96	(A)~(D)란 ΔP=3.92~7.84	(A)~(C)란 ΔP=0.98~1.96	(A)~(F)란 ΔP=1.96~14.7
	역구배횡주관	(I)란	(H)란	(H)란	(H)란
	상향 급기입관	(J)란	(G)란	(G)란	(G)란
	방열기 주변배관	(L)란	(K)란	(K)란	(K)란

저압증기관의 용량(EDR : m^2)												
관경(A)	순구배횡관 및 하향 급기입관 (복관식 및 단관식)						역구배횡관 및 상향 급기입관				방열기 입관 및 방열기 밸브	
	R=압력강하(kPa/100m)						복관식		단관식			
	0.49	0.98	1.98	4.9	9.8	19.6	입관	횡관	입관	횡관		
	A	B	C	D	E	F	G	H	I	J	복관식	단관식
15	–	–	–	–	–	–	–	–	–	–	2.0	1.3
20	2.1	3.1	4.5	7.4	10.6	15.3	4.5	–	3.1	–	4.5	3.1
25	3.9	5.7	8.4	14	20	29	8.4	3.7	5.7	3.0	8.4	5.7
32	7.7	11.5	17	28	41	59	17.0	8.2	11.5	6.8	17.0	11.5
40	12	17.5	26	42	61	88	26	12	17.5	10.4	26	17.5
50	22	33	48	80	115	166	48	21	33	18	43	33
65	44	64	94	155	225	325	90	51	63	34		
80	70	102	150	247	350	510	140	85	96	55		
100	145	210	300	500	720	1,040	235	192	175	130		
125	260	370	540	860	1,250	1,800	440	360		240		
150	410	600	860	1,400	2,000	2,900	770	610				
200	850	1,240	1,800	2,900	4,100	5,900	1,700	1,340				
250	1,530	2,200	3,200	5,100	7,300	10,400	2,500	2,500				
300	3,450	3,500	5,000	8,100	11,500	17,000	4,000	4,000				

[표 5-6] 저압증기난방환수관 관경표

관의 종류 \ 난방의 종류		단관식	복관식		
		중력환수식	중력환수식	증기식	진공환수식
증기관	횡주관	(M)란	(M)란	(M)란	(M)란
	입관	–	(O)란	(O)란	(N)란
	방열기용 입관	–	(P)란	(P)란	(S)란
	동용 횡주관	–	(Q)란	(Q)란	(T)란
	트랩	–	(R)란	(R)란	(U)란

저압증기의 환수관용량(EDR : m^2)									
구 분 / 압력강하	횡주관(M)								
	R=0.49		0.98		1.96		4.9		9.8
관경(A)	습식	건식	습식 및 진공식	건식	습식 및 진공식	건식	습식 및 진공식	건식	진공식
20	22.3	–	31.6	26.9	44.5	–	69.6	–	99.4
25	39	19.5	58.3	54.8	77	34.4	12	42.7	176
32	67	42	93	89	130	70.5	209	88	297
40	106	65	149	195	209	114	334	139	464
50	223	149	316	334	436	246	696	297	975
65	372	242	520	594	734	408	1,170	429	1,640
80	585	446	826	1,250	1,190	724	1,860	910	2,650
100	1,210	955	1,710	–	2,410	1,580	3,810	1,950	5,380
125	2,140	–	2,970	–	4,270	–	6,600	–	9,300
150	3,100		4,830		6,780	–	10,850	–	15,200

저압증기의 환수관용량(EDR : m^2)											
구 분 / 압력강하	입관					방열기 주변(중력식)			방열기 주변(진공식)		
	진공식(N)				건식	입관	횡주관	트랩	입관	횡주관	트랩
관경(A)	R=0.98	1.96	4.9	9.8	O	P	Q	R	S	T	U
15	–	–	–	–	–	12.5	8.0	7.5	37	–	15
20	58.3	77	121	176	17.6	18	15	15	65	10	30
25	93	130	209	297	41.8	42	30	24	110	30	48
32	149	209	334	464	92						
40	316	436	696	975	139						
50	520	734	1,170	1,640	278						
65	826	1,190	2,860	2,650							
80	1,225	1,760	3,780	3,900							
100	2,970	4,270	9,600	9,300							
125	4,830	6,780	10,850	15,200							

[표 5-7] 배관의 최소 관경 (단위 : mm)

구분	최소 관경
증기주관	32 이상
중력식 환수주관	32 이상
진공식 환수주관	25 이상

[표 5-8] 고압증기의 증기관 유량표

(a) 196kPa · G인 경우 (단위 : kg/hr)

관경(mm)	압력강하(kPa/100m)						
	0.98	3.92	9.8	19.6	39.2	58.8	98
20	6	12	21	29	41	50	65
25	12	23	38	53	77	95	120
32	23	46	75	110	160	190	250
40	36	71	120	170	230	290	370
50	65	130	210	300	440	520	700
65	130	260	410	590	850	1,100	(1,350)
80	200	400	650	950	1,350	1,700	(2,200)
100	420	830	1,350	1,950	2,700	3,400	(4,300)
125	740	1,500	2,400	3,400	4,900	(6,000)	(8,000)
150	1,200	2,300	3,800	5,300	(7,700)	(9,300)	(12,000)
200	2,500	4,800	7,900	11,000	(16,000)	(20,000)	(25,500)
250	4,400	8,500	14,000	(20,000)	(28,000)	(34,000)	(45,000)
300	7,000	13,500	22,000	(32,000)	(45,000)	(57,000)	(72,000)

(b) 490kPa · G인 경우 (단위 : kg/hr)

관경(mm)	압력강하(kPa/100m)							
	0.98	3.92	9.8	19.6	39.2	58.8	98	196
20	8	17	27	41	60	73	97	140
25	17	32	54	78	115	140	170	260
32	32	63	120	160	220	270	360	510
40	41	100	170	230	270	410	550	780
50	80	180	300	430	630	770	1,000	1,450
65	180	350	600	840	1,250	1,500	2,000	(2,800)
80	280	570	930	1,300	1,900	2,300	3,000	(4,200)
100	550	1,150	1,900	2,300	3,900	4,700	(6,000)	(8,700)
125	990	2,000	3,300	4,600	6,500	8,200	(11,000)	(16,000)
150	1,600	3,100	5,100	7,200	10,500	13,000	(17,000)	(23,000)
200	3,200	6,200	11,000	16,000	(21,000)	(27,000)	(33,000)	(48,000)
250	7,700	12,000	19,000	27,000	(39,000)	(47,000)	(60,000)	(90,000)
300	9,000	18,000	40,000	53,000	(60,000)	(75,000)	(100,000)	

※ ( ) 안은 유속 60m/s 이상으로서 설계에는 채용하지 않는다.

(c) 980kPa · G인 경우 (단위 : kg/hr)

관경(mm)	압력강하(kPa/100m)								
	0.98	1.96	3.92	5.88	9.8	19.6	39.2	58.8	98
20	8	11	15	19	25	35	50	61	79
25	15	22	31	38	49	69	98	121	156
32	35	49	69	85	110	456	220	271	350
40	53	76	108	132	171	242	343	422	547
50	109	155	219	269	348	493	700	858	1,200
65	181	257	363	444	577	812	1,153	1,412	1,710
80	326	462	657	804	1,042	1,480	2,100	2,575	3,310
100	707	1,004	1,420	1,745	2,240	3,165	4,490	5,500	7,050
125	1,295	1,830	2,600	3,190	4,110	5,840	8,290	10,150	13,100
150	2,115	3,010	4,275	5,225	6,800	9,570	13,650	16,800	21,500
200	4,400	6,260	8,870	10,900	14,050	20,000	28,300	34,900	41,850
250	8,130	11,600	16,450	20,150	26,050	37,000	52,700	64,700	83,300
300	12,920	18,300	26,000	32,000	41,300	58,700	83,500	102,200	131,500

[표 5-9] 고압증기의 환수관 유량표

(a) 196kPa · G인 경우 (단위 : kg/hr)

관경(mm)	압력강하(kPa/100m)				
	2.94	5.88	10.78	16.66	22.54
20	52	77	111	140	165
25	104	154	222	278	331
32	220	322	465	585	694
40	358	526	758	953	1,130
50	717	1,070	1,540	1,950	2,290
65	1,200	1,770	2,540	3,220	3,810
80	2,200	3,220	4,670	5,850	6,940
100	4,630	6,800	9,800	12,200	14,600
125	8,620	12,600	18,300	25,100	27,200
150	14,100	20,600	29,700	37,600	44,400

(b) 980kPa · G인 경우 (단위 : kg/hr)

관경(mm)	압력강하(kPa/100m)					
	2.94	5.88	10.78	16.66	22.54	44.1
20	71	105	163	311	254	404
25	142	210	313	413	508	807
32	295	435	680	885	1050	1680
40	485	717	1,120	1,430	1,720	2,770
50	980	1,500	2,240	2,900	3,490	5,580
65	1,630	2,430	3,720	4,850	5,800	9,250
80	2,950	4,350	6,800	8,840	10,500	16,900
100	6,210	9,300	14,300	18,300	22,300	35,600
125	11,600	17,300	26,500	34,400	41,500	66,200
150	19,000	28,300	43,500	56,700	68,000	108,000

※ 표 속의 값은 환수관 내 압력을 6.86~137.2kPa로 하여 산출하였음

문제 1. [그림 5-19]에 나타낸 진공환수식 증기난방의 각 구간별 관경과 방열기 쪽수 및 보일러 용량을 결정하여라. 단, 보일러에서 가장 먼 방열기까지의 길이를 80m, 손실열량 37,791W 이며, 방열기 수는 10대로 한다.

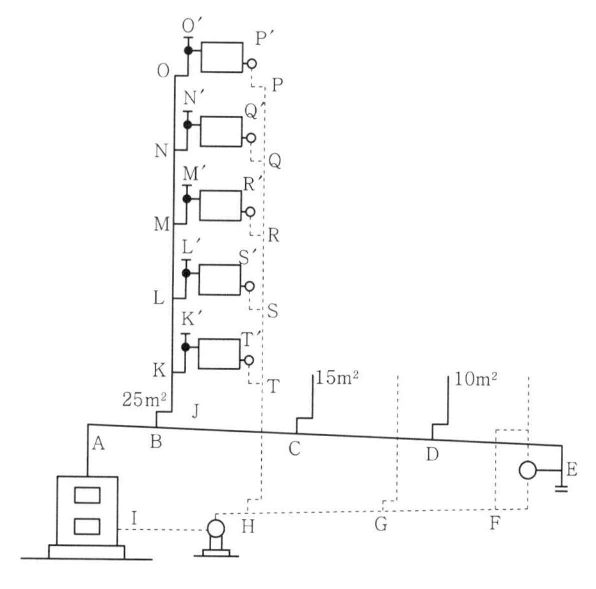

[그림 5-19] 진공환수식 증기난방

풀이 표준상태로 하면 방열면적은 $\frac{37,791}{756}=50\text{m}^2$이고 1대당 방열면적은 $\frac{50\text{m}^2}{10}=5\text{m}^2$로 한다. 방열기 1섹션의 방열면적을 0.33m²로 하면 $\frac{5\text{m}^2}{0.33}≒16$섹션이 된다.

허용저항을 [표 5-5]로부터 1.96kPa로 하면

$$R=\frac{100\Delta P}{2l}=\frac{100\times1.96}{2\times80}=1.225\text{kPa/100m}$$

따라서 $R=0.01$로 해서 [표 5-5], [표 5-6]에 의해 관경을 구하면 [표 5-10]과 같이 계산된다. 한편 보일러용량은 8-3절에 의해 $H_e=37,791\text{W}$, $H_w=0\text{W}$, 배관부하계수 1.2, 예열부하계수 1.2로 하면 $H_e=37,791\times(1.2\times1.2)=54,419\text{W}$로 된다.

[표 5-10] 계산표

종 별	구 간	유량(m²)(방열면적)	사용란	관경(mm)	채용관경(mm)
증기주관	AB	50	G	65	65
	BC	25	G	40	50
	CD	10	G	32	50
	DE	–	G	–	50
환수주관	EF	–	M	–	25
	FG	10	M	20	25
	GH	25	M	20	25
	HI	50	M	25	25
입상관(증기)	BJ	25	G	40	왼쪽과 동일
	JK	25	G	40	
	KL	20	G	40	
	LM	15	G	32	
	MN	10	G	32	
	NO	5	G	25	
입하관(환수)	PQ	5	N	20	왼쪽과 동일
	QR	10	N	20	
	RS	15	N	20	
	ST	20	N	20	
	TH	25	N	20	
방열기 지관	KK′	5	K	25	왼쪽과 동일
방열기 밸브	K′	5	K	25	왼쪽과 동일
트랩	T′	5	U	15	왼쪽과 동일

3 온수난방설비

1. 개요

온수난방은 온수보일러에서 만들어진 65~85℃ 정도의 온수를 [그림 5-20]에 나타낸 바와 같이 배관을 통해 실내의 방열기에 공급하여 열방산시키고, 온수의 온도강하에 수반하는 현열을 이용하여 실내를 난방하는 것이다. 이때 온도가 낮아진 온수는 환수관을 통해 중력(즉 온수의 밀도차) 또는 펌프에 의해 보일러로 다시 순환된다. 방열기 출입구의 온도차는 보통 7~15℃ 정도이다. 또 온수난방장치의 배관 내에는 항상 만수되어 있으므로 물의 온도 상승에 따른 체적팽창량(대략 4% 전후)을 흡수하기 위해 최상부에 팽창탱크가 설치된다. 이와 같은 온수난방 배관의 일례를 [그림 5-21]에 나타낸다. [표 5-11]에는 온수난방의 특징을 나타낸다.

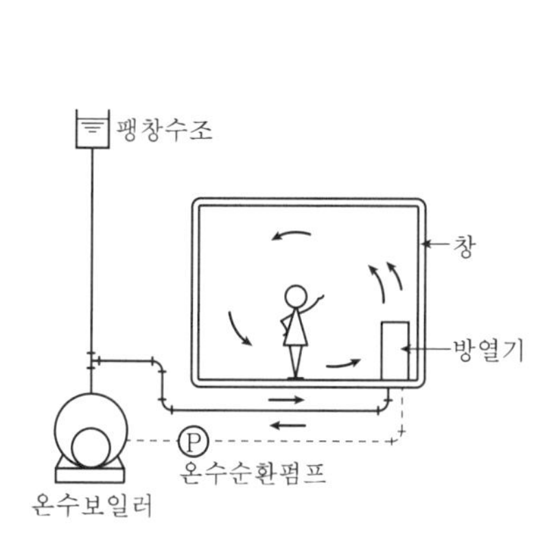

[그림 5-20] 온수난방계통도

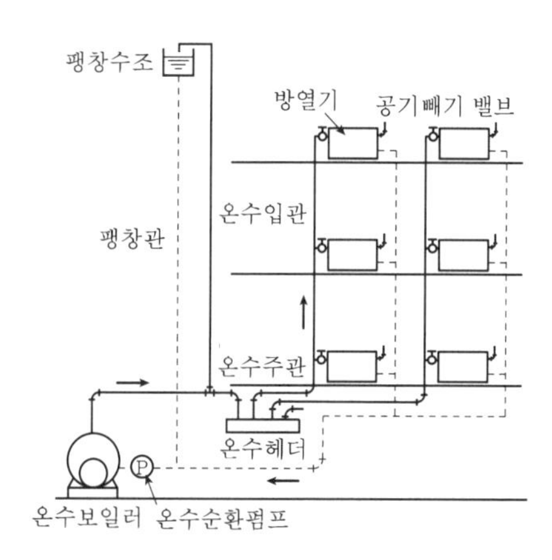

[그림 5-21] 온수난방배관

[표 5-11] 온수난방의 특징

장 점	단 점
① 난방부하의 변동에 대한 온도조절이 용이하다.	① 중·대규모에서는 증기난방과 비교해서 설비비가 높아진다.
② 열용량이 크므로 보일러를 정지시켜도 실온은 급변하지 않는다.	② 열용량이 크므로 예열에 장시간이 필요하고, 연료소비량도 많아진다.
③ 실내의 쾌감도는 증기난방보다 좋다.	③ 한랭지에서는 동결의 우려가 크다.
④ 보일러의 취급이 간단하다.	④ 온수용 주철제 보일러는 사용압력에 제한이 있으므로 고층 건물에는 부적당하다.
⑤ 배관의 부식이 적고, 수명이 길다.	

2. 온수난방의 분류

1) 온수온도에 의한 분류

(1) 고온수식

100～230℃의 고온수를 사용하는 방식이며, 밀폐식이라고도 한다. 이 방식은 배관 내 압력을 대기압 이상으로 유지하기 위해 완전밀폐되며, 지역난방 등에 많이 채용된다.

(2) 저온수식

100℃ 이하의 온수를 사용하는 방식이며, 개방식이라고도 한다. 이 방식은 배관 내 압력을 대기압으로 유지하며, 일반 건물의 난방에는 저온수식이 사용된다.

2) 온수의 순환방식에 의한 분류

(1) 중력식

온수의 온도차에 따른 밀도차에 의해 자연순환시키는 방식이다. 물은 4℃에서 가장 무겁고 열을 가하면 가볍게 된다. 중력식은 이 성질을 이용해서 보일러에서 가열한 물을 방열기에 보내 실내에서 방열시켜 온수를 냉각하고 순환시킨다. 온수의 순환온도는 보일러 출구에서 80～90℃ 정도이며, 환온수는 70℃ 정도이다. 따라서 온수의 순환을 균등하게 하는 것이 어려울 뿐 아니라 자연순환력 자체가 적으므로 배관경도 크게 할 필요가 있고, 또 온도 상승에 장시간을 요하는 등의 결점이 있다.

중력식인 경우에 온수의 순환을 일으키는 자연순환수두 H[mmAq]는 다음 식으로 표현된다.

$$H = h(\rho_2 - \rho_1)[\text{mmAq}] \tag{3}$$

여기서, h : 보일러 기준선과 방열기 중심선 사이의 높이(m)

ρ_2 : 보일러 입구 환온수의 밀도(kg/m^3)

ρ_1 : 보일러 출구 공급온수의 밀도(kg/m^3)

(2) 강제식

온수순환펌프를 사용하여 관내 온수를 강제적으로 순환시키는 방법이며, 온도강하는 7～10℃ 정도이다. 따라서 대규모 건물에 있어서도 순환이 원활하고 신속하며 균일하게 온수를 공급할 수 있다. 최근에는 소규모 설비에 있어서도 강제순환식으로 하는 것이 통례이다.

3) 배관방식에 의한 분류

(1) 단관식

[그림 5-22]의 (a)와 (b)에서와 같이 온수공급관과 환수관을 공용하는 방식이다. 이 방식은 배관이 간단하고 배관비가 절약되지만, 온수온도의 저하가 심해 방열기의 개별제어가 곤란하다.

(2) 복관식

[그림 5-22]의 (c)에서와 같이 공급관과 환수관을 각각 계통별로 한 방식이다. 일반적으로 널리 이용되는 방식이며, 각 방열기로의 공급온수를 일정하게 할 수 있고 운전이 쉽다.

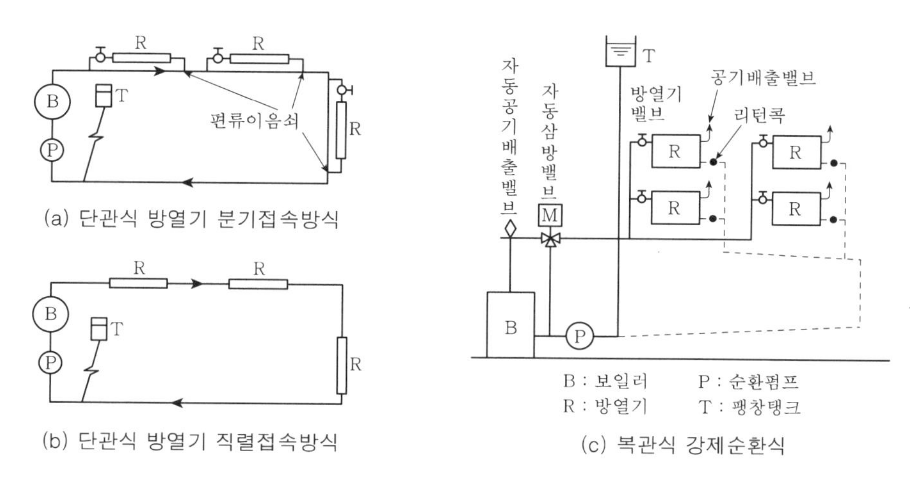

[그림 5-22] 온수난방배관방식

4) 온수의 환수방법에 의한 분류

복관식 온수난방에서는 환수주관의 배치방법에 따라 다음의 두 가지 순환방식이 있다.

(1) 직접환수식

[그림 5-23]의 (a)에 나타낸 방식으로 보일러에 가장 가까운 방열기의 공급관 및 환수관의 길이가 가장 짧고, 가장 먼 거리에 있는 방열기일수록 관의 길이가 길어지는 배관을 하게 되므로 방열기로의 저항이 각각 다르다. 따라서 동일 저항을 얻기 위해서는 지관(枝管)의 저항에 따라 조정하지 않으면 안 된다.

(2) 역환수식

[그림 5-23]의 (b)에 나타낸 방식으로 보일러에 가장 가까운 방열기는 공급관이 가장 짧고 환수관은 가장 길다. 따라서 각 방열기의 공급관과 환수관의 합은 각각 동일하다. 즉 동일 저항으로 온수가 순환하므로 방열기에 온수를 균등히 공급할 수 있다.

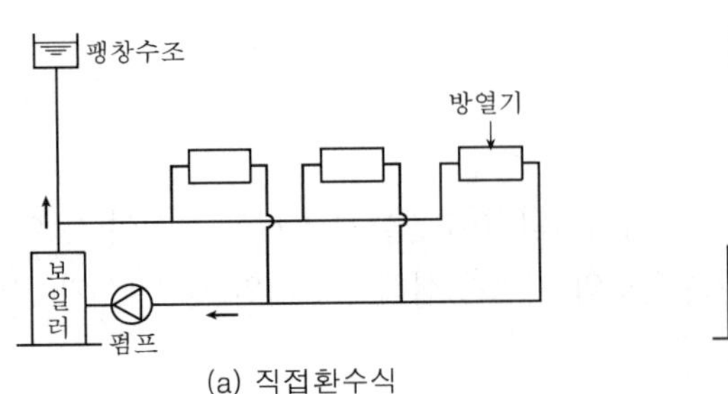

(a) 직접환수식

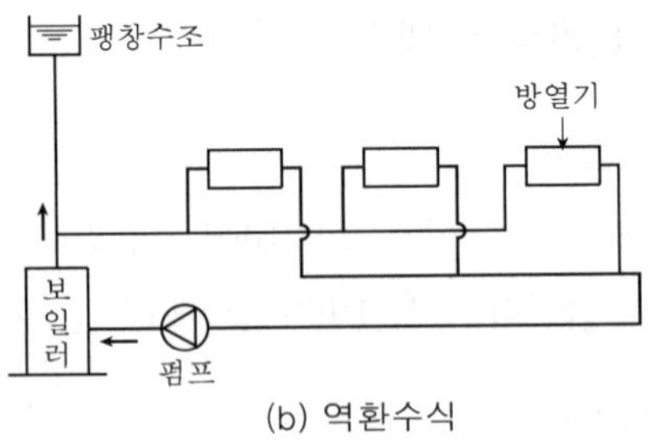

(b) 역환수식

[그림 5-23] 온수배관방식

5) 온수의 공급방식에 의한 분류

(1) 상향공급식

[그림 5-24]의 (a)에 나타낸 방식으로서 증기난방배관에서의 상향공급식과 원리적으로 같다.

(2) 하향공급식

[그림 5-24]의 (b)에 나타낸 방식으로서 일반적으로 하향공급식은 공기배출의 면에서 유리하지만 최상층 천장 위에 배관할 공간이 없다는 점에서 보통 전자가 쓰인다. 상향공급식일 때 배관 중의 공기빼기는 각 방열기의 공기빼기 밸브로 한다.

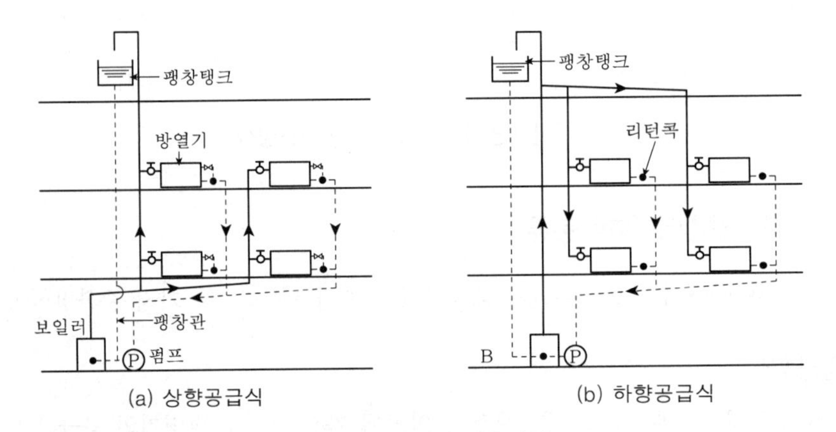

[그림 5-24] 온수공급방식

3. 온수난방용 기기

1) 보일러

온수난방용 보일러는 증기난방보일러와 거의 같으며, 일반적으로 주철제 보일러가 사용된다. 그러나 고온수난방에서는 반드시 고압보일러가 사용되어야 하는데, 보다 상세한 내용은 8-3절을 참조하길 바란다.

한편 온수난방에서 사용되는 온수보일러 주변의 배관 예를 [그림 5-25]에 나타낸다.

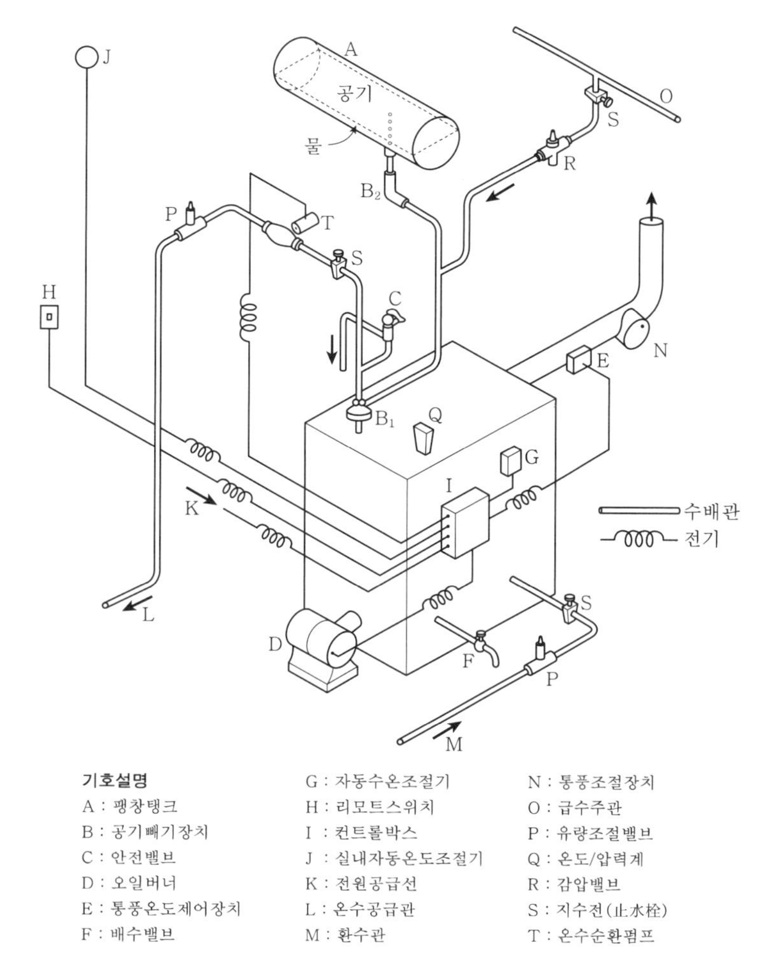

[그림 5-25] 온수보일러 주변의 배관 예

2) 방열기

온수난방용 방열기도 각종 형식의 것이 다양하게 이용될 수 있다(8-3절 참조).

표준방열량은 평균온수온도 80℃, 실내온도 18.5℃일 때 523W/m^{2}이며, 방열량은 EDR[m^2]로 나타낸다.

3) 온수순환펌프

온수의 순환을 강제적으로 행하는 경우에는 온수순환펌프를 사용한다. 펌프는 내식성 · 내열성이 있는 구조가 요구되며, 일반적으로 와류형의 케이싱 내에서 임펠러를 회전시켜 물에 회전을 주는 와권펌프(centrifugal pump)가 사용된다.

또한 소규모 건축에서는 배관 도중에 설치하는 라인펌프(line pump)가 많이 사용되고 있다. 라인펌프도 일종의 터보형 펌프이며, 수직관 · 수평관 어디에나 설치할 수 있다. 또 이것은 전동기와 펌프가 일체로 된 소형 펌프로서 흡입양정이 적으므로 이를 설치할 경우에는 특별한 설치기초(base)를 필요로 하지 않는다는 특성도 갖고 있지만, [그림 5-26]에 나타낸 바와 같이 최소한의 지지대를 갖추는 것이 바람직하다.

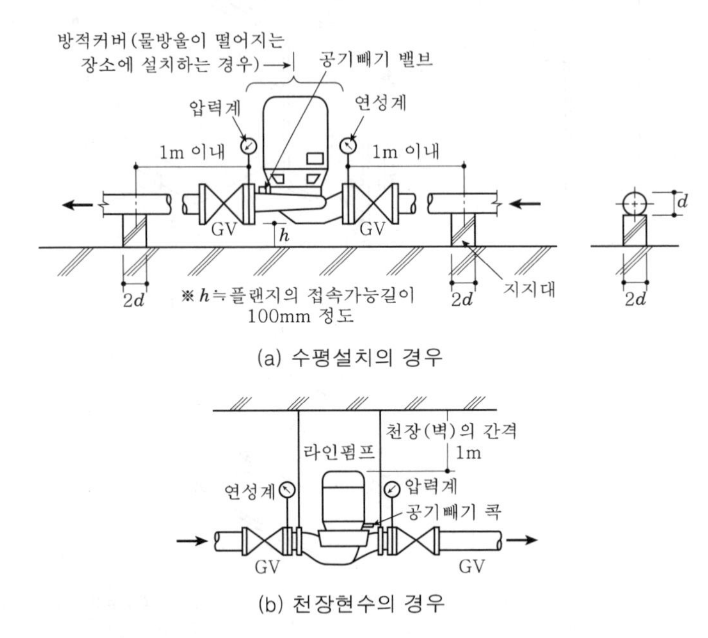

(a) 수평설치의 경우

(b) 천장현수의 경우

[그림 5-26] 온수순환펌프의 설치 예

4) 방열기 부속품

(1) 방열기 밸브(radiator valve)

온수유량을 수동으로 조절하는 밸브이며, 증기용 밸브와 그 구조 및 형식이 같다.

(2) 리턴콕(return cock)

온수의 유량을 조절하기 위해 사용하는 것으로, 주로 온수방열기의 환수밸브로 사용된다. 유량조절은 리턴콕의 캡을 열고 핸들을 부착하여 콕의 개폐도에 의해 조절한다.

(3) 공기빼기 밸브(air vent)

온수난방장치에서는 배관 내에서 발생한 공기의 대부분을 보통 개방식 팽창탱크로 인도되도록 하고 있으나 이것이 불가능한 경우, 즉 배관 내에 공기가 모이는 곳에는 모두 자동 또는 수동식의 공기밸브를 설치한다. 밀폐식 팽창탱크에서는 탱크에서 공기배출을 하지 않으므로 공기배출은 모두 이 공기빼기 밸브에서 행해진다. 자동공기밸브는 100℃ 이상의 온수에 대해서는 부적당하며, 또한 스케일 등에 의한 누설이 많다. 방열기에는 P-cock이라 불리는 소형의 수동식 공기밸브를 그 최고부에 설치한다.

5) 팽창수조

온수난방장치에서는 물의 온도변화에 따라 온수의 체적이 증감하게 된다. 이 물의 팽창·수축을 배관 내에서 흡수하지 않으면 팽창 시에 배관 내에 이상압력이 발생하고, 수축 시에는 배관 내에 공기침입이 초래되는 등 배관계통의 고장 혹은 전열 저해의 원인이 된다. 따라서 이와 같은 물의 체적팽창에 따른 위험을 도피시키기 위한 장치가 반드시 필요하게 되는데, 이를 팽창수조라고 한다.

(1) 개방식 팽창수조

[그림 5-27]에 나타낸 바와 같이 저온수난방배관이나 공기조화의 밀폐식 냉온수배관계통에서 사용되는 것으로서, 이 수조는 일반적으로 보일러의 보급수탱크로서의 목적도 겸하고 있다. 이 수조는 그림과 같이 탱크수면이 대기 중에 개방되며, 가장 높은 곳에 설치된 난방장치보다 적어도 1m 이상 높은 곳에 설치되어야 한다. 또한 수조의 용량은 온수팽창량의 1.2~1.5배, 장치 전 용적의 10% 정도면 된다. 물의 팽창량은 다음 식으로 구한다.

$$\Delta v = (\gamma_r / \gamma_s - 1)v \qquad (4)$$

여기서, Δv : 온수의 팽창량(l)

γ_r : 가열 전 물의 비중량(kgf/m^3)

γ_s : 가열된 온수의 비중량(kgf/m^3)

v : 가열장치 내의 전수량(l)

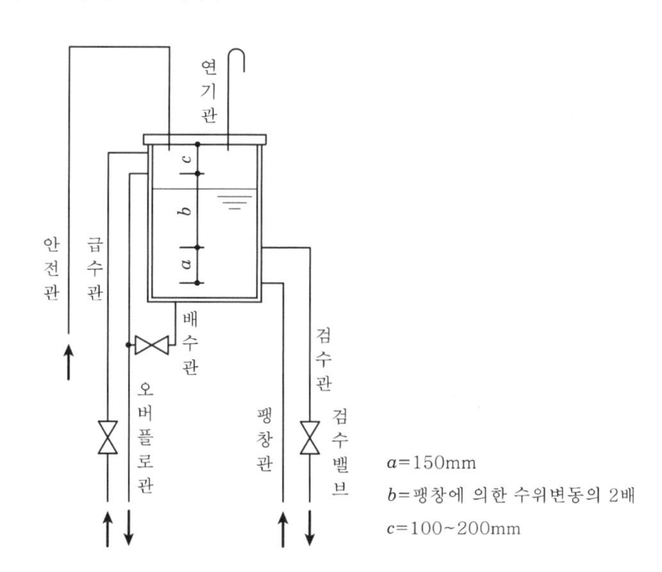

[그림 5-27] 온수순환펌프의 설치 예

(2) 밀폐식 팽창수조

밀폐식은 [그림 5-28]에 나타낸 바와 같이 가압용 가스로서 불활성 기체(고압질소가스)를 사용하여 이를 밀봉한 뒤 온수가 팽창했을 때 이 기체의 탄력성에 의해 압력변동을 흡수하는 것이다. 이 탱크는 100℃ 이상의 고온수설비라든가, 혹은 가장 높은 곳에 설치된 난방장치보다 낮은 위치에 팽창수조를 설치하는 경우 등에 쓰이는 것으로, 이 탱크는 소정의 압력까지 가압해야 할 필요성 때문에 마련되는 것이다.

또한 이것은 개방식에 비하면 용적은 커지지만(물론 대규모 장치에서는 반드시 용적이 적게 되도록 설계해야 한다) 보일러실에 직접 설치할 수 있어 편리하다. 이 탱크는 고온수일 때는 압력용기의 일종이 되므로 압력용기법규의 규제대상이 되며 탱크용량은 다음 식으로 구한다.

$$V_e = \frac{\alpha \Delta v}{\dfrac{P_a}{P_a + 0.1h} - \dfrac{P_a}{P_t}} \qquad (5)$$

여기서, V_e : 밀폐식 팽창탱크의 용량(l)

α : 여유율(1.1～1.5)

P_a : 대기의 압력(kPa)

P_t : 최대 허용압력(kPa)

h : 탱크에서 장치의 가장 높은 곳까지의 높이(m)

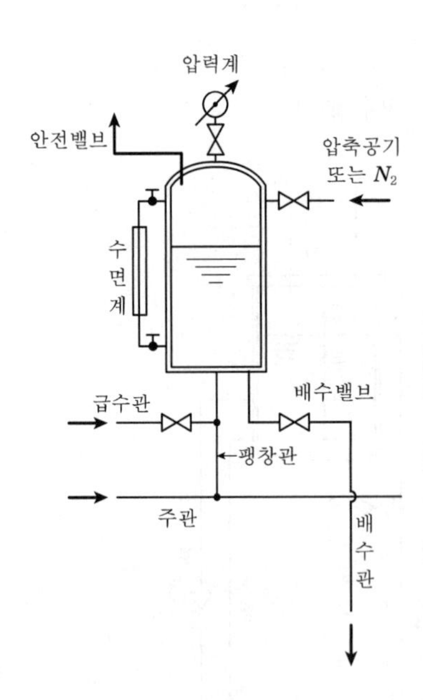

[그림 5-28] 밀폐식 팽창수조

6) 안전장치

(1) 팽창관

온수의 체적팽창을 팽창수조로 도출시키기 위한 것이다. 팽창관의 도중에는 밸브를 설치하지 않지만, 만일 설치해야 할 경우에는 [그림 5-29]에 나타낸 바와 같이 3방밸브(three-way valve)를 설치하거나 혹은 보일러 출구와 밸브 사이에서 팽창관을 입상한다. 또한 [그림 5-30]과 [표 5-12]는 일반적인 팽창관과 펌프접속위치의 관계를 나타낸다.

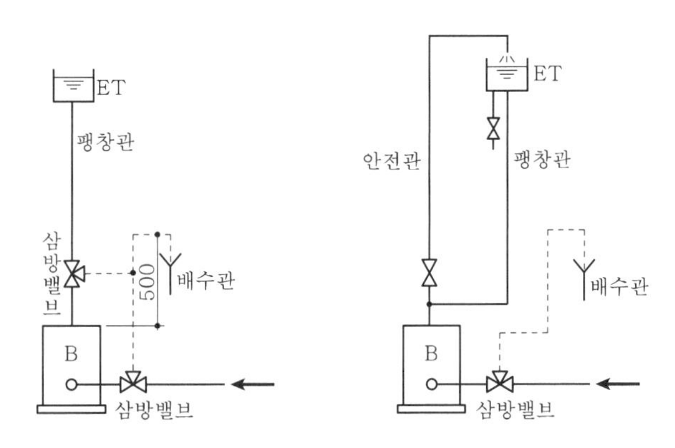

[그림 5-29] 안전장치

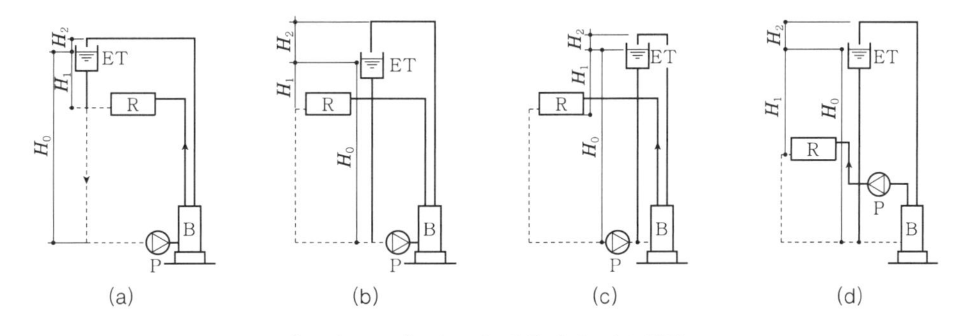

[그림 5-30] 펌프와 팽창관의 접속위치

[표 5-12] 팽창관과 펌프접속위치의 관계

구분	팽창관 고정위치	펌프 고정위치		배관(또는 기기) 최고부에서의 높이	보일러에 대한 작용압 p[mAq]	적용성
		H_1[m]	H_2[m]			
(a)	환수관	환수관	$H_1 \geqq 1\text{m}$	$H_2 \geqq$ 펌프양정	$p \fallingdotseq H_0 +$ 펌프양정	저양정펌프인 경우에 많이 사용된다.

구 분	팽창관 고정위치	펌프 고정위치		배관(또는 기기) 최고부에서의 높이	보일러에 대한 작용압 p[mAq]	적용성
		H_1[m]	H_2[m]			
(b)	펌프 흡입측	환수관	$H_1 \geqq 1\text{m}$	$H_2 \geqq$ 펌프양정	$p \fallingdotseq H_0 +$ 펌프양정	H_2가 높아 고양정펌프인 경우는 적합하지 않다.
(c)	펌프 토출측	환수관	$H_1 \geqq$ 펌프양정	$H_2 \geqq 0$	$p \fallingdotseq H_0$	통상 채용되지 않으며, 운전압력이 정수두보다 낮아 최고부에서 공기를 흡입하는 경향이 있다.
(d)	펌프 흡입측	공급관	$H_1 \geqq 1\text{m}$	$H_2 \geqq 0$	$p \fallingdotseq H_0$	통상 가장 많이 채용되는 방식이다. 결점은 펌프가 고온이 된다.

(2) 안전관

안전관은 온수가 과열해서 증기가 발생되었을 경우에 도출을 위한 것으로, 팽창수조수면으로 돌출시킨다. 도출관이라고도 부른다.

7) 배관재료와 부속품

(1) 배관재료

일반적으로 물의 온도가 10℃ 상승함에 따라서 약 2배 정도 침식량이 증가하게 되며, 또 수온이 60℃ 이상이 되면 배관재료의 침식은 더욱 촉진된다. 따라서 온수난방배관에서는 내식성이 큰 재료를 선정하지 않으면 안 된다. 더욱 마찰손실수두를 적게 하기 위해 관내 면이 매끄러운 재료를 사용하는 것이 좋다. 따라서 온수배관용 관재료로는 아연도금강관, 동관 등이 사용되고 있으며, 최근에는 온수배관에 대한 동관의 중요성이 점차 확산되어 동관사용률이 증대하고 있다.

(2) 신축이음쇠

증기난방배관에 준하면 된다.

(3) 밸브류

증기난방배관에 준하면 된다.

4. 온수배관의 설계

1) 난방부하 계산

난방부하의 산출에 대해서는 제4장을 참조하면 된다.

2) 시스템의 결정

여기서의 시스템이란 중력순환식으로 할 것인가, 또는 강제순환식으로 할 것인가를 결정한는 의미이지만, 중력식은 $100m^2$ 이하의 주택 등에 간혹 사용되는 정도이며, 일반적으로는 강제식이 사용되고 있다. 특별한 경우를 제외하고는 강제식으로 해도 좋다. 어느 경우에나 배관의 구배는 1/100 정도로 둔다.

3) 각 구간별 온수순환량

여기에서는 우선 온수의 온도강하라고 하는 문제가 일어난다. 온수의 온도강하란 방열기 입구와 출구에 있어서 온수의 온도차이며, 중력식에서는 일반적으로 14~15℃ 정도로 한다. 온도강하가 결정되면 배관경의 결정에 필요한 각 방열기에 대한 필요순환량 G[kg/h]를 다음 식에 의해 구할 수 있다.

$$G = \frac{0.86Q}{\Delta t}[\text{kg/h}] \tag{6}$$

즉 동일 방열량 Q[kW]에 대해서 온도강하 $\Delta t(=t_1 - t_2)$[℃]를 크게 취하면 유량은 적게 된다. 중력식에서는 온도강하를 크게 취하면 자연순환수두도 동시에 증가하므로 관경은 가늘게 되어 유리하게 된다. 그러나 유량이 지나치게 적게 되면 온수의 순환이 불균등해지기 쉬우므로 주의하지 않으면 안 된다.

강제식에서는 온도강하를 크게 취하면 관경이 가늘게 되고 순환펌프도 소형으로 되어 초기 투자비는 적게 들지만, 순환의 원활함과 가열의 신속성을 고려해서 온도강하를 적게 하고 ($\Delta t \fallingdotseq$ 10℃ 정도) 유량을 크게 하는 일이 많다.

여기에서 한 가지 주의해야만 하는 것이 있는데, 이것은 유속의 문제이다. 유속이 크면 유속음에 의해 소음장애를 일으키므로, 관경 50A 이하인 경우에는 유속 1.2m/s를 초과하지 않도록 할 필요가 있다.

4) 방열기의 선정

방열기의 수, 용량, 위치 등은 8-3절을 참조해서 결정하면 된다.

5) 온수순환펌프의 결정

온수순환펌프의 기종을 결정하기 위해서는

① 관경(A : mm 또는 B : inch)
② 온수순환량(L/min 또는 kg/min)
③ 양정(mAq)
④ 동력(kW 또는 HP)

이라고 하는 네 가지 항목을 결정해야만 하지만, 온수순환량과 양정이 결정되면 관경과 동력이 결정된다.

온수순환량이란 전항 3에서 산출한 각 방열기의 필요순환량을 총합계한 것이다. 이 온수순환량에 기초하여 펌프의 특성표에 의거하여 양정(순환수두) H의 값을 결정한다.

강제순환식 온수난방에서 순환수두 H[mAq]는 순환펌프의 양정을 그대로 순환수두로 해서 사용한다. 수두는 임의로 선택될 수 있지만 수두를 적게 취하면 배관이 굵어지고, 역으로 수두를 크게 취하면 배관은 가늘게 된다. 전자는 배관비가 많아지는 대신에 펌프의 동력비는 적게 든다. 후자는 그 역의 관계에 있다. 일반적으로 수두 H를 다음과 같은 기준으로 정한다.

① 가장 먼 방열기까지의 편도배관이 100m 이하일 때 : 펌프의 양정 1mAq 내외

② 가장 먼 방열기까지의 편도배관이 100m 이상일 때 : 펌프의 양정 1~4mAq 내외

단, 주관의 유속은 통상 1.5m/s 정도로 하고, 일반주택에서는 가급적 1.2m/s 이하로 한다.

6) 배관마찰저항(R)의 산출

전항에서 결정한 펌프양정(순환수두) H의 값 중에는 다음과 같은 손실수두가 포함되어 있다.

① 온수보일러 내의 유수저항(mAq)

② 방열기 내의 유수저항(mAq)

③ 배관저항(mAq/m)

여기에서 ①, ②의 항목들은 각 기종, 메이커마다 다르기 때문에 카탈로그 등의 자료를 토대로 산출한다. ③의 배관저항이란 직관마찰저항과 이음쇠 및 밸브류 등의 소위 국부저항을 합계한 것이다. 온수난방의 배관경의 설계를 위해 쓰이는 배관저항 R[mmAq/m]은 다음 식으로 구할 수 있다.

$$R = \frac{H_w}{l(1+K)} = \frac{H_w}{l+l'} \text{[mmAq/m]} \tag{7}$$

여기서, H_w : 이용해야 할 전체 순환수두(mmAq/m)

K : 국부저항과 직관저항의 비율(0.4~1.0)

l : 보일러에서 가장 먼 방열기에 이르는 왕복관의 길이(m)

l' : 왕복의 도중에 있는 국부저항상당길이의 합계(m)

또한 이 경우의 H_w란 펌프의 양정 H로부터 온수보일러 내의 유수저항과 가장 멀리 있는 방열기 내의 유수저항을 뺀 수치이다. 대개 온수난방의 배관마찰저항(R)의 값은 중력식의 경우 0.1~0.3mmAq/m, 강제식의 경우 소규모 5~20mmAq/m, 대규모 10~30mmAq/m가 일반적으로 사용된다.

7) 배관경의 결정

관경을 결정하고자 하는 부분의 온수순환량을 먼저 구하고, 다음에 배관마찰저항 R을 써서 온수에 대한 강관 또는 동관의 저항선도에 의해 관경을 결정한다. 주경로 이외의 분기관도 마찬가지 압력강하를 써서 결정한다. [그림 5-31]에 온수용 동관의 마찰손실선도를 나타낸다.

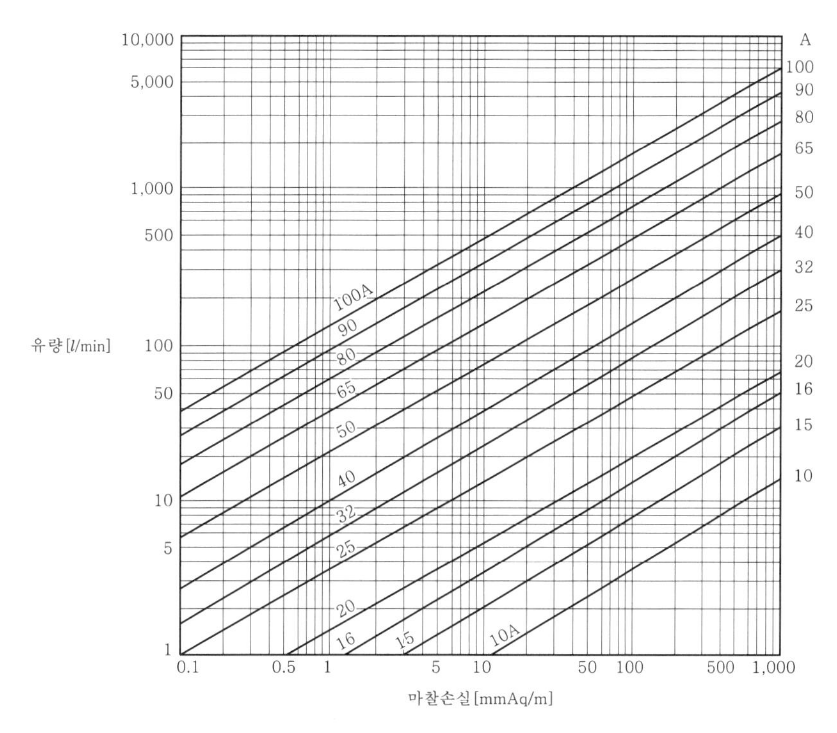

[그림 5-31] 마찰저항선도(K 타입 동관)

8) 검산

1)~7)까지에 걸쳐 배관경이 결정되면 다음에 검산을 할 필요가 있다. 이 검산은 다음 방법을 쓴다. 온수순환량과 관경으로부터 각각 다른 배관 각 부분의 압력강하를 구한다. 그리고 다음 식에 적합하도록 관경을 수정한다.

$$H_w = \sum (l_1 + l_1{}') \cdot R_1 [\text{mmAq}] \tag{8}$$

여기서, H_w : 순환수두(mmAq)

$\sum$: 보일러에서 어떤 방열기까지 이르는 배관 각 부분의 합계

l_1 : 직관길이(m)

$l_1{}'$: 국부저항상당길이(m)

R_1 : 배관 각 부분의 압력강하(mmAq/m)

위 식을 써서 H_w와 $\Sigma(l_1+l_1')\cdot R_1$이 일치하지 않을 때는 오리피스 또는 방열기 출구에 리턴콕을 설치하여 이것을 조절해서 저항을 가한다.

문제 2. [그림 5-32]에 나타낸 강제식 온수난방시스템의 온수배관의 관경을 결정하여라. 단, 방열기의 방열량은 X : 10,465W, Y : 6,977W, 전 방열기의 입출구온도차를 Δt=10℃로 하고, 온수의 비중 $r \fallingdotseq 1$로 한다. 또한 배관길이를 100m, 배관곡부 및 기기상당길이를 150%, 안전계수를 10% 보는 것으로 한다. 더욱 펌프는 양정 5.5m의 것을 선정한다.

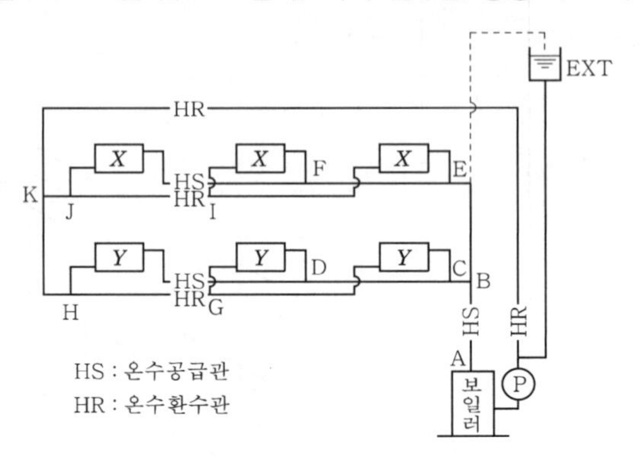

[그림 5-32] 온수난방의 배관 예

풀이 방열기의 유량 G는 방열량을 Q로 해서 $G=\dfrac{0.86Q}{r\Delta t}$로 표현된다. 따라서

$$G_X=\frac{0.86\times 10{,}465}{1\times 10\times 60}=15\text{L/min},\ G_Y=\frac{0.86\times 6{,}977}{1\times 10\times 60}=10\text{L/min}$$

양정 H는 다음 식으로 구해지므로

$$H_w=\{Rl(1+1.5)\}\times 1.1$$

$$5.5=\{R\times 100(1+1.5)\times 1.1$$

그러므로 단위마찰손실 R은 R=0.02mAq=20mmAq/m이다.

[그림 5-31]의 마찰저항선도를 사용해서 누적유량과 단위마찰손실에 의해 다음 표와 같이 구경을 구한다.

구 간	누적유량(kg/min)	누적유량(kg/h)	구경(A)
AB	75	4,500	50
BC	30	1,800	32
CD	20	1,200	25
CG	10	600	20
DG	10	600	20
DH	10	600	20
GH	20	1,200	25
HK	30	1,800	32
BE	45	2,700	32
EF	30	1,800	32
EI	15	900	25
FI	15	900	25
FJ	15	900	25
IJ	30	1,800	32
JK	45	2,700	32
KL	75	4,500	50

4 복사난방설비

1. 개요

복사난방은 [그림 5-33]에 나타낸 바와 같이 건물구조체인 바닥 · 천장 · 벽면 등에 열원이 되는 파이프코일을 매설해서 이를 방열면(panel)으로 하여 복사열에 의해 실내를 난방하는 것이다. 복사난방은 그 표면온도에 의해 저온식과 고온식으로 나눌 수 있다. 일반적으로 50℃ 이하를 저온식이라 부르며 일반건축물용 난방에 사용된다. 고온식은 공장용 또는 특수 건축물용으로 쓰인다. 복사난방설비배관의 일례를 [그림 5-34]에 나타내며, 또 복사난방의 특징을 [표 5-13]에 나타낸다.

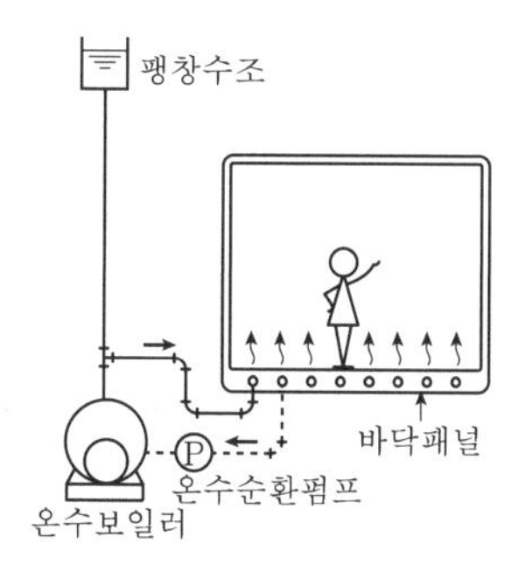

[그림 5-33] 복사난방계통도

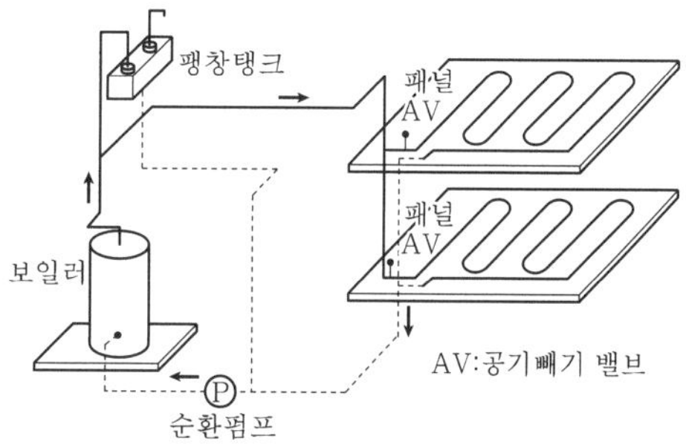

[그림 5-34] 복사난방배관

[표 5-13] 복사난방의 특징

장점	① 실내 상하의 온도차가 적고 온도분포가 균등하다. ② 인체에 대한 쾌감도가 가장 높은 난방방식이다. ③ 천장높이가 높은 장소에서도 난방효과가 있다. ④ 실내에 방열기가 없기 때문에 바닥면의 이용도가 높다. ⑤ 실내온도가 낮아도 난방효과가 있으며 손실열량이 적다. ⑥ 외기개방공간에서도 난방효과가 얻어진다.
단점	① 설비비가 많이 든다. ② 건축물 자체의 보온성이 잘 시공되어 있지 않으면 유효성이 떨어진다. ③ 열용량이 크기 때문에 예열시간이 길다. ④ 매설배관이므로 준공 후의 보수 · 점검이 곤란하다.

2. 복사난방의 분류

1) 패널의 위치에 따른 분류

(1) 천장패널식

이 방식은 천장 속에 파이프와 전열선을 미리 매설하여 천장면을 가열면으로 사용하는 방식이다. 이 방식은 가구 등에 의한 복사의 방해가 없고 43℃ 정도의 표면온도로 할 수 있으므로 패널면적이 적어도 좋고 대량생산에 적합하지만 시공하기가 어렵다.

(2) 바닥패널식

이 방식은 우리나라에서 가장 널리 사용되는 방식이며, 콘크리트 바닥면의 온도를 27~30℃ 정도로 해서 난방한다. 특히 이 방식은 시공도 용이할 뿐만 아니라 바닥면을 가열면으로 하므로 쾌적감이 좋아 널리 이용되고 있는데, 우리나라에서 예부터 사용되어 오고 있는 온돌이 바로 이 바닥패널식 복사난방의 일종이다.

(3) 벽패널식

이 방식은 벽면을 가열면으로 하는 방식이지만, 실외로의 손실열량이 크고 가구 등에 의해 열이 차단되기 때문에 별로 사용되지 않는다. 천장 또는 바닥패널의 보조로서 사용하는 정도이다.

2) 패널의 구조에 의한 분류

(1) 파이프매설식

이 방식은 건물의 바닥, 천장, 벽 등의 구조 속에 온수관을 매설하여 그 면을 가열면으로 하는 방법이므로 많은 열용량을 필요로 하고 가열에 시간이 많이 걸린다.

(2) 덕트식

이 방식은 파이프매설식 대신에 덕트를 통해 그 속에 열풍을 보내어 가열하는 방법이다. 용적을 필요로 하므로 별로 사용되지 않는 방식이다.

(3) 유닛패널식

이 방식은 특수한 패널을 실내에 설치하여 가열면으로 하는 방법으로 조립식이라고도 한다. 근래에는 우리나라에서 다양한 종류의 조립식 패널이 개발되어 실용화되고 있으나 아직은 충분하지 않다.

3) 열매에 의한 분류

① 온수식 : 저온수식, 고온수식
② 증기식
③ 전기식(전열)
④ 온풍식(열공기)
⑤ 적외선식

복사난방의 열매로서 가장 일반적으로 사용되는 것은 온수(저온수)이며, 이 외에도 여러 가지가 사용된다.

고온복사난방이란 [그림 5-35]에 나타낸 바와 같이 강판패널에 파이프를 설치하고, 여기에 150~200℃의 고온수 또는 증기를 통해서 패널을 가열하고 그 표면온도를 140~150℃로 유지하여 이 패널표면에 방출되는 복사열을 직접 인체가 받아서 난방을 하는 것이다.

이 경우 고온복사패널은 벽면 상부에 비스듬히 또는 천장면에 수평으로 매다는 수가 많으며, 패널배면에는 단열재를 부착시켜서 열의 낭비를 막고 있다. 이 방식은 대규모 기계공장 등에서 채용함으로써 실온을 10~12℃ 정도로 해도 작업상 지장이 없는 난방감이 얻어지므로 열경제적으로도 유리하다. 기타 체육관, 강당 등에도 이 방식이 사용된다.

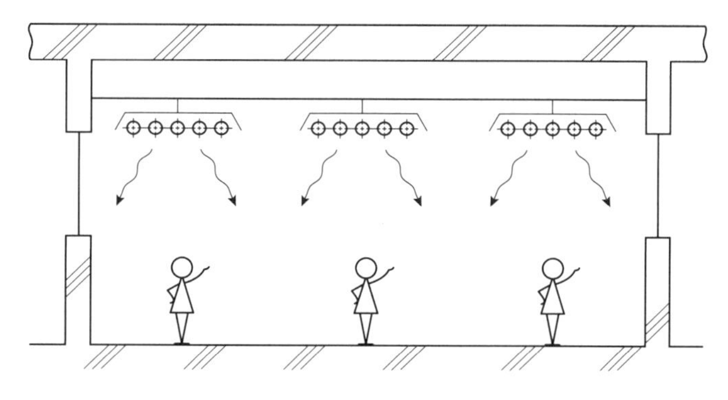

[그림 5-35] 고온복사난방

적외선복사난방은 특수한 고열가열판을 사용해서 복사열을 방사시켜 그 복사열에 의한 난방의 목적을 수행하기 위해 가열판 표면온도를 800℃ 이상으로 올려서 적외선을 방출시키는 방식이다. 고온복사판에는 적외선램프, 특수한 가스연소기 등이 있다. 적외선램프는 [그림 5-36]의 (a)에 나타낸 바와 같은 형상의 것이며, 발열체의 온도는 약 900~2,000℃ 정도까지 여러 가지의 종류가 있다. 가스연소기는 [그림 5-36]의 (b)와 같은 형상의 것이며 연소가스로 도기(陶器)의 판을 800~900℃로 가열해서 복사열을 방출시키고 있다. 이 방식은 실내공기온도와 설치높이의 영향을 받지 않으며 소형의 복사판에 의해 복사열이 직접 인체에 도달하는 것이므로 공장 · 체육관 외에도 백화점 · 창고의 입구와 같은 개구부의 국소난방에도 이용될 수 있다.

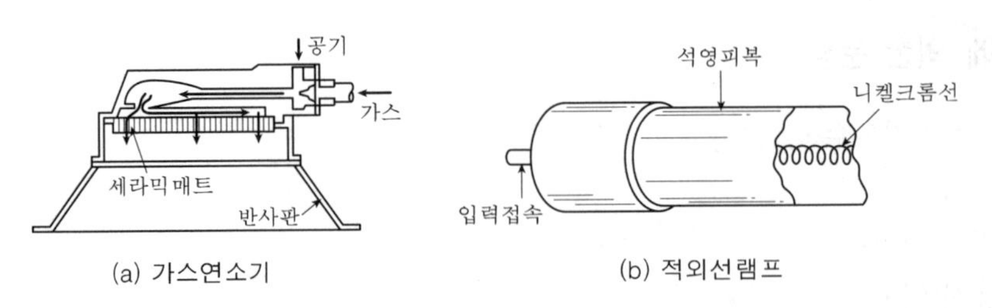

(a) 가스연소기
(b) 적외선램프

[그림 5-36] 적외선난방기기

3. 복사난방배관의 시공법

1) 가열코일의 재료

가열코일에 사용하는 관재료는 강관(아연도금강관), 동관, 플라스틱관 등이 있다. 동관은 내식성이 우수하여 널리 사용되며, 근래에는 내열성의 플라스틱관도 많이 쓰이고 있다. 바닥매설배관은 20～40A의 강관 또는 10～19A의 동관, 천장인 경우에는 바닥매설관에 비해 가는 강관을 사용한다. 일반적으로 바닥매설관은 25A의 강관 또는 16A의 동관을 사용하며, 천장매설관은 15A의 강관이 많이 사용된다.

2) 가열코일의 매설방법

가열면의 구조로서 코일의 매설 예를 바닥패널과 천장패널인 경우로 나타내어 [그림 5-37]에 나타낸다. [그림 5-37]의 (a)는 봉당콘크리트 바닥의 경우이며, [그림 5-37]의 (c)로 슬래브 바닥인 경우인데 어느 경우에나 매입층의 하부에는 단열층(30～50mm)을 설치해서 열손실을 방지한다. 이 외에도 바닥 아래의 공기층에 파이프를 매설하는 방식도 있다. [그림 5-37]의 (f)는 천장패널의 예로서 회반죽 속에 1/2B의 동관코일을 매입한 것이다. [그림 5-37]의 속에 알루미늄박을 표면에 씌운 것은 반사성을 좋게 하기 위한 것이다.

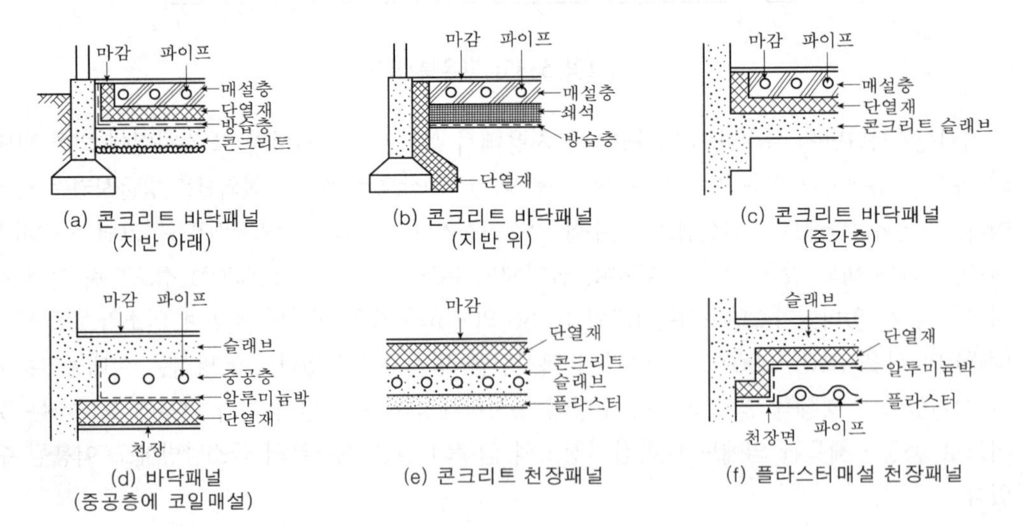

(a) 콘크리트 바닥패널 (지반 아래)
(b) 콘크리트 바닥패널 (지반 위)
(c) 콘크리트 바닥패널 (중간층)
(d) 바닥패널 (중공층에 코일매설)
(e) 콘크리트 천장패널
(f) 플라스터매설 천장패널

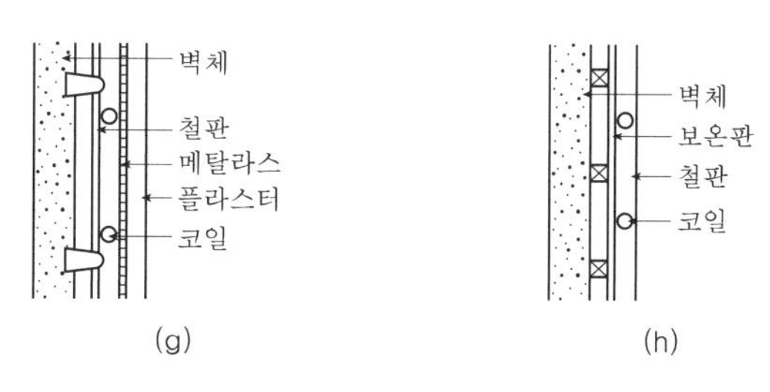

[그림 5-37] 패널의 구조 예

3) 가열코일의 배치법

가열코일의 배관은 [그림 5-38]에 나타낸 바와 같은 방법들이 많이 사용되고 있다. [그림 5-38]의 (a)와 (d)는 온도분포가 불균일하며 공급 · 환수주관의 위치가 멀기 때문에 불편하다. 공급 · 환수주관을 가깝게 한 것이 [그림 5-38]의 (b)이지만 온도는 불균일하다. [그림 5-38]의 (c)는 이들을 개량한 것이며 온도분포가 균일하여 가장 좋은 방식이다.

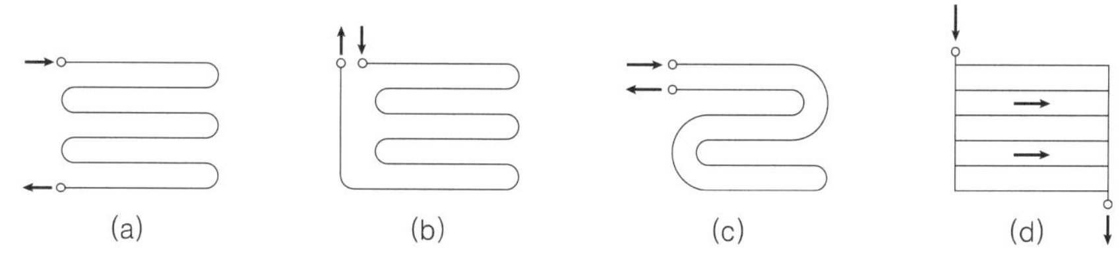

[그림 5-38] 가열코일의 배치

4) 배관의 접속과 배관길이

가열코일의 접속은 나사맞춤이음쇠로 하지 않고 모두 용접으로 한다. 그리고 코일유닛 1대당의 코일 전 길이는 펌프양정을 과대하게 하지 않고 유수저항을 적게 할 수 있도록 적절히 선정한다. 또한 코일의 매설깊이는 콘크리트일 때 바닥표면의 온도분포와 관계가 있으므로 배관 매설부 바닥이 갈라지는 것을 방지하기 위해 적어도 배관 상단부에서 표면까지의 두께가 관외경의 1.5~2.0배 이상이 되도록 매설한다.

5) 가열코일의 피치

가열코일의 피치(pitch)는 원칙적으로 후술하는 복사난방의 설계법(5-4-4절)에 의거하여 결정되어야 한다. 그 이유는 코일피치가 관경에 따라 달라지기 때문이다. 또 코일피치는 열손실이 많은 장소에서는 적게 하고, 열손실이 적은 장소에서는 피치를 크게 하면 좋다([표 5-14] 참조).

[표 5-14] 코일피치의 표준

지름	피치(mm)	최소 피치(mm)
$\frac{1}{2}$B	100~250	90
$\frac{3}{4}$	150~250	100
1	150~300	150
$1\frac{1}{4}$	200~400	200
$1\frac{1}{2}$	250~500	250

6) 온수온도 및 온도차

복사난방배관의 열매로서는 일반적으로 온수가 사용되며, 특별한 경우에는 증기나 전열이 사용되는 경우도 있다. 온수온도는 콘크리트매설(바닥패널방식)인 경우에는 바닥면온도를 27~30℃ 정도(30℃ 이상으로 높이면 방열량은 증가하지만 쾌적감이 떨어진다)로 하기 때문에 최고 60℃ 이하, 평균 50℃ 정도이다. 가열코일을 공기층에 매설하는 경우에는 온수난방일 때와 같이 평균 80℃ 정도까지 사용된다. 온수의 공급 및 환수의 온도차는 가열면의 온도분포를 균일하게 하기 위하여 5~6℃ 내외로 한다.

7) 밸브류의 설치

가열코일의 배관은 수평으로 매설하고, 환수관측의 말단에는 [그림 5-39]의 (a)에 나타낸 바와 같이 공기빼기관을 두어 각각 팽창탱크까지 세워 올린다. 이 공기빼기관 대신에 [그림 5-39]의 (b)와 같이 패널 각개마다 자동 또는 수동의 공기빼기 밸브를 설치하는 경우도 있다. 또한 가능하면 각 코일마다 유량조절밸브를 설치한다. 이 밸브는 [그림 5-39]의 (a)에 나타낸 바와 같이 실내수직관에, 혹은 [그림 5-39]의 (b)의 공기밸브와 병렬로 해서 설치하는 것이 일반적이다.

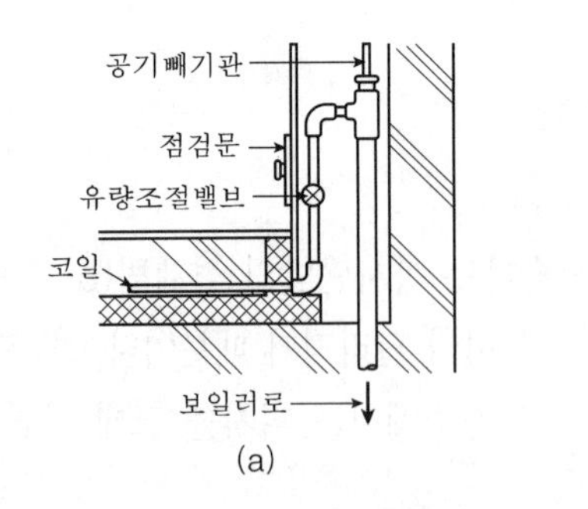

(a)

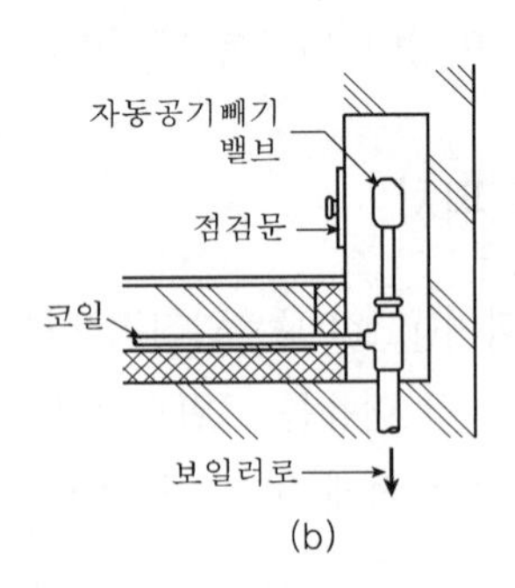

(b)

[그림 5-39] 공기빼기 방법

8) 보일러 및 기타 기기의 선정

보일러, 온수순환펌프, 팽창탱크 등 기기의 결정은 모두 온수난방과 같은 방법으로 한다. [그림 5-40]에 나타낸 것은 보일러 주변의 배관계통도의 일례이다. [그림 5-40]에서 헤더에 콕과 슬루스밸브를 설치한 것은 콕을 유량제어용으로 하고, 슬루스밸브(sluice valve)를 유량개폐용으로 사용하기 위한 것이다.

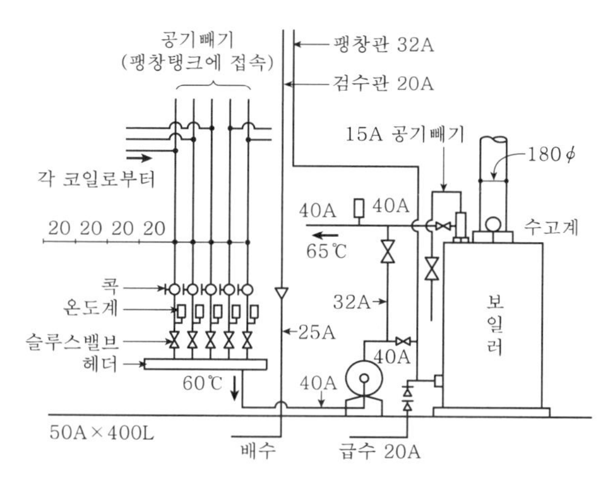

[그림 5-40] 보일러 주변의 계통도

9) 복사난방과 온수난방의 계통구분

온수난방과 복사난방을 병용할 경우에는 [그림 5-41]의 (a)에 나타낸 바와 같이 온수순환펌프를 2대 설치하면 용이하게 각각의 수온을 제어할 수가 있다. 방열기의 설치대수가 적을 경우에는 1대의 펌프로 [그림 5-41]의 (b)에 나타낸 바와 같이 할 수도 있지만, 이 경우에는 방열기의 온수유량의 합계가 일반적으로 패널유량의 10% 이하가 되지 않으면 안 된다.

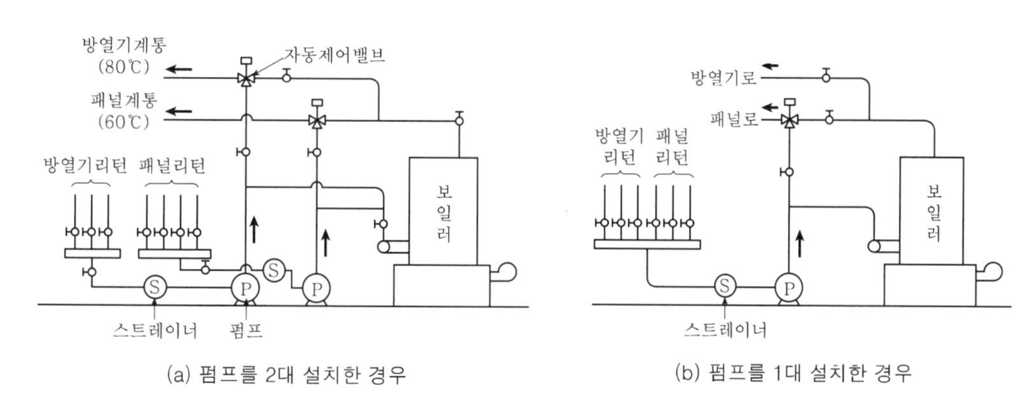

[그림 5-41] 온수난방을 겸한 복사난방계통도

10) 수압시험

배관공사가 완료되면 수압시험을 신중히 한다. 시험압력은 최고 사용압력의 2배의 압력으로 하고 최저 980kPa 이상으로 한다. 수압은 서서히 올리는데, 2~3회 멈추고 상황을 보며 수압을 올린다. 증기배관과 같이 시험 시에 누설하지 않아도 온수를 통하면 관의 팽창으로 인해 이음새 또는 신축이음새 등에서 누설하는 경우가 있으므로 온수를 통할 때는 주의해야 한다. 증기관과 같이 온도를 서서히 올리면서 온수를 통한다.

4. 복사난방의 설계

1) 평균복사온도

평균복사온도란 실내의 각 표면온도를 평균한 것이며 인체에 대한 쾌감상태를 나타내는 기준이 되는 온도이다. 다음 식은 실내마감재료의 표면복사계수를 1로 하여 산출한 평균복사온도를 나타낸다.

$$MRT = \frac{\Sigma(t_p A_p + t_u A_u)}{\Sigma(A_p + A_u)}[℃] \tag{9}$$

여기서, MRT : 평균복사온도(℃)

t_p : 패널의 표면온도(℃)

A_p : 패널의 표면적(m^2)

t_u : 비가열면의 표면온도(℃)

A_u : 비가열면의 표면적(m^2)

비가열면의 평균복사온도는 실내벽면으로부터 패널면을 뺀 표면에 대한 평균복사온도이며 다음 식으로 나타낸다.

$$UMRT = \frac{\Sigma t_u A_u}{\Sigma A_u}[℃] \tag{10}$$

여기서, $UMRT$: 비가열면의 평균복사온도(℃)

비가열면의 표면온도는 다음 식으로 나타낸다.

$$t_u = t_i - \frac{K}{9.3}(t_i - t_o)[℃] \tag{11}$$

여기서, t_i : 실내온도(℃)

t_o : 외기온도(℃)

K : 비가열면의 열관류율(W/m^2 · K)

2) 패널로부터의 가열량

패널에서의 방열량은 다음 식으로 구해진다.

$$q_p = q_r + q_c [\text{W/m}^2] \tag{12}$$

여기서, q_p : 패널에 의한 방열량(W/m^2)

q_r : 복사에 의한 방열량(W/m^2)

q_c : 대류에 의한 방열량(W/m^2)

(1) 복사에 의한 방열량

$$q_r = 5\left\{\left(\frac{t_p + 273}{100}\right)^4 - \left(\frac{UMRT + 273}{100}\right)^4\right\} [\text{W/m}^2] \tag{13}$$

(2) 대류에 의한 방열량

$$q_c = f_c (t_p - t_i)^n [\text{W/m}^2] \tag{14}$$

여기서, f_c : 전열계수(W/m^2)

n : 패널의 위치에 의한 지수

일반적인 패널에 적용하면 다음과 같다.

$$\begin{aligned} &(\text{바닥패널}) \quad q_c = 2.180(t_p - t_i)^{1.31} [\text{W/m}^2] \\ &(\text{벽패널}) \quad q_c = 1.776(t_p - t_i)^{1.33} [\text{W/m}^2] \\ &(\text{천장패널}) \quad q_c = 0.140(t_p - t_i)^{1.25} [\text{W/m}^2] \end{aligned} \tag{15}$$

3) 코일표면온도와 온수온도

(1) 코일표면온도

패널 속의 코일표면온도는 패널의 표면온도에 도중의 온도강하를 합친 것이며, 패널표면의 최고 허용온도는 천장, 벽패널에서 43℃, 바닥패널에서는 30℃ 정도이다.

$$t_c = t_p + r_p q_p [℃] \tag{16}$$

여기서, t_c : 코일표면온도(℃)

r_p : 패널측 전열저항(m^2 · K/W)

(2) 온수평균온도

코일 속의 온수온도는 천장패널에서 50~60℃, 벽패널에서 38~55℃, 바닥패널에서 38~80℃ 정도이며 다음 식으로 나타낸다.

$$t_w = t_c + (1 \sim 3)[℃] \quad (17)$$

$$t_{wi} = t_w + \Delta t/2[℃] \quad (18)$$

$$t_{wo} = t_w - \Delta t/2[℃] \quad (19)$$

여기서, t_w : 온수평균온도(℃)
t_{wi} : 코일입구온도(℃)
t_{wo} : 코일출구온도(℃)
Δt : 온도강하($= t_{wi} - t_{wo}$)(℃)

4) 파이프코일의 결정

우선 방열량과 전열계수로부터 가열면 $1m^2$당 파이프코일 전 길이를 구하며, 이것을 소요피치로 등분하면 좋다. 시공상 코일의 피치는 관경의 10배 전후로 한다.

(1) 파이프코일의 필요표면적

$$S = \frac{q_p + q_L}{q_s(t_w - t_p)}[m^2] \quad (20)$$

여기서, S : 패널 $1m^2$당 코일의 필요표면적(코일 m^2/m^2)
q_L : 패널 하부측으로의 방열량(W/m^2)
q_S : 코일표면적당 전열량(W/코일 $m^2 \cdot K$)

이때

$$q_L = \frac{t_c - t_L}{r_p{}'}[W/m^2] \quad (21)$$

여기서, t_L : 패널 하부측 표면온도(또는 공기온도)(℃)
$r_p{}'$: 패널 하부측 전열저항($m^2 \cdot K/W$)

(2) 코일의 피치

$$P = a/S[m] \quad (22)$$

여기서, P : 코일의 피치(m)
a : 단위길이당 배관의 표면적([표 5-15] 참조)(코일 m^2/m)

[표 5-15] 배관의 외표면적

호칭경(A)	탄소강강관	동관
15	0.068	0.050
20	0.085	0.070
25	0.170	0.090
32	0.134	0.110

(3) 코일의 배관길이

$$l = A_p / P[\text{m}] \tag{23}$$

여기서, l : 코일의 배관길이(m)

문제 3. 난방부하 4,256W, 패널의 표면온도 t_p =30℃로 설정하고, 비가열면의 평균복사온도($UMRT$) =18℃, 실온 t_i =21℃인 경우에 있어서 복사난방(바닥패널)의 파이프코일을 설계하여라. 단, r_p =0.086m^2 · K/W, $r_p{}'$ =1.7028m^2 · K/W, 코일표면전열량 q_s =32.56W/코일 m^2 · K로 한다. 파이프는 20A 강관을 사용한다.

풀이 ① 패널로부터의 방열량

식 (13)에 의거하여 복사에 의한 방열량은

$$q_r = 5 \times \left\{ \left(\frac{30+273}{100} \right)^4 - \left(\frac{18+273}{100} \right)^4 \right\} = 5 \times (3.03^4 - 2.91^4) = 62.91\text{W/m}^2 \cdot \text{K}$$

또한 식 (15)로부터 $q_c = 2.18 \times (30-21)^{1.31} = 2.18 \times 17.8 = 38.34\text{W/m}^2$이므로 식 (12)에 의거하여 $q_p = 62.91 + 38.34 = 101.25\text{W/m}^2$

② 패널표면적

난방부하가 주어져 있으므로 $A_p = \dfrac{4,256}{q_p} = \dfrac{4,256}{101.25} = 42\text{m}^2$

③ 코일표면온도

식 (16)으로부터 $t_c = 30 + 0.086 \times 101.25 = 38.7℃$

또한 온수평균온도는 식 (17)로부터 $t_w = 38.7 + 3 = 41.7℃$

④ 코일표면적

먼저 패널 하부측으로의 방열량을 구하면 식 (21)로부터

$q_L = \dfrac{38.7-21}{1.7028} = 10.7\text{W/m}^2$이므로 식 (20)으로부터

$$S = \frac{101.25 - 10.7}{32.56 \times (41.7-30)} = \frac{90.55}{381} = 0.238\text{m}^2$$

⑤ 20A의 강관의 외표면적

[표 5-15]로부터 $a = 0.085$코일 m^2/m이므로 코일의 피치는 식 (22)로부터

$$P = \frac{0.085}{0.238} = 0.36\text{m}$$

⑥ 코일배관의 길이

식 (23)으로부터 $L = \dfrac{42}{0.36} = 117\text{m}$

5 온풍난방설비

1. 개요

온풍난방은 열원장치에서 가열한 공기를 직접 실내에 공급하여 난방하는 것으로서, 온풍로를 사용하는 방식과 유닛히터를 사용하는 방식으로 대별된다. 전자는 [그림 5-42]에 나타낸 바와 같은 방식으로 중규모 이하의 건물과 공장의 난방용 등에 사용하는 것이며, 구미에서는 옛부터 자연순환방식(중력식)의 온풍로가 사용되어 왔다. 오늘날 시판되고 있는 노(爐)는 송풍기에 의한 강제순환방식이 대종을 이루고 있다. 일반적으로 온풍난방이라고 하면 온풍로난방을 가리키고 있으며, 후자는 별도로 유닛히터난방이라고 부르는 경우가 많다.

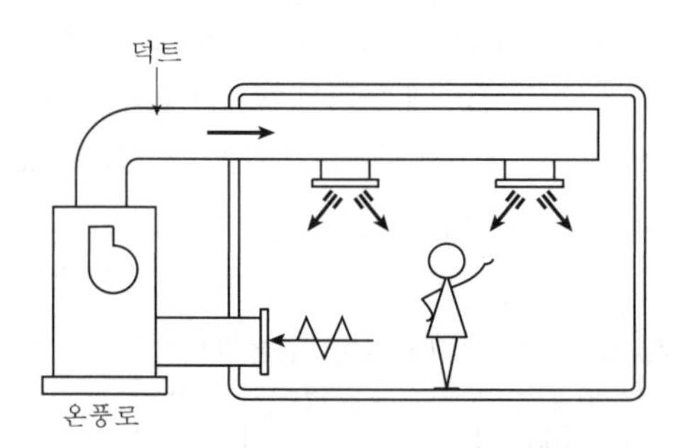

[그림 5-42] 온풍난방계통도

이하에서는 특기하지 않는 한 주로 온풍로난방에 대해 설명하는 것이며, 이에 대한 특징은 [표 5-16]에 나타낸 바와 같다.

[표 5-16] 온풍난방의 특징

장점	① 신선한 외기를 도입하므로 환기가 가능하다. ② 시스템이 간단하고 습도제어가 가능하다. ③ 예열시간이 짧아 간헐운전이 가능하다. ④ 동결 우려가 없고 유지관리가 용이하다. ⑤ 냉방기를 설치하면 동일 덕트를 이용해서 냉방을 할 수 있다. ⑥ 최초의 설비비는 동일 조건 하에서 온수난방과 비교하면 값이 싸다.
단점	① 급탕을 하기 위해서는 별도의 설비를 해야 한다. ② 공기를 강제적으로 보내기 때문에 소음발생이 비교적 크다. ③ 고온열풍이므로 실내상하의 온도차가 커서 쾌적성이 떨어진다. ④ 온도제어는 시스템 전체에 대해서는 자동적으로 조정할 수 있지만, 각 실마다 조절하기는 어렵다. ⑤ 취출구의 배치에 따라 바닥면이 추워지기 쉽다. ⑥ 덕트나 연도의 과열에 따른 화재에 대한 주의가 필요하다.

2. 온풍난방의 분류

온풍난방설비는 가열원, 통풍방식, 설치법에 따라 [표 5-17]과 같이 분류한다.

[표 5-17] 온풍로난방의 분류

분류법	명 칭	설 명
가열원	온풍로	등유, 중유, 가스를 연소시킬 때의 연소가스와 공기를 열교환시켜 온풍을 얻는다.
	가열코일	증기 또는 온수를 공기가열기(공기조화기)에 보내어 공기를 가열시킨다.
통풍방식	자연대류식	온풍을 대류작용으로 송풍한다.
	강제통풍식	온풍로에 송풍기를 설치하여 강제적으로 실내에 송풍을 한다.
설치법	직접식	온풍로를 실내에 설치해서 실내에 직접 토출시켜 난방한다.
	덕트식	온풍로에 덕트를 접속시켜 덕트를 통하여 온풍을 토출시켜 난방한다.

온풍로에 의한 난방은 노(爐) · 송풍기 · 가습기 · 필터 등을 일체화한 유닛인 온풍로와 온풍을 실내로 보내기 위한 덕트 및 온풍의 취출구로 되어 있다. 이것은 실내로부터의 환기와 옥외의 신선외기를 온풍로 흡입측에 집어넣어서 간단한 필터로 공기 중의 먼지 등을 없애고 온풍로의 연소실 주위를 통과함으로써 55～65℃의 온풍으로 해서 송풍기에 덕트 · 취출구를 경유해 실내에 송풍하는 방식이다.

대형 온풍로는 덕트를 접속해서 송풍하지만 송형인 것은 직접 온풍을 세차게 내뿜는다. 최초에 미국의 주택 등에서 행해진 온풍난방은 지하실에 온풍로를 설치하고 바닥 아래에 매설한 덕트를 통해 온풍을 자연대류에 의해 보내는 방식이었지만, 현재는 온풍로에 송풍기를 내장시킨 강제식이 일반적으로 사용되고 있다. [그림 5-43]에는 일반적인 온풍난방설비배관의 일례를 나타내고 있다.

가열코일에 의한 유닛히터난방은 히터를 직접 실내에 설치하고 증기나 온수를 공기가열기에 송입해서 송풍기로 온풍을 실내에 송풍하는 것으로서 실내공기를 순환가열해서 온풍난방을 한다.

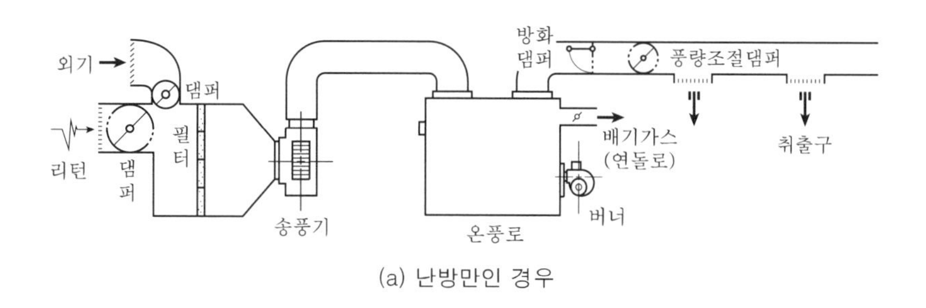

(a) 난방만인 경우

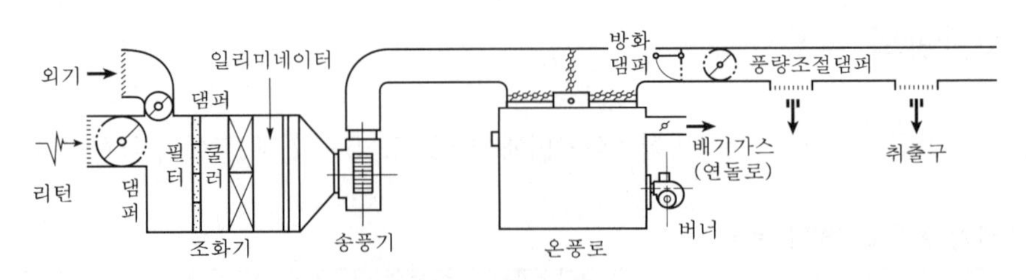

(b) 냉난방 병용인 경우

[그림 5-43] 온풍난방배관

3. 온풍난방용 기기

1) 온풍로

온풍로의 주요 구성기기는 송풍기 · 버너 · 연소실 · 열교환기 · 에어필터 · 가습장치 · 제어장치 등으로 되어 있으며, 그 구조원리는 [그림 5-44]에 나타낸 바와 같다. 온풍로는 노(爐) 속의 연소실에서 연료를 연소하고 그 연소가스에 의해 열교환기로 직접 공기를 가열하여 온풍을 공급한다. 따라서 보일러에서와 같이 물을 가열할 필요가 없으므로 시동하면 즉시 온풍을 얻을 수 있다. 사용연료는 중류 · 등유가 주로 쓰이나 가스를 사용하는 것도 있다.

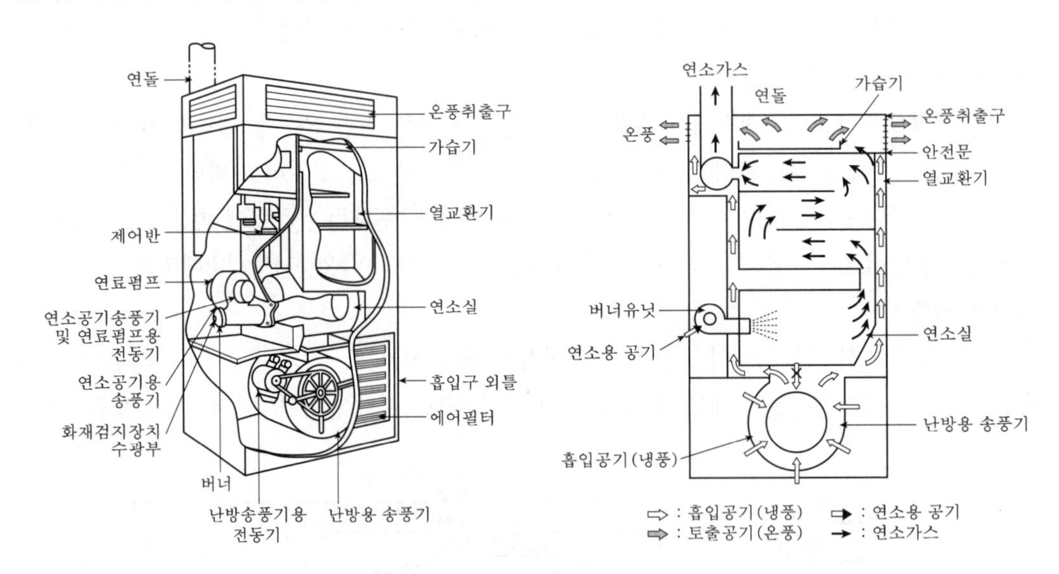

[그림 5-44] 온풍로의 구조

온풍로의 능력은 23,256~58,140W 정도의 범위에서 여러 기종이 있고 대부분은 송풍기를 내장하고 있어 송풍기에 의해 송풍되고 있지만, 송풍기를 별도로 설치하고 덕트를 접속하는 것도 있다. 연소가스는 연돌로부터 옥외로 배출된다. 노(爐)의 조작은 간단하며 자동화되어 있다. [그림 5-45]는 온풍로난방의 여러 가지 취출방법을 나타낸 것이다.

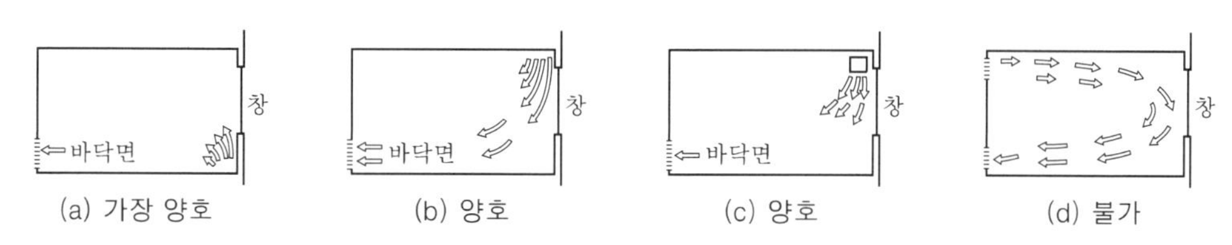

[그림 5-45] 온풍로난방의 취출방법

2) 덕트

덕트에는 급기덕트와 환기덕트가 있다. 급기덕트는 복도나 실내의 한쪽 벽에 따라 덕트를 설치하고 레지스터에서 불어내는 사이드덕트(side duct)방식과, 방의 넓이가 크고 한쪽 벽에서의 토출만으로는 기류의 분포가 불충분할 때 방의 조건이 가장 좋은 토출위치까지 보내기 위해 천장에 덕트를 설치하고 아네모스탯형 취출구(anemostat type diffuser)를 이용하여 기류분포를 고르게 하는 천장덕트방식이 있다. 경제적인 난방을 하기 위해서는 실내에서 온풍난방기에 공기를 순환시키는 환기덕트가 필요하다.

3) 유닛히터

유닛히터는 가열코일과 송풍기를 조합한 것을 말하며 [그림 5-46]에 그 일례를 나타낸다. 유닛히터를 사용하면 실내의 공기가 잘 혼합되어 특히 천장 부근에 설치하면 실상부에 있는 고온공기를 내려 뿜을 수도 있어 실내상하의 온도차가 적어지므로 천장이 높은 건물에 적합한 방법이다. 그러나 일반적으로 소음이 크기 때문에 소음을 규제하는 실에는 사용할 수 없다.

유닛히터는 바닥설치형과 천장설치형이 있고 바닥면적이 넓은 공장 · 시장 · 체육관 등에 이용되며, 천장이 높고 설비비에 제약이 있으며 소음 · 외관이 별로 문제가 되지 않는 건물의 난방용으로 잘 사용된다. 또한 사용 가능한 증기와 온수가 있으면 기존 건물에서도 배관공사만 하면 간단하게 난방설비를 설치하는 것이 가능하며 덕트 등을 필요로 하지 않으므로 편리하다.

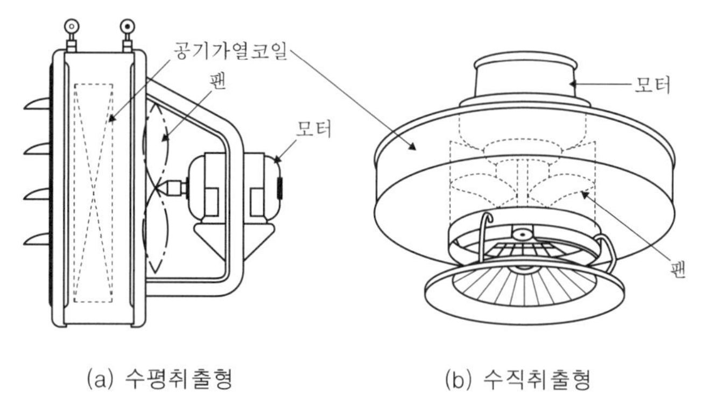

[그림 5-46] 유닛히터

유닛히터에서의 온풍은 취출온도나 송풍량에 의해 도달거리가 변화하기 때문에 실내공기의 온도분포를 좋은 상태로 유지하기 위해서는 유닛히터의 설치위치 · 설치높이 · 취출방향 등을 서로 관련성 있게 고려해서 적절하게 정할 필요가 있다. 예를 들면, [그림 5-47]에 나타낸 바와 같이 천장이 높은 부분에는 수직취출형 유닛을, 천장이 낮은 부분에는 수평취출형 유닛을 이용하는 등의 방법도 있다.

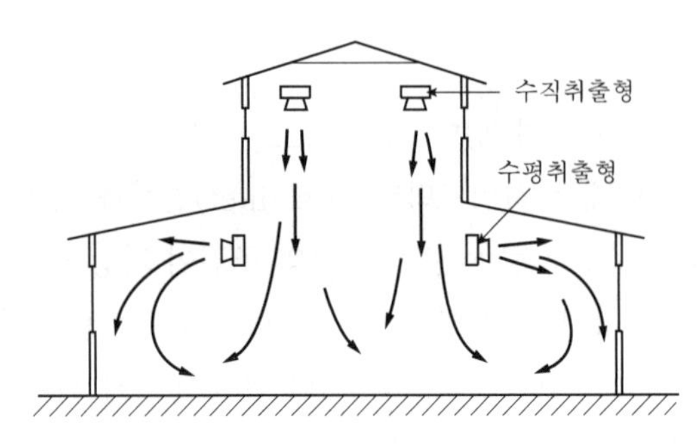

[그림 5-47] 유닛히터의 배치

4) 온풍난방의 설계

(1) 난방부하 계산

난방부하의 산출에 대해서는 제4장을 참조하면 된다.

(2) 송풍공기량 및 온도의 계산

송풍기 및 송풍온도는 각각 다음 식으로 계산한다.

$$Q = \frac{3,600q_s}{1.21(t_d - t_r)} [\mathrm{m^3/h}] \tag{24}$$

$$t_d = \frac{3,600q_s}{1.21Q} + t_r [℃] \tag{25}$$

여기서, Q : 실내에 토출하는 공기량($\mathrm{m^3/h}$)

q_s : 실의 열손실량(kW)

t_d : 송풍공기의 온도(℃)

t_r : 실내공기의 온도(℃)

(3) 온풍로 또는 공조기의 가열기부하

온풍로 혹은 공조기의 가열기부하는 다음 식과 같이 구해진다.

① 소요열량

$$q_T = q_L + q_P + q_F + q_W = (1 + k_W)(q_L + q_P + q_F)\,[\mathrm{kW}] \qquad (26)$$

여기서, q_T : 소요열량(kW)

q_L : 실내손실열량(현열)(kW)

q_P : 덕트 기타에 있어서의 열손실량(kW)

q_F : 신선외기부하(환기 때문에 실내에 도입하는 신선공기의 온습도를 실내온습도까지 올리기 위한 열량)(kW)

q_W : 예열부하(장치나 덕트 등을 소정의 온도까지 가열하는 열량)(kW)

k_W : $q_W/(q_S + q_D + q_F)$(일반적으로 0.20로 한다)

② 신선외기부하

$$q_F = \frac{1.2Q_F(i_r - i_o)}{3,600} = q_{FS} + q_{FL}\,[\mathrm{kW}] \qquad (27)$$

여기서, Q_f : 도입해야 할 신선공기량(일반적으로 전 송풍량 Q의 25~30%를 취한다)($\mathrm{m^3/h}$)

i_r : 실내공기의 엔탈피(kJ/kg′)

i_o : 신선외기의 엔탈피(kJ/kg′)

q_{FS}, q_{FL} : 현열부하, 잠열부하(kW)

③ 신선외기의 열부하와 잠열부하

$$q_{FS} = \frac{1.21Q_F(t_r - t_o)}{3,600} \qquad (28)$$

$$= \frac{3,001Q_F(x_r - x_o)}{3,600}\,[\mathrm{kW}] \qquad (29)$$

여기서, t_r, t_o : 신선외기 및 실내공기의 건구온도(℃)

x_r, x_o : 신선외기 및 실내공기의 절대습도(kg/kg′)

④ 가습량

$$L_H = \frac{q_{FL}}{L}\,[\mathrm{kg/h}] \qquad (30)$$

여기서, L_H : 가습기의 가습량(kg/h)

L : 물의 증발잠열(=2,501kJ/kg)

문제 4. 실내온도 18℃, 상대습도 50%이고 외기조건은 0℃, 40%일 때 공장의 덕트에 의한 온풍로난방을 설계해라. 단, 공장의 크기는 40×80m이고 실내열손실량은 209.3kW로 가정한다.

풀이 실내외조건을 공기선도로부터 다음과 같이 산정한다.

구 분	온 도	습 도	절대습도	엔탈피
실내	18℃	50%	0.0064kg/kg′	34.36kJ/kg′
실외	0℃	40%	0.0013kg/kg′	3.35kJ/kg′

① 송풍공기량의 결정

실내손실열량 q_S=209.3kW이므로 송풍공기와 실내공기와의 온도차를 20℃로 가정하면 식 (24)에 의거하여 송풍공기량은

$$Q=\frac{3,600\times 209.3}{0.21\times 20}\fallingdotseq 31,136\,\text{m}^3/\text{h}$$

가 된다.

② 소요열량의 결정

q_S=209.3kW이므로 q_D는 q_L의 5%로 하여 q_D=10.47kW로 한다. 또한 신선외기량 Q_F는 전 공기량의 30%로 하면 $Q_F\fallingdotseq$3,341m³/h이므로 신선외기부하는 식 (27)에 의거하여

$$Q_F\fallingdotseq\frac{1.2\times 9,341\times(34.36-3.35)}{3,600}\fallingdotseq 96.55\,\text{kW}$$

로 된다. 따라서 k_W=0.2로 취하면 소요열량은

$$q_T=(1+0.2)\times(209.3+10.47+96.55\fallingdotseq 316.32\,\text{kW}$$

③ 가습량의 결정

식 (30)에 의거하여

$$L_H=\frac{q_{FL}}{2,501}=1.2Q_F(x_r-x_o)=1.2\times 9,341\times(0.0064-0.0013)\fallingdotseq 57\text{kg/h}$$

그러므로 온풍로에 관한 카탈로그에서 q_T, L_H에 적합한 용량의 온풍로와 가습펌프를 설치하면 된다.

제5장 연습문제

1. 하트포드(hardford)접속법이란 무엇인지 스케치하면서 설명하여라.

답 본문 참조.

2. 증기트랩(steam trap)의 기능은 무엇인가? 또 그 종류에는 어떤 것들이 있는가?

답 본문 참조.

3. 신축이음쇠의 종류에는 어떤 것들이 있는가? 또 그 종류를 열거하고 간단히 설명하여라.

답 본문 참조.

4. 증기난방배관의 설계순서를 기술하여라.

답 본문 참조.

5. 다음 그림에 나타내는 증기난방설비(복관식, 상향공급식, 진공환수식)의 증기관, 환수관의 관경을 설계하여라.

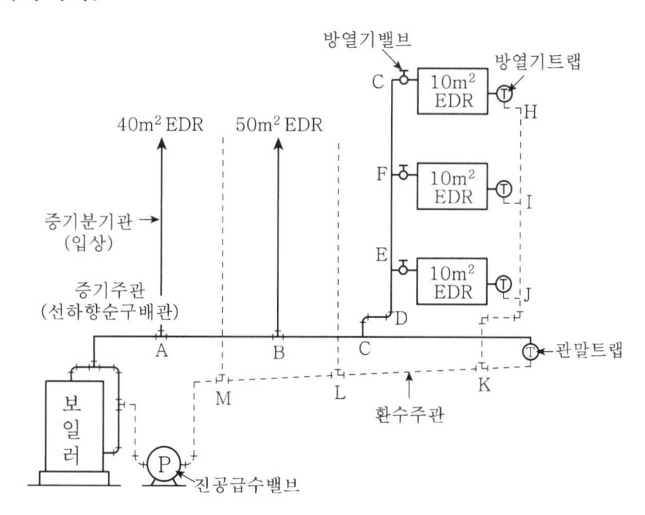

답 각 구간별로 관경을 구해야 하지만 보일러에서 A까지의 관경만 제시하면 65mm가 된다.

6. 중력식 온수난방에 있어서 공급온수의 온도가 85℃이고 환수온도가 65℃일 때 자연순환 수두(mmAq)를 구하여라. 단, 방열기 출구온수의 비중 $\rho_o = 968.6\text{kg/m}^3$, 방열기 입구 온수의 비중 $\rho_i = 968.6\text{kg/m}^3$이고, 보일러 중심에서 방열기 중심까지의 높이는 10m로 한다.

답 121mmAq

7. 팽창탱크의 역할은 무엇인가? 또 그 종류에는 어떤 것들이 있는가?

답 본문 참조.

8. 다음 그림에 나타낸 중력식 온수난방시스템에 있어서 온수배관구경을 구하여라. 단, 방열기 1대당 방열량은 5,233W, 온수공급온도 85℃, 환수온도 70℃로 한다. 또한 온수의 비중 85℃에서 968.6kg/m^3, 70℃에서 977.8kg/m^3로 하고, 보일러에서 가장 먼 방열기까지의 배관길이는 100m로 한다.

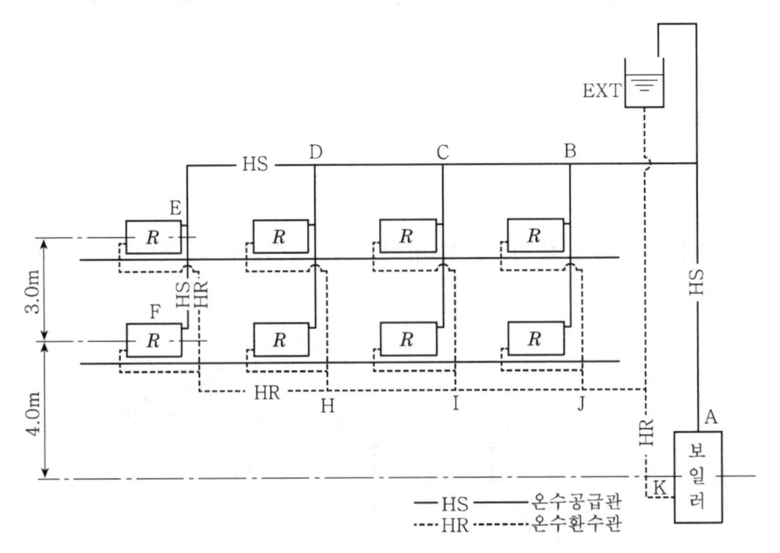

답 각 구간별로 관경을 구해야 하지만 AB구간만을 제시하면 100mm이다.

9. 온수난방배관의 설계순서를 기술하여라.

답 본문 참조.

10. 온수난방장치 내의 전용적이 600l였다. 이 경우 개방식 팽창탱크의 용적은 얼마인가? 처음 온수 및 보일러운전 시의 수온을 각각 10℃, 85℃로 한다.

답 28.8L

11. 보일러 출구수온이 85℃, 환수온이 50℃이며 배관의 고저차가 5m인 경우 관내의 마찰손실을 100mmAq라고 하면 탕(湯)의 순환이 가능한지 아닌지를 계산에 의해 확인하여라.

답 순환하지 않는다.

12. 복사난방에서 바닥패널의 표면온도를 30℃로 하고 각 구조체의 열통과율 및 면적, 실내외의 온도차가 다음 표와 같을 때 평균복사온도는 얼마인가? 실온은 18℃로 한다.

벽 면	벽체표면적(m^2)	실내외온도차(℃)	열통과율($W/m^2 \cdot K$)
외벽	21.6	19	1.98
내벽	24.4	8	2.72
칸막이	68	0	2.59
천장	29.75	19	1.69
유리창	6.4	19	6.35
문	3.6	8	2.44
바닥	29.75		

답 18℃

13. 복사난방과 대류난방의 장단점을 비교하여라.

답 본문 참조.

Chapter 06

공기조화방식

1. 개요
2. 공조방식의 분류
3. 공기조화의 각종 방식

1 개요

공기조화방식의 원형은 [그림 6-1]에 나타낸 바와 같이 기계실 내에 공조기를 설치해서 이것에 의해 조화된 공기를 덕트를 통해 각 실로 이끄는 형식의 것이다. 이 방식은 공기조화가 발명된 이래 오랫동안 사용되어 왔고, 현재도 이 형식을 사용하고 있는 예가 가장 많다. 그러나 이 방식은 점차 변화되어 현재는 다른 종류의 방식도 많이 사용되고 있으며, 앞으로도 더욱 여러 가지 방식이 나타날 경향이 있다. 그 이유는 열을 운반하는 물질로 공기를 이용할 경우에는 그 비중이 적기 때문에 단위체적당 열운반량이 물과 비교해서 현저히 적게 되기 때문이다.

한편 수증기 및 냉매는 그 증발잠열을 이용할 수 있으므로 이들의 열운반량은 비교적 크다. 지금 각종 열매의 열운반능력을 비교하기 위해 일정열량을 운반하기 위한 배관경을 고려하면 동일 실을 공조하는 데 열의 운반을 공기 대신에 물로 하는 경우 그 관경은 공기의 1/20 정도로 된다. 그러므로 공기 대신에 물을 이용하는 편이 덕트스페이스를 절약할 수 있는 점에서는 아주 여건이 좋다.

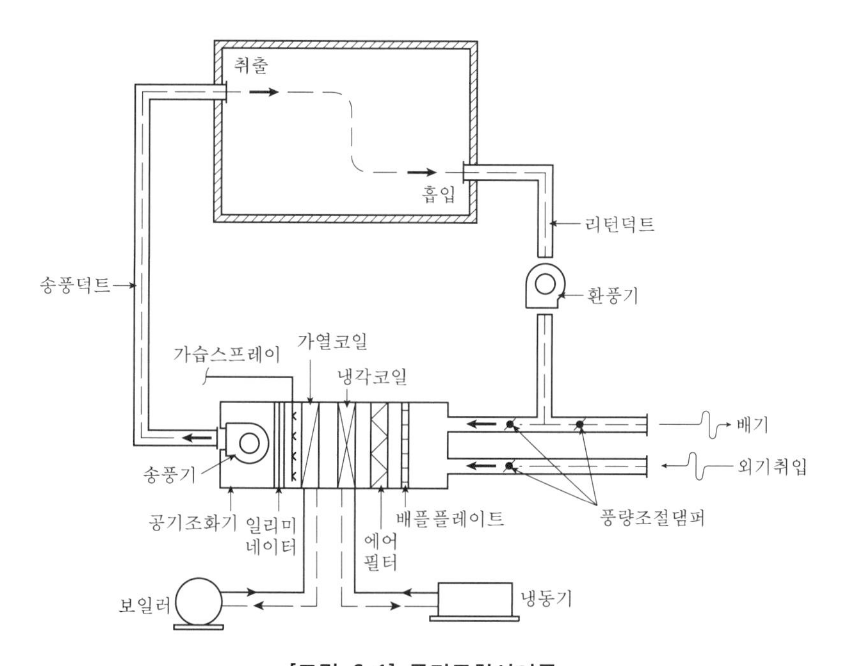

[그림 6-1] 공기조화사이클

2 공조방식의 분류

공조장치의 기본방식은 열에너지의 운반방식에 따라 전공기식, 물-공기식, 전수방식 및 냉매방식으로 분류되는 것이 일반적이지만, 이 외에도 기기의 집중 및 분산에 따라 중앙식, 개별식으로 나눌 수 있고, 또 제어의 정도에 따라 전체 제어, 존제어 및 개별제어방식 등으로도 분류하고 있다. 여기에서는 열수송매체의 종류에 따른 분류로서 각각의 특징을 설명한다.

1. 전공기방식

실내의 열을 공급하는 매체로 공기를 사용하는 것이 전공기방식이다. [그림 6-2]에서와 같이 외기와 실내환기의 혼합공기를 공조기로 이끌어 제진한 후 열원장치에서 만든 냉수와 증기 또는 온수와 열교환시켜 냉풍 또는 온풍으로 해서 덕트를 통해 실내로 송풍한다.

공기조화는 온습도를 조정하는 것 외에 공기의 정화도 필요한 요소이므로 탄산가스 · 세균 · 냄새 등의 희석과 산소의 보급을 위해 외기를 도입하는 것이 효과적인 방법이다. 대체로 집회실이나 회의실과 같이 사람이 많이 모이는 장소에는 아주 많은 양의 외기를 필요로 한다. 전공기방식은 이러한 경우에 적합한 방식이다. 이 방식에는 다음과 같은 것이 있다.

① 단일덕트방식
② 멀티존유닛방식
③ 이중덕트방식
④ 각 층 유닛방식

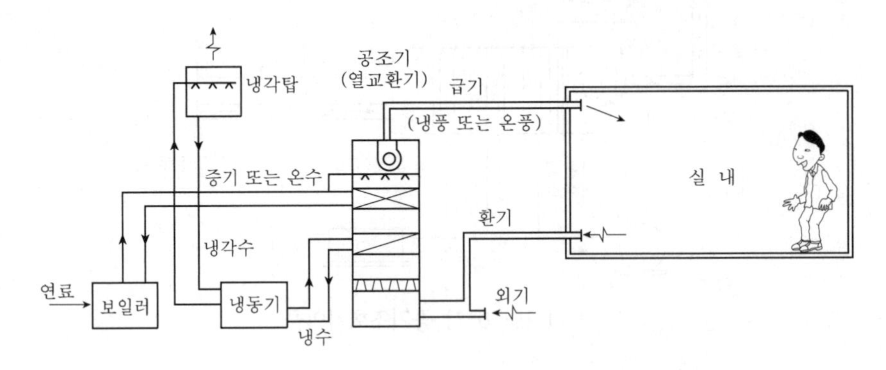

[그림 6-2] 전공식방식

2. 물 - 공기방식

열의 매체로서 물과 공기를 병용하는 방식이다. 이 방식은 [그림 6-3]에 나타낸 바와 같이 열원장치에서 만든 냉수, 온수 또는 증기를 실내에 설치한 열교환유닛으로 보내서 실내공기를 냉각 또는 가열한다. 또한 전공기방식과 마찬가지로 공조기에서 냉각감습 또는 가열가습한 외기를 실내로 송풍한다.

물의 경우에는 동일한 열량을 처리하는 데 공기에 비해 단면적이 매우 적게 든다. 따라서 실내의 열을 처리하기 위해서는 공기보다 물이 스페이스를 절약할 수 있는 유리한 점이 있다. 그러나 공기조화의 요소 중 공기의 환기를 할 수 없으므로 필요최소량의 외기는 실내로 송풍해야만 한다. 이 방식에는 다음과 같은 것이 있다.

① 유인유닛방식
② FCU방식(1차 공기 병용식)
③ 복사냉난방방식(1차 공기 병용식)

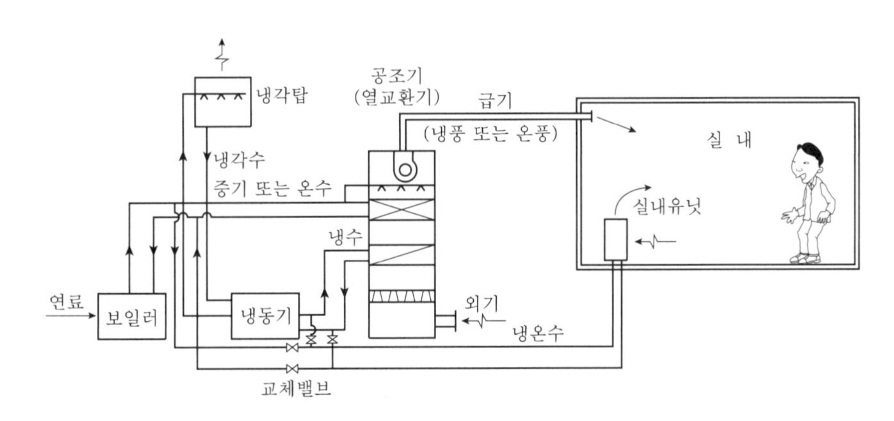

[그림 6-3] 물 - 공기방식

3. 전수방식

이 방식은 물만을 열매로 해서 실내유닛으로 공기를 냉각 또는 가열하는 것으로써, 실내의 열은 처리가 가능하지만 외기를 공급하지 못하기 때문에 공기의 정화 및 환기를 충분히 할 수 없다. 따라서 이 방식은 문의 개폐 등에 의해서 공기가 실내로 유입되는 경우와 적은 인원이 단시간 재실하는 경우에 사용되며, 겨울철의 가습도 공조기로 하기에는 부적합하다. 이 방식에는 FCU방식이 있다([그림 6-4] 참조).

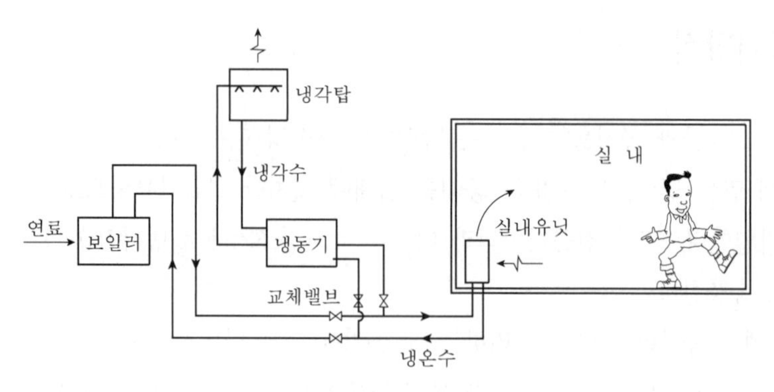

[그림 6-4] 전수방식

4. 냉매방식

이 방식은 냉매에 의해 실내의 공기를 냉각 또는 가열하는 방법으로, 옥외의 공기나 물과 열교환해서 배열 또는 흡열한다. 여름에는 냉매의 직접 팽창에 의해 실내공기를 냉각감습하지만, 겨울에는 열펌프로서 가열하는 경우와 다른 열원장치에서 만든 증기, 온수 또는 전열에 의해 가열하는 경우가 있다([그림 6-5] 참조).

냉매방식에는 송풍기 · 코일 · 냉동기 등의 전체 기능을 케이싱 속에 모은 것과, FCU를 실내에 설치하고 콘덴싱유닛을 옥외에 설치해서 양자를 냉매배관으로 접속한 세퍼레이트(separate)형이 있다. 이 방식에는 다음과 같은 것이 있다.

① 패키지유닛방식

② 룸쿨러방식

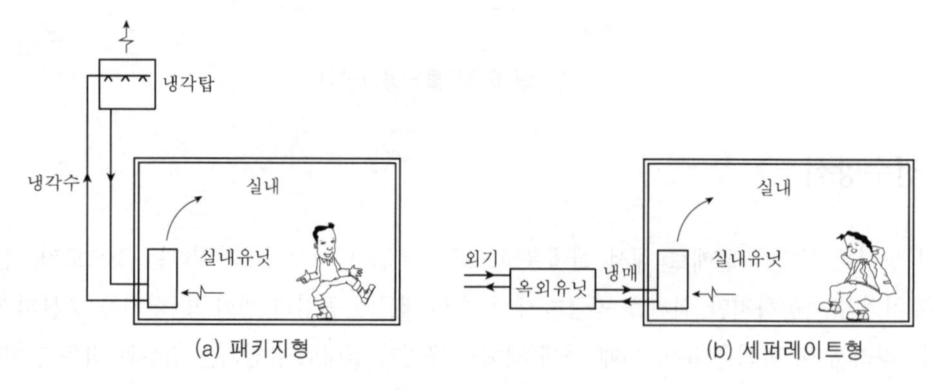

[그림 6-5] 냉매방식

3 공기조화의 각종 방식

1. 단일덕트방식

1) 단일덕트 · 일정풍량방식

이 방식은 다른 공조방식에 비해 가장 일반화된 것이며, 각 공조방식의 근원이 되고 있다. 중앙기계실에는 다른 기기와 함께 공조기(AHU)를 설치해서 냉각감습 및 가열가습한 공기를 덕트를 통해 각 실로 송풍하는 방식이다. 보통의 경우는 [그림 6-6]에 나타낸 바와 같이 외기와 실내환기의 혼합공기를 공조기에서 제진한 후 냉각감습 혹은 가열가습해서 각 실로 하나의 덕트를 통해 일정량의 공기를 송풍한다. 각 실에는 그 실의 최대 부하를 처리할 수 있는 만큼의 공기를 송풍한다. 단일덕트 · 일정풍량방식(CAV방식 : Constant Air Volume, single duct system)에서는 각 실로 보내는 송풍량이 언제나 일정하고 열부하에 따라서 송풍온습도를 변화시켜 실내의 온습도를 조절한다. 이 방식의 내용은 풍량이 일정하고 송풍덕트가 하나라는 것이 요지이지만, 부하특성이 다른 여러 개의 실을 이 방식으로 공조하기 위해 동일한 부하변동을 하는 구역마다 공조기를 분할하는 방식도 채택될 수 있다.

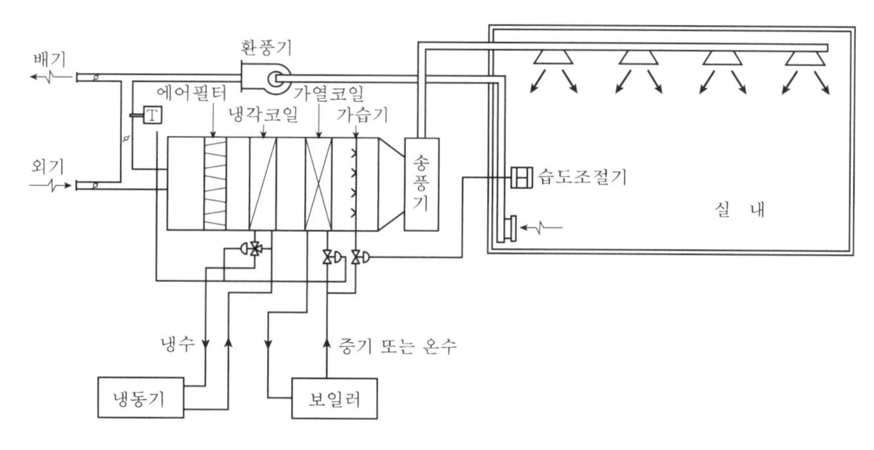

[그림 6-6] 단일덕트 · 일정풍량방식

이 방식에서 실내공기의 온습도제어는 대표가 되는 실 또는 환기덕트 속의 공기온도 및 상대습도를 검지해서 AHU의 냉각코일 또는 가열코일로 들어온 냉수와 온수 또는 증기의 유량을 가감하고 가습량을 조정해서 송풍온도와 습도를 조절하는 것이 보통이다. 그러므로 이 방식은 사무실의 내부와 홀(hall) 등과 같이 부하변동이 적은 실이나 동일한 부하변동을 하는 실의 공조에 적합하다. 또한 극장 · 공장 등의 대규모 공간과 건물의 내부, 식당, 회의실 및 엄밀한 온습도를 요구하지 않는 곳에 주로 채용될 수 있다. [표 6-1]은 이 방식의 장단점을 나타낸 것이다.

[표 6-1] 단일덕트 · 일정풍량방식의 특징

장 점	① 기계실에 기기류가 집중 · 설치되므로 운전 · 보수관리가 용이하다. ② 고성능필터의 사용이 가능하다. ③ 외기의 도입이 용이하며, 환기팬 등 적절한 계획이 있으면 중간기의 외기냉방이 가능하고 전열교환기도 설치하기가 쉽다. ④ 시스템이 단순해서 설계 · 시공이 용이하고 설비비가 싸다.
단 점	① 각 실 사이에 부하변동이 다른 건물에서는 온습도에 불균형이 생기기 쉽다. ② 대규모 건물에서 존(zone)마다 공조계통을 분할할 때에는 설비비도 높고 기계실면적도 크게 된다.

2) 단일덕트 · 재열방식

단일덕트 · 일정풍량방식에서는 동일 공조계통 내에서 부하변동이 있을 경우 제어할 수 없으므로 중앙공조기를 분할하는 조닝의 방법이 있다. 그러나 기계실 스페이스와 장치용량의 관계 등으로 공조기의 분할이 불가능한 경우에는 여러 개의 존에 공통인 공조기를 두고, 각 존별로 나누어지는 덕트 속에 재열기를 설치하여 각각 개별제어한다. 냉방 시에는 중앙공조기로부터 냉풍을 급기하여 현열부하가 적게 된 존은 재열해서 실온의 과랭을 방지할 수 있다. 난방 시에는 중앙공조기의 가열코일에서 1차로 가열하고, 필요에 따라 덕트 속의 재열기(reheating unit)에서 2차 가열을 한다. 이와 같은 공조방식을 단일덕트 · 존리히트방식이라 한다.

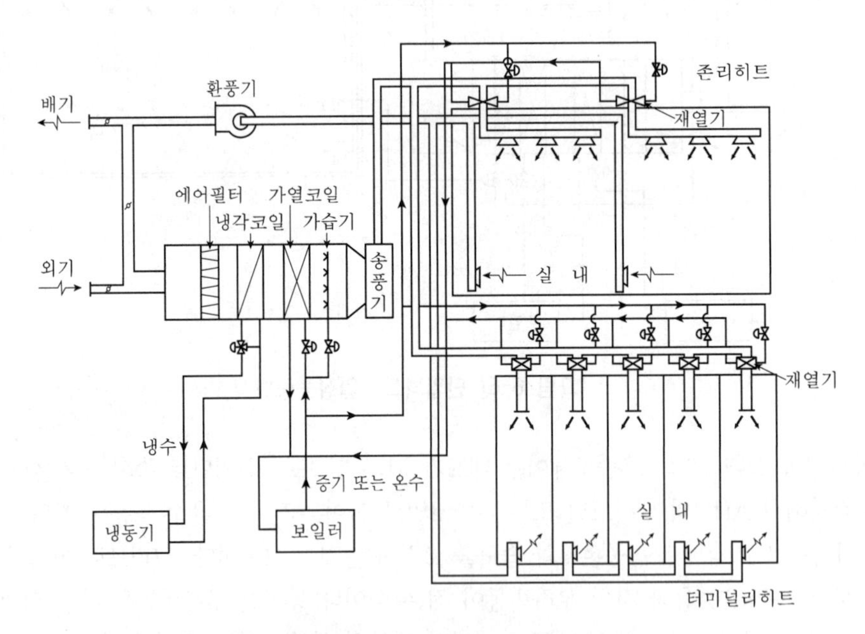

[그림 6-7] 단일덕트 · 재열방식

이 존리히트(zone reheat)방식도 일정풍량방식과 마찬가지로 존의 제어가 가능하지만, 각 실마다 부하변동이 생기는 경우 개별제어가 가능하므로 호텔과 같이 실이 많은 건물에서는 이 방법을 사용해도 좋다. 이와 같은 공조방식을 단일덕트 · 터미널리히트(terminal reheat)방식이라고 한다.

이들 재열방식은 냉방 시에는 냉각한 공기를 재열하므로 열경제적으로는 유리한 방법이 아니다. 난방 시에는 중앙공조기의 가열코일에서 1차 가열하고 필요에 따라 재열기로 2차 가열을 해서 실내로 송풍하기 때문에 열의 혼합손실 없이 실온을 조정할 수 있다. 재열기의 열원으로 전열 · 증기 · 온수가 사용되지만, 전열의 경우에는 온도조절을 하기 위해서만이 아니고 공기의 과열방지를 위한 보안장치를 반드시 설치해야만 한다. 증기 또는 온수를 사용하는 경우에는 배관과 제어밸브 등이 천장 속에 설비되기 때문에 수량을 조정할 때의 발생소음과 누수에 주의해야 한다. [그림 6-7]에는 단일덕트 · 존리히트방식과 터미널리히트방식의 일례들을 조합해서 구성한 시스템계통도를 나타낸다.

3) 단일덕트 · 변풍량방식

단일덕트 · 일정풍량방식에서는 송풍량을 일정하게 하고 송풍온도를 바꾸어 실온을 제어하지만, 변풍량방식(VAV방식 : Variable Air Volume system)은 송풍온도를 일정하게 하고 송풍량을 변경해 부하변동에 따라 실온을 소정의 상태로 유지하는 방식이다([그림 6-8] 참조).

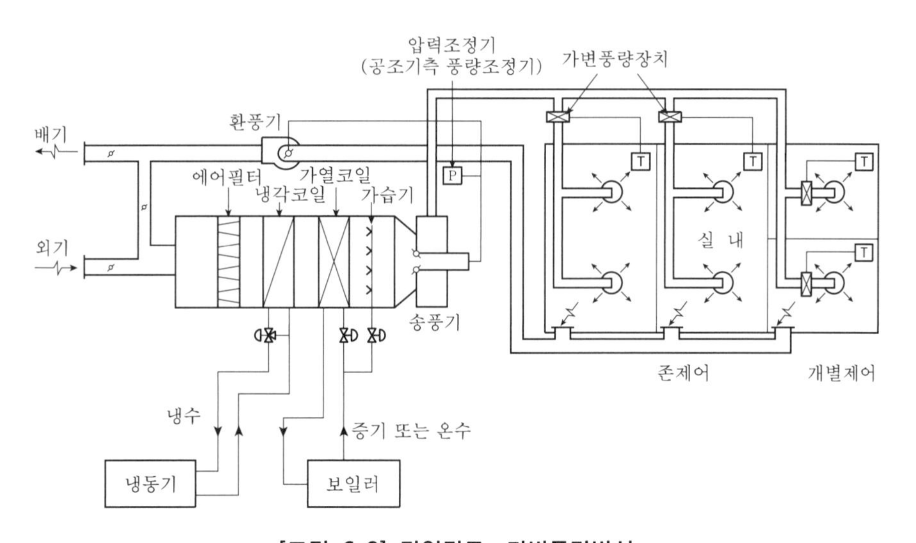

[그림 6-8] 단일덕트 · 가변풍량방식

이 VAV방식은 다음과 같이 분류되기도 한다.

① 급기온도 일정의 VAV방식 : 이것은 실내존(interior zone)과 같이 부하변동의 폭이 적은 부분에 적합하다.

② 급기온도 가변의 VAV방식 : 부하변동의 폭이 큰 외주부(perimeter zone)환기의 요구 정도가 큰 곳에 적합하며, 팬파워유닛(fan powered unit, FPU) 등을 사용하여 2차적으로 온도를 변화시켜 공조하는 방법이다.

이 VAV방식에서 덕트계통은 각 터미널의 최대 부하에 대처할 수 있는 능력을 갖게 되지만, 열원 및 공조기의 용량은 동일 시각에 대해서 각 터미널부하의 합계가 최대로 될 때의 용량을 갖추면 좋다. 냉방 시에는 실내부하가 가볍게 되면 그에 따라서 VAV유닛이 작동해서 냉풍량이 지나치게 냉각되는 것을 방지한다. VAV유닛에 관해서는 후술하는 8-2절을 참조하길 바란다.

또한 난방 시에는 냉방일 때와 마찬가지로 부하가 가볍게 되는 경우 실온이 지나치게 상승하지 않도록 풍량을 조절한다. 전체적으로 실내부하가 감소하면 터미널에서 조여지는 풍량도 많아지며, 덕트 속의 정압이 상승해서 가변풍량장치의 발생소음이 커지게 되는 원인이 된다. 또 송풍기가 불안정한 운전상태로 들어가는 일이 있으므로 정압조정이 필요하다. 정압조정법은 송풍기 토출측 댐퍼에 의해 토출량을 조정하는 법, 입구측 베인(inlet vane)의 개폐에 의해 조정하는 법, 송풍기 회전수를 변경시키는 법이 보통 고려되는 제어방식이다. 이들 방법으로 풍량을 감소시키면 송풍기의 동력도 감소하지만 제어법에 의해 감소율이 달라진다. 제어방식을 결정할 때에는 풍량의 조정범위, 동력의 절약량, 설비비 등을 검토한 뒤 결정한다.

큰 실이라든가 부하변동이 동일한 존에서는 각 취출구마다 가변풍량장치를 설치해서 실내로의 급기량을 각각 조정하는 경우와 여러 개의 취출구의 급기량을 모아서 조정하는 경우가 있다.

이 방식의 특징 및 유의해야 할 점을 [표 6-2]에 나타낸다.

[표 6-2] 단일덕트 · 변풍량방식의 특징과 유의사항

장 점	① 동시부하율을 고려해서 기기용량을 결정하므로 설비기기용량을 적게 할 수 있다. ② 열부하의 감소에 의한 운전비(열에너지 · 동력)를 절약할 수 있다. ③ 간벽의 변경, 부하의 증가에 대해서 유연성이 있다. ④ 덕트의 설계시공을 간략화할 수 있고 각 취출구의 풍량조절이 간단하다. ⑤ 부하변동에 대해서 제어응답이 빠르므로 거주성이 향상된다.
단 점	① VAV유닛, 압력조정장치 때문에 일정풍량방식과 비교해서 설비비가 많이 든다. ② 부하변동이 적을 때는 풍량을 조여서도 동력의 절감으로 연결되지 않는다.
유의사항	① 풍량을 조였을 때 외기량도 감소하므로 필요최소 외기량을 확보할 수 있도록 해야만 한다. ② 풍량이 감소할 때에도 충분한 기류분포를 얻을 수 있는 취출구를 사용해야 한다. ③ 풍량을 조여서도 발생소음이 크게 되지 않아야 한다. ④ 풍량이 적어도 송풍기의 운전이 불안정하게 되지 않도록 특성을 검토한 뒤 대책을 세워야 한다.

2. 각 층 유닛방식

이 방식은 단일덕트방식의 변형으로서 각 층마다 공조기를 분산설치한 것이며, 각 층마다 또는 각 층의 존마다 운전이 가능하고 온도제어도 가능하다.

각 층 유닛방식에도 여러 가지 방법이 있지만 [그림 6-9]의 (a)에서와 같은 경우에는 외기용 공조기(1차 조화장치)를 설치하고, 이것으로부터 필요한 외기를 도입해서 조화한 1차 공기로 한다. 냉각감습 혹은 가열가습된 1차 공기는 덕트를 통해 각 층 또는 각 존에 설치된 2차 조화장치로 송풍한다. 2차 조화장치에서는 복도 또는 수평덕트에 의해 실내환기를 흡입하여(2차 공기), 이것과 1차 공기를 혼합 · 조화한 뒤 취출한다. 이 방식에서는 외기용 덕트가 각 층을 관통하고 있지만 단일덕트방식보다 덕트스페이스가 적게 된다. 또 각 층 단독운전이 가능하지만 외기용 공조기는 전체 계통분의 용량을 갖고 있으므로 단시간 운전이면 외기용 공조기는 정지시키고 실내공기를 순환해서 급기해도 좋다, 여기에서 이중덕트형 공기조화기의 구조에 대해서 8-2절을 참조하면 된다.

또 한 가지 경우는 [그림 6-9]의 (b)에 나타낸 바와 같이 옥상에 1차 조화장치를 설치하고 각 층의 환기를 공용의 환기팬을 이용해서 이 공조기에 되돌려 보내서 외기와 혼합하고 조화시킨 뒤 각 층의 2차 조화장치로 송풍한다. 각 층의 공조기에는 필요한 온도까지 냉각 또는 가열해서 실내로 송풍한다. 중간기에는 환기를 1차 공조기로 되돌려 보내지 않고 전량을 옥외로 배출하고 실내로는 외기만을 제진한 후 송풍하면 열원의 절감을 도모할 수 있다. 이 경우는 제진장치를 1차 공조기에서만 모아서 설치할 수 있으므로 고도의 제진이 가능하고 유지관리면에서도 유리하다.

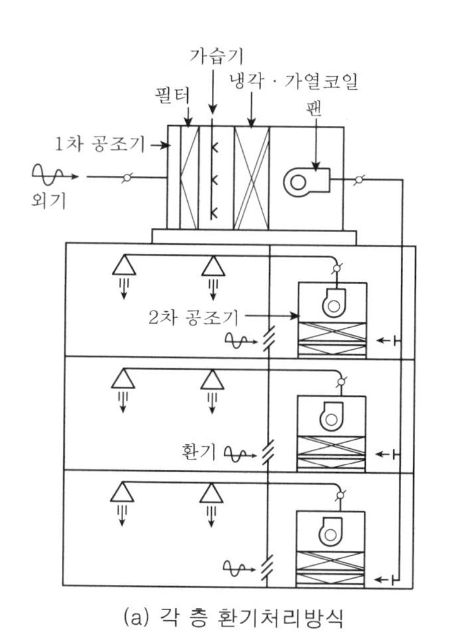

(a) 각 층 환기처리방식

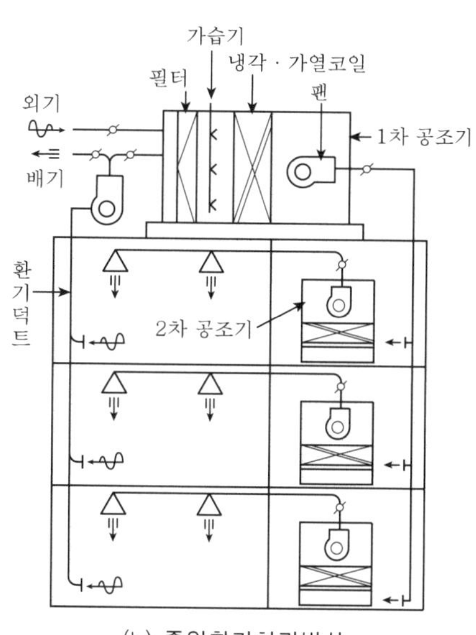

(b) 중앙환기처리방식

[그림 6-9] 각 층 유닛방식

일반적으로 2차 조화장치는 각 층이 2,000m^2 이상일 경우 각 층마다 2대 이상, 500m^2 이하에서는 2층마다 1대의 비율로 설치한다. 또한 건물의 방위에 의한 조닝을 하기 위해 방위마다 설치하는 경우도 있다. 이 방식은 신문사나 방송국과 같이 각 층마다 사용시간과 사용조건이 다르고, 백화점과 같이 각 층에 따라 부하가 다른 건물에 적합한 방식이다. 또 각 층이 다른 회사에 속하는 임대사무소 건물이나 일부 연장운전을 해야 할 경우 사용하는 층만 운전할 수 있어서 경제적이다.

이 방식의 특징은 [표 6-3]에 나타낸 바와 같다.

[표 6-3] 각 층 유닛방식의 특징

장 점	① 건물의 규모에 관계없이 부분부하운전이 가능하다. ② 각 층, 각 존마다의 부하변동에 적절히 대처할 수 있고, 공조스페이스를 크게 할 수 있다.
단 점	① 공조기가 많아지며 각 층마다 기계실이 필요하다. ② 공조기를 분산 · 설치하므로 유지관리가 어려우며 설비비가 증대한다. ③ 거주구역 가까이에 공조기가 설치되므로 소음 · 진동의 대책이 필요하다.

3. 멀티존유닛방식

이 방식은 공조기(AHU)에 냉온 양 열원코일을 설치하고, 각 존의 부하상태에 따라 냉온풍의 혼합비를 바꾸어서 송풍공기를 필요온습도로 유지하여 각 존별 덕트에 공급하는 방식이다. 즉 이 방식은 [그림 6-10]에 나타낸 바와 같이 송풍기의 토출측에 냉각코일과 가열코일을 병렬로 설치한 멀티존유닛(multi-zone unit)이라 부르는 중앙식 공조기를 사용하는 방식이며(8-2절 참조), 공조기로부터 덕트는 여러 개의 존으로 분할되어 있다.

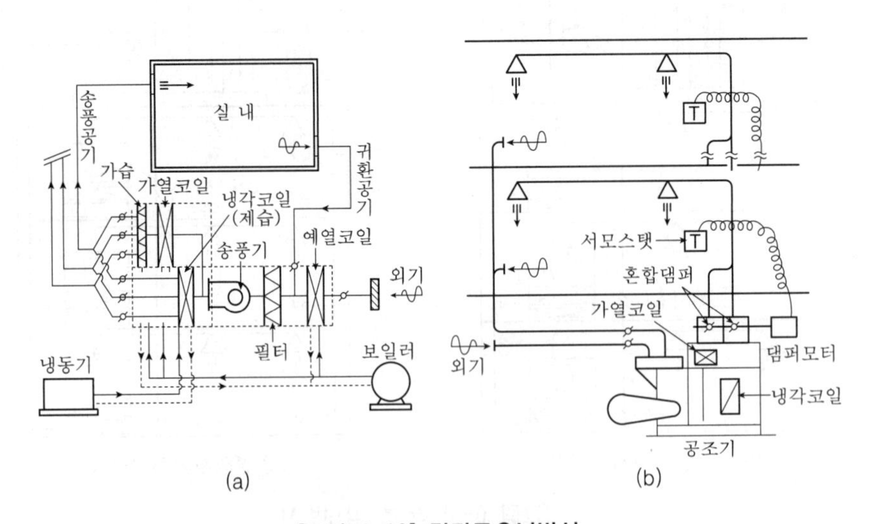

[그림 6-10] 멀티존유닛방식

이 방식에서는 각 존별 제어댐퍼(control damper)에 의해 냉온풍의 혼합비가 바뀌며, 그에 따라 송풍온도가 변하면서 실내로 송풍된다. 또 각 존의 대표실 내에 설치한 서모스탯에 의해 존마다의 소정온도로 조정해서 송풍하기 때문에 실내온도는 터미널리히트방식과 마찬가지의 제어성이 얻어진다. 그러나 존이 아주 많은 경우에는 덕트의 분할수에 한도가 있으므로 중 · 소규모의 공조스페이스를 조닝하는 경우에 사용된다.

또한 이 방식에서는 냉난방부하가 최대일 때는 댐퍼의 누설 이외에 냉풍과 온풍의 혼합이 없으므로 열의 혼합손실은 비교적 적지만, 냉풍과 온풍의 혼합량이 같은 양에 가깝게 되면 혼합손실도 많아진다. 소형 건물 등에서 복(複)열원이 없는 경우에는 바이패스외기에 의해 온도조정을 하는 수도 있다. 또 이 방식에서 혼합량의 조정은 댐퍼에서 행하기 때문에 어떤 존댐퍼의 조이는 정도에 따라 다른 존의 풍량에 영향을 미치게 하는 수도 있다.

이 방식의 특징은 [표 6-4]에 나타낸 바와 같다.

[표 6-4] 멀티존유닛방식의 특징

장 점	① 각 존마다 제어할 수 있다. ② 연간 냉난방이 가능하다.
단 점	① 각 존마다 독립된 덕트가 필요하므로 덕트스페이스가 커진다. ② 열적 혼합손실이 많아진다.

4. 이중덕트방식

이중덕트방식은 중앙기계실에 설치된 AHU에서 냉온풍이 각각 전용의 덕트를 통해 공급되고, 이것이 혼합상자(혹은 혼합기)에서 각 실의 부하상태에 따라 냉온풍을 혼합해서 소정온도의 공기가 되어 송풍되는 것이다.

즉 이 방식은 [그림 6-11]에 나타낸 바와 같이 공기의 냉각장치와 가열장치 및 2개의 전용덕트로 되고, 이 덕트에 의해 냉풍과 온풍을 별도로 보내서 혼합상자(mixing unit or mixing box)에서 적당한 비율로 혼합하여 각 실 혹은 각 존에 보내는 것이다(혼합상자에 관해서도 8-2절을 참조할 것).

멀티존방식에서는 각 존에서 요구하는 송풍온도로 하기 위해 공조기로 냉풍과 온풍의 혼합비를 바꾸어 단일덕트를 송풍하지만, 이중덕트(dual duct)방식에서는 공조기에서 처리한 냉풍과 온풍을 각각 별개의 덕트로 송풍해서 필요한 장소에 설치한 혼합상자에서 혼합한다. 이때 혼합공기는 실내의 서모스탯의 지령에 의해 혼합비를 바꾸어 소정의 온도로 해서 실내로 송풍한다.

이중덕트방식의 경우에도 멀티존방식과 마찬가지로 냉난방부하가 최대로 될 때 이외에는 냉풍과 온풍이 혼합되기 때문에 열의 혼합손실이 생긴다. 그러나 제어상으로는 혼합상자의 설치장소에 의해서 존리히트 또는 터미널리히트방식의 경우와 마찬가지로 존제어 또는 개별제어가 가능하다. 또 존 전체가 냉난방 어느 쪽 한편으로 좋은 때는 다른 편의 덕트는 실내환기를 순환시킨다. 이 경우 냉온풍의 송풍기, 덕트, 조화장치의 용량은 각각 최대 부하에 대응하는 것이어야 한다. 이 방식에 의하면 여름철 냉방 시에 일부 난방을 필요로 하는 경우에도 가능하다.

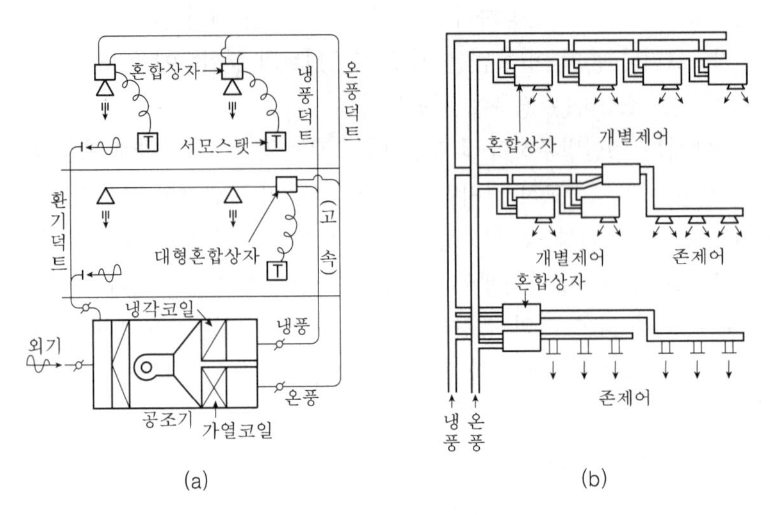

[그림 6-11] 이중덕트방식

이 방식의 특징은 [표 6-5]에 나타낸 바와 같다.

[표 6-5] 이중덕트방식의 특징

장 점	① 각 실의 개별제어 및 존제어가 가능하다. ② 1대의 공조기로 대규모 건물의 공조가 가능하다. ③ 조닝과 계절에 따른 운전의 교체전환(change-over) 없이도 냉난방이 동시에 가능하다.
단 점	① 송풍량이 많고 덕트스페이스가 크다. ② 혼합상자가 고가이며 설비비가 많이 든다. ③ 항상 냉온열원이 필요해 열의 혼합손실이 있고 고속덕트이므로 운전비가 많이 든다. ④ 부하가 적을 때는 실내의 상대습도가 상승한다.

5. 유인유닛방식

이 방식은 실내에 유인유닛(induction unit)을 설치하고 [그림 6-12]에 나타낸 바와 같이 1차 공조기로부터 조화한 1차 공기를 고속덕트를 통해 각 유닛에 송풍하면 1차 공기가 유인유닛 속의 노즐을 통과할 때에 유인작용을 일으켜 실내공기를 2차 공기로 하여 유인한다. 이 유인된 실내공기는 유닛 속의 코일에 의해 냉각 또는 가열된 후 1·2차의 혼합공기로 되어 실내로 송풍되는 방식이다. 유인유닛의 구조에 대해서는 8-2절을 참조하길 바란다.

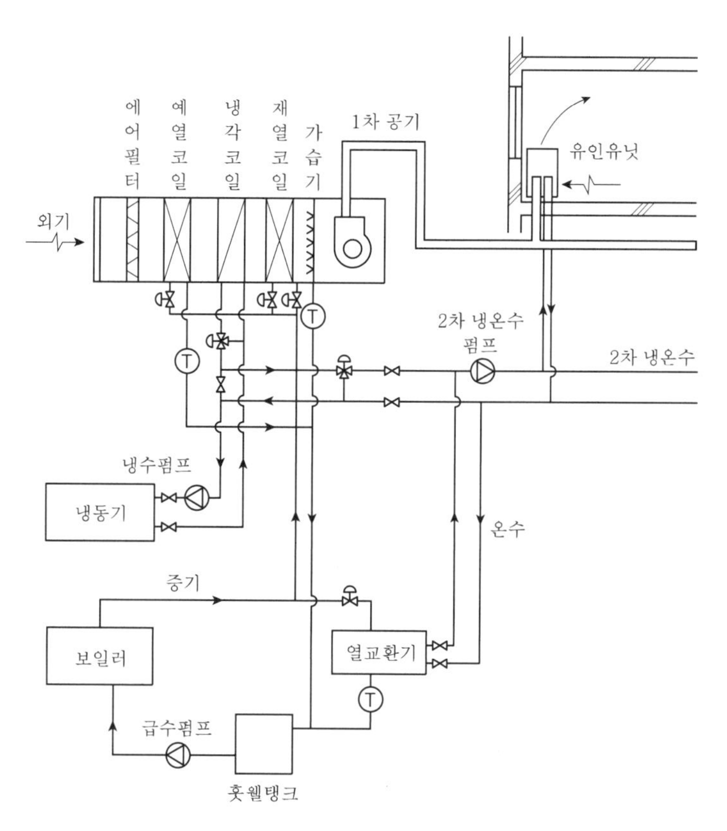

[그림 6-12] 유인유닛방식

유인유닛방식에는 전공기식과 수-공기식이 있고, 전공기식의 경우에는 노점제어와 재열제어를 조합시켜 노즐로부터 취출한 1차 공기로 천장 내의 공기를 유인해서 조명기구로부터의 폐열로 재열하는 방식과, 재열기를 내장시켜 실내부하에 따라서 증기 · 온수 · 전기 등으로 재열하는 방식이 있다. 어느 경우에나 1차 공기로 실내잠열과 실내현열을 처리한다.

물-공기식의 유인유닛([그림 6-12] 참조)에는 냉온수코일이 배관되어 있고 중앙식 공조기로부터 보내진 1차 공기가 유닛마다 설치되어 있는 소음체임버(plenum chamber)의 노즐로 분출될 때 실내공기도 유인되어 함께 실내로 취출된다. 1차 공기에 유인된 2차 공기는 유닛 속의 냉온수코일을 통과해서 냉각 또는 가열된다.

1차 공기의 송풍온도는 여름철 실내의 잠열을 제거하기 위해 감습된 공기를 송풍하고, 겨울철에는 외기온도가 저하됨에 따라 송풍온도를 높여 송풍한다. 실내유닛은 실내의 부하변동에 따라 서모스탯 또는 수동으로 2차 냉온수를 제어하는 수량제어방식과 2차 냉온수는 일정량을 흐르게 하고 바이패스댐퍼에 의해 2차 코일을 통과하는 2차 공기량을 조정하는 방식이 있다.

유인유닛의 배관방식은 2차 코일의 냉온수량을 조절하기 위한 2관식 · 3관식 · 4관식이 있으며, 각각 자동밸브가 설치되어 있고 서모스탯의 지령에 의해 자동밸브가 작동해서 급수량을 바꾸어준다. 일반적으로는 2관식이 많이 사용되지만 인접 건물의 그늘 등 때문에 동시에 냉방과 난방이 필요한 부분이 생길 경우에는 기기용량을 크게 하든가 또는 4관식을 쓰는 일도 있다.

유인유닛방식은 일반적으로 건물의 페리미터 부분에 채용해서 외주부부하에 대응하도록 하고 동시에 실내존 부분에서는 단일덕트방식을 병용하는 방식이 가장 많이 사용되고 있다. 이 외에 내부부하의 상태에 따라서 이중덕트방식 혹은 멀티존방식 등도 병용된다. 이와 같이 창측 부분을 유인유닛으로 하고 중심 부분을 별도계통의 덕트로 공기조화하는 방법을 페리미터방식(perimeter system)이라고 한다. 이 방식의 특징은 [표 6-6]에 나타낸 바와 같다.

[표 6-6] 유인유닛방식의 특징

장 점	① 다실 건물에서 부하변동에 대해 합리적으로 대응할 수 있고 개별제어를 할 수 있다. ② 1차 공기량은 다른 방식과 비교할 때 1/3 정도이며, 나머지 2/3의 실내환기는 유인되므로 덕트스페이스가 적다. ③ 실내유닛은 전동기 등의 가동 부분이 없다. ④ 취출공기는 1차 공기와 2차 공기의 혼합공기이며, 실온과의 온도차가 적어 불쾌감이 없다. ⑤ 페리미터방식이 가능하다.
단 점	① 유인유닛 및 유닛의 스페이스면으로부터 고성능필터를 사용할 수 없다. ② 냉각 · 가열을 동시에 하는 경우 혼합열손실이 있고 에너지낭비가 있다. ③ FCU와 같이 개별운전을 할 수 없고 노즐로부터의 공기분출소음이 있다. ④ 습도제어는 1차 공기에 의해 처리하므로 엄밀한 습도제어를 할 수 없다.

6. 팬코일유닛방식

이 방식은 물-공기방식의 공조방식 중 가장 많이 사용되는 것이며, 송풍기 · 냉온수코일 및 공기정화기 등을 내장시킨 유닛(FCU)을 [그림 6-13]에 나타낸 바와 같이 실내에 설치하고 냉수 또는 온수를 공급해서 내장된 코일 등의 작용으로 실내공기를 냉각 · 가열해서 공조하는 방식이다(FCU의 구조에 관해서는 8-2절을 참조하면 된다).

FCU방식은 실내유닛의 형식, 사용방법, 외기도입방식 등에 따라 여러 가지 종류가 있으며 일반적으로 다음과 같이 분류된다.

① 직접 외기를 유닛에 도입하는 방법([그림 6-14] 참조)

② 중앙의 1차 조화장치에서 조화시킨 외기를 덕트를 통해 취출시키고, 실내유닛으로부터는 2차 공기만을 재순환시키는 방법([그림 6-15]의 (a) 참조)

③ 1차 조화장치에서 조화된 공기를 덕트를 통해 실내유닛에 보내서 2차 공기를 유인 · 조화해서 취출하는 방법([그림 6-15]의 (b) 참조)

④ 전혀 외기를 도입하지 않고 2차 공기만을 재순환시키는 방법([그림 6-15]의 (c) 참조)

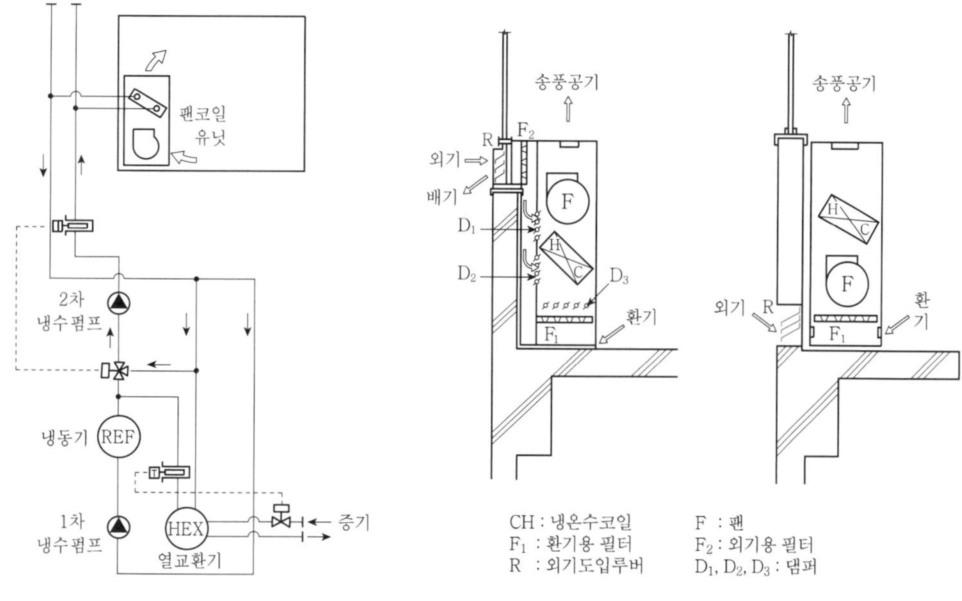

[그림 6-13] FCU방식

[그림 6-14] 외기도

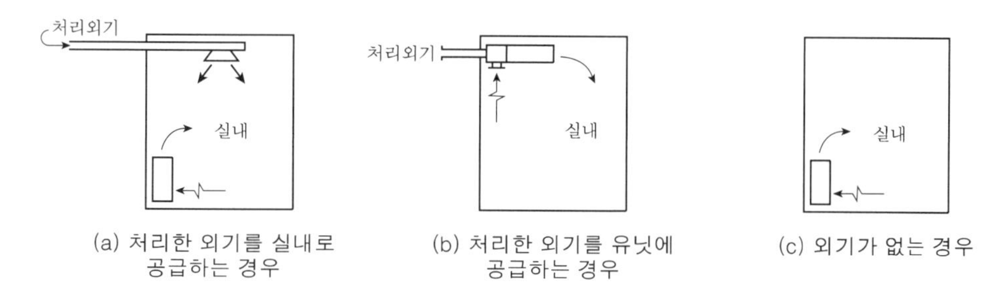

(a) 처리한 외기를 실내로 공급하는 경우

(b) 처리한 외기를 유닛에 공급하는 경우

(c) 외기가 없는 경우

[그림 6-15] FCU방식의 응용

이 방식의 특징은 [표 6-7]에 나타낸 바와 같다.

[표 6-7] FCU방식의 특징

장 점	① 각 유닛마다의 조절·운전이 가능하고 개별제어를 할 수 있다. ② 1차 공기를 사용하는 경우에는 페리미터방식이 가능하다. ③ 나중에 부하가 증가해도 유닛을 증설하여 대처할 수 있다. ④ 전공기방식에 비해 열수송스페이스가 적고 동력비도 경제적이다.
단 점	① 소형 유닛을 각 실에 분산·설치하므로 건축계획상 지장을 주고 유지관리가 번거롭다. ② 고성능필터를 사용할 수 없다. ③ 밀폐 건물에서는 환기용 외기를 공급할 필요가 있다. ④ 공급외기량이 적으므로 중간기의 효과적인 외기냉방을 할 수 없다.

7. 복사냉난방방식

이 방식은 파이프코일(혹은 패널)을 바닥이나 천장에 설치하여 냉수 또는 온수를 보내고, 이것과 병용한 중앙의 조화장치에서 조화된 공기를 덕트로 실내에 보내 냉난방하는 것이다. 즉 통상의 공조방식과는 달리 복사냉난방방식은 [그림 6-16]에 나타낸 바와 같이 건물의 바닥 또는 천장 속에 파이프를 매입해서 이것에 냉수 또는 온수를 보내 냉난방하는 방식이다.

냉방 시에는 표면온도를 낮추어서 벽과 천장으로부터의 열이 실내부하로 되는 것을 사전에 제거하는 것이므로 천장 · 벽 등의 표면에 코일을 매설해서 냉각한다. 이 경우 냉수에 의해 벽면 및 천장의 표면온도가 낮기 때문에 실내공기의 노점온도가 높으면 표면에 결로가 생기게 된다. 따라서 패널표면온도를 실내노점온도보다 높게 해 둘 필요가 있다. 이와 같은 제습조작은 별도로 냉각감습한 공기를 송풍하는 것에 의해 보충해야만 한다. 또한 이 방식에서는 외기의 직접도입이 어려우므로 일반적으로 덕트방식과 병용하게 된다.

우리나라의 경우에는 주로 겨울만을 대상으로 한 바닥복사난방이 성행하고 있으며, 냉수에 의한 패널방식은 천장과 벽의 표면온도가 낮아서 실온분포는 균일하게 할 수 있지만 냉각면의 설치, 배관, 제어설비가 높게 되므로 사용하지 않는다.

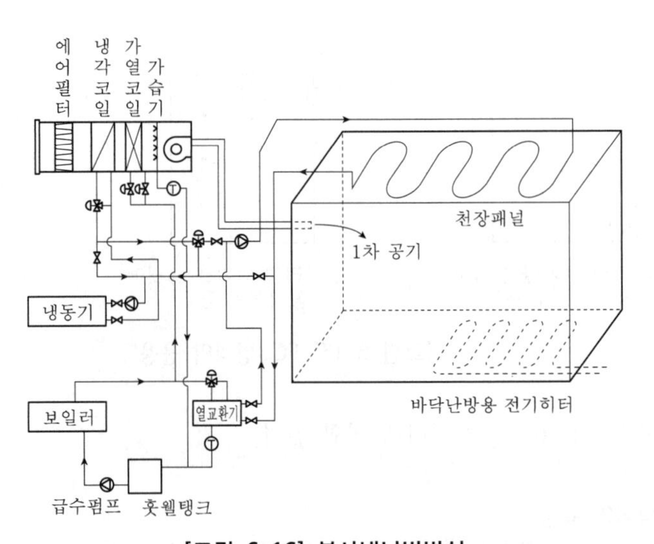

[그림 6-16] 복사냉난방방식

이 방식의 특징은 [표 6-8]에 나타낸 바와 같다.

[표 6-8] 복사냉난방방식의 특징

장 점	① 복사열을 이용하므로 쾌감도가 높다. ② 조명발열이 큰 곳에 유리하다. ③ 패널에 의해 부하를 처리하므로 송풍량은 공기방식의 1/2 정도로 된다.
단 점	① 파이프코일의 설치비가 비싸다. ② 패널의 보수 · 수리가 어렵다. ③ 냉방인 경우 제어가 부적당하면 냉각면에 결로현상을 일으킬 위험이 있다.

8. 단일유닛방식

1) 패키지형 유닛방식

이 방식은 송풍기, 가열코일(혹은 냉각코일), 공기여과기 및 냉동기 등을 내장한 공장제작의 공조기를 단독 또는 여러 개 설치하여 공조하는 방식이다. 즉 이 방식은 중앙식에 쓰이는 것을 소형화해서 한 개의 유닛으로 한 것이지만 공조장치에 필요한 것은 모두 포함하고 있는 일종의 개별식 공조방식이다.

패키지형 유닛(packaged unit)에는 [그림 6-17]에 나타낸 바와 같이 수랭식과 공랭식이 있으며, 일반적으로 많이 사용되고 있는 것은 수랭식 유닛이다.

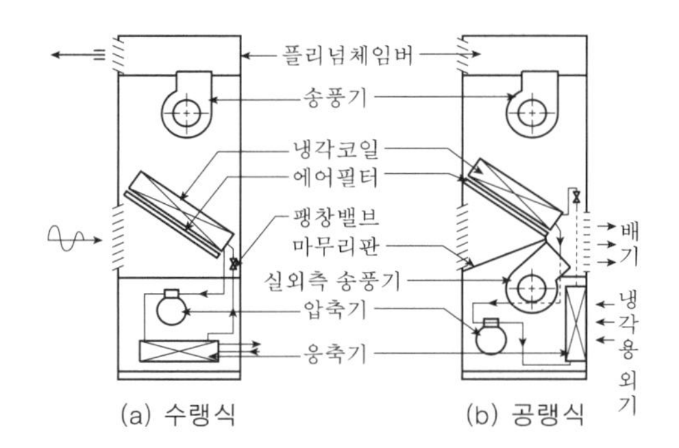

[그림 6-17] 패키지형 유닛의 구조

또한 이 유닛에는 냉방 전용의 유닛과 냉난방 겸용의 열펌프유닛이 있으며, 실내에 설치해서 플리넘체임버로부터 송풍하는 경우와 기계실에 설치하고 덕트를 접속해서 넓은 실내와 각개 실의 공조를 하는 경우가 있다([그림 6-18] 참조). 유닛을 실내에 설치하는 경우에는 필요한 실에 설치해서 각 실마다 독립해서 운전하며, 또한 독립으로 공조할 수 있으므로 중앙식에서 얻지 못하는 편리한 점도 있다. 이 유닛에 관한 상세한 내용은 8-2절을 참조하길 바란다.

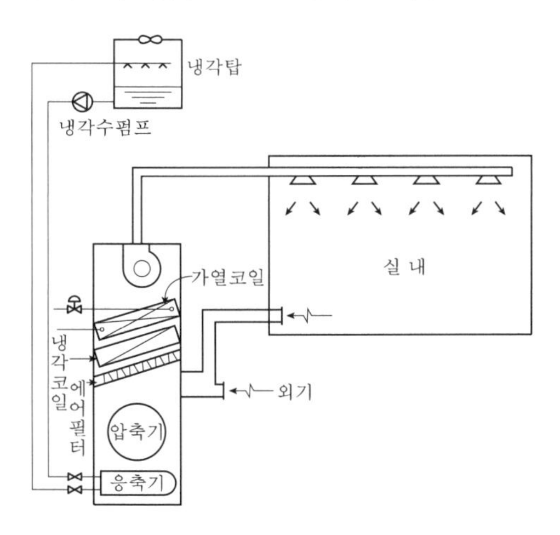

[그림 6-18] 패키지방식의 계통도(수랭식)

냉방 시에는 외기와 실내환기의 혼합공기를 제진한 후 냉각코일로 냉매의 직접 팽창에 의해 냉각감습해서 송풍기로 실내에 보낸다. 실내공기로부터 흡수한 열은 공랭식 응축기에서 대기 중으로 방열되고 있지만 냉각수를 개입시켜 냉각탑을 통해 대기로 배열시키는 경우도 많다.

난방 시에는 냉방 전용의 유닛에 가열코일을 조립시켜 증기 또는 온수를 열원으로 해서 공기를 가열한다. 열펌프유닛에서는 물 또는 공기열원에 의해 공기를 가열한다. 보조열원으로서 증기와 전열을 쓰는 경우도 있다. 난방운전 중의 문제로서 공기열원식의 경우에는 외기온도가 낮은 때에 결상하므로 실외측 코일에 서리제거장치가 필요해지며, 수열원식인 경우에는 수측 코일에 동결방지의 대책이 필요하다.

열펌프에는 여러 가지 방식이 있지만 패키지형 유닛에서는 냉매회로교체방식이 가장 많이 사용되고 있다. 공기열원식 열펌프사이클을 [그림 6-19]에 나타내는데, 실내측 코일은 냉방 시에는 증발기의 역할로서 공기로부터 열을 흡수하고, 난방 시에는 응축기로서 공기로 열을 방출시킨다. 또한 실외측 코일은 그 역으로 냉방 시에는 열을 공기로 방출하고, 난방 시에는 공기로부터 열을 흡수한다.

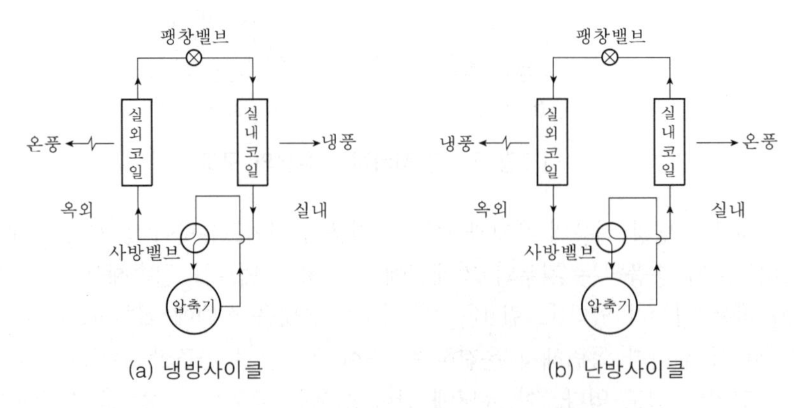

[그림 6-19] 공기열원열펌프의 사이클

패키지형 유닛에는 1냉동톤 정도에서부터 100냉동톤 정도까지의 용량이 있고, 일반적으로 공랭식인 경우 5.5kW까지, 수랭식인 경우 1.5kW 이상이다. 이 유닛은 운전조작이 용이하고 설치면적도 크게 차지하지 않으므로 주택 · 레스토랑 · 다방 · 상점 · 소규모 건물 등에 주로 사용되며, 대규모 건물에서도 24시간 운전하는 수위실 등의 관리실과 시간외운전이 필요한 회의실 혹은 특수한 온습도조건을 필요로 하는 전산실 등에 사용된다.

또한 이 패키지형 유닛에서 가장 큰 소음을 발생시키는 것은 압축기이다. 따라서 이 압축기와 응축기를 실외에 내보내고, 실내에는 냉각코일과 송풍기만을 설치하여 옥외유닛에서 처리된 냉매를 실내로 이끌어서 실내유닛의 냉각코일에서 증발시키도록 한 것이 스플릿(split)형 공조기이다. 또 최근의 에어컨장치는 형식, 용량 등이 모두 다양화되고 있다. 이 방식의 특징은 [표 6-9]에 나타낸 바와 같다.

[표 6-9] 패키지유닛방식의 특징

장 점	① 설비비 · 경상비가 싸고 시공이 용이하며 공기(工期)도 단축된다. ② 취급이 간단해서 단독운전을 할 수 있고 대규모 건물의 부분공조도 용이하다. ③ 가설 건물에의 설치가 용이하며 유닛의 증설 · 변경계획에 대응하기 쉽다.
단 점	① 단계적인 설비용량이므로 온습도제어의 정도가 낮다. ② 유닛이 분산 · 설치되므로 보수 · 관리가 번거롭다. ③ 일반적으로 제진효율이 낮다. ④ 실내에 설치하는 경우 소음 · 진동대책이 필요하다.

2) 룸에어컨

이 방식은 원리적으로는 패키지형 유닛과 마찬가지이지만, 소형화시킨 것으로 다음과 같은 특색이 있다.

① 설치가 매우 용이하다.
② 전원(소용량은 단상 100V)을 접속하는 것만으로 운전이 가능하다.
③ 창에 직접 설치하므로 바닥면적의 이용도가 높다.
④ 외기취입과 배기가 가능한 것을 선정하면 설치하는 데 별 어려움 없이 요구를 만족시킬 수 있다.
⑤ 후반부를 실외측으로 보내서 설치하므로 외기의 이용이 불가능한 창에는 사용할 수 없다.

이 유닛의 일례를 [그림 6-20]에 나타내는데 팽창밸브로는 1~2mm의 동제 모세관(capillary tube)을 사용하고, 압축기는 거의 밀폐식이며, 전동기는 4극인 것이 많다. 또 환기와 배기에는 실내외 사이에 설치되는 댐퍼를 열어서 시행한다. 외기취입과 냉각을 동시에 하는 일도 가능하지만 냉각작용은 다소 저하한다. 이 유닛에 대한 보다 상세한 설명은 8-2절을 참고하면 된다.

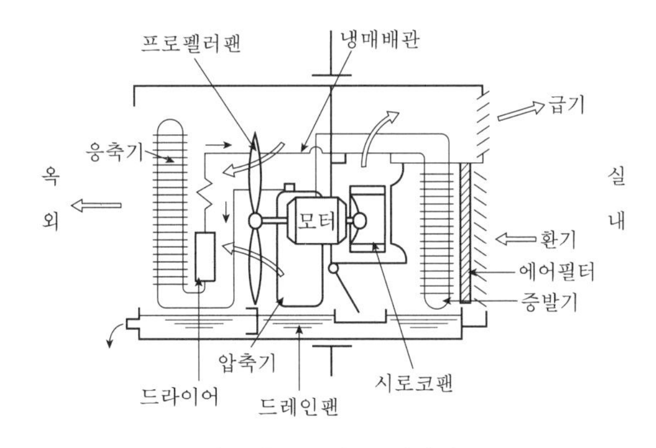

[그림 6-20] 룸에어컨

9. 각종 공조방식의 비교

공조방식은 공조하기 위한 모든 장치를 계통적으로 엮은 시스템이다. 공조방식을 결정할 때에는 각종 건축물의 규모와 실내조건에 따라 달리 선택될 수 있으므로 기존 방식 중에서 경험적으로 선정하거나 그 건물에 보다 알맞게 적용할 수 있는 공조방식을 선정한다.

공조방식을 결정하는 요인으로는 다음과 같은 것이 있다.

① 건물의 규모, 구조, 용도

② 설비비 및 운전비의 경제성

③ 공조부하에 대한 적응성

④ 조닝에 대한 적응성

⑤ 온습도를 포함한 실내환경성능의 정도

⑥ 사용자 및 유지관리자의 취급과 조작성의 간단 여부

⑦ 설비 · 기계류의 설치공간

[표 6-10]은 각종 공조방식들을 여러 가지 결정요인별로 비교하여 나타낸 것으로서 일반적으로 이들 방식은 하나의 건물공간에 대해 반드시 하나의 방식이 채용되는 것은 아니고 대규모 건물에 있어서는 각종 공기조화방식이 조합되어 사용되는 일이 많다.

[표 6-10] 각종 공조방식의 비교

분류		검토항목 / 대표적인 공조방식	① 설비비	② 팬·펌프동력비	③ 에너지혼합손실	④ 기계실스페이스	⑤ 덕트·배관스페이스	⑥ 개별제어	⑦ 시간외운전	⑧ 외기냉방	⑨ 보수관리의 난이	⑩ 시공기술의 정도	⑪ 페리미터존	⑫ 인테리어존	⑬ 비고
중앙방식	공기방식	(1) 정풍량 단일 덕트방식	소~중	중	소~중	대	중~대	–	가	가	보	보	○	○	중급빌딩
		(2) 변풍량 단일 덕트방식	중	소~중	소	중	대	가	가	가	보	고급	◎	◎	고급빌딩
		(3) 이중덕트방식	중~대	대	대	중~대	대	가	가	가	보	고급	○	◎	고급빌딩

분류		대표적인 공조방식 \ 검토항목	① 설비비	② 팬·펌프동력비	③ 에너지혼합손실	④ 기계실스페이스	⑤ 덕트·배관스페이스	⑥ 개별제어	⑦ 시간외운전	⑧ 외기냉방	⑨ 보수관리의 난이	⑩ 시공기술의 정도	⑪ 페리미터존	⑫ 인테리어존	⑬ 비고
	물-공기 병용방식	(1) 단일덕트 재열방식	중~대	중	중	대	대	가	가	가	보	고급	○	○	고급빌딩
		(2) 각 층 유닛방식	중	소	소	중~대	대	–	가	가	보	보	○	◎	사무소 건물
		(3) FCU–덕트 병용 방식(2관식)	소~중	소	중	소	소	(가)	–	–	용이	보	◎	○	고급사무소 건물, 호텔
		(4) FCU–덕트 병용 방식(4관식)	중~대	소	소	소	소	가	–	–	용이	고급	◎	○	사무소, 호텔, 병원
		(5) 유인유닛 방식(2관식)	중	소~중	중	중	소	가	–	–	용이	보	○	–	사무소, 호텔, 병원
		(6) 유인유닛 방식(3관식)	중~대	소~중	중	중	소	가	–	–	용이	고급	◎	–	고급사무소 건물, 호텔
		(7) 복사냉난방 –덕트 병용 방식	대	소	중	중	중	가	가	–	보	고급	○	○	고급사무소 건물
	전수방식	(1) FCU방식	소	소	소	소	소	소	가	–	용이	보	◎	–	–
개별방식	냉매방식	(1) 패키지 유닛방식 (소형 유닛)	소~중	소	소	소	소	가	가	–	용이	보	◎	〈○〉	중·소규모 건물
		(2) 패키지 유닛–덕트 병용방식	소~중	소	소	소	중	–	가	–	용이	보	○	○	대·중·소 규모 건물의 부분공조

[주] ① 설비비의 대·중·소는 개략이며 참고로 나타낸 것이다.
② ○표시보다 ◎표시가 보다 적합하다는 것을 나타낸다.
③ 개별제어의 '가'는 자동제어를 설치한 개별제어를 말한다.
④ FCU유닛-덕트 병용방식의 경우에서는 페리미터존에 FCU를 설치하고, 인테리어존에는 덕트를 쓴 공조방식이다. 인테리어존의 란은 생략했다.
⑤ 에너지혼합손실 가운데서 본 표에서는 재열에 의한 에너지손실을 포함시킨 경우를 나타낸다.
⑥ 시간외운전이란 통상의 경우 8시 30분부터 17시 30분 정도로, 그 이외의 잔업근무 및 야근 등의 경우를 말한다.

제6장 연습문제

1. 공조장치의 기본방식에 대해 스케치하면서 설명하여라.

답 본문 참조.

2. 단일덕트방식에 관해 스케치하면서 설명하여라.

답 본문 참조.

3. 단일덕트 · 가변풍량방식에 대해 스케치하면서 설명하여라.

답 본문 참조.

4. 각 층 유닛방식의 특성과 문제점은 무엇인가?

답 본문 참조.

5. 멀티존유닛방식과 이중덕트방식의 다른 점에 대해 기술하여라.

답 본문 참조.

6. 유인유닛방식은 FCU방식과 어떤 점이 다른가?

답 본문 참조.

7. FCU방식에는 어떤 것이 있는가? 또 FCU코일의 배관방식에 대해 스케치하면서 간단히 설명하여라.

답 본문 참조.

8. 다음 용어들을 간단히 설명하여라.

(1) VAV unit
(2) mixing unit
(3) induction unit
(4) perimeter system

답 본문 참조.

Chapter 07

덕트 및 부속설비

1. 개요
2. 송풍기와 댐퍼
3. 공기분포와 취출구

1 개요

1. 개요

덕트는 공기를 수송하는 데 사용하는 것이며, 건축설비에 있어서 덕트란 주로 환기와 공기조화를 위해 사용되는 것을 말한다. 대체로 건물의 규모가 거대해질수록 큰 사이즈의 덕트가 건축적으로 만들어지기도 하지만, 벽돌이나 콘크리트로 만들어진 덕트는 표면마찰이 크고 공기누출도 막기 어려우므로 쓰이는 예가 거의 없다.

또한 덕트는 주로 얇은 금속판으로 되어 있으며, 단면은 일반적으로 장방형과 원형의 것이 쓰인다. 그러나 타원형으로 된 유연성 있는 덕트가 사용되기도 한다. 원형 덕트 내의 공기의 흐름은 직관부에서는 [그림 7-1]에서와 같은 속도분포를 나타낸다. 이것은 관벽에서 마찰저항이 있어 관벽에 가까운 부분의 속도가 줄고 있기 때문이다. 또 장방형 덕트에서는 원형 덕트보다 더욱 복잡한 분포로 된다. 그러나 하나의 덕트에서는(공기누설이 없다면) 유로 각 단면을 통과하는 유량이 일정하기 때문에 실용적으로는 단면 내의 평균유속만을 생각하면 되는 경우가 많다([그림 7-2] 참조).

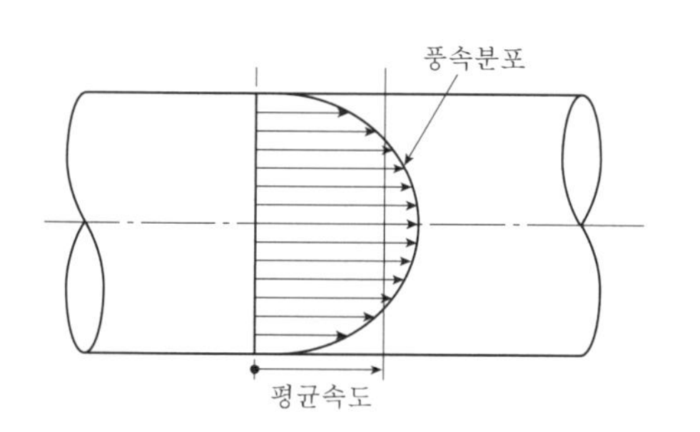

[그림 7-1] 원형 덕트의 단면속도분포

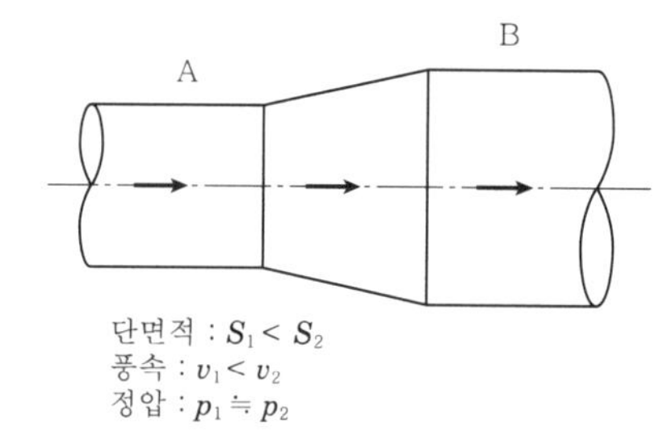

[그림 7-2] 장방형 덕트의 평균유속

2. 덕트의 종류

일반 건물의 공조설비에서 이용되는 덕트의 재질로서는 보통 아연도금철판이 많다. 그 밖에 주방 · 탕비실 · 욕실 등 아연철판으로는 부식의 우려가 있는 장소의 환기설비용 덕트에서는 알루미늄판, 스테인리스강판, 동판, 염화비닐판, 유리섬유판 등을 사용할 때도 있다.

덕트를 풍속, 형상 및 사용목적에 따라 분류하면 다음과 같다.

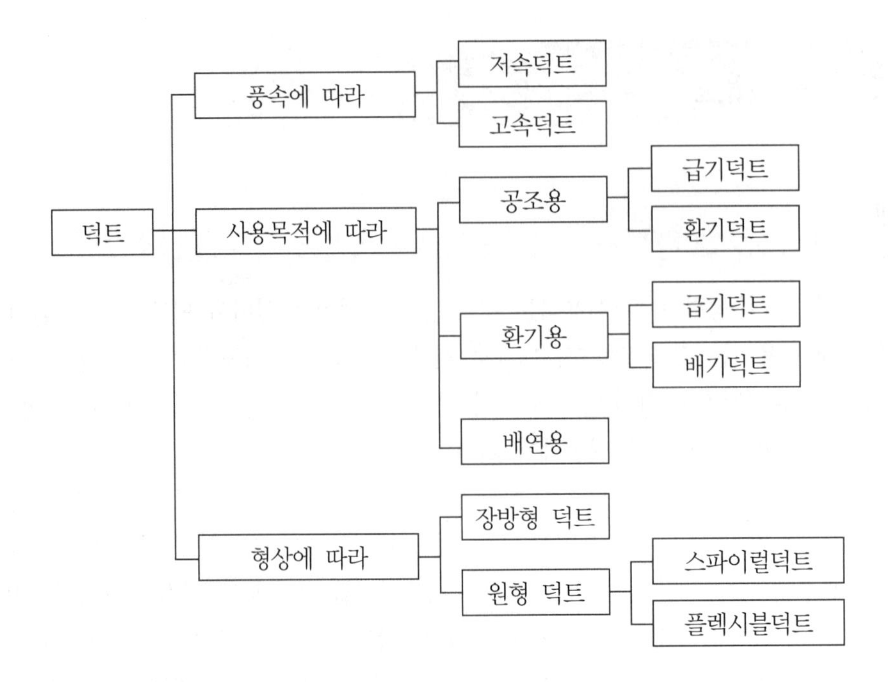

풍속에 의한 분류법 중 저속덕트는 주덕트 속의 풍속이 15m/s 이하, 정압 50mmAq 미만인 것을, 고속덕트는 풍속이 15m/s 이상, 정압 50mmAq 이상인 것을 말한다. 대체로 송풍용 덕트로서는 고속 혹은 저속덕트를, 환기용으로는 저속용 덕트를 사용한다.

형상에 따라 분류한 장방형 덕트는 주로 저속용으로, 원형 덕트는 고속용으로 사용한다. 이것은 고속덕트인 경우 덕트 내의 압력이 높게 되므로 덕트의 강도를 크게 해서 공기누설을 막는 구조로 할 필요가 있기 때문이다.

제작상으로는 공장에서 규격치수로 만든 덕트를 이용하는 프리패브식의 방법과, 시공도에 의해 공장 혹은 현장에서 판뜨기해서 만드는 방법이 있다. 원형 덕트는 주로 전자로, 장방형 덕트는 주로 후자의 방법에 의한다.

프리패브식의 원형 덕트는 띠상의 철판을 나선상으로 감아서 만든 스파이럴(spiral)덕트와 플렉시블(flexible)덕트가 있다. 스파이럴덕트의 접합부는 일반적으로 삽입이음쇠를 사용하고 비스고정과 접착제 또는 실테이프(seal tape)를 사용한다. 분기이음쇠나 곡부이음쇠는 역시 표준의 이 경관이 사용된다. 이것들은 덕트로서는 가요성(可撓性)이 없다.

플렉시블덕트는 주로 저압덕트에 사용되는 것으로서 가요성이 있고 덕트와 박스 혹은 취출구 사이의 접속 등에 사용되는 것이며, 스페이스에 장애물이 있어서 덕트를 절단해야 하는 경우 등에 사용하면 이음쇠의 수를 줄일 수 있다. 이것은 알루미늄제가 많으며, 또 이것에 보랭시공한 것도 있다. 또한 유리섬유판이나 석면판으로 내외에 알루미늄박을 붙인 것 등으로서 공장제작된 것을 사용할 때도 있다.

[그림 7-3]은 원형 덕트의 외형을 나타낸다.

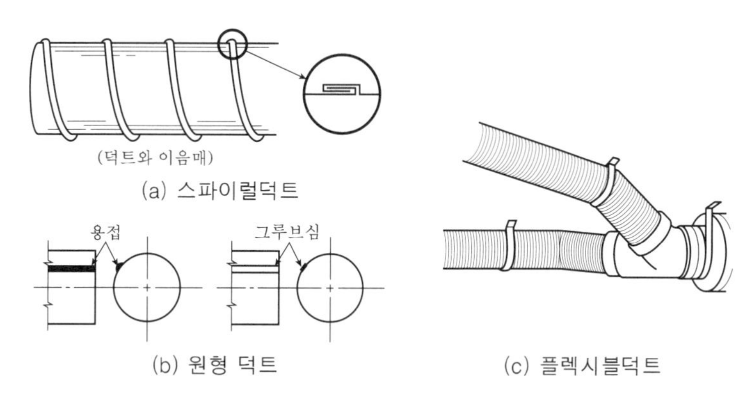

(a) 스파이럴덕트

(b) 원형 덕트

(c) 플렉시블덕트

[그림 7-3] 원형 덕트의 예

3. 덕트의 배치

덕트의 배치법은 [그림 7-4]에 나타낸 바와 같이 간선덕트, 개별덕트 및 환상(環狀)덕트방식으로 대별할 수 있다.

간선덕트방식은 1개의 주덕트에 각 취출구가 직접 고정된다. 시공이 용이하며 설비비가 싸고 덕트스페이스도 비교적 적어 공조 · 환기용에 가장 많이 사용된다.

개별덕트방식은 주택의 온풍난방의 각 실에 대량 생산된 동일량 덕트취출구를 배치, 풍량이 많이 필요한 실에는 2개 이상 취출구의 설치 등 가격 · 시공면의 장점은 있지만, 많은 덕트스페이스가 필요한 결점이 있다.

환상(環狀)덕트방식은 2개의 주덕트를 환상(環狀)으로, 말단부 취출구에서 풍량의 불균형을 개량한 방식인데, 제각기 주덕트를 단독으로 사용할 수 없는 단점이 있다.

또한 덕트의 방식은 유통기류의 방향에 따라 상향식과 하향식으로 분류할 수도 있는데, 유통기류의 순환법에 의해 단일덕트방식에 사용되는 순환식과 각 층 유닛방식에 사용되는 국부순환식이 있으며, 대규모 건물이나 고층 건물에서는 이 방식을 다양하게 병용함으로써 필요한 실내조건의 유지나 덕트가 차지하는 공간면적을 줄이고 있다.

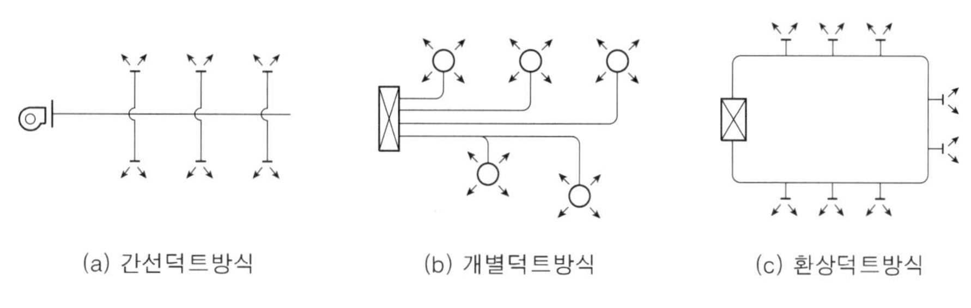
(a) 간선덕트방식

(b) 개별덕트방식

(c) 환상덕트방식

[그림 7-4] 덕트의 방식

4. 덕트의 설계

1) 덕트의 설계순서

덕트의 설계는 다음 순서로 행하지만 어느 것도 확정값은 아니므로 서로 피드백(feed-back)해서 검토한 후에 설계를 완료한다.

(1) 소요풍량과 취출구 개수

소요풍량은 공기조화를 하는 경우에는 다음 식으로 구한다.

$$Q = \frac{3{,}600 q_{SH}}{1.21(t_r - t_d)} [\mathrm{m^3/h}] \tag{1}$$

여기서, Q : 풍량($\mathrm{m^3/h}$)

q_{SH} : 현열부하(kW)

t_r : 실내온도(℃)

t_d : 취출온도(℃)

또한 환기를 하는 경우에는 필요신선외기량이라고 해서 실의 용도, 면적(또는 인원, 체적)에 따라 달라진다. 풍량과 실면적이 클 때에는 취출구는 분산되며, 취출구 개수는 많아진다.

(2) 덕트방식과 경로의 결정

고속방식인가 저속방식인가, 원형 덕트인가 장방형 덕트인가, 덕트의 재질은 어떤 것인가 등을 결정한다. 그리고 보와 외관 등을 고려해서 최적경로를 결정한다([표 7-1] 참조).

[표 7-1] 풍속선정표

구 분	저속방식						고속방식	
	권장풍속(m/s)			최대 풍속(m/s)			권장(m/s)	최대(m/s)
	주 택	공공건물	공 장	주 택	공공건물	공 장	임대빌딩	
* 공기취입구	2.5	2.5	2.5	4.0	4.5	6.0	3.0	5.5
팬흡입구	3.5	4.0	5.0	4.5	5.5	7.0	8.5	16.5
팬취출구	5~8	6.5~10	8~12	8.5	7.5~11	8.5~14	12.5	25
주덕트	3.4~4.5	5~6.5	6~9	4~6	5.5~8	6.5~11	12.5	35
분기덕트	3.0	3~4.5	4~5	3.5~4	4~6.5	5~9	10	22.5
분기입덕트	2.5	3~4.5	4	3.25~4	4~6	5~8	–	–
* 공기여과기	1.25	1.5	1.75	1.5	1.75	1.75	1.75	1.75
* 공기가열기	2.25	2.5	3.0	2.5	3.0	3.5	3.0	3.5
* 에어워셔	2.5	2.5	2.5	2.5	2.5	2.5	2.5	2.5
리턴덕트	–	–	–	3.0	5.0~6.0	6.0	–	–

[주] *는 전면적 풍속, 기타는 자유면적(free area) 풍속을 나타냄

(3) 덕트의 치수결정

덕트의 치수는 장방형 덕트인 경우에도 원형 덕트로 해서 계산하며, 후술하는 "2) 덕트의 설계법"에서 구한 직경으로부터 다음 식에 의해 장변, 단변을 구한다.

$$D_e = 1.3\left[\frac{(ab)^5}{(a+b)^2}\right]^{1/8} \qquad (2)$$

여기서, D_e : 상당직경

a : 장변

b : 단변

상당직경 D_e 는 $a \times b$인 장방형 덕트와 동일한 저항을 갖는 원형 덕트에 상당하는 것이다. 그 환산표를 [표 7-2]에 나타낸다. 일반적으로 장방형 덕트인 경우 가능하면 정방형이 되도록 하며, 종횡비(aspect ratio)는 2 : 1을 표준으로 하고, 가능하면 4 : 1 이하로 제한하고 최대 8 : 1 이상이 되지 않도록 한다.

[표 7-2] 원형 덕트와 장방형 덕트의 환산표

장변＼단변	5	10	15	20	25	30	35	40	45	50	60	70	80	90	100	110	120	130	140	150
5	5.5																			
10	7.6	10.0																		
15	9.1	13.3	16.4																	
20	10.3	15.2	18.9	21.9																
25	11.4	16.9	21.0	24.4	27.3															
30	12.2	18.3	22.9	26.6	29.9	32.8														
35	13.0	19.5	24.5	28.6	32.2	35.4	38.3													
40	13.8	20.7	26.0	30.5	34.3	37.8	40.0	34.7												
45	14.4	21.7	27.4	32.1	36.3	40.0	43.3	46.4	49.2											
50	15.0	22.7	28.7	33.7	38.1	42.0	45.6	48.8	51.8	54.7										
55	15.6	23.6	29.9	35.1	39.8	43.9	47.7	51.1	54.3	57.3	62.8									
60	16.2	24.5	31.0	36.5	41.4	45.7	49.6	53.3	56.7	59.8	65.6									
65	16.7	25.3	32.1	37.8	42.9	47.4	51.5	55.3	58.9	62.2	68.3	73.7								
70	17.2	26.1	33.1	39.1	44.3	49.0	53.3	57.3	61.0	64.4	70.8	76.5								
75	17.7	26.8	34.1	40.2	45.7	50.6	55.0	59.2	63.0	66.6	73.2	79.2	84.7							
80	18.1	27.5	35.0	41.4	47.0	52.0	56.7	60.9	64.9	68.7	75.5	81.8	87.5							
85	18.5	28.2	35.9	42.4	48.2	53.4	58.2	62.6	66.8	70.6	77.8	84.2	90.1	95.6						
90	19.0	29.9	36.7	43.5	49.4	54.8	59.7	64.2	68.6	72.6	79.9	86.6	92.7	98.4						
95	19.4	29.5	37.5	44.5	50.6	56.1	61.1	65.9	70.3	74.4	82.0	88.9	95.2	101.1	106.5					
100	19.7	30.1	38.4	45.4	51.7	57.4	62.6	67.4	71.9	76.2	84.0	91.1	97.6	103.7	109.3					
110	20.5	31.3	39.9	47.3	53.8	59.8	65.2	70.3	75.1	79.6	87.8	95.3	102.2	108.6	114.6	120.3				
120	21.2	32.4	41.3	49.0	55.8	62.0	67.7	73.1	78.0	82.7	91.1	99.3	106.6	113.3	119.6	125.6	131.2			
130	21.9	33.4	42.6	50.6	57.7	64.2	70.1	75.7	80.8	85.7	94.8	103.1	110.7	117.7	124.4	130.6	136.5	142.1		
140	22.5	34.4	43.9	52.2	59.5	66.2	72.4	78.1	83.5	88.6	98.0	106.6	114.6	122.0	128.9	135.4	141.6	147.5	153.0	
150	23.1	35.3	45.2	53.6	61.2	68.1	74.5	80.5	86.1	91.3	101.1	110.0	118.3	126.0	133.2	140.0	146.4	152.6	158.4	164.0

장변 \ 단변	5	10	15	20	25	30	35	40	45	50	60	70	80	90	100	110	120	130	140	150
160	32.7	36.2	46.3	55.1	62.9	70.6	76.6	82.7	88.5	93.9	104.1	113.3	121.9	129.8	137.3	144.4	151.1	157.5	163.5	169.3
170	24.2	37.1	47.5	56.4	64.4	71.8	78.5	84.9	80.8	96.4	106.9	116.4	125.3	133.5	141.3	148.6	155.6	162.2	168.5	174.5
180	24.7	37.9	48.5	57.7	66.0	73.5	80.4	86.9	83.0	98.8	109.6	119.5	128.6	137.1	145.1	152.7	159.8	166.7	173.2	179.4
190	25.3	38.7	49.6	59.0	67.4	75.1	82.2	88.9	95.2	101.2	112.2	122.4	131.3	140.5	148.8	156.6	164.0	171.0	177.8	184.2
200	25.8	39.5	50.6	60.2	68.8	76.7	84.0	90.8	97.3	103.4	114.7	125.2	134.8	143.8	152.3	160.4	168.0	175.3	182.2	188.9

(4) 직관부 마찰저항

덕트 내에 공기가 흐를 때 생기는 마찰저항 ΔP는 직관부에서의 마찰저항과 덕트의 변형부에서 생기는 국부저항의 합이 된다. 이때 덕트의 단면이 원형일 때 직관부 마찰저항은 덕트의 구성재료에 따른 마찰저항계수, 길이, 평균속도, 비중량 등의 증가에 따라 상승하고, 덕트직경에는 반비례한다. 즉 이 관계를 식으로 나타내면 다음과 같다.

$$\Delta P_f = \lambda \frac{l}{d} \cdot \frac{w^2}{2} \rho \tag{3}$$

여기서, ΔP_f : 직관부 마찰저항(Pa)

λ : 관마찰저항계수([그림 7-3] 참조)

l : 덕트의 길이(m)

d : 덕트의 직경(m)

ρ : 공기의 밀도(≒ 1.2kg/m^3)

w : 평균속도(m/s)

여기서 마찰저항계수 λ는 [그림 7-5]에서 덕트의 상대조도(ε / d) 및 레이놀즈수(Re)와 식 (4)에 의해 구할 수 있다.

[그림 7-5]에서 레이놀즈수 Re와 마찰저항계수 λ의 관계식은 다음과 같다.

$$\lambda = 0.0055 \left\{ 1 + \left(20,000 \frac{\varepsilon}{d} + \frac{10^6}{Re} \right)^{1/3} \right\} \tag{4}$$

$$Re = \frac{wd}{\nu} = \frac{\rho w d}{\mu} \tag{5}$$

여기서, ν : 기류의 동점성계수$\left(= \frac{\mu}{\rho}[\mathrm{m^2/s}]\right)$

ε : 덕트내면의 조도(mm)

μ : 점성계수(kg/m · s)

ρ : 밀도(kg/m^3)

d : 지름(mm)

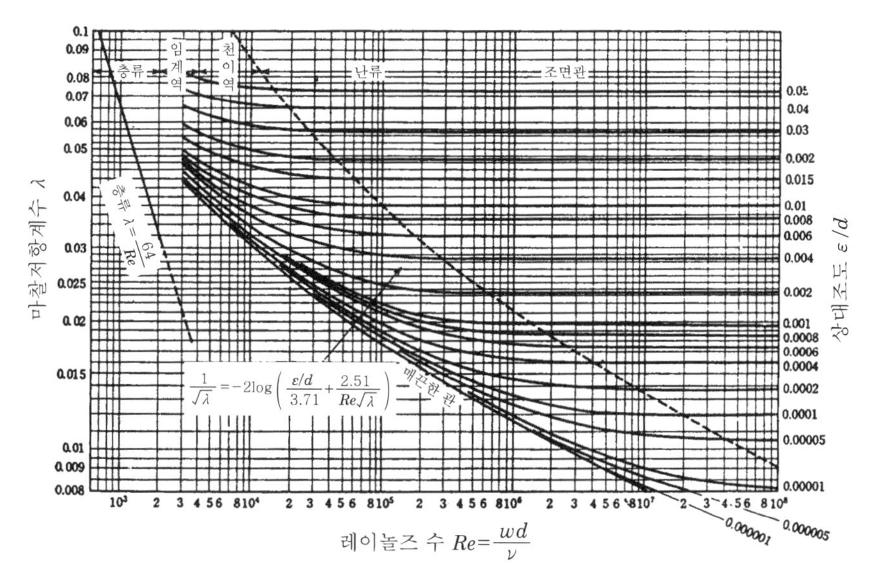

[그림 7-5] 마찰저항계수(무디선도)

(5) 국부저항

덕트의 엘보와 같은 곡관 부분이나 분기관, 합류관, 기타의 단면변화가 있는 곳 등은 흐르는 공기의 와류현상과 관마찰손실 등에 의해 직관부보다 압력손실이 크다. 이와 같은 곳에서의 압력손실을 국부저항(local resistance) ΔP_L[Pa]이라 하고 다음 식으로 표시한다.

$$\Delta P_L = \zeta w^2 \rho = \Delta P_T (\zeta\text{가 전압기준일 때}) \tag{6}$$

여기서, ΔP_T : ζ를 전압기준으로 할 때의 국부저항손실[1)]

ζ : 국부저항손실계수([표 7-3] 참조)

w : 풍속(분기관의 경우에는 분기 전 본관 내에서의 풍속을, 합류관에서는 합류 후 본관 내에서의 풍속을 취한다)(m/s)

ρ : 공기의 밀도(≒ 1.2kg/m^3)

여기서 국부저항손실계수 ζ를 전압기준으로 하면 $\Delta P_L' = \Delta P_T$로 놓을 수 있다([표 7-3]의 손실계수 ζ는 전압기준이므로 국부저항손실을 ΔP_T로 나타냈다).

한편 국부저항의 크기를 직관부 마찰저항에 상당하는 길이로 표시하여 국부저항 부분이 마치 직관부가 연장된 것으로 생각하여 다음과 같이 계산하는 경우가 있다.

---

1) ΔP_T는 국부의 전압손실을 나타내는 것이고, 정압손실을 식으로 나타낼 때에는 $\Delta P_s = \zeta_s \frac{w^2}{2}\gamma$로 한다. 이때 전압기준의 ζ와 정압기준의 ζ_s와는 다음 식과 같은 관계가 있다.

$$\zeta = \zeta_s + 1 - \left(\frac{w^2}{w^1}\right)^2$$

여기서 w_1은 국부 상류측의 풍속이고, w_2는 국부 하류측의 풍속(m/s)이다.

$$\Delta P_L' = \lambda\frac{l'}{d} \cdot \frac{w^2}{2}\rho = \lambda\frac{l'}{W} \cdot \frac{w^2}{2}\rho \tag{7}$$

여기서, l' : 국부저항의 상당길이(m)

d : 원형 덕트의 직경(m)

W : 사각덕트의 장변길이(m)

또 식 (6)과 식 (7)은 동일한 국부저항값이므로 $\Delta P_L = \Delta P_L'$로 하면

$$\zeta\frac{w^2}{2}\rho = \lambda\frac{l'}{d} \cdot \frac{w^2}{2}\rho = \lambda\frac{l'}{W} \cdot \frac{w^2}{2}\rho \tag{8}$$

따라서 국부저항의 상당길이 l'은 다음과 같이 나타낼 수 있다.

$$\frac{l'}{d} = \frac{l'}{W} = \frac{\zeta}{\lambda}$$

$$l' = d\frac{\zeta}{\lambda} = W\frac{\zeta}{\lambda} \tag{9}$$

본서에서는 전자에 해당되는 식 (8)에 대입시켜야 할 국부저항계수값을 [표 7-3]에 제시했다. 그러나 참고문헌들을 보면 식 (9)의 l'/d 또는 l'/W값을 제시하는 경우도 있다. 이때의 계산은 덕트재료에 따른 관마찰저항계수 λ에 대한 값도 대입시켜야 한다.

또 [그림 7-6]은 어떤 모양의 국부저항계수 ζ값을 [표 7-3]에서 찾았을 때 그 풍속을 알면 국부저항으로 인한 압력손실 ΔP_L을 식 (8)로 계산하지 않고 쉽게 구할 수 있다.

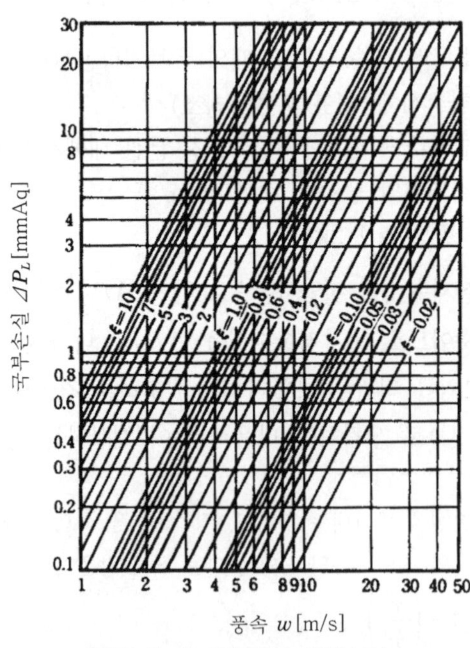

[그림 7-6] 국부손실 환산선도

한편 덕트의 치수 및 소요정압을 결정하는 데 쓰이는 단위길이당 마찰손실을 구하는 덕트저항선도를 [그림 7-7]에, 덕트의 국부저항계수를 [표 7-3]에 각각 나타낸다.

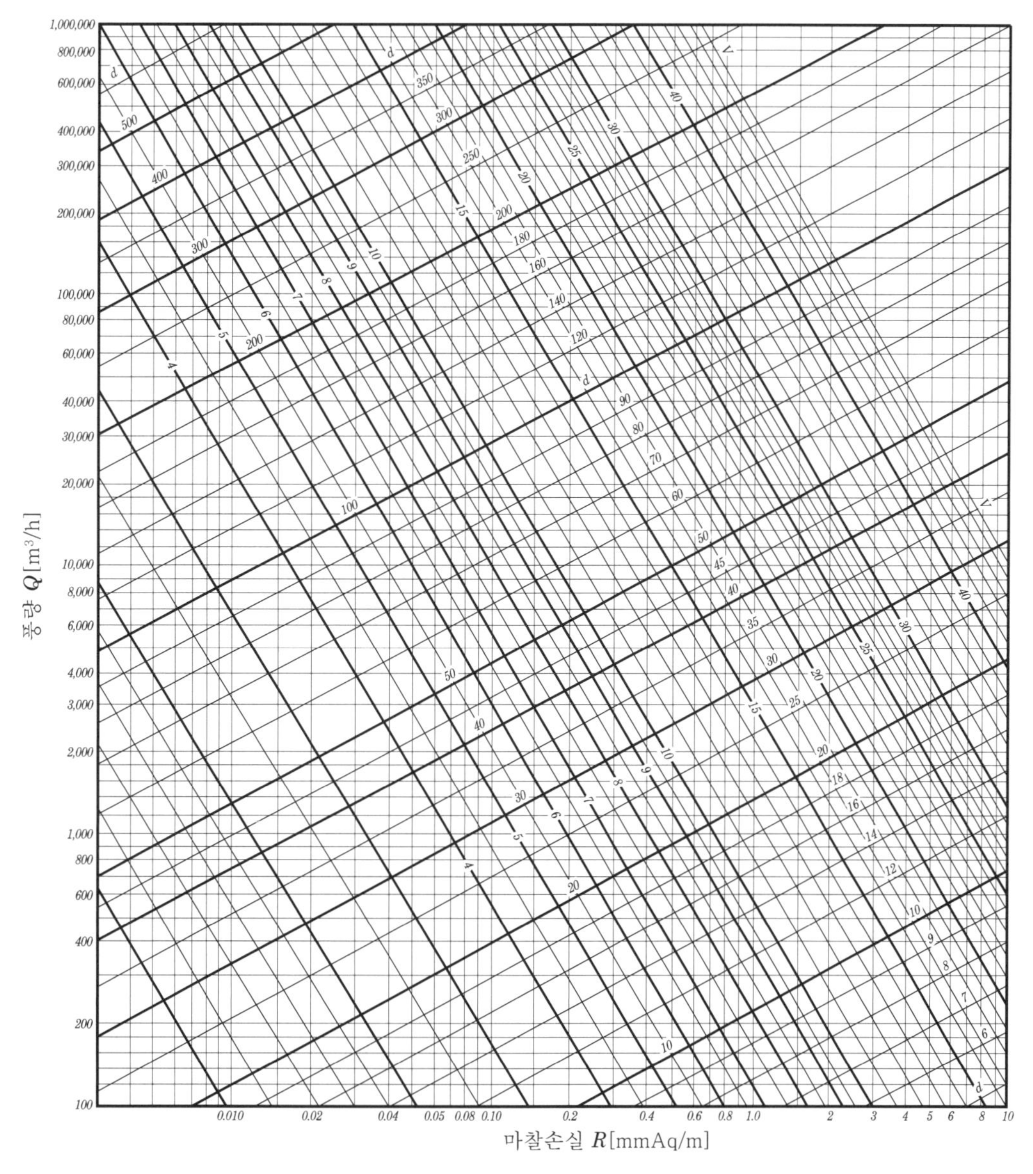

[그림 7-7] 덕트의 마찰저항선도

[표 7-3] 덕트의 국부저항계수(ζ)

명 칭	그 림	계산식	저항계수			
(1) 장방형 엘보 (90°)	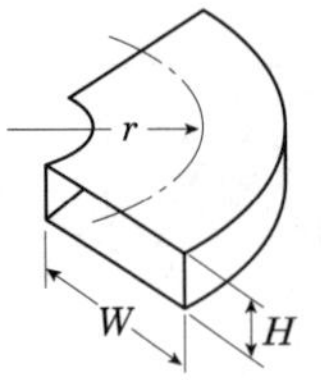	$\Delta P_t = \lambda \frac{l_e}{d} \cdot \frac{v^2}{2} \rho$	H/W	$r/W=0.5$	0.75	1.0
			0.25	$l_e/W=25$	12	7
			0.5	33	16	9
			1.0	45	19	11
			4.0	90	35	17
(2) 장방형 엘보 (90° 각형)	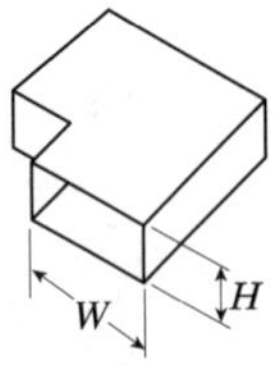	위와 같음	$H/W=0.25$		$l_e/W=25$	
			0.5		49	
			1.0		75	
			4.0		110	
(3) 베인이 있는 장방형 엘보 (2매 베인)	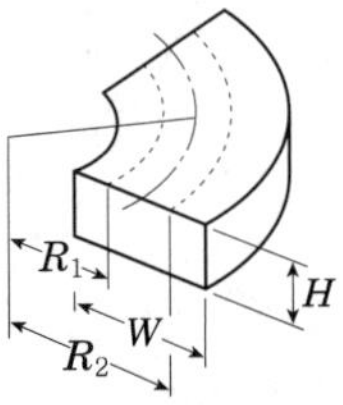	$\Delta P_t = \zeta_T \frac{v^2}{2} \rho$	R/W	R_1/W	R_2/W	C_T
			0.5	0.2	0.4	0.45
			0.75	0.4	0.7	0.12
			1.0	0.7	1.0	0.10
			1.5	1.3	1.6	0.15
(4) 베인이 있는 장방형 엘보 (소형 베인)	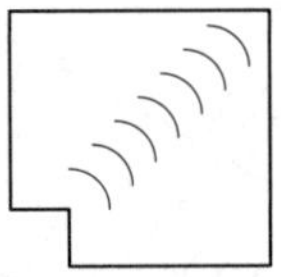	위와 같음	1매판의 베인 $\zeta_T=0.35$ 성형된 베인 $\zeta_T=0.10$			
(5) 원형 덕트의 엘보(성형)	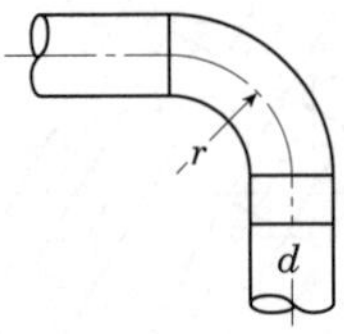	$\Delta P_t = \lambda \frac{l_e}{d} \cdot \frac{v^2}{2} \rho$	$r/d=0.75$		$l_e/d=23$	
			1.0		17	
			1.5		12	
			2.0		10	
(6) 원형 덕트의 엘보 (새우이음)	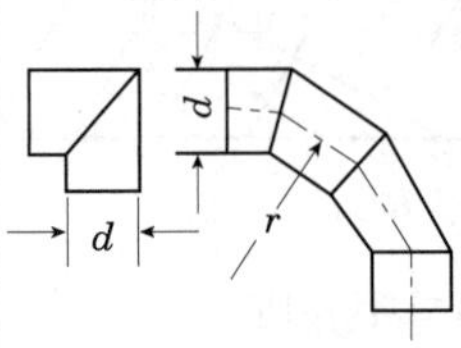	위와 같음	r/d	0.5	1.0	1.5
			2피스	$l_e/d=65$	65	65
			3피스		21	17
			4피스	49	19	14
			5피스		17	12
(7) 확대부	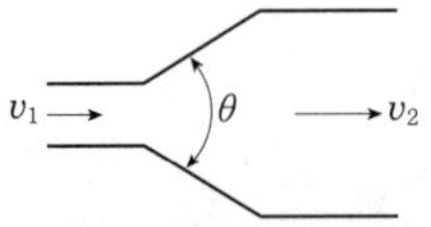	$\Delta P_t = \zeta_T \frac{\rho}{2} (v_1 - v_2)^2$	$\theta=30°$	10	20	30
			$\zeta_T=0.17$	0.28	0.45	0.59
(8) 축소부	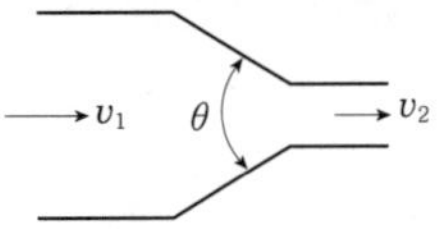	$\Delta P_t = \zeta_T \frac{v^2}{2} \rho$	$\theta=30°$	45°	60°	
			$\zeta_T=0.17$	0.04	0.07	

<table>
<tr><th>명 칭</th><th>그 림</th><th>계산식</th><th colspan="7">저항계수</th></tr>
<tr><td rowspan="4">(9) 원형 덕트의 분류</td><td rowspan="4"></td><td rowspan="2">직통관(1 → 2)
$\Delta P_t = \zeta_1 \frac{v_1^2}{2}\rho$</td><td>$v_2/v_1$</td><td>0.3</td><td>0.5</td><td>0.8</td><td colspan="3">0.9</td></tr>
<tr><td>ζ_1</td><td>0.09</td><td>0.075</td><td>0.03</td><td colspan="3">0</td></tr>
<tr><td rowspan="2">분기관(1 → 3)
$\Delta P_t = \zeta_B \frac{v_3^2}{2}\rho$</td><td>$v_3/v_1$</td><td>0.2</td><td>0.4</td><td>0.6</td><td>0.8</td><td>1.0</td><td>1.2</td></tr>
<tr><td>ζ_B</td><td>28.0</td><td>7.50</td><td>3.7</td><td>2.4</td><td>1.8</td><td>1.5</td></tr>
<tr><td rowspan="4">(10) 분류 (원추형 토출)</td><td rowspan="4"></td><td>직통관(1 → 2)</td><td colspan="7">(9)의 직통관과 동일</td></tr>
<tr><td rowspan="3">분기관(1 → 3)
$\Delta P_t = \zeta_B \frac{v_3^2}{2}\rho$</td><td>$v_3/v_1$</td><td>0.6</td><td>0.7</td><td>0.8</td><td>1.0</td><td colspan="2">1.2</td></tr>
<tr><td>ζ_B</td><td>1.96</td><td>0.27</td><td>0.97</td><td>0.50</td><td colspan="2">0.37</td></tr>
<tr><td colspan="7">위의 값은 $A_1/A_3=8.2$일 때이며, $A_1/A_3=2$이면 위 값에서 약 30% 증가시킨다.</td></tr>
<tr><td rowspan="5">(11) 분류 (경사토출) $\theta=45°$</td><td rowspan="5"></td><td>직통관(1 → 2)
$\Delta P_t = \zeta_1 \frac{v_1^2}{2}\rho$</td><td colspan="7">$\zeta_1=0.05\sim0.06$
(대개 무시한다)</td></tr>
<tr><td rowspan="4">분기관(1 → 3)
$\Delta P_t = \zeta_B \frac{v_3^2}{2}\rho$</td><td>$v_3/v_1$</td><td>0.4</td><td>0.6</td><td>0.8</td><td>1.0</td><td colspan="2">1.2</td></tr>
<tr><td>$A_1/A_3=1$</td><td>3.2</td><td>1.02</td><td>0.52</td><td>0.47</td><td colspan="2">–</td></tr>
<tr><td>3.0</td><td>3.7</td><td>1.4</td><td>0.75</td><td>0.51</td><td colspan="2">0.42</td></tr>
<tr><td>8.2</td><td>–</td><td>–</td><td>0.79</td><td>0.57</td><td colspan="2">0.47</td></tr>
<tr><td rowspan="4">(12) 장방형 덕트의 분기</td><td rowspan="4"></td><td>직통관(1 → 2)
$\Delta P_t = \zeta_T \frac{v_1^2}{2}\rho$</td><td colspan="7">$v_2/v_1<1.0$일 때는 대개 무시한다. $v_2/v_1 \geq 1.0$일 때
$\zeta_T = 0.46 - 1.24x + 0.93x^2$
$x = \left(\frac{v_3}{v_1}\right) \times \left(\frac{a}{b}\right)^{1/4}$</td></tr>
<tr><td rowspan="3">분기관(1 → 3)
$\Delta P_t = \zeta_B \frac{v_1^2}{2}\rho$</td><td>$x$</td><td>0.25</td><td>0.5</td><td>0.75</td><td>1.0</td><td colspan="2">1.25</td></tr>
<tr><td>ζ_B</td><td>0.3</td><td>0.2</td><td>0.2</td><td>0.4</td><td colspan="2">0.65</td></tr>
<tr><td colspan="7">다만, $x = \left(\frac{v_3}{v_1}\right) \times \left(\frac{a}{b}\right)^{1/4}$</td></tr>
<tr><td rowspan="6">(13) 장방형 덕트의 합류</td><td rowspan="6"></td><td rowspan="4">직통관(1 → 3)
$\Delta P_t = \zeta_T \frac{v_3^2}{2}\rho$</td><td>$v_1/v_3$</td><td>0.4</td><td>0.6</td><td>0.8</td><td>1.0</td><td>1.2</td><td>1.5</td></tr>
<tr><td>$A_1/A_3=0.75$</td><td>−1.2</td><td>−0.3</td><td>0.35</td><td>0.8</td><td>1.1</td><td>–</td></tr>
<tr><td>0.67</td><td>−1.7</td><td>−0.9</td><td>−0.3</td><td>0.1</td><td>0.45</td><td>0.7</td></tr>
<tr><td>0.60</td><td>−2.1</td><td>−1.3</td><td>−0.8</td><td>0.4</td><td>0.1</td><td>0.2</td></tr>
<tr><td rowspan="2">합류관(2 → 3)
$\Delta P_t = \zeta_B \frac{v_3^2}{2}\rho$</td><td>$v_2/v_3$</td><td>0.4</td><td>0.6</td><td>0.8</td><td>1.0</td><td>1.2</td><td>1.5</td></tr>
<tr><td>ζ_B</td><td>−1.30</td><td>−0.90</td><td>−0.5</td><td>0.1</td><td>0.55</td><td>1.4</td></tr>
</table>

2) 덕트의 설계법

(1) 등속법(equal velocity method)

먼저 덕트 내의 풍속을 정해 각 부분의 풍속을 일정히 하고 통과풍량으로부터 덕트치수를 구하는 방법으로서 등속법이라고도 한다. 이 방법은 각 부분마다 단위길이당 압력손실이 달라지며 계산이 번거로워 일반적으로는 사용하지 않는다. 주로 분체의 수송과 같은 제진장치에서 사용된다.

(2) 등압법(equal friction loss method)

단위길이당 압력손실을 일정한 것으로 해서 덕트치수를 결정하는 방법으로서 등마찰법 혹은 정압법이라고도 한다. 즉 이 방식은 덕트 내의 최대 풍속을 정하고, 이 풍속에서 송풍기로부터 가장 멀리 떨어져 있는 출구에서의 필요풍량과 송풍할 때의 전저항손실(全壓)을 산출하고, 각 분기덕트에 이르는 사이의 저항도 앞의 저항과 같게 되도록 덕트의 치수를 결정한다. 각 분기덕트의 저항은 특히 길이의 차가 크지 않은 이상 본질적으로 동일 저항을 가진다고 할 수 있다. 이 등압법은 소요정압을 내기가 간단하므로 가장 널리 사용되는 방법이다. 덕트의 레이아웃의 형이 대칭일 때는 아주 좋지만, 불균일할 때는 댐퍼를 써서 풍량조절을 해야 할 필요가 있다.

(3) 개량등압법(improved equal friction loss method)

이것은 등압법을 개량한 것으로, 먼저 등압법으로 덕트치수를 정하고 풍량분포를 댐퍼 없이도 균일하게 하도록 분기부의 덕트치수를 적게 해서 압력손실을 크게 하고 균형을 유지하는 방법이다. 그러나 이 방법에 의해 덕트 내 풍속이 너무 크게 되어 소음발생의 원인으로 되기 쉽다. 권장풍속, 최대 풍속에 대해서는 [표 7-1]을 참조하면 된다.

(4) 정압재취득법(static pressure regain method)

직선덕트 내에서 속도가 감소하면 베르누이의 정리로부터 일부의 속도에너지는 압력에너지로 변환하여 2차쪽의 압력은 증가한다. 즉 베르누이의 정리로부터 분류 등에 의해 감속하면

$$\Delta P_R = \left(\frac{v_1^2}{2}\rho - \frac{v_2^2}{2}\rho\right)[\mathrm{Pa}] \tag{10}$$

로 되는 정압을 얻을 수 있지만 분류, 확대, 축소 등의 상태변화에 의한 저항을 받기 때문에 실제로 취득하는 것은 K라는 계수를 써서

$$\Delta P_R = \left(\frac{v_1^2}{2} - \frac{v_2^2}{2}\right)\rho[\mathrm{Pa}] \tag{11}$$

로 한다.

취득정압과 마찰손실이 같게 되도록 덕트량을 결정하면 어디에서든 정압은 같게 되고, 그에 따라 잘 균형 잡힌 덕트가 결정된다. 이 식의 K는 정압재취득계수라 하며, 덕트단면 내의 풍속분포가 일정하면 이론적으로는 1이지만 실험에 의하면 원형 덕트인 경우는 0.5, 장방형 덕트인 경우는 0.75~0.9 정도의 값을 쓴다.

이와 같이 분기덕트를 빼낸 다음의 주덕트에서의 풍속 감속에 따른 정압 상승분을 다음 구간에 있는 덕트의 압력손실로 이용하는 방법을 정압재취득법이라고 하며, 정압재취득량 $\varDelta P_R$은 다음 식을 사용하여 구한다.

$$\varDelta P_R = \frac{0.00131\, l {v_2}^{1.85} \times 9.8}{d^{1.25}} [\text{Pa}] \tag{12}$$

정압재취득 계산도표를 [그림 7-8]과 [그림 7-9]에 나타낸다. 이들 그림에서 K값은 다음 식에서 구해진다.

$$K = \frac{l + l'}{Q^{0.62}} \tag{13}$$

여기서, l : 덕트의 실제 길이(m)

l' : 국부저항상당길이(m)

Q : 풍량(m^3/h)

또한 $Q^{0.62}$는 [그림 7-10]에 의해 구해진다.

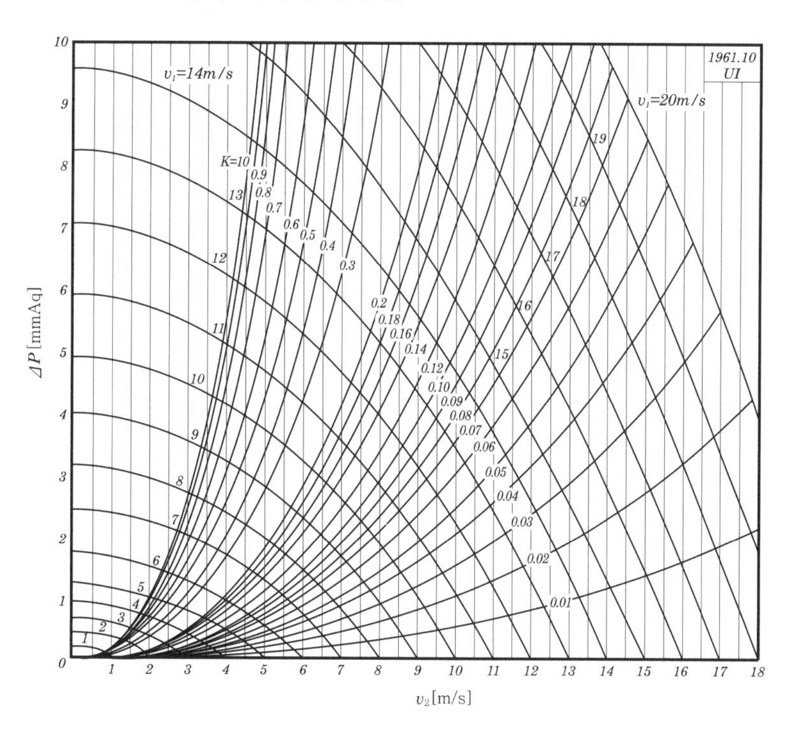

[그림 7-8] 정압재취득 계산도표(K=0.8)

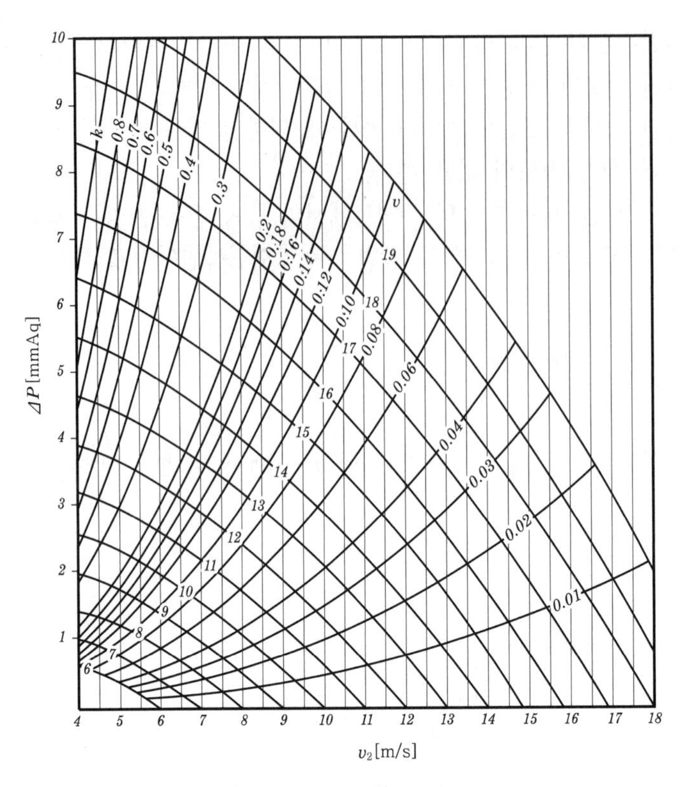

[그림 7-9] 정압재취득 계산도표(K=0.5)

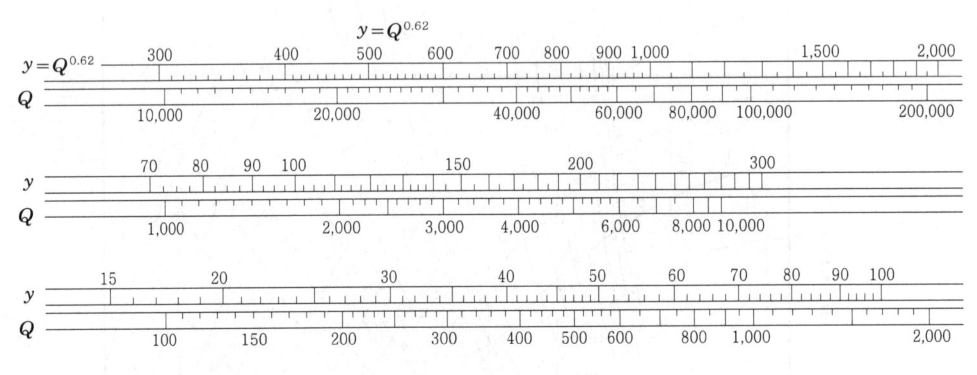

[그림 7-10] $Q^{0.62}$ 를 구하는 도표

문제 1. [그림 7-11]과 같은 계통의 덕트경(원형 덕트)을 등압법에 의해 결정하여라. 단, 저속덕트 방식으로서 공공건물의 설비로 한다.

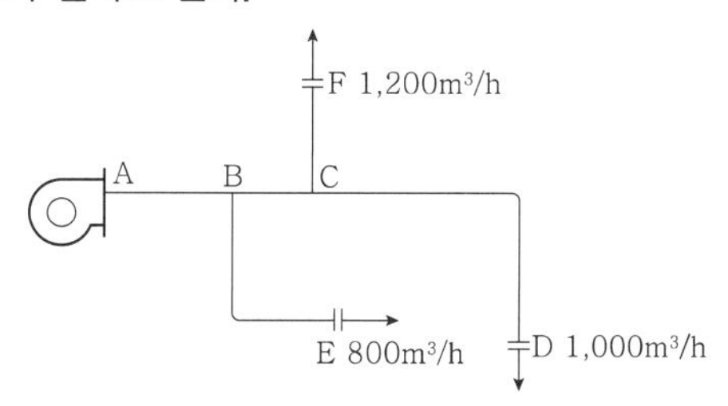

[그림 7-11] 덕트계통도

풀이 AB구간의 풍량은 1,200+1,000+800=3,000m^3/h, 공공건물의 저속덕트방식이므로 [표 7-1]에 의거하여 이 구간의 풍속을 6.0m/s로 한다. 마찰손실은 [그림 7-7]에 의하여 약 0.98Pa/m가 된다. 따라서 마찰손실을 0.98Pa/m로 해서 각 구간의 덕트경을 결정한다. [그림 7-7]을 사용해서 [표 7-4]와 같이 결정한다.

[표 7-4] 계산표

구 간	풍량(m^3/h)	마찰손실(Pa/m)	덕트경(cm)	풍속(m/s)
AB	3,000	0.98	42	6.0
BC	2,200	0.98	37	5.6
CD	1,000	0.98	28	4.7
BE	800	0.98	26	4.4
CF	1,200	0.98	29	4.8

한편 [표 7-1]에 의해 풍속을 검토한다. 만일 풍속이 과대한 경우에는 덕트경을 크게 할 필요가 있다.

문제 2. [그림 7-12]와 같은 계통의 덕트경(원형 덕트)을 개량등압법에 의거하여 결정하여라. 단, 단위압력강하는 0.98Pa/m(주덕트부에 대해서), 제한풍속은 10m/s(분기덕트부에 대해서만 적용한다), 상당길이는 굴곡부에서 5m, 분기부에서 10m로 한다. 기타 조건으로서 덕트의 길이, 풍량은 [표 7-5]와 같이 한다.

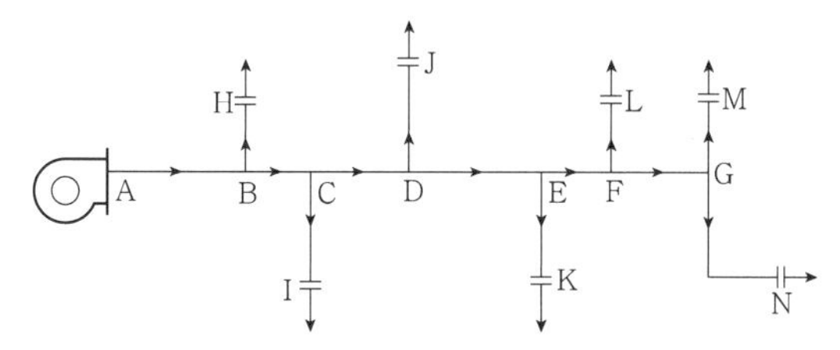

[그림 7-12] 덕트계통도

[표 7-5] 덕트의 길이와 풍량

취출풍량 (m³/h)	분기덕트길이(m)				주덕트길이(m)			
	구간	실길이	상당길이	합계	구간	실길이	상당길이	합계
H 4,000	BH	10	10	20	AB	20	5	25
I 6,000	CI	15	10	25	BC	10	0	10
J 3,000	DJ	15	10	25	CD	15	0	15
K 2,000	EK	15	10	25	DE	20	0	20
L 5,000	FL	10	10	20	EF	10	0	10
M 4,000	GM	10	10	20	FG	15	0	15
N 6,000	GN	25	15	40				

풀이 먼저 각 취출계통의 길이를 구해 [표 7-6]과 같이 작성한다. 여기에서 최대 길이는 A-N계통의 135m이므로 소요정압 1.96×135=264.6Pa이다(단위압력강하 0.98Pa/m이므로).

[표 7-6] 각 취출계통의 길이

취출계통	각 취출계통의 길이(m)(주덕트부+분기덕트부)	
A-H	AB+BH	45
A-I	AC+CI	60
A-J	AD+DJ	75
A-K	AE+EK	95
A-L	AF+FL	100
A-M	AG+GM	115
A-N	AG+GN	135

또한 각 구간별 풍량을 계산한 후 [그림 7-7]의 덕트저항선도를 이용해서 주덕트부의 덕트경과 풍속을 구하여 [표 7-7]과 같이 나타낸다.

[표 7-7] 주덕트부의 구간별 덕트경과 풍속

구 간	풍량(m³/h)		단위압력강하 (Pa/m)	덕트경 (m)	풍속 (m/s)	압력강하 (Pa)
AB	H+I+J+K+L+M+N	30,000	0.98	1.0	10.5	24.5
BC	I+J+K+L+M+N	23,000	0.98	0.94	10.1	9.8
CD	J+K+L+M+N	20,000	0.98	0.86	9.5	14.7
DE	K+L+M+N	17,000	0.98	0.81	9.2	19.6
EF	L+M+N	15,000	0.98	0.78	9.0	9.8
FG	M+N	10,000	0.98	0.66	8.2	14.7

다음에 각 계통에 균등한 압력손실이 걸리도록 분기덕트부가 담당할 압력손실과 단위압력강하를 구해야만 한다. 이를 [표 7-8]과 같이 나타낸다.

[표 7-8] 분기덕트부의 단위압력강하

분기계통	압력강하(Pa) =0.98×(최대 길이−주덕트부)	단위압력강하(Pa/m) =압력강하/분기덕트길이
B−H	107.8	5.39
C−I	98	3.92
D−J	83.3	3.33
E−K	63.7	2.55
E−L	53.9	2.70
G−M	39.2	1.96
G−N	39.2	0.98

단위압력강하가 알려지면 [그림 7−7]을 이용해서 덕트경과 풍속을 구한다. 풍속이 제한풍속을 초과하는 구간에 대해서는 분기부에서 유량조절용 댐퍼를 쓴다. 그래서 그 구간의 풍속을 제한풍속으로 억제하고 풍속과 풍량으로부터 덕트경을 결정한다. 이상의 계산으로부터 덕트경, 풍속, 댐퍼의 필요 여부, 소요정압 등을 구한 것을 [표 7−9]에 나타냈다.

[표 7-9] 분기덕트의 구간별 덕트경과 풍속

구 간	1차 산정				2차 산정		
	풍량 (m^3/h)	단위압력강하 (Pa/m)	덕트경 (m)	풍속 (m/s)	수정풍속 (m/s)	수정덕트경 (m)	댐퍼의 필요 여부
BH	4,000	5.39	0.33	13.0	10.0	0.37	필요
CI	6,000	3.92	0.42	13.0	10.0	0.46	필요
DJ	3,000	3.33	0.33	9.8	−	−	−
EK	2,000	2.55	0.30	8.0	−	−	−
FL	5,000	2.70	0.42	10.2	10.0	10.0	필요
GM	4,000	1.96	0.41	8.6	−	−	−
GN	6,000	0.98	0.55	7.3	−	−	−

문제 3. [그림 7−13]과 같은 덕트계통도에서 [표 7−10]과 같은 구간별 조건을 갖고 있을 때 정압재취득법에 의해 덕트를 설계하여라. 단, 각 취출구의 취출풍량은 모두 4,000m^3/h이고, 주덕트의 풍속은 10m/s로 한다.

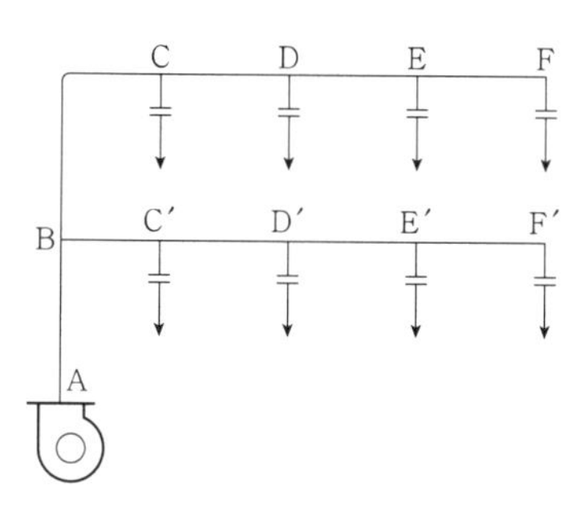

[그림 7-13] 덕트계통도

[표 7-10] 각 구간별 배관길이

구 간	실길이(m)	상당길이(m)
AB	10	10
BC	26	8
CD	8	0
DE	8	0
EF	8	0
BC′	6	4
C′D′	8	0
D′E′	8	0
E′F′	8	0

풀이 정압취득계수 $R=0.8$로 하고 [그림 7-7], [그림 7-8], [그림 7-10]에 의거하여 [표 7-11]과 같이 계산결과를 종합한다.

[표 7-11] 계산표

구 간	풍량 Q[m^3/h]	$Q^{0.62}$	실길이 l [m]	상당길이 l'[m]	$l+l'$	$k=l+l'/Q^{0.62}$	전 구간풍속 V_1[m/s]
AB	32,000	621	10	10	20	0.03	–
BC	15,000	404	26	8	34	0.08	10
CD	12,000	338	8	0	8	0.02	7.55
DE	8,000	263	8	0	8	0.03	7.00
EF	4,000	171	8	0	8	0.05	6.25
BC′	16,000	404	6	4	10	0.02	10
C′D′	12,000	338	8	0	8	0.02	9.10
D′E′	8,000	263	8	0	8	0.03	8.45
E′F′	4,000	171	8	0	8	0.05	7.50

구 간	풍속 V_2[m/s]	직경 (cm)	ΔP [Pa]	저항 (Pa/m)	구간저항 (Pa)	취출구정압 (Pa)
AB	10	105	–	7.94	15.88	33.52
BC	7.55	88	20.58	0.60	20.29	33.81
CD	7.00	80	2.94	0.59	4.90	32.05
DE	6.25	67	4.9	0.58	4.61	32.34
EF	5.30	52	5.88	0.49	3.92	34.3
				합계	49.39	
AB	10	105	–	0.79	15.80	31.56
BC′	9.10	79	7.84	0.98	9.8	29.60
C′D′	8.45	71	6.86	0.93	7.45	29.01
D′E′	7.50	62	7.84	0.90	7.25	29.60
E′F′	6.25	47	7.84	0.88	7.06	30.38
				합계	47.43	

5. 덕트의 구조와 시공

1) 덕트의 구조

(1) 덕트의 재료

덕트의 재료로는 가격이 싸고 가공하기 쉬우며 강도가 있는 아연도금철판(KSD 3506)이 가장 많이 이용되고 있으며, 공조용으로는 그 중에서 판두께 0.5, 0.6, 0.8, 1.0, 1.2mm의 것이 사용된다. 아연도금철판은 평판 또는 코일로 시판되고 있으며, 최근에는 기계화시공으로 코일의 이용이 증가하고 있다. 이 밖에도 덕트의 재료로는 알루미늄판, 동판, 플라스틱판, 스테인리스강판, 콘크리트판 등이 사용되며, 최근에는 단열 및 흡열을 겸한 글라스파이버판(glass-fiber board)에 의한 글라스울덕트 등도 이용되고 있다.

(2) 덕트의 판두께

덕트의 판두께는 덕트의 장변의 길이와 풍속을 기준으로 한 것이 권장되고 있다. [표 7-12]에는 아연도금철판의 판두께를 나타내고 있다.

[표 7-12] 아연도금철판의 판두께와 치수

판두께 (mm)	저속덕트(15m/s 이하)			고속덕트(15m/s 이상)		
	장방형 덕트의 장변치수(mm)	원형 덕트의 직경(mm)	나선형 덕트의 직경(mm)	장방형 덕트의 장변치수(mm)	원형 덕트의 직경(mm)	나선형 덕트의 직경(mm)
0.5	450 이하	500 이하	450	–	–	200 이하
0.6	400~750 이하	500~700 이하	450~750 이하	–	–	200~600 이하
0.8	750~1,500 이하	700~1,000 이하	750~1,000 이하	450 이하	450 이하	600~800 이하
1.0	1,500~1,800 이하	1,000~1,250 이하	1,000~1,250 이하	450~1,200 이하	450~700 이하	800~1,000 이하
1.2	1,800 이상	–	–	1,200~1,800 이하	700~1,250 이하	–

(3) 댐퍼 및 취출구

덕트 속을 흐르는 유량의 조절에는 댐퍼가 사용되며, 덕트에 의해 수송된 공기는 취출구를 통해 실내로 송풍된다. 이들에 대해서는 후술하는 8-2절과 8-3절에서 각각 상세히 기술한다.

(4) 지지 및 현수철물

덕트의 지지 및 현수방법은 여러 가지가 있으나 대별하여 수평덕트를 천장슬래브에 매다는데 사용하는 행거와 바닥 또는 벽체에 설치하는 수직덕트지지용 철물 등으로 나누어진다.

행거는 장방형 수평덕트의 현수철물로서 [그림 7-14]에서와 같이 천장슬래브 등에 환봉을 매달고 산형강 등의 형강을 수평으로 설치하여 그 형강에 덕트를 올려놓는 것이 일반적이다. 그러나 최근에는 [그림 7-14]의 (c)에 나타낸 바와 같이 평판 또는 철판을 D슬립, S슬립의 형상으로 접은 것을 행거로 하여 이것을 덕트의 측벽에 리벳 또는 태핑나사에 의해 설치하는 방법이 이용되고 있다.

수직덕트의 지지철물로는 [그림 7-15]에서와 같이 산형강을 사용하는 것이 일반적이며, 원형 덕트는 [그림 7-16]에 나타낸 바와 같은 행거를 이용한다. 또한 건물의 진동이나 소음을 전달하지 않도록 하기 위해서는 지지철물에 방진재를 설치하고, 관통부에도 방진재를 삽입한다.

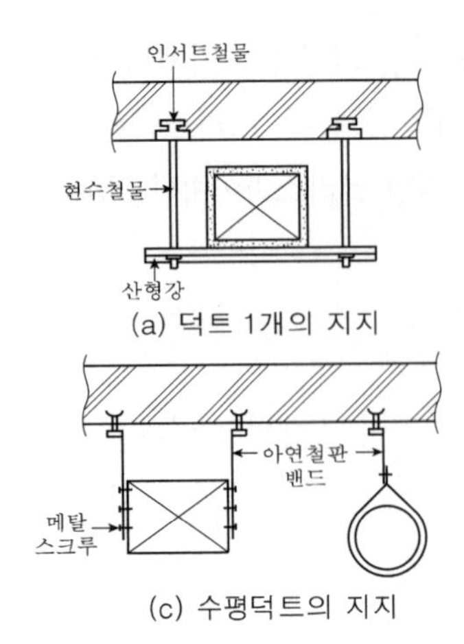

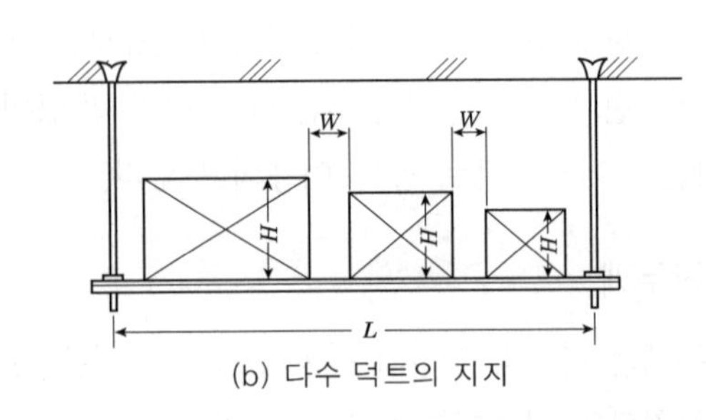

주) ① $H>500$인 경우는 $W\geq200$, $H\leq500$인 경우는 $W\geq150$으로 한다.
② $L\geq3.0$m인 경우에는 현수볼트를 중간에 하나 더 설치한다.

[그림 7-14] 수평덕트의 지지

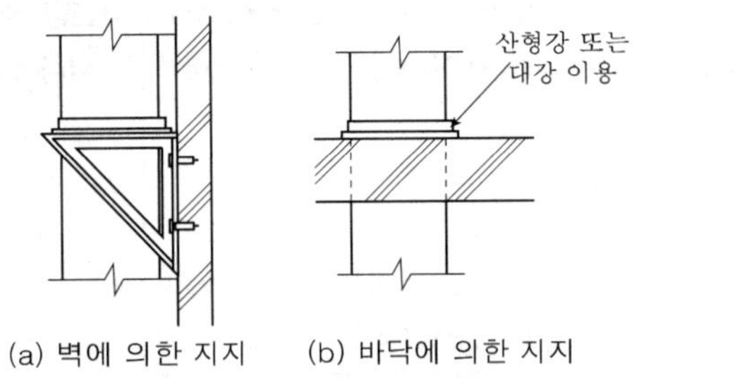

[그림 7-15] 수직덕트의 지지

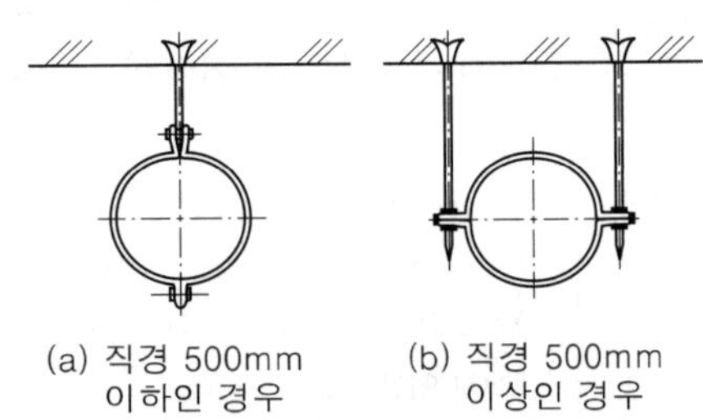

[그림 7-16] 원형 덕트의 지지

(5) 송풍기

송풍기에 관해서는 후술하는 8-2절에서 상술한다.

(6) 점검문

점검문은 [그림 7-17]에서와 같은 점검용의 문(access door)이다. 덕트 내부의 청소나 댐퍼 등의 조정점검 시 이곳으로부터 작업원이 들어가기 위한 것이며, 일반적으로 직선부에서는 15m 정도의 간격으로 댐퍼, 공조기 등의 가까이에 설치한다.

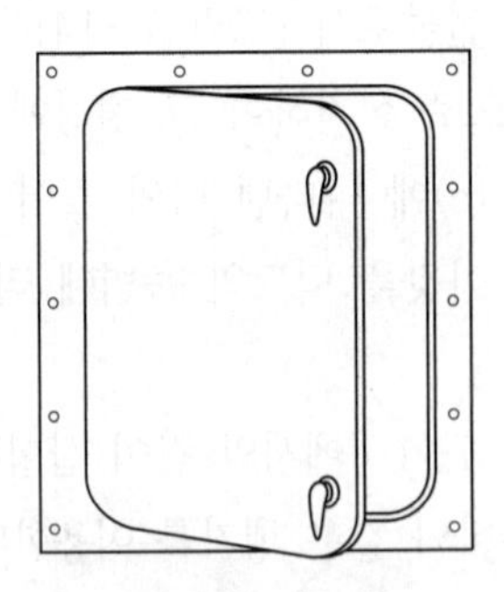

[그림 7-17] 점검문

2) 덕트의 시공

(1) 덕트공법

덕트는 종래에 직공이 아연철판을 써서 수공으로 가공 · 제작했지만, 최근에는 미국의 기계제작공법이 도입되어 이용되고 있다. 이와 같이 종래부터 사용해 온 덕트의 공작법을 재래공법이라 하며, 후자를 SMACNA(Steel Metal & Air Conditioning contractor's National Association)공법이라 부른다.

덕트의 시공은 아연철판을 구부려서 최후에 모서리 부분에서 록고정으로 하면 덕트의 모양이 된다. 록 혹은 심(lock or seam)이란 두 장의 철판을 서로 구부려서 고정시키는 공법을 의미한다. 즉 아연철판덕트는 철판을 적당한 크기로 절단하고 이음으로 접속하여 다시 각종 보강에 의해 제작한다.

덕트이음의 형식에는 [그림 7-18]에 나타낸 바와 같이 여러 가지의 것이 있으며, 장방형 덕트의 네 모서리부는 종래에는 각(角)그루브드심(grooved seam)이 쓰였지만, 최근에는 대부분 피츠버그록(pittsburgh lock)이 사용되고 있다.

[그림 7-18] 덕트의 이음매

그리고 덕트의 접속 및 보강으로서는 장방형 덕트인 경우 긴쪽 방향으로 접속하는 경우의 접속방법으로 플랜지이음 등이 사용되며, 접속에 보강을 겸하는 수직심 등도 사용된다. 즉 장방형 덕트의 보강법으로는 [그림 7-18]에 나타낸 바와 같은 방법 이외에 [그림 7-19]에 제시되어 있는 각종 심과 다이아몬드브레이크 또는 평행보강리브(rib) 등을 사용하고 있다.

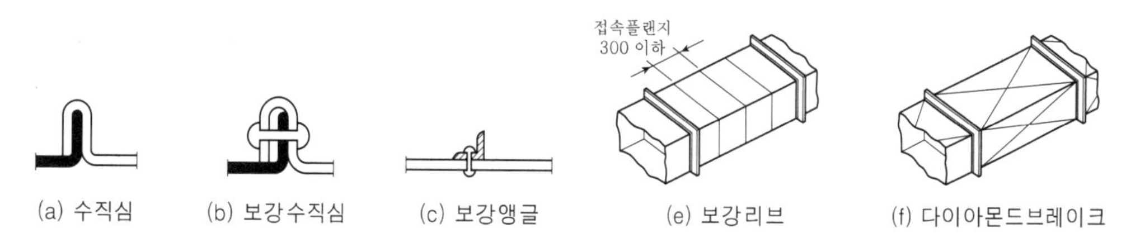

[그림 7-19] 덕트의 보강

원형 덕트의 이음과 접속은 [그림 7-20]과 [그림 7-21]에 나타낸 바와 같이 한다. 접속은 플랜지이음 또는 삽입이음매에 의한다. 덕트의 플랜지 접속부에는 두께 3mm의 석면판이나 석면테이프 또는 내구성이 있는 양질의 고무나 불건성 합성수지의 패킹을 사용한다. 또 원형 덕트에서 삽입이음매를 사용하는 경우에는 접합하기 전에 끼워 넣는 부분의 바깥면에 불건성 실(seal)제를 충분히 도포하여 끼워 넣고, 구경이 큰 것은 판금비스 여러 개로 고정하며 이음 부분에 덕트테이프를 이중으로 감는다.

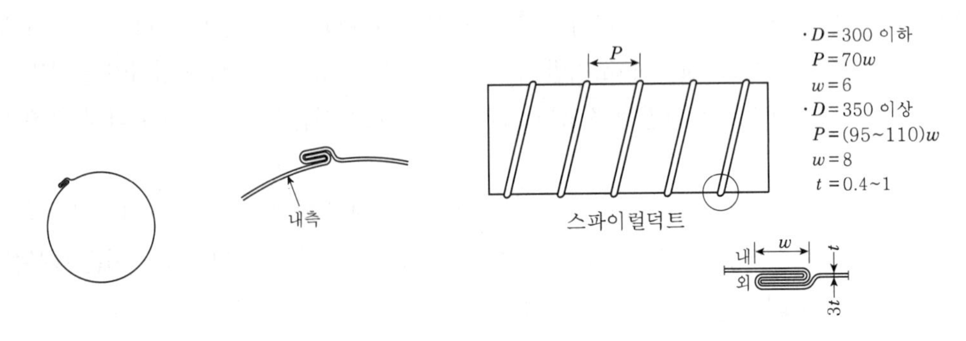

[그림 7-20] 원형 덕트의 이음

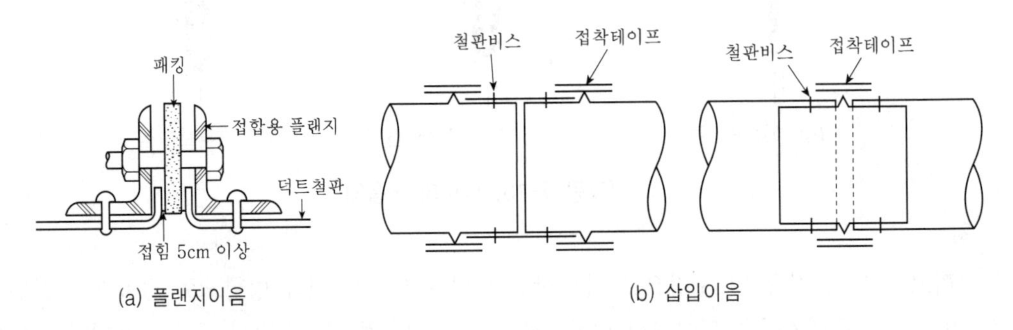

(a) 플랜지이음 (b) 삽입이음

[그림 7-21] 원형 덕트의 접속

또한 종래에는 앞서 말한 바와 같은 각종 이음 및 보강 등이 사용되어 왔으나, 최근에는 이 외에 [그림 7-22]에 나타낸 각종 형식들을 사용하고 있는데, 이를 SMACNA공법이라 한다. 이 공법은 미국의 덕트공조업자협회에서 제작한 공조 · 환기용의 덕트공법이며, 재래공법과 같이 각그루브드심, 피츠버그록, 앵글을 주체로 한 것이 아니며, 철판을 구부려 만든 이음을 주체로 해서 기계가공을 하여 중량 · 재료비 · 제작시간을 절감하고 있다. 특히 형강은 장방형 덕트의 장변 2,100mm 이하에서는 보강에 약간 사용될 뿐이며, 소형 덕트에서는 전혀 사용되지 않는다.

SMACNA공법에 의한 장방형 덕트의 이음매와 접속보강을 [그림 7-22]에, 또 SMACNA공법덕트의 일례를 [그림 7-23]에 나타내는데, 일반적으로 덕트의 이음매는 장변 2,250mm 이하의 덕트에서는 버튼펀치스냅록(button punch snap lock)을 표준으로 하지만, 복잡한 곡관과 이형관 등에는 피츠버그록을 쓰면 좋다.

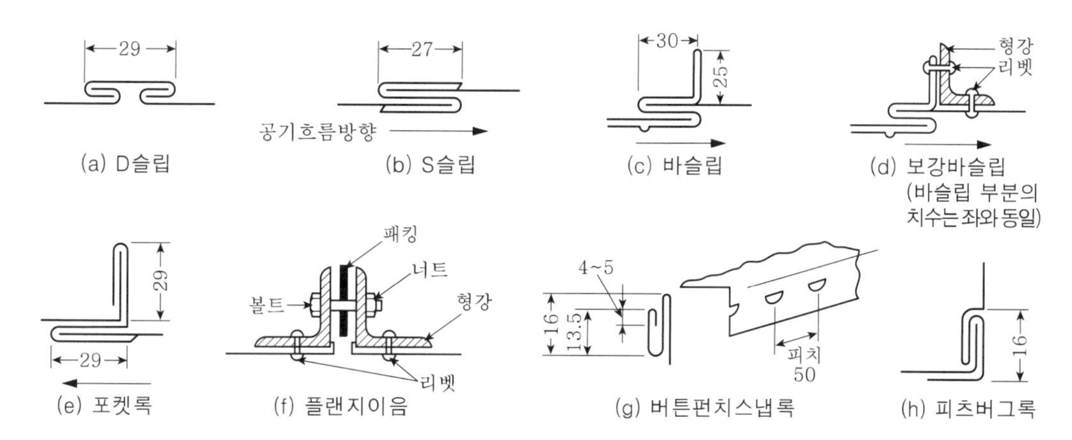

[주] ① 상기 치수는 개략치수이다(단위 : mm).
② 바슬립, 포켓북은 이 치수 외에 높이(*) 38mm의 것도 쓴다.
③ 화살표는 기류방향을 표시한다.

[그림 7-22] SMACNA공법에 의한 덕트의 이음매와 접속부

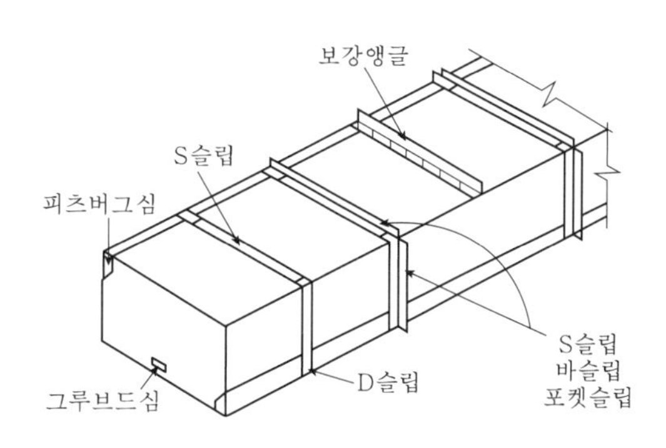

[그림 7-23] SMACNA공법의 덕트

한편 이와 같은 덕트공법에 의한 덕트의 계통별 배치 예를 저속덕트와 고속덕트인 경우로 나누어 살펴보면 [그림 7-24]와 [그림 7-25]에 나타낸 바와 같다.

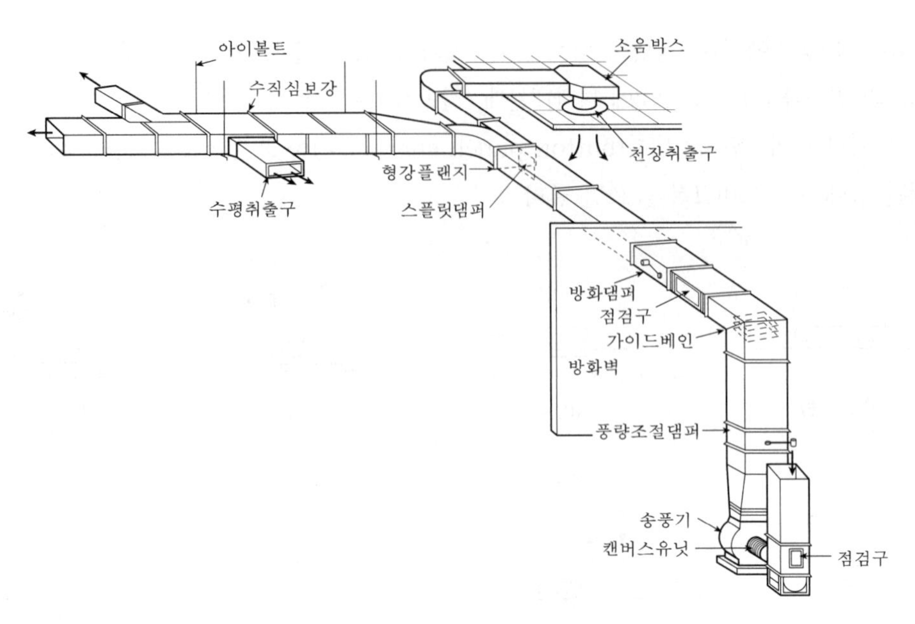

[그림 7-24] 장방형 덕트의 접속 예

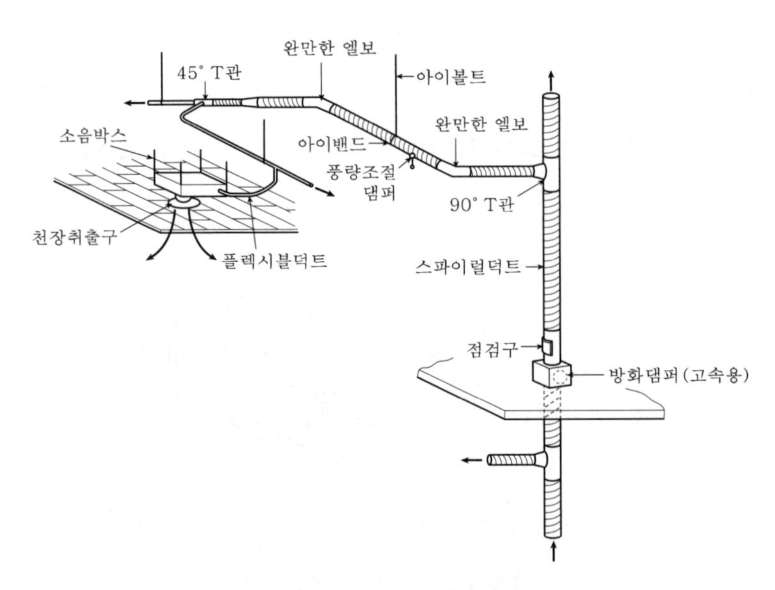

[그림 7-25] 원형 덕트의 접속 예

(2) 덕트의 변형과 분기

① 덕트의 곡률반경 : 덕트굽힘부의 안쪽 반경은 덕트의 폭 이상으로 하며 부득이할 때는 폭의 1/2까지로 한다. 원형 덕트일 때는 그 반경 이상으로 한다([그림 7-26] 참조). 또한 곡률반경이 이보다 적은 경우나 직각으로 구부러질 때는 굽힘부에 안내날개(guide vane)를 설치하여 기류가 기울지 않게 한다.

② 덕트의 확대 · 축소 : 배관 도중에서 단면을 바꿀 때 갑자기 바꿔서는 안 된다. 경사를 두어서 점차로 형상을 바꾼다. 즉 형태를 변형하는 경우의 변형각도는 가급적 적을수록 좋으며, [그림 7-27]에 나타낸 바와 같이 경사도는 확대부에서 15° 이하, 축소부에서 30° 이하가 되도록 한다.

③ 덕트의 분기 : 덕트를 분기할 때는 그 부분의 기류가 흩어지지 않도록 주의해야 하며, 원칙적으로 덕트굽힘부 가까이에서 분기하는 것은 피하는 것이 좋다. 덕트를 분기하는 방법으로는 [그림 7-28]에 나타낸 바와 같이 베인형, 직각취출형, T형 등이 있다. 또한 굽힘부 가까이에서 부득이 분기를 해야 하는 경우에는 되도록 길게 직선배관하여 분기하는데, 그 거리가 덕트폭의 6배 이하일 때는 [그림 7-29]에서와 같이 굽힘부에 가이드베인을 설치하여 흐름을 갖추고 난 뒤 분기한다. 한편 원형 덕트에서는 [그림 7-30]에 나타낸 바와 같이 Y형 이음을 사용하거나 직각분기인 경우에는 분기부를 원추형 T로 하여 분류저항을 적게 해야 한다.

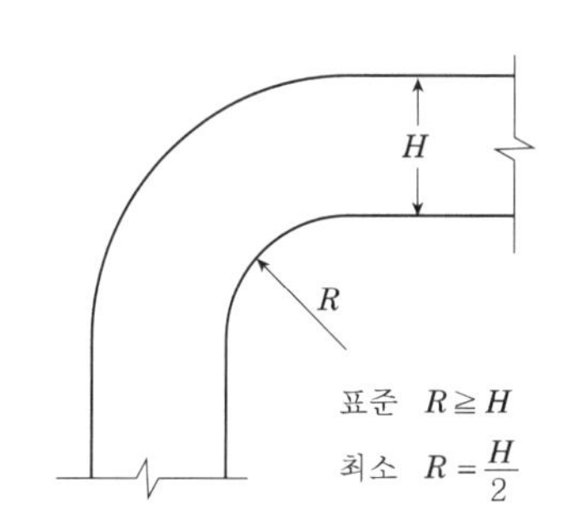

[그림 7-26] 덕트의 굽힘반경

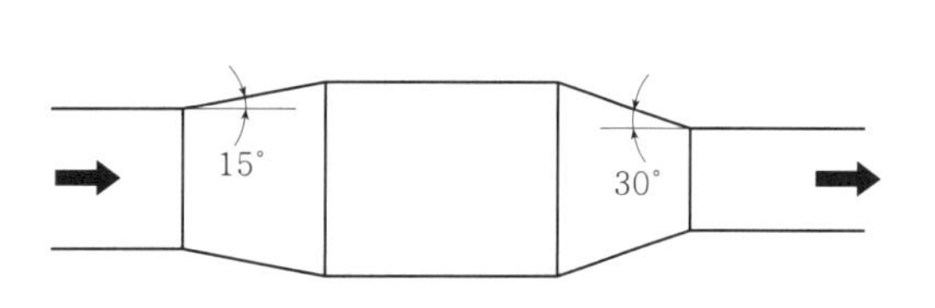

[그림 7-27] 덕트의 확대와 축소

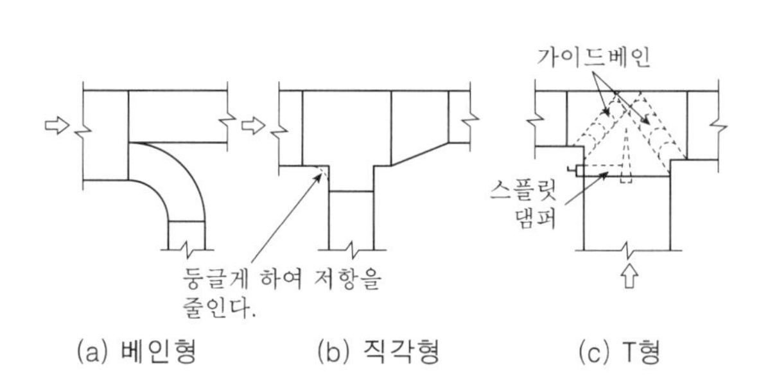

[그림 7-28] 장방형 덕트의 분기

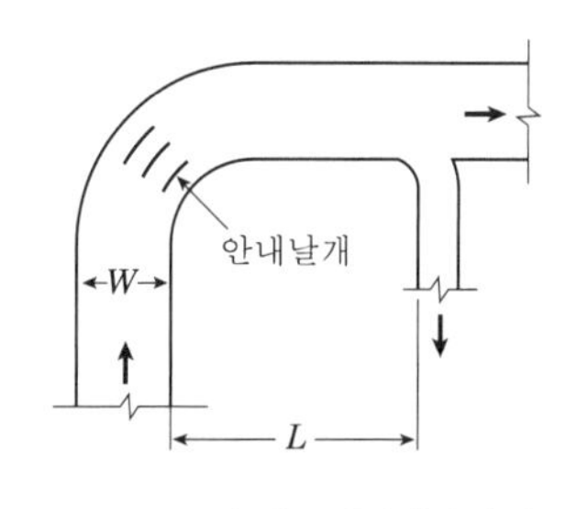

[그림 7-29] 굽힘부에 가까운 분기법

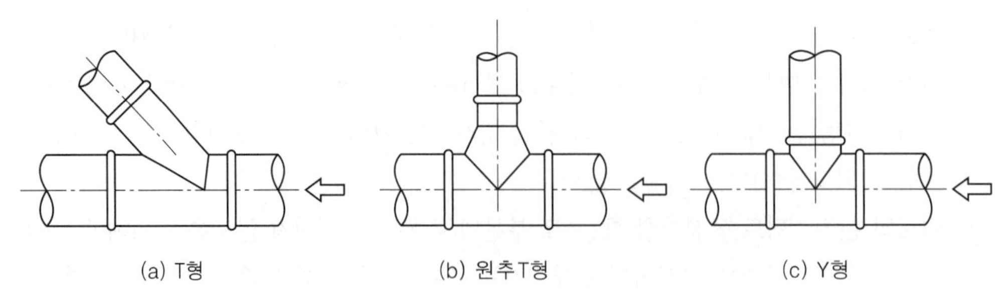

[그림 7-30] 원형 덕트의 분기

(3) 덕트의 수밀과 기밀유지

욕실, 주방 등의 배기덕트에서는 배기 중의 수증기나 기름기가 냉각되어 응축하면 물방울, 기름방울로 되어 덕트 속을 흐르게 되며 플랜지부 또는 이음부에서 외부로 누출되는 경우가 있다. 이와 같은 우려가 있는 경우에는 플랜지부 또는 이음부에 실제를 도포하거나 납땜을 하여 기밀 · 수밀을 유지하고 덕트의 낮은 부분에 물빼기 및 기름빼기를 설치한다.

또한 덕트의 이음형식에 의해 그 길이와 덕트 내외의 압력차에 비례하여 덕트에서 공기가 누설한다. 이 공기의 누설량은 덕트제작의 기능도에 따라 좌우되며 일반적으로 전 송풍량에 대해 3~10% 정도이다. 이러한 공기의 누설은 공조성능에 영향을 미치게 되며 소음발생의 원인이 된다. 특히 고속덕트에서는 덕트 내의 정압이 높기 때문에 누설되기 쉬우며 성능에 미치는 영향도 크다. 따라서 공기의 누설을 적게 하고자 하는 경우에는 이음 부분을 실제 등을 사용하여 충분히 밀폐시켜야 한다.

(4) 덕트의 흡음장치

덕트를 통해 전달되는 소음의 원인에는 여러 가지가 있지만 송풍기에 의한 것이 가장 크다. 이 소음은 덕트를 지나는 동안 다소 감소하나 취출구를 통해 실내에 전달되므로 [그림 7-31]에 나타낸 것과 같은 흡음장치에 의해 실내에 영향을 미치기 전에 흡음하여 발생소음이 허용소음 이내로 유지되도록 한다. 이와 같이 덕트에 접속하고 있는 기계로부터의 발생음이나 기류 · 풍압으로 덕트 내에 생기는 음이 취출구 등에서 나오는 것을 방지하기 위해서는 덕트 내면에 흡음재를 붙이거나 소음기 혹은 소음체임버를 설치하면 효과적이다.

흡음장치는 [그림 7-31]과 같이 여러 가지 종류가 있는데, [그림 7-31]의 (a)는 안쪽의 흡음재 붙임면적이 송풍기 출구면적의 10배 이상이 되지 않으면 흡음효과를 높일 수 없으므로 격벽을 설치하는 등의 방법으로 흡음면적을 증가시킬 수 있다. 이것은 주로 송풍기에서 발생한 저주파음을 흡수하는 것을 목적으로 한다. [그림 7-31]의 (b)는 가장 많이 사용되는 것이며, 소음의 감쇠량은 안쪽 붙임길이에 비례하고 덕트단면의 원둘레와 단면적의 비에 비례한다.

[그림 7-31]의 (c)와 (d)는 덕트의 단면적이 큰 경우에 사용되는 것이며, 안쪽 붙임덕트의 효과 외에도 면적변화에 의한 음의 감쇠효과를 노린 것이다. [그림 7-31]의 (e)는 덕트의 둘레에 공조기(共鳴器)를 부착한 것으로서 저주파분을 흡음시키기 위해 사용된다. [그림 7-31]의 (f)는 취출구에서 흡음하는 것이며 고속덕트방식에서 사용된다.

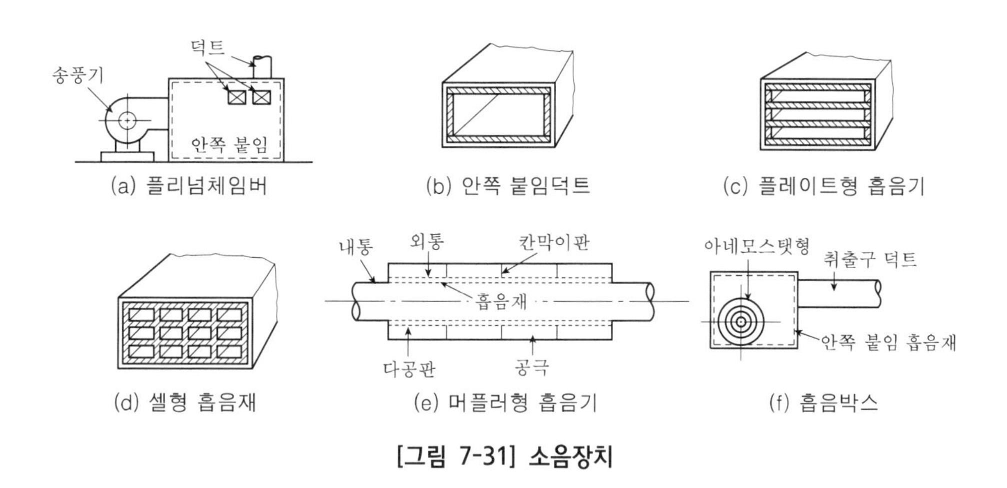

[그림 7-31] 소음장치

(5) 덕트의 단열

난방용의 온풍이나 냉방용의 냉풍의 송풍덕트는 보온 · 보랭 · 방로의 목적으로 전체적으로 단열한다. 다만, 외기도입용 덕트나 배기덕트 등에서 결로의 우려가 없는 경우에는 단열하지 않아도 된다. 또한 환기덕트는 주위공기의 온습도상태에 따라 단열을 하는 경우와 하지 않는 경우로 구분한다. [그림 7-32]에는 옥내 노출덕트인 경우의 덕트단열시공의 일례를 나타냈는데, 일반적으로 단열재 두께는 덕트가 25mm, 공조기와 송풍기 등은 50mm가 적용되고, 좀 더 정확한 두께는 단열 계산에 의해 구해져야 한다.

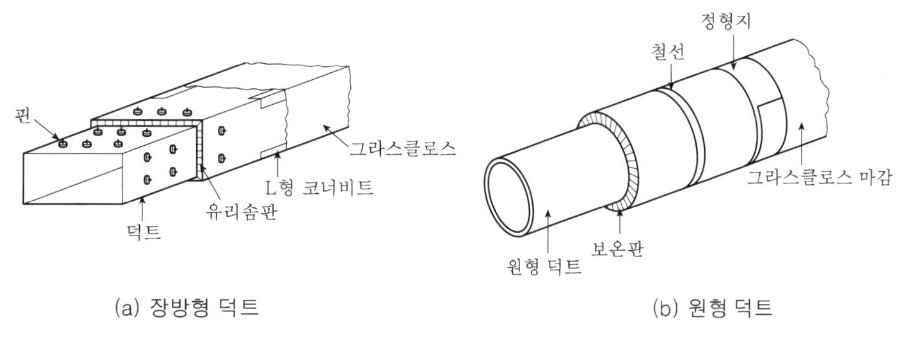

[그림 7-32] 덕트의 단열시공법

2 송풍기와 댐퍼

1. 송풍기

1) 송풍기의 종류

일반적으로 기체의 압송(壓送)을 하는 것을 송풍기라고 부른다. 송풍기는 공기의 흐름방향에 따라 다음과 같이 축류식과 원심식으로 대별되지만, 일반적으로는 덕트가 길어지고 그에 따라 송풍기의 압력도 높아지게 되므로 주로 원심식 송풍기가 많이 사용된다. 또 이들 송풍기의 날개는 400~600회전/분 정도로 운전되며, 그 통풍압력은 장치의 형식과 장소에 따라서 다르나 일반적으로 1,471Pa(150mmAq) 정도이다. 대형 건물에서는 2,942Pa(300mmAq), 100마력인 대형의 것도 사용된다.

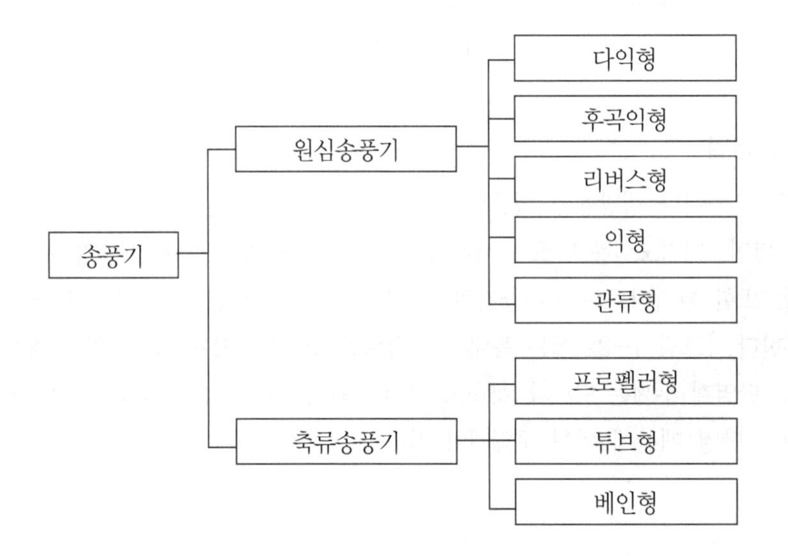

송풍기를 나온 공기는 급기덕트를 통해 실내로 보내지는데, 중앙식 공기조화에 있어서는 대체로 풍량이 상당히 많아지므로 덕트의 치수도 커진다. 덕트의 치수는 공기속도에 반비례하지만, 주택과 같은 소규모 건물에 설비하는 공조용 덕트에서는 덕트 내 풍속이 주덕트에서 기껏해야 5m/s 정도이며, 분기덕트에서는 3~4m/s 정도이다. 아파트와 같은 대규모 건축물에서는 덕트 내 풍속이 주덕트에서 10m/s 정도, 분기덕트에서 5~6m/s 정도로 하는 경우도 있다. 외기 취입구에서는 4m/s 정도, 취출구에서는 1.5~2m/s로 한다. 또한 대규모 상업건축에서는 덕트가 차지하는 공간을 절약하기 위해 주덕트 속의 풍속을 최고 20m/s 정도로 상승시키고 있다. [표 7-13]에는 각종 송풍기의 특성과 용도를 나타내었다.

[표 7-13] 송풍기의 분류와 특성

구분	종 류	날개형태	특성곡선	특 성	성능: 풍량 (m^3/min)	성능: 정압 (Pa)	성능: 효율(%)	성능: 비소음	비교 크기	용 도
원심식 송풍기	다익형 (시로코팬)			압력곡선에 凹부가 있다. 동력곡선도 오목형, 저항변화에 대해 풍량·동력변화가 크다. 운전이 정숙하다.	10 ~ 2,800	98 ~ 1,225	45 ~ 60	35 ~ 40	100%	환기·공조용 (저속덕트)
원심식 송풍기	후곡익형 (터보형)			고회전·고압·고능률, 동력곡선 볼록형이며 과부하가 없다. 저항에 대해 풍량·동력변화가 비교적 적다.	20 ~ 3,000	980 ~ 2,450	70 ~ 80	55 ~ 65	112%	공조송·배풍용 (고속덕트)
원심식 송풍기	리버스형 (리밋로드팬)			터보형과 거의 같다. 동력곡선의 리밋로드성이 현저하다.	100 ~ 3,000	98 ~ 1,470	55 ~ 65	40 ~ 45	175%	공조용(중규모 저속덕트), 공장환기용
원심식 송풍기	익형 (에어포일팬)			압력곡선의 점이 풍량 40% 정도이며, 터보형과 거의 같다.	100 ~ 3,000	1,225 ~ 2,450	70 ~ 80	25 ~ 30	128%	공조용 (고속덕트)
원심식 송풍기	관류형 (크로스플로팬)			압력곡선은 볼록형, 다익형과 거의 같다.	3 ~ 20	0 ~ 78.4	40 ~ 50	30	200%	팬코일유닛, 에어커튼, 순환회로용
축류식 송풍기	프로펠러형 (대형은 가변피치)			압력 상승은 적고 우하향이며 압력·동력은 풍량 0에서 최대이고, 저항에 대해 풍량·동력변화는 적다.	20 ~ 500	0 ~ 98	10 ~ 50	45	88%	유닛히터, 환기팬, 소형 냉각탑용
축류식 송풍기	튜브형			베인형에 비해 압력 상승은 적고 거의 같다.	500 ~ 5,000	49 ~ 147	55 ~ 65	45	98%	국소환기용, 대형 냉각탑용
축류식 송풍기	베인형			압력곡선은 급경사로 굴곡이 있고 동압이 크다. 동력은 풍량 0에서 최대이다. 계획풍량 외 효율은 급감소한다.	40 ~ 1,000	98 ~ 784	75 ~ 85	40	98%	국소환기용

[주] Q : 풍량, P_r : 전압, P_s : 정압, L : 축동력, η : 전압효율, 풍압, 풍량은 일반적으로 사용되는 것임

2) 송풍기의 동력 계산

송풍기의 동력은 다음 식에 의해 계산된다.

$$S = \frac{QH}{6,120\eta}[\text{kW}] \tag{14}$$

여기서, S : 송풍기의 동력(kW)

Q : 풍량(m^3/min)

H : 풍압(mmAq)

η : 효율(전곡형 0.4～0.6, 후곡형 0.7～0.8)

또한 [그림 7-33]의 송풍기의 동력 계산도표를 이용해서 구할 수도 있다. 예로서 $Q=100m^3$/min, $H=90$mmAq, $\eta=0.5$일 때 Q, H를 연결한 직선(I)에 의해 교점 A를 정하고, 다음에 η와 점 A를 연결한 직선(Ⅱ)의 연장선상에 점 B(4HP)를 구하면 이 점 B가 구하는 송풍기의 소요마력이 된다.

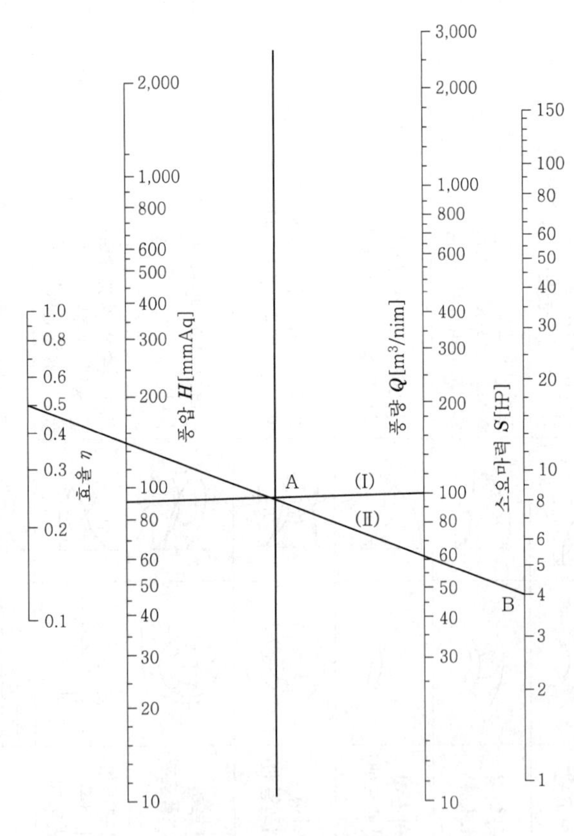

[그림 7-33] 송풍기의 동력 계산도표

3) 송풍기와 덕트의 접속

송풍기의 성능은 공장에서 이상적인 상태로 운전 · 측정되어 결정되는 일이 많으나, 현장에 설치하여 덕트를 접속할 때에 접속덕트의 상태는 결코 성능시험 시와 같은 이상적인 상태를 기대할 수 없으므로 송풍기 성능의 저하를 초래하는 경우가 많다. 따라서 송풍기를 현장에서 덕트와 접속할 때는 다음과 같은 여러 가지 면에 주의를 기울여야 한다.

① 송풍기의 흡입구 · 토출구에 대한 덕트의 접속은 흐름의 편향, 급격한 방향전환이나 확대 · 축소 등이 일어나지 않도록 해야 한다.

② 송풍기의 토출측 덕트는 [그림 7-34]의 (a)에 나타낸 바와 같이 토출구 입구에서 경사를 두어 덕트와 접속하며, 또 토출 및 흡입덕트를 송풍기에서 바로 구부릴 경우에는 [그림 7-34]의 (b)와 같이 송풍기 날개직경의 1.5배 이상 직선덕트를 만들고 그것에서 굽히는 편이 좋다. 실제로는 기계실, 기타의 관계로 송풍기 가까이에서 직각으로 굽힐 때가 많다.

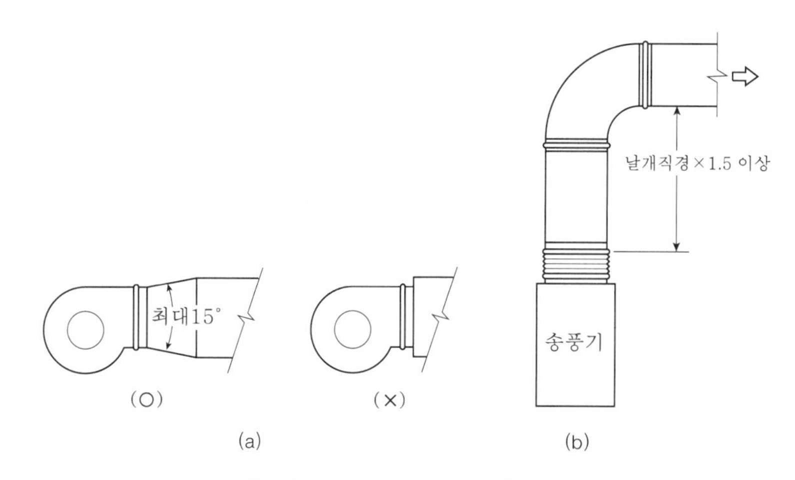

[그림 7-34] 송풍기의 토출덕트

③ 흡입구 접속덕트는 가능하면 큰 치수로 하고, 벽이나 장애물이 흡입구 부근에 있을 때에는 그것과의 거리를 멀리 잡아야 한다. 또한 송풍기의 축방향에 직각으로 접속되는 덕트의 폭은 [그림 7-35]와 같이 흡입구경의 1.25배 이상으로 하고, 이것보다 작을 때는 가이드베인을 설치한다.

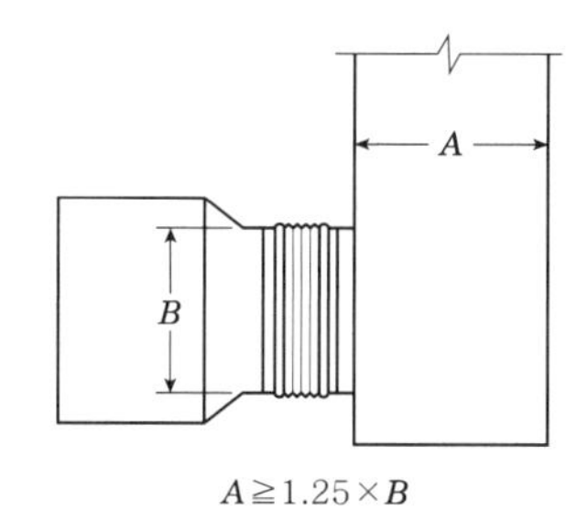

[그림 7-35] 송풍기의 흡입덕트

④ 송풍기와 덕트의 접속에는 길이 150～300mm 정도의 캔버스이음쇠(canvas connection)를 삽입한다. 이것은 송풍기의 진동이 덕트나 장치에 전달되는 것을 방지하기 위해 송풍기의 토출측과 흡입측에 설치하는 것이다. 캔버스이음쇠의 재료는 보통 석면포 등을 사용하며, 설치할 때는 느슨하게 해야 한다. 이것의 설치 예를 [그림 7-36]에 나타내는데, 가요이음쇠(flexible connection)라고도 부른다.

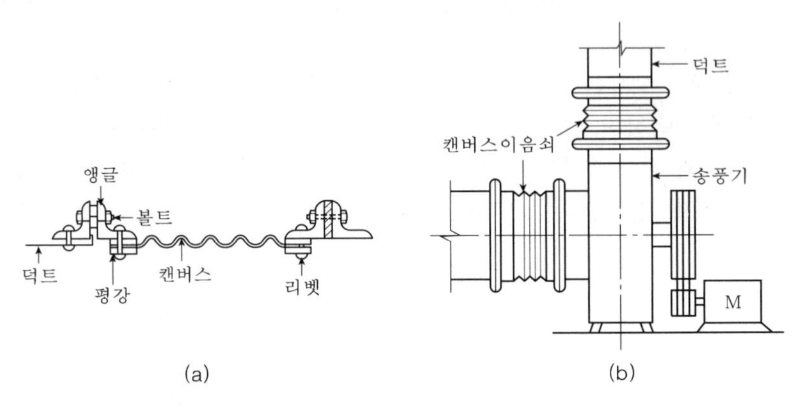

[그림 7-36] 캔버스이음쇠

2. 댐퍼

1) 댐퍼의 종류

댐퍼에는 덕트 속을 통과하는 풍량을 조절하기 위한 것과 공기의 통과를 차단하기 위한 것이 있다. 전자를 풍량조절댐퍼(volume damper)라 부르며, 후자에는 방화댐퍼, 배연댐퍼 등이 있다. 이를 분류하면 다음과 같다.

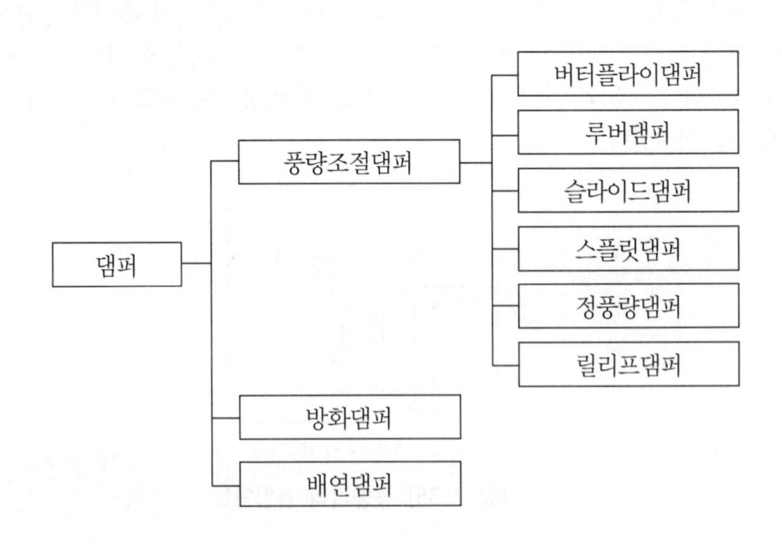

2) 댐퍼의 구조와 기능

(1) 버터플라이댐퍼(butterfly damper)

가장 구조가 간단한 댐퍼로서 [그림 7-37]에 나타낸 바와 같이 중심에 회전축을 가진 1매의 날개를 쓰며, 축은 댐퍼의 측벽을 관통해서 외부로 나가고 댐퍼가이드를 써서 날개의 회전·고정 등의 조작과 함께 회전도의 지시를 할 수 있도록 되어 있다. 이것은 장방형과 원형 덕트 모두에 사용되지만, 풍량조절기능이 떨어지고 소음발생의 원인이 되기도 하므로 간단한 환기장치의 풍량조절과 덕트의 전개 혹은 전폐 등에 사용하면 좋다.

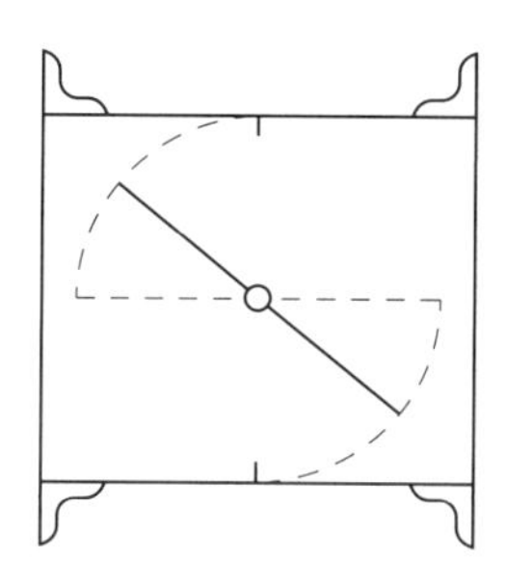

[그림 7-37] 버터플라이댐퍼

(2) 루버댐퍼(louver damper)

2매 이상의 날개를 가진 댐퍼이며, 1매의 날개폭은 100mm 이하 정도로 한다. 날개는 축의 회전과 서로 평행으로 회전하는 평행날개형과 [그림 7-38]에 나타낸 바와 같은 대향날개형이 있으며, 풍량조절기능은 대향(對向)날개댐퍼가 우수하다. 날개는 주축의 회전과 더불어 연동하는 기구로 되어 있다.

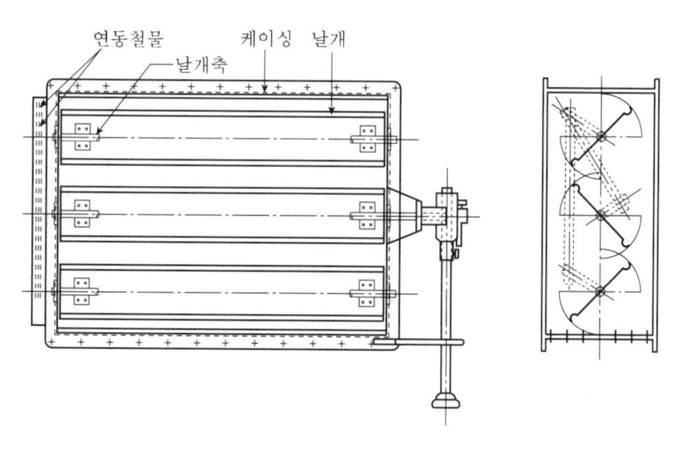

[그림 7-38] 루버댐퍼

(3) 스플릿댐퍼(split damper)

덕트의 분기부에 설치해서 풍량의 분배를 하는데 사용된다. 스플릿댐퍼의 길이는 300mm 이상으로 하는데, 그 길이와 분기덕트의 크기는 [그림 7-39]와 같은 관계가 있다. 이 댐퍼는 길이가 짧으면 기류에 흩어짐이 생기기 쉽고, 댐퍼날개의 강도가 적으면 진동·소음을 발생시키기도 한다.

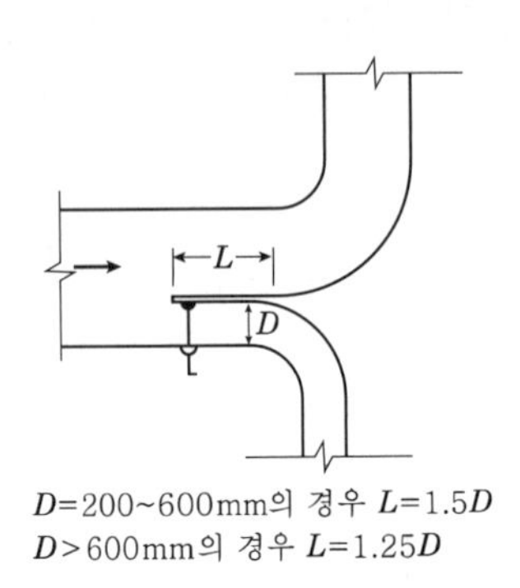

[그림 7-39] 스플릿댐퍼

(4) 정풍량댐퍼(constant volume damper)

이 댐퍼는 이중덕트방식의 혼합체임버와 가변풍량방식의 정풍량 유닛 등에 사용되는 것과 마찬가지 구조이다. 그 형식에는 여러 가지가 있지만 기본적으로는 댐퍼를 통과하는 풍압을 이용해서 조리개기구를 작동시키는 것이 많이 사용된다.

(5) 방화댐퍼(fire protection damper)

화재발생 시에 덕트를 통해 발화점 이외로 화재가 확산되는 것을 방지하기 위한 댐퍼이다. 이 댐퍼는 덕트가 방화벽을 관통하는 건물의 방화구획의 관통부에 설치하거나 또는 소방법에 규정된 곳에 설치한다. 방화댐퍼의 형상에는 다수의 날개로 되어 있는 루버형과 슬라이드형 및 피벗(pivot)형이 있다. 또 이 댐퍼의 종류에는 연기감지기 연동형, 열감지기 연동형, 가스가압형, 온도퓨즈형 등 여러 가지 형식이 있으며 각각 작동원리와 기구가 다르다.

일반적으로 많이 사용되고 있는 것은 [그림 7-40]의 (a)에 나타낸 온도퓨즈형(피벗형)이며, 그 작동원리는 덕트 내의 기류온도가 70℃ 이상이 되면 날개를 지지하고 있던 퓨즈가 녹아서 자동적으로 덕트가 닫히게 된다. 또한 방화댐퍼를 설치할 때는 댐퍼와 방화벽의 댐퍼용 개구부와의 틈새를 [그림 7-40]의 (b)와 같이 불연재로 조밀하게 충진한다.

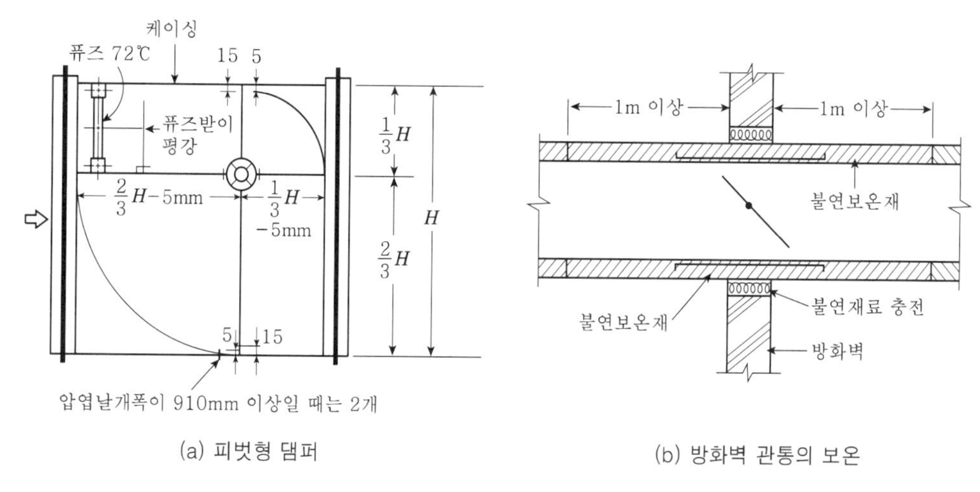

(a) 피벗형 댐퍼

(b) 방화벽 관통의 보온

[그림 7-40] 방화댐퍼

3 공기분포와 취출구

1. 실내기류분포

공기조화를 행하고 있는 실내에서 거주자의 쾌적감은 주위공기의 온도, 습도 및 기류에 의해 좌우된다. 일반적으로 인간의 거주역(居住域)인 바닥면에서 1.5~2m 정도 높이의 범위에 있는 온습도 및 기류속도를 적절한 값으로 유지할 필요가 있다.

취출공기의 온도 또는 풍속은 실내공기의 그것과는 대단한 차이가 있으므로 취출공기는 거주구역에 도달하기 전에 실내공기를 유인하여 온습도 및 풍속이 다같이 허용치에 달한 후에 거주구역에 흐르도록 해야 한다. 이것이 적당하지 않으면 드래프트를 느끼거나 공기의 정체감을 일으켜서 거주자가 대단한 불쾌감을 느끼게 된다. 즉 인체 주위의 기류가 너무 빠르면 드래프트를 느끼게 되고, 기류가 너무 늦게 흐르면 체류감이 있어서 모두 불쾌감을 초래하게 된다.

드래프트에 있어서 특히 문제가 되는 것은 겨울철 창면을 따라서 생기는 냉기가 취출기류에 의해 밀려 내려와서 바닥을 따라 거주구역으로 흘러들어오는 "콜드드래프트"(cold draft)이다. 이를 방지하기 위해 창대 또는 창 밑의 바닥면에 취출구를 설치하여 창면의 냉기를 실내 상부로 불어올리는 방법이나, 또는 방열기를 설치하여 밀려 내려온 냉기를 가열하는 방법 등이 채용된다.

이와 같이 난방 또는 공기조화의 목적으로 실내에 공급되는 공기는 그 온습도와 풍속을 적당하게 하여 재실자로부터 불쾌감을 주지 않도록 분배되어야 한다. 아울러 실내에 공기를 분배하는 목적은 위생적이고 신선한 공기를 보내서 재실자에게 쾌감을 주도록 하기 위함이므로 취출구 및 흡입구의 위치를 적절히 배치하지 않으면 안 된다.

인체 주위에 흐르는 공기속도에 대해 어느 정도가 좋다고 하는 명확한 값은 없지만 일반적으로 0.1~0.2m/s 정도이다. 그러나 기류속도에 따라 인체의 방열량도 달라지므로 이보다 약간 빠른 속도까지 허용된다고 생각해도 된다. 따라서 냉풍인 경우는 0.3m/s 이내, 온풍에서는 0.5m/s 이내 정도의 기류속도이면 된다.

2. 취출구와 흡입구의 종류

1) 취출구의 종류

취출구는 덕트로부터 실내로 공기를 취출하기 위해 쓰여지는 기구이며, 취출풍속과 취출방향이 조절가능한 것이 보통이다. 취출구의 설치위치는 천장이나 벽면이 많지만 창대나 바닥면에 설치하는 경우, 또는 천장의 조명기구에 조합시키는 경우 등이 있다. 취출구의 종류는 기류의 방향과 형상에 의해 다음과 같이 축류(軸流)취출구와 복류(輻流)취출구로 대별된다.

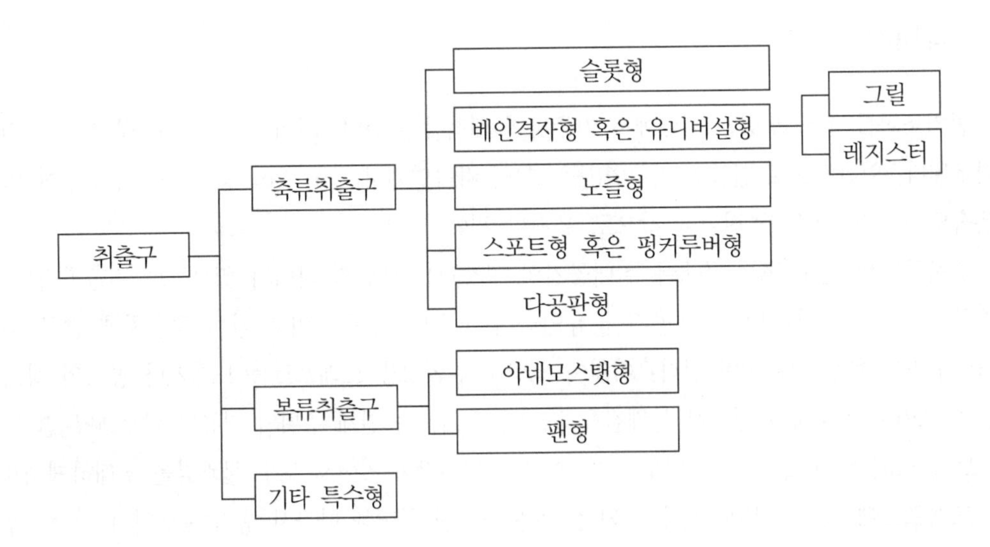

(1) 날개격자형(vane-lattice type)

고정날개형과 가동날개형이 있으며, 날개의 위치에 따라 H, V, HV 등의 형식이 있다. [그림 7-41]의 (a)와 같은 모양의 구조로 되어 있으며 측벽에 설치해서 널리 사용된다. 유니버설형(universal grilles)이라고도 부른다.

(2) 다공판형(perforated plate diffuser)

작은 구멍을 넓은 면적에 설치해서 아주 작은 풍속으로 취출한 것이며 일정한 기류분포가 요구되는 경우 등에 사용된다. 최근에는 천장 전면을 다공판 취출구로 한 것도 있다.

(3) 슬롯형(slotted outlet)

가느다란 띠모양의 취출구이며 천장에 설치하는 일이 많다. 유인성능은 좋지만 도달거리가 길지 않다. 선형 취출구(line diffuser)라고도 한다.

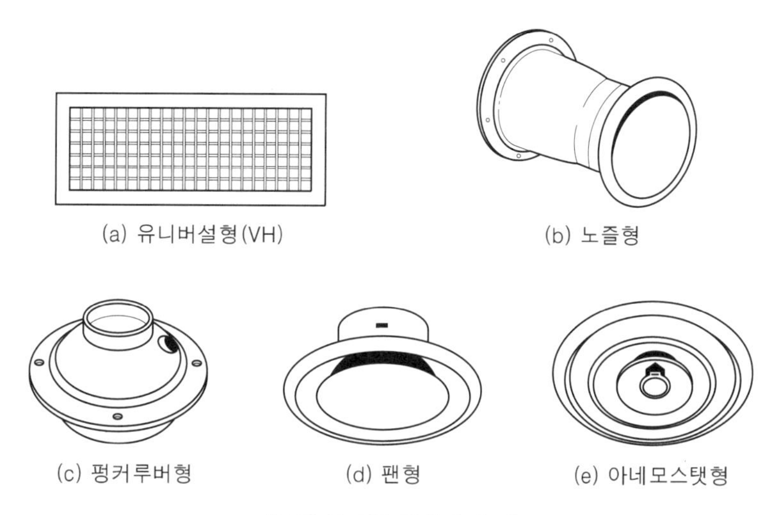

[그림 7-41] 취출구의 예

(4) 노즐형(nozzle type)

주로 체육관, 극장, 홀 등의 대공간에 사용되며, 구조가 간단하고 도달거리도 길며 발생소음도 적은 특성을 가진다. [그림 7-41]의 (b)와 같은 구조로 되어 있으며, 이것의 변형으로서 펑커루버형(punkah louver)이 있다. 펑커루버는 [그림 7-41]의 (c)와 같은 구조이며 풍량·풍향의 조절이 용이해서 국소냉방(spot cooling) 등에 주로 사용된다.

(5) 팬형(pan type)

천장에 설치해 사방으로 방사상으로 기류를 확산시키는 취출구이다. [그림 7-41]의 (d)와 같은 모양이며 팬이 상하로 오르내림에 따라서 풍향을 변경시킬 수 있지만 온풍취출 시의 상하 온도차는 커진다. 구조가 간단하고 비교적 값이 싸다.

(6) 아네모스탯형(anemostat type)

다수의 동심원 또는 각형의 판을 층상(層狀)으로 포개어 그 사이로부터 방사상으로 공기를 취출하는 것이다. [그림 7-41]의 (e)와 같은 형상의 것이며 원형 혹은 장방형이 있다. 이것은 실내공기의 유인성능이 우수하므로, 주로 천장에 설치해서 사용되고 있다. 한편 취출구에서의 취출풍속은 빠른 편이 좋으나 발생소음이 커지게 되므로 실의 사용목적에 따라 제약을 받는다. 일반적으로 쓰이는 취출구의 풍속과 건물종류와의 관계를 [표 7-14], [표 7-15]에 나타낸다.

[표 7-14] 벽면설치 취출구의 허용취출풍속

실의 용도		허용취출풍속(m/s)
방송국		1.5~2.5
주택, 아파트, 교회, 극장, 호텔, 고급사무실		2.5~3.75
개인사무실		4.0
영화관		5.0
일반사무실		5.0~6.25
상 점	2층 이상	7.0
	1층	10.0

[표 7-15] 천장취출구의 허용풍속(m/s)

건물 또는 실명	허용소음 (dB)	천장높이(m)				
		3	4	5	6	7
방송국, 스튜디오, 극장의 발코니 아래	32	3.9	4.15	4.25	4.35	4.45
극장, 주택, 수술실	33~39	4.35	4.65	4.85	5.00	5.15
아파트, 호텔의 침실, 사무실(개실)	40~46	5.15	5.40	5.75	5.90	6.10
상점, 식당, 은행, 백화점	47~53	6.20	6.55	7.00	7.25	7.40
공공건물, 일반사무실, 백화점 1층	53~60	7.35	7.95	9.35	8.70	8.90
공장, 주방	61~	9.00	10.35	11.05	11.63	12.20

2) 흡입구의 종류

흡입구의 종류는 별로 많지 않은데, 일반적으로 펀칭형 혹은 갤러리 등이 사용되고 있으며 머시룸(Mushroom)형 흡입구를 설치하는 경우도 있다.

펀칭형은 다공금속판(punching metal)을 사용한 것으로 큰 설치면적이 필요하다. 갤러리(gallery)는 벽 또는 문에 설치하는데 환기용으로 문 등에 붙일 때는 도어그릴(door grille)이라 부르고, 외기취입구 등에서는 갤러리라고 부르는 경우가 많다. 머시룸형은 극장 등의 큰 실내에서 좌석 밑에 설치하여 바닥 밑의 환기덕트에 연결하고 있으며, 기류의 침체를 방지하는 것으로서 방호용으로 덮개를 지닌 버섯모양의 형상을 하고 있다.

흡입구의 설치위치는 실내의 천장 · 벽면 등이 많으나 출입문 · 벽면에 그릴 또는 언더컷(under cut)을 설치하여 여기에서 복도를 거쳐 흡입하는 경우도 있다. 또한 흡입구 부근의 흡입기류의 풍속은 [그림 7-42]에 나타낸 바와 같이 흡입구에서 멀어짐에 따라 급격히 감소하며, 흡입구의 위치가 실내기류분포에 영향을 미치는 일은 거의 없다. 실내의 흡입구는 일반적으로 거주구역 가까이에 설치하는 일이 많으며, 흡입구에서 발생하는 소음이 문제가 되거나 흡입풍속이 너무 빠르게 되면 드래프트를 느끼게 되므로 흡입풍속이 너무 크게 되지 않도록 해야 한다. [표 7-16]은 일반적으로 사용되고 있는 허용흡입풍속을 나타낸다.

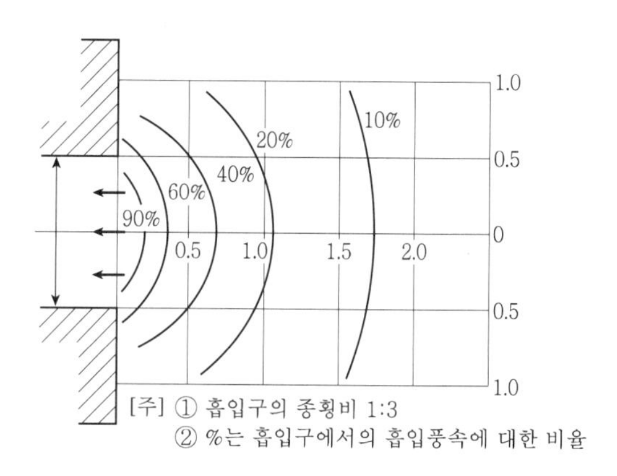

[그림 7-42] 흡입구 부근의 기류속도분포

[표 7-16] 흡입구의 허용풍속

흡입구 위치		허용흡입풍속(m/s)
거주구역보다 윗부분		4이상
거주구역 내 부근에	좌석 없음	3~4
	좌석 있음	2~3
출입문에 설치한 그릴		1~1.5
출입문에 언더컷		1~1.5

3. 취출구와 흡입구의 배치

1) 취출구의 배치

공조부하가 평면적으로 균등하게 분포되어 있을 때는 취출구도 원칙적으로 균등배치한다. 특히 냉방 시에는 저온취출기류가 지중으로 내려앉으므로 상층부 공간에서 충분히 확산된 후 거주구역에 강하시키면 된다. 천장높이가 낮은 방에서는 유인비가 큰 취출구를 선정한다.

부하가 집중되어 있을 때는 취출기류를 그 근처에 불어내서 부하기류의 온도를 완화시킨다. 특히 난방 시에는 외기에 면한 창에 부하가 있고, 그 부분에서 생긴 저온공기를 취출기류로 교환함으로써 바닥 가까이 유입하는 공기온도를 높여서 상하온도차를 적게 할 수 있다.

[그림 7-43]에는 각종 취출구의 일반적인 설치위치를 나타내고 있다.

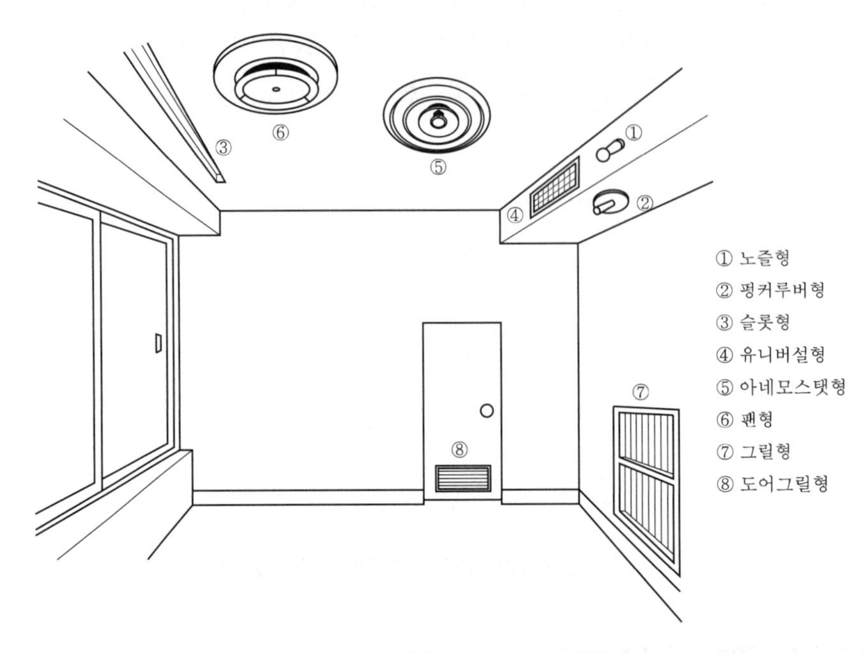

[그림 7-43] 취출구와 그 설치위치

2) 흡입구의 배치

흡입기류는 취출기류만큼 공기분포에 영향을 미치지는 않지만 취출구와의 상대적인 위치 관계에 의해 실내에 기류가 고르게 흐르도록 배치한다. 부하가 집중되어 있을 때는 부하에 의해 생긴 기류를 거주구역에 분산하기 전에 회수하는 위치에 배치하면 실내열부하도 적게 되고 실내공기분포도 매우 양호해진다. 여름에는 창면 상부, 겨울에는 창면 하부가 이러한 점에서 바람직한 위치가 된다.

이 밖에 조명기구로부터의 발열이 큰 실에서는 천장면에 흡입구를 설치하여 배열을 하도록 한다. 마찬가지로 회의실 등과 같이 많은 사람이 모이는 장소나 담배를 심하게 피우는 실내에 있어서는 연기가 실내 상부에 모이기 때문에 천장면에 전용의 흡입구를 설치하는 경우가 있다. 머시룸형 등의 바닥에 설치하는 흡입구는 바닥에 있는 먼지 등을 함께 흡입하므로 흡입공기를 환기로서 재이용하는 경우에는 이러한 흡입구의 위치는 바람직하지 못하다.

[그림 7-44]에는 취출구와 흡입구의 상대적인 배치의 일례를 나타낸다. 또한 취출구와 흡입구의 위치에 따른 각각의 특성들을 요약하면 [표 7-17], [표 7-18]과 같다.

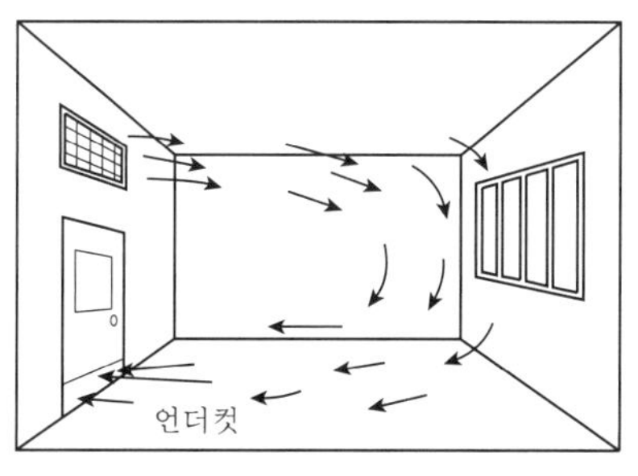

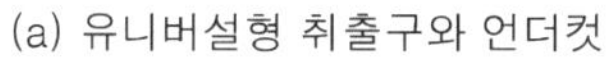
(a) 유니버설형 취출구와 언더컷

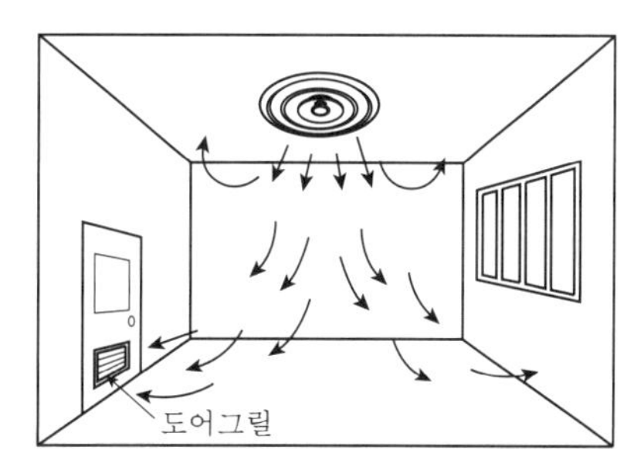

(b) 아네모스탯형 취출구와 도어그릴

[그림 7-44] 취출구와 흡입구의 상대위치

[표 7-17] 취출구의 위치와 특성

위 치	종 류	특 성
천장	노즐형, 슬롯형, 팬형, 아네모스탯형, 다공판형	축류는 연직방향 각도에서 하방향 취출, 천장이 높은 극장 · 공장용 · 복류는 천장면으로 평행취출, 천장이 낮은 사무실용, 냉풍의 온도분포 양호, 온풍은 온도구배가 생기기 쉽다.
측면	유니버설형, 노즐형, 슬롯다공판형(청정실)	벽면에서 천장으로 평행취출, 층높이가 낮은 천장, 은폐 불가능한 곳에서 하향 천장, 복도에 덕트를 수납한다. 온풍취출 시에 기류가 상승되고 온도구배가 생기기 쉽다.
창대	유니버설그릴형, 슬롯형	창 밑 공조유닛 · 취출구에 의해 페리미터의 부하처리에 적합하다.

[표 7-18] 흡입구의 위치와 특성

위 치	종 류	특 성
천장	팬형, 슬롯형, 그릴형	난방 시는 상승기류에 의해 실온 상하의 차가 크므로 부적합하다. 단, 회의실 · 로비 등의 흡연배기, 주방 · 식당 등의 열원취기의 발생원이 있는 때에 적합하다.
바닥면	슬롯형, 그릴형, 머시룸형	외벽에 따라 강하시키거나 극장 등 대용적 실에서 균일하게 흡입하는 데 이용된다. 일반적으로 분진을 흡수하므로 부적합하다.
벽 · 문	그릴형, 펀칭철판	위치가 상 · 하부에 있느냐의 여부에 따라 천장 · 바닥설치와 같다. 다실건축(빌딩 · 호텔)의 경우 도어그릴이나 도어언더컷에서 복도를 환기통로로 하여 흡입구에 이르게 하는 예가 많다.

제 7 장 연습문제

1. 덕트의 종류를 열거하고 각각에 대해 간단히 설명하여라.

답 본문 참조.

2. 다음 그림에 나타낸 바와 같은 덕트계통에 있어서 급기덕트계의 각 구간에 대한 덕트 크기를 등속법에 의해 결정하여라. 단, 각 토출구의 토출풍량은 500m^3/h이다.

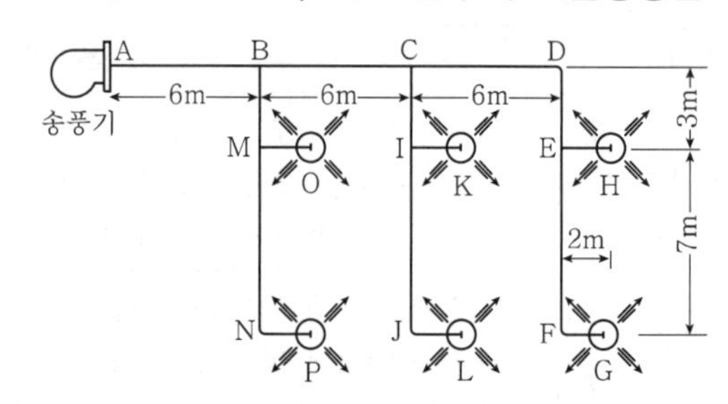

답 AB구간인 경우에 대해서만 제시하면 덕트직경은 42.5cm가 된다.

3. 다음 그림에 나타낸 급기덕트의 단면치수를 등마찰법에 의해 구하여라. 단, 장방형 덕트의 높이는 25cm 이내, 각 취출구의 풍량은 1,000m^3/h로 한다.

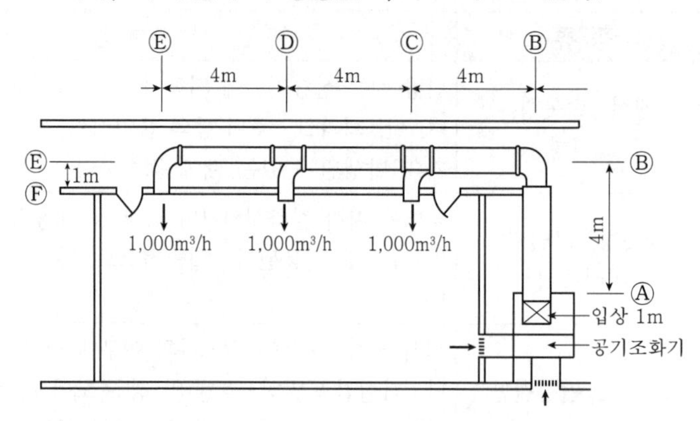

답 ABC구간의 덕트직경은 42cm이다.

4. 다음 그림에서 나타내는 사무소 건물의 덕트를 설계하여라.

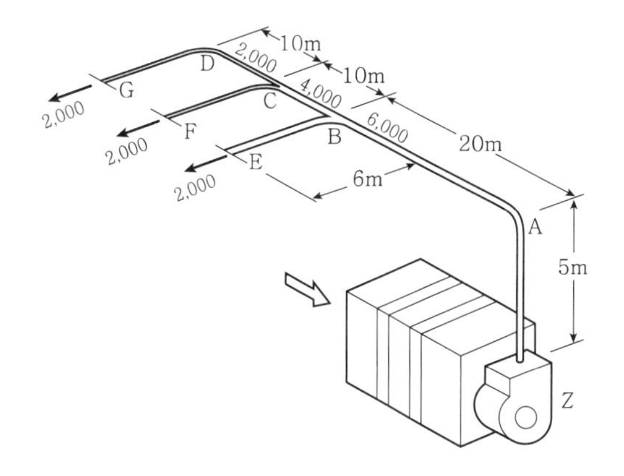

답 등압법에 의해 구해보면 ZAB구간의 덕트직경은 54cm이다.

5. 덕트공법 중 SMACNA공법이란 무엇인지 설명하여라.

답 본문 참조.

6. 덕트의 흡음법에 대해 설명하여라.

답 본문 참조.

7. 캔버스이음쇠(canvas connection)란 무엇인지 간단히 설명하여라.

답 본문 참조.

8. 방화댐퍼의 구조와 작동원리에 대해 설명하여라.

답 본문 참조.

9. 실내기류분포와 쾌적감과는 어떤 관계에 있는지 설명하여라.

답 본문 참조.

10. 전압 25mmAq 하에 공기량 40m^3/min를 내는 송풍기의 축동력(kW)을 구하여라. 단, 전압효율은 55%로 한다.

답 0.297kW

Chapter 08

공조장치 및 기기

1. 개요
2. 각종 공조용 기기 및 장비
3. 보일러 및 난방기기
4. 냉동기기
5. 펌프와 열펌프
6. 축열조
7. 자동제어설비

8

1 개요

공조설비에 사용되는 장치 및 기기는 공조방식 등에 따라 다르지만 대별하면 공기조화기, 열원기기 및 열매반송계통의 기기 등으로 구분되며, 이들에 대한 주요한 내용은 [표 8-1]과 같다.

[표 8-1] 공조설비용 기기

구 분	방식, 열원	기기의 종류, 형식, 기능
공기조화기	중앙식	단일덕트형, 멀티존형, 이중덕트
	개별식	팬코일유닛, 인덕션유닛, 패키지형
열원기기	냉열원 온열원	냉동기-냉각탑 열펌프 흡수식 냉온수기 보일러-버너(기름, 가스), 급수펌프 온풍난방기 열교환기(온수가열기)
반송계통	공기 냉온수 증기 냉매 연료	송풍기-덕트-토출구, 흡입구 펌프-배관-팽창수조, 축열조 배관-트랩-환수조(응축수) 배관-팽창밸브(냉매펌프) 가스배관 기름탱크-기름펌프-배관
공기정화장치		공기여과기, 전기집진기 활성탄필터, 화학흡착제
제어장치	자동제어장치	온습도조절기, 압력조절기, 조작밸브
	중앙관제장치	중앙감시, 원격제어, 기록, 집계

공기조화기는 공기의 온습도조정을 행하는 것이지만 공기정화장치를 내장하는 것이 많으며, 또 공기조화기에는 덕트에 의해 각 실에 냉온풍을 송풍하는 중앙식과 실내에 설치하는 개별식이 있다.

열원기기는 냉수 또는 증기, 온수 등의 열매를 생산하는 것으로 냉열원에는 냉동기, 온열원에는 보일러가 일반적으로 사용되지만, 열펌프 또는 흡수식 냉온수기와 같이 냉온열원이 겸용인 것과 패키지형 공조기나 온풍난방기와 같이 열원기기와 공기조화기가 일체로 되어 직접 냉풍이나 온풍을 만들어내는 것도 있다. 반송계통의 기기에는 공기를 보내는 송풍기, 덕트 및 그 부속기기와 증기, 냉온수냉매를 반송순환하는 펌프, 배관 및 이들의 부속기기가 포함된다. 아울러 이들 기기나 시스템을 제어하기 위한 자동제어장치와 설비 전체의 감시제어를 위한 중앙관제장치가 사용된다.

2 각종 공조용 기기 및 장비

1. 공조유닛

1) 공기조화기

공기조화기는 실내로 보내는 공기의 온습도를 조정하는 것으로 공기의 가열, 냉각 및 가습, 감습의 작용을 하는 것을 말한다. 일반적으로 냉각과 감습은 공기냉각기에서 행해지므로 그 외에 공기가열기와 가습기가 필요하게 된다. 공기조화기는 여기에 송풍기, 공기여과기 등을 추가하여 구성된다. 즉 공기여과기에서 정화처리된 공기는 열교환기(가열 혹은 냉각코일)와 가습기에서 열매를 이용해서 열적으로 처리되어 송풍기에 의해 덕트를 경유해 터미널유닛까지 이끌어 이것으로부터 실내로 취출되는 경우가 일반적이다. 이와 같이 공기여과기, 냉온수코일, 가습기, 송풍기 등이 갖춰진 시스템을 총칭해서 공기조화기라고 한다.

(1) 중앙식 공기조화기

중앙식 공조기는 흔히 AHU(Air Handling Unit)라 부르는 것으로, 그 구성은 [그림 8-1]에서와 같이 송풍기, 전동기, 냉각코일(혹은 가열코일), 가습기, 공기여과기 및 케이싱(casing)으로 되어 있다.

일반적으로 AHU는 온습도를 조절하기 위한 냉각(또는 가열)코일, 가습장치 및 공기 중의 진애를 제거하기 위한 공기여과기와 송풍기 등을 공장에서 조립하고 케이싱을 설치하여 일체(一體)의 유닛으로 해서 현장에 반입하는 것이다. 그 다음 현장에서는 배관, 송풍덕트, 환기덕트, 외기도입덕트 등의 접속작업을 하기 좋은 구조로 되어 있다. [그림 8-2]는 AHU의 외관 및 주요 구성 부분을 나타낸 것이다.

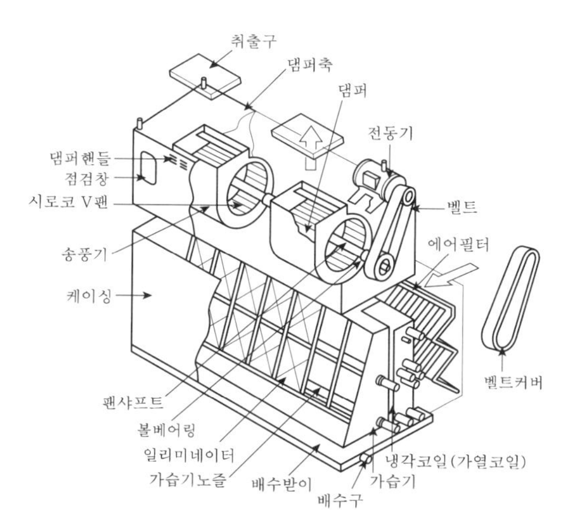

[그림 8-1] AHU의 구성도

[그림 8-2] 공기조화기(AHU)

AHU의 형식에는 수평형, 수직형, 멀티존(multi zone)형, 이중덕트형 AHU가 있다. 수평형, 수직형의 선정은 설치하는 기계실의 공간에 의해 좌우된다([그림 8-3] 참조).

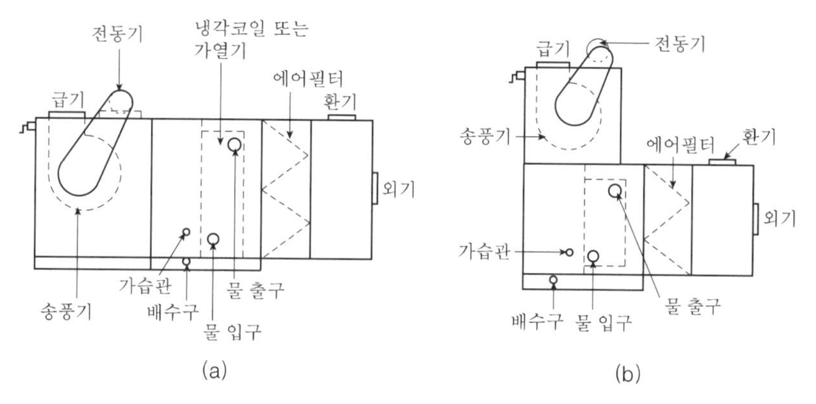

[그림 8-3] AHU의 형식

멀티존형 AHU는 [그림 8-4]에서와 같이 토출구측에 멀티댐퍼(multi damper)가 부착되어 있는 것이다. 또한 이 AHU는 1대의 유닛으로 여러 계통의 송풍온도를 각 존의 부하에 따라 냉풍과 온풍의 혼합비율로 바꾸어 각 존으로 동시에 송풍하는 것이 가능한 유닛이다.

이중덕트형 AHU는 [그림 8-5]에서와 같이 유닛 내에 냉각용, 가열용의 전용코일을 설치하고, 취출구에서는 냉풍과 온풍이 별도로 토출되는 유닛이다.

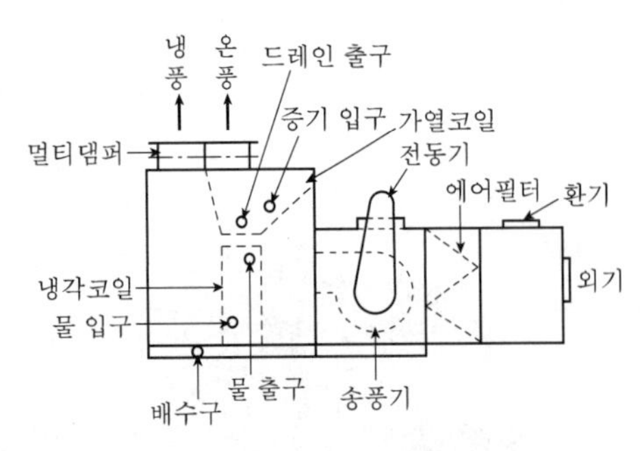

[그림 8-4] 멀티존형 공조기

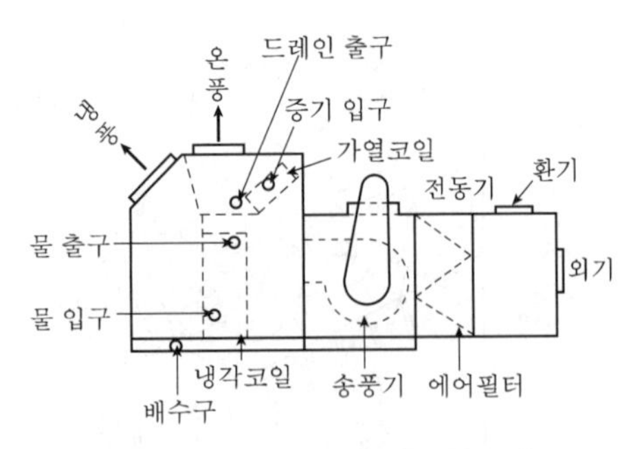

[그림 8-5] 이중덕트형 공조기

(2) 현장조립식 공조기

현장조립식 공조기는 [그림 8-6]에서와 같이 냉각코일(혹은 가열코일), 송풍기, 전동기, 가습기 및 공기여과기 등을 설치하는 기계실에서 조립하여 케이싱으로 각 기기를 연결하는 방식이다. 이 공조기는 설치하는 기계실의 여건에 따라 운반 및 반입이 불가능한 경우 등에 설치되는 것이며, 현장조립식 공조기도 중앙식 공조기와 같은 대용량의 것이다. 현장조립식인 경우에는 설치장소의 형편상 케이싱을 건물구조의 일부로 해서 만들기도 하며, 건물 내에 각 조화기를 설치하여 케이싱으로 연결하는 대신에 각 조화기를 마무리해서 건물 내의 벽면 전체를 이용하는 것도 있다. 또한 대용량의 가습장치인 에어워셔(air washer)도 현장조립해서 설치되며, 소용량의 에어워셔는 대개 공장에서 조립되어 반입되고 있다.

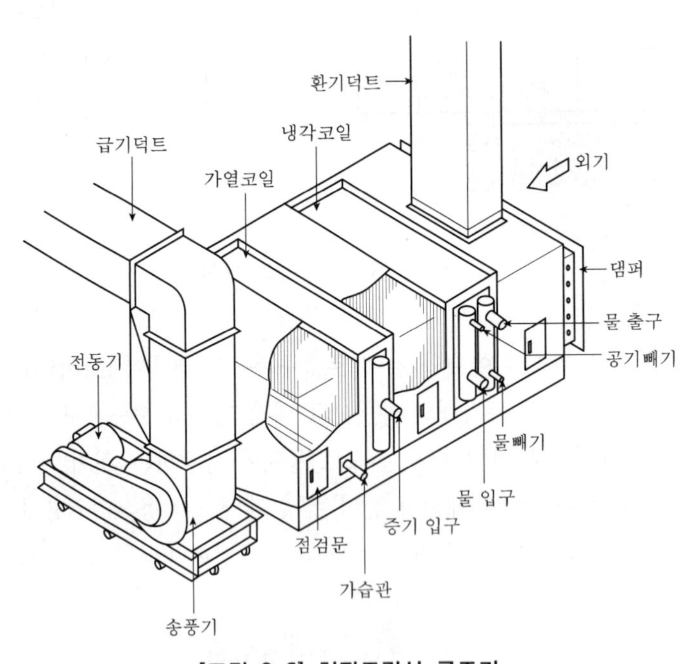

[그림 8-6] 현장조립식 공조기

(3) 패키지형 공조기

패키지형 공조기는 압축기, 응축기, 냉각기, 송풍기, 공기여과기 등으로 구성되는 공기냉각 장치를 하나의 케이싱 속에 내장시킨 것이다. 이것은 1대마다 개별로 운전할 수 있으며, 설치 공사가 간단하고 용도에 따라 다양한 종류가 있으므로 모든 건물의 공조설비에 널리 사용되고 있는 대표적인 공조기의 한 가지이다.

패키지형 공조기의 종류는 [표 8-2]에 나타낸 바와 같이 아주 다양하지만, 대별하면 응축기의 냉각방식에 따라 수랭식과 공랭식으로 구분된다.

[표 8-2] 패키지형 공기조화기의 종류

응축기 냉각방식	0.75kW당 냉각능력	난방방식	형상별	용량(kW)	용 도
수랭식	약 3,488W	가열코일 추가 열펌프	바닥설치식	0.6~1.5	호텔, 맨션, 주택
			천장현수식	0.75~2.2	〃
			종형 바닥설치식	2.2~7.5	상점, 사무소, 식당
			덕트식 바닥설치식	3.75~15	상점 및 공장, 창고
			덕트식 대형	11~90	빌딩, 백화점 공장, 극장
공랭식	약 3,023W	가열코일 추가 열펌프	천장현수식(세퍼레이트방식)	0.75~2.2	호텔, 맨션, 주택
			종형 바닥설치식(세퍼레이트방식)	2.2~7.5	상점, 사무소, 식당
			덕트식 바닥설치식(세퍼레이트방식)	3.75~15	상점 및 공장, 창고
			덕트식 대형(세퍼레이트방식)	11~60	빌딩, 백화점, 공장, 극장
			덕트식 일체형식(일체방식)	3.75~7.5	공장, 슈퍼마켓

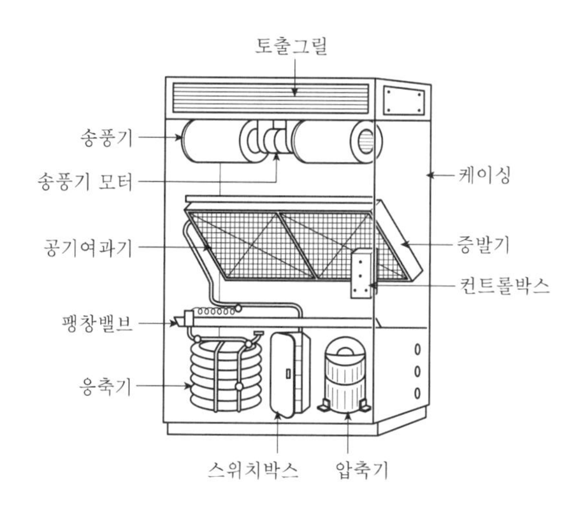

[그림 8-7] 패키지형 공조기(수랭식)

수랭식(水冷式)은 [그림 8-7]과 같은 구조이며 냉각탑 또는 우물물 등의 부대설비를 사용해서 패키지형 공조기와의 사이를 배관으로 접속하고 물을 흘려보내면서 응축기를 냉각하는 방식이다. 공랭식(空冷式)은 [그림 8-8]과 같이 응축기를 내장한 유닛을 옥외에 설치하여 바깥의 공기로부터 응축기를 냉각하는 방식이다. 이 두 방식의 실내유닛은 외관적으로 거의 같으며, 수랭식과 공랭식의 다른 점은 후자가 응축기의 냉각을 외부의 공기로 하고 있다는 점이다. 종래에는 패키지형 공조기의 대부분을 수랭식이 차지하고 있었지만, 근래에 수질 악화와 수자원 부족이라고 하는 문제 등으로부터 공랭식이 차지하는 비율이 점차 증가하는 경향이 있다.

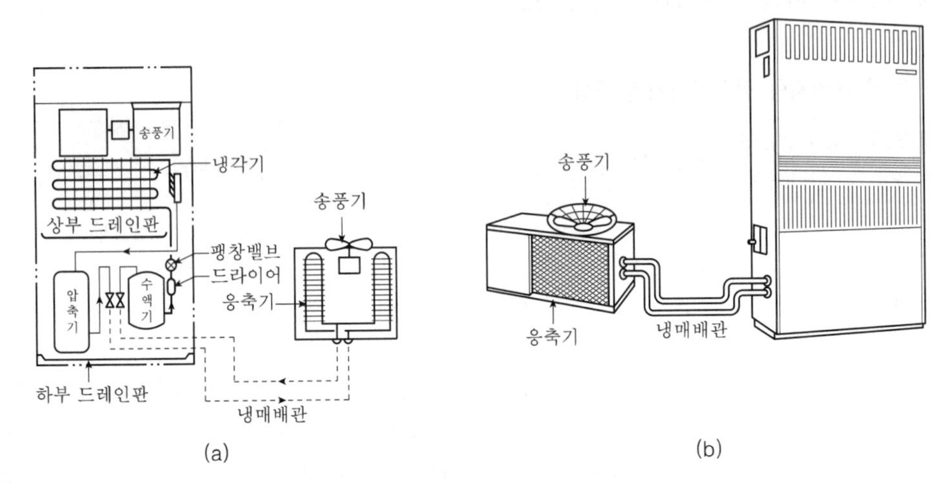

[그림 8-8] 패키지형 공조기(공랭식)

또한 난방방식에 의해서 패키지형 공조기를 분류하면 열펌프(heat pump)에 의한 방식과 전기히터라든가 온수 · 증기히터의 가열코일을 유닛 속에 내장시켜 난방하는 방식으로 나누어진다.

열펌프방식은 이전에 지하수가 비교적 풍부했을 때는 우물물을 열원으로 하는 수열원(水熱原)의 열펌프를 사용하는 공조기가 많았었지만, 최근에는 외기를 열원으로 하는 공기열원식으로 바뀌어 가고 있다. 이 공기열원식 열펌프는 [그림 8-9]에 나타낸 바와 같이 그 구조가 공랭식의 냉방 전용패키지형 공조기와 거의 같지만, 냉동사이클 중에 사방교체밸브가 설치되어 있고 이 밸브의 작동에 의해서 열펌프운전으로 교체된다. 이 방식은 외기의 열을 압축기의 운전에 의해서 압상해서 난방을 하는 방식이기 때문에 운전비가 싸고 공기를 오염시키지 않으며, 1대로 냉난방운전을 할 수 있고 보일러 등의 난방기가 불필요할 뿐 아니라 설비비도 싸게 되는 여러 가지 이점을 갖고 있으므로 특히 최근에 그 이용률은 상당히 증가하고 있다.

또한 [그림 8-10]처럼 공랭식 응축기를 이용한 리모트콘덴서형이나 혹은 분리형 패키지유닛도 많이 사용된다. 한편 패키지형 공조기는 용도에 따라 각종 용량 및 형상의 것이 제작되고 있다. 용량이 적은 것은 0.6kW 정도부터 큰 것은 90kW 정도까지 광범위한 각종 형식의 기종이 있으며, 공조방식과 냉난방부하에 따라 다양하게 기종을 선택할 수 있다. 0.6~7.5kW 정도의 소용량인 것은 냉풍을 직접 실내로 취출하는 바닥설치형상의 것을 중심으로 덕트에 접속할 수 있는 형상과 천장에 매달 수 있는 것 등이 있다. 이처럼 소형의 패키지형 공조기는 각 실마다 개별로 운전할 수 있는 특징 때문에 호텔 · 빌딩 내에서 영업하는 상점 · 다방 · 미용실 · 사무실 등의 공조설비에 널리 사용되고 있다. 7.5kW 이상의 중 · 대용량의 패키지형 공조기 유닛은 주로 기계실에 설치하고, 공조하는 실내와는 덕트로 연결해서 송풍하는 덕트접속식 구조인 것이 대부분을 차지하고 있다. 이와 같이 대용량의 패키지형 공조기는 덕트로 송풍하는 중앙식 공조 시스템으로 사용하는 것이 가능하므로 대규모 건물 · 공장 · 백화점 · 극장 등의 공조설비에 적합하다.

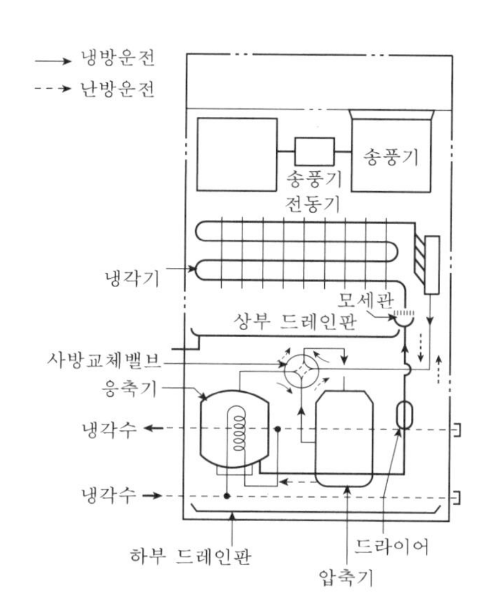

[그림 8-9] 펌프식 패키지유닛(수열원)

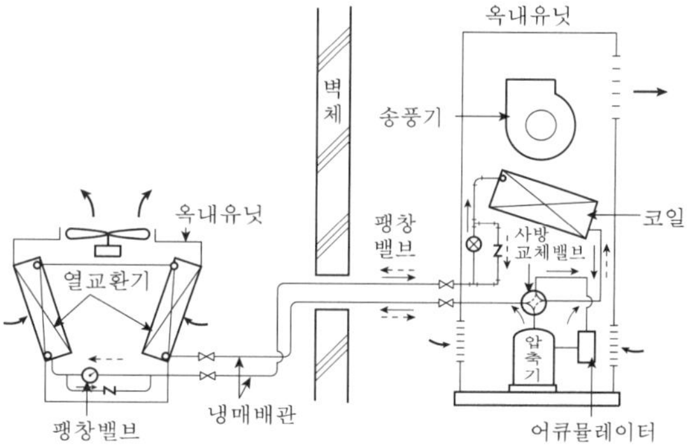

옥내유닛
벽체
송풍기
팽창
밸브
사방
교체밸브
코일
압축기
어큐뮬레이터
옥내유닛
열교환기
팽창밸브
냉매배관

[그림 8-10] 리모트콘덴서형 패키지유닛(열펌프식)

(4) 룸에어컨

이것은 주택이나 소규모 사무실 · 상점 등에서 사용하는 소형의 패키지형 공조기로서, 일반적으로 공랭식인 것이 많다. 여기에는 윈도형(window형)과 스플릿형(split형)이 있으며, 윈도형은 [그림 8-11]에서와 같은 유닛을 창(또는 외벽)에 설치하여 케이싱의 한쪽은 실내측, 다른 쪽은 옥외에 노출시켜 사용한다. 스플릿형(seperate형이라고도 한다)은 압축기, 응축기 등을 내장하는 옥외유닛과 공기냉각기, 송풍기를 내장하는 실내유닛을 냉매배관 및 전기배선으로 접속한 것이다.

룸에어컨(room air-conditioner)은 압축기, 공랭식 응축기, 공기냉각기, 송풍기, 공기여과기, 전기회로 등으로 구성되며, 압축기에는 전밀폐형의 왕복동식 압축기 또는 로터리식 압축기가 사용된다. 기능적으로는 냉방 전용형, 냉방 및 제습형, 냉난방형으로 구분되며, 제습형은 공기냉각기에서 냉각감습한 공기를 재열용 응축기를 이용하여 재열하는 것으로 중간기의 제습운전에 사용된다. 냉난방형은 난방 시에는 공기열원식 열펌프로서 사용하는 것으로 냉난방의 교체는 냉매회로에서 행해진다. 공기열원식 열펌프에 있어서는 외기온도가 낮아지면 능력이 저하하기 때문에 보조가열기를 내장하고 있는 것이 많다.

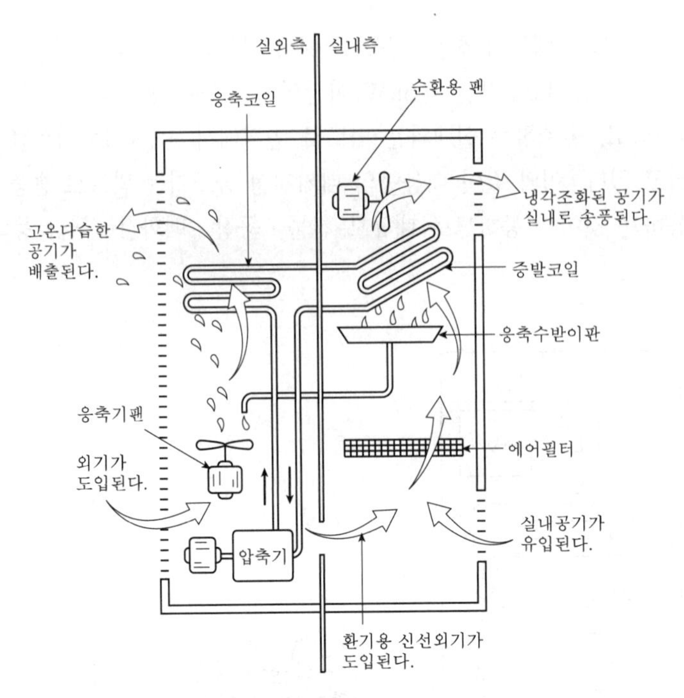

[그림 8-11] 룸에어컨의 구조도

2) 터미널유닛

(1) 팬코일유닛

팬코일유닛은 [그림 8-12]에 나타낸 바와 같이 일체의 케이싱 내에 소형의 송풍기와 코일을 내장시킨 소형의 실내형 공기조화기이며, 그 구성은 송풍기, 전동기, 냉온수 겸용 코일, 공기여과기, 응축수받이판, 케이싱 등으로 되어 있다.

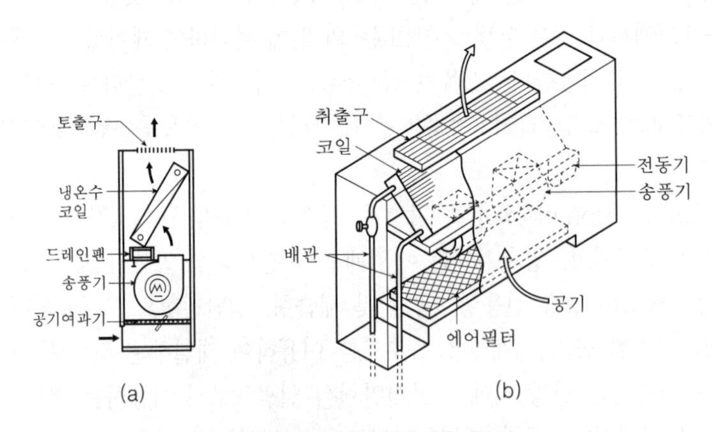

[그림 8-12] 팬코일유닛

팬코일유닛(fan-coil unit, FCU)의 형식에는 바닥설치형, 천장현수형, 바닥설치 로우보이형 등이 있다. [그림 8-13]의 (a)는 바닥설치형의 일례를 나타내며, 천장현수형과 바닥설치 로우보이형은 [그림 8-13]의 (b)와 (c)에 나타난다.

FCU를 구성하는 송풍기로는 다익송풍기 또는 관류송풍기로서 전동기 축에 직결되어 있는 것이 많이 사용되며, 전동기의 회전수를 바꾸어 주는 스위치의 작동에 의해 풍량을 바꿀 수 있다. 냉온수코일은 냉온수 겸용으로서 냉동기로부터 냉수를 통함에 의해 냉각코일로 되고, 보일러로부터의 온수를 통하는 것에 의해 가열코일로 된다. 또한 공기여과기는 간단한 건식필터가 사용되며, 이것은 실내의 발생진애를 제거하고 코일면의 막힘방지와 공기의 정화를 하고 있다. FCU의 용도는 아주 다양하며, 주택 · 호텔의 객실 · 소규모 사무소 · 병원 등에 널리 사용된다.

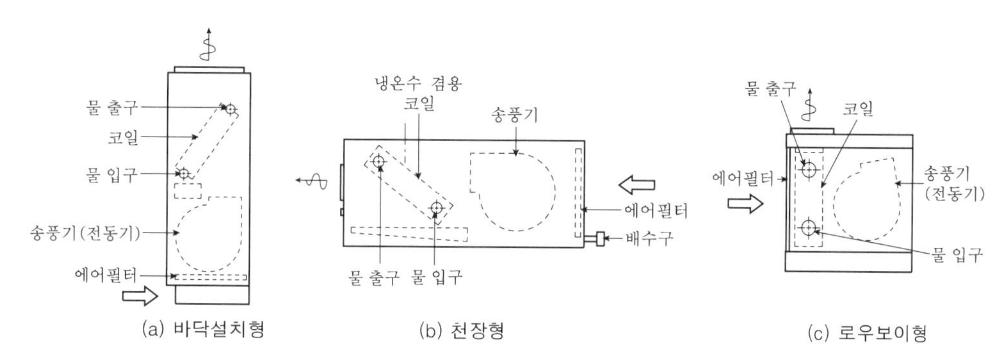

(a) 바닥설치형 (b) 천장형 (c) 로우보이형

[그림 8-13] 팬코일유닛의 형식

(2) 유인유닛

유인유닛은 물과 공기를 동시에 사용해서 실내부하를 처리하는 방식이며, 중규모 이상의 건물 등의 페리미터난방(perimeter system)에 이용되고 있다. 유인유닛(induction unit)의 구성은 1차 공기 소음체임버(plenum chamber), 노즐, 2차 코일, 응축수받이판, 공기여과기 및 케이싱으로 되어 있다.

이 유닛은 [그림 8-14]에 나타낸 바와 같이 중앙식 공조기(AHU)에서 처리된 1차 공기가 고속송풍덕트를 경유해 유닛의 1차 공기 소음체임버로 들어가고, 다시 노즐에 의해 실내공기와의 혼합체임버를 통해 실내로 분출된다. 1차 공기의 분출작용(ejector작용)으로 실내공기(2차 공기)는 공기여과기 및 2차 코일을 통과하여 냉각 또는 가열된 후 1차 공기와 혼합해서 실내로 송풍된다. 이 방식은 FCU의 구성부품인 송풍기와 전동기 대신에 1차 공기 소음체임버와 노즐을 내장시킨 구조라고 볼 수 있다.

유인유닛의 형식에는 바닥설치형, 천장매입형, 벽걸이형 등이 있으며, [그림 8-14]는 바닥설치형의 일례를 나타내고 있다. 또한 이 유닛은 실내발생열을 처리하기 위해 2차 코일의 냉수온도를 교체하지 않은 방식(non-change over방식)과 교체하는 방식(change over방식)으로도 나누어진다. 논체인지오버방식은 유인유닛의 2차 코일에 1년 중 거의 일정온도(약 12℃ 전후)의 냉수를 공급하고, 여름과 겨울철의 교체운전은 1차 공기의 재열에 의해 행하는 방식이다. 체인지오버방식은 여름과 겨울에 1차 공기온도와 2차 코일의 냉온수유량을 수동 또는 유닛에 내장된 자동제어기기에 의해 제어하는 방법과 2차 공기(유인공기)의 풍량을 바이패스댐퍼(by-pass damper)에 의해 조작하는 방법이 있다.

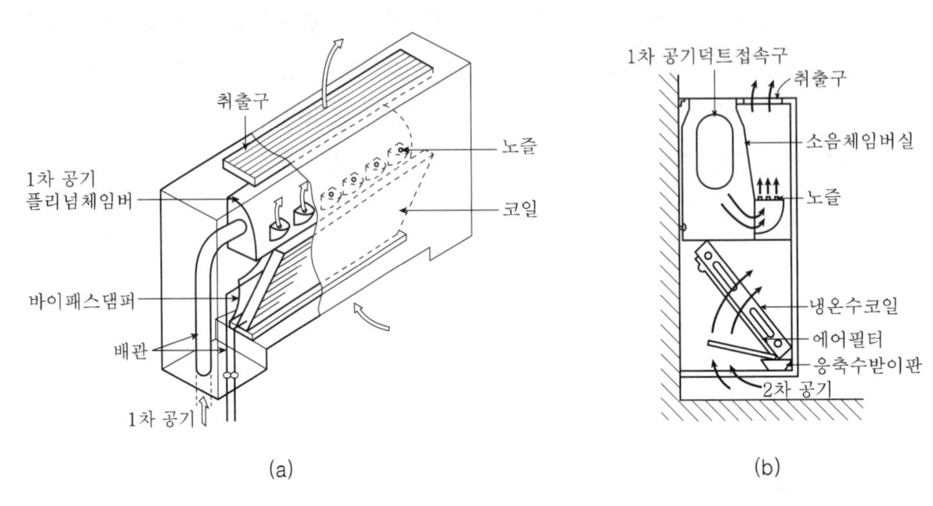

[그림 8-14] 유인유닛

(3) 가변풍량유닛

가변풍량은 공조방식에 이용되는 터미널유닛으로서, VAV(variable air volume)유닛으로 잘 알려진 것이다. 이 VAV유닛에는 풍량조절기구가 내장되어 있어 서모스탯에 의해 자동적으로 제어되며, 기본적으로 다음과 같은 세 종류로 나누어진다.

① 바이패스형(by-pass type unit) : 바이패스형은 [그림 8-15]의 (a)의 ①과 같이 경부하 시의 잉여공기를 천장 속이나 환기덕트로 바이패스시키고 취출풍량을 감소시키는 방법이며, 급기송풍기는 항상 일정한 송풍량으로 운전된다. 즉 이 유닛은 실내온도조절기에 의해 조작되는 댐퍼모터에 의해 바이패스댐퍼의 개도를 변화시켜 실내로 보내는 풍량을 변화시킨다.

② 교축형(throttle type unit) : 교축형은 실내의 열부하 감소에 대응하여 급기송풍량을 줄여가는 방식이며, 급기송풍기의 풍량 및 압력이 변화한다. 이 유닛에는 여러 가지 구조의 것이 제작되고 있으며, [그림 8-15]의 (a)의 ②에 그 일례를 나타낸다. 이 교축형 유닛은 실내온도조절기에 의해 벨로즈 내의 공기압력을 변화시켜 벨로즈의 팽창에 의해 공기의 유로를 죄어서 풍량을 조절한다.

③ 유인형(induction type unit) : 유인형은 [그림 8-15]의 (a)의 ③에서와 같이 저온의 고압 1차 공기로 고온의 실내공기를 유인하여 부하에 대응하는 혼합비로 바꿔서 송풍공기를 공급하는 방식이다.

한편 [그림 8-15]의 (b)에는 이들 각 유닛의 설치 예를 나타낸다.

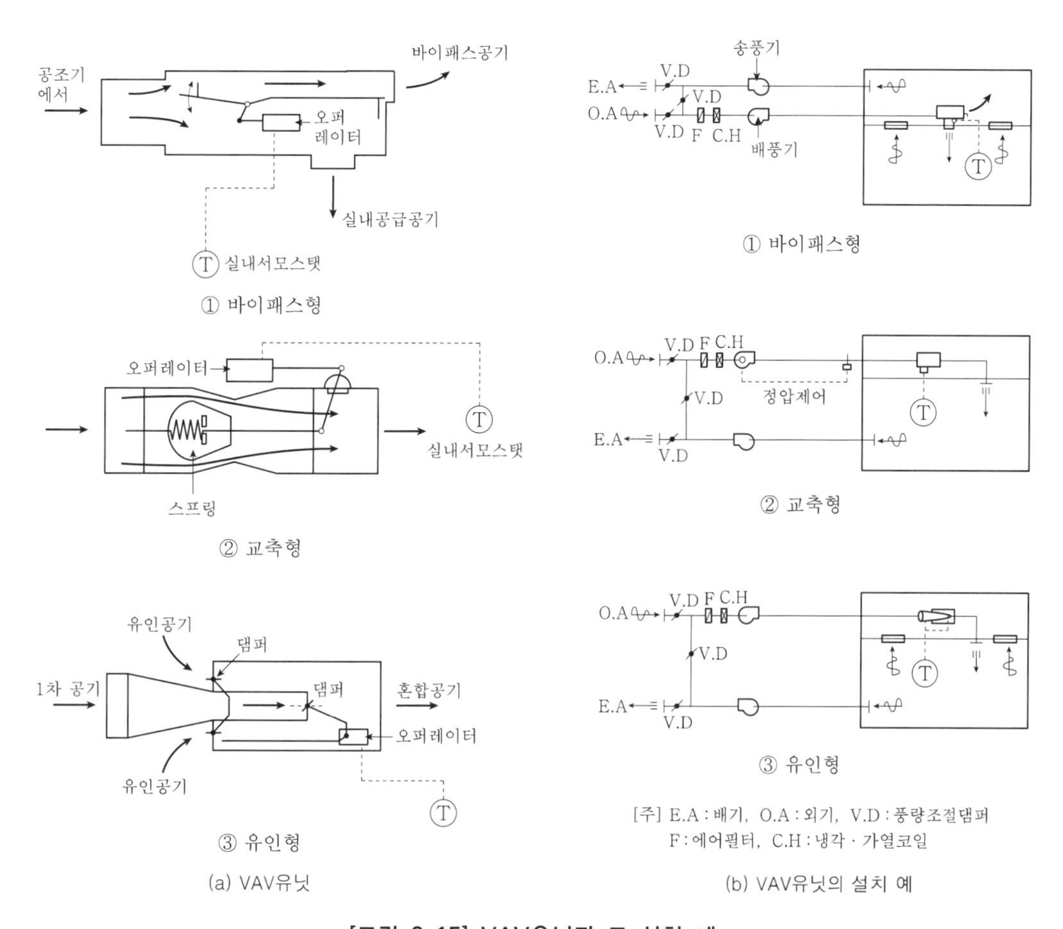

[그림 8-15] VAV유닛과 그 설치 예

(4) 혼합유닛

공조방식 중 하나로 이중덕트방식에서 냉풍과 온풍의 혼합용으로 이용되는 터미널유닛이다. 혼합유닛(mixing unit 혹은 mixing box)에는 실내온도만을 제어하는 것과 실내온도 및 송풍량 양쪽을 제어하는 것이 있지만, 현재 일반적으로 사용되고 있는 것은 서모스탯의 지령에 의해 소정의 온도가 되도록 냉풍과 온풍을 혼합해서 풍량을 일정하게 유지하는 형이다. 이 유닛은 온도 및 풍량의 제어방식을 크게 직접식(1모터식)과 간접식(2모터식)으로 구분한다.

직접식 유닛은 [그림 8-16]의 (a)에서와 같이 서모스탯에 의해 전동기를 제어해서 냉풍과 온풍의 혼합비율을 바꾸어 소정의 온도로 해서 풍압과 날개강도의 균형에 의해 풍량을 일정하게 유지한다. 간접식 유닛은 [그림 8-16]의 (b)에서와 같이 서모스탯에 의해 온풍량을 제어해서 압력조정기에 의해 전 풍량이 일정하게 되도록 냉풍량을 제어해서 풍량을 일정하게 유지한다.

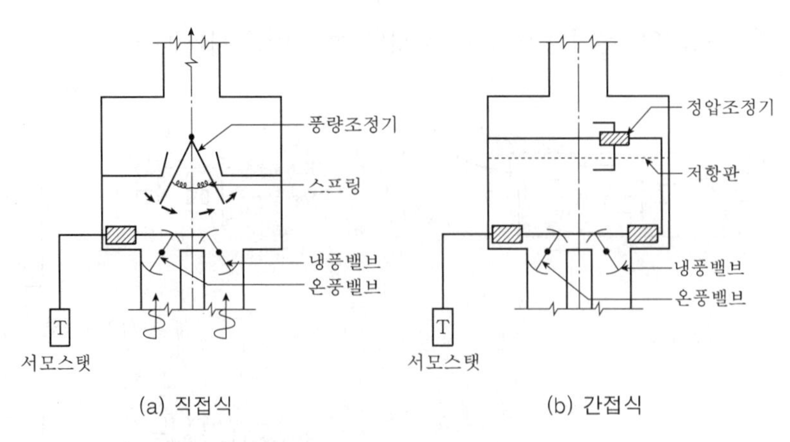

(a) 직접식 (b) 간접식

[그림 8-16] 혼합유닛

2. 공기가열 및 냉각기

공기를 냉각 · 가열하는 데는 열매(냉매도 포함)와 공기를 직접 또는 간접적으로 열교환하는 방법이 있는데, 코일은 후자에 의한 것이고 관내에는 열매를, 외부에는 공기를 통하게 한다. 일반적으로 열전달률이 낮은 공기측의 열교환면적을 증가시키는 수단으로 핀부착관이 사용되며, 평판형 핀코일과 에어로핀코일이 사용된다. 관내를 통하는 열매에 의해 냉수(온수)코일, 증기코일, 직팽코일이 있으며, 동관에는 동 또는 알루미늄핀을, 강관에는 강판의 와류핀을 사용한다. 그런데 열원기기로부터의 냉열원에 의해 공기를 냉각하는 데는 냉각코일(cooling coil)이 많이 사용된다. 냉각코일에는 냉수용과 냉매용이 있으며, 냉수코일(냉수식)은 터보냉동기와 칠러(chiller : chilling unit이라고도 한다)로부터의 냉수를 코일 내에 5~15℃ 정도로 통수(通水)하지만, 냉매용은 냉동기로부터의 냉매를 직접 공급하는 직접팽창형 코일로서 패키지형 공조기와 룸쿨러(room cooler) 등에 많이 사용된다.

1) 직접팽창식

직접팽창식(direct expansion 또는 DX형, 직팽식(直膨式)이라고도 한다)의 경우는 공기냉각코일을 중앙공조기와 덕트 속에 설치해 냉매배관을 접속하고, 적절한 온도 및 압력조건 하에서 비등 혹은 증발하는 냉매를 이용해 코일표면에 부딪히는 공기를 직접 냉각하는 시스템이다. 그 한 예로서 [그림 8-17]에서와 같이 냉동기에는 압축기와 응축기를 설치하고(이를 condensing unit이라 부르고 있다), 증발기는 각 공조기기 등에 설치하여 냉매배관을 연결하는 방식이다. [그림 8-18]은 이와 같은 직팽식 코일의 형상을 나타낸다.

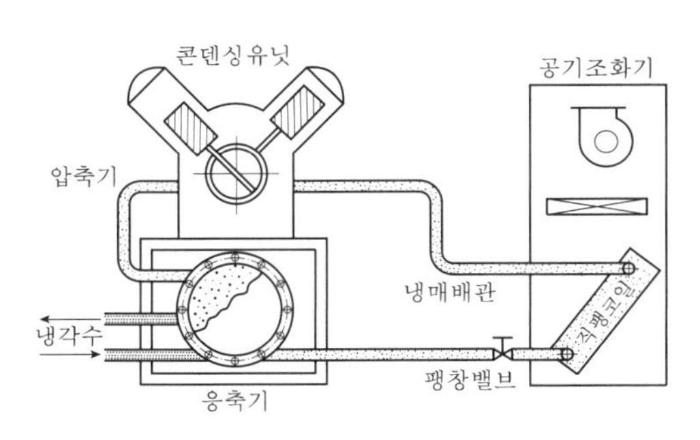

[그림 8-17] 직접팽창식

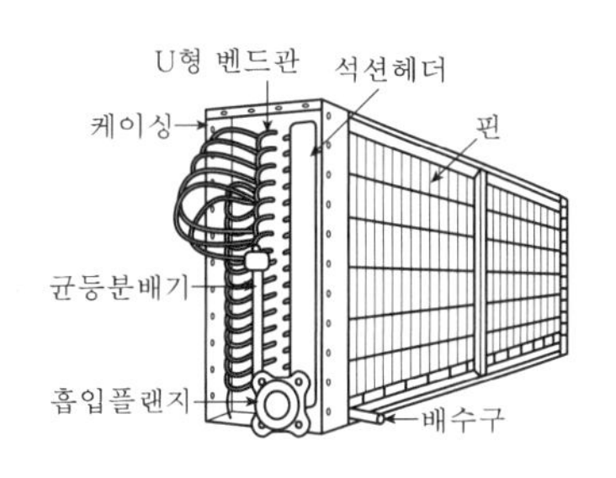

[그림 8-18] 직팽식 코일의 형상

2) 냉수코일

냉수코일은 [그림 8-19]에서와 같이 칠러(condensing unit에 냉수증발기를 조합한 것)에서 코일을 배관접속하여 배관 내에 5~15℃ 정도의 냉수를 통수시켜 송풍되는 공기를 냉각감습한다. 외경 16mm의 동관에 알루미늄핀(fin)을 모착한 것을 기류의 방향으로 2~10열 정도로 짜서 형강과 강판으로 틀을 하고 있다. 핀의 형상은 [그림 8-20]의 (a)에서와 같이 장방형을 한 플레이트핀(plate fin)과 [그림 8-20]의 (b)와 같이 나선상으로 동관에 휘어 감은 에어로핀(aero fin)의 두 종류가 있다.

이 냉수식은 직팽식과 비교해서 온습도조절이 용이한 점과 온수를 통수하면 가열코일로서 여름과 겨울에 겸용할 수 있는 이점도 있다. 그러나 열매로 물을 사용하고 칠러를 이용하기 때문에 직팽식과 비교해서 설비비가 비싸다는 결점이 있다.

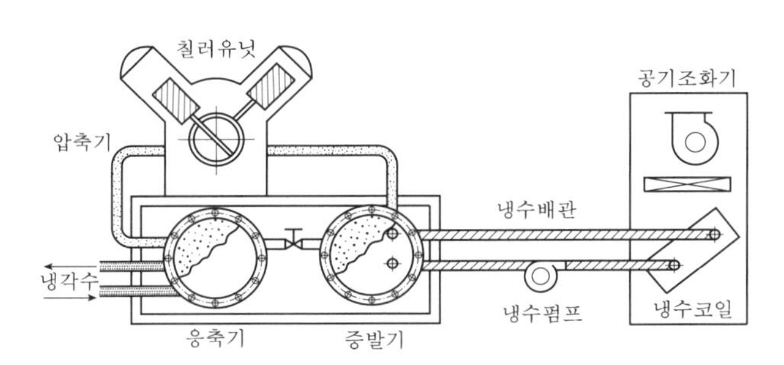

[그림 8-19] 냉수배관식

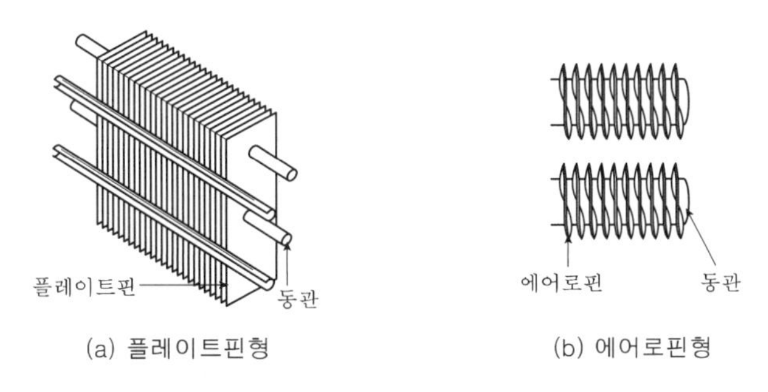

(a) 플레이트핀형 (b) 에어로핀형

[그림 8-20] 코일핀의 구조

3) 온수코일

온수코일은 관내에 80℃ 이하의 온수를 유통시켜 송풍되는 공기를 가열하는 것으로서, 그 구조는 냉수코일과 거의 같지만 열수(列數)가 냉수코일보다 작아서 보통 2~4열 정도의 것이 사용되고 있다.

4) 증기코일

증기코일은 관내에 증기를 통과시켜 송풍공기를 가열하며, 증기압력은 보통 0.35~2kgf/cm^2 정도의 저압이다. 그 구조는 냉온수코일과 거의 같지만, 드레인의 출구위치가 증기 입구와 정반대로 설치되어 있을 뿐만 아니라 출구관의 위치가 코일의 하부에 설치되어 있다([그림 8-22] 참조). 열수는 보통 1열 혹은 2열로 사용되고 있다.

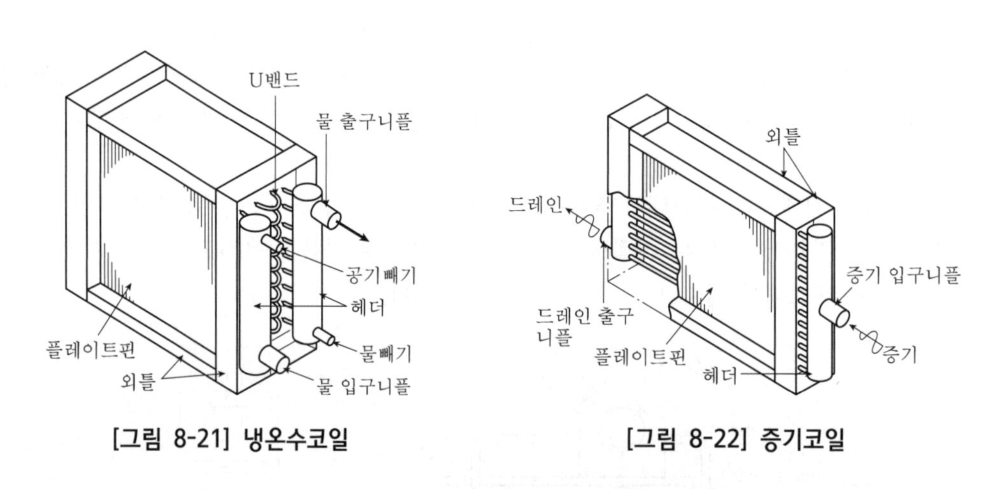

[그림 8-21] 냉온수코일

[그림 8-22] 증기코일

3. 공기가습 및 감습장치

1) 공기세정기(air washer)

공기세정기는 미립화(微粒化)된 물방울을 공기에 접촉시킴으로써 열과 수분을 동시에 교환해서 공기의 온습도를 조정하는데, 공기와 물방울이 접촉할 때 공기 중의 분진 · 가스를 물방울로 정화하는 목적으로도 사용된다.

이와 같은 에어워셔는 [그림 8-23]에 나타내는 바와 같이 물분무노즐을 1~3뱅크로 짜서 수조의 물을 기류에 대해 평행류 또는 대향류로 분무해서 단열가습하는 것이다. 이것은 장치 전체가 상당히 크기 때문에 거의 현장조립되고 있지만, 최근에는 AHU와 조합시켜서 공장생산을 하기도 하며, 이를 에어워셔형 공조기라 부르고 있다([그림 8-24] 참조).

에어워셔는 [그림 8-24]와 같이 분무노즐에서 물방울을 분무하여 공기류와 접촉시켜서 열교환과 수분이동(증발 또는 응축)을 행하는 것으로, 냉각감습에는 냉수를 분무하고, 냉각가습에는 온수 또는 가열하지 않은 물을 분무한다. 이때 에어워셔에는 분무한 물방울이 기류에 의해 밖으로 날아가는 것을 방지하기 위하여 일리미네이터(eliminator)를 설치한다. 일리미네이터는 판을 지그재그로 절곡하여 물방울이 여기에 닿아서 기류에서 분리하도록 제작된다. 또한 에어워셔에는 여기에 부착하는 섬유상의 먼지 등을 적하(滴下)시키기 위해 플러딩노즐(flooding nozzle)을 설치하고, 기내의 기류분포를 고르게 하기 위하여 입구루버를 설치한다.

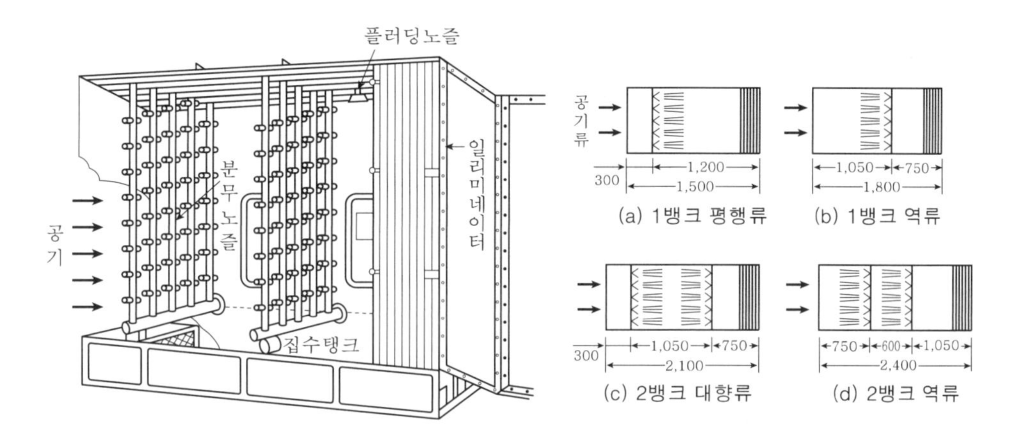

[그림 8-23] 공기세정기

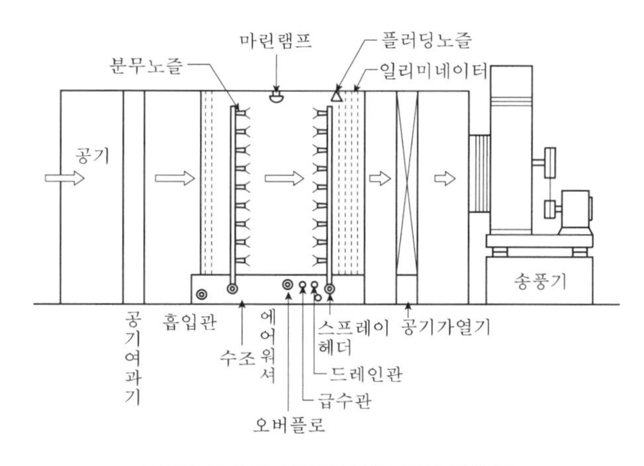

[그림 8-24] 에어워셔형 공기조화기

2) 가습장치

가습은 물의 표면증발과 수증기의 직접 분무에 의해 행해지는 것이 보통이며, 가장 많이 사용되고 있는 것은 직접분무형이다. 직접분무형은 증기가 무화(霧化)한 물을 통기(通氣) 중에 분무해서 가습을 하는 방법이다.

패키지형 공조기의 가습과 FCU 등 소용량인 것에 사용되고 있는 것은 표면증발형이 많다. 표면증발형은 수조 내에 포(布) 등의 충진물을 채우고 그 포(布)의 표면에서 증발시키는 방법과 수조 내의 물을 전열히터 등으로 가열해서 수조표면에서 증발시키는 방법이다. 가습기를 좀 더 자세히 분류하면 다음과 같다.

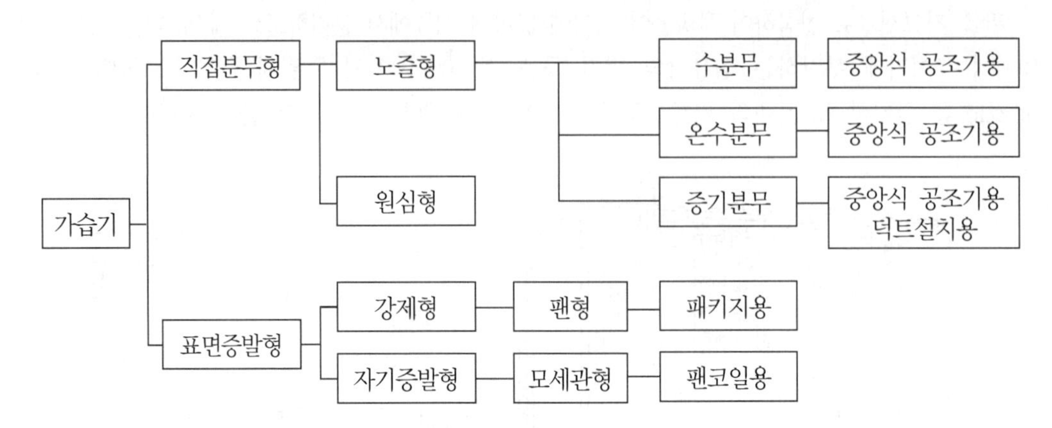

(1) 냉온수가습기(관)

이것은 [그림 8-25]와 같이 강관에 설치한 소켓에 나사박기한 노즐로부터 가압된 물과 온수를 직접 분무시켜서 가습한다. 현장조립식 공조기와 AHU의 가습에서 증기를 얻을 수 없을 때 등에 사용된다.

(2) 증기가습기(관)

강관에 다수의 작은 구멍을 뚫어 증기를 분출시켜 가습한다. 이것은 응답성이 빠르며 제어성이 좋고 확실하여 많이 사용된다. 현장조립식 공조기와 AHU 등에 내장해서 사용된다([그림 8-26] 참조).

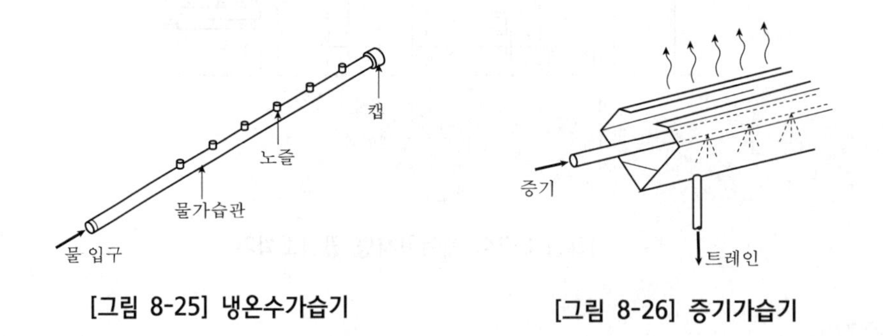

[그림 8-25] 냉온수가습기 **[그림 8-26] 증기가습기**

(3) 원심형 가습기

이것은 고속회전하는 원판에 물방울을 낙하시켜 원판의 회전에 의한 원심력으로 적하(滴下)한 물을 분무상으로 해서 통기 중에 분무 · 가습하는 것이다.

(4) 팬형 가습기

[그림 8-27]에서와 같이 접시(Pan)에 내장시킨 전열히터와 증기관 또는 온수관으로 팬 속의 냉수를 강제적으로 증발시켜서 가습한다. 강제증발에 의해 팬 속의 수위가 낮아지면 볼탭에 의해 자동적으로 정수가 급수된다. 수위가 되돌아오면 볼탭의 플로트(float)가 상승하고 마이크로스위치가 작동되어 전열히터에 통전(通電)하도록 되어 있다. 전기식 팬형 가습기는 소량의 유닛과 패키지형 공조기 등에 사용된다.

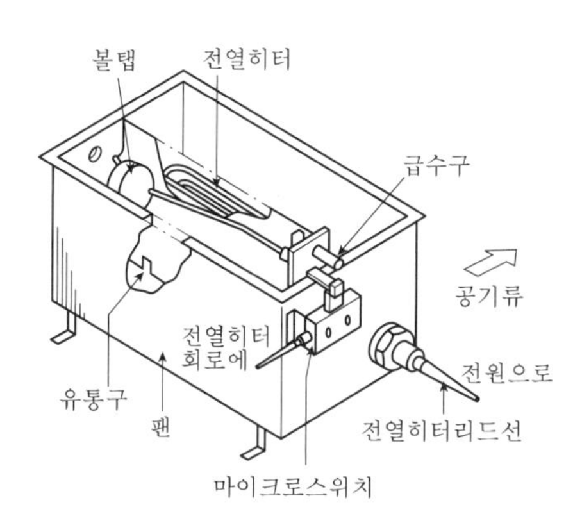

[그림 8-27] 팬형 가습기

(5) 모세관형 가습기

이것은 팬에 가제와 포 등을 담그고, 가제와 포의 모세관현상에 의해 가제 전면에서 자기증발을 하여 가습하는 것이다. 난방온수의 여열을 증발열에 이용하면 전기팬형 가습기 등 보다 많은 가습량을 얻을 수 있다. 급수는 팬 속의 수위가 낮아지면 플로트스위치에 의해 전자밸브가 작동해서 냉수가 급수된다. 이 가습기는 무동력, 무소음, 간편한 구조이므로 FCU 등에 내장되어 사용되고 있다.

3) 감습장치

공기의 감습법은 ① 냉각, ② 압축, ③ 흡수, ④ 흡착의 조작을 단독 또는 조합해서 사용한다. 이 중 흡수, 흡착을 화학적 감습법이라 부르며, 냉각압축으로는 얻을 수 없는 낮은 노점온도를 필요로 하는 경우에 사용된다.

(1) 냉각감습

습공기를 그 노점온도 이하까지 냉각해서 공기 중의 수증기량을 응축제거하는 방법이다. 냉방 시에는 안성맞춤이지만, 감습만을 목적으로 하는 경우에는 재열(再熱)이 필요하여 비경제적이다. 공조 등 대풍량을 취급하는 경우에 사용되며, 전기식 제습기는 냉각감습원리를 응용한 것이다.

(2) 압축감습

온도가 일정할 때 공기 중의 포화절대습도는 압력 상승에 따라 저하하며 수분으로 응축액화한다. 감습만을 목적으로 할 경우에는 소요동력이 커서 비경제적이지만, 압축공기가 필요한 경우에는 압축에 따라 온도가 상승하므로 냉각과 병용해서 사용된다.

(3) 흡수식

리튬염화트리에틸렌글리콜 등의 액상흡습제에 의해 감습하는 것이며 연속적으로 대용량에도 적용할 수 있다.

(4) 흡착식

실리카겔, 활성알루미나 등 다공성(多孔性) 물질표면에 흡착시키는 것이며, 가열에 의한 탈수가 가능한 점에서 재생사용이 가능하다. 효율은 액체에 의한 감습법보다 못하지만 매우 낮은 노점까지 감습이 가능하며, 주로 소용량인 것에 사용된다.

4. 공기정화장치

1) 에어필터의 종류

외기를 실내의 위생, 작업환경의 유지, 기기의 보호 등 공조용의 목적으로 도입 또는 재순환 사용하는 경우 그 공기를 정화시키기 위해 공기정화장치(air filter)가 사용되며, 그 종류는 사용목적에 따라 수십 종류에 이르고 있다. 이것을 분진포집의 원리에 따라 분류하면 [표 8-3]에 나타내는 바와 같이 정전기에 의해 분진을 포집하는 정전식, 여재를 써서 여과·포집하는 여과식, 분진을 관성에 의해 점착제를 도포한 매체에 충돌시켜서 포집하는 충돌점착식 세 종류로 대별할 수 있다. 이것을 다시 취급하는 방법(保守方法)에 따라 분류하면 자동세정형, 여재교환형, 유닛교환형으로 나눌 수 있다.

[표 8-3] 에어필터의 분류와 종류

집진형식	형 상	취 급	적응입경	분진농도	포집효과(%)	압력손실(Pa)	분진보수용량(g/m^2)
여과식	패널형	재생형	5μ 이상	대~중	80(중량법)	294~196	500~2,000
		비재생형	1μ 이상	중	90(중량법)	784~245	300~800
		비재생형	1μ 이상	소	99.97(DOP)	245~490	50~70
	자동롤형	재생형	3μ 이상	대~중	80(DOP)	117.6~156.8	500~2,000
		비재생형	1μ 이상		85(중량법)	117.6~156.8	

집진형식	형 상	취 급	적응입경	분진농도	포집효과(%)	압력손실(Pa)	분진보수용량(g/m^2)
정전식	집진극판형 정전유도형 여과재교환형	자동세정형 자동갱신형 여과재교환형	1μ 이상 1μ 이상 1μ 이상	소	80~95(비색법) 70~90(비색법) 60~70(비색법)	78.4~98 98~196 29.4~196	600~1,400
충돌점착식	자동회전형 패널형 여과재형	자동세정형 재생형 비재생형	3μ 이상 5μ 이상 3μ 이상	대~중	80~85(중량법) 70~80(중량법) 80(중량법)	117.6 29.4~117.6 29.4~98	500~2,000

[주] 분진농도 : 대 0.4~0.7mg/m^3, 중 0.1~0.6mg/m^3, 소 0.3mg/m^3

(1) 유닛형

[그림 8-28]에 나타내는 바와 같이 유닛형 프레임(500×500 정도)에 수납된 여과재에 의해 통과공기 중의 분진을 포집한다. 여과재료로는 종이, 면, 유리섬유, 부직포(不織布), 플라스틱, 스펀지 등이 있으며, 여과재 섬유를 미세하게 넣어 충진밀도를 크게 하면 집진효율은 좋지만 압력손실이 크게 된다. 그래서 비교적 비율이 좋은 필터에서는 여과재를 접어넣은 형상으로 한 유닛을 쐐기형으로 배치하고, 유닛의 정면면적에 대한 여과면적을 크게 하고, 여과재 통과풍속을 저속으로 하여 압력손실을 적게 한 것이 사용된다.

초고성능 필터(high efficient particle air filter, HEPA Filter)는 방사성 물질의 취급시설, 클린룸 및 병원 수술실 등에 사용된다. 유리섬유 · 석면섬유로 된 1μ 이하의 밀도가 높은 여과재를 [그림 8-29]와 같이 접고, 간격을 유지하기 위해 분리기를 넣어 통과면적을 넓게 하고 있다. 여과재는 분진퇴적에 의해 공기저항이 증가하므로 어느 정도 이상의 저항치가 되면 교환하거나 세정해서 재사용한다.

점착적 여과재(동 · 철 · 알루미늄 등의 선 · 박 · 편상으로 된 것)에 무취성 점착유를 칠해 통과공기 중의 분진을 분리 · 부착시키며, 사용 후에는 세정 · 재생이 가능하다. 일반적으로 조진용(粗塵用)으로 사용되며, 앞에서 설명한 건식에 비해 효율은 떨어지지만 집진용량이 큰 특성이 있다.

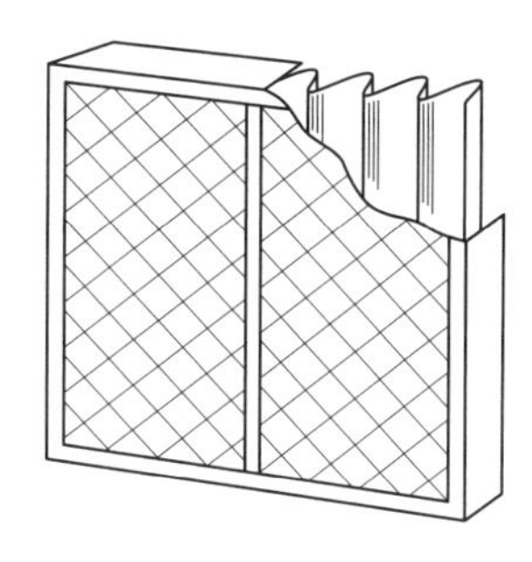

[그림 8-28] 유닛형 필터(건식)

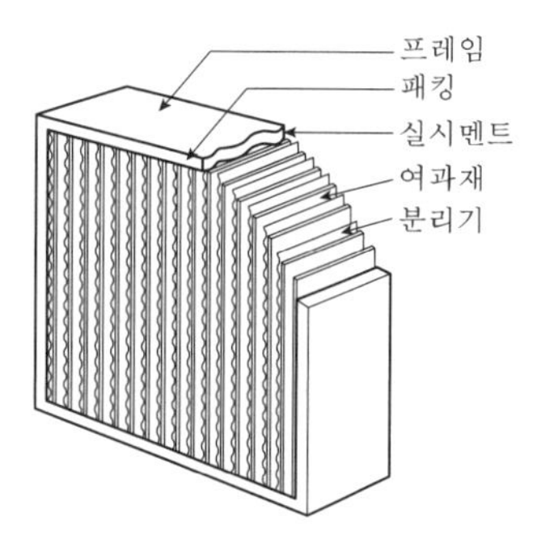

[그림 8-29] HEPA필터

(2) 자동롤형

롤형 필터는 [그림 8-30]에 나타낸 바와 같이 롤형 여과재(유리섬유 · 부직포 등)를 타이머 · 상태스위치에 의해 모터를 작동시켜 장시간 사용이 가능하도록 한 것이다. 제진효율 · 분진보수량도 높고 여과재는 사용조건에 따라 다르지만 1롤당 약 1년을 사용할 수 있는 등 보수관리가 용이하여 많이 사용된다.

멀티패널은 강상의 금속패널을 회전하며, 패널이 하부유조를 통과할 때 분진을 세정하는 방식이다. 이것은 구조도 견고하고 여과재 교환의 필요성도 없어 장시간 사용할 수 있는 것이다. 그러나 효율이 낮고 공기류에 의해 기름방울(油滴)이 비산하는 등 기설된 것을 제외하고는 최근에는 별로 사용되지 않는다.

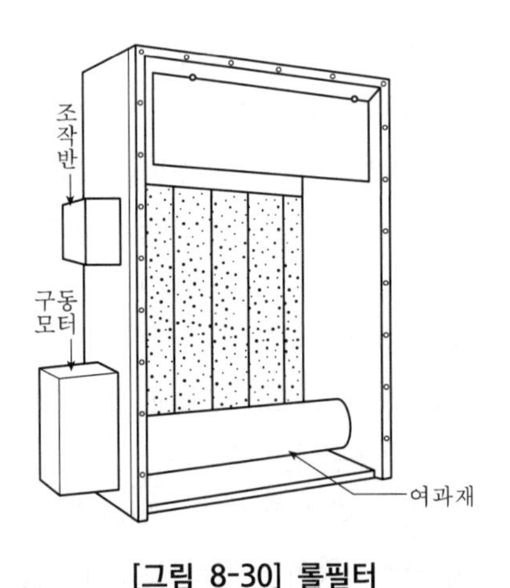

[그림 8-30] 롤필터

(3) 정전식

2단 하전식과 1단 하전식(여과재 수전식)이 있으며, 2단 하전식은 [그림 8-31]의 (a)와 (b)에서와 같이 분진입자를 하전시키는 이온화부와 집진극판(集塵極板)으로 구성된다. 집진극판에 포집된 분진은 종래에 [그림 8-32]와 같이 물분무세정노즐에 의한 자동세정이나 정기세정을 하는 것이 많이 사용되었지만, 최근에는 분진을 집진극판에서 응집분진으로 하고 이를 롤여과재로 포집하는 [그림 8-31]의 (b)의 형식이 효율도 좋아 많이 사용되고 있다.

1단 하전식은 집진극판 없이 [그림 8-31]의 (c)처럼 페이퍼매트 · 부직포 등의 여과재를 집진부에 두고 하전하여 분진 · 포집하는 방식이다. 2단 하전식에 비해 효율은 떨어지지만 집진부 세정이 필요하지 않고 장시간 연속 사용이 가능하며, 대형에서는 이 방식이 많이 사용된다.

정전식은 고가이지만 집진효율도 높고 미세한 분진과 동시에 세균도 포집되는 등의 이점이 있어서 병원, 고급 건물, 백화점 및 측정실 등에 사용된다.

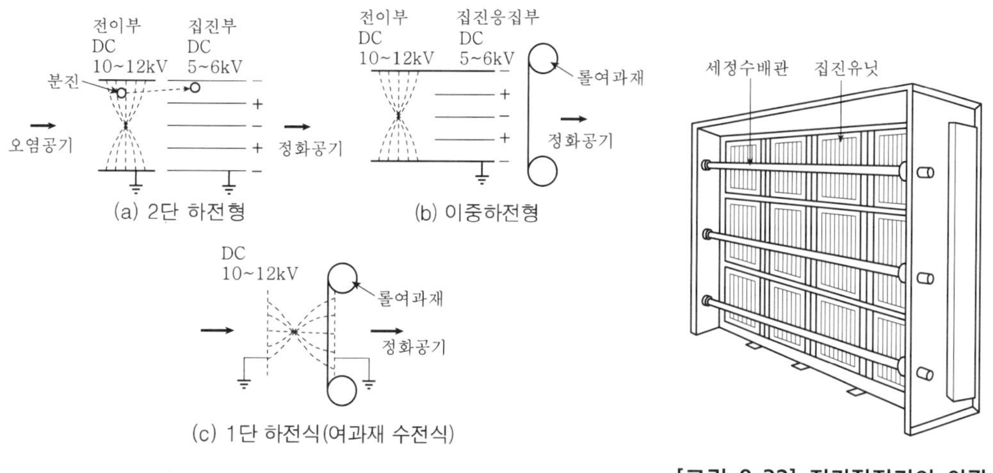

[그림 8-31] 정전식의 집진원리

[그림 8-32] 전기집진기의 외관

(4) 대전미립자중성화장치(코사트론)

실내부유분진, 담배연기, 취기 등의 소구경 미립자에 효과적인 공기정화장치로서 대전미립자중성화장치가 있다. 이 장치는 실내에서 발생된 1μ 이하의 오염미립자를 전극부에 의해 전기처리(중성화)한 후, 전기적인 응집작용으로 실내공간의 오염미립자를 포집하고 [그림 8-33]에서와 같이 분진장치 상류측에 설치된 통상의 공조용 필터(중성능 정도)에 의해 제지한다. 동시에 공간전하도 소거되며 실내기구, 취출구, 인체에 대한 오염입자의 부착을 방지한다. 병원, 제약공장 및 박물관 등에 사용된다.

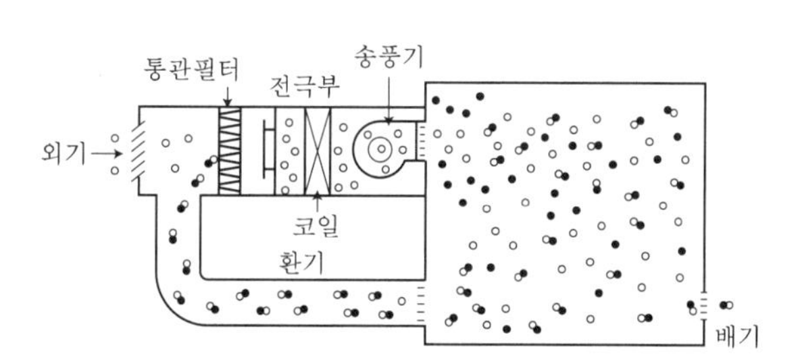

[그림 8-33] 대전미립자중성화장치의 실내오염제어구조

(5) 가스필터

공조용 가스정화장치에는 [표 8-4]와 같은 것이 있으며, 이 가운데 활성탄은 다종의 가스 · 취기에 대해 흡착작용이 우수하므로 널리 사용되고 있다. 일반적으로 [그림 8-34]처럼 유닛식으로 해서 공기와의 접촉면적을 크게 하고 압력손실을 줄이기 위해 쐐기형 배치로 하며, 흡착력이 저하된 것은 신품과 교환하거나 고온으로 재생된 것을 사용한다.

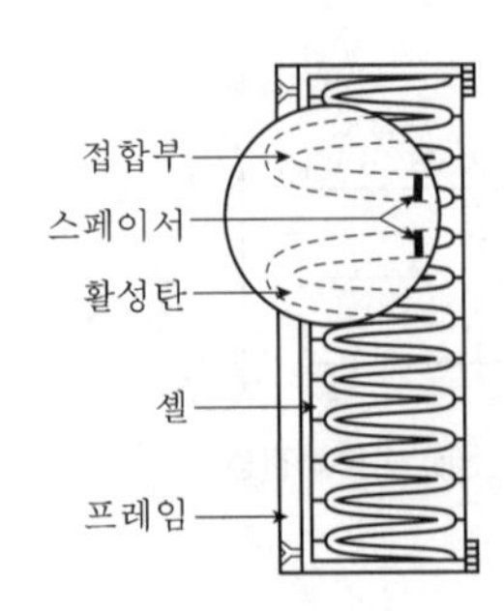

[그림 8-34] 활성탄필터의 단면도

[표 8-4] 공조용 가스정화장치

구 분	통과풍속(m/s)	효율(%)	압력손실(Pa)	비 고
활성탄필터 (가습흡착장치)	0.15~0.3	가스종류에 의하는데, SO_2는 90% 정도	49~98	활성탄 · 실리카겔 · 염화리튬 등이 있으며, 통상 활성탄이 사용된다.
에어워셔	1.5~2.5	가스종류에 따라 효율은 떨어짐	19.6~98	분무수를 공기 중에 분무해서 분진을 제거하고 가습에도 사용 가능하다.
습식 에어필터	1.5~2.5	수용성 가스에 양호, 분진도 50% 정도	98~1,960	유리섬유 등의 필터에 수분무한다.

2) 필터의 성능

공기정화장치의 성능표시는 다음 세 항목으로 표시되는 경우가 많다. 단, 이들 수치는 정격처리풍량에 대한 것이며, 풍량이 변화하면 성능도 변화한다.

(1) 압력손실

공기가 공기정화장치를 유통할 때의 압력손실이며, 일반적으로 정격처리풍량 시의 수치가 Pa로 표시되어 있다. 그 값은 고성능이고 밀도가 높을수록 커진다.

(2) 포집효율

공기정화장치 전후에 대한 오염물질농도로부터 다음 식에 의해 구한다.

$$\eta = 1 - C_c / C_i \qquad (1)$$

여기서, C_i, C_c : 공기정화장치 상류측, 하류측 공기 중의 오염물질농도

공기 중의 오염물질농도측정법은 공기정화장치의 종류 · 사용목적에 따라 [표 8-5] 중에서 선택된다. 공기 중의 분진입자는 그 대소 · 비중이 다양하며, 단일기준의 포집효율에 따라 표시하기에는 곤란하다. 예컨대 중량법에 의하면 조진(粗塵)의 포집효율은 양호해도 인체에 유해한 1~2μ의 분진에는 효율이 떨어지며, 비교적 작은 분진을 대상으로 하는 경우에는 비색법(比色法), 계수법(計數法) 및 DOP법에 의해 표시되는 것이 합리적이다.

[표 8-5] 시험법과 적용 에어필터

시험법	내 용	적용 공기정화장치
중량법	필터 전후에 대한 공기 중의 분진량을 계량하고 mg/m^{3}으로 표시한 것	조진용 필터 중성능 필터
비색법	필터 전후 공기 중의 분진을 여과지에 채취해서 광전관 비색계에 의한 변색비, 통상 중량농도 mg/m^{3}으로 환산한 것	고성능 필터 중성능 필터 전기집진기
계수법	필터 전후에 대한 일정량의 공기 중의 분진수를 계수해서 각/cm^{3}로 표시	고성능 필터 중성능 필터 전기집진기
DOP[주)]법	0.3μ DOP의 에어로졸을 사용한 시험장치에 의해 성능 표시한 것	고성능 필터 전기집진기 초고성능 필터

[주] dioctyl phtalate : 프탈산다이옥틸

(3) 분진보수용량

공기정화장치에 오염공기를 통풍하면 분진의 퇴적(堆積)에 의해 점차 압력손실이 증가하고 포집효율도 저하한다. 분진보수(保守)용량은 초기 압력손실의 2배 또는 포집효율이 최고치의 85%로 저하되기까지의 제거용량이며, 통상 g/m^2 또는 g/개(個)로 표시된다. 가스에서는 ml로 표시된다.

(4) 면속

공기정화장치에 유입하는 기류속도를 말한다. 여과재가 중첩되는 형에서는 면속과 여과재의 유입속도와는 다르다. 통상 2~2.5m/s가 사용된다.

3) 공기정화장치의 선정

제거대상물과 설치목적에 따라 기종이 선정되지만 경우에 따라서는 2종류 이상의 장치를 직렬로 조합해서 사용하는 일도 있다. 실내를 요구하는 청정도로 하기 위해서는 실내에 대한 분

진농도의 수치에 따라 산출되며, 외기용 필터와 주필터가 있는 장치에서는 [표 8-6]을 사용해서 계산한다.

[표 8-6] 주필터의 분진포집률 계산식

No.	에어필터의 설치방식	외기처리	주필터의 포집률	비 고
1	주필터, Q_o, C_o, P, η, Q_s, $(1-r)Q_r$, rQ_r, Q_r, C, M	전용필터 無	$\eta=1-\dfrac{CQ_r-M}{C_oQ_o+CrQ_r}$	Q_o : 도입외기량(v) Q_s : 급기량(m^3/h) Q_r : 배기량$=Q_s(m^3/h)$ r : 배기재순환율 C_o : 외기분진농도(mg/m^3) C : 실내분진농도(mg/m^3) M : 실내발진량(mg/h) P_o : 외기용 필터의 분진통과율 P_o : 주필터의 분진통과율 η_o : 외기용 필터의 분진포집률 η : 주필터의 분진포집률
2	외기처리 필터, 주필터, Q_o, C_o, P_o, η_o, P, η, Q_s, $(1-r)Q_r$, rQ_r, Q_r, C, M	전용필터 有 η_o	$\eta=1-\dfrac{CQ_r-M}{P_oC_oQ_o+CrQ_r}$	
3	외기처리 필터, 주필터, Q_o, C_o, P_o, η_o, P, η, Q_s, $(1-r)Q_r$, rQ_r, Q_r, C, M	전용필터 有 η_o	$\eta=1-\dfrac{CQ_r-P_oC_oQ_o-M}{CrQ_r}$	

문제 1. [표 8-6]의 No.2방식에 다음과 같은 항목이 부여되었을 때 주필터의 오염제거율 η을 구하여라(단, 재실인원 0.2인/m², 도입외기량 25m³/h · 인, 실내발진도 10mg/h · 인, 외기분진농도 C_o =0.1mg/m³, 외기처리필터오염제거율 η_o =20%(비색법), 환기횟수 8회/h, 면적 500m², 높이 2.5m).

풀이 No.2방식의 공식을 사용해서

실내분진농도 C=0.15mg/m³(건물관리기준치), C_o =0.1mg/m³

실내발진량 M=10mg/h · 인×0.2인/m²×500m²=1,000mg/h

배기량 Q_r =500m²×2.5m×8회/h=10,000m³/h

도입외기량 Q_o =25m³/h · 인×0.2인/m²×500m²=2,500m³/h

배기재순환율 $r=\dfrac{Q_r-Q_o}{Q_r}=\dfrac{10,000-2,500}{10,000}=0.75$

외기용 필터의 분진통과율 $P_o=1-\eta_o=1-0.2=0.8$

$\therefore\ \eta=1-\dfrac{0.15\times10,000-1,000}{0.8\times0.1\times2,500+0.75\times0.15\times10,000}=0.623$

즉 오염제거율 63% 이상의 에어필터가 필요하다.

3 보일러 및 난방기기

1. 난방설비의 용량

직접난방설비의 용량표시법으로는 일반적으로 매시방열량(W)으로 나타내는 방법이 많이 알려져 있으나, 상당방열면적(equivalent direct radiation)으로 나타내는 방법과 상당증발량(kg/h)으로 나타내는 방법도 사용되고 있다.

상당방열면적(EDR)이란 전 방열량(실외손실열량의 합계)을 표준방열량([표 8-7]에 나타낸 바와 같이 실내온도 및 열매온도가 표준상태에 있는 경우의 방열량)으로 나눈 것이며, 표준방열량을 q_o[W/m^2], 전 방열량을 q[W]라고 하면

$$EDR = \frac{q}{q_o}[\mathrm{m}^2] \tag{2}$$

로서 표시된다.

[표 8-7] 표준방열량

구 분	표준방열량 (W/m^2)	표준상태에 대한 온도	
		열매온도	실내온도
증기	756	102℃	18.5℃
온수	523	80℃	18.5℃

상당증발량은 100℃의 포화수와 100℃의 건포화증기의 엔탈피의 차(즉 100℃의 증발잠열 2,257kJ/kg)를 기준으로 하여 사용하고, 보일러의 발생열량을 q [kJ/h]로 하면

$$\text{상당증발량} = \frac{q}{2,257}[\mathrm{kg/h}] \tag{3}$$

로 표시된다. 일반적으로 보일러의 용량표시법으로는 증기보일러인 경우에 상당증발량으로 나타낸다.

2. 방열기

난방에서 방열기(radiator)란 직접 실내에 설치하여 배관을 통해 공급된 증기 또는 온수가 방출하는 열로 실내온도를 높이며, 더워진 실내공기는 대류작용으로 실내를 순환하여 난방의 목

적을 달성하는 것이다. 방열기는 방열면으로부터의 복사에 의한 방열도 다소 있기는 하나 주로 대류작용에 의한 난방기기이다.

1) 방열기의 용량표시

방열기의 표준방열량은 표준상태에 있어서의 실내온도 및 열매온도에 의해서 결정된다. 보통 주형방열기에서는 표준으로서 열매(증기)온도를 102℃, 실내온도를 18.5℃로 하였을 때의 방열량은 방열면적 $1m^2$당 750W이다. 그런데 이 표준상태에 있어서의 실온 또는 열매온도가 변할 때는 그 방열량이 증감하게 되므로 보정해야 하며, 그 보정값은 다음 식으로 구한다.

$$C_s = \frac{q_o}{q_o'} \text{ 또는 } q_o' = \frac{q_o}{C_s} \tag{4}$$

여기서, C_s : 보정계수([표 8-8]을 참조하여 구한다)

q_o : 표준상태에 있어서의 방열량(W/m^2)

q_o' : 어떤 상태에 있어서의 방열량(W/m^2)

2) 실온 및 열매온도가 변했을 때의 보정계수

실온을 t_r[℃], 증기 또는 온수온도를 t_s[℃]라 하면 방열량은 다음 식과 같다.

$$q = C(t_s - t_r)^n S \tag{5}$$

여기서, C : 계수(방열기의 형상, 치수에 따라 정해진다)

n : 지수(방열기의 종류에 따라 정해진다)

S : 방열면적(m^2)

[표 8-8] 실온 및 열매온도에 대한 보정계수(C_s)

실온 (℃)	증기 또는 평균온수온도 t_2(℃)							
	60	70	80	90	102	110	120	130
16	R=0.435 B=0.408 C=0.383	0.567 0.543 0.520	0.708 0.689 0.671	0.855 0.844 0.834	1.039 1.042 1.045	1.166 1.181 1.194	1.330 1.360 1.390	1.499 1.546 1.595
18.5	R=0.403 B=0.376 C=0.350	0.534 0.508 0.484	0.672 0.652 0.632	0.826 0.814 0.802	1.000 1.000 1.000	1.127 1.137 1.147	1.289 1.314 1.340	1.456 1.499 1.542

실온 (℃)	증기 또는 평균온수온도 t_2(℃)							
	60	70	80	90	102	110	120	130
20	R=0.384 B=0.357 C=0.331	0.513 0.488 0.464	0.651 0.630 0.609	0.795 0.781 0.768	0.977 0.975 0.973	1.102 1.111 1.119	1.264 1.287 1.310	1.431 1.470 1.512
22	R=0.359 B=0.332 C=0.307	0.487 0.461 0.436	0.623 0.600 0.579	0.766 0.750 0.735	0.946 0.942 0.938	1.071 1.076 1.082	1.231 1.251 1.271	1.397 1.434 1.471
24	R=0.335 B=0.308 C=0.283	0.460 0.434 0.409	0.595 0.572 0.549	0.737 0.719 0.703	0.915 0.909 0.902	1.039 1.042 1.045	1.199 1.216 1.233	1.364 1.396 1.430

[주] 지수 n의 값
① 미국 : 주형방열기 1.3, 컨벡터 1.5, 베이스보드컨벡터 1.4
② 독일 : 주형방열기 1.3, 컨벡터 1.3, 관방열기, 핀 달린 관 1.25

보정계수 C_s를 [표 8-8]에 표시한다. 모두 다 앞서 말한 t_r=18.5℃, t_s=102℃를 1.00으로 하고 있다. 즉 다음 식으로 계산한다.

$$C_s = \left(\frac{t_s - t_r}{102 - 18.5}\right)^n \tag{6}$$

지수 n은 미국의 값을 대입하여 새로 계산한 것이다. [표 8-8]의 R, B, C는 각각 주형방열기, 베이스보드형 대류방열기(baseboard convector), 대류방열기(convector)에 적용한다. t_s =102℃, t_r =18.5℃일 때의 방열량은 q_o =756W/m^{2}이므로, 이 외의 온도조건에서는 여기에 C_s를 곱한 것이 된다. 즉

$$q = 756\,C_s \tag{7}$$

이 C_s에는 다음에 설명하는 온수유량에 따른 보정은 포함되어 있지 않다.

문제 2. 온수온도 입구 85℃, 출구 75℃인 온수컨벡터가 실내(20℃)에 있을 때의 방열량을 구하여라.

풀이 평균온수온도는 80℃이고 [표 8-8]에서 t_s =80℃, t_r =20℃일 때 C_s =0.609로 되어 식 (7)에 의해 $q = 0.609 \times 523 = 319$W/m^{2}이다. 한편 방열기의 필요섹센수 등 실용적인 관련 계산식을 제시하면 [표 8-9]와 같이 나타낼 수 있다.

[표 8-9] 방열기 관련 계산식

방열기의 계산항목		관계식
필요방열면적(S)		$S=\frac{H_L}{q_o}$ [m²]
방열기의 필요 섹션수(N_S)	증기난방의 경우	$N_S=\frac{H_L}{756a}$
	온수난방의 경우	$N_S=\frac{H_L}{523a}$
증기응축량(Q_C)		$Q_C=\frac{3,600q}{r}$ [kg/m² · h]

여기서, H_L : 실의 난방부하(그 밖에 필요로 하는 전 방열량)(W)
q_o : 방열기의 표준방열량(W/m²)
a : 방열기 섹션 1개의 방열면적(m²)
q : 방열기의 방열량(W/m²)
r : 증기압력에 있어서의 증발잠열(kJ/kg)

3) 방열기의 종류

방열기의 재질로는 열효율이 높고 내구성이 뛰어난 재료로 만들어져야 하는 것이 필요조건이며, 형상 · 재료 및 사용열매의 종류에 따라서 다음과 같이 분류할 수 있다([그림 8-35] 참조).

(1) 형상에 따른 분류

① 주형방열기(column radiator) : 2주, 3주, 3세주, 5세주형 방열기 등이 있다.
② 벽걸이방열기(wall radiator) : 횡형과 입형 등이 있다.
③ 대류방열기(convector) : 대류작용을 촉진하기 위하여 철제 캐비닛 속에 핀튜브(fin tube)를 넣은 것으로, 외관도 미려하고 열효율도 좋아 널리 사용되고 있다.
④ 관방열기(pipe radiator) : 관을 조립하여 관의 표면적을 방열면으로 사용한 것이다.
⑤ 베이스보드방열기(base-board radiator) : 대류방열기와 마찬가지이나 걸레받이 위치 등 낮은 바닥에 설치하는 방열기이다.
⑥ 유닛히터(unit heater) : 송풍기에 의한 강제대류형 방열기이며, 방열능력은 자연대류형보다 훨씬 크고 공장이나 체육관 등에 사용된다.

(2) 재료에 따른 분류

주철제, 강판제 및 특수 금속제 방열기 등이 있다.

(3) 열매의 종류에 따른 분류

증기용 및 온수용 방열기 등이 있다.

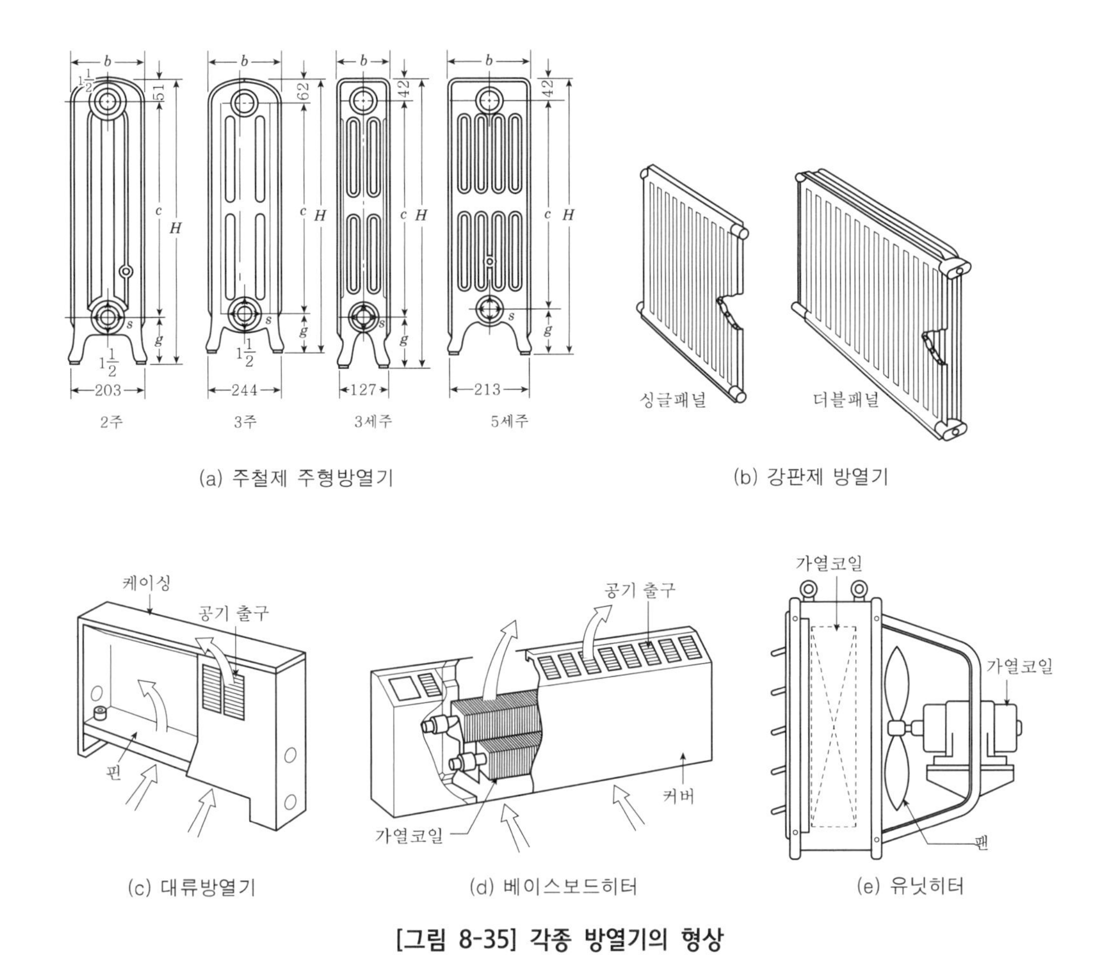

(a) 주철제 주형방열기 (b) 강판제 방열기

(c) 대류방열기 (d) 베이스보드히터 (e) 유닛히터

[그림 8-35] 각종 방열기의 형상

4) 방열기의 호칭법

방열기의 호칭은 종류별, 쪽수에 따라 2주형과 3주형은 각각 Ⅱ, Ⅲ으로, 또한 3세주형과 5세주형은 각각 3, 5로 표시한다. 예를 들면, 3주형 15쪽을 조합한 것은 [그림 8-36]과 같이 표시한다. 즉 도면상으로 표시할 때는 원을 3등분하여 그 중앙에 방열기 종별과 형을 표시하고, 상단에 쪽수를, 하단에 유입관과 유출관의 관경을 표시한다.

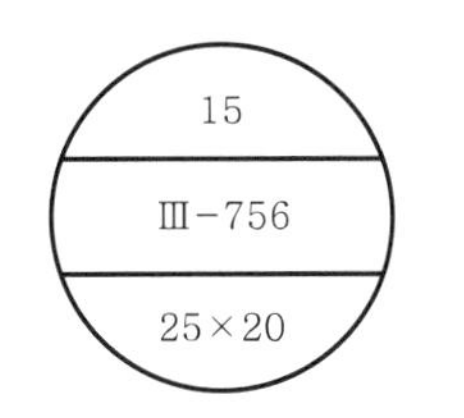

- 방열기의 쪽수
- 방열기의 종류(종별, 형)
- 연결관경 급탕코일

[그림 8-36] 방열기의 호칭법

문제 3. 전 손실열량 11,628W인 사무실에 설치할 온수난방용 방열기의 필요섹션(section)수를 구하여라. 단, 방열기 섹션 1개의 방열면적은 $0.30m^2$로 한다.

풀이 [표 8-9]의 관계식으로부터 $N_S = \dfrac{H_L}{523a} = \dfrac{11,628}{523 \times 0.30} ≒ 74$ 섹션으로 한다.

3. 보일러 및 부속장치

1) 보일러 설비

(1) 보일러의 종류

보일러는 그 용도에 따라 크게 온수보일러와 증기보일러로 구별된다. 또 사용압력에 따라 분류하면 저압보일러와 고압보일러로 나누어지며, 보일러 본체의 구조상으로 분류하면 [표 8-10]과 같이 나눌 수 있다.

[표 8-10] 보일러의 종류와 용량

종 류		압력(Pa · G)	용량(t/h)	효율(%)
주철제 보일러		증기 98Pa, 온수 50mAq 이하, 120℃ 이하	~10	60~75
강판제 보일러	입형보일러	온수용 7~10mAq	0.1~0.4	60~75
	노통연관보일러	~16	0.5~18	70~87
	수관보일러	5~25	12~40	75~90
	관류보일러	~15	0.4~4	75~90

① 주철제 보일러 : [그림 8-37]에 나타낸 바와 같이 주철제 섹션을 니플에 의해 접속하여 연소실, 수실, 증기실이 제작되며, 용량은 섹션의 증감에 의해 이루어진다. 조립식이므로 건물 내에 대한 반입 · 설치가 용이하며 부식에 강하고 내구연수가 길지만, 열효율이 낮고 용량 · 용도가 제한된다.

② 입형보일러 : 연소실을 보일러의 저부에 둔 원통형이며, 설치면적이 적은 이점이 있다. 구조가 간단하고 취급이 용이하므로 소규모 건물, 중앙식 난방용에 운전을 자동화한 온수보일러가 많이 사용된다. 구조상 열효율이 낮고 전열면적도 적으므로 소용량용이다.

③ 노통연관보일러 : 원형통 속에 노통과 다수의 연관을 배치하고, 노통 내의 연소가스는 연관 내를 2~4패스가 되도록 하기 위해 통상 강제송풍기를 사용한다. 고효율로 부하변동에 대한 특성이 좋고, 출력에 비해 형상은 작다. 기열에 시간을 요하며, 내부청소가 번거롭고 유닛화되어 있어 분할반입이 불가능하므로 설치 시의 반입구가 크게 된다([그림 8-38] 참조).

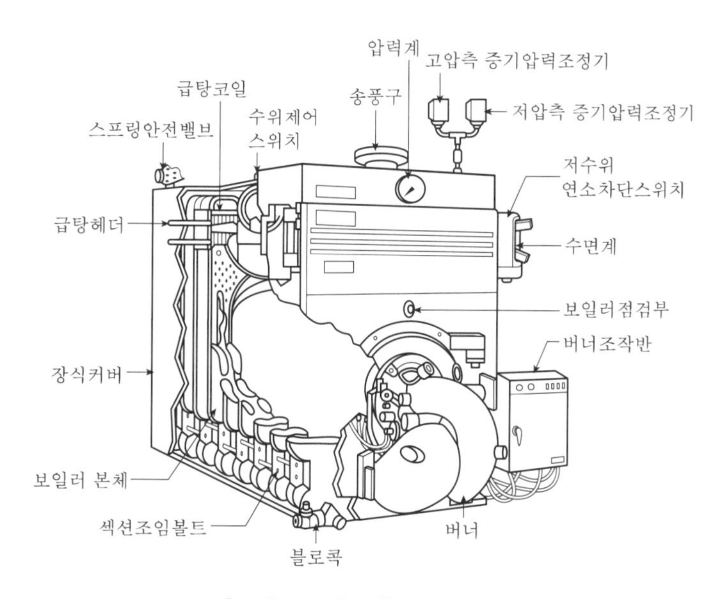

[그림 8-37] 주철제 보일러

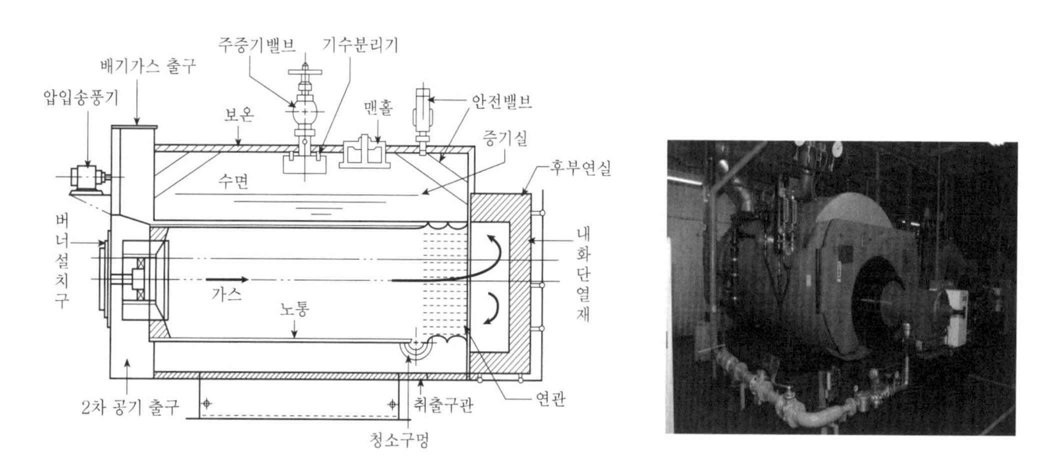

[그림 8-38] 노통연관보일러

④ **수관보일러** : 비교적 소경의 원통드럼과 다수의 가열수관이 연소실 노벽면과 연소가스유로에 설치되며, 유수량에 비해 전열면적이 크고 고압 · 대용량에 적합하다. 보일러구조상 기계실 천장고를 높게 할 필요가 있다.

⑤ **관류보일러** : 보일러통이 없이 수경의 긴 가열수관에 의해 노벽이 구성되며, 그 한쪽 끝에서 압입된 급수는 순서대로 예열 · 증발 · 과열되어 증기로 된다. 탱크수량이 적으며 시동성이 좋고, 공조용에서는 소용량의 것을 급수, 기타 보조기를 하나의 가대에 유닛화한 것이 이용되며, 증기발생기라고 부르고 있다.

(2) 보일러용량과 출력

① 보일러용량 : 보일러의 용량은 최대 연속부하에서 단위시간당 발생하는 증발량 G_s[kg/h]에 의해 나타내진다. 그러나 증기가 보유하는 열량은 온도 혹은 압력에 따라 다르므로 표준압력에서 100℃의 포화수를 100℃의 건포화증기로 환산한 상당증발량(기준증발량)으로 나타내는 것이 일반적이다. 상당증발량 G_e[kg/h]는 실제 증발량을 G_s[kg/h]라 하고, 급수 및 발생증기의 엔탈피를 각각 i_1, i_2[kJ/kg]라 하면

$$G_e = \frac{G_s(i_2 - i_1)}{2,257}[\text{kg/h}]$$

이 된다.

② 보일러효율 : 보일러에 공급되는 연료는 그 일부가 불완전연소하거나 또는 전혀 연소되지 않고 배출된다. 또한 연소로 인해 발생되는 열량 중에서도 일부는 전열면에 흡수되지 않은 채로 굴뚝 등을 통해 외부로 유출된다. 보일러의 효율 η은 증기 또는 온수의 발생에 필요한 실제로 흡수된 열량과 보일러에 공급된 연료가 완전연소했을 때 발생하는 열량과의 비를 가리키는데, 그 효율 η은 다음 식으로 나타낼 수 있다.

$$\eta = \frac{G_s(i_2 - i_1)}{G_f H_o}$$

여기서, G_f : 연료소비량(kg/h)

H_o : 연료의 발열량([표 8-11] 참조)(kJ/kg)

[표 8-11] 각종 연료의 발열량

기호 / 열원	발열량 등	보일러 효율 η[%]	이론공기량
석탄	18,855~31,425kJ/kg	35~65	4.5~9.0N · m^3/kg
중 · 경유	41,900kJ/kg	50~70	10.0~11.5N · m^3/kg
등유	46,090kJ/kg	50~70	12.0N · m^3/kg
도시가스	15,084~46,090kJ/kg	65~75	4.6N · m^3/kg(5,000kcal/m^{3}에
천연가스	33,520~46,090kJ/m^3	65~75	의해) 조성에 의한다.
액화석유가스	46,090~50,280kJ/m^3	65~75	1.3N · m^3/kg
전기	3,603kJ/kW	98	
증기코일	증기의 잠열량(kJ/kg)	97	
기수혼합	증기의 전열량－탕온의 현열량(kJ/kg)	100	

③ 보일러부하 : 보일러의 부하 H_B[W]는 방열기 부하를 H_r[W], 급탕부하를 H_h[W], 배관계통의 열손실부하를 H_p[W], 예열부하를 H_a[W]로 하면

$$H_B = H_r + H_h + H_p + H_a \text{[W]} \qquad (8)$$

로 된다. 방열기 부하는 난방부하 계산에 의해 구한 손실열량이며, 개산치는 건물연면적에 대해 증기난방인 경우 0.11~0.14m^2 · EDR/m^2 · 바닥면적, 온수난방인 경우 0.17~0.22 m^2 · EDR/m^2 · 바닥면적으로 한다. 급탕부하는 다음 식으로 계산하지만, 그 개산치는 급탕량 1l/h에 대해 69.8W로 계산하는 때도 있다.

$$\text{급탕부하} = \frac{\text{급탕량}[l/\text{h}] \times \Delta_t \times C_w}{3.6} \text{[W]} \qquad (9)$$

여기서, Δ_t : 탕의 온도－물의 온도(℃)
C_w : 물의 비열(≒4.19kJ/l · ℃)

한편 배관계통의 열손실은 일반적으로 방열기 부하와 급탕부하의 합계의 15~20% 정도를 적용한다. 예열부하는 보일러를 때기 시작할 때 배관이나 저탕조 등을 예열하는 데 필요한 부하이며, 이것은 방열기 부하와 급탕부하, 배관계통의 열손실부하의 합계의 15~20% 정도로 잡는다.

④ **보일러출력** : 보일러의 출력표시에는 정격출력 H_m[W]과 상용출력 H_c[W]가 있으며, 각각 다음 식으로 나타낸다.

$$H_m = H_B = H_r + H_h + H_p + H_a \text{[W]} \qquad (10)$$

$$H_c = H_r + H_h + H_p \text{[W]} \qquad (11)$$

⑤ **연료소비량의 추정** : 석탄 · 가스 · 증기 · 전기를 열원으로 하는 가열장치의 연료소비량은 식 (6), 식 (7), 식 (9)에 의거하여

$$G_f = \frac{3.6 H_m}{H_o \eta}$$

여기서, G_f : 열원의 소비량(석탄 : kg/h, 가스 : m^3/h, 증기 : kg/h, 전기 : kW/h)
H_m : 보일러의 정격출력(W)
H_o : 열원의 발열량(석탄 : kJ/kg, 가스 : kJ/m^3, 증기 : kJ/kg, 전기 : kJ/kW)
η : 가열기의 효율(%)

문제 4. 건물의 난방부하 348,837W일 때 중유용 주철제 보일러의 용량을 구하여라. 또 매시 급탕량 800L/h가 추가되는 경우의 보일러용량을 구하여라.

풀이 ① $H_r = 348{,}837\text{W}$, $H_h = 0$, $H_p = H_r \times 0.2 = 69{,}767\text{W}$, $H_a = (H_r + H_p) \times 0.25 = 104{,}651\text{W}$이므로
보일러용량 $H_B = H_r + H_p + H_a = 523{,}256\text{W}$
방열면적을 구하면 $523{,}256\text{W} \div 756\text{W/m}^2 = 692\text{m}^2$

② 급탕부하 H_h는 온도차를 50℃로 하면

$$H_h = \frac{800 \times 50 \times 4.19}{3.6} = 46{,}512\text{W}$$

$H_p = (H_r + H_h) \times 0.2 = 79{,}070\text{W}$

①과 마찬가지로 해서

$H_a = (H_r + H_h + H_p) \times 0.25 = 118{,}605\text{W}$이므로

보일러용량 $H_B = H_r + H_h + H_p + H_a = 593{,}023\text{W}$로 된다.

2) 부속장치

(1) 연료와 연소장치

공조용 열원장치에 사용하는 연료는 [표 8-11]에 나타낸 바와 같으며 중유가 가장 염가인데 유황성분이 많아 대기오염방지를 위해 등유나 도시가스의 사용이 많아졌다. 연료의 연소를 위해서는 연소공기가 필요하며, 완전연소시키는 공기량은 연료조성에 의해 결정된다. 이 수치를 이론공기량이라고 한다. 실제 연소에는 이론공기량의 1.15~1.3배의 공기량이 필요하며, 이 비율을 공기비 또는 과잉계수라고 하고 연료의 종류나 연소장치에 의해 결정된다.

(2) 연소장치

등유 · 중유의 연소에는 오일버너가 사용되며, 가스연소에는 가스버너를 사용하고 공기와의 혼합방식에 의해 확산연소식, 완전혼합식, 부분혼합식이 있다. 보일러연료는 1주일에서 10일분을 저장하는 것이 일반적이다.

(3) 급수장치

보일러의 급수장치는 법규에 의해 최대 증발량을 충분히 처리할 수 있는 2방식 이상의 장치를 설치해야 한다. 저압보일러에서는 응축수펌프, 진공급수펌프 및 환수탱크와 와권펌프 중에서 수도배관에 의한 급수의 2방식을 사용한다. 또 고압보일러에는 다단터빈펌프, 워싱턴펌프 중에서 인젝터와의 병용이 많다.

급수처리의 목적은 급수 중의 용존산소 · 알칼리에 의한 동체의 부식방지, 스케일의 생성 · 부착을 방지하기 위함이다. 그래서 소형 보일러나 주철제 보일러 이외에서는 통상 화학적, 기계적 및 전기적인 처리를 단독 또는 적당하게 조합해서 사용된다.

(4) 연돌

굴뚝은 연소에 필요한 통풍력을 얻어야 하며, 동시에 연소가스를 효과적으로 옥외에 배출시키기 위해 단면적과 높이가 필요하다. 굴뚝은 연소가스가 보일러, 연도, 연돌 내를 통과할 때의 전 저항과 같은 통풍력을 가질 필요가 있고, 이론통풍력은 다음 식에 의한다.

$$Z = 273H\left(\frac{1,293}{273+t_a} + \frac{r_g}{273+t_g}\right) \tag{12}$$

여기서, Z : 이론통풍력(mmAq)

H : 굴뚝의 높이(m)

t_a : 외기온도(℃)

t_g : 연소가스온도(연소의 평균온도)(℃)

r_g : 연소가스의 비중량(kg/m^3)

굴뚝높이는 이 밖에 건축법, 대기오염방지법, 지방조례에 의해 최저치가 결정되어 있기 때문에 건물 주변에 미치는 영향도 고려해서 그 이상의 높이로 해야 한다.

[표 8-12]는 사무소 건물에 강제통풍(강제 또는 유인송풍기)보일러를 사용한 경우의 굴뚝의 개략치수이다. 자연통풍보일러에서는 이것의 약 2배의 단면적이 필요하다. [그림 8-39]에는 보일러의 선정을 위한 흐름도를 나타내었다.

[표 8-12] 굴뚝높이와 필요경(cm)

보일러용량		굴뚝높이(m)		
kJ/h	t/h	10	20	30
1,068.45	0.473	215	245	232
2,250.03	0.996	370	335	320
3,431.61	1.519	445	400	330
4,977.72	2.204	530	475	450
6,913.50	3.061	615	545	515
9,494.54	4.204	–	630	590

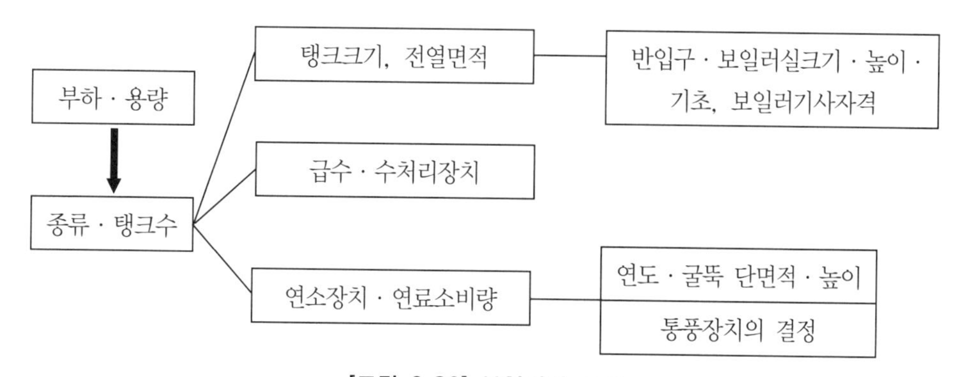

[그림 8-39] 보일러의 선택

4 냉동기기

1. 냉동원리

냉동장치에서는 보통 증발하기 쉬운 액체를 증발시켜 그 잠열을 이용하는 방법이 사용되는데, 이 잠열을 이용하는 것이 효과적이어야 할 뿐만 아니라 연속적으로 운전되어야만 냉동기로서의 역할이 성립된다. 이와 같이 장치 내를 흐르는 냉동의 매체가 되는 것을 냉매(refrigerant)라고 부르며, 그 냉매를 운반하는 방법에 따라 압축식과 흡수식으로 구분하고 있다. 냉동원리를 설명하기 위해서는 먼저 이들 증기압축식 냉동기와 흡수식 냉동기 속에서 냉매가 행하는 작용을 고찰해 보면 이해할 수 있다.

1) 압축식 냉동사이클

압축냉동기는 증발기 · 압축기 · 응축기 · 팽창밸브의 네 가지 주요부로 구성되어 있으며, 각 계통에 냉매를 순환시켜 [그림 8-40]에 나타낸 바와 같이 증발 → 압축 → 응축 → 팽창의 4가지 주과정을 반복하면서 냉동작용을 행하는 장치이다. 이 일련의 변화를 압축냉동사이클이라고 하며, 이 모양을 $P-i$ 선도에 그려보면 [그림 8-41]에 나타낸 바와 같이 된다. $P-i$ 선도란 세로축에 압력을, 가로축에 엔탈피를 취해 냉매의 상태변화를 시각적으로 알기 쉽게 나타낸 것이며, 냉동원리에 대한 이해 및 그 계산용으로 이용된다. 이것을 종축의 P가 대수눈금으로 되어 있으므로 $\log P-i$ 선도 혹은 창시자의 이름을 붙여 몰리에르선도(mollier chart)라고도 부르고 있다.

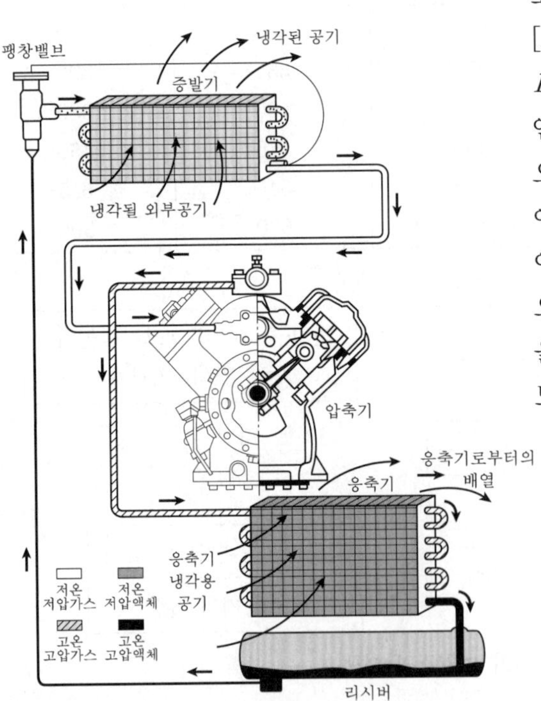

[그림 8-40] 압축식 냉동사이클

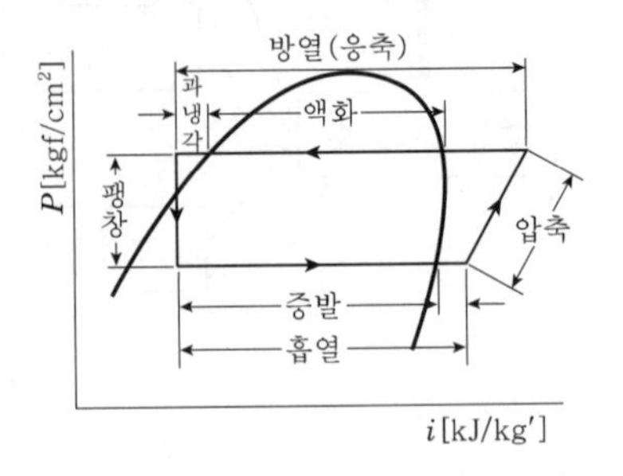

[그림 8-41] $P-i$ 선도상의 냉동사이클

(1) 압축기-압축과정

압축과정은 단열압축변화를 한다. 따라서 증발을 마친 저온저압의 냉매증기(또는 과열증기)를 엔트로피 일정인 상태로 압축기에 의해 압력과 온도를 상승시켜 응축압력까지 압축하고 응축기로 보낸다. 이 변화를 $P-i$ 선도에 나타내면 [그림 8-42]에서의 ① → ②과정이 된다.

(2) 응축기-응축과정

응축과정은 등압냉각(방열)변화를 한다. 고온고압으로 압축된 냉매증기는 이 과정에서 압력 일정한 상태로 공기 또는 물에 의해 냉각되며, 과열증기범위에 있는 동안 서서히 온도를 낮추어 습증기범위에 들어가면 등온등압 하에서 응축액화된다. 이 변화는 [그림 8-43]에서의 ② → ③과정이 된다.

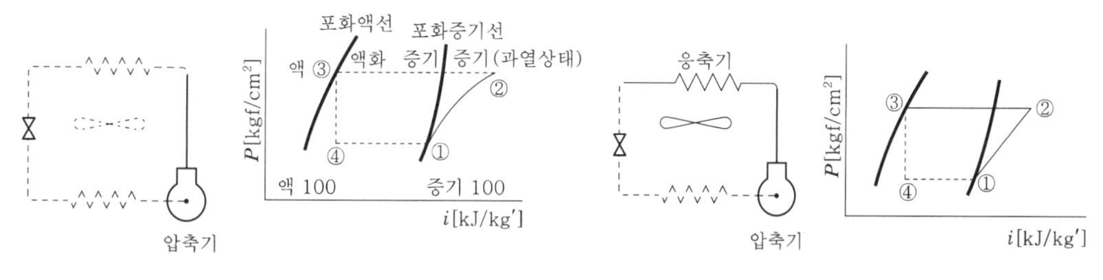

[그림 8-42] 냉동기의 압축과정 [그림 8-43] 냉동기의 응축과정

(3) 팽창밸브-팽창과정

팽창과정은 단열팽창변화를 한다. 액화한 냉매는 이 밸브를 통해서 저압의 증발기로 보내진다. 밸브 입구측은 고압이며, 출구측은 저압상태이기 때문에 그동안에 냉매의 압력이 급격히 강하하고, 액의 일부는 증발해서 저온저압의 습증기로 된다. 이때 냉매는 외부로부터의 열에 의해서가 아니고 냉매 자신의 열을 빼앗아 증발하므로 그 열량만큼 온도는 강하한다. 이 변화는 [그림 8-44]에서의 ③ → ④과정으로 표시한다. 한편 가정용 냉장고나 소형의 룸에어컨 등에서는 내경 0.8~3mm의 가느다란 관을 적당한 길이로 하여 사용하는데, 이를 모세관(capillary tube)이라 하여 이 팽창밸브의 역할을 시키는 일이 많다.

(4) 증발기-증발과정

증발과정은 등압가열(흡열)변화를 한다. 팽창밸브에 의해 증발압력으로까지 팽창한 냉매(온도는 주위보다 낮고 액분이 많은 수증기의 상태)는 습증기범위 내에서 주위로부터 열을 흡수하여 등온등압 하에서 증발하고 포화증기선에 이른다. 더욱 주위로부터 계속 열을 흡수하면 압력 일정한 상태에서 온도는 상승하고 과열상태로 된다. 이 변화는 [그림 8-45]에서의 ④ → ①과정으로 표시된다.

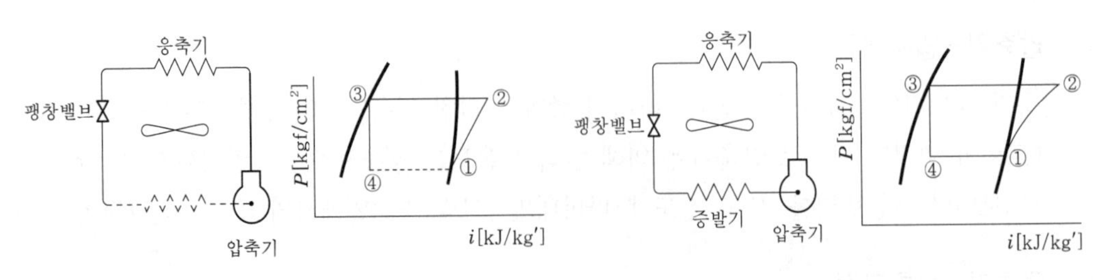

[그림 8-44] 냉동기의 팽창과정 [그림 8-45] 냉동기의 증발과정

이와 같이 해서 냉매는 증발기로부터 다시 압축기를 되돌아가서 마찬가지 사이클을 반복할 수 있게 되며, 이 사이클을 행하고 있는 동안에 냉매는 증발기로부터 열을 받아 응축기에서 이를 배출시킨다. 즉 이 경우 증발기측의 저온영역에서 응축기측의 고온영역으로 이동시켜진 상태로 된다. 한편 [그림 8-46]에는 이와 같은 압축냉동기를 이용하는 경우의 냉동배관계통도를 나타낸다.

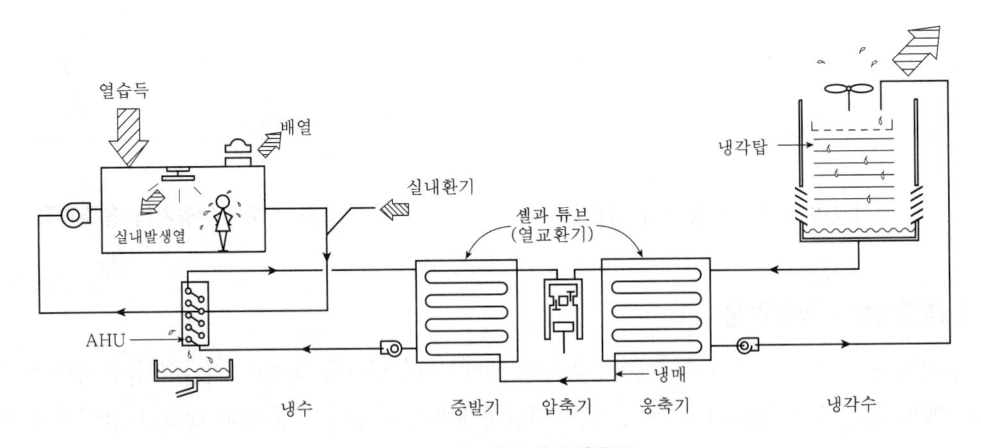

[그림 8-46] 냉동배관계통도

2) 흡수식 냉동사이클

흡수식 냉동기는 원리적으로 기계압축식 냉동기와 다르며 증발기 · 흡수기 · 재생기 · 응축기의 네 가지 주요 부분으로 구성되어 있다.

지금 [그림 8-47]에서와 같이 하나의 용기에 소금용액을 넣고 한쪽의 용기에 물을 넣어서 이 두 개의 용기를 파이프로 연결한다. 그러면 소금용액은 양쪽의 용기와 파이프 속의 습기를 흡수하므로, 그에 따라 한쪽의 용기 속의 물은 증발한다. 이때 두 개의 용기 속을 진공으로 유지하면 물은 아주 낮은 온도(예로서 6℃ 정도)에서도 증발하게 된다. 이 부분을 증발기(evaporator)라고 한다. 흡수냉각기에서는 물이 냉매의 역할을 하므로 이 물을 순환시켜서 관 위에서 분무시키게 되는데, 이때 사용되는 펌프가 냉매펌프(evporator pump)이다.

한편 한쪽의 용기(absorber : 흡수기) 속의 소금용액(LiBr(리튬브로마이드)라는 약품이 사용된다)은 계속 습분을 흡수하여 점점 농도가 묽어져 간다. 농도가 묽어져 감에 따라 습분의 흡수능력은 떨어지므로 원래의 농도로 해주기 위해 용액펌프(solution pump)로 재생기(generator)라는 곳에 보내어 여기에서 가열시킨다. 재생기에서 용액은 진해져서 흡수기로 되돌아오며, 한편 용액에서 추출된 수증기는 응축기(condenser)로 보내져 냉각탑에서의 냉각수에 의해 열을 제거시킨다. 그렇게 하면 수증기는 응축해서 다시 물이 되어 처음의 증발기로 되돌아오게 된다.

이와 같은 일련의 과정을 흡수냉동사이클이라 하며, 공조용 흡수식 냉동기는 물을 냉매로, LiBr을 흡수제로 사용하는 것이 일반적이다.

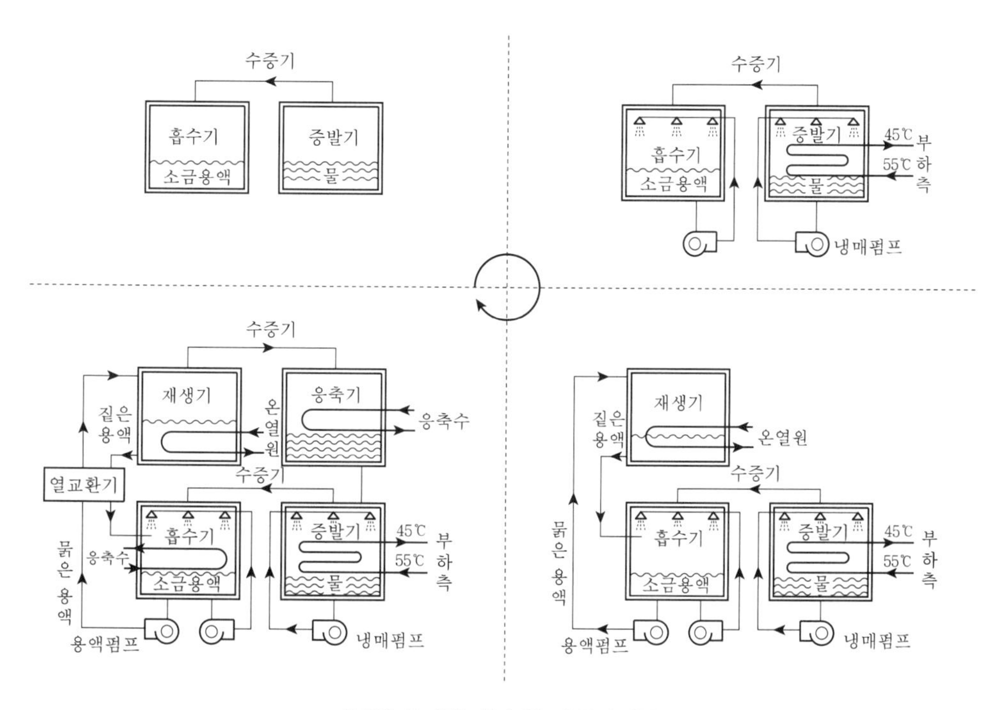

[그림 8-47] 흡수식 냉동사이클

2. 냉동기의 종류

냉동기의 종류와 형식에는 여러 가지가 있으며, 이를 부여하는 에너지에 따라 분류하면 다음과 같이 된다.

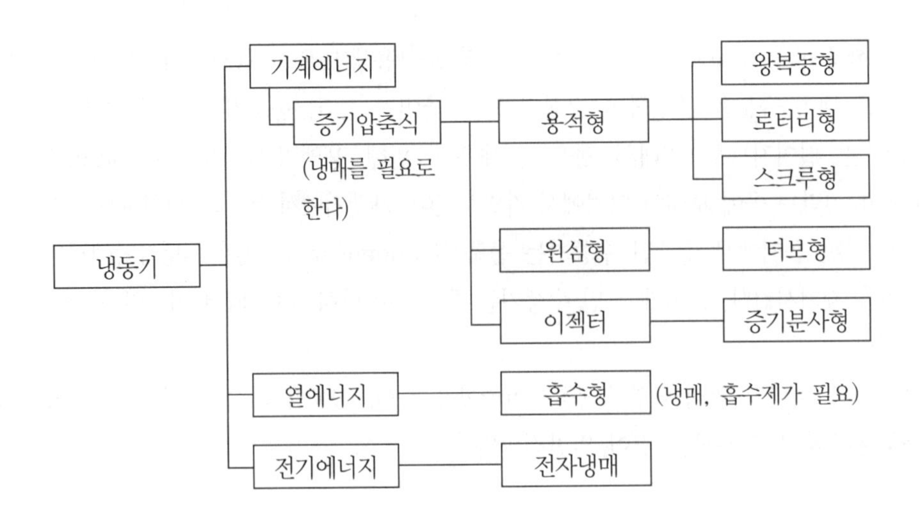

1) 원심식 냉동기

원심냉동기의 주요 구성 부분은 증발기 · 전동압축기 · 응축기로 되어 있으며, 증발기와 응축기는 하나의 통 속에 모아져 설치되고 그 위에 전동압축기가 설치되어 있다. [그림 8-48]은 건축용에 널리 쓰이고 있는 밀폐단단(單段) 원심냉동기의 구조단면도이다. 원심냉동기는 터보냉동기라고도 하며, 이상의 구성부품 외에 전동기 냉각장치, 윤활장치, 추기(抽氣)냉매회수장치 및 제어 · 안전장치의 보조기기류가 부속되어 있다.

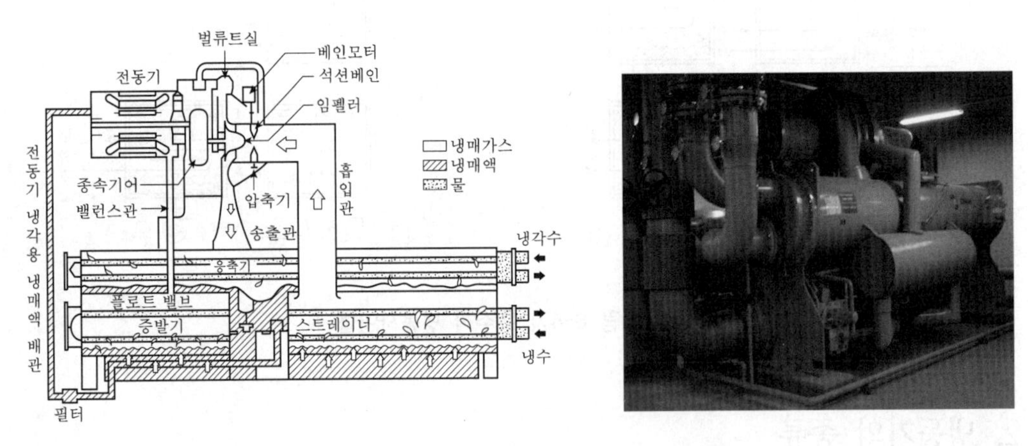

[그림 8-48] 터보냉동기

터보냉동기는 원심펌프와 마찬가지로 임펠러의 고속회전에 의해 생기는 원심력으로 임펠러 속의 냉매가스를 압축하여 외주로 보내고, 그 후에 만들어진 공간을 메우기 위해 가스가 새로 흡입되어 가는 작용을 이용해서 증발기로부터 가스를 흡입하여 응축기로 송출하는 것이다.

이것은 100~10,000USRT[1)]의 것이 제작되고 있으며, 대부분이 100USRT 이상의 대형설비에 사용되고, 3,000USRT 이상의 것은 지역냉난방용이고 증기터빈구동이 많다. 용량범위는 사용하는 열매에 따라 다르며, 형상도 개방식과 밀폐식이 있다. 밀폐식은 대용량의 냉동능력을 필요로 하는 경우에 채용된다. 각종 냉매의 경우의 냉동용량과 대응하는 방식을 [표 8-13]에 나타낸다.

[표 8-13] 원심식 냉동기의 각 냉매에 의한 냉동용량과 방식

냉매	냉동용량	방식
R-113	40~100냉동톤	밀폐식
R-11	90~1,000냉동톤	밀폐식, 개방식
R-114	300~1,200냉동톤	개방식
R-12	1,000~3,000냉동톤	개방식

2) 왕복동식 냉동기

왕복동식 냉동기는 [그림 8-49]에 나타낸 바와 같이 증발기 · 전동압축기 · 응축기 · 팽창밸브의 네 가지 주요부로 구성되어 있으며, 이 주요 부분 외에도 머플러(mufler), 필터드라이어(filter dryer), 기기를 연결하는 냉매배관 및 제어 · 안전장치의 보조기기가 부속해 있다. 또한 왕복동식 압축기는 실린더 내의 피스톤의 왕복운동에 의해 냉매가스를 압축한다.

이 냉동기는 다음 형으로 시판되고 있다.

① 압축기 · 전동기 · 안전장치를 하나의 유닛으로서 합쳐 놓은 압축기 유닛

② 압축기 유닛과 응축기를 하나의 유닛으로 합쳐 놓은 콘덴싱유닛(condensing unit)

③ 콘덴싱유닛과 증발기를 하나로 합쳐 놓은 칠링유닛(chilling unit)

1) 냉동능력(冷凍能力, refrigerating capacity, 기호 Q_L)이란 단위시간(1s) 동안 증발기에서 냉매가 주위(저열원)로부터 흡수할 수 있는 열로 정의한다. 냉동능력의 단위는 W(J/s)이며, 실용단위로 kW, MW를 사용한다. 그러나 일부에서는 냉동톤(refrigerating ton, 기호 RT)을 사용하고 있다. 1냉동톤(1RT)이란 24시간 동안에 표준기압, 0℃의 순수한 물 1톤을 0℃의 얼음으로 얼리는 냉동능력을 말한다. 물의 응고열이 h_{sf} =33.6kJ/kg이므로 1RT(냉동톤)와 kW의 관계는 다음과 같다.

$$1\text{RT} = \frac{1{,}000\text{kg} \times 333.6\text{kJ/kg}}{24\text{h} \times 3{,}600} = 3.861\text{kW}$$

한편 미국이나 영국에서는 1톤(=2,000lbs), 융해열 144BTU/lb로 하고 있으므로 1미국냉동톤(USRT)은 다음과 같이 된다.

$$1\text{USRT} = 3.516\text{kW}$$

건축설비에서는 주로 ③이 쓰이고 있다. 소용량으로서 직팽식 공기냉각기와 조합해 쓰는 이른바 스플릿형에는 ②가 쓰이고 있다. 또 공기를 열원으로 하는 열펌프(heat pump), 공랭식 응축기를 쓰는 것에서는 ①을 사용하여 증발기 · 응축기를 필요한 장소에 설치하여 이들 사이의 냉매배관을 현장에서 시공하고 있다. 왕복동식 냉동기는 대부분이 R-12를 쓰고 소형설비에 적합하며, 110~130냉동톤 이상의 것에서는 설비비에 있어서 터보냉동기보다 불리하다. 30냉동톤 이하는 거의가 반밀폐식이고, 공조기(AHU)와 일체로 된 패키지형으로서 사용된다. 30~70냉동톤의 것에서 냉수를 사용하는 경우에는 수냉각기를 추가한 칠링유닛으로서 사용된다.

[그림 8-49] 왕복동식 냉동기

3) 흡수식 냉동기

흡수식 냉동기는 가스압축식인 왕복식 · 터보식과 근본적으로 다르며, [그림 8-50]에 나타낸 바와 같이 주요 구성 부분은 증발기 · 흡수기 · 재생기 및 응축기의 네 가지로 되어 있다. 이 외에도 용액열교환기 · 냉매 및 용액펌프 · 추기유닛 · 제어 및 안전장치의 보조기기류가 부속되어 있다.

흡수식 냉동기의 종류는 [표 8-14]에 나타낸 바와 같이 여러 가지로 분류할 수 있으나, 대별하여 단중효용식(一重效用式) 이외에 재생기를 고압재생기(고온발생기)와 저압재생기(저온발생기)로 구분하여 고압재생기에서 발생한 증기를 저압재생기의 가열용으로 사용하는 이중효용식(二重效用式)의 것으로 나누고 있다.

흡수냉동기는 냉매 이외에도 흡수제를 필요로 한다. 흡수제의 흡수작용은 증발기로부터 냉매를 흡수해서 증발을 계속시키는 것이다. 공조용의 것으로는 냉매로 물, 흡수제로 LiBr수용액이 사용되고 있고, 물을 냉매로 하고 있으므로 냉수온도를 5℃까지 낮추면 기기가 크게 되어 비경제적이다. 보통 6~7℃ 정도가 좋다. 또한 용량범위는 60~1,000냉동톤이며, 그 특성 때문에 다음과 같은 경우에 특히 유리하게 된다.

① 여름에도 증기와 온수를 용이하고도 저렴하게 얻게 되는 경우
② 수변전설비를 얻는 것이 곤란한 경우, 혹은 적게 하는 편이 유리한 경우
③ 소음, 진동이 없을 것이 요구되는 경우

[그림 8-50] 흡수식 냉동기(냉온수유닛)

[표 8-14] 흡수식 냉동기의 종류

항목 / 명칭	냉매와 흡수제의 종류	사이클의 종류	주요 용도	용량 (USRT)	가열원의 종류	비 고
흡수 냉동기	물과 리튬브로마이드	1중	공조용	50~2,000	증기, 고온수	저압증기(2kgf/cm^2 · G 이하)가 있는 경우에 칠러로서 쓰인다.
이중효용 흡수냉동기	물과 리튬브로마이드	2중	공조용	75~1,500	증기	저압증기(8kgf/cm^2 · G 이하)가 있는 경우에 칠러로서 쓰인다.
직화식 냉온수기	물과 리튬브로마이드	1중	공조용	50~100	도시가스, 등유	중 · 소빌딩용 냉온수공급에 쓰인다.
직화식 이중효용 냉온수기	물과 리튬브로마이드	2중	공조용	20~2,000	도시가스, 등유	도시의 공해대책상 가스연소가 쓰이고 있다. 냉온수공급에 쓰인다.
소형 냉온수기	물과 리튬브로마이드	1중	가정 공조용	3~10	도시가스, 등유, 증기, 기타	가정용의 센트럴히팅에 쓰이고 있다. 냉온수공급에 쓰인다.
저온흡수 냉동기	암모니아와 물	1중	공업용	대용량		사용 예가 극히 적다.

[주] 용액펌프를 갖지 않은 것을 소형기로 하였다.

4) 스크루식 냉동기

스크루(Screw)식 냉동기는 [그림 8-51]에 나타낸 바와 같이 케이싱 내부에서 큰 나사로 된 치(齒)를 가진 암 · 수 2개의 회전자를 서로 맞물려 회전시키면서 나사의 진행방향으로 연속적으로 가스를 압축하고 있는 것이다. 이 냉동기는 스크루형의 압축기를 갖는 것이며, 높은 압축비에서도 체적효율이 좋으므로 일반적으로 높은 압축비를 필요로 하는 공기열원식 열펌프용으로 주로 사용된다. 보통 30~1,000kW의 것이 제작되고 있다.

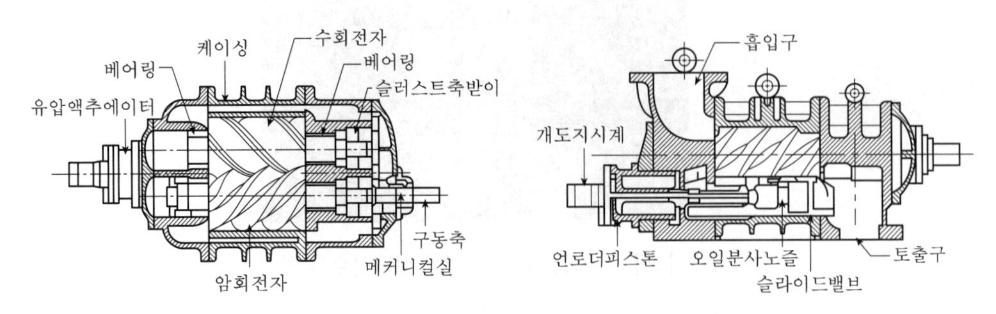

[그림 8-51] 스크루냉동기

3. 냉동기의 성적계수

냉동기는 이미 기술한 바와 같이 외부로부터의 에너지를 소비하는 것에 의해 열을 저온도의 영역에서 고온도의 영역으로 운반시킬 수 있는 것이다. 이 때문에 동작유체인 냉매를 압축시켜야만 하지만, 그 소비된 에너지에 대해서 얼마만큼의 냉동열량이 얻어지는가를 나타낸 비율이 냉동기의 효율을 나타내는 하나의 지수로 되어 이것을 성적계수(coefficient of performance, COP)라고 부르고 있다. 즉 COP란 냉동장치로부터 냉각된 열량과 장치를 운전하는데 요하는 일과의 비를 가리킨다.

냉동사이클([그림 8-52] 참조)에 있어서의 성적계수 ε_r는 냉매를 압축하는 작업의 열량 AW에 대해 냉동효과 q_1[kJ/kg]이 많을수록 성적계수는 높아진다.

$$\varepsilon_r = \frac{\text{냉동효과}}{\text{압축일}} = \frac{q_1}{AW} = \frac{i_4 - i_1}{i_2 - i_1} \tag{13}$$

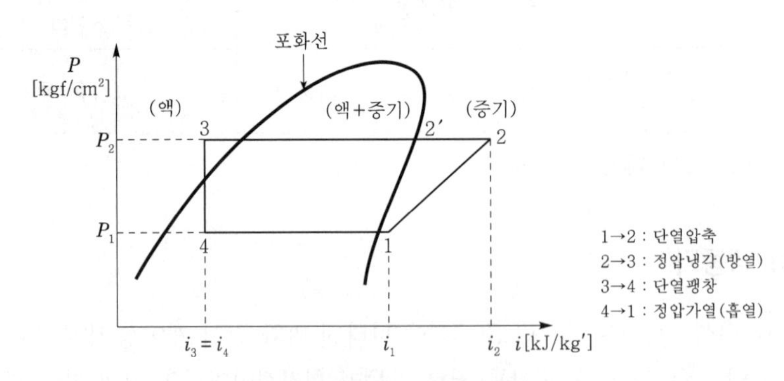

[그림 8-52] 냉동사이클

이 성적계수는 냉동기의 특징을 나타내는 아주 흥미있는 지수이며, 보통 냉동기의 COP는 항상 1보다 크게 된다. 일반적으로 공기조화에서 사용되고 있는 냉동기의 COP는 3~4kW 정도이다. 즉 1kW의 전력으로 압축기를 운전하면 증발기에서는 약 3~4kW 정도의 열을 빼앗아 냉동효과로 이용할 수 있다는 것이다. 대체로 COP의 값이 크면 냉동능률이 좋은데 동일 냉동기에서도 증발온도가 높으면, 또는 응축온도가 낮을수록 이 COP는 크게 된다.

4. 냉매와 흡수제

1) 냉매

냉매장치에 사용되는 냉동기는 "기체를 압축하면 압축열을 발생해서 고열로 되고, 이것을 냉각시켜 더욱 더 압축하면 응축열을 내보내고 액화한다. 이 액을 증발기체로 하면 응축열과 같은 양의 기화열을 필요로 하기 위해 그 기체는 상당히 저온으로 된다"라고 하는 원리에 기초하고 있다. 이들의 성질은 사용하는 기체의 종류에 따라 다르다.

여러 가지의 실험결과, 이 목적에 적합한 기체가 다수 종류 선택되어 이를 냉매라 부르며, 공업용 및 냉방용에 사용되고 있다. 흔히 대부분의 냉매는 대기압 · 상온에서 기체의 상태나 액체인 것도 있으며, 증발 또는 팽창에 의해 열을 흡수하는 냉동기의 동작유체로서 사용된다. 그래서 이것에 의해 얻은 냉수, 얼음, 브라인(brine) 등을 2차 냉매라고도 부른다([표 8-15] 참조).

[표 8-15] 브라인의 종류와 특성

종 류	개 요
물	• 비열이 크고 열운반능력이 높다. • 0℃ 이하에서는 동결하여 사용할 수 없다. • 일반 냉방에 사용된다.
염화칼슘용액	• -55℃까지 동결하지 않는다. • 제빙용, 냉장고용으로 사용된다.
식염수	• -21℃까지 동결하지 않는다. • 무해이므로 식품동결용으로 사용된다.
염화마그네슘용액	• -33.6℃까지 동결하지 않는다. • 염화칼슘용액의 대용품으로 사용된다.
유기질 브라인	• 부식성이 적고 -70℃까지 동결하지 않는다. • ethylene glycol : 자동차의 부동액 • propylene glycol : 무해하므로 식품동결용

냉매는 그 종류가 많고 목적에 따라 가격이나 안정성 · 특성 등을 조사한 뒤에 이용하는 것이 좋다. 일반적으로 사용되는 냉매에는 다음과 같은 것이 있다.

(1) 암모니아

보통 오래전부터 사용되어 왔고, 제빙 · 냉동용은 거의 이 냉매를 사용하고 있지만 독성 · 연소성의 결점을 갖고 있기 때문에 근래에는 사람이 많이 모이는 장소에는 사용되지 않게 되었다. 이것은 가격이 싸고 효율이 우수한 냉매이다.

(2) 프레온계 냉매

프레온(freon)은 1930년 미국에서 발견된 냉매로서, 1개 혹은 그 이상의 불소원자(F)를 갖는 할로겐불화수소냉매군의 총칭이다. 이것이 암모니아보다 우수한 점은 주로 안전성(연소성 · 폭발성 · 독성이 없고 금속의 부식성이 적다)이지만, 가격이 비싸고 윤활유를 잘 녹이며 수분에 용해되고 혼합하면 부식성이 강하게 되는 결점도 갖고 있다. 또한 최근에는 이 프레온계의 가스가 지구의 오존층을 파괴시키는 등 환경파괴의 주요 인자로 확인되어 앞으로는 전 세계적으로 그 사용이 규제되어 이에 대한 대체냉매의 개발이 활발히 이루어지고 있다.

① R-11 : 터보냉동기에 사용되는 저압냉매이다. 이 냉매는 대기압 하에서도 포화온도가 약 25℃로서 비교적 대기온도에 가깝고, 그 비중량도 비교적 커서 원심식 냉동기에 적합하여 현재까지는 가장 많이 사용되고 있다. 대체냉매로는 R-123이 쓰이고 있다.

② R-12 : 가장 일반적인 냉매로서 압력은 중립이고 가정용 냉동기에서부터 대형왕복식 압축기에 이르기까지 사용된다. 대체냉매로는 R-134a가 쓰이고 있다.

③ R-22 : 근래 R-12 대신에 이 냉매의 사용이 증대하고 있다. 압력이라든가 냉동능력은 대개 암모니아와 같고 R-12에 비해 같은 냉동기로 60% 정도 능력이 증가한다. 또한 응고점이 낮기 때문에 -80℃ 정도의 저온을 얻을 수 있다. 2020년 1월부터 전면사용금지 예정으로 있으며, 대체냉매로는 R-407C, R-410a가 있다.

이외에도 냉매의 종류는 일반공조용, 냉동장치용 등 용도별로 여러 가지가 있다.

2) 흡수제

공조용 흡수냉동기에서는 그 대부분이 흡수제로서 리튬브로마이드(LiBr)수용액을 사용하고 있다. 이 LiBr의 화학적 성질은 리튬(Li) 및 브롬(Br)이 각각 알칼리 및 할로겐족인 점에서 식염과 비슷한 성질을 갖는 안정물질이다. 독성도 적고 대기 중에서 안정하며 휘발되지 않는데, 그 특성은 [표 8-16]에 나타낸 바와 같다.

그러나 LiBr은 염류(鹽類)의 용액이므로 부식성이 있다. 따라서 크롬산리튬 등의 부식억제제가 첨가되고 있으며, 또한 알칼리도도 규제되고 있다. 첨가제는 운전시간과 함께 소모되어 가며, 처음에는 Fe_3O_4로부터 구성되는 내식피막(耐蝕皮膜)의 형성(形成) 때문에 그 소모가 많아지지만 차츰 적게 되어 간다. 또 흡수효율의 증대를 위해 옥틸알코올이 첨가되어 있는데, 이 때문에 추기(抽氣)장치로부터의 배기 시에는 특유의 냄새가 난다. 또한 LiBr은 물에 용해되기 쉽고 상온에서 약 62%의 용해도가 있다. 이와 같이 냉매측에 용액이 혼입하면 능력이 저하하므로 그때는 냉매재생이 필요해진다. 이 LiBr수용액은 농도가 높을수록 수증기압력이 낮게 된다. 즉 흡습성이 강해지는 특성을 갖고 있다.

[표 8-16] 리튬브로마이드의 특성

화학식	LiBr
분자량	86.856
성분	Li 7.99%, Br 92.01%
외관	무색 결정립
비중	3.464(25℃)
융점	549℃
비점	1,265℃

5. 냉각탑

1) 냉각탑의 종류

냉각탑은 냉동기에서 온도가 상승한 냉매를 냉각하기 위해 사용되는 물의 온도를 낮추는 것이 목적이며, 물과 공기를 직접 접촉시키면서 물의 증발작용과 전열작용을 이용하는 것이다. 따라서 공기의 습구온도와 물의 온도차 및 접촉방법이 문제가 되며, 보통 물이 1% 증발하면 물 자체 온도를 6℃나 낮출 수 있다.

냉각탑(cooling tower)에는 물을 사용한 자연통풍식과 강제통풍식이 있고, 또한 공기를 사용한 대기식이 있다. 그러나 일반 공기조화에 있어서는 거의가 송풍기를 사용하는 강제통풍식이 사용되고 있다. 강제통풍식에는 다시 분무식과 충진식이 있는데, 전자는 상방으로부터 분무상의 한 물을 낙하시킨 뒤 그것에 공기를 송풍기에 의해서 강제적으로 보내는 방법이다. 후자는 충진물의 표면을 흐르는 물과 공기가 서로 접촉하는 것에 의해서 열의 이동이 이루어지는 것이며, 장시간에 걸쳐 접촉해야 하는 동시에 가급적 접촉면적이 클 것이 요망된다. 최근의 공조에서 많이 보급되고 있는 것은 강제통풍식이며 다음과 같이 분류되고 있다.

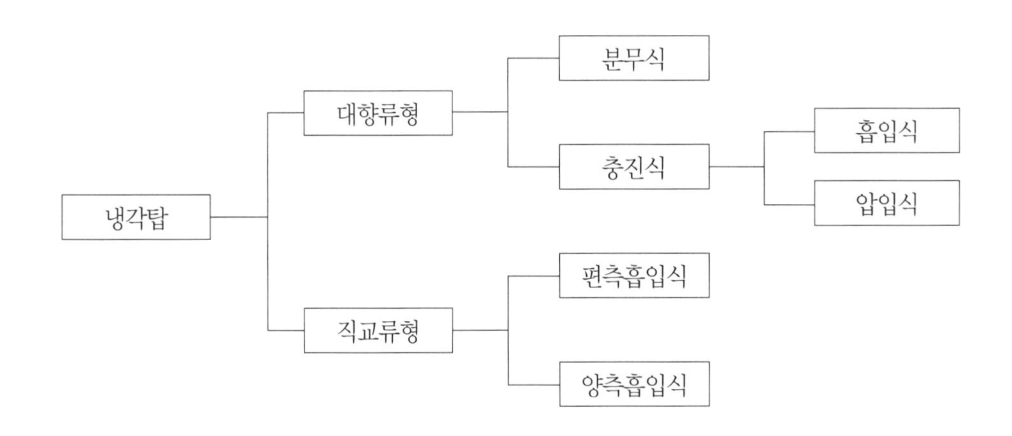

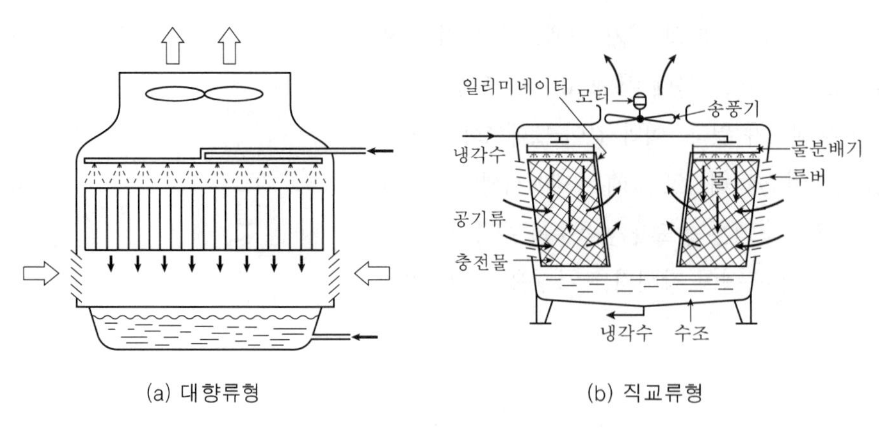

(a) 대향류형 (b) 직교류형

[그림 8-53] 냉각탑

(1) 대향류형 냉각탑

탑의 형상은 원형과 사각형이 많고, 흡입구는 원형인 경우에는 [그림 8-53]에 나타낸 바와 같이 전주에 있으며, 사각형인 경우에는 4방향 또는 2방향에 있다. 탑체는 골조구조에 측판을 설치하는 것과 같은 셸(shell)구조의 것이 있다. 셸구조의 것은 FRP제가 많이 사용된다.

또한 물을 충진재에 동일하게 분포하도록 하기 위해 살수장치가 설치된다. 주로 분수식의 것이 많이 사용되는데 파이프의 구멍에서 분출하는 것, 분수노즐을 사용하는 것, 홈통에서 낙하되는 것 등이 있다. 일리미네이터(eliminator)는 물의 비산이 심하고 공기류에 의해 탑 밖으로 물방울이 튀어나가는 것을 막기 위해 설치된다. 송풍기는 거의가 프로펠러형의 축류송풍기를 쓰며, 탑의 상층부에 설치하는 흡입식이 많다. 이 외에도 충진재와 하부수조 등이 설치되는데, 충진재로서는 염화비닐, 나무, 대나무, 석면시멘트판, 도관 등 여러 가지가 개발되고 있다.

(2) 직교류형 냉각탑

탑체에 측판을 설치한 것이 대부분이며, 탑의 형상은 거의가 각형이고 수평방향에서 공기가 흡입되어 상방으로 취출하는 형식이 가장 많다([그림 8-53] 참조). 루버는 흡입구에 설치되어서 유입공기의 정류, 물의 비산방지, 바람의 영향방지 등의 역할을 한다. 또 이 냉각탑은 대향류식과는 다르게 물과 공기의 흐름이 대향(對向)하고 있지 않으므로 충진재의 상부 전면 혹은 일부에 수조 및 살수장치가 설치되며, 수조 저면의 작은 구멍에서 물을 자연낙하시키는 형식의 것이 많이 사용되고 있다. 송풍기는 대개 축류송풍기이지만 다익송풍기가 사용되는 일도 있다. 이 외에도 하부 수조와 일리미네이터 등이 설치된다.

[표 8-17]은 대향류형 냉각탑과 직교류형 냉각탑의 특성 비교를 나타낸다.

[표 8-17] 대향류형 냉각탑과 직교류형 냉각탑의 비교

항목 \ 종류	대향류형 냉각탑	직교류형 냉각탑
효율	물과 공기는 향류접촉을 하기 때문에 열교환효율이 좋다.	수량과 열교환계수 k_a의 값이 동일하다고 가정하면 향류형보다도 약 20% 용적을 크게 할 필요가 있다.
살수장치	기류 중에 있으므로 저항으로 되어서 송풍기의 동력이 크게 되고 보수점검에 불편하다.	송풍기의 동력과는 관계없이 간단한 구조이므로 보수점검이 용이하다.
급수압력	흡입구 및 송풍기의 높이만큼 압력이 높게 된다.	전자보다 낮게 된다.
탑 내 기류분포	탑의 높이에 영향받지 않는다.	탑이 높게 됨에 따라 나빠진다.
송풍기 동력	물방울과 공기의 상대속도가 향류하므로 크고 공기측의 저항이 크다.	향류형보다 적다.
탑의 높이	입구루버, 일리미네이터 등 때문에 전체적으로 높게 된다.	충진물의 높이가 그대로 탑의 높이로 생각된다. 따라서 탑높이가 낮게 된다.
설치면적	탑의 단면적은 그대로 열교환부의 점유면적으로 생각된다.	탑면적은 송풍기 부분이 포함되므로 향류형보다 크다.
수조	수조 내에 있어서의 수온은 어디에서나 일정하다.	수조 내 수온은 일정치 않고 단부에서 중심부를 향해 구배를 갖고 있다.

2) 냉각탑의 성능

냉각탑의 능력을 나타내는 냉각효율 E는 다음 식으로 나타낸다.

$$E = \frac{t_{w1} - t_{w2}}{t_{w1} - t_1} \times 100 \tag{14}$$

여기서, t_{w1} : 냉각탑으로 들어오는 수온(℃)

t_{w2} : 냉각탑에서 나가는 수온(℃)

t_1 : 외기의 유입습구온도(℃)

t_2 : 외기의 유출습구온도(℃)

또한 $(t_{w2} - t_1)$을 어프로치(approach)라 부르며, $(t_{w1} - t_{w2})$를 레인지(range)라 부르고 있다([그림 8-54] 참조). 대체로 냉각탑에 있어서 냉각되는 물은 공기의 습구온도까지 냉각되지는 않는다. 따라서 레인지가 크고 어프로치가 적을 것이 요구된다.

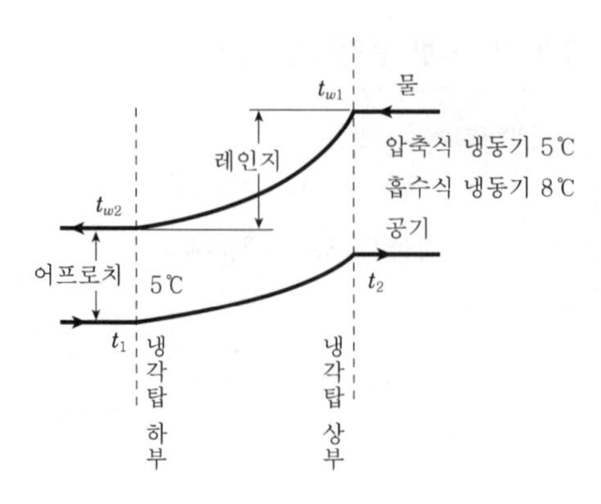

[그림 8-54] 냉각탑 속에서의 온도변화

냉각탑에서 온도조건에 의해 풍량과 수량을 결정하기 위해서는 탑 속의 열교환으로 공기의 엔탈피 증가분($i_2 - i_1$)과 물의 온도강하($t_{w1} - t_{w2}$)로부터 냉각탑에서 취입해야 할 공기량을 다음 식으로 계산한다.

$$G = \frac{3,600q}{i_2 - i_1} [\mathrm{kg/h}] \tag{15}$$

여기서, G : 송풍량(kg/h)

q : 냉각되는 열량(kW)

수량(水量)은

$$L = \frac{3,600q}{t_{w1} - t_{w2}} [\mathrm{kg/h}] \tag{16}$$

이 식에서 ($t_{w1} - t_{w2}$)는 대략 5℃ 전후로 한다. 또한 L/G를 수공기비(水空氣比)라 부르며

$$\frac{L}{G} = \frac{i_2 - i_1}{t_{w1} - t_{w2}} \tag{17}$$

으로 구해진다.

일반적으로 냉각수의 온도는 우물물과 비교해서 높기 때문에 냉각수의 필요량은 [표 8-18]에 나타낸 바와 같이 수온에 따라 다르지만 냉동능력 1USRT당 20℃의 우물물에서는 $7l$/min, 냉각탑을 사용하는 32℃ 정도의 냉각수에서는 $13l$/min가 필요하다. 또한 냉각탑과 냉동기 사이를 순환하는 냉각수는 증발에 의해 잃게 되는 수분과 공기류에 의해 비산하는 물방울이 있으므로 일반적으로는 순환수량 1~3%가 보급수량으로서 공급된다.

[표 8-18] 냉동기용 응축기의 냉각수 필요량(1USRT당)

냉각수온도(℃)	20	25	30	32
냉각수량(l/min)	7	9.5	12	13

또한 통풍용 공기량은 수량 1l/min에 대해 대략 중량비로 0.8~1.2 정도가 필요하다. 지금 물·공기비를 1 : 1로 하면 수량 13l/min에 대해 공기량이 13kg/min, 용적단위로 환산해서 13kg/min×0.9m^3/kg(통풍공기의 비체적)≒12m^3/min가 필요풍량이 되며, 수량과 비교해서 대량의 공기가 필요한 것을 알 수 있다. 따라서 냉각탑의 설치는 통풍조건이 좋은 옥상으로 하는 일이 많다.

한편 냉각탑은 물과 공기를 접촉시켜 주로 물로부터 수분을 증발시키는 것에 의해 물을 스스로 냉각하는데, 그 냉각열량(냉각능력)은 공기와 물의 온도와 같은 온도의 포화공기와의 엔탈피 차에 비례한다. 그런데 공기의 엔탈피는 거의 습구온도로 대표되므로, 공기의 습구온도와 물의 온도와의 차가 냉각능력을 좌우한다고 바꾸어 말할 수 있다. 또한 공조용에 쓰이는 왕복식, 터보식 냉동기용의 냉각탑용량은 냉동능력×(1.2~1.3)배를 필요로 한다. 예를 들면, 1냉동톤의 냉각능력에 대한 냉각탑용량은 3.861kW×1.2=4.633kW 정도가 필요하다. 또한 흡수식 냉동기는 냉동능력×(2~2.5)배 정도로 되며, 전자와 비교해서 대용량의 냉각탑이 필요하다.

5 펌프와 열펌프

1. 펌프

1) 개요

펌프란 중력 등의 외력을 이기고 유체의 위치를 바꾸는 기계로서, 펌프의 작용에는 흡상(suction)과 토출(delivery)의 두 종류가 있으며, 대부분의 경우 이 두 작용이 동시에 이용된다. 흡상작용은 진공에 의하는 것이므로 대기압에 상당하는 수두, 즉 표준기압 하에 있어서는 10.33m 이상으로 빨아올릴 수는 없다. 그러나 이것도 이론상의 수치이며, 실제로는 흡상관이나 풋밸브(foot valve) 등의 마찰손실이나 수 중에 함유된 공기나 물 자체의 증발 등에 의해서 7m 이내밖에 흡상이 되지 않는다. 따라서 펌프는 최저 수면에서 6~7m 이내의 높이로 장치하지 않으면 안 된다.

2) 펌프의 종류

펌프의 종류는 다종다양하여 여러 가지 분류법이 있으나 건축설비의 사용목적에서 말하면 급수용 · 배수용 · 공조용 · 순환용 · 진공용 등이 있으며, 이것을 구조 및 작동원리에 따라 분류하면 다음과 같다.

터보형(혹은 비용적형) 펌프는 날개(impeller)의 회전에 의해 액체에 운동에너지를 부여하고, 또한 와류실(渦流室) 등의 구조에 의해 이것을 압력에너지로 변환하는 것이다. 이것은 회전식이므로 진동이 적고 연속송수가 가능하며, 구조가 간단하여 취급이 용이하고 운전성능도 좋다. 그러나 토출량은 압력에 따라 변동한다. 터보형에는 날개의 형상에 따라 와권(혹은 원심) 펌프 · 사류펌프 · 축류펌프 · 마찰펌프가 있으며, 이 중 건축설비용으로서 가장 많이 사용되고 있는 것은 원심펌프이다.

용적형 펌프는 회전부 또는 왕복부에 공간을 두고, 이 공간에 유체를 넣으면서 차례로 내보내는 것으로서 왕복펌프와 회전펌프가 있다. 왕복펌프에서는 피스톤펌프가, 회전펌프에서는 기어펌프가 주로 사용된다. 용적형 펌프는 운전 중에 다소의 토출량변동이 있기는 하지만 고압이 발생되며 효율도 좋다. 또한 압력이 달라져도 토출량은 변하지 않는다.

특수형 펌프는 터보형, 용적형의 어느 것에도 속하지 않는 것으로 특수한 용도에 사용된다.

3) 원심펌프의 구조와 종류

원심펌프는 [그림 8-55]의 (a)에서와 같이 다수의 깃(vane)을 장치한 날개(혹은 깃차 ; impeller)가 와권케이스(spiral casing) 속에서 급속히 회전함으로 인해 흡입관측 S에 진공이 생겨서 물을 흡상하고, 흡상된 물은 날개의 중심부로 들어와 회전하는 날개 R 속에서 원심력을 받아 이 원심력에 의해 양수작용을 일으켜 토출관 D로 나온다. 이와 같이 원심력을 이용하므로 원심펌프(centrifugal pump)라고 부르는 것이다.

원심펌프에는 벌류트펌프(volute pump)와 터빈펌프(turbine pump)가 있다. 벌류트펌프는 [그림 8-55]의 (a)와 같은 구조이며, 터빈펌프는 [그림 8-55]의 (c)와 같이 날개 외주에 달린 안내날개(guide vane)로써 효율적으로 속도에너지를 압력에너지로 변환할 수 있도록 만든 것이다. 즉 안내날개를 가진 것을 터빈와권펌프 또는 간단히 터빈펌프라 하고, 안내날개가 없는 것을 벌류트와권펌프 또는 벌류트펌프라고 한다. 또한 벌류트펌프를 통상 원심펌프라 칭하고 있다.

벌류트펌프는 주로 양정 15m 이내의 저양정(低揚程)에 사용하고, 터빈펌프는 주로 양정 20m 이상일 때에 사용된다. 또한 펌프 1대에 1개의 날개가 달린 것을 단단(單段) 펌프라 한다. 그러나 1단당의 양정에는 한도가 있으므로 한 개의 날개로 소요양정에 달하지 못할 때는 1축상에 여러 개의 날개를 장치하여 순차로 압력을 증가시켜 간다. 이를 다단 터빈펌프라 하며, 10단 이상인 것도 있다. 또한 원심펌프는 흡입구의 수에 따라 [그림 8-55]의 (b)와 (d)에서와 같이 양측 흡입식과 한쪽 흡입식으로도 분류한다.

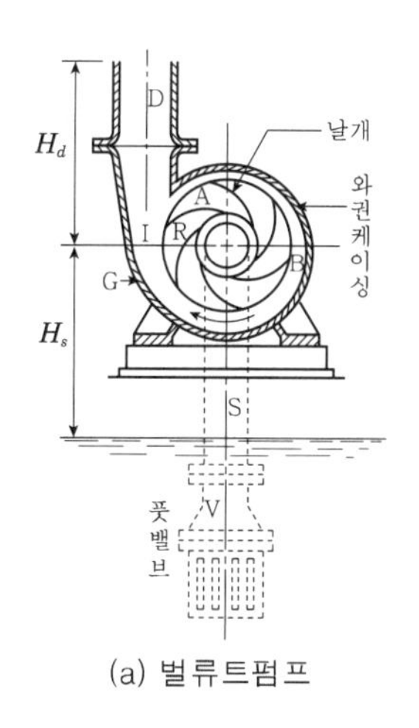

(a) 벌류트펌프

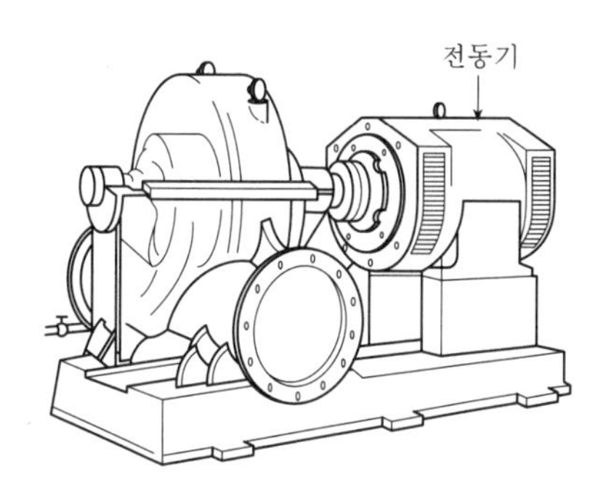

(b) 양쪽 흡입형 단단 벌류트펌프

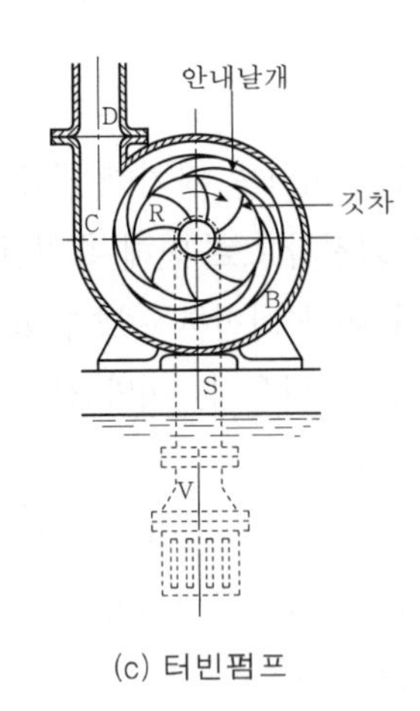

(c) 터빈펌프

(d) 한쪽 흡입형 다단 터빈펌프

[그림 8-55] 원심펌프

4) 펌프의 용량

(1) 펌프의 구경과 양수량

단위시간당 펌프에서 송출되는 유체의 체적을 토출량(揚水量)이라 하며, 단위는 m^3/s, m^3/min 등이 사용된다. 펌프의 양수량이 결정되면 이에 대해 적절한 구경이 정해진다. 흡입구경과 토출구경은 동일하게 하는 것이 일반적이지만, 고양정인 펌프나 점성이 높은 유체를 취급할 때는 성능상의 이유 때문에 흡입구경을 크게 한다.

펌프의 관내 유속은 1～3m/s 사이로 억제한다. 관경 d[m]는 양수량을 $Q[m^3/s]$, 유속을 v[m/s]라 하면

$$Q = \frac{\pi}{4} d^2 v$$

$$\therefore \ d = \sqrt{\frac{4Q}{\pi v}} \fallingdotseq 1.13 \sqrt{\frac{Q}{v}} \ [m] \qquad (18)$$

이 된다.

(2) 펌프의 양정

펌프가 유체 1kg에 주는 압력에너지, 속도에너지 등 에너지의 총합을 양정(揚程)이라 한다. [그림 8-56]에서 펌프 중심으로부터 흡입액면(吸込液面)까지의 수직높이를 흡입양정 H_s [m], 펌프 중심으로부터 토출액면(吐出液面)까지의 수직높이를 토출양정 H_d[m]라 하며, 흡입양정과 토출양정의 합을 실양정 H_a [m]라 한다.

펌프가 유체를 빨아올려 토출액면까지 올리기 위해서는 위치수두에 상당하는 실양정 이외에 흡입관 및 토출관측의 마찰손실 등 여러 가지 손실을 더한 수두를 필요로 한다. 펌프가 유체에 대해 부여해야 하는 수두를 전 양정 H [m]라 하며 다음 식으로 구한다.

$$H = H_a + H_{ls} + H_{ld}[\mathrm{m}] \tag{19}$$

여기서, H : 전 양정(m)

H_a : 실양정(m), 즉 $H_s + H_d$ 로서 상하수면의 고저차

H_{ls} : 흡입관측의 마찰손실수두(mAq)

H_{ld} : 토출관측의 마찰손실수두(mAq)

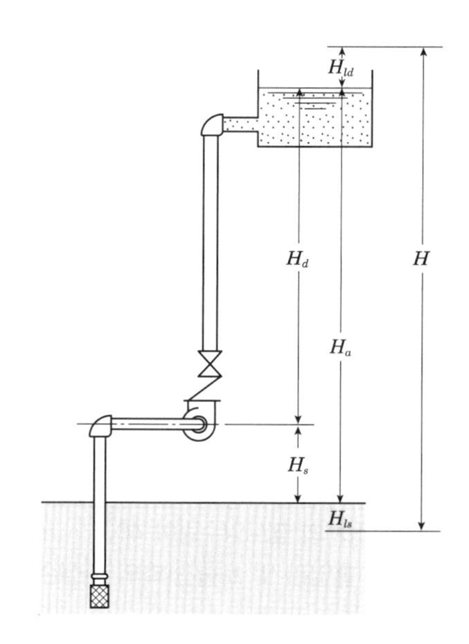

[그림 8-56] 펌프의 양정

(3) 펌프의 축동력

펌프가 유체에 주는 에너지를 수동력 L_w라 하며, 유체를 퍼올리는 데 필요로 하는 이론동력이다.

$$L_w = \frac{rQH}{K}[\text{kW 혹은 PS}] = \frac{\rho QH}{60 \times 1{,}000}[\text{kW}] \tag{20}$$

여기서, L_w : 수동력(kW 혹은 PS)

r : 유체의 비중량(kg/m^3)

Q : 양수량(m^3/min)

H : 양정(m)

K : 정수 4,500(동력을 마력(PS)으로 구할 때), 6,120(동력을 kW로 구할 때)

그러나 펌프를 운전할 때는 펌프 내부의 동력손실이나 축받이 및 패킹 등의 마찰로 인한 기계적인 동력손실이 있으므로 펌프축에 가해지는 동력은 수동력보다 커야 한다. 실제로 펌프의 운전상 필요한 동력을 펌프의 축동력 L_o, 펌프효율을 η라 하면

$$L_o = \frac{L_w}{\eta} \text{ 혹은 } \frac{rQH}{\eta K} \tag{21}$$

가 된다. 또한 실제로 펌프를 구동시키는 원동기 동력 L_d[kW]는 축동력에 더욱 여유를 가하여 그 계수를 k로 하면

$$L_d = kL_o \tag{22}$$

로 된다.

[표 8-19]는 구동용으로써 전동기를 사용했을 경우의 k값이며, 내연기관의 경우에는 이 값의 약 10% 증으로 한다.

[표 8-19] k의 값

전동방식	k
직결	1.10~1.20
평벨트걸이	1.25~1.35
V벨트걸이	1.15~1.25
펑치차	1.20~1.25

문제 5. [그림 8-57]에서와 같은 장치의 펌프양수량이 400l/min일 때 이를 구동시키는 전동기의 동력(kW)을 구하여라. 단, 흡입관 및 토출관 측의 마찰손실은 실양정의 30%, 펌프의 효율은 55%로 가정한다.

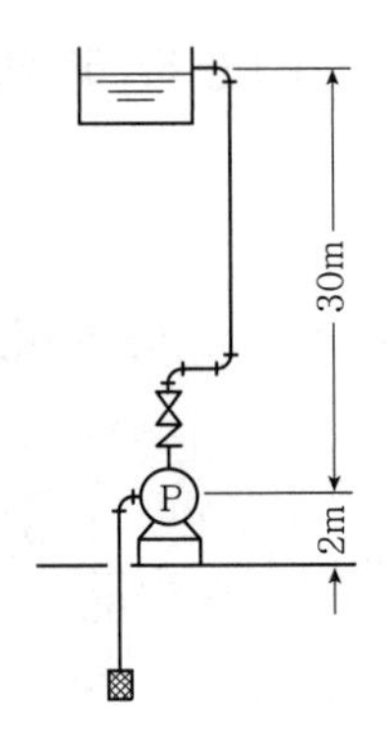

[그림 8-57] 배관도

풀이 펌프의 전 양정은 식 (19)로부터

$H = H_a + H_{ld} + H_{ls} = (30+2) \times 1.3 = 41.6\mathrm{m}$

축동력은 식 (21)로부터

$L_o = \frac{rQH}{\eta K} = \frac{1{,}000 \times 0.4 \times 41.6}{6{,}120 \times 0.55} = 4.94\mathrm{kW}$

전동기 동력(펌프와 직결로 했을 경우)은 식 (22)에 의해

$L_d = kL_o = 1.2 \times 4.94 = 5.93\mathrm{kW}$

5) 펌프의 특성

(1) 특성곡선과 상사법칙

[그림 8-58]은 펌프의 성능을 표시하기 위한 특성곡선이며, 가장 일반적으로 사용되는 회전수를 일정하게 유지할 뿐 아니라 토출량의 변화에 대해 전 양정 · 축동력 · 효율이 어떤 값을 나타내는가를 그래프에 그린 것이다.

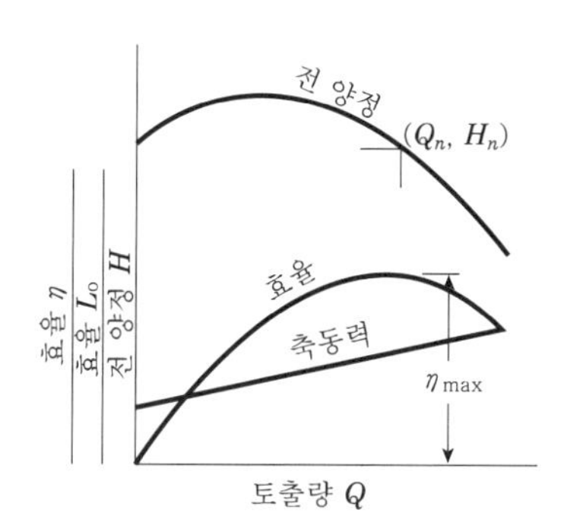

[그림 8-58] 원심펌프의 특성곡선

효율곡선상의 최대 효율점 η_{max}와 양정곡선상의 요구점$(Q_n,\ H_n)$이 동일 좌표상에 오도록 설계해야 한다.

다음에 동일 펌프를 다른 회전수로 운전할 때는 양수량 · 양정 · 축동력이 크게 변동한다. 예로서 전동기의 전압강하 혹은 주파수의 감소로 인해 전동기의 회전수가 감소했을 경우 양수량은 펌프의 회전수에 비례해서 감소하고, 양정은 회전수의 3승에 비례해서 감소하게 된다. 이를 관계식으로 나타내면 회전수 N을 N'로 바꿀 때 양수량 Q, 양정 H 및 소요동력 P와의 사이에는 다음 관계가 성립된다.

$$Q' = \left(\frac{N'}{N}\right)Q,\ \ H' = \left(\frac{N'}{N}\right)^2 H,\ \ P' = \left(\frac{N'}{N}\right)^3 P \tag{23}$$

이 관계를 상사법칙 혹은 비례법칙(law of ratio)이라 한다.

한편 펌프에서 임펠러의 형상은 유체의 흐름방향이 [그림 8-59]에서와 같이 축에 직각방향에서부터 축방향에 이르기까지 여러 가지가 있다. 이와 같은 임펠러의 모양을 표현하는 척도로서 비교회전수(specific speed)가 사용된다.

즉 실물의 펌프와 기하학적으로 닮은꼴의 펌프를 가상하고, 이 가상펌프로 매분 1m^{3}의 유량을 양정 1m로 배출하는 데 필요한 매분의 회전수를 실물펌프의 비교회전수 n_s[rpm · m^3/min · m]라고 한다. 비교회전수는 다음 식으로 구한다.

$$n_s = n\frac{Q^{1/2}}{H^{3/4}} \tag{24}$$

여기서, H : 전 양정(다단펌프일 때는 1단의 임펠러에 대한 양정을 말함)(m)

Q : 토출량(양흡입일 경우에는 $Q/2$로 취함)(m^2/min)

n : 매분 회전수(rpm)

식 (24)에서 보는 바와 같이 토출량이 많고 양정이 작은 펌프일수록 비교회전수는 크다. 즉 [그림 8-59]에서 보는 바와 같이 터빈펌프<벌류트펌프<사류펌프<축류펌프의 순으로 비교회전수는 증가되고, 반면 양정은 감소된다.

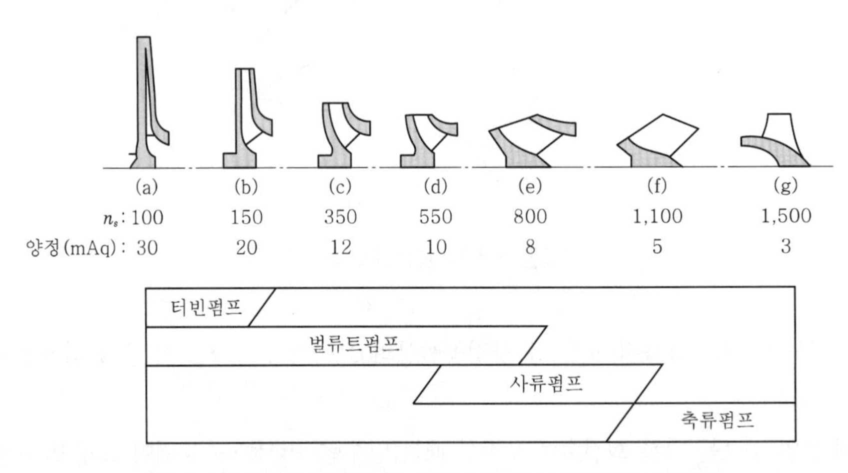

[그림 8-59] 비교회전수와 임펠러의 형식 및 펌프의 종류

(2) 공동현상(cavitation)

액체는 아주 작은 양이긴 하지만 기체를 흡수한다. 그 흡수량은 압력과 온도에 따라 다르며, 물은 상온에서 그 체적의 약 2%의 공기를 흡수한다. [표 8-20]은 1atm의 공기가 $1m^3$의 물에 용해되는 체적을 0℃, 1atm의 체적으로 환산한 값을 m^3로 표시한 것이다.

[표 8-20] 공기의 물에 대한 용해도

온도(℃)	0	20	40	60	80	100
용해도	0.0288	0.0187	0.0142	0.0122	0.0113	0.0111

[그림 8-60]은 흡입관 입구로부터 날개까지의 압력의 상태를 나타낸 것이다. 흡입관 입구에서는 풋밸브 등의 마찰손실로 인해 압력은 대기압 이하가 되고, 흡입수두나 마찰저항으로 인한 손실로 압력은 다시 저하되어 펌프 속으로 들어간다. 그 중 사선을 그은 부분이 포화증기압

이하가 되면 이 부분의 물은 증발하여 공동이 발생된다. 이와 같이 물이 관내나 펌프 안에서 증발하는 현상을 캐비테이션이라 하며, 이것에 의해 발생된 공동은 압력이 높은 부분으로 흘러왔을 때 급격하게 눌려 국부적으로 비정상적인 진동 · 소음이 발생하게 되고 펌프성능을 저하시킨다. 더욱 날개 등 재료의 침식을 일으켜 파손시킬 때도 있다. 또한 물이 증발하면 펌프의 흡입이 불가능해지며, 결국 양수불능이 발생한다.

따라서 캐비테이션을 일으키지 않게 하기 위해서는 펌프 흡입구에서의 전압을 그 수온에서의 물의 포화증기압보다 높게 해야 하며, 펌프는 가급적 낮은 위치에 장치하여 흡입양정을 작게 잡는 편이 유리하다. 한편 캐비테이션이 일어나지 않는 유효흡입양정을 수주(水柱)로 표시한 것을 펌프의 유효흡입양정(net positive suction head, NPSH)이라 한다. 유효흡입양정은 펌프의 설치상태 및 유체의 온도 등에 따라 다르게 되는데, 이것을 펌프설비에서 얻어지는 NPSH라 한다. 그런데 펌프는 그 자체가 필요로 하는 NPSH가 따로 있다. 따라서 펌프설비에서 얻어지는 NPSH는 펌프 자체가 필요로 하는 NPSH보다 커야만 캐비테이션이 일어나지 않는다.

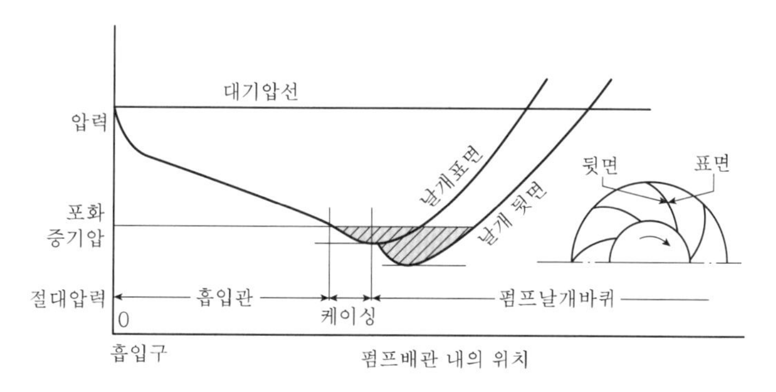

[그림 8-60] 흡입관과 날개 안의 압력

① 펌프설비에서 얻어지는 NPSH : 펌프설비에서 얻어지는 이용가능한 유효흡입양정의 계산식은 다음과 같다.

$$H_{av} = \frac{P_a}{\gamma} - \left(\frac{P_{vp}}{\gamma} \pm H_a + H_{fs} \right) \tag{25}$$

여기서, H_{av} : 이용가능한 유효흡입양정(available NPSH)(m)

P_a : 흡입수면의 절대압력(표준대기압 : 10,332kgf/m^3)(kgf/m^3)

H_a : 흡입양정으로서 흡상일 때 (+), 압입일 때 (−)(m)

H_{fs} : 흡입손실수두(m)

P_{vp} : 유체의 온도에 상당하는 포화증기압력(kgf/m^3)

γ : 유체의 비중량(kg/m^3)

[그림 8-61]의 (a)와 같이 흡입측의 수위가 흡입구보다 아래에 있을 때 흡입양정(H_a)+흡입손실수두(H_{fs})+물의 온도에 상응하는 포화증기압력수두(P_{vp}/γ)가 대기압력(P_a/γ)보다 작으면 물은 흡상된다. 즉 [그림 8-61]의 (a)에서와 같이 그 차이를 펌프설비에서 얻어지는 이용가능한 유효흡입양정(H_{av} : Avaliable NPSH)이라고 한다. 그러나 이와 같은 경우는 유효흡입양정이 너무 적어서 캐비테이션의 우려가 있다. 따라서 펌프의 설치위치를 [그림 8-61]의 (b)와 같이 변경시켜 본다. 즉 흡입수위를 흡입구보다 높게 잡으면 흡입양정은 압입수두(H_a)로 변하므로 이용가능한 유효흡입양정(H_{av})은 [그림 8-61]의 (a)의 경우보다 커진다. 따라서 온수와 같이 포화증기압력이 높은 경우에는 펌프의 흡입구측에서 쉽게 증발하여 캐비테이션이 일어나므로 [그림 8-61]의 (b)와 같이 압입함으로써 압입수두($+H_a$)를 형성하여 유효흡입양정을 높인다.

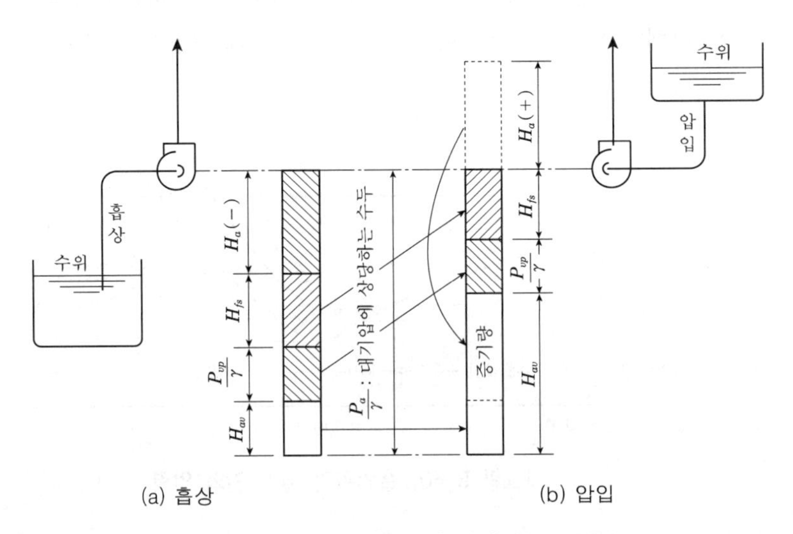

[그림 8-61] 펌프설비에서 얻어지는 NPSH

② 펌프 자체가 필요로 하는 NPSH : 펌프 자체가 필요로 하는 NPSH는 그 펌프의 실험결과에서 얻어지게 되지만, 실험결과의 이용이 불가능하면 [그림 8-62]에서 토마의 캐비테이션계수라고 하는 σ를 구하여 식 (26)에 대입하여 구한다. 즉 펌프 자체가 필요로 하는 NPSH*(Required NPSH)는

$$\mathrm{NPSH}^* = \sigma H \quad (26)$$

로 표현된다. 식 (26)에서 σ는 먼저 식 (24)에서 비교회전수 n_s를 구한 뒤 [그림 8-62]에 대입시켜 구한다. 이때에 H와 Q는 펌프의 시방에 따른 양정과 양수량이다. 한편 설비에서 얻어지는 NPSH는 펌프 자체에서 필요로 하는 NPSH에 약 30%의 여유를 갖도록 설치해야 한다. 즉 이용가능한 NPSH > 1.3 × 필요NPSH*이다.

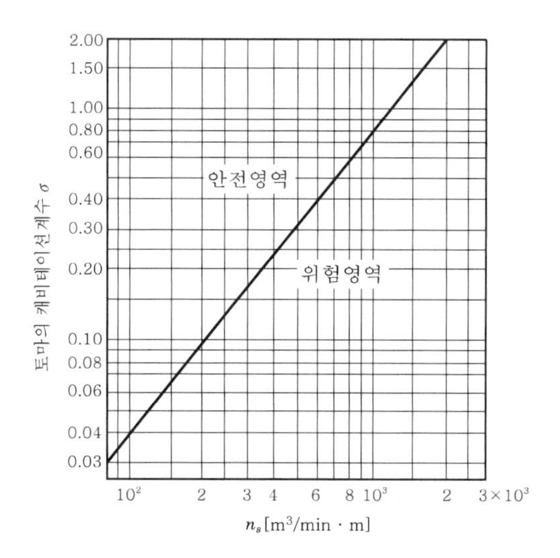

[그림 8-62] n_s와 σ의 관계

문제 6. [그림 8-63]은 90℃의 환수를 보일러에 급수하는 장치이다. 여기서 환수탱크의 수위는 펌프로부터 얼마나 높게 설치해야 하는가? 단, 펌프의 토출량은 1.5m³/min, 양정은 60m, 회전수 1,500rpm의 3단 벌류트펌프이고, 흡입관의 마찰저항은 3m로 한다.

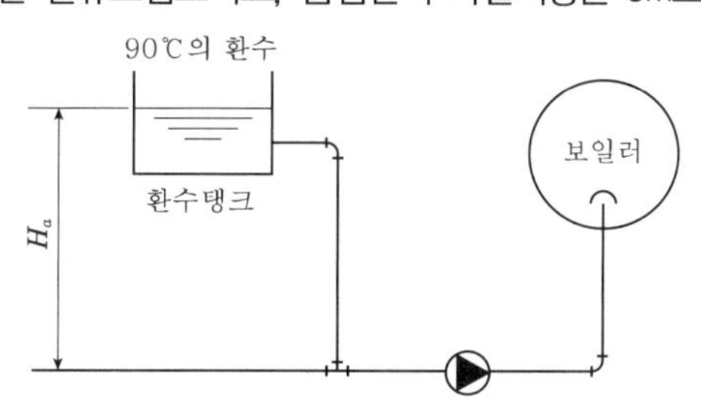

[그림 8-63] 배관계통도

풀이 펌프의 임펠러 1단에 대한 양정 $H=\dfrac{60}{3}=20\text{mAq}$

비교회전수 n_s는 식 (24)에 의해

$$n_s=1{,}500\times\frac{1.5^{1/2}}{20^{3/4}}=194\text{rpm}\cdot\text{m}^2/\text{min}\cdot\text{m}$$

따라서 [그림 8-62]에 의해 $n_s=194$일 때 토마의 캐비테이션계수 $\sigma=0.09$를 얻고, 이를 식 (28)에 대입하면

$\text{NPSH}^*=\sigma H=0.09\times20=1.8\text{mAq}$

한편 이용가능한 NPSH(H_{av})는 NPSH*의 1.3배를 취하면

$H_{av}=1.3\times1.8=2.34\text{mAq}$

따라서 주어진 조건들을 식 (25)에 대입하면

$$2.34=\frac{10.332}{965}-\left(\frac{7{,}150}{965}+H_a+3\right)$$

$\therefore\ H_a=-2.04\text{mAq}$(즉 압입높이가 2.04m 이상 필요하다)

2. 열펌프

1) 개요

압축기로부터 토출된 고온 · 고압의 증기냉매는 응축기에서 액화한다. 이때 방출되는 응축열을 물과 공기에 전열해서 난방에 이용하는 기능을 열펌프(heat pump)라 한다. 이와 같이 열펌프란 여름의 냉방 시에 사용한 냉동장치에서 이용할 수 없었던 낮은 온도의 열원을 고온으로 해서 난방에 이용하는 장치이다. 냉동기와 열펌프는 본질적으로 같은 것이지만, 그 사용목적에 따라 냉각을 목적으로 할 때는 냉동기라고 호칭이 달라진다. 냉동기는 냉각하려는 대상에서 열을 빼앗아 저온으로 만들고 이 열을 대기 · 냉각탑에 방출하는데, 바로 이 방출열을 가열용으로 이용할 때, 즉 응축기에서 버리는 열을 난방용으로 사용할 때는 열펌프라고 한다.

바꾸어 말하면 열펌프란 [그림 8-64]에 나타낸 바와 같이 냉동장치를 이용해서 저온의 열원으로부터 열을 흡상시켜 난방을 필요로 하는 공간으로 방열하고, 또한 냉방 및 제습을 필요로 하는 공간에서 열을 제거하여 보다 고온의 방열원으로 열을 배출하는 것에 의해 연간을 통해서 단일장치로 냉난방을 할 수 있는 공조장치이다.

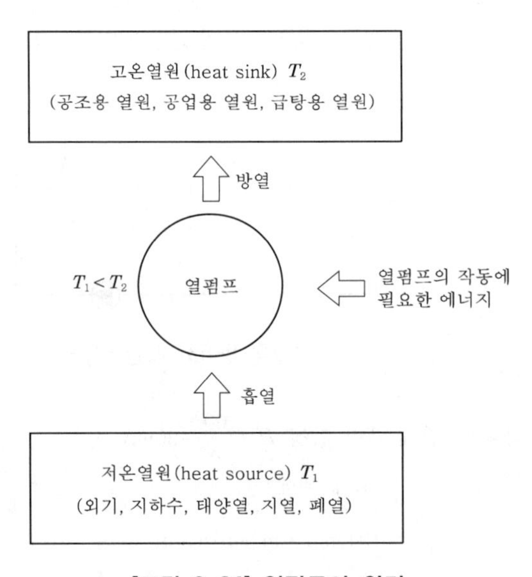

[그림 8-64] 열펌프의 원리

열펌프는 보통 냉동기보다 압축비를 높게 하여 보다 고온의 물이나 공기가 응축기에서 얻어지도록 하고 있으며, 열펌프의 사이클은 열역학적으로는 일반 냉동장치와 마찬가지이지만, 냉동장치에서는 증발기의 냉각효과를 얻는 것이 주목적인 점에 대해 열펌프에서는 응축기의 방열을 가열작용으로서 이용하는 점이 다르다. 따라서 잘 조합시키면 냉각과 가열이 동시에 가능하다.

또한 열펌프는 보일러에서와 같은 연소를 수반하지 않으므로 대기오염물질의 배출이 없고 화재의 위험성도 적다. 더욱이 1대로 냉난방의 양 열원(兩熱源)을 겸하므로 보일러실이나 굴뚝, 탱크실 등에 상당하는 스페이스를 절약할 수 있다.

2) 각종 열펌프방식

열펌프로 난방을 하는 경우에는 증발기측에 부하를 걸리게 해서 응축기로부터 열을 빼앗지만, 부하를 걸리게 하기 위한 열원으로서는 물 · 공기 · 지열 · 공업용 배수 등이 있다. 열펌프식 공기조화방식에는 다음과 같은 각종 형식이 있다.

(1) 공기-공기방식

소형의 패키지형 공기조화기와 룸쿨러 등에 사용되는 냉매회로교체방식과 대형 공기조화기에 사용되는 공기회로교체방식이 있다. 전자는 냉방운전 시의 증발기를 응축기로서 이용하기 때문에 교체밸브(change-over valve)에 의해 냉매의 흐름을 바꾸어 준다. 후자는 공기회로를 댐퍼에 의해서 교체하는 것이며 냉매회로를 교체할 필요는 없다. [그림 8-65]에 냉매회로교체방식을 나타낸다.

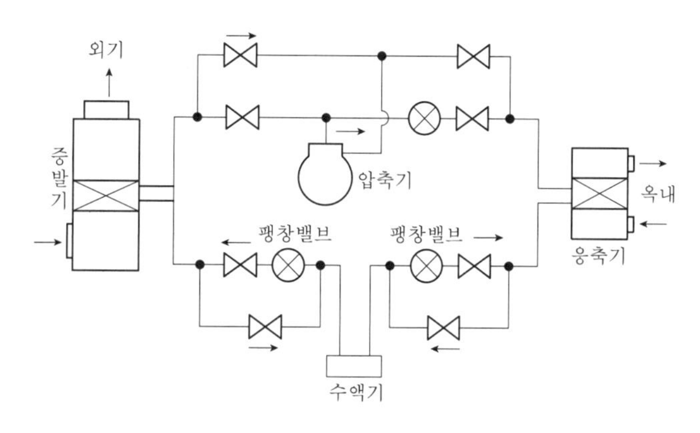

[그림 8-65] 공기-공기방식(냉매회로교체방식)

(2) 물-공기방식

난방운전은 냉매회로를 교체하는 것에 의해 옥외측의 응축기를 증발기로 해서 물로부터 열을 채취하고, 이 열량을 실내측의 응축기로 보내 실내공기를 가열한다. 열원이 우물물일 때는 성능이 안정될 수 있다. 공기-공기방식과 비교해서 효율이 좋으며 소규모장치에 사용된다. [그림 8-66]에 물-공기방식을 나타낸다.

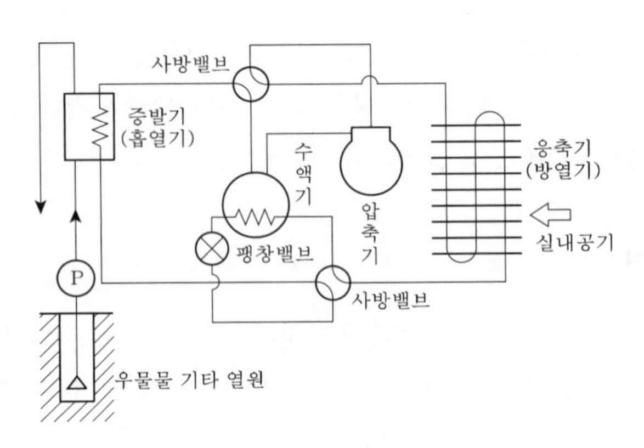

[그림 8-66] 물 - 공기방식

(3) 물 - 물방식

우물물 등을 열원으로 해서 물로부터 얻은 열량을 물에 부여하는 방식이다. 온수는 공기조화기의 가열코일에 보내 난방을 한다. 흡열 · 발열측 모두 냉매 - 물의 열교환이 되기 때문에 컨벡터로 할 수 있으며 대규모 장치가 유리하다. 이 방식에는 냉매회로교체방식과 물회로교체방식이 있다. [그림 8-67]에 냉매회로교체방식을 나타낸다.

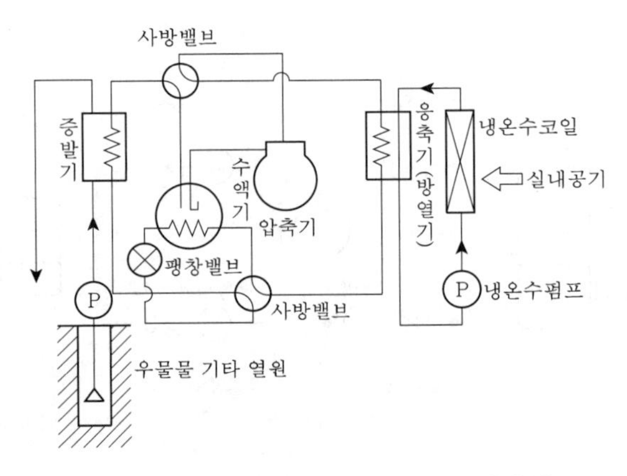

[그림 8-67] 물 - 물방식(냉매회로교체방식)

한편 [표 8-21]에는 열펌프의 열원으로 이용될 수 있는 것들 중 대표적인 몇 가지의 특성을 나타낸다.

[표 8-21] 열펌프에 사용되는 열원

열 원	특 성
공기	외기온도가 낮을 때는 난방능력이 부족하므로 보조열원이나 축열이 필요하다. 열교환기 용량은 크지만 장소의 제한 없이 이용가능한 열원으로 현재 가장 널리 이용된다.

열 원	특 성
지하수, 강물, 해수	지하수는 연간 일정온도로 충분한 수량이면 성능은 안정되며, 성적계수(COP)도 크고 운전비도 작다. 그러나 지반침하의 원인이 되는 지하수 채취는 주요 도시에서는 제한되고 있다.
태양	열원의 변동, 열량이 적은 문제는 있지만 연구개발의 결과 소규모 주택 · 사무소 등에 적용되는 경향이다. 보조열원, 축열이 필요하다.
건물의 배열	조명, 기기 등 실내발열이 많은 건물에 적당하고 축열 또는 보조열원이 필요하다.
지열	연간 온도가 일정하고 열원으로 우수하지만 집열관 매설, 깊은 우물의 설비비가 많이 든다.

3) 열펌프의 성적계수

열펌프의 성적계수는 다음 식으로 구한다.

$$\varepsilon_h = \frac{i_2 - i_3}{i_2 - i_1} = \frac{i_1 - i_4}{i_2 - i_1} + 1 = \varepsilon + 1 \tag{27}$$

여기서, ε_h : 열펌프의 성적계수

ε : 냉동기의 성적계수

i_1, i_2, i_3 : 압축기의 입 · 출구, 응축기 출구의 냉매엔탈피(kJ/kg)

열펌프의 성적계수는 기종과 열원의 종류에 따라 다르지만 공랭식에서는 3, 수랭식에서는 5~6 정도이다. 이것은 1kW 동력으로 3~6kW의 동력을 얻을 수 있음을 나타낸다. 이 때문에 열펌프의 난방은 유리하다.

6 축열조

1. 개요

에너지의 형태에는 여러 가지가 있지만 공조설비에서 취급하는 최종 에너지의 형태는 열에너지이다. 그런데 이 열에너지는 저장이 가능하기 때문에 공조설비에서 축열시스템을 도입하면 에너지의 유효이용에 공헌할 수 있다. 또한 축열시스템을 채용함에 의해 전력소비의 평준화를 기할 수 있을 뿐 아니라 열원기기의 고효율 운전 및 열회수 등의 에너지 절약도 효과적으로 달성할 수 있는 것이다. 바꾸어 말하면 일반적으로 냉난방시스템으로 축열(혹은 축냉)을 실시하

는 목적은 주로 보일러라든가 냉동기 등 열원기기의 설비용량을 감소시켜서 설비를 절약하든가 수전용량의 감소 및 심야전력의 이용을 통해, 혹은 부분부하운전을 피해 운전효율을 향상시킴으로써 유지비를 싸게 하려는 데 있다.

축열시스템은 열의 발생장치(열원기기), 열을 저장하는 장치, 열을 방출하는 장치와, 이들을 접속하는 열매체의 순환회로 등으로 구성되는 것이 일반적이다. 공조설비에 있어서는 냉동기 · 열펌프 · 보일러가 주요 열원기기이며, 열의 방출장치로는 공기조화기, 열매체로는 물 · 얼음 · 상변화물질 등이 사용된다. 대개 축열(혹은 축냉)의 운전은 심야시간에 얼음(빙축열이라 부른다) 또는 냉수(수축열)를 생산 · 저장하였다가 이를 낮시간에 냉방열원으로 이용하는 형태를 띠고 있는데, 최근 우리나라에서도 빙축열시스템의 우수성을 인정하여 장려 · 지원을 하는 등 각종 건물에 축열조를 설치하는 사례가 급증하는 추세에 있다. [표 8-22]에는 이들 축열시스템의 장단점을 종합해서 나타낸다.

[표 8-22] 축열시스템의 장단점

장 점	① 열원기기 설비용량의 저감 ② 열원기기의 고효율운전 가능 ③ 심야전력의 이용 ④ 열회수 이용 가능 ⑤ 부분공조에의 대응 ⑥ 부하증대에의 대응 ⑦ 열원기기의 고장대책에 대한 융통성
단 점	① 축열조의 구축문제(스페이스 · 설치비) ② 열손실의 증대 ③ 펌프동력의 증가 ④ 수처리비의 증가 ⑤ 인건비의 증가

2. 축열의 방법

열에너지를 저장하는 방법에는 [그림 8-68]과 같은 방법이 있다. 또한 열에너지를 저장하는 매체를 축열체라 부르는데, 축열체로서 갖추어야 할 조건은 일반적으로 [그림 8-69]와 같은 것을 들 수 있다. 그러나 현실적으로는 이들 특성을 충족시키는 축열체는 아주 적다. 그러므로 목적에 따라 필수조건을 선정해 결점을 보완하는 방법이 좋다. 일반적으로 건물의 공조를 대상으로 하는 경우에는 열원의 종류, 필요한 온도레벨, 건물의 구조와 스페이스 등을 감안하면 가능한 시스템은 자연히 한정된다. 또한 건물의 최하층 바닥 아래 이중슬래브를 이용해서 축열수조를 구성하거나 기계실 내부에 빙축열조를 구축한 축열시스템이 다른 방법과 비교해 보았을 때 공간의 유효이용면에서 우수하며, 특수한 경우를 제외하고 대체로 이러한 방식들이 사용되고 있다.

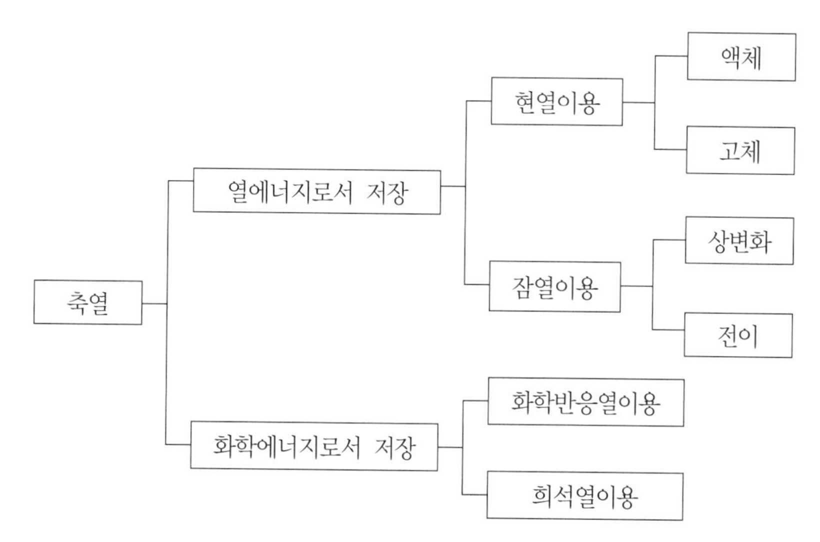

[그림 8-68] 축열의 방법

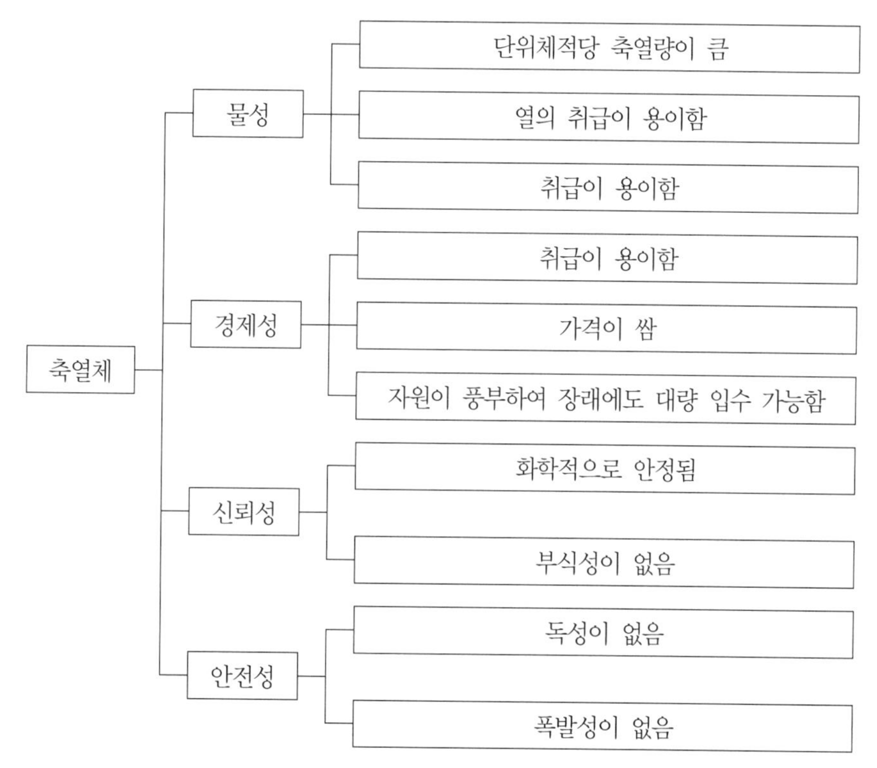

[그림 8-69] 축열체의 구비조건

3. 축열의 형식과 분류

1) 수축열(水蓄熱)시스템

축열수조를 사용한 축열시스템에는 많은 형식이 있지만, 이들을 분류하면 [표 8-23]과 같다. 이것은 높은 레벨로 갈수록 세분화되도록 나타낸 것이며, 레벨 2의 각각에 대해서 레벨 3 또는 4의 한 가지를 선정하면 축열시스템이 규정된다.

축열수조를 사용한 공조시스템의 일반적인 구성개념을 나타내면 [그림 8-70]과 같이 된다. 축열시스템에서는 작은 용적으로 다량의 열에너지를 저장할 수 있는 것이 바람직하다. 그러므로 [그림 8-70]과 같이 열원회로와 방열회로를 동일 수조 내에 설치한 축열수조에서는 수조 내에서 온도레벨이 다른 물의 혼합이 일어나고, 축열운전 완료 시의 수조 내 평균수온은 열원기기의 출구수온보다 냉수인 경우에는 높고, 온수인 경우에는 낮게 된다. 축열시스템으로서는 제한된 용적의 수조에 가능한 한 많은 열량을 저장할 수 있도록 설계함과 동시에 저장한 열을 유효하게 방열할 수 있는 운전방법으로 할 필요가 있다.

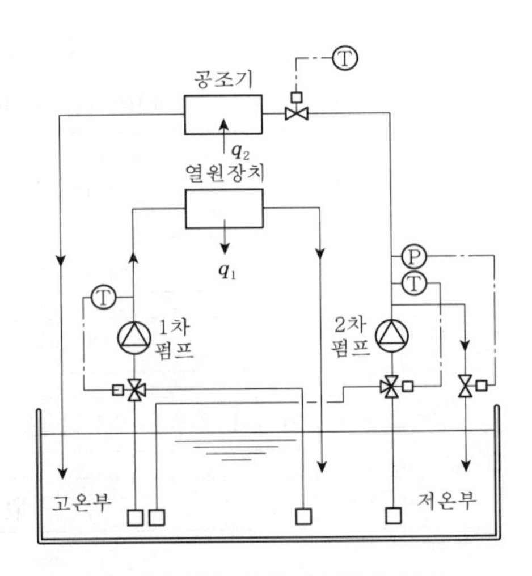

[그림 8-70] 축열시스템의 구성

한편 [그림 8-71]에는 여러 가지 연통관의 배치방법, 축열수조와 연통관의 배치 예를 나타내고 있다. [그림 8-71]에서 연통관은 구획된 수조 사이에 적절한 유로가 형성되도록 간벽에 설치한다. 연통관은 수조 내의 물을 유효하게 축열에 이용할 수 있도록 배치할 필요가 있고 위치 · 수 · 치수 · 유속 등을 적절히 선정해야만 한다. 연동관은 [그림 8-71]의 (a) 가운데서 ②와 같이 1조마다 상하좌우로 설치하는 경우가 많다. 또한 [그림 8-71]의 (b)와 같이 송수조와 환수조가 인접하도록 배치하면 보수가 편리하고 배관의 낭비도 적다.

[표 8-23] 수축열시스템의 형식

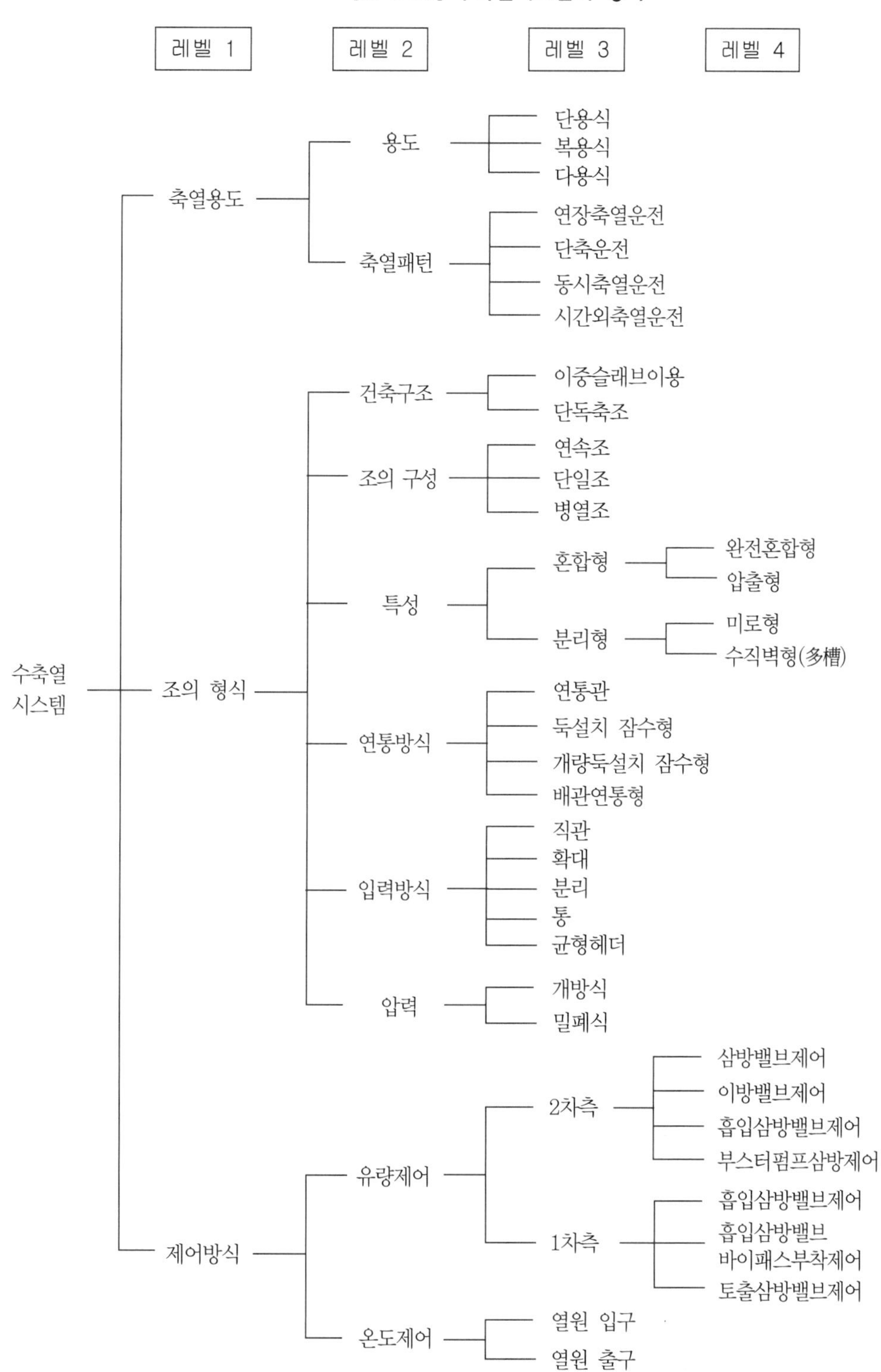

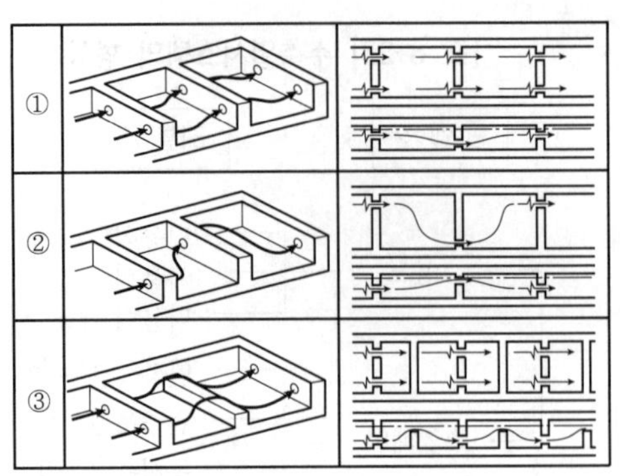

(a) 연통관의 배치방법

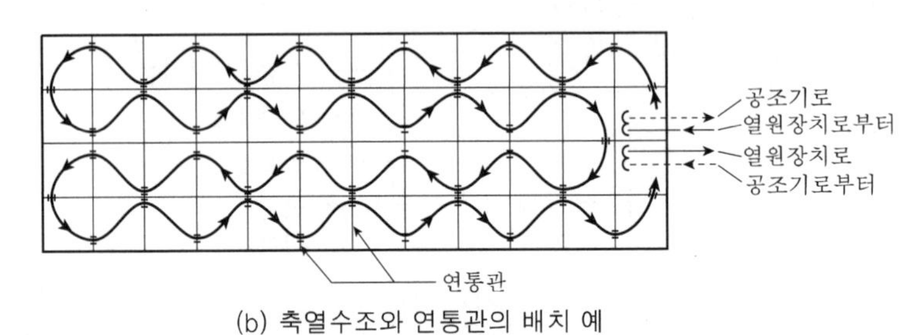

(b) 축열수조와 연통관의 배치 예

[주] ① 연통관은 1조마다 상하좌우에 설치한다.
② 유로는 가능한 한 길게 되도록 한다(칸막이 설치).

[그림 8-71] 연속식 평면형 축열수조와 연통관의 배치

2) 빙축열시스템

(1) 기본원리

빙축열시스템은 야간에 심야전력(이용시간은 밤 10시부터 다음날 오전 8시까지)을 이용하여 얼음을 생성한 뒤 축열 · 저장하였다가 주간에 이 얼음을 녹여서 건물의 냉방 등에 활용하는 방식이다. [그림 8-72]는 빙축열시스템의 구성도를 나타낸 것으로서, 저온냉동기는 얼음을 생성하기 위해 영하의 온도에서 운전이 가능한 냉동기로서 제빙 시에는 영하의 온도로 가동되며, 주간에는 일반 냉동기와 동일한 상태로 운전된다.

[그림 8-72]에서 열교환기는 건물의 냉방부하측에 냉방열량을 공급하기 위한 것으로 냉열원 1차측의 브라인액과 2차 냉방부하측의 냉수를 분리시키기 위해 사용된다. 삼방밸브는 축열조로 흐르는 유량을 조절함으로써 브라인액의 온도를 적정하게 유지시키는 목적과 제빙운전 시 열교환기로 브라인액이 흐르지 않게 하기 위한 교체삼방밸브 등 두 가지가 사용된다.

또한 [그림 8-73]은 빙축열방식을 이용할 경우와 일반적인 공기조화방식을 이용할 경우에 있어서 냉방부하에 대한 냉동기의 분담용량을 비교하여 나타낸 것이다.

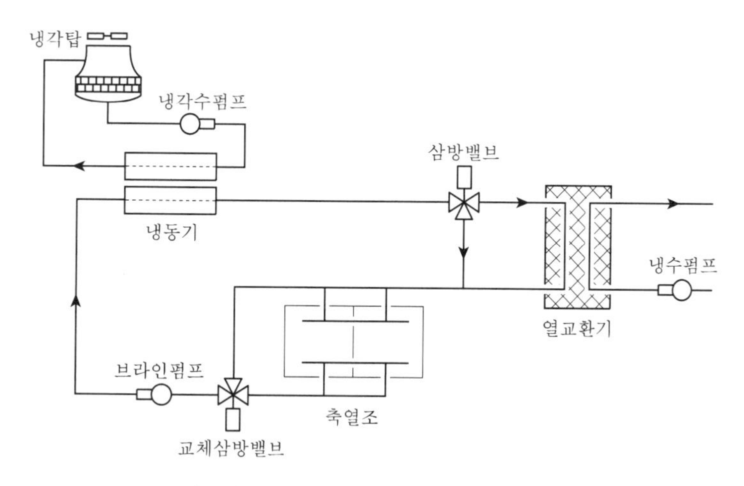

[그림 8-72] 빙축열시스템의 구성도

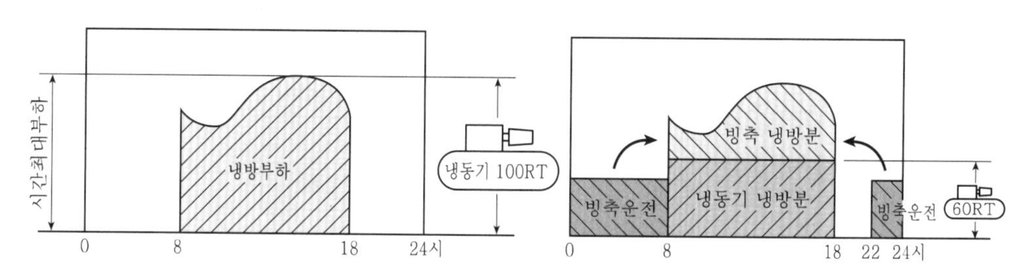

[그림 8-73] 냉방부하에 대한 냉동기의 분담

(2) 빙축열과 수축열시스템의 비교

종래에 보급되어 왔던 수축열방식은 물을 냉각시켜서 저장하였기 때문에 동일한 설치부피에 비해서 빙축열방식보다 축열량이 작게 된다. 즉 빙축열방식은 얼음의 잠열(얼음 1kg당 융해잠열은 335kJ/kg')까지도 이용할 수 있기 때문에 동일한 부피의 수축열방식보다 최대 12배까지 축열량을 크게 하므로 경제적이다.

(3) 빙축열시스템의 종류

빙축열시스템은 [그림 8-74]에 나타낸 바와 같이 여러 가지로 분류될 수 있는데, 이 가운데서 제빙방식에 의한 분류를 기준으로 몇 가지를 기술하면 다음과 같다.

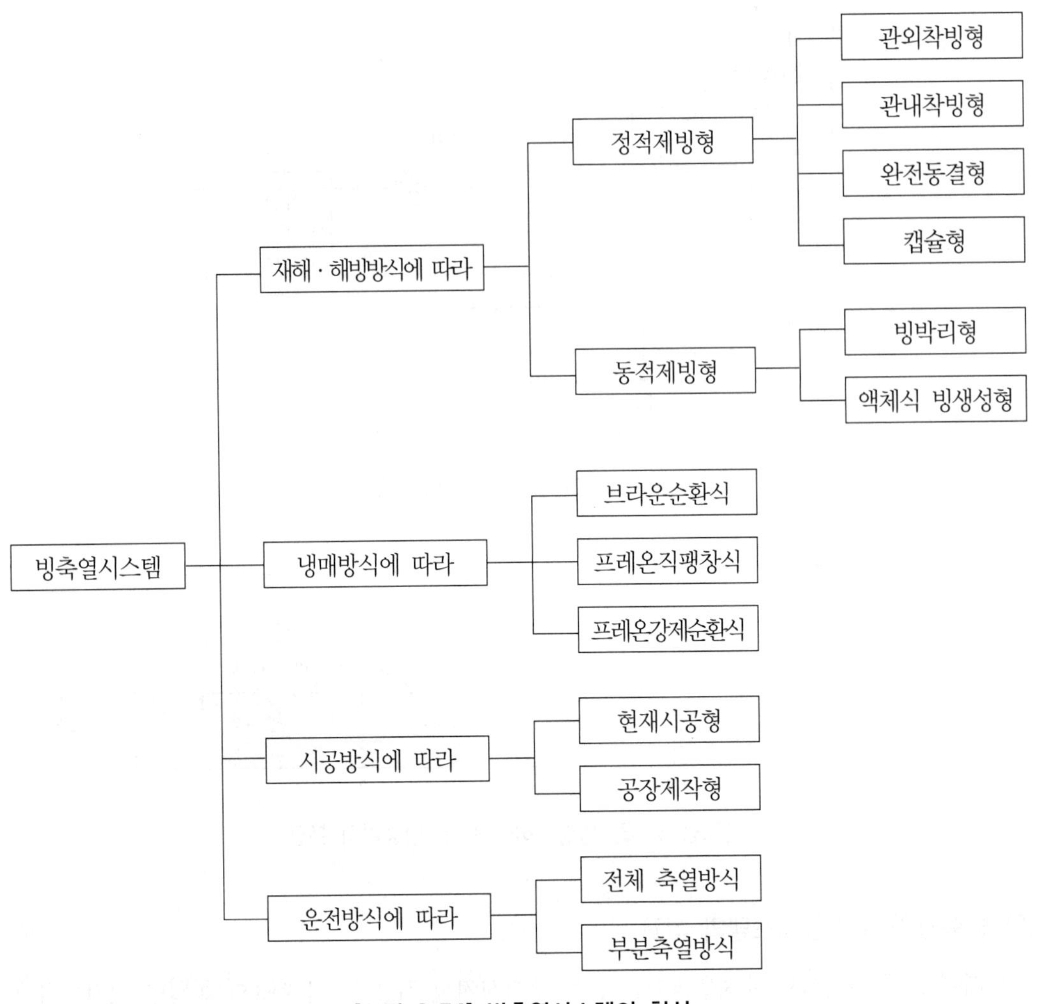

[그림 8-74] 빙축열시스템의 형식

① 관외착빙형(ice in coil) : 축열조 내에 코일이 설치되어 있고, 그 주위에 물이 채워져 있어서 제빙 시에 코일 내부로 저온의 브라인액이 흐르면 코일 주위의 물이 얼게 된다. 해빙 시에는 코일 외부로 물이 흐르게 되어 코일 외부의 얼음을 녹게 한다([그림 8-75]의 (a) 참조).

② 관내착빙형(ice in coil) : 관외착빙형과 구조가 거의 동일하지만 코일 외부로 브라인액이 흐르게 되며, 코일 내부의 물이 얼게 된다. 해빙 시에는 코일 내부로 물이 흐르게 되면서 얼음을 녹게 한다.

③ 완전동결형(full iceing) : 축열조 내에 제빙코일이 있고, 그 주위에 물이 채워져 있다. 코일 내부로는 브라인액이 흐르게 되며, 이것이 제빙 및 해빙을 위한 순환매체가 된다.

④ 캡슐형 : 축열조 내에 캡슐을 채우고, 그 캡슐의 주위로 저온의 브라인액을 흐르게 하여 캡슐 내에 얼음을 생성 · 저장하였다가 제빙 및 해빙시킨다. [그림 8-75]의 (b), (c)와 같이 캡슐의 형상에 따라 아이스볼(ice ball)형과 아이스렌즈(ice lens)형이 있다.

⑤ 빙박리형(ice harvest) : 축열조 내에 제빙코일을 설치하여 내부에 냉매가 흐르게 하고, 코일 주위로 물을 분사하여 코일에 얼음을 착빙시킨 후 코일 내로 냉매가스를 순환시켜서 착빙된 얼음을 코일에서 분리시켜 축열조 하부에 쌓이게 해 얼음을 저장한다. 해빙 시에는 축열조 내에 물을 순환시켜 얼음과 직접 접촉케 하여 부하측으로 공급한다([그림 8-75]의 (d) 참조).

⑥ 액체식 빙생성형(ice slurry) : 구조상에서 볼 때 빙박리형과 유사하나 액체가 순수한 물이 아닌 브라인액이 되며, 브라인액의 물성분이 액체식의 얼음으로 변해 축열조에 쌓이게 되어 제빙 · 해빙하는 것이다.

(a) 관외착빙형

(b) 캡슐형 아이스볼형

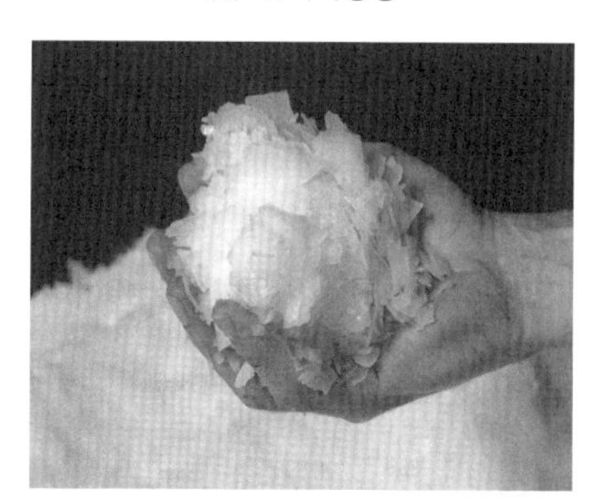
(c) 캡슐형 아이스렌즈형

(d) 빙박리형

[그림 8-75] 빙축열시스템의 종류

7 자동제어설비

1. 개요

제어란 어떤 목적에 적합하도록 대상으로 되어 있는 기기에 필요한 조작을 가하는 것이라고 정의된다. 모든 건축설비에서는 각각 목적이 있기 마련인데, 자동제어설비는 설비(設備)를 보완하고 그 최종 목적을 달성하도록 기능을 발휘한다. 건축설비에서는 특히 제어계를 포함한 설비계 전체가 안정성, 에너지 절약적, 정확 · 정밀성이 있으며 고속조작 등이 실현될 수 있도록 하는 데 그 역할이 있다. 따라서 장비의 운전상태를 항시 계측하여 장치가 얻을 수 있는 최적상태와 비교 · 판단하여 적절한 조작을 해야 하는데, 그 일련의 동작을 자동적으로 하는 것이 자동제어이다. 작게는 FCU의 서모스탯에 의한 자동정발(停發)에서, 크게는 초고층 건물의 중앙관제시스템에 이르기까지 건축설비에의 자동제어적용은 광범위하지만, 제어라는 뜻에서는 모두 상술한 정의에 따른 것이라 할 수 있다.

1) 피드백제어

일반적으로 자동제어라 부르는 것이며, 고층 건물설비의 온습도제어가 이것에 해당한다. [그림 8-76]에서 같이 인간이 항온조(恒溫槽)의 온도제어를 하는 경우에는 다음 순서를 반복한다.

① 항온조의 온도계를 눈으로 읽는다.

② 뇌가 눈으로 읽은 온도와 목표온도와를 비교하여 수정하는 명령을 손으로 부여한다.

③ 뇌의 명령에 의해서 손은 증기밸브를 명령시킨 양만 움직인다.

④ 밸브의 개도가 변경되었으므로 흐르는 증기량이 변화하고 항온실의 온도가 변화해서 온도계의 값이 바꾸어진다.

이 가운데서 인간이 하는 ①~③을 계기(計器)로 교체한 것이 자동제어기기이며 다음의 세 가지 요소로 성립되고 있다.

① **검출부** : 제어하고 싶은 곳의 온도 등을 검출해서 조절부로의 신호로 바꾸는 부분

② **조절부** : 검출부로부터 신호와 설정치를 비교해서 조작부로의 명령신호를 만드는 부분

③ **조작부** : 조절부로부터 신호에 의해 증기량 등의 증감을 조작하는 부분

이들 각 부의 신호의 흐름은 [그림 8-77]에 나타낸 바와 같이 제어대상, 즉 제어되는 장치를 통해서 개방회로(open loop)를 구성하고 있어 검출되는 값에 따라서 끊임없이 수정동작이 이루어지고 있는 제어를 피드백제어(feedback control)라 한다.

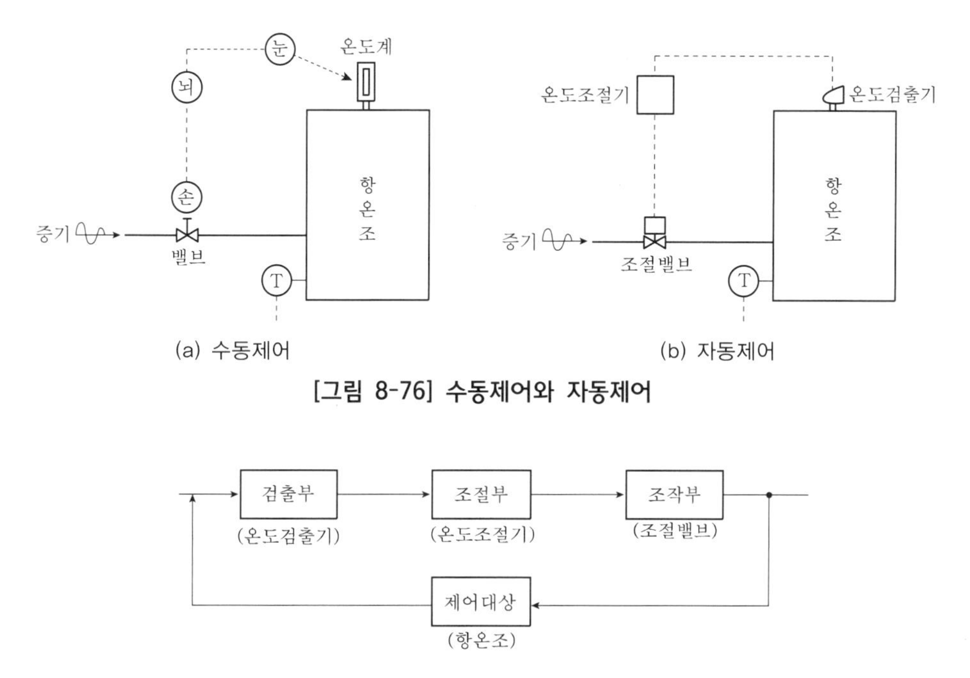

[그림 8-76] 수동제어와 자동제어

[그림 8-77] 자동제어의 흐름도

2) 시퀀스제어

자동조작을 말하며 넓은 의미의 자동제어의 한 분야이다. 시퀀스제어(sequence control)는 신호의 전달경로가 피드백제어와는 달리 한 방향이며, 조작 부분에 부여되는 신호는 일반적으로 계속 유지되며, 그 결과가 원신호를 수정해서 재차 내보내지는 않는다. 고층 건물설비에서는 보일러의 연소안전장치, 냉동기의 자동운전, 시계회로와 연동한 송풍기, 펌프의 자동발정제어, 엘리베이터의 운전제어 등에 사용되고 있다.

2. 자동제어동작

조절기가 행하는 제어동작에는 다음과 같이 여러 가지가 있으며, 일반적으로 많이 이용되고 있는 것은 2위치동작과 비례동작이다.

① 2위치동작 : 가장 많이 사용되는 예
② 다위치동작 : 전기히터의 제어에 사용
③ 단속도동작 : 압력제어에 사용
④ 시간비례동작 : 가열로 등의 제어에 사용
⑤ 위치비례동작 : 일반적 공조에 사용되는 제어
⑥ 적분미분동작 : 고급제어에 사용

2위치동작(On-Off제어)은 조절기로부터의 출력이 최대치나 최소치의 어느 한쪽만을 취하는 제어이며 조절기의 설정치를 경계로 교체한다. 즉 [그림 8-78]의 (a)에서와 같이 동작간격을 설치하여 실온이 목표치보다 Δ만큼 적어지면 전폐가 되도록 조작신호를 발한다. 다위치동작은 [그림 8-78]의 (b)에서와 같이 편차에 따라서 중간 개도를 스텝형으로 만든 것인데, 2위치동작에서는 조작부가 전개와 전폐의 두 가지뿐으로 중간 개도가 되지 않는 점을 이용한 것이다.

단속도 동작은 편차의 (+), (−)에 따라서 밸브나 댐퍼의 조작을 개(開) 또는 폐(閉)로 조작의 방향을 교체하는 것으로, 조작은 일정한 속도로 행해진다. [그림 8-78]의 (c)는 중립대가 설치되어 있어 이 사이의 편차에서는 조작되지 않기 때문에 중간 개도에서 정지한다.

비례동작은 편차와 조작량이 비례관계에 있어 제어, 즉 편차에 비례한 개도가 되도록 조작신호를 발하는 것이다. [그림 8-78]의 (d)에서와 같이 조절기로부터의 출력이 최소치에서부터 최대치까지 변화하는 데 필요한 편차의 크기를 비례대라고 한다. 비례대는 크게 하면 제어는 안정되지만 잔류편차가 크게 되고, 지나치게 작으면 잔류편차는 적게 되지만 제어가 불안정하게 되므로 비례대는 사용하는 제어계에 알맞은 크기로 조정된다. 대규모 건물의 단일덕트공조방식에서 실온의 제어를 중앙식 공조기로 행하는 경우와 같이 편차를 검출하여 정정동작에 의해 실온의 변화가 나타날 때까지의 낭비시간이 큰 것에 있어서는 이들의 제어동작만으로는 충분하게 제어되지 않는 경우가 있다. 이에 대해 실온과 급기온도의 두 개의 검출치의 변화를 복합하여 제어를 행하는 실온 및 급기온도제어(급기보상제어라고도 한다)가 효과적이다.

적분미분비례동작(PID동작)은 항온실 등 정밀도가 높은 제어로 비례동작에 잔류편차를 없애는 적분동작과 응답을 빠르게 하고 편차의 진폭을 줄이기 위한 미분동작을 가한 것이다.

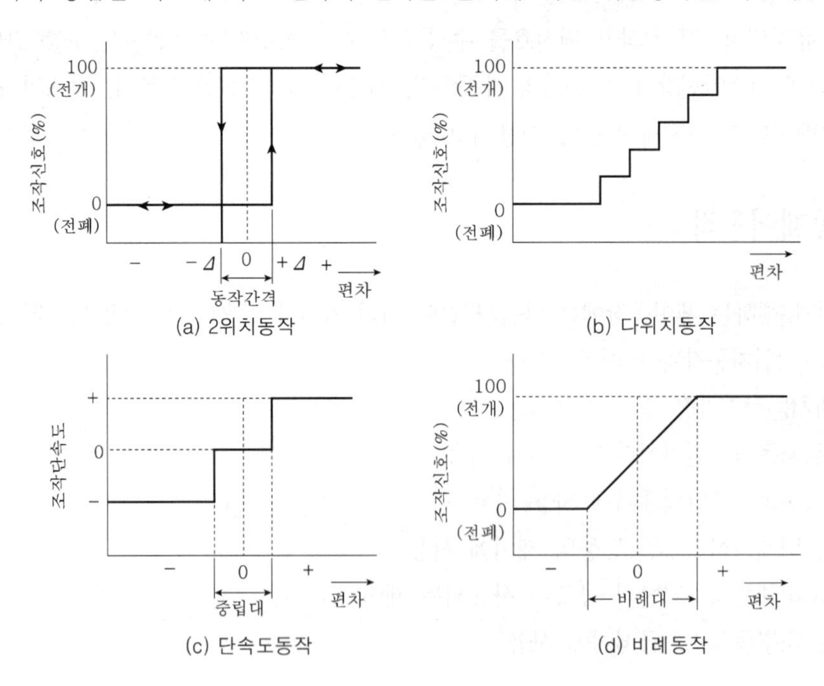

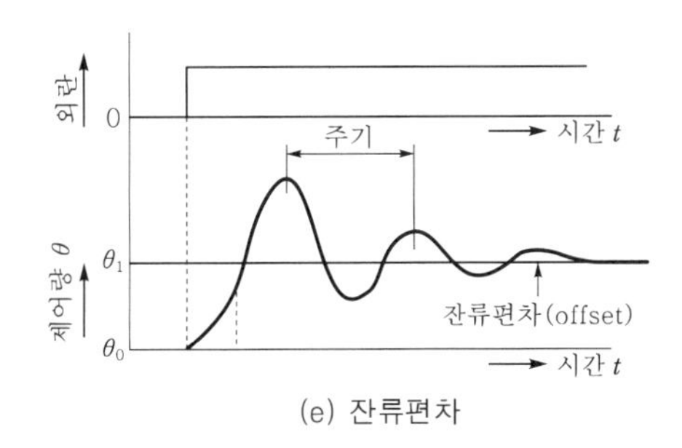

(e) 잔류편차

[그림 8-78] 제어동작

위와 같은 피드백제어 이외에 열원기기의 기동정지 등에서는 이미 정해진 순서에 의해 각 단의 운전제어를 진행시켜 나가는 시퀀스제어도 이용되고 있다. [표 8-24]에는 제어동작의 적용 예를 나타낸다.

[표 8-24] 제어동작의 적용 예

제어동작	적 용
2위치	유닛, 소규모 장치
다위치	소규모에서 정도를 요하는 장치
단속도	댐퍼제어(압력), 혼합밸브제어(수온)
비례	소 · 중규모의 실온제어, 열원기기의 제어
PID	항온 · 항습 등의 고정도, 대용량 열원설비
실온급기온도	대규모 공기조와의 실온제어

3. 자동제어회로

1) 전기식

신호의 전달이나 조작을 전기식으로 행하는 것이며, 정밀도를 그다지 필요로 하지 않는 장치에 사용된다. 전기식 조절기는 제어되어야 할 온도 · 습도 · 압력 등을 검출하는 검출부와 미리 설정된 값과 비교해서 조작기를 작동시키는 신호를 만들어내는 조절부로 구성되어 있다. 일반적으로 온도 · 습도 · 압력의 검출에는 다음의 엘리먼트(element)들이 사용되고 있다.

① 온도 : 바이메탈(bi-metal), 벨로즈(sealed bellows), 리모트밸브(remote valve)

② 습도 : 나일론리본, 모발(human hair)

③ 압력 : 다이어프램, 부르동관(bourdon tube), 벨로즈

2) 전자식

전기식의 것에서 특히 전자관 증폭기를 사용하는 것을 전자식이라 부르고 있지만, 복잡하고 고도의 제어가 가능한 초정밀도가 얻어진다. 즉 전자식 제어는 온습도 등의 변화를 전기저항의 변화 등으로 검출하고, 조절기의 전자회로에 의해 설정치와 비교·조절해서 조작기로의 출력신호를 만든다. 조절기는 외부로부터의 신호를 전자회로로 처리하므로 여러 가지의 보상제어와 원격설정을 용이하게 행할 수 있다. 전자식 검출기의 엘리먼트는 전기식, 공기식 조절기의 엘리먼트와 비교해서 열용량이 적고 감도가 높은 특성이 있으며, 일반적으로 사용되고 있는 것은 다음과 같다.

① 온도 : 자금측온(自金側溫)저항체, 니켈측온저항체, 서미스터, 열전대(熱電對)
② 습도 : 염화리튬엘리먼트, 소결금속피막엘리먼트

3) 공기식

압축공기를 써서 제어를 하는 것이며, 내구력이 풍부하고 대규모 장치에서 고도의 제어를 하는 것이 가능하다. 공기식에서 온도·압력·습도 등을 검출해서 조절기구를 작동시키는 검출엘리먼트는 전기식과 마찬가지이며, 제어량을 변위로 바꾸는 다음의 것이 사용된다.

① 온도 : 바이메탈, 리모트튜브
② 습도 : 모발, 나이론리본
③ 압력 : 다이어프램, 벨로즈

4) 전자공기식

검출부와 조절부는 전자식으로 행하고, 조작부를 공기식으로 행하는 것이다.

5) 자력식

보조동력을 필요로 하지 않는 아주 간단한 제어이다.

6) DDC방식

최근의 전자기술의 급진적인 발전에 따라 1980년도 이후부터는 현장제어기기에도 종래 전자식 제어기기에 차츰 마이크로프로세서가 이용되기 시작하였으며, 드디어 자동제어 역사상 대발전이라고 할 수 있는 DDC(direct digital control)기술이 실현, 보급되기에 이르렀다.

DDC방식이란 예민한 전자식 검출부에서 아날로그계측값을 변환기를 거쳐 디지털신호로 신속하게 마이크로프로세서에 전달하면 설정제어치에 도달하도록 디지털작동부에 빨리 정방향이나 역방향으로 작동신호를 직접 보내는 방식인데, 마이크로프로세서에서는 여러 가지 제어알고리즘을 프로그래밍할 수 있어 이의 응용성은 무궁무진하다.

DDC방식은 입출력기기, 즉 검출기와 조작기를 연결하여 제어목적을 달성하기 위한 복잡한 아날로그식 조절기와 하드웨어로직기능 등을 마이크로프로세서를 사용하여 소프트웨어프로그램으로써 제어하는 방식이다. DDC방식의 특징을 요약하면 다음과 같다.

① 검출부가 전자식이다.
② 조절부는 컴퓨터이므로 각종 연산제어가 가능하고 정도 및 신뢰도가 높다.
③ 전 제어계통이 그대로 중앙감시장치로 연결되므로 중앙에서 설정변경, 제어방식변경, 제어상태의 감시 등이 가능하다.
④ 불가능한 제어 및 감시의 컴퓨터화를 이룰 수 있다.

이들 각 제어방식에 대한 특징과 제어동작과의 관련성을 [표 8-25]에 나타낸다.

[표 8-25] 자동제어방식의 비교

구분＼방식	전기식	전자식	공기식	DDC
개요	• 전기를 이용한 기기구동방식으로 2위치제어와 간단한 장치에 적합하며 부속설비가 불필요하며 중·소형 건물에 적합하다.	• 증폭된 전기를 이용한 기기구동장치방식으로 복잡한 제어 및 연속제어가 가능하여 중앙식 공조장치에 적합하다.	• 공기를 이용한 기기구동방식으로 큰 힘을 낼 수 있어 대형 건물에 적합하다.	• 최근 개발된 방식으로 모든 제어가 패키지화된 원격제어반과 중앙컴퓨터장치에서 이루어지는 방식으로 중·소규모 및 대규모 방식에도 적합하다.
원리	• 벨로즈, 바이메탈, 다이어프램, 나이론테이프의 물리적 변위를 이용 • 검출부와 조절부가 일체	• 측온저항체, 브리지회로, 전자회로를 이용하여 전류, 전압신호로 전송 • 최근에는 마이컴 탑재형과 검출부, 조절부 일체형도 있음	• 노즐, 플래터를 이용한 공기압 평형방식 • 검출부와 조절부가 일체형과 분리형이 있음 • 기타 공업용의 고정도 타입이 있음	• 디지털회로(마이컴)를 이용 • 디지털신호 • 중앙과의 상호통신에 의해 고기능을 실천
장점	• 원리 및 구조가 간단하고 부속설비가 불필요하다. • 하자보수가 용이하고 요구치의 임의조작이 간편하다.	• 릴레이를 이용한 연속제어가 가능하다. • 중앙식 공조장치에 적합하다. • 간단한 보상제어를 할 수 있으므로 경제적인 운전이 가능하다.	• 에너지원이 압축된 공기로 대형장치에 적합하며, 기기구조가 간단하여 고장이 적다. • 릴레이류의 조합으로 복잡한 제어가 가능하다.	• 모든 제어라인이 컴퓨터에 인입되므로 공사가 간단하고, 또한 중앙감시반에서 임의로 조절기 온도설정점을 바꿀 수 있다. • 컴퓨터장치에 프로그래밍을 통해 복합연산제어가 가능하다.

구분 \ 방식	전기식	전자식	공기식	DDC
단점	• 모터의 구동으로 동작시간이 늦다. • 모터에 의한 정밀제어 등은 부적합하다.	• 가격이 고가이며 미세한 전류에 의한 조절장치이기 때문에 보수유지 및 관리가 어렵다.	• 부속설비가 많이 요구된다. • 에너지원이 되는 기기의 고장으로 계통이 마비될 우려가 있다. • 보수유지 및 관리가 어렵다.	• 현장 컨트롤기기는 전자식과 같으나 원격제어반의 고장 시 DDC패널 정지로 인해 제어반에 연결된 전 계통이 정지할 우려가 있다.
제어 동작	• 2위치 비례제어	• 2위치 비례, PID, 캐스케이드제어, 보상연속지시, 중앙감시계측 및 2위치 설정	• 2위치 비례제어, 보상연속지시	• 2위치 비례, PID, 캐스케이드제어, 보상연속지시, 중앙감시계측 및 설정, 각종 복합연산제어, 에너지 절약제어
적용	• 일반 소 · 중 · 대 건물에 사용한다. • 값이 싸다.	• 비교적 정도가 좋은 제어에 사용한다. • 비용이 많이 든다.	• 대규모 건물에 사용한다. • 비용이 많이 든다.	• 대규모 건물에 사용한다. • 비용이 많이 든다.

4. 자동제어기기

1) 온도조절기

전기식이나 공기식에서는 실온의 검출에 바이메탈이나 벨로즈 등이 이용된다. 이들 검출부와 온도의 비교조절기구를 조합한 것을 온도조절기라고 한다. 일반적으로 [그림 8-79]에 나타낸 바와 같은 실내 서모스탯(room thermostat)이 많이 사용되고 있다. 이것은 벽면에 설치하여 실내온도를 측정해서 공기조화의 발정 혹은 강 · 약용 등에 사용되는 것이며 온도설정을 조정할 수 있도록 되어 있다(10~30℃). 여기에는 온도계 부착의 것도 있으며 100V, 4~7A용과 24V용이 있다. 또한 공조덕트 내에 삽입하여 냉각기와 가열기를 제어하는 경우에 사용되는 조입형 서모스탯도 있다.

2) 습도조절기

일반적으로 여름철에는 습도를 낮추고, 겨울철에는 습도를 높일 것이 요구되고 있다. 습도조절용에 사용되는 것에는 실내온도도 관계(결로의 원인)하므로 룸서모스탯과 함께 사용되는 일이 많다. 또한 습도조절기(humidistat이라고도 한다)는 룸서모스탯과 같이 디자인된 것도 있다.

[그림 8-80]에 나타낸 것은 설정습도를 30~80%로 조정할 수 있도록 되어 있다. 100V, 1~2A용이 많다.

[그림 8-79] 룸서모스탯

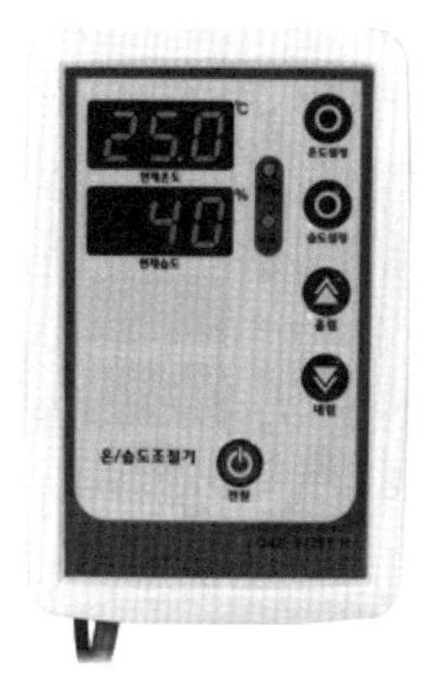

[그림 8-80] 습도조절기

3) 풍량조절기

풍량조절이란 덕트로부터 취출되는 공기량(송풍량)을 조정하는 것이며, 실내온습도를 제어하기 위해 필요하고 VAV방식과 이중덕트방식 등에 채용된다. 풍량조절용 자동제어에는 온도검출에 의해서 모터댐퍼(공조기와 덕트의 도중에 설치하는 가동식 풍량조정판)의 제어를 하는 방법과 덕트 내에 정압제어기를 설치해서 정압을 검출하고 모터댐퍼를 제어하는 방법이 있다.

4) 전동밸브와 전자밸브

전동밸브는 실내온도검출의 서모스탯과 연동해서 비례제어에 의해 밸브를 전동기에 구동하는 것이며 냉온수의 제어용에 사용된다. 전자밸브는 공기용, 증기용, 수배관용, 유배관용이 있으며, 공조용으로서는 증기용과 수배관용의 것이 많이 사용된다. 이것은 배관 도중에 접속되는 밸브이며, 전기신호로 밸브의 개폐가 가능하도록 되어 있다.

5. 공조시스템의 자동제어

공기조화설비에 있어서 온습도제어는 상술한 바와 같이 실내 또는 덕트 내의 온습도조절기의 지시에 따라 냉온수밸브, 증기밸브를 동작하기도 하고, 가습기의 자동밸브를 동작시켜 열매온도 및 유량을 조절해서 냉각량, 가열량, 가습량 및 감습량을 제어한다. 이하에서는 몇 가지 공조기의 자동제어에 관해 기술한다.

1) 단일덕트방식에 대한 공조기의 제어

단일덕트방식을 전기식을 사용해서 자동제어하는 예를 [그림 8-81]에 나타낸다. 여름철의 냉코일의 온습도제어는 온도조절기 T_1 및 습도조절기 H_1에 의해 행해진다. T_1과 H_1이 병렬로 들어 있는 것은 실내습도가 상한(여름은 65%)으로 되면 H_1은 T_1에 관계없이 삼방밸브 V_1을 열어서 냉각코일로 냉수를 보내고 코일을 통과하는 공기를 감습해서 실내의 습도를 낮추게 된다. T_2는 여름철의 재열용이며, H_1의 작용으로 과냉각됐을 때 재열기의 이방밸브 V_2를 제어하기 위해 재열기에 증기 · 온수를 보내어 실내를 적당한 온도로 한다.

겨울철의 온도제어는 T_2에 의해 가열코일(여름에는 재열기로 하고 있었다)의 이방밸브 V_2를, 습도제어는 가습용의 습도조절기 H_2에 의해 V_2를 제어한다. 외기온도가 0℃ 이하로 되는 지방에서는 외기용의 T_4에 의해 예열을 제어한다. 또한 외기냉방이 가능하도록 송풍기 출구의 T_3은 중간기, 겨울철에 모터댐퍼를 제어해서 외기도입량을 제어하고, 야간에 공조장치가 정지하고 있을 때는 외기를 침입시키지 않도록 송풍기 모터와 외기취입구의 모터댐퍼 M_2를 연동제어한다.

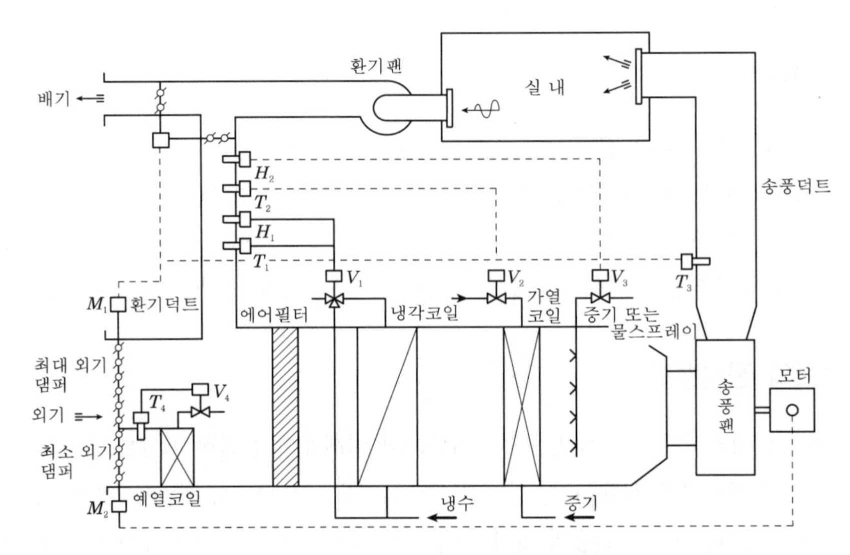

[그림 8-81] 단일덕트방식의 자동제어계통도(전기식)

[그림 8-82]는 DDC방식의 자동제어 예를 나타낸다. 환기덕트 실내에 설치된 온도감지기(TEI)의 검출온도에 의해 냉난방밸브(CV, SV)를 비례제어하여 실내온도를 일정하게 유지시킨다. 환기덕트 실내에 설치된 습도감지기(HEI)의 검출습도에 의해 가습밸브(HV)를 비례, On · Off 제어하여 실내습도를 일정하게 유지시킨다. 여름 · 겨울철에는 외기, 배기, 댐퍼는 최소 계도치가 OPEN되며, 환기댐퍼는 역동작을 취한다. 초기 워밍업의 경우에는 외기, 배기댐퍼는 Full close, 환기댐퍼는 Full open되어 실내온도가 일정치에 도달할 때까지 작동한 후 겨울철 동작을 취한다. 환절기 외기냉방 시 환기덕트에 설치된 온습도감지기(TEI, HEI)와 외기에 설치

된 외기온습도감지기(TEI, HEI)의 엔탈피를 연산 비교하여 외기엔탈피가 실내엔탈피보다 낮을 경우 엔탈피제어로 외기댐퍼를 제어하여 실내를 외기로 냉방한다. 환기덕트에 설치된 이온화연기감지기(SD)는 연기가 감지되면 급기팬을 정지시키고 중앙감시반에 화재경보신호를 보낸다.

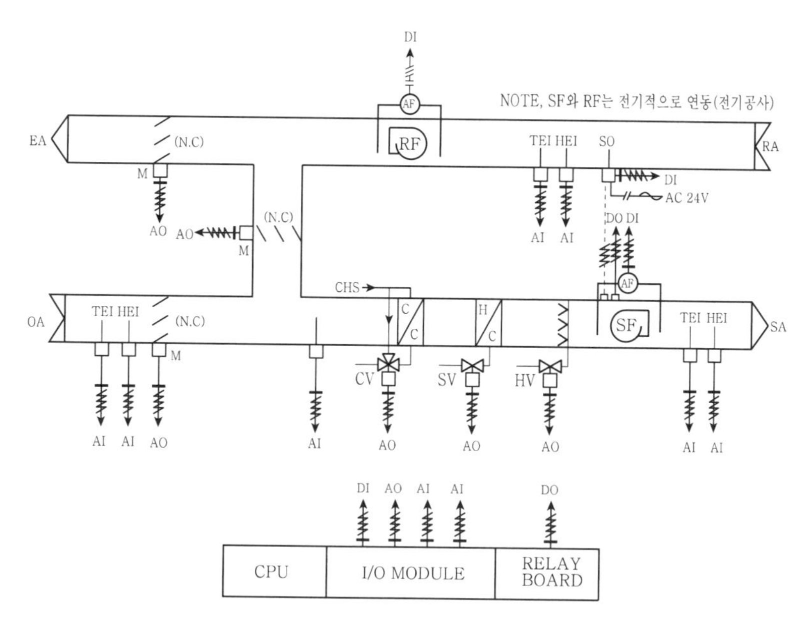

[그림 8-82] 단일덕트방식의 자동제어계통도(DDC방식)

2) 패키지형 공조기의 제어

일반적으로 전기식의 제어기기가 쓰인다. 실내 또는 환기측에서 실내부하를 서모스탯, 휴미디스탯으로 포착하여 가습기, 가열장치, 냉각장치를 제어한다. [그림 8-83]에는 그 제어 예를 나타낸다.

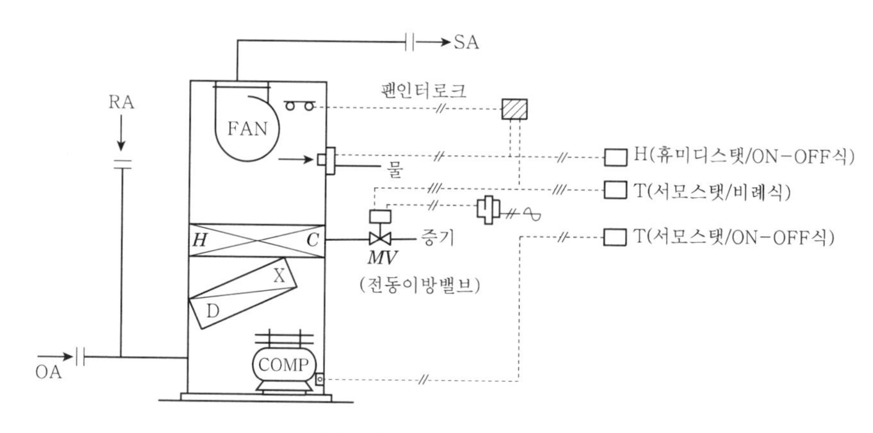

[그림 8-83] 패키지공조기의 자동제어계통도

3) 보일러의 자동제어

보일러에는 각종 검출기와 자동제어기기가 사용되고 있다. 특히 중요한 점은 다음과 같다([그림 8-84] 참조).

(1) 연소장치의 자동제어

보일러의 기종, 메이커에 의해 각종 방식이 있다.

(2) 급수장치의 자동제어

증기량에 적합한 급수량의 공급과 수위의 제어 및 펌프의 기동정지가 필요하다.

(3) 안전장치의 자동제어

증기압 및 수위의 경보와 점화상태의 점검 등 안전성에 대한 대책을 강구해야 한다.

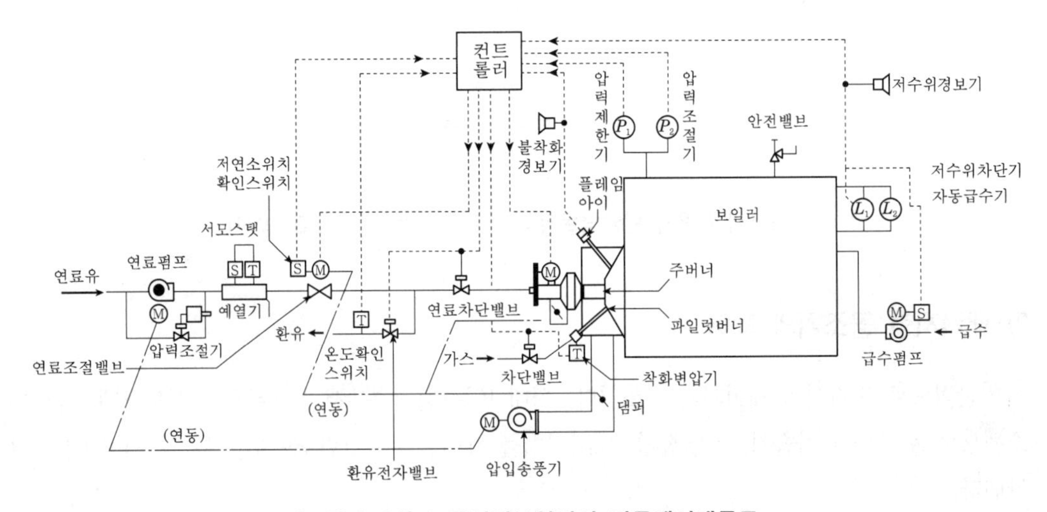

[그림 8-84] 노통연관보일러의 자동제어계통도

4) 냉동기의 자동제어

냉동기의 용량은 건축물의 냉방부하를 대상으로 해서 결정되지만, 실제로 운전하는 경우 부하가 적을 때는 비경제적인 운전으로 되기 때문에 제어방법을 충분히 검토할 필요가 있다.

(1) 왕복동냉동기의 자동제어

언로더(unloader)장치라 부르는 실린더장치에 대한 흡입압력의 변화를 압력스위치로 포착하여 냉동용량을 제어하는 방법이 많다. 자동운전장치는 안전밸브, 유압조정밸브, 오일안전밸브, 오일방호스위치, 이중압력스위치 등이라고 부르는 것이 사용되고 있다.

(2) 터보냉동기의 자동제어

용량제어에는 흡입날개(suction vane)에 의해서 압축기로 들어오는 기류를 바꾸는 방법과 압축기의 회전수를 바꾸는 방법, 요컨대 모터의 저항을 바꾸는 방법이 대표적인 것이며, 전자가 많이 사용되고 있다. 제어량은 증발기 출구의 수온을 검출하여 베인작동용의 소비모터 등을 조작해서 행한다. 자동운전장치에는 냉수온도스위치, 단수릴레이, 유압스위치, 과전류계전기 등이 사용되며, 기타 펌프, 냉각탑 등과의 연동제어도 사용된다.

(3) 흡수식 냉동기의 자동제어

자동운전장치로서 단수릴레이, 냉수스위치, 증기스위치, 시한릴레이 등이 사용되고 있다. [그림 8-85]에는 흡수식 냉동기의 자동제어 일례를 나타내고 있는데, 냉수온도에 의해 증기밸브 PV_2를 제어하고, 또한 냉각수 입구온도가 일정하도록 바이패스밸브 PV_2'를 제어하고 있다. LP_1, RP_2는 각각 삽입식 온도센서와 센서컨트롤러(sensor controller)를 나타내고 있다.

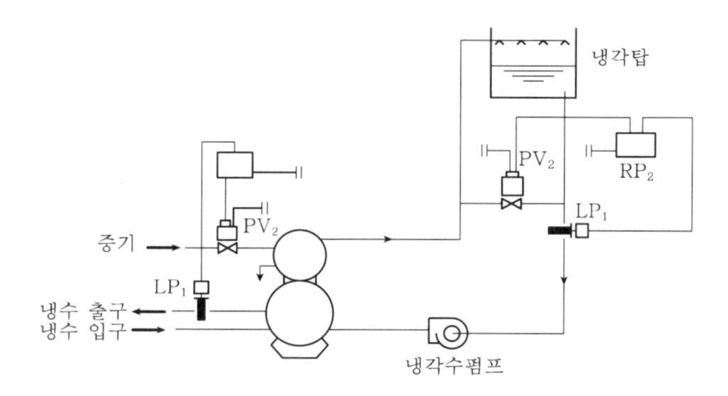

[그림 8-85] 흡수식 냉동기의 자동제어계통도

6. 중앙감시장치

중앙감시장치는 건물 내의 공조설비를 1개소에서 통제관리하기 위한 장치이며, 그 내용은 열원의 상태와 공조설비의 상태를 감시하기 위한 계측기 및 표시설비와 원격조작하기 위한 조작버튼 및 계전기(relay) 등이 대표적인 것이다. 대규모 건물에서는 공조 · 위생 · 전기설비의 집중관리를 하나의 기능으로 수납하기 위해 동력의 기동 정지 · 온습도의 지시기록 · 경보검출 등의 전력 · 엘리베이터 · 시계의 감시판 등과 일체화한 펀치보드(punch board)형 감시제어가 채용되고 있다.

1) 중앙감시의 기능

(1) 감시기능

송 · 배풍기의 운전상태감시, 각종 펌프의 운전상태감시, 열원장치의 운전상태감시, 온습도의 지시 · 기록 · 경보, 각종 수조의 수위 상하한 경보, 오일탱크의 액면지시 · 경보, 보일러의 연소상태감시, 엘리베이터의 운전상태감시 등의 기능을 가진다.

[표 8-26] 중앙감시의 대상으로 되는 항목

종 류	항 목	지 시	기 록	경 보	비 고
온도	실내공기온도	○	○	△	설정범위를 벗어나면 경보를 내는 것이다.
	환기온도	○	○		실온 대신에 사용된다.
	외기온도	○	○		
	급기온도	○	△		
	냉수온도	○	△	△	냉동기 출입구 · 수조 내 · 헤더 등
	냉각수온도	○	△		냉동기 출입구
	온수온도	○	△		보일러 · 열교환기 · 수조 · 헤더 등
	연소가스온도	△		△	
	유온도	△		△	냉동기 등
	축수온도	△		△	냉동기 등
상대습도	실내습도	○	○	△	설정범위를 벗어나면 경보를 발하는 것이다.
	환기습도	○	○		실내습도 대신에 사용된다.
	외기습도	○	○		
압력	증기압력	○	○	○	보일러 출구 · 헤더 · 감압밸브 출구
	냉매압력	△	△	△	증발기 · 응축기
	수압	△		△	보일러 · 펌프 출구 · 수배관 등
	실내압력	△	△	△	
	연도 내 압력	△			드래프트압력
유량	연료	△	△		적산
	냉수 · 온수	△	△		적산 · 지역냉난방 등
	증기	△	△		지역냉난방 등
	상수 · 우물물	△	△		적산
액면	수위	△		○	보일러 · 수조 · 냉각탑 등. 지시는 수조 등
	유면	○		○	오일탱크
전기	전압	○			전압지시 또는 접속표시(램프)
	전류	△		○	전류계는 현장조작반만의 것이 많다.
	전력량	△	△		적산
운전상태	전동기	○		○	운전 · 정지 · 사고경보의 램프표시
	전열기	△			작동표시(램프)
개도	밸브	○			
	댐퍼	○			
	터보냉동기 베인	△			
열량	냉온수열량	△	△		군(群)관리운전용 · 지역냉난방 등(적산)
운전시간	냉동기 · 보일러	△	△		적산
농도	매연농도	△		△	
	CO_2농도	△	△	△	연도 · 열관리용
	CO농도	△		△	자동차 차고 · 터널 등
교체	자동 · 수동교체	△			램프표시
	여름 · 겨울교체	△			램프표시

[주] ○은 일반적으로 사용되는 것, △는 사용도가 적은 것 또는 특수 용도의 것

(2) 제어기능

송·배풍기의 시동 정지, 각종 펌프의 시동 정지, 열원장치의 시동 정지, 댐퍼밸브의 원격조작, 조절기 설정치의 원격조작변경 등의 기능을 가진다.

중앙감시는 중앙감시실에서 행해지게 되는데, 중앙감시에서는 [표 8-26]에 나타낸 바와 같은 항목이 대상으로 된다.

2) 중앙감시의 방식

(1) 상시감시방식

감시장치와 말단의 기기가 1 : 1로 관계되어 있어 감시판상에 상시상태의 표시가 되어 있는 방식이며, 중·소규모 건물에서 채용되는 경우가 많다([그림 8-86]의 (a) 참조). 이 방식은 감시점이 많아지면 감시판의 면적이 크게 되고 감시판으로의 배선수가 상당히 많게 되는 결점이 있다. 계기판형, 그래픽패널(graphic panel)형의 감시판이 많이 채용된다.

(2) 예외감시방식

하나의 감시장치로 말단의 감시점을 순차로, 또는 이상발생 시만 자동검사장치(scanner)로 선택하여 이상점만을 검출해서 표시하는 방식이며, 감시판은 감시점 수와 비교해서 적게 되므로 대형 건물에 널리 채용되고 있다([그림 8-86]의 (b) 참조). 이 방식에서는 배선을 매트릭스(matrix)방식 또는 근래 급속히 진보한 디지털(digital)전송방식을 채용해서 개수를 대폭 감소시키고 있다. 최근의 각 메이커의 표준감시판은 대부분 이 방식을 채용하고 있다.

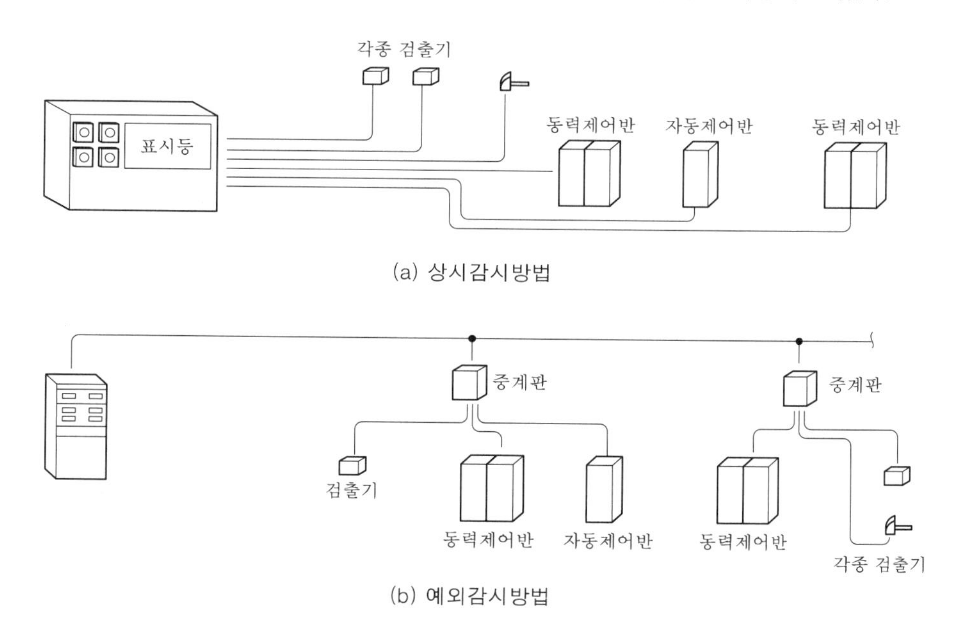

[그림 8-86] 중앙감시방식

3) 중앙감시장치의 구성

중앙감시장치는 [그림 8-87]처럼 단말장치와 전송장치, 중앙감시제어장치의 3개 부분으로 구성되어 있다.

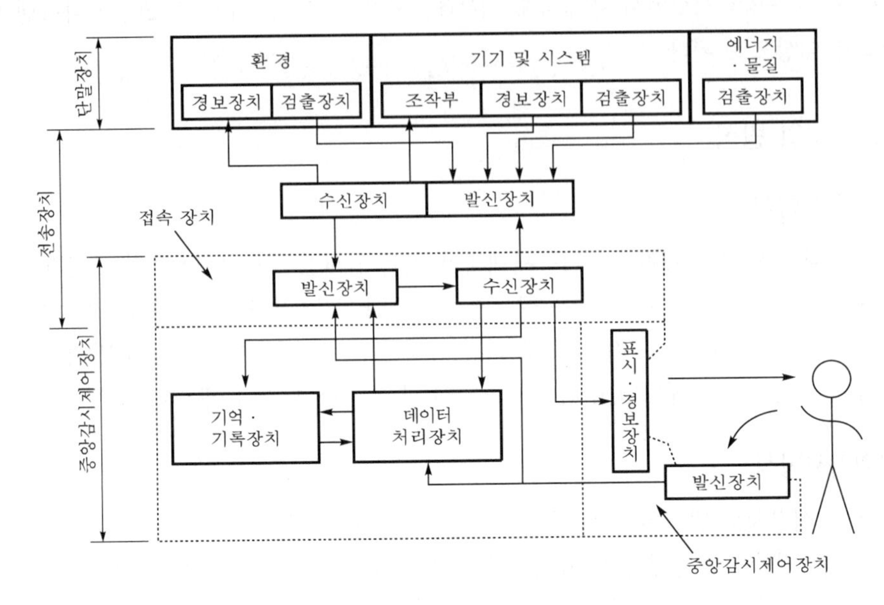

[그림 8-87] 중앙감시장치의 구성

(1) 단말장치

중앙관제를 받는 대상의 상태를 파악하기 위한 검출부와 중앙관제의 지령을 현실로 바꾸는 조작부 및 경보장치로 성립되어 있다.

(2) 전송장치

단말장치와 중앙감시제어장치 간의 신호를 수수하는 기능으로 접속단자반과 케이블로 되어 있다.

(3) 중앙감시제어장치

이는 접속장치, 데이터처리장치, 기억 · 기록장치, 중앙감시제어장치의 4개로 성립되며, 접속장치란 2개 이상의 다른 장치 간의 신호수수에서 신호의 변환과 각종의 접속기능으로 된 장치를 말한다. 데이터처리장치의 대표적인 사항이 제어용 컴퓨터이며, 기타 데이터이력기록부 및 순서장치 등이 있다. 기억 · 기록장치는 외부신호를 기억 · 기록해 두기 위한 장치이며, 간단한 것은 계전기식 기억장치나 기록계이다. 데이터이력기록이나 컴퓨터의 경우는 카드, 자기테이프, 디스크, 키보드 및 프린터 등이 사용된다. 중앙감시제어장치는 인간이 정보를 입력하는 표시경보장치(그래픽패널, 선택그래픽)와 인간으로부터 중앙관제장치에 대해 지령이나 요구신호를 보내는 송신장치로 성립되어 있다. 제어반에는 형태에 따라 자립형, 벤치보드형, 디스크형이 있다.

4) 건물의 전산기관리

건물의 공조 · 위생 · 방재 · 경비를 컴퓨터에 의해 관리하는 것은 다음과 같은 이점이 있다.

① 설비나 기기의 효율운전에 의한 에너지 절약

② 재해 등 긴급 시에 있어서의 정확한 대응

③ 관리의 합리화 및 인건비 절약

건물의 전산기관리는 당초에는 대형 건물을 대상으로 했지만, 최근에는 마이크로컴퓨터 이용이 진보되어 가격의 저하와 동시에 중형 건물에도 도입하게 되었다. 최근에 와서는 더욱 복수의 건물을 관리하는 건물군관리시스템이 도입되고 있다. 이 시스템은 각 건물에 있어서의 독특한 업무는 상주관리자가 관리하며, 일상업무를 합리적으로 관리하기 위해 설비나 기기의 감시, 기록 등의 공통업무는 회선(동선, 광섬유)에 의해 이어진 관리센터 내의 컴퓨터에 의해 일괄집중관리하는 방법이다. 이 시스템은 소규모 건물에 도입해도 채산이 맞는다는 이점이 있으며, 도심 고층 건물의 밀집지역을 대상으로 해서 서서히 보급될 것으로 예측된다.

제8장 연습문제

1. AHU의 구성요소를 스케치하면서 간단히 설명하여라.

답 본문 참조.

2. 터미널유닛이란 무엇인가? 또 이들의 종류를 열거하고 스케치하면서 간단히 설명하여라.

답 본문 참조.

3. 다음 용어들을 간단히 설명하여라.

(1) 에어워셔 (2) 직팽식 코일
(3) 냉수코일 (4) 공조유닛

답 본문 참조.

4. 공기정화기의 용도와 성능표시법에 대해 간단히 설명하여라.

답 본문 참조.

5. 다음 공기정화기의 구조와 특징에 관해 기술하여라.

(1) 유닛형 (2) 연속형
(3) 정전식 (4) 고성능필터
(5) 활성탄필터

답 본문 참조.

6. 표준방열량이란 어떤 상태에 있어서의 방열량을 의미하는가?

답 본문 참조.

7. 상당방열면적(EDR)이란 무엇인지 간단히 설명하여라. 또 증기 및 온수난방에서의 $1m^2$ EDR은 각각 몇 W인가?

답 본문 참조.

8. 난방용 보일러의 최대 부하용량의 산출법에 대해 설명하여라.

답 본문 참조.

9. 증기난방설비에서 상당방열면적이 500m^{2}이고 매 시간 최대 급탕량이 800l/h일 때 주철제 보일러의 정격출력은 얼마인가?

답 1ton/h

10. 흡수식 냉동기의 냉동원리를 스케치하면서 설명하여라.

답 본문 참조.

11. 냉동기의 성적계수(COP)란 무엇인가? 또 이것은 열펌프의 성적계수와 어떤 점이 다른지 설명하여라.

답 본문 참조.

12. 냉매와 흡수제란 무엇인가? 또 그것들에는 어떤 종류가 있는가?

답 본문 참조.

13. 엔탈피(전열량) 62.85kJ/kg의 습공기 5,000kg/h를 엔탈피 37.71kJ/kg인 습공기로 냉각하는 경우 필요한 냉각용량은 몇 냉동톤인가?

답 9냉동톤

14. 냉동사이클과 열펌프사이클을 비교하여 설명하여라.

답 본문 참조.

15. 냉동설비에서 냉각탑을 사용하는 이유를 설명하여라.

답 본문 참조.

16. 각종 냉동기의 종류를 열거하고 그 특성을 간단히 설명하여라.

답 본문 참조.

17. 열펌프의 작동원리를 설명하고 그 종류를 들어 설명하여라.

답 본문 참조.

18. 강제통풍식 냉각탑의 종류를 들고 이들을 비교 · 설명하여라.

답 본문 참조.

19. 펌프계통에서 공동현상(cavitation)이 일어나는 원인과 그 영향 및 방지책에 대해 간단히 기술하여라.

답 본문 참조.

20. 축열조의 설치목적과 장단점에 대해 기술하여라.

답 본문 참조.

21. 축열방법을 기술하여라.

답 본문 참조.

22. 축열체로서 구비해야 할 조건에 대해 기술하여라.

답 본문 참조.

23. 공조용 빙축열시스템의 기본원리를 스케치하면서 설명하여라.

답 본문 참조.

24. 빙축열과 수축열시스템의 열량비교를 통해 구체적으로 어느 방식이 유리한지를 예를 들면서 기술하여라.

답 본문 참조.

25. 공조용 빙축열시스템의 종류를 열거하고 그 각각에 대해 간단히 설명하여라.

답 본문 참조.

26. 자동제어의 개념과 목적에 대해 기술하여라.

답 본문 참조.

27. 자동제어동작의 종류를 열거하고 간단히 설명하여라.

답 본문 참조.

28. 자동제어회로의 종류를 열거하고 그 각각에 대해 간단히 설명하여라.

답 본문 참조.

29. 자동제어기기의 종류를 열거하고 그 구조와 용도 및 특성에 관해 기술하여라.

답 본문 참조.

30. 공조시스템의 자동제어에 관해 스케치하면서 기술하여라.

답 본문 참조.

Chapter 09

환기 및 제연설비

1. 환기설비
2. 제연설비

1 환기설비

1. 개요

환기란 실내공기가 냄새, 유해가스, 분진 또는 발생열 등에 의해 오염되어 인간의 거주 등에 장애를 만드는 경우 오염공기를 실외로 제거해서 청정한 외기와 교체하는 것을 말한다. 만일 실내공기의 청정도뿐만 아니고 온습도나 기류분포 등까지도 고려하게 되면 그것은 소위 공기조화의 분야에 속하게 된다. 따라서 환기라고 하면 실내의 오염된 공기를 신선한 외기와 교환하는 것만을 의미하며, 실내의 온습도나 기류 등에 대해서는 고려하지 않는 것이 보통이지만 실내환경을 보다 엄밀하게 소정 조건으로 유지하기 위해서는 기계적인 공조장치나 공기정화장치를 쓰지 않으면 안 된다.

신선외기란 분진, 병원균, 방사능 기타 유해가스 등이 함유되지 않거나 혹은 인체에 해롭지 않을 정도로 함유된 청정한 외기를 말한다. 그러나 근래에 도시나 공업지역에서의 대기오염은 현저하여 외기가 곧 신선외기라고는 말하기 어렵다. 오히려 좋지 않은 가스를 함유하고 있어 인간은 물론 동식물에 해를 끼치고 금속류의 부식원인이 되는 경우도 있다. 따라서 공기조화 또는 환기를 요하는 외기급기계통에 고성능 에어필터나 냄새 기타 유해가스를 흡수하는 장치를 설치할 필요성이 높아지고 있다. 한편 건물로부터의 배기 중에 다량의 비산 고형물, 냄새 및 유해가스 등이 함유되어 있을 때는 대기오염방지상 방출 전에 이것을 여과, 세정 혹은 기타 적절한 처리를 하지 않으면 안 된다.

2. 실내환기의 오염원

실내공기는 각종 물질에 의해 오염될 수 있는데, 이들 오염원이 되는 것은 대별하여 인간의 호흡에 의한 것, 실내의 연소기구에 의한 것, 공기의 부유분진 및 세균에 의한 것, 냄새 또는 담배연기에 의한 것 등으로 나타낼 수 있다.

1) 인간의 호흡에 의한 것

대기가 일단 인간의 폐에 들어갔다가 나올 때의 성분변화는 산소의 감소(약 5%)와 탄산가스의 증가(약 4%) 또는 수분의 증가로 나타난다. 그러므로 인간이 있는 실내에서 환기가 충분히 이루어지지 못하게 되면 CO_2량이 증가한다. 그러나 보통 환기가 불량한 실내에서도 호흡작용에 의해 증가하는 CO_2농도가 1.0% 이상으로 되는 일은 매우 드문 일이다. 이 정도의 CO_2농도의 증가는 건강상 유해라고 할 수 없다.

그러나 인체에서 열과 수증기의 발생에 의한 열환경의 악화와 호흡이나 인체에서 발생하는 냄새, 먼지, 세균 등 공기오염의 증대는 CO_2농도에 비례한다고 알려져 있다. 즉 CO_2 그 자체는 그다지 인체에 유해하지 않지만, 이 농도의 증가에 따라 다른 오염요인이나 열환경이 악화되어 있다고 보고 CO_2농도를 실내공기오염의 지표로 생각하고 있다. 따라서 실내의 환기가 잘 되어 있는가를 알 수 있는 기준치로서 이산화탄소량이 주로 쓰인다.

인체의 호흡에 대한 CO_2의 배출량은 체격이나 작업환경 등에 따라 다르지만, 일반적으로 평상시 성인남자는 1,420l/h 정도이며, 성인여자는 이 값의 약 90%, 아동은 약 50%, 취침 시에는 주간의 50% 정도로 가정하고 있다. 인체로부터의 CO_2방산량 등에 대한 여러 값을 [표 9-1]에 나타낸다.

[표 9-1] 인체에서의 방열량, 수증기량, CO_2방산량, O_2소비량

작업명칭[a]	적용 건물[b]	기초자료				설계용 방열량, 수증기량						군집용 계수[h]
		RMR추정평균대사율[c]	O_2 소비량[d] (l/h)	CO_2 방산량[e] (l/h)	방열량[f] (W)	온도 (℃)	20	22	25	26	27	
1. 조용히 앉은 상태	극장	0.28	17	15	101	현열 (W) 수증발 (g/h)	79 34	72 42	62 57	58 64	53 70	0.897
(1) 〃	독서	(0.20)	(16)	(20)	95							
2. 가벼운 작업	사무실, 고등학교	0.51	20	18	116	현열 수증발	84 50	77 58	65 77	60 84	56 91	0.888
(2) 〃	조용한 사무실	(0.4)	(19)	(17)	109							
3. 사무작업	사무실, 호텔, 제도작업	0.6	21	20	123	현열 수증발	81 63	74 73	62 91	57 97	52 105	0.947
4. 서서 다니는 상태	백화점, 소매점	0.89	25	23	143	현열 수증발	94 73	86 84	71 105	66 112	60 121	0.818
5. 섰다 앉았다	은행, 약국	0.89	25	23	143	현열 수증발	86 85	80 94	69 112	64 120	57 129	0.909
6. 앉아서 가벼운 작업	공장	1.8	35	33	207	현열 수증발	108 146	94 167	73 201	66 211	58 222	0.938
7. 서서 움직인다	댄스홀	2.2	40	38	234	현열 수증발	117 173	103 194	79 227	72 240	64 249	0.944
8. 4.8km/h의 보행	공장	2.6	45	42	259	현열 수증발	127 194	112 218	90 253	83 264	74 275	1.00
9. 중작업	볼링, 투구, 공장	4.5	67	64	390	현열 수증발	171 324	155 347	134 380	128 388	123 395	0.967

[주] ① a, b는 Carrier Design Manual 1에 의한다. 여기서 (1), (2)는 안정휴식 시의 RMR이 0.2, 사무작업은 0.3~0.4이므로 동양인에게 적용할 수 있다.
② 동양인의 기초대사량 58.72kcal/h의 1.1배를 표준미국인(19.5ft², 1.81m²)의 기초대사량 77.71W로 하였으며, f를 기준으로 하였다.
③ f, g는 (1), (2)를 제외하고 Carrier의 표에서 1BTU=1.056kJ로서 구하였다. 다만, g는 ℉의 눈금을 ℃ 상당 그림상의 값이다.
④ d는 f를 기준으로 환산하고, c는 d의 값에 호기량 0.95를 곱하여 구하였다. 다만, (1)에서는 0.8, (2)에서는 0.9로 적용하였다.

또한 보건위생상의 최대 허용농도는 일상생활공간에 있어서 0.1% 이내(중앙식 공조설비를 갖춘 실내에서 요구하고 있는 기준치), 8시간 노동의 작업장에 있어서는 0.5%로 되어 있다.

2) 연소기구에 의한 것

연소기구에 의한 연료의 연소는 공기의 산소농도가 문제이다. 환기가 불량한 실내에서 연소가스를 직접 실내에 방출하면 점차로 CO_2농도가 저하한다. 그 결과 불완전연소가 한층 더 왕성해져 CO발생이 증가한다. 보통 공기 중의 산소농도는 약 21% 정도인데 완전연소하는 기구라도 19% 이하로 되면 불완전연소가 현저해지고, 특히 CO_2농도가 16~17% 이하로 되면 급격히 CO발생량이 증대한다. 산소결핍(공기 중의 O_2농도가 18% 미만인 상태)에 대해서는 인간보다 연소기구가 더 약하다. 이와 같이 각종 난방기구가 연소할 때 공급되는 산소와 연소가스에 의해 탄산가스와 일산화탄소량이 증가하게 되는데, 각종 연료의 이론폐가스량은 [표 9-2]에 나타낸 바와 같다.

[표 9-2] 각종 연료의 필요이론공기량과 탄산가스, 수증기(H_2O)의 발생량

연 료	발열량	이론공기량	발생CO_2량	발생수증기	이론배기량
도시가스(고위발열량)	20,950kJ/m³	4.58m³/m³	0.50m³/m³	1.11m³/m³	5.34m³/m³
도시가스(저위발열량)	15,084kJ/m³	3.12m³/m³	0.43m³/m³	0.76m³/m³	3.93m³/m³
LPG(프로판 주체)	51,118kJ/kg	13.3m³/kg	2.75m³/kg	2.21m³/kg	15.43m³/kg
부탄에어가스	28,073kJ/kg	6.6m³/kg	0.93m³/kg	1.15m³/kg	8.30m³/kg
천연가스(저위발열량)	18,855kJ/m³	4.01m³/m³	0.48m³/m³	0.95m³/m³	13.90m³/m³
천연가스(고위발열량)	39,805kJ/m³	9.52m³/m³	1.0m³/m³	2.0m³/m³	28.3m³/m³
등유	43,995kJ/kg	10.9m³/kg	1.57m³/kg	1.43m³/kg	11.61m³/kg
목탄	33,059kJ/kg	8.41m³/kg	1.7m³/kg	0.22m³/kg	8.57m³/kg

3) 유해가스

각종 작업환경 혹은 실내에서 발생하는 유해가스에는 연료의 불완전연소에 기인한 일산화탄소, 황산화물, 질소산화물, 탄산가스, 유화수소(황화수소), 불화수소(플루오린화수소) 등 그 종류가 아주 다양하다. 그러나 보통 건물 내에서 가장 문제가 되는 것은 CO가스이다. CO는 호흡 중에 1ppm 정도 포함되어 있다고 한다. 이 정도라면 미량으로 문제가 되지 않지만 연료의 불완전연소에 의해 다량으로 방출되는 것이 문제이다. 이 가스는 매우 독성이 강한 무색무취의 가스로 헤모글로빈과의 결합력이 크고, 혈액 속 조직 중에서 산소의 결핍을 일으킨다.

[표 9-3]에는 CO농도와 중독증상에 대한 관계를 나타내고 있으며, 일반적으로 중앙식 공조기에서 목표로 하는 기준치로서 CO함유율은 10ppm 이하로 제한하고 있다.

[표 9-3] CO농도와 호흡시간별 중독증상

농도(%)	호흡증상과 중독증상
0.02	2~3시간에 가벼운 전두통
0.04	1~2시간에 전두통, 2.5~3.5시간에 후두통
0.08	45분에 두통 · 현기증 · 경련이 일어나며 토기
0.16	20분에 두통 · 현기증 · 토기, 2시간에 치사
0.32	5~10분에 두통 · 현기증, 30분에 치사
0.64	10~15분에 치사
1.28	1~3분에 치사

4) 부유 분진

부유 분진에는 각종 먼지와 연기 등이 있다. 먼지의 유해성은 먼지의 발생장소, 먼지의 크기 · 형상 · 화학적 성질 · 농도 등에 따라 다르지만 인체에 해롭지 않은 것은 하나도 없다. 일반적으로 먼지입자의 지름이 0.1~1.0μm일 때 입자의 세포 내에서의 침착률이 높다. 건물관리기준에서는 지름 10μm 이하의 먼지를 대상으로 하고 있다. 먼지의 화학적 성질에 관해서는 유리규산분을 많이 포함한 먼지가 규소폐증을 유발하기 쉽다고 하며, 작업장 내의 허용먼지농도는 유리규산의 함유량으로 정하고 있다. [표 9-4]는 이것을 나타내고 있다.

[표 9-4] 진폐성 먼지의 억제목표

물질명	허용농도(mg/m^3)
진폐성 먼지	
• 제1종 먼지 : 유리규산 30% 이상의 먼지, 활석, 납석, 알루미늄, 알루미나, 규조토, 유화광, 석면	2
• 제2종 먼지 : 유리규산 30% 이하의 먼지, 산화철, 흑연, 카본 블랙	5
• 제3종 먼지 : 기타 먼지	10

한편 실내공간에서 먼지가 발생하는 요인으로는 재실자의 보행, 청소, 난방기구의 사용, 실내공기의 건조, 흡연 등을 들 수 있다. 그러나 일반 건물의 실내에서 가장 문제가 되는 것은 무엇보다도 흡연에 의한 먼지(혹은 연기)일 것이다. 담배의 매연은 현재까지 판명된 것만으로도 CO, NO_2, 아세트알데히드 등 가스상 및 입자상 물질을 포함하여 1,500가지 정도가 있으며 인체에 유해하다. 담배 한 개피당 흡연시간은 6.5분이고 흡연길이가 40mm일 때 CO발생량은 60mL/개이고, CO_2발생량은 2.2l/개, 그리고 먼지는 19mg/개 정도가 발생한다. 흡연에 의한 오염에서는 먼지농도의 증가가 현저하게 나타남을 알 수 있다.

① 담배연기 : 0.01～0.15μm

② 시멘트가루 : 8～60μm

③ 기타 도시에 산재하는 먼지류의 직경 : 3～10μm

정도이다. 또한 최근에는 전자산업 및 기술의 발달과 더불어 먼지를 제어해야 하는 경도 높은 작업이나 실내공간 등에서는 청정실(Clean Room)이 이용되고 있다. 즉 클린룸이란 실내의 공기 청정도를 공기 속에 부유 분진을 어떤 기준량 이하로 제어하는 실을 말한다.

5) 세균

공기 중에는 여러 가지의 세균이 떠돌아다니고 있는데, 이들 세균은 대부분 물방울이나 먼지의 입자에 부착되어 있다. 그 크기는 5～20μ 전후의 것이 많으며, 이와 같은 미생물의 생존은 환경조건에 지배를 받는다. 이들 세균은 대체로 무해한 잡균이 많지만 그 중에는 유해한 것도 포함되어 있다. 그러므로 세균이 많을 때에는 유독한 세균도 많다고 생각할 수 있다. 보통은 일반 세균의 수로 세균에 의한 공기의 상황을 판단하고 있다.

일반적으로 세균은 외기 1m^3 중에 약 100～1,000개 이상 생존하고 있으며, 실내공기에는 외기의 1～10배 정도, 먼지가 많은 실내에서는 약 50배 정도이다. 세균에 의한 오염의 허용최대값은 지름 9cm의 유리접시 위에 5분간 떨어지는 세균을 37℃에서 48시간 배양하여 세균수가 30～50개 정도인 것을 말하고 있으며, 이에 대한 판정기준은 [표 9-5]에 나타낸 바와 같다.

[표 9-5] 공기 중 세균판정기준

콜로니개수	판 정
30 이하	청정
30～50	가벼운 오염
50～100	중정도 오염
100	제한치
100 이상	고도오염

[주] 1개소에 3매의 사례를 사용, 5분간 폭로, 37℃, 48시간 배양에 의한 평균

한편 공기 중에 있는 세균이 특히 문제가 되는 장소는 제약 · 식품공장 · 병원의 수술실과 창고 등이다. 이들 실에 대해서는 이미 기술한 바와 같은 ICR(industrial clean room)에 대해서 BCR(bio-clean room)이 이용되고 있다. 즉 BCR이란 실내의 공기청정도를 미생물이나 세균의 양 혹은 부유 세균의 낙하수에 의해 제한하는 실을 말하며, 이에 대한 규제값은 [표 9-6]에 나타낸 바와 같다.

[표 9-6] BCR의 기준치

클린룸등급별(Class)	먼지(개/ft^3)	세균	
		부유균(개/ft^3)	낙하균(개/ft^2 · 7일)
100	0.5μ 이상 100 이하	0.1 이하	1,200 이하
10,000	0.5μ 이상 10,000 이하 5.0μ 이상 65 이하	0.5 이하	6,000 이하
100,000	0.5μ 이상 100,000 이하 5.0μ 이상 7,000 이하	2.5 이하	30,000 이하

6) 냄새

사람이 많이 있는 실내에서는 여러 가지 냄새가 발생하며, 환기가 잘 되지 않을 때에는 실내에 냄새가 충만하여 불쾌하게 느끼던가, 식욕이 감퇴하여 에너지를 소모시킨다던가 하며, 그것이 심하면 두통이나 구역질을 일으키게 될 때도 있다. 일반적인 실내에 있어서 냄새의 주원인은 체취와 담배연기이지만, 이외에 다음과 같은 원인도 들 수 있다.

① 사람의 호흡, 구취, 땀, 입김, 체내 및 피부로부터의 분비물 등
② 흡연
③ 향료의 사용, 음주
④ 새로 칠한 벽 또는 가구의 도료

앞에서 환기의 기준으로서 공기 중의 CO_2량을 측정한다고 했으나 공기가 오염되어 있는 것을 즉각적으로 알 수 있는 것으로는 냄새에 의한 것도 하나의 방법이며, 경우에 따라서는 이 방법이 더 적절하다는 설도 있다. 그러나 냄새의 불쾌도는 다분히 주관적 요소에 의해 좌우되며, 냄새에 대한 질적 · 양적 기준의 문제는 아직 미해결이다. 현재 냄새의 측정은 가장 예민하고 간편한 사람의 후각에 의존하는 방법이 채택되어 있다. 냄새의 강도평가기준은 [표 9-7]에 나타낸 바와 같이 5단계나 7단계로 분류하고 있다.

Yaglou는 체취가 감지되지만 불쾌하지 않은 실내허용한도(7단계 구분의 2)에 의한 필요환기량을 [그림 9-1]에 나타낸 바와 같이 제안하고 있다. CO_2기준과는 달리 1인당의 환산(실의 체적을 재실자로 나눈 것)에 의해 환기량에 차이가 있음을 주의해야 한다.

[표 9-7] 냄새의 단계 구분

5단계		7단계	
냄새강도	감각강도	냄새강도	감각강도
0	감지 불능	0	무취
1	겨우 감지	1/2	최소 한도
2	확실히 감지	1	명확
3	피하고 싶을 정도의 강도	2	보통 강하다
4	잠시도 참을 수 없는 강도	3	맹렬
		4	견딜 수 없다
		5	

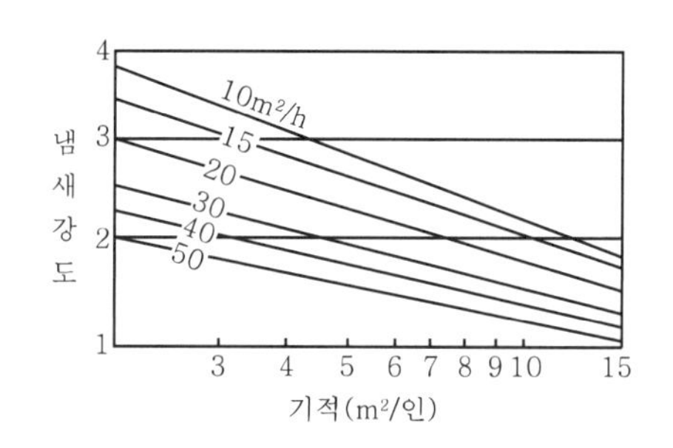

[그림 9-1] 환기량, 기적 및 냄새강도의 관계

3. 환기방식

환기방법에는 일반적으로 자연환기법과 기계환기법(혹은 강제환기법)이 있다. 자연환기법은 건물의 개구부에 의해서 실내외의 온도차, 풍력 등을 원동력으로 하여 환기를 행하는 것이며, 가장 값이 싼 방법이지만 자연력에 의존하는 성격상 계획적으로 필요환기량을 항상 확보하는 일은 곤란하다. 또한 유해가스와 분진이 발생하는 실내에서는 이들 오염물질이 실내로 확산되면서 환기되므로 유해물질을 취급하는 작업장에서는 위험성이 있다. 더욱 자연환기에서는 건물의 개구부에서 오염공기를 외계로 방출하기 때문에 환경오염의 문제도 고려해야 한다. 기계환기법은 계획적으로 실시할 수 있고, 배기를 처리해서 대기 중에 방출할 수도 있다. 이 방법은 시설과 운전에 비용을 요하지만 보건위생, 생산 증가, 품질 향상 등을 위해 바람직하다.

환기방법을 오염제거기구에서 살펴보면 다시 희석(혹은 전반)환기와 국소환기로 나눌 수 있다. 자연환기는 일반적으로 희석환기이며, 기계환기에서도 국소배출장치 이외는 희석환기에 속한다. 희석환기에서는 오염물질을 작업실과 공장 내에 분산하는 가운데 신선한 공기와 혼합해서 배기하는 결과로 되며, 오염물의 종류에 따라서는 환기량도 극도로 다량으로 필요하게 된다. 또 공기보다 무거운 가스와 분진에서는 확산이 불충분해 불쾌한 환경으로 된다. 이와 같은 경우에는 오염물을 발생원에서 즉각 포집해서 제거하는 국소배출장치가 효과적이다.

1) 자연환기

(1) 온도차에 의한 환기

실내공기와 건물 주변 외기와의 온도차에 의한 공기의 비중량 차에 의해서 환기를 하는 것이며, 중력환기라고도 부르고 있다. 실내온도가 높으면 공기는 상부로 유출하고 하부로부터 유입되며, 그 반대의 경우는 상부로부터 유입하여 하부로 유출된다([그림 9-2] 참조). 일반적으로 실내 또는 건물의 상부는 온도가 높기 때문에 [그림 9-3]에 나타낸 바와 같이 상부에서는 공기가 유출하고, 하부에서는 유입한다.

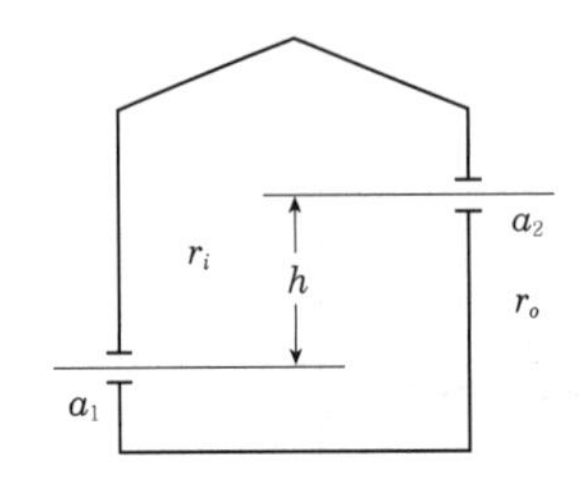

[그림 9-2] 온도차에 의한 환기

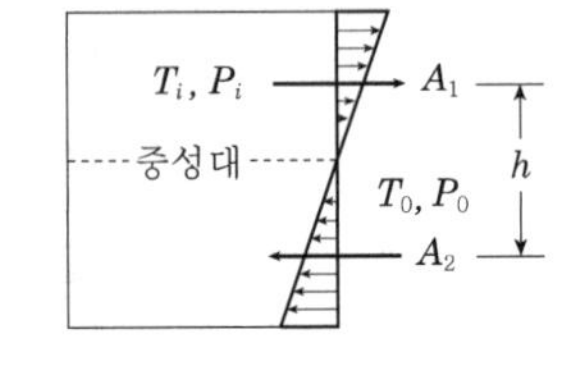

[그림 9-3] 자연환기의 압력차

실내공기의 밀도를 ρ_i[kg/m^3], 외기의 밀도를 ρ_o[kg/m^3], 양 개구부의 수직거리를 h[m]로 하면 자연환기의 원동력이 되는 압력 F는 다음과 같이 된다.

$$F \propto h(\rho_o - \rho_i) \tag{1}$$

일반적으로 실내외온도차에 의한 환기량 Q[m^3/h]는 다음 식으로 표현된다.

$$Q = 3{,}600\, A_0 \sqrt{\frac{2gh\Delta T}{(k_1 m^2 T_o / T_i + k_2) T_o}}\ [\mathrm{m^3/h}] \tag{2}$$

여기서, T_i, T_o : 실내 및 실외공기의 절대온도(K), ΔT : $T_o - T_i$

k_1, k_2 : 유입구 및 유출구의 환기저항, $m = A_o - A_i$

A_o, A_i : 급기구 및 배기구의 면적(m^2)

통상 $T_o / T_i \fallingdotseq 1$, $m = 1$이다. 또한 양 개구부 모두 보통 창으로 하면 $k_1 = k_2 = 2.4$로 되고, 환기량 Q[m^3/h]는 겨울철 및 여름철에 대해서 다음 식으로 나타낸다.

$T_o = 273$K(겨울철)인 경우에는

$$Q = 440 A_o \sqrt{h\Delta T}\ [\mathrm{m^3/h}] \tag{3}$$

$T_o = 293$K(여름철)인 경우에는

$$Q = 425 A_o \sqrt{h\Delta T}\ [\mathrm{m^3/h}] \tag{4}$$

(2) 풍력에 의한 환기

바람의 환기작용은 일반적으로 풍향측에서는 정압력(+), 풍배측에서는 부압력(−)으로 되고, 바람의 유입구에 해당하는 부분에 대한 풍압계수를 C_1, 유출구에 해당하는 부분에 대한 풍압계수를 C_2로 하고, 공기의 단위중량을 $\rho[\text{kg/m}^3]$, 풍속을 $v[\text{m/s}]$로 하면 유입압력 P_1, 유출압력 P_2는 다음과 같이 된다([그림 9-4] 참조).

$$P_1 = \frac{C_1 \rho v^2}{2}[\text{Pa}] \tag{5}$$

$$P_2 = \frac{C_2 \rho v^2}{2}[\text{Pa}] \tag{6}$$

양 개구부에 생기는 압력차는 다음 식과 같이 되며, 이것이 원동력이 되어서 환기가 이루어진다.

$$P_1 - P_2 = \frac{(C_1 - C_2)\rho v^2}{2}[\text{Pa}] \tag{7}$$

풍량측 및 풍배측의 개구부 면적을 A_1, $A_2[\text{m}^2]$, 유입구 및 유출구의 환기저항을 k_1, k_2, 통과하는 풍량을 Q_1, $Q_2[\text{m}^2/\text{s}]$로 하면

$$P_1 - P_2 = k_1 \frac{\rho}{2}\left(\frac{Q_1}{A_1}\right)^2 + k_2 \frac{\rho}{2}\left(\frac{Q_2}{A_2}\right)^2 [\text{Pa}] \tag{8}$$

로 되고, 환기량은

$$Q = Q_1 = Q_2 = v\sqrt{(C_1 - C_2)\left\{\left(\frac{k_1}{A_1^2}\right) + \left(\frac{k_2}{A_2^2}\right)\right\}}\,[\text{m}^3/\text{h}] \tag{9}$$

가 된다.

풍압계수는 종래에 거의 풍동실험에 의해 구했으며 내풍구조 계산의 기초자료로 되고 있지만 환기와 같은 약풍일 때에는 대략 [그림 9-5]에 나타낸 값들을 적용해도 지장이 없다.

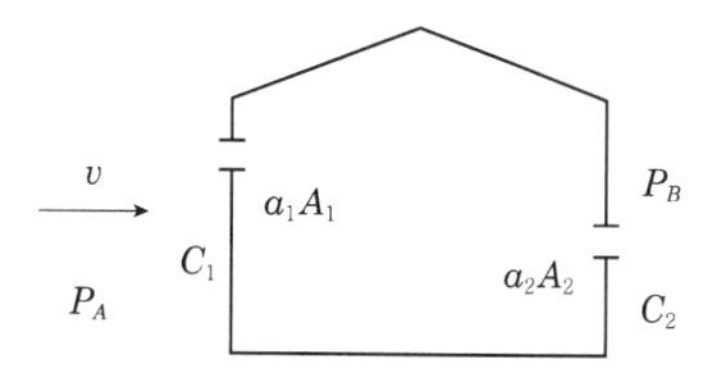

[그림 9-4] 풍압에 의한 환기

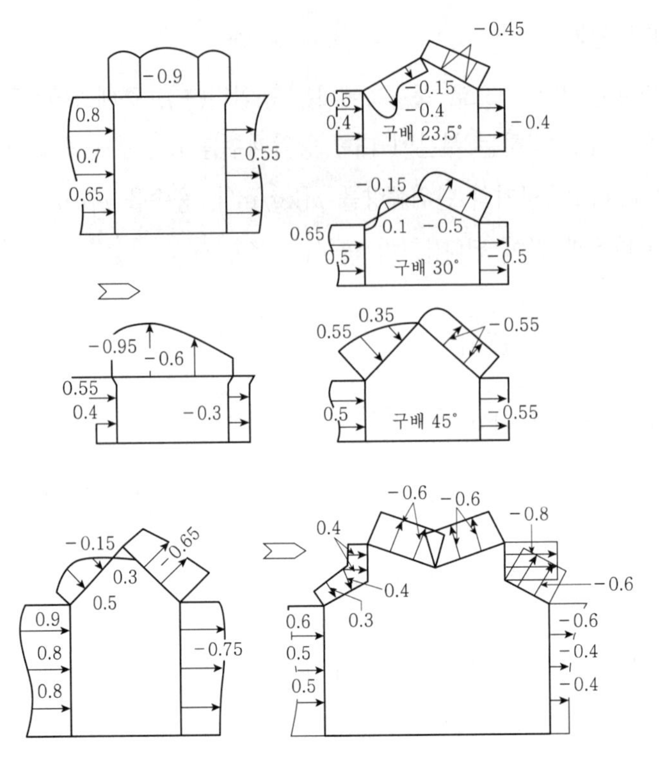

[그림 9-5] 건물 각 부위의 풍압계수

문제 1. [그림 9-6]에서 개구부 A, B의 면적을 각각 1m², 2m²로 한다. 각각의 저항계수를 2로 했을 때 1m/s의 풍속이 불고 있는 경우의 자연환기량 Q를 구하여라. 단, 풍압계수는 풍향측 0.65, 풍배측 −0.5로 한다.

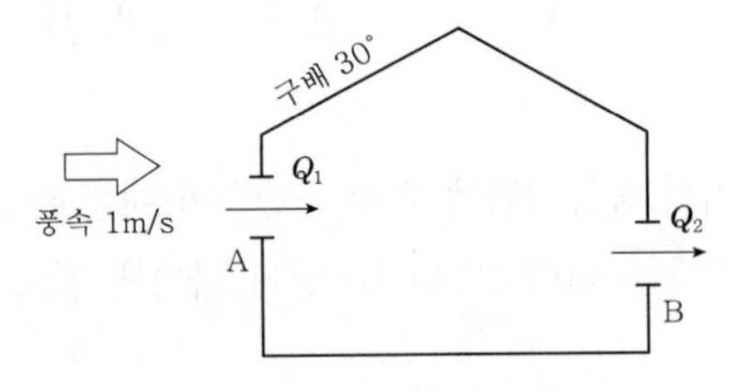

[그림 9-6] 환기 예

풀이 풍속을 v [m/s], 풍압계수를 C_1, C_2, 저항계수를 k_1, k_2, 개구부 면적을 A_1, A_2로 하면 자연환기량 Q는 다음 식으로 구한다.

$$Q = Q_1 = Q_2 = v\sqrt{(C_1 - C_2)\left\{\left(\frac{k_1}{A_1^2}\right) + \left(\frac{k_2}{A_2^2}\right)\right\}}$$

$$= 1 \times \sqrt{(0.65 + 0.5)\left\{\left(\frac{2}{1^2}\right) + \left(\frac{2}{2^2}\right)\right\}} \fallingdotseq 1.17\text{m}^3/\text{s}$$

2) 기계환기

(1) 희석환기(전반환기, 全般換氣)

기계환기는 법규상 다음의 세 가지 방식으로 나누어진다.

① 제1종 환기 : 송풍기와 배풍기 모두를 사용해서 실내의 환기를 행하는 것이며, 실내외의 압력차를 조정할 수 있고 가장 우수한 환기를 행할 수 있다([그림 9-7]의 (a) 참조).

② 제2종 환기 : 송풍기에 의해서 일방적으로 실내로 송풍하고, 배기는 배기구 및 틈새 등으로부터 배출된다. 따라서 송풍공기 이외의 외기라든가 기타 침입공기는 없지만, 역으로 다른 실로 배기가 침입할 수 있으므로 주의해야만 한다. 공장에 있어 신선한 청정공기를 공급하는 경우에 많이 이용된다([그림 9-7]의 (b) 참조).

③ 제3종 환기 : 배풍기에 의해서 일방적으로 실내의 공기를 배기한다. 따라서 공기가 실내로 들어오는 장소를 설치해서 환기에 지장이 없도록 해야만 한다. 주방, 화장실 등 냄새 또는 유해가스, 증기발생이 있는 장소에 적합하다([그림 9-7]의 (c) 참조).

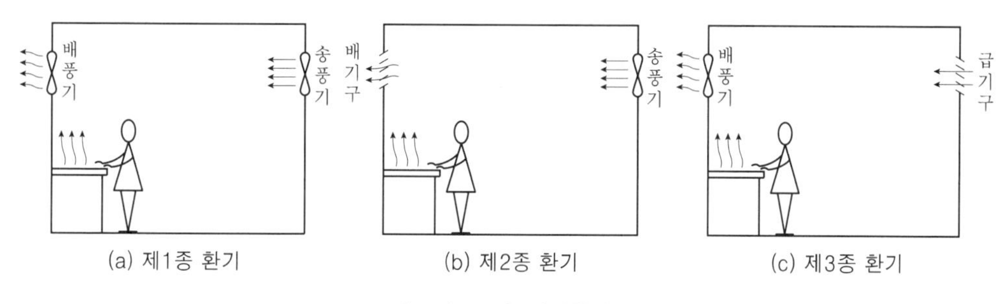

[그림 9-7] 기계환기

(2) 국소배기

국소배기는 부분적으로 열, 유해가스, 분진 등 공기오염물질이 발생하는 장소에 있어서 전체적으로 확산하는 것을 방지하기 위해 오염이 발생하는 장소에 대해 배기하는 것이다. 따라서 처리가 용이하며, 국소배기장치의 설계에 있어서는 일반적으로 다음과 같은 문제점에 주의해야만 한다.

① 배기장치는 배기가스에 의해 부식하기 쉬우므로 그에 상응하는 재료를 사용한다.

② 국소배기의 계통은 다른 환기 · 공기조화계통과 별도로 한다.

③ 배기구의 위치 및 높이를 급기구에 영향이 없도록 한다.

④ 배풍기는 배기계통의 말단부에 두어 입력이 부(-)로 되도록 해서 다른 쪽으로의 누출을 방지한다([그림 9-8] 참조).

⑤ 배풍기에 의한 소음 · 진동의 방지장치를 부착한다.

⑥ 배출된 오염물질이 대기오염이 되지 않도록 정화장치를 부착한다.

⑦ 공정 전체를 고려해서 될 수 있는 한 폐쇄형(closed system)을 염두에 두고 국소배기의 위치를 생각한다.

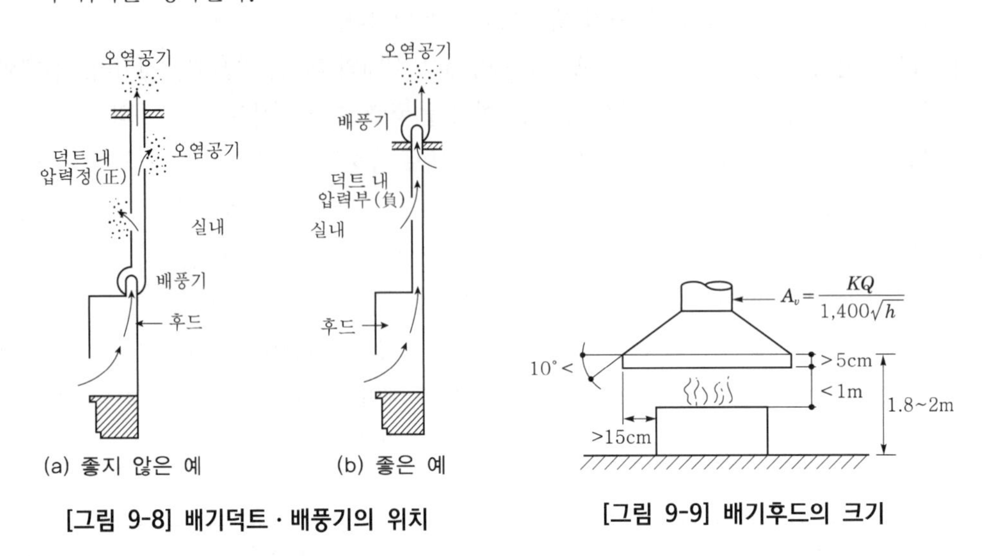

(a) 좋지 않은 예 (b) 좋은 예

[그림 9-8] 배기덕트 · 배풍기의 위치

[그림 9-9] 배기후드의 크기

국소배기장치의 포집구로서 잘 사용되는 것에 후드(Hood)가 있다. 후드는 [그림 9-9]에 나타낸 치수규준에 의해서 설치된다. 그림 속의 A_v는 배기후드가 설치된 배기덕트의 유효단면적이며 다음 식에 의해 계산한다.

$$A_v = \frac{KQ}{1,400\sqrt{h}} [\mathrm{m}^2] \qquad (10)$$

여기서, K : 연료의 이론배기가스량에 20배한 양(m^3)

Q : 연료소비량(m^3/h 또는 kg/h)

h : 배기후드의 하단으로부터 배기덕트 최상부까지의 높이(m)

다음은 후드의 설계에 대한 유의점을 나타낸 것이다.

① 주방용 레인지와 같이 고열, 냄새가 국소적으로 발생하는 장소에 사용한다(반드시 자력으로 후드에 들어가는 상승기류가 있는 곳에 쓰인다).

② 작업에 지장이 없는 한 후드 주위를 에워싸는 편이 효과적이다.

③ 후드의 면풍속은 0.3~0.5m/s로 한다(환기설비설계기준 KSD 3125-20 : 2016, 국토교통부 기준은 0.3m/s 이상).

④ 이 중 후드인 경우 주변슬롯폭은 10~20mm로 하고, 그 면풍속은 5~10m/s로 한다.

⑤ 덕트개구면적과 후드개구면적과의 사이에 일정한 관계는 없지만, 대체로 개구비는 1 : 16이며, 이것 이상으로 되면 덕트개구부를 분할한다.

⑥ 주방 등에서는 후드 외에도 천장면 가까운 곳에 흡입구를 설치하는 편이 바람직한다.
⑦ 후드에는 필요에 따라 방화댐퍼를 부착한다.
⑧ 후드는 그리스필터(grease filter), 기타 적당한 필터와 조합해서도 사용된다.

4. 필요환기량

1) 필요환기량

HASS 102에 규정된 필요환기량은 [표 9-8]과 같다. 이 규격은 수용인원이 불확실할 때의 바닥면적 $1m^2$당 환기량 산정에 적용한다. 단, 수용인원이 확실할 때 제1종 또는 제2종 환기를 사용할 때는 외기량을 $35m^3$/h인으로, 공기조화의 경우 이것을 1/2로 줄일 수 있다. 또 제3종 환기에서 외기를 직접도입하는 경우 배기량은 $35m^3$/h · 인, 외기를 복도에서 간접도입하는 배기량은 $45m^3$/h · 인이다.

환기설비는 거주성 향상, 안전 · 위생확보에서 건축기본법, 동 시행령, 국토교통부 고시, 기타 지방조례의 규제 또는 기술기준에 의해야 한다. 거실에는 환기를 위해 바닥면적 1/20 이상의 유효면적에 필요한 개구부가 있어야 한다. 기계환기설비의 경우는 유효환기량 $V[m^3/h]$는 다음 식으로 구한다.

$$V \geq \frac{20A_f}{N} \tag{11}$$

여기서, N : 실정에 적합한 1인당 점유면적(m^2). 단, $N > 10$일 때는 $N = 10$으로 한다.
A_f : 거실의 바닥면적(m^2). 단, 환기상 유효한 개구부가 그 거실에 있을 때는 그 면적의 20배를 바닥면적에서 차감한다.

또 중앙관리방식의 공조설비를 설치했을 경우는 [표 2-1]의 공기조화설비의 실내환경기준에 준하며, 유효환기량은 식 (11)에서 개구부를 차감하지 않는 바닥면적 A_f를 사용해서 계산했다. 거실 이외 실의 환기횟수 및 환기량은 [표 9-9]의 수치가 통상 사용된다. 환기량에 대한 기술기준은 [표 9-10]과 같다.

[표 9-8] 필요환기량(HASS 102) (단위 : $m^3/m^2 \cdot h$)

번 호	실 명	환기의 종별			비 고
		제1종 및 제2종 외기량	제3종 배기량 ①	제3종 배기량 ②	
1	개인용 업무공간(私室)	8	8	10	숙직실 · 침실 · 거실 · 개인용 사무실 등 실면적에 비해 재실자가 적은 실
2	사무실	10	10	12	민원실 · 사무용 응접실 등
3	종업원대기실	12	12	15	용역원실 · 수위실 · 접수실 · 종업원대기실
4	진열실	12	12	15	전람실
5	미용실	12	12	15	이발실
6	매장	15	15	20	백화점 매장 · 영업장 내 매점
7	작업실	15	15	20	분진이 적은 공작실 · 인쇄실 · 제도실 · 포장실 · 해체실
8	휴게실	15	15	20	담화실 · 대합실 · 집회실 · 대기실
9	오락실	15	15	20	당구장 · 기원 · 댄스홀
10	흡연실	20	20	25	영업장 기타에서 일시에 사용하는 흡연이 극심한 실
11	소회의실	25	25	30	소회의실
12	식당(영업용)	25	25	30	일반 식당 · 다방 · 주점
13	식당(비영업용)	20	20	25	특정인용으로 유익한 것
14	주방	60	60	75	영업용 식당 부속
15	주방	35	35	45	비영업용 식당 부속
16	팬트리	25	25	30	영업용 식당 부속
17	팬트리	15	15	20	비영업용 식당 부속
18	탕비실	−	15	15	
19	편의실	−	10	10	탈의실
20	휴대품보관실	−	10	10	의류보관실
21	욕실	−	30	30	다수인이 일시에 사용하는 것(공중용)
22	욕실	−	20	20	개인주거공간(개인용)에 준한 것
23	화장실	−	30	30	다수 변기가 있는 것
24	화장실	−	20	20	개인주거공간(개인용)에 준한 것
25	수세실	−	10	10	세면실
26	영사기실	−	20	20	
27	분진 또는 취기가 발생하는 실	−	30	30	
28	유해 또는 가연가스 발산 또는 발산 염려가 있는 실	−	35	35	축전지실 · 자동차 차고
	암실	−	20	20	사진명암실
	기계 및 전기설비실($15m^2$ 이상)	−	10	10	엔진실 · 배전실

[주] ①은 직접 외기를 도입할 때
②는 간접으로 복도에서 도입할 때

[표 9-9] 거실 이외의 실의 환기횟수와 환기량

실 명	환기횟수(회/h)	환기량($m^3/m^2 \cdot h$)
주방(대)	30~40	120~160
주방(소)	40~60	100~150
화장실(사무실)	5~10	15~30
화장실(극장)	10~15	30~45
급탕실	10~15	30~45
세탁실	20~40	60~120
보일러실	급기 10~15	30~50
	배기 7~10	20~30
변압기실	10~15	30~50
발전기실	30~50	150~200
지하층 창고	5~10	15~30

[표 9-10] 환기량에 대한 기술기준

구 분	환기량기준	조 건
작업실	$30m^3/h \cdot$ 인	1인당 공기체적은 층고 4m 이내에서 체적 $10m^3$ 이내, 또는 창면적이 바닥면적의 1/20 이상일 것
무창공장	$34m^3/h \cdot$ 인 또는 $15m^3/m^2 \cdot h$ 바닥면적	
옥내주차장	CO농도 50ppm 이하	창의 크기가 바닥면적의 1/10 이내의 경우
주차장	외기 $25m^3/m^2 \cdot h$ 이상	주차면적 $500m^2$ 이상으로 창의 크기가 바닥면적의 1/10 이내의 경우
영화관, 공연장, 집회장	외기 $75m^3/m^2 \cdot h$ 객석면적 공기조화진행 시 전 풍량 $75m^3/m^2 \cdot h$ 외기량 $25m^3/m^2 \cdot h$	
지하건축물	$30m^3/m^2 \cdot h$ 바닥면적	바닥면적 $1,000m^2$ 이상의 층
	공기조화진행 시 외기량 $10m^3/m^2 \cdot h$	바닥면적 $1,000m^2$ 이하의 층

2) 필요환기량의 계산

외기만에 의한 환기의 경우는 필요환기량이 CO_2, 온도, 습도, 분진에 따라 다음과 같이 계산된다.

(1) CO_2농도를 기준으로 한 환기량

이산화탄소의 실내환경기준은 1,000ppm이다. 필요환기량을 계산하는 경우에 냄새를 고려하는 경우도 있지만, 일반적으로는 페텐코퍼(Pettenkofer)가 제안한 바와 같이 CO_2가 사용되고 있다. CO_2는 측정이 용이하며, 이것을 기준으로 한 필요환기량은 다음 식에 의해 구한다.

$$Q_i = \frac{G}{C_r - C_o}[\mathrm{m^3/h}] \tag{12}$$

여기서, Q_i : 필요환기량(m^3/h)

G : 실내에서 발생하는 CO_2량($m^3 \cdot CO_2/h$)

C_r : 실내공기 중의 CO_2허용농도($m^3 \cdot CO_2/m^3$)

C_o : 외기 중의 CO_2농도($m^3 \cdot CO_2/m^3$)

실내에 있어서 CO_2의 발생이 있는 경우에 환기를 행하면 시간의 경과와 더불어 평형상태로 되며 다음 식에 의해 실내의 CO_2농도가 구해진다.

$$C_r = C_o + \frac{G}{NV}[\mathrm{m^3 \cdot CO_2/m^3}] \tag{13}$$

여기서, C_r : 환기 후의 실내CO_2농도($m^3 \cdot CO_2/m^3$)

G : 실내에서 발생하는 CO_2량($m^3 \cdot CO_2/m^3$)

C_o : 외기 중의 CO_2농도($m^3 \cdot CO_2/m^3$)

N : 환기횟수(회/h)

V : 실용적(m^3)

인체로부터의 호흡작용 시 CO_2발생량을 [표 9-11]에 나타낸다.

[표 9-11] 환기량에 대한 기술기준

에너지대사율	작업 정도	CO_2배출량(m^3/h)	개산용 배출량(m^3/h)
0	취침 시	0.011	0.011
0~1	극경작업	0.0129~0.0230	0.022
1~2	경작업	0.0230~0.0330	0.028
2~4	중등작업	0.0330~0.0538	0.046
4~7	중작업	0.0538~0.0840	0.069

(2) 온도를 기준으로 한 환기량

환기를 하는 경우에는 장소에 따라 온도 상승이 문제가 되는 경우도 있다. 따라서 온도를 기준으로 하는 환기량의 계산에 있어서는 다음 식에 의해 온도 상승을 막도록 한다.

$$Q_T = \frac{H_s \times 3.6}{1.01 \times 1.2 \times \Delta t} \fallingdotseq \frac{H_s \times 3.6}{1.21 \times \Delta t} [\mathrm{m^3/h}] \tag{14}$$

여기서, Q_T : 필요환기량($\mathrm{m^3/h}$)

H_s : 실내발생열량(W)

C_p : 공기의 비열(=1.01로 한다)(kJ/kg · ℃)

r : 공기의 비중(=1.2로 한다)(kg/$\mathrm{m^3}$)

Δt : 고온부와 저온부의 온도차(℃)

이것을 그래프로 나타낸 것이 [그림 9-10]이다.

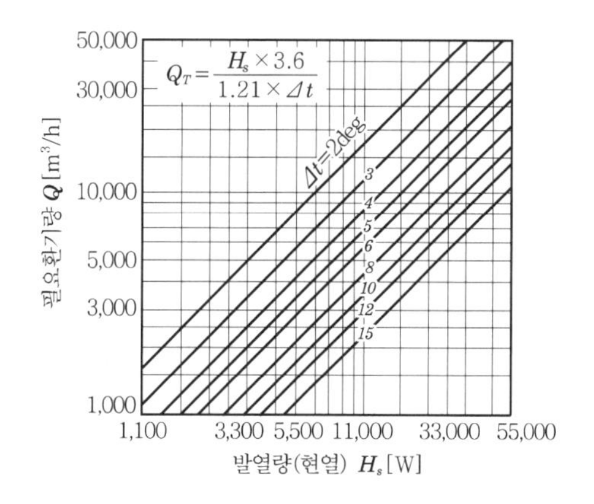

[그림 9-10] 발열에 대한 필요환기량

(3) 수증기를 기준으로 한 환기량

수증기를 기준으로 하는 경우에는 온도의 경우에 준하며, 필요환기량은 다음 식으로 구한다.

$$Q_H = \frac{W}{r\Delta x} = \frac{W}{1.2\Delta x} [\mathrm{m^3/h}] \tag{15}$$

여기서, Q_H : 필요환기량($\mathrm{m^3/h}$)

W : 수증기발생량(kg/h)

Δx : 급기와 배기의 절대습도의 차(kg/kg′)

이것을 그래프로 구하는 경우에는 [그림 9-11]에 의한다.

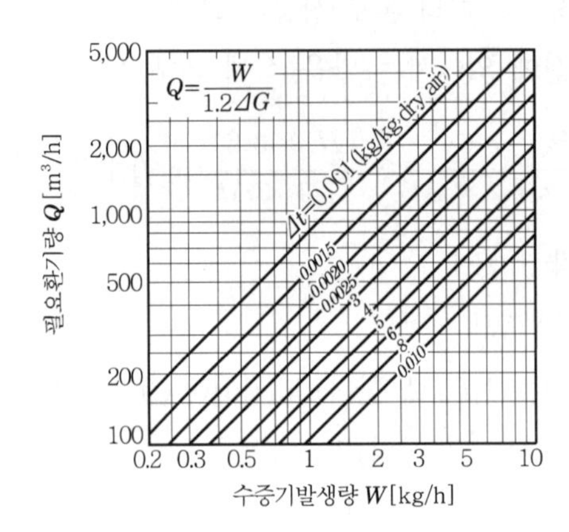

[그림 9-11] 수증기에 대한 필요환기량

(4) 분진을 기준으로 한 환기량

분진발생을 기준으로 한 환기량 계산은 다음 식으로 구한다.

$$Q_M = \frac{M}{C_r - C_o} [\mathrm{m^3/h}] \tag{16}$$

여기서, Q_M : 필요환기량($\mathrm{m^3/h}$)

M : 분진발생량($\mathrm{mg/m^3}$)

C_r : 허용실내분진농도($\mathrm{mg/m^3}$)

C_o : 도입외기분진농도($\mathrm{mg/m^3}$)

문제 2. 일반적으로 성인남자의 보통 정지상태에서의 호흡에 의한 CO_2의 배출량은 $0.02\mathrm{m^3} \cdot CO_2/\mathrm{h}$인데, 도시에 있어서 외기 중의 CO_2농도를 300ppm으로 했을 때 필요환기량을 계산하여라.

풀이 식 (12)에 의거하여

$$Q_i = \frac{0.020}{0.001 - 0.0003} ≒ 30\mathrm{m^3/h}$$

따라서 1인당 매시 약 $30\mathrm{m^3}$를 필요로 한다.

문제 3. V=20m^{3}의 실내가 t=0(時)에 있어서 q_o=3,000ppm의 CO_2농도일 때 이것을 1,000ppm으로 줄이기 위해서는 얼마만큼의 환기량(m^3/min)을 필요로 하는가? 단, 외기는 300ppm의 CO_2를 함유하고 있는 것으로 한다.

풀이 t시간 후 실내의 농도를 q[ppm], 환기량을 x[m^3/min]로 하면

$$x(300-q)dt=20dq$$

가 성립된다. 따라서

$$dt=-\frac{20}{x}\cdot\frac{1}{q-300}dq$$

적분해서

$$t=-\frac{20}{x}\log(q-300)+C$$

t=0일 때 q_o=3,000ppm의 초기 조건을 대입해서

$$t=-\frac{20}{x}\log(q-300)+\frac{20}{x}\log(3{,}000-300)$$

따라서

$$\frac{q-300}{3{,}000-300}=e^{\frac{x}{20}t}$$

이것에 t=60min, q=1,000ppm을 대입해서 구하면

$$x=-\frac{20}{60}\log\left(\frac{1{,}000-300}{3{,}000-300}\right)=-\frac{1}{3}\log\left(\frac{700}{2{,}700}\right)=0.45\text{m}^3/\text{min}$$

문제 4. 작업실에서 1,650mg/h의 분진이 발생할 때 건축기본법의 실내부유분진량 유지를 위한 필요환기량을 구하시오. 도입외기의 분진량은 0.1mg/m^{3}으로 한다.

풀이 건축기본법에 정해진 부유분진량은 0.15mg/m^{3}이므로 식 (16)을 이용하여 필요환기량 Q를 구하면

$$Q=\frac{1{,}650}{0.15-0.1}=3{,}300\text{m}^3/\text{h}$$

문제 5. 사무실 100m^{2}에 재실자가 8명 있는 경우에 필요환기량을 구하시오. 창 등의 유효한 환기구는 없는 것으로 한다.

풀이 1인당 점유면적 N은

$$N=\frac{100}{8}=12.5\text{m}^2$$

$N>10$ 이상이므로 $N=10$으로 한다.

$$Q=\frac{20\times100}{10}=200\text{m}^3/\text{h}$$

5. 건물의 환기계획

건물의 환기설비의 계획에 있어서는 실의 용도, 환기해야 할 유해물질의 종류와 양 등에서 적절한 환기방식과 환기량을 선택하지 않으면 안 된다. 또 환기를 위한 외기의 도입위치, 배기위치 및 샤프트의 위치에 대해서도 충분한 주의를 해야 한다. 예를 들면, 외기도입구는 인접 건물에서의 배기영향이 없을 것, 자동차의 배기가스가 도입되지 않는 곳, 지상의 모래나 먼지 등의 영향이 적은 지상 3m 이상에 설치하는 것이 중요하다.

또 송풍기 및 배풍기의 설치는 그 소음이 인접하는 건물에 영향을 미치지 않는 위치로 해야 한다. 기계환기설비에 사용하는 팬은 실의 용도그룹별로 계통을 나누어 계통마다 팬을 마련하는 것이 바람직하다. 소용량의 팬이고 천장에 스페이스가 있다면 천장달기도 가능하지만 보수점검을 생각하여 바닥에 두는 방식이 좋다. 다음에 여러 가지 건물들에 대한 각각의 환기계획상의 유의점을 열거한다.

1) 주택과 아파트

최근에 많이 건설되는 철근콘크리트조 아파트 또는 주택에서는 비교적 기밀한 구조이기 때문에 생활수준의 향상에 따른 생활내용의 변화와 함께 환기량 부족이 되는 경우가 많다. 또한 실내난방기의 사용에 따라 수증기발생량이 늘어 보온력이 약한 벽체에 결로가 생기거나 알루미늄새시 등의 등장으로 실내가 기밀하게 되어 위생상 필요한 최저환기량을 얻지 못할 때가 많은 것이다.

따라서 거실에서 기밀한 건구를 사용했을 경우에는 가급적 전용환기구, 소형 환기팬 등에 의해 필요환기량을 확보해야 한다. 또 주택의 설계 시에는 주택 전체에 관류하는 통기계통로를 만들고, 일면 개구인 막힌 상태의 실을 만들지 않는 것도 바람직하다.

(1) 부엌과 욕실

주택의 부엌이나 욕실과 같이 소규모이며 가끔 사용하는 경우에는 겨울철 실온의 유지와 수증기 배출을 위하여 2~3회/h 정도의 환기횟수가 적당하다. 이때 외기를 직접 급기하면 실온을 유지하기 어렵기 때문에 난방된 실내공기를 급기할 수 있도록 별개의 계통로를 설치해야 한다. 여름에는 다량의 환기가 필요하기 때문에 환기구나 창은 개폐할 수 있도록 해야 하며, 배기구는 되도록 높은 위치에 두고, 급기구는 하부에 두는 호퍼(hopper)형식이 적합하다.

고층 아파트의 경우에는 부엌이나 욕실이 직접 외기에 면하고 있지 않은 형식이 많다. 이런 경우에는 여러 가지 배기방식이 채택되고 있는데, 그 몇 가지 예를 [그림 9-12]에 나타낸다.

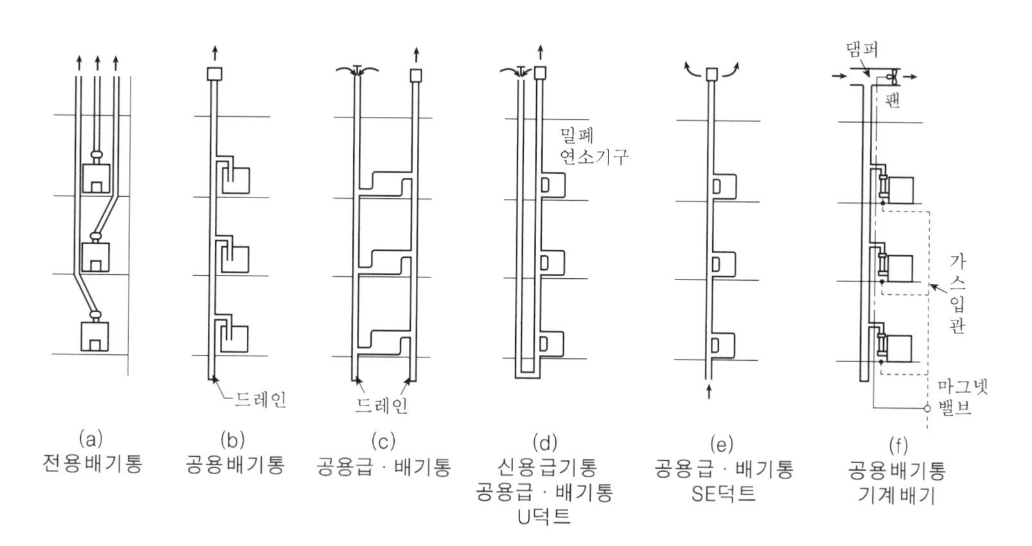

[그림 9-12] 각종 배기방식

(2) 탕비실과 화장실

탕비기는 주로 가스 또는 전기를 열원으로 한다. 가스는 연소에 있어 반드시 산소공급이 필요하고 배기가스의 외부배출도 필요하다. 보통 주택이나 중 · 소규모 건물의 탕비실은 작은 실이며, 부엌에서는 가스레인지 위에 후드나 팬을 설치하고 있지만 순간온수기는 좀 떨어진 위치에 설치하는 경우가 많다. 이런 경우 탕비기 전용의 환기팬이나 배기굴뚝을 설치해야 한다. 또한 탕비실은 외벽에 면하고 있는 것이 보통이지만, 그렇지 않은 경우에는 상하층의 슬리브를 통하는 덕트에는 연기감지기 연동의 방화댐퍼를 필요로 하므로 방재상으로도 각 층에서 배기하는 것이 요망된다. 보통 제3종 환기방식으로 하는 일이 많다.

화장실은 냄새가 옆방으로 새지 않도록 해야 하므로 건물 내에서 가장 낮은 실내압을 갖도록 해야 한다. 보통 제3종 환기방식을 사용한다. 중고층 아파트에서 화장실 · 욕실 등이 외기에 면하지 않을 경우에는 기계환기로 하면 문제는 없지만, 환기량은 그다지 많이 필요로 하지 않기 때문에 공용배기통에 의한 자연환기로 하는 방법도 생각할 수 있다. [그림 9-13]에 한 가지 배기방식을 제시하고 있는데, 이 방법은 배기통에 부통을 설치하여 역류 또는 음향전달방지를 목적으로 하고 있는 것이다.

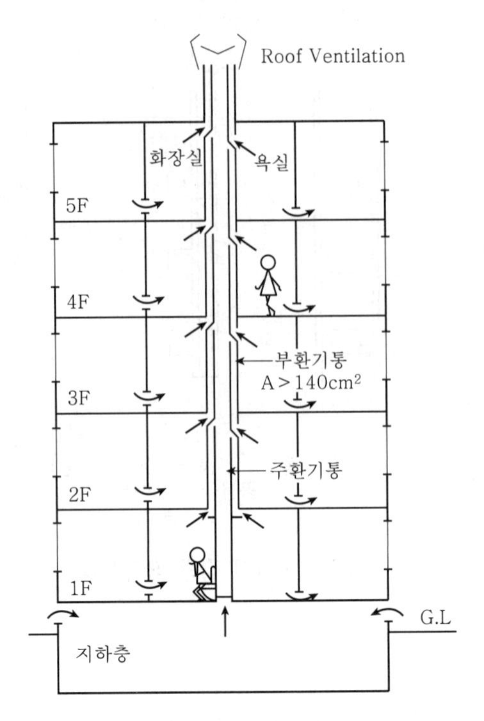

[그림 9-13] 아파트의 배기방식

(3) 지붕 밑의 환기

지붕 밑 혹은 천장 속의 환기도 매우 중요하다.

여름에는 지붕면에서 다량의 일사열이 지붕 밑으로 침입하므로 천장 속의 환기는 여름철의 일사열의 방지를 주목적으로 하고, 환기횟수는 5~6회/h 이상은 있어야 한다. 다시 말하면 지붕 밑의 공간이 적고 환기도 불충분하면 일사열이 천장을 통해 실내로 침입하므로 천장의 단열성을 높여야 하는 것은 물론이지만 지붕 밑을 환기가 잘 되게 하여 일사열이 실내에 침입하기 전에 옥외로 방출하는 것도 효과적이다. 그렇게 하기 위해서는 처마 밑이나 다락 벽에 적당한 크기의 전용환기구를 설치해야 한다. 방서(防暑)를 위한 대책으로서는 천장의 단열성을 높이고 지붕 밑의 환기를 증진하는 방법이 바람직하다.

또한 열용량이 큰 구조에서는 천장 속에 배기팬을 두어 천장의 환기구를 통해 환기하는 방법도 있다. 이 방법은 야간의 냉기를 축열하여 주간 열기의 침입을 방지하는 방식으로서 나이트 벤티레이션(night ventilation)이라 한다. 그러나 자연환기를 행할 경우 천장에 환기구를 두면 천장 속에 결로의 원인이 되기 때문에 피해야 한다. 한편 마룻바닥 밑부분의 환기도 고려하여 목재의 부식을 방지해야 한다.

2) 사무소 건물

사무소 건물은 시가지에 건립된 고층 건물인 경우가 많으므로 도시의 소음이나 대기오염에 대한 대책이 필요하다. 소음대책으로 창을 열 수 없게 하거나 기밀성 새시를 설치하고 있다. 그 결과 열환경의 조성뿐 아니라 신선한 외기의 도입이나 공기정화장치 등에 의해 공기정화를 해야만 한다. 그러나 도시의 외기는 반드시 신선하지는 않다. 시가지에서는 최근 대기오염이 점차 증가하고 있으며, 특히 지상 4m까지에는 자동차 배기가스 또는 먼지 등으로 오염도가 높고, 도로에 가까운 곳은 그 오염도가 더욱 심하다. 또 겨울철에는 난방, 조리 등으로 인한 배기가 지상 10~20m 높이까지의 대기를 오염시키고 있다.

이와 같은 외부환경으로부터 외기를 그대로 도입하게 되면 오히려 비위생적이 되며, 공조설비를 설치할 여유가 없는 건물에서라도 공기정화설비만은 설치해 두는 것이 위생상 필요하게 된다. 또 소음방지를 위하여 기밀성 새시가 널리 사용되고 있으므로 소규모의 사무실에서도 기계환기는 필요한 것이다.

더욱 흡연과 같이 실내에 큰 오염발생원이 있을 경우 작은 환기나 정화장치를 설치해도 먼지는 빌딩관리기준값을 초과할 때가 있다. CO_2는 재실자수, CO는 외기농도와 관계가 있으며, 먼지는 흡연자수와 관계가 많다. 흡연에 의한 실내공기의 오염대책으로는 흡연실을 별도로 설치하거나 담배연기가 실내로 확산되지 않는 환기방식을 채택하는 등 근본적인 대책이 필요하다. 또한 사무소 건물에서는 대체로 기계환기에 의해 필요한 환기를 하고 있으나, 건물 주변에 복잡한 풍압분포가 생겨 외기도입량도 외부바람의 영향을 받을 때가 있다. 또 계단 등이 연돌효과를 발휘하여 예상 외의 자연환기가 생기는 수도 있으므로 주의할 필요가 있다.

한편 사무소 건물도 상점, 백화점 등과 같이 출입의 빈도가 많은 출입구는 문을 개방하여 에어커튼(air curtain)에 의해 공기 · 먼지 등을 차단하는 방식도 있다. 그때의 취출풍속은 5~6m/s가 적당하다.

3) 학교

학교 건물은 일반적으로 정화의 필요도가 그렇게 높지는 않지만 그렇다고 해서 위생상 양호한 환경이라고 말할 수는 없다. 역에 각종 난방기구를 사용하면 이산화탄소농도가 더욱 증대할 것이다.

대체로 환기기준으로서 기적(気積)으로 초등학교에서 4~5m^3/인, 중학교에서 5~6m^3/인, 고등학교 이상에서는 6~7m^3/인이 최소한 필요하다. 또 환기횟수로는 2~4회/h는 필요하다. 따라서 이것을 유지하기 위해서는 겨울철 난방 시에는 전용환기구를 외벽, 복도 측벽 또는 복도 외벽에 설치해야 한다. 또 개구면적은 1인당 50cm^2, 간벽에서는 100cm^2가 최소한 필요하며, 개구에는 각종 풍량조절용 댐퍼 또는 확산판을 설치해야 한다.

교실의 외벽개구부의 구성은 채광 또는 일사조절과 상충되지 않도록 종합적인 계획이 필요하며, [그림 9-14]에 나타낸 바와 같이 창의 상부에는 전용환기구, 창대 하부에는 여름철의 통풍용 개구를 설치하여 차양, 루버 등과 같이 설치하면 효과적이다. 개구부를 환기와 병용할 경우에는 오르내리창, 호퍼(hopper)창, 회전창 등이 적절하며, 미닫이창은 바람직하지 못하다. 단층 교실에서는 복도 · 지붕 위에서 개방하는 높은 위치의 창 또는 자연환기장치를 사용하면 필요환기량을 확보하기 쉽다.

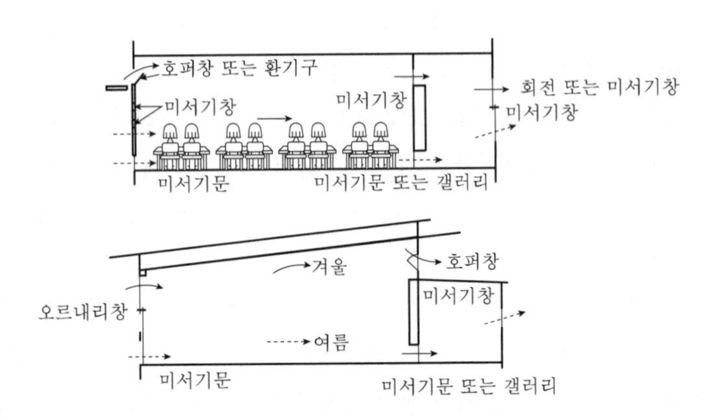

[그림 9-14] 교실의 환기

4) 공장

지금까지 생산공장의 환기계획은 공장 내에서 다량으로 발생하는 열, 수증기, 오염물질을 빨리 옥외로 배출하는 국소환기를 실시함과 아울러 창, 모니터 루프 등에 의한 전반환기를 크게 하여 열환경과 공기환경의 적정화에 노력하였다. 따라서 공장 건물은 비 · 바람만을 피하는 개방적인 것이 일반적이었다. 물론 방적공장 등과 같이 제품의 품질관리상 1년 내내 일정한 온습도를 유지하기 위해 무창 건물로 공조하는 경우의 예외도 있다.

그러나 최근에는 공장 주변의 환경보존을 위해 오염공기나 공장소음을 무조건 배출하지 않도록 규제하고 있다. 따라서 공장 건물도 그다지 개방적으로 하지 않게 되었다. 다시 말하면 앞으로 공장건설은 지역의 환경보존과 작업환경의 유지라는 양면에서 계획하지 않으면 안 되므로 환기 및 공조설비의 중요성이 한층 더 중요시되고 있다. 더욱 각종 전자산업이 발달한 결과 산업용 청정실(ICR) 등의 등장과 고도의 환기 및 공조설비가 요구되고 있는 추세에 있다.

여기에는 일반적으로 공장을 저열원공장과 고열원공장으로 분류하여 기술한다. 전자는 용접열 정도의 열발생밖에 없는 공장이고, 후자는 주조나 단조공장 등을 들 수 있다.

저열원공장인 경우는 자연환기를 원칙으로 하여 여름에는 창을 개방하고, 겨울에는 창 · 출입구를 폐쇄한다. 따라서 겨울에는 용접가스 등의 정체가 있으므로 급기구를 고려할 필요가 있다.

만일 저열원공장이 독립동이 아니고 연속동인 경우에는 중앙부 부근에 용접가스가 정체한다. [그림 9-15]에 나타낸 바와 같이 모니터 루프나 벤틸레이터를 사용한 연속동에서 각 동의 환기능력이 같으면 양단부가 최대의 배기효과를 나타내고 중앙부는 거의 환기를 하지 않는다. 이 때문에 중앙에 가까울수록 능력이 큰 것을 설치하고 각 동의 환기량의 평균화를 꾀하도록 한다.

또 환기의 기본적인 사항이지만 모니터 루프나 배기팬을 설치하고 급기구를 설치하지 않는 예가 있는데, 이때는 틈새가 충분하지 않으면 현저하게 환기효과를 감소시킨다. 반대로 배기팬과 창이 인접해 있으면 실의 전반환기를 저해시킬 수도 있다. 이 경우에는 여름에도 문제가 있는데, 그것은 지붕면에서의 복사열 때문이다. 이에 대한 대책으로는 지붕에 물을 뿌리거나 급기에 의한 냉풍효과로 체감온도의 저하를 도모하고 있다. 이와 같이 여름과 겨울은 상반된 요구가 생겨 여름은 제2종 환기, 겨울은 제3종 환기를 하고 팬의 스위치전환을 하는 방법도 있다.

고열원공장에서는 모니터 루프 등에 의한 자연배기가 일반적으로 경제적이며, 열원이 작을 때에는 후드의 병용이 효과적이다. 그러나 연속 동일 경우에는 저열원에 비해 자연배기가 유리해진다. 열원이 건물 주변이라면 급기의 확보는 간단하지만 중앙부일 경우에는 급기가 불충분하게 되며, 이 경우에는 제2종 환기방식으로 중앙부에 강제급기를 할 필요가 있다.

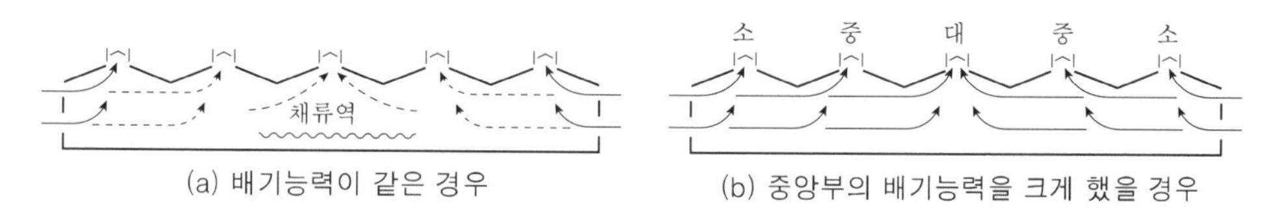

[그림 9-15] 공장배기방식의 일례

5) 기타

(1) 주방의 환기

호텔 · 병원 · 식당 등의 영업용 주방의 경우에는 열, 수증기, 연기, 냄새를 내는 조리기구에서 원칙적으로 후드를 설치하고 국소배기를 한다. 전반환기는 특별히 필요하지 않지만 후드에서 새어 나온 것과 후드로서 처리할 수 없는 적은 기구로부터 발생하는 것에 대해 주방환기량의 10% 정도의 전반배기를 행할 필요는 있다. 이것은 후드에 접속하는 덕트의 일부에 흡입구를 설치하면 해결된다. 후드는 작업에 지장이 없으면 4면 개방보다는 3면 또는 2면 개방으로 하고 높이도 되도록 낮게 하는 것이 유효하다.

주방 전체의 환기횟수로는 30~50회/h 정도가 보통이다. 급기는 되도록 인접실(식당, 배선실, 복도)에서 행하지만 인접실이 공조를 하고 있을 때는 그 부하가 늘기 때문에 약 반은 직접 옥외로부터 급기하는 것이 보통이다. 이때 후드에 접근하여 급기구를 설치해서는 안 된다.

(2) 보일러실의 환기

보일러실의 환기설비는 보일러의 연소에 필요한 산소량의 보급과 보일러탱크 및 연도 등에서 방출되는 열을 배출하기 위한 급배기가 있다. 보일러실의 환기횟수로서는 10회/h 정도가 보통이다. 보일러실의 용량이 적으면 보일러실의 급기팬과 배기팬의 두 대에 맡긴다. 그러나 대용량의 보일러를 취급하는 경우에는 보일러실의 급기팬과 배기팬 이외에 보일러 연소용 급기팬을 마련하여 급기량을 조정한다. 소형 보일러인 경우에는 자연급기구와 배기구만으로 좋지만, 확실히 환기하기 위해 기계식 환기에 의하는 것이 바람직하다.

(3) 주차장의 환기

옥외주차장에 있어서는 바닥면적의 1/10 이상이 외기와 직접 개방된 개구부가 있는 경우를 제외하고 제1종 환기설비로 한다. 옥내주차장의 환기는 내부공간의 CO농도가 차량이 가장 빈번한 시각의 전후 8시간 평균치가 50ppm 이하가 되도록 해야 한다. 또한 주차장에는 급기와 배기만이 아니고 소방법 및 관계법규에 의한 배연설비의 병설이 의무화되고 있으며, 특히 불연성의 천장을 하는 경우를 제외하고 대개는 큰 보마다 배연구를 마련할 필요가 있다.

주차장에서는 자동차 배기가스의 비중이 대기보다 무겁기 때문에 급기를 천장에서, 배기를 천장과 일부 바닥면에서 흡입하도록 하는 것이 바람직하다. 또 팬의 날개 등이 더러운 경우 이 더러움에 따라 환기능력이 저하하는 일이 많으므로 유지관리가 쉬운 설치장소 · 설치방법으로 하는 것이 필요하다.

2 제연설비

1. 개요

건물에서는 화재의 발생을 미연에 방지하는 일이 가장 바람직하지만, 일단 화재가 발생했을 경우에는 인명보호를 제일 우선으로 한 방재계획을 세워야 할 것이다.

화재 시 발생하는 연기에는 연기입자와 각종 가스성분이 포함되어 있고, 우선 실내천장에 닿은 후에 계속해서 발생하는 열기류에 의해 실의 상부층에서 성층류를 이루어 사방으로 확대하여 벽에 도달하면 내려가기 시작하고, 결국은 실 전체에 충만하게 된다. 개구부가 있으면 그 상반부에서 연기가 유출하고, 반대로 하반부에서는 외부에서 공기가 흘러들어와서 연소를 계속시키게 된다. 화재가 발생한 실에서 복도나 로비에 유출하는 연기의 속도는 0.5~1.0m/s 정도인데, 계단 · 엘리베이터 · 샤프트 등에서는 연돌효과에 의해서 그 유속이 증가하여 단번에 최상부까지 올라간다.

화재 시 실내에 있는 사람은 연기 속을 통과하여 유도장치 등을 확인하면서 피난하지 않으면 안 되지만 연기농도가 짙을수록 앞을 내다보기가 힘들다. 백화점 · 호텔 · 지하가 등과 같은 곳에 있는 불특정한 사람에 대해서는 전방을 판단할 수 있는 거리로 15～20m, 건물 내를 잘 알고 있는 사람에 대해서 3～5m가 필요하다고 한다.

화재 시에 발생하는 유해가스는 목재가 탄 것만으로도 30여 종에 이르고, 기타의 가연물이 실내에는 많이 있으면 여러 가지 유독가스도 있게 된다. 또 연소 시의 산소소비에 의해서 실내 공기의 산소농도가 감소하고, 불완전연소에 의해서 CO가스농도가 높아지는 등 재실자는 가스 중독이나 마비현상이 일어나서 심할 경우에는 생명의 위협을 받게 되는 것이다.

그러므로 건물에서는 화재의 발생에 수반하는 연기와 유독가스가 피난의 장애가 되지 않도록 일정한 구획 내에 연기를 막아놓고 배출하는 것을 제연설비라고 한다. 이와 같은 제연설비는 건축법 및 소방법에 그 설치기준이 정해져 있으며, 그 목적은 피난과 소화활동을 할 때에 연기에 둘러싸이거나 유독가스 등에 의해 피해를 입는 것을 방지하고 인명의 안전을 확보하기 위한 것이다.

특히 최근의 건축재료(내장재료), 가구, 설비기구 및 부속품 등이 합성수지계의 것을 사용하고 합판 등에도 유독가스와 연기의 발생이 현저한 것들이 많이 있다. 따라서 화재발생에 수반하는 유독가스와 연기의 배출처리, 방연처리를 고려하지 않으면 안 되는 것은 물론이지만, 그 이전에 불연재로 발연성이 적은 재료를 건물 내에서 사용하는 일도 상당히 필요하다. 또한 이와 같이 제연계획은 그 자체가 단독으로 존재하는 것이 아니고 소화활동이나 피난계획과 관련하여 종합적인 방재계획의 일익을 담당하는 형식으로 추진되어야 한다.

2. 제연방식

연기를 방어 또는 배출하기 위해서는 여러 가지의 수단이 고려될 수 있으나 실제로 이용되고 있는 방연 및 제연방식을 대별하면 다음과 같다.

1) 밀폐제연방식

밀폐도가 높은 벽이나 문으로 화재를 밀폐하여 연기의 유출 및 신선한 공기의 유입을 억제하여 제연하는 방식으로서, 집합주택이나 호텔 등 구획을 세분할 수 있는 건물에 적합하다. 기계배연을 행할 경우라도 화재의 최종단계에서는 화재실의 밀폐를 할 필요가 있으며 제연의 기본이 되는 방식이다.

2) 자연제연방식

이 방식은 화재 시 높은 온도의 연기가 발생하면 그 부력에 의해 연기를 실의 상부벽이나 천장에 설치된 개구에서 옥외로 배출하는 방식이다. 즉 화재에 의해 발생한 열기류의 부력 또는 외부의 바람에 흡출효과에 의해 실의 상부에 설치된 창 또는 전용의 배출구로부터 연기를 옥외로 배출하는 것이 자연제연방식이다. 이 방식은 [그림 9-16]에 나타낸 바와 같이 전원이나 복잡한 장치가 필요 없으며, 평상시의 환기에도 겸용할 수 있으므로 방재설치의 유휴화방지에도 이점이 있다. 다만, 풍향측을 개구하면 배출효과가 감소되든가, 경우에 따라서는 반대로 다른 실로 연기의 누출을 초래하게 된다. 고층 건물 등에서는 건물의 층간구획이 충분히 이루어지지 않은 상태에서 저층부에서 개구하면 연돌효과를 조장하여 도리어 연기의 전반을 일으킬 우려가 있다.

3) 스모크타워제연방식

제연 전용의 샤프트를 설치하고 난방 등에 의한 건물 내외의 온도차나 화재에 의한 온도 상승에 의해 생긴 부력 및 제연샤프트의 최상부에 설치한 모니터 루프(minitor roof) 등의 외풍에 의한 흡인력을 통기력으로 이용하여 제연하는 방식이다([그림 9-17] 참조). 이 방식은 장치가 간단하고 샤프트의 내열성을 고려하면 어느 정도 고온의 연기도 배출할 수 있는 이점이 있으며, 주로 계단 전실의 제연에 이용되고 고층 건물에 적합한 방식이다.

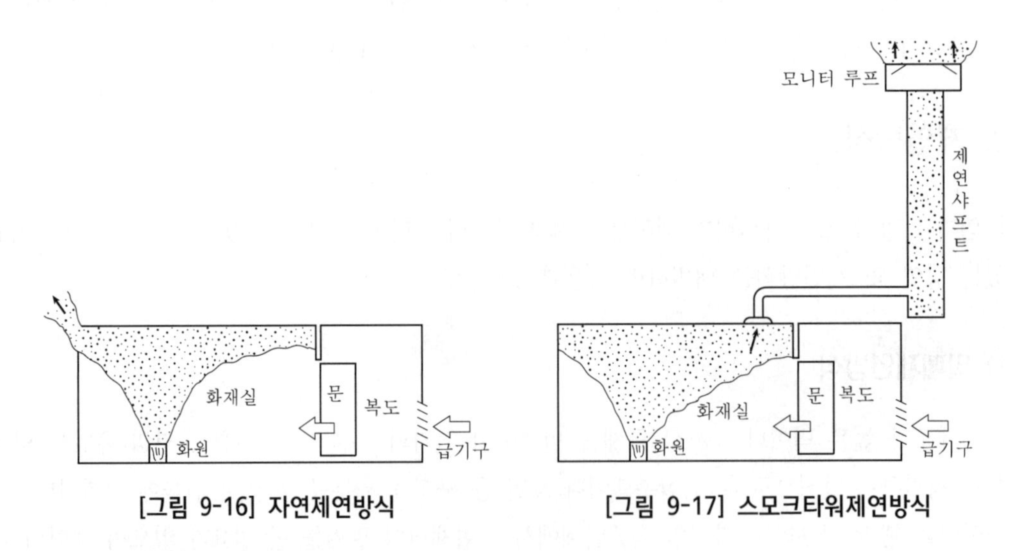

[그림 9-16] 자연제연방식　　[그림 9-17] 스모크타워제연방식

4) 기계제연방식

기계제연방식에는 급배기의 어느 쪽에 기계력을 이용하는가에 따라 다음과 같이 분류된다.

(1) 제1종 제연방식

[그림 9-18]의 (a)에 나타낸 바와 같이 화재실에 대해 기계배기를 하는 한편, 복도는 계단실을 통해서 기계력에 의한 급기를 행하는 방식이다. 급기량을 배기량보다 적게 제어하여 화재실 내를 부압(-)으로 유지하고 화재실로부터의 누연을 방지한다. 이 방식은 계단 전실 등 중요한 피난로의 확보를 위해서는 유효하지만, 급기와 배기를 기계력에 의존하기 때문에 장치가 복잡하고 풍량의 균형을 유지하기가 어렵다.

(2) 제2종 제연방식

[그림 9-18]의 (b)에 나타낸 바와 같이 복도, 계단실 등 피난통로에 공기를 송풍기에 의해 급기하고, 그 부분의 압력을 화재실보다도 상대적으로 높여서 연기의 침입을 방지하는 것으로서 가압방연 또는 가압배연방식이라고도 한다. 그러나 이 방식은 화재실 이외의 실의 밀폐도가 높지 않으면 충분한 정압(+)을 얻을 수 없고, 틈새에서 화재실로 공기가 유입하여 화재실의 화세(火勢)를 더욱 조장하고 열기나 연기가 복도로 역류하여 위험을 초래할 가능성이 있어서 일반적으로 적용되지 않는다.

(3) 제3종 제연방식

[그림 9-18]의 (c)에 나타낸 바와 같이 화재로 인해 발생한 연기를 실의 상부에서 배출기에 의해 흡인하여 옥외로 배출하는 방식이다. 연기의 유동을 방지하며 흡인효과를 증대시키기 위하여 제연 현수벽 등을 병용한다. 이 방식은 화재 초기에 있어서 화재실의 내압을 낮추고 연기를 다른 구획으로 누출시키지 않는 점에서 우수한 방식이다. 그러나 화재가 진행하여 연기의 양이 많아지면 흡인을 다 할 수 없을 우려가 있고, 연기의 온도가 상승하면 기기의 내열성에 한계가 있으므로 퓨즈댐퍼를 설치하여 제연을 중지할 필요가 있으며, 거실을 모두 제연의 대상으로 한다면 수비범위가 넓어지고 설비비나 유지관리비가 많아지는 등의 문제점이 있다.

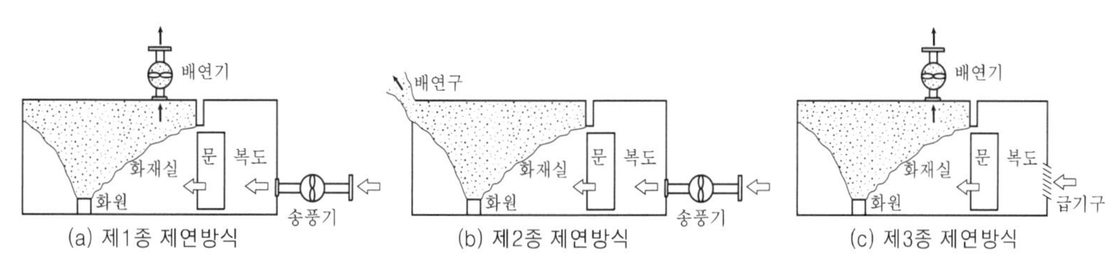

[그림 9-18] 기계제연방식

3. 제연설비의 구성

1) 배출구

자연제연방식은 국내 소방법뿐만 아니라 건축법에서도 요구되는 방식으로서 당해층에 설치되어 있는 창, 발코니 등의 개구부면적이 당해 바닥면적의 1/100 이상이 되는 경우에 인정되는 제연설비이다. 기계제연방식의 경우에는 배출구가 벽면 상부, 천장면 또는 천장실 내의 배출풍도에 설치되어 평상시에는 폐쇄되어 있다. 즉 배출구는 원칙적으로 폐쇄상태에서 새지 않는 구조의 상기폐쇄형의 것을 사용한다. 단, 하나의 제연구획을 대상으로 한 제연설비로서 배출기의 수동시동장치를 한 것은 상시개방으로 해도 된다.

또한 배출구는 각 제연구획에 설치하고, 제연구획이 여러 실로 나누어지는 경우에는 각 실마다 설치하든가 각 실 공통의 천장실 내에 설치한다. 동일 제연구획에 복수의 배출구를 설치할 때는 배출구의 한 개의 개방과 함께 다른 배출구도 개방하는 연동기구로 한다.

더욱 배출구는 그 작동 시에 고온의 화염 및 연기에 노출되므로 불연재료로 만들어지며, 열에 의해 현저한 변형이 일어나지 않아야 한다. 또 배출구는 상기 작동하는 것이 아니므로 가동부가 녹이나 먼지로 작동불량이 되지 않는 재질, 구조의 것이라야 한다.

배출구에는 수동개방장치와 그 조작방법을 표시해야 한다. 그러나 환기, 채광을 주목적으로 하고 배출구로서도 효과가 있는 창(자연배출구)으로서 항시 손으로 개방할 수 있는 구조의 것은 그럴 필요가 없다. 수동개방장치의 손으로 조작하는 부분은 벽면설치의 경우 바닥에서 0.8~1.5m, 천장매달기의 약 1.8m의 위치에 설치한다. [그림 9-19]에는 그 설치 예를 나타낸다.

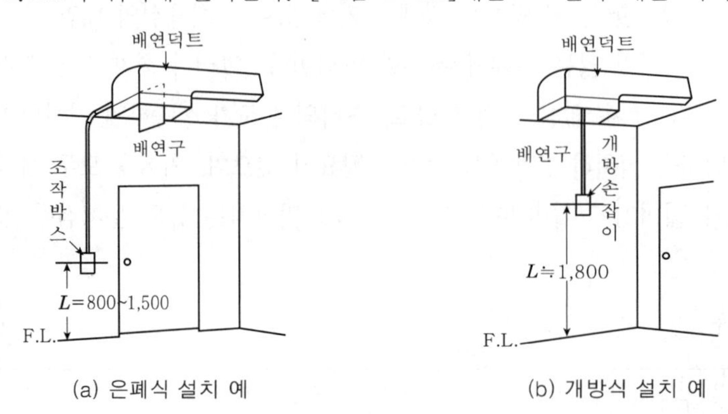

(a) 은폐식 설치 예 (b) 개방식 설치 예

[그림 9-19] 배출구의 설치 예

2) 배출풍도

배출풍도에 대해서도 법규에서 불연재료로 만들어지도록 되어 있으며, 가연물로부터 15cm 이상 떨어져서 사용하고, 금속 이외의 단열재로 10cm 두께로 덮게 되어 있다. 또 직선관 등과 접속하지 않도록 하며, 방화구획과 입상샤프트의 벽 · 바닥관통부는 완전한 구멍메움으로 하여 연기의 확산경로가 되지 않도록 한다. 만일 배출풍도가 방화구획을 관통하는 경우에는 방화댐퍼(퓨즈작동온도 280℃)를 설치한다([그림 9-20] 참조).

일반적으로 배출풍도의 재료는 아연철판이 많이 사용되며, 그 구조와 재질 등은 이미 제7장에서 기술한 바와 같이 고속덕트의 시방이 사용된다. 또한 철판제 덕트는 배출 시의 팽창 기타에 대비해서 공기 누설이 적은 캔버스이음쇠를 적어도 10m마다 삽입한다.

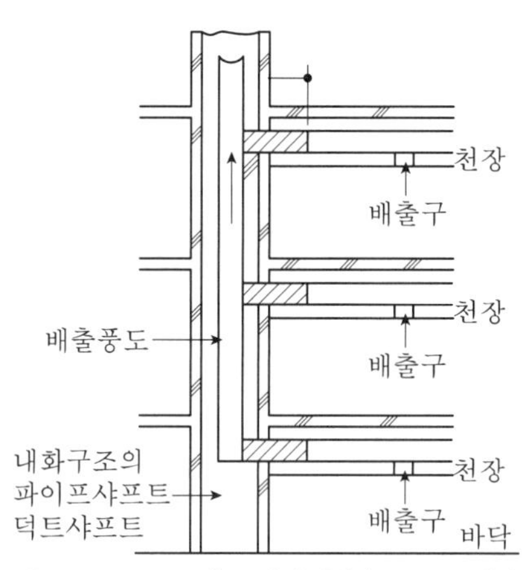

[그림 9-20] 배출풍도

3) 배출기

제연용으로 사용되고 있는 송풍기는 다익형, 리밋로드형, 터보형, 축류형 등이 있으며, 설치 시에는 그 제연계통에 적합한 송풍기를 선정해야 하고 사용목적으로부터 다음과 같은 점이 요구된다.

① 송풍기 본체는 고온기류에 접하게 되므로 내열성이 있고 열팽창으로 인한 회전에 지장이 없어야 한다. 일반적으로 배연을 시작하면서부터 30분 이상 운전 가능한 구조의 것으로 해야 한다. 또 내열면에서는 축류형보다도 원심식 송풍기가 우수하고, 축류형을 사용하는 경우에는 모터 외장형의 것을 사용하되 모터가 측면에 있거나 공기냉각장치가 부착되어 있는 것을 사용한다.

② 베어링은 물 또는 공기로 냉각하는 방법을 쓰거나 기류에 접하지 않는 구조가 바람직하다.

③ 전동기나 벨트 등 구동 부분은 송풍기 본체 등에서 복사열을 받아도 기능에 지장이 없어야 한다.

한편 배출기는 그 제연계통의 최상부에 있는 배출구보다 높은 위치에 설치하는 것이 원칙이며, 방화구획된 기계실 내에 설치한다. 가령 구동부가 정지했을 때에도 연돌효과에 의한 배출을 기대할 수 있다. 배출기 주위는 일상점검 · 보수를 할 수 있게 공간을 확보하고, 부근에 가연물을 두어서는 안 된다. 배출구는 연기가 피난 또는 소화활동에 방해가 되지 않는 방향에 설치하고 인접 건물을 연소시키지 않게 배려되어야 한다. [그림 9-21]에 배출기의 설치 예를 나타낸다. 또한 배출기는 전동기 구동이 원칙이지만 전원의 사용불능에 대비하여 비상전원, 또는 그에 대신할 수 있는 구동방식을 설치하는 것이 좋다.

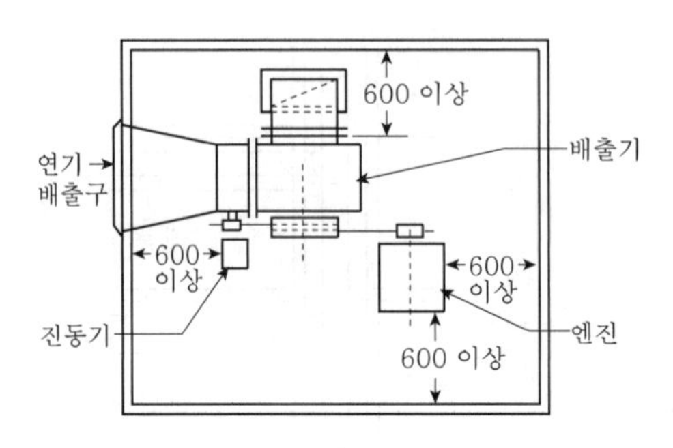

[그림 9-21] 배출기의 설치 예

4. 제연계획과 제연경계벽

1) 제연구획과 제연경계벽

제연구획은 방화구획 또는 제연경계벽에 의해 구성된다. 즉 방재계획상 기본적으로 방화구획이 있고, 그 구획 내를 다시 제연구획으로 세분하게 되며, 방화구획을 벗어난 제연구획은 존재하지 않는다. 또한 건축물의 방화구획은 구조에 의해서도 이루어지지만 원칙적으로 건물종별에 따라 바닥면적 1,000~3,000m^2 이하로 되어 있고, 제연구획의 면적은 일반적으로 1,000m^2 이내로 별도로 설치한다.

제연구획에서는 화재 초기의 연기를 저지하는 동시에 화재로 인해 탈락하지 않는 불연재 등을 쓴 간벽 또는 제연경계벽을 필요로 한다. 제연경계벽의 구조는 [그림 9-22]에 나타낸 바와 같은데, 이때 제연경계벽의 최소 높이는 60cm로 한다. 또한 사무소 건물과 같이 각층 동일 형상 · 동일 용도이며 그 유효면적이 1,000m^2 이상인 경우에는 [그림 9-23]에 나타낸 바와 같이 기준층을 여러 개로 분할하고 제연설비에 접속한다. 각 구획의 면적은 동일한 것이 바람직하다. 또한 불특정 다수인이 사용하는 홀 · 식당 · 주방 등과 같이 상이한 용도를 포함한 경우에는 그 용도에 따라 전용의 제연설비를 가질 것이 요망된다.

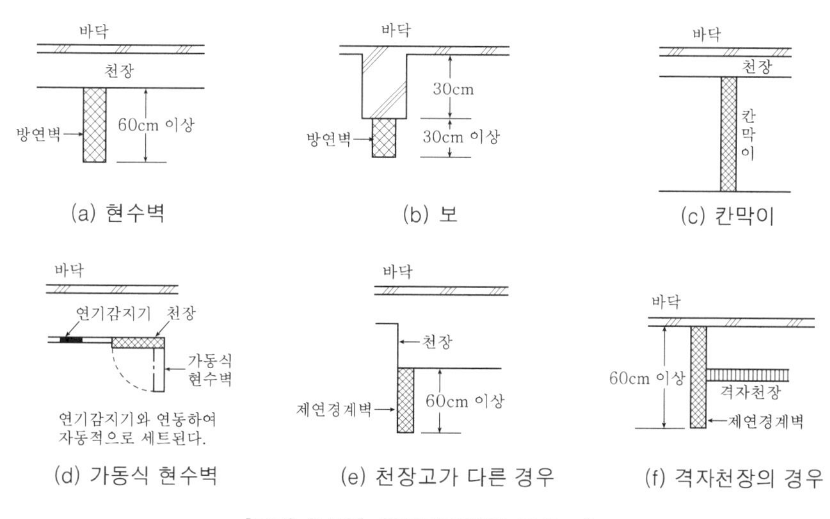

[그림 9-22] 제연경계벽의 구조 예

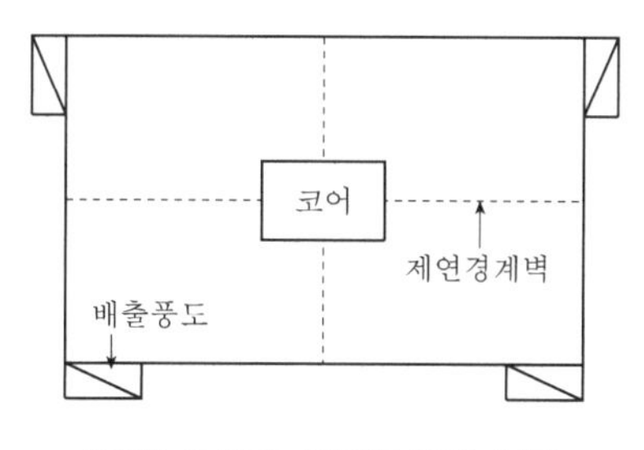

[그림 9-23] 제연구획의 분할

한편 제연구획은 다음과 같이 세 종류로 분류된다.

(1) 면적구획

화재규모와 피해의 억제를 위해 일정면적 이하로 구획하는 것이다. 즉 화기의 확산을 억제하기 위한 것이다.

(2) 용도구획

특수 건축물의 용도에 준하는 부분과 위험물을 저장, 처리하는 용도의 실에서는 화재에 의한 위험성이 높고 다른 부분에 미치는 영향도 크기 때문에 방화구획을 해야만 한다. 또한 불특정 다수인이 모이는 집회장, 백화점, 호텔과 상점 등 갖가지 용도의 실을 하나의 제연구획으로 하면 가연물의 양, 피난형태 등이 다르기 때문에 화재 시의 위험도가 높아진다. 이러한 관점에서 면적구획에도 불구하고 용도별 구획이 바람직하고, 일반적으로 방화구획과 마찬가지로 내화벽 또는 자동폐쇄식 갑종방화문으로 구획한다.

(3) 수직공간구획

화재는 계단, 엘리베이터, 에스컬레이터, 덕트스페이스 등과 같이 건축물을 수직으로 관통하는 부분이 있게 되면 급속히 확대된다. 즉 화재 시에는 이들 수직공간이 연기의 전달경로가 되기 쉽고, 연돌효과에 의해서 그 전달속도가 빨라질 수 있다. 따라서 이들 부분과 다른 부분과는 방화 혹은 제연구획으로 할 필요가 있으며, 건축적으로 이들과 거실 사이에 연기감지기 연동의 폐쇄문 등이 계획되어야 한다. 또한 공기조화나 환기용 덕트에서 2층 이상에 걸치는 경우에는 연기감지기 연동의 방화댐퍼로 연기를 차단하는 처리가 필요하다.

2) 제연계획

제연계획은 피난을 안전하게 행하기 위한 수단이므로 제연계획을 세울 때에는 피난계획을 충분히 고려하여 계획을 수립해야 한다. 또 제연은 전층 또는 화재층의 거주자가 피난 완료할 때까지 유효하게 적용하고 피난통로의 안전성을 확보하지 않으면 안 된다. 따라서 건물의 규모가 커질수록 장시간 제연을 계속하여 피난통로를 연기로부터 방지할 필요가 있다.

(1) 안전구획

피난은 일반적으로 거실(화재실) → 복도 → 계단 전실 → 계단 → 건물 밖의 경로를 잡는 것이 일반적이며, 사람들이 피난을 완료하기 전에 계단으로 연기가 침입하게 되면 그곳보다 상층에 있는 사람들은 피난이 불가능하게 되어 혼란의 원인이 된다. 그래서 화재실에서 옥외까지를 순서에 의해 구획하고, 화재실로부터 직접 계단 등이 연결되지 않도록 하는 것이 중요하다.

즉 복도를 제1차 안전구획으로 하면 계단 전실은 제2차 안적구획이고, 계단은 제3차 안전구획이 된다. 그리고 각 구획은 그 앞의 구획에서 화재의 영향을 받게 되므로 그 경계 부분에서 방화 · 제연을 행한다면 안전성은 증가하며, 각 안전구획의 경계는 제연성능을 가진 문으로 구획하는 것이 바람직하다.

(2) 피난통로의 제연계획

피난통로의 제연계획은 앞서 설명한 바와 같이 구획으로부터 고차 안전구획으로 연기가 유출하지 않도록 설치해야 한다. 그러기 위해서는 각 구획마다 배출구를 설치하는 것은 물론, 배출기의 계통도 전부 동일한 배풍기로 하는 것이 아니고 2~3계통으로 분할해 두는 것이 좋다.

제연을 행할 경우에는 급기경로가 확보되어 있지 않으면 유효한 배출을 할 수 없다. 급기경로는 [그림 9-24]에 나타낸 바와 같이 고차 안전구획으로부터 순서대로 저차 안전구획으로 흐르게 하는 것이 바람직하며, 거주자는 신선한 공기가 있는 방향으로 피난할 수 있다. 또한 피난 시의 인간심리에도 일치하여 피난이 더욱 용이하게 된다.

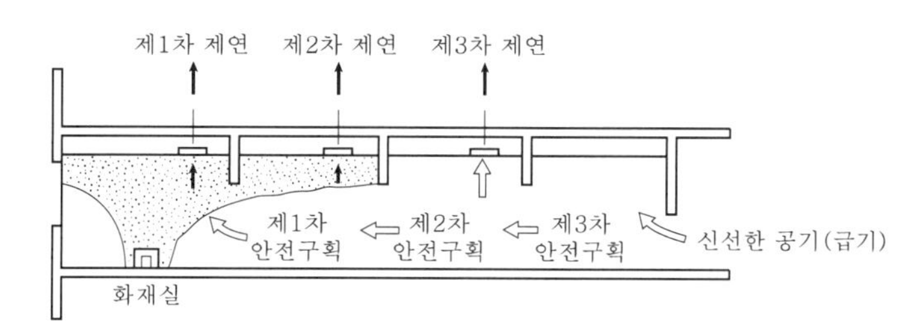

[그림 9-24] 안전구획과 기류방향

(3) 제연구획기준

제연구획을 평면적으로 구성하는 것은 벽, 간벽, 방연 현수벽이다. 원칙적으로 실면적 1,000m^2 이내이고, 배기구에서의 거리가 40m 이내가 되는 벽 또는 칸막이로 구성된 실은 그 실 자체가 하나의 제연구획이 된다. 그러나 1,000m^2 이상의 실이나 배출구에서의 거리가 40m를 초과하는 경우에는 그 실은 제연 현수벽에 의해 구획하고 제연구획을 만들어야만 한다.

제연구획은 면적구획 이외에 다음과 같은 조건을 고려해야 한다.

① 제연구획이 2개 층에 걸친 경우에는 원칙적으로 동일 제연구획으로 인정되지 않는다. 그러나 상하층에 바람이 통하는 부분이 있는 경우에는 [그림 9-25]에 나타낸 바와 같이 하층의 바람이 통하는 부분의 밑부분은 상부층의 구획에 포함시켜 구획한다.

② 구획의 분할은 배출구로부터 그 구획의 모든 부분까지의 거리가 40m 이내가 되도록 설정해야만 한다. [그림 9-26]에 나타낸 바와 같이 구획 내에 칸막이가 있는 경우에는 $A+B \leq 40$m가 되도록 설정한다.

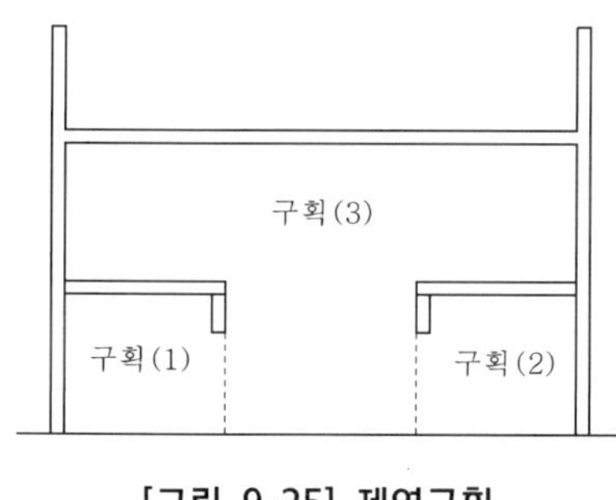

[그림 9-25] 제연구획

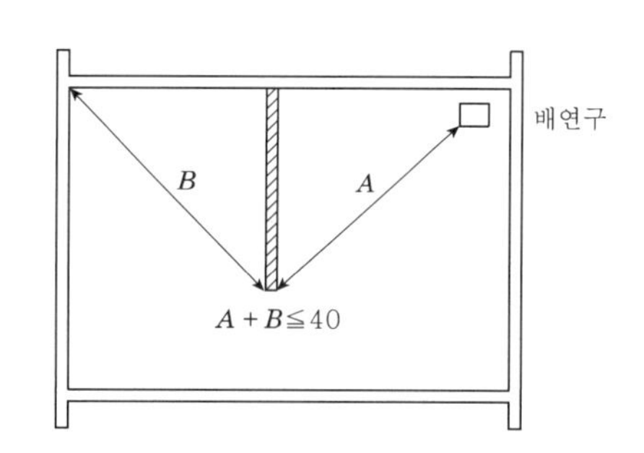

[그림 9-26] 배출구로부터의 거리

5. 제연설비의 설계

1) 거실 제연설비

(1) 기본개념

거실은 그 공간이 화재가 발생하는 화재실이므로 해당 화재실에서 연기와 열기를 직접 배출시켜야 하며, 배출시킨 배기량만큼 급기를 실시하여 피난 및 소화활동을 위한 공간을 조성한다.

배기만 실시하고 급기를 실시하지 않을 경우에는 배기시킨 공간으로 주위에서 연기가 계속 유입되어 피난로 형성이 되지 않는다. 따라서 상부에 배기구를 설치하여 제연경계 하단부(clear layer)만큼의 연기를 배출시키며, 이때의 배기량은 바닥면적이 아닌 제연경계 수직높이의 함수이다. 또한 제연경계 하단부에서는 외기를 주입해 피난 및 소화활동의 공간이 조성되며, 이때의 급기량은 배기량 이상이 되어야 한다.

(2) 제연구역

① 1,000m^2 이내로 층별로 설치한다.

② 하나의 제연구역은 2개 이상의 층에 미치지 아니하도록 한다. 다만 층의 구분이 불분명할 경우는 그 부분을 다른 부분과 별도로 제연구획한다. 예, 아래와 같은 구조의 2층 건물이 있을 경우 [그림 9-25]와 같이 제연구획한다.

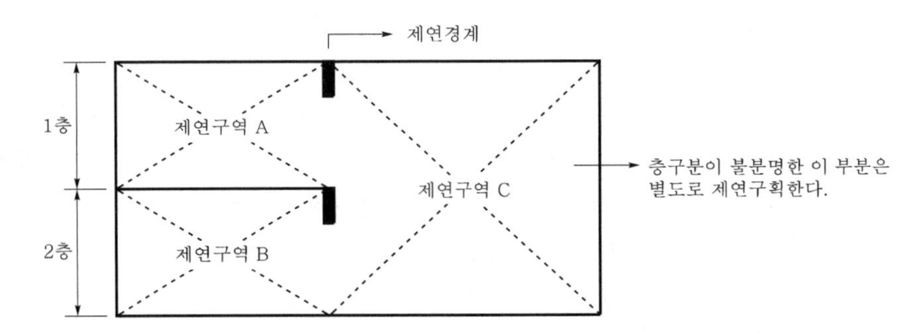

[그림 9-27] 2개 이상의 층의 경우

③ 거실과 통로는 상호제연구획한다.

④ 거실 부분의 제연구역은 직경 40m의 원에 내접(內接)해야 한다(구조상 불가피한 경우 60m까지 할 수 있다).

⑤ 통로 부분의 제연구역은 보행거리 40m 이내로 해야 한다(구조상 불가피한 경우 60m까지 할 수 있다).

⑥ 제연경계는 보, 제연경계벽, 벽(가동벽, 자동방화셔터, 방화문 포함) 등을 이용한다.

⑦ 제연경계는 반자로부터 폭(천장 또는 반자로부터 그 수직 하단까지의 거리)은 60cm 이상, 수직거리는 바닥으로부터 2m 이내이되, 구조상 불가피한 경우 2m를 초과할 수 있다. 화재 시 변형, 파괴되지 않는 불연재 이상이어야 한다.

(3) 제연방식

① 동일실 제연방식 : 화재실에서 급기 및 배기를 동시에 행하는 방식이다([그림 9-28] 참조).

제연구역	급 기	배 기
A구역 화재 시	MD_1(open)	MD_4(open)
	MD_2(close)	MD_3(close)
B구역 화재 시	MD_2(open)	MD_3(open)
	MD_1(close)	MD_4(close)

이러한 방식은 화재 시 급기의 공급이 화점 부근이 될 경우 연소를 촉진시키게 되며, 급기와 배기가 동시에 되므로 실내의 기류가 난기류가 되어 외기도입공간(clear layer)과 연기정체공간(smoke layer)의 형성을 방해할 우려가 있다. 따라서 소규모 화재실(fire area)의 경우에 한하여 적용한다.

② 인접구역 상호제연방식 : 화재구역에서 배기를 하고 인접구역에서 급기를 실시하는 방식이다([그림 9-28] 참조).

제연구역	급 기	배 기
A구역 화재 시	MD_2(open)	MD_3(open)
	MD_1(close)	MD_4(close)
B구역 화재 시	MD_1(open)	MD_4(open)
	MD_2(close)	MD_3(close)

화재실은 연기를 배출시켜야 되므로 화재실에서는 직접 배기를 실시하고, 인접실(인접한 제연구역을 말한다)에서는 급기를 실시하여 화재실의 제연경계 하단부로 급기가 유입되어 clear layer와 smoke layer가 형성되도록 조치한다. 복도가 없이 개방된 넓은 공간(백화점 등의 판매장)에 적용하는 방식이다.

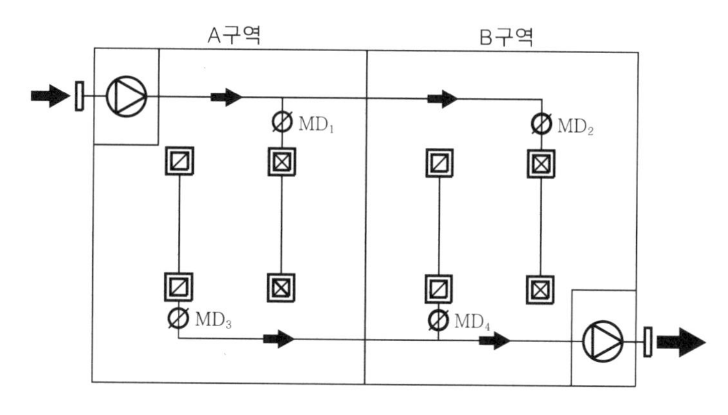

[그림 9-28] 2-ZONE의 거실제연

③ 거실배기 · 통로급기방식 : 화재실에서 배기를 하고 급기는 통로에서 실시하는 방식이다. 화재실은 연기를 배출시켜야 되므로 화재실에서는 직접 배기를 실시하며, 급기는 통로 부분에서 실시하되 화재실 외벽에 급기가 유입되는 하부 그릴을 설치하여 화재실로 급기가 유입되도록 한다. 각 거실이 통로에 면해 있는 경우 적용하는 방식이다.

④ 통로배출방식 : 통로에서 배기만 실시하여 화재 시 통로가 피난경로로 확보되도록 하는 방식이다. $50m^2$ 미만으로 거실이 각각 구획되어 통로에 면한 경우에 한해 적용할 수 있으며, 급기설비는 없으며 통로에 배기설비만을 설치하여 통로에서 배기만을 실시하는 방식이다. 화재실에서의 연기가 통로로 유입되는 것을 배출시켜 통로를 피난경로로 사용하는데 지장이 없도록 하는 방식이다. 이 경우 경유(經由)거실이 있는 경우는 경유거실에서 직접 배기를 실시해야 한다. 즉 A처럼 다른 거실 B의 피난을 위한 경유거실인 경우는 A 부분에서 직접 배출을 별도로 해야 한다(이 경우는 또 A에 유입구가 있어야 한다).

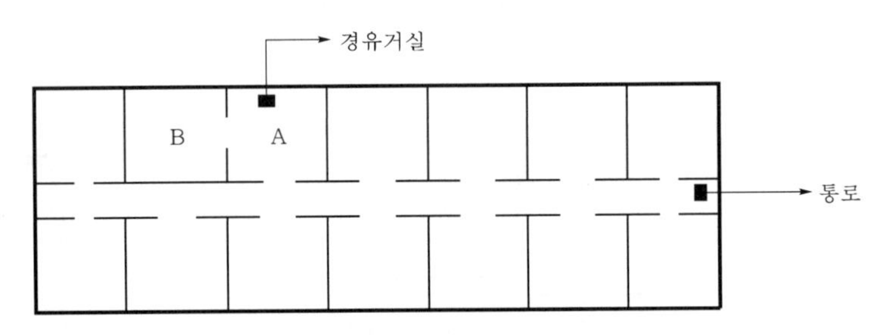

[그림 9-29] 통로배출방식

(4) 배출량

① 소규모 거실(바닥면적 $400m^2$ 미만) 및 통로배출의 경우 : 거실배출방식에서는 바닥면적별로 배출량을 적용한다. 바닥면적 $1m^2$당 1CMH로 하며 최저 5,000CMH로 한다. 경유거실의 경우는 "기준량×1.5배"로 한다.

㉠ 예상제연구역의 통로길이가 40m 이하 : 제연경계 수직높이 2m 이하는 25,000CMH, 2.5m 이하는 30,000CMH, 3m 이하는 35,000CMH, 3m 초과는 45,000CMH를 적용한다.

㉡ 예상제연구역의 통로길이가 40m 초과 60m 이하 : 통로길이 40m 이하인 경우보다 제연경계 수직높이별로 각각 5,000CMH를 더한 값을 적용한다.

② 대규모 거실(바닥면적 $400m^2$ 이상)의 경우 : 제연경계 수직거리별로 다음의 기준에 의한 배출량을 적용한다.

㉠ 예상제연구역의 직경 40m 이하 : 제연경계 수직높이 2m 이하는 40,000CMH, 2.5m 이하는 45,000CMH, 3m 이하는 50,000CMH, 3m 초과는 60,000CMH를 적용한다.

㉡ 예상제연구획이 직경 40m 초과 60m 이하 : 직경 40m 이하인 경우보다 제연경계 수직높이별로 각각 5,000CMH를 더한 값을 적용한다.

③ 통로의 경우 : 통로 보행 중심선의 길이별로 다음 기준에 의한 배출량을 적용한다.

예상제연구역	배출량	비 고
통로길이 40m 이하	40,000CMH	제연경계로 구획된 경우에는 수직거리에 따라 "대규모 거실기준"을 적용한다.
통로길이 40m 초과 60m 이하	45,000CMH	

④ 공동예상제연구역 : 2 이상의 예상제연구역을 동시에 배출시킬 경우, 즉 동일 제연구역 내 2 이상의 예상제연구역이 있을 경우 다음과 같이 배출량을 적용한다. 공동예상제연을 설정함으로써 급배기별 M.D수량을 줄일 수 있으며, 화재 시 동작시퀀스가 단순해지고 감시제어반의 구역을 단순화시킬 수 있다.

㉠ 제연구역이 벽으로 구획된 거실의 경우 : 제연구역이 벽으로 된 거실 ①, ②, ③을 동시에 배출할 경우 각 거실의 배출량을 합한 것(=①+②+③)으로 한다. 이 경우 출입구는 제연경계로 구획해도 무관하다([그림 9-30] 참조).

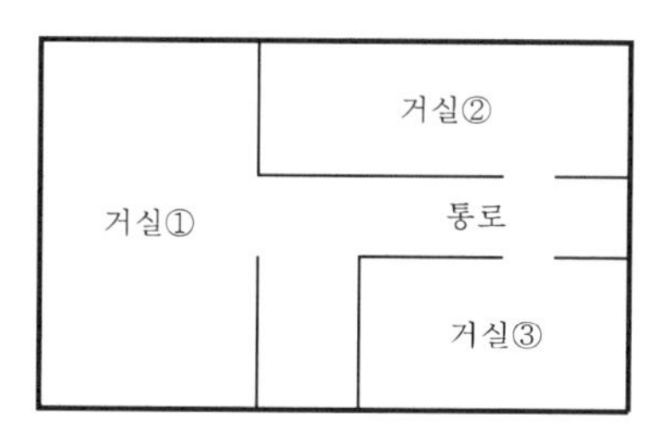

[그림 9-30]

㉡ 제연구획이 벽과 제연경계로 구획된 거실의 경우 : 바닥면적이 1,000m^2 이하이고 직경 40m의 원에 내접할 것, 제연구역이 제연경계로 구획된 거실 ①, ②, ③을 동시에 배출할 경우 각 거실 ①, ②, ③의 배출량 중 최대의 것으로 한다(이때 대각선은 40m 이내가 되어야 한다)([그림 9-31] 참조).

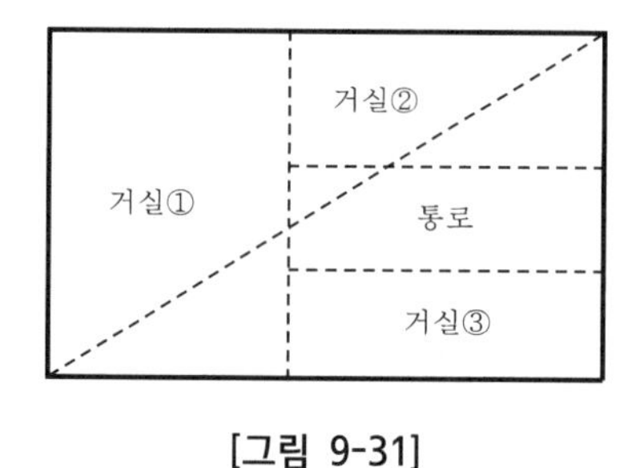

[그림 9-31]

㉢ 제연구획이 벽과 제연경계로 구획된 경우 : 바닥면적이 1,000m^2 이하이고 직경 40m의 원에 내접할 것, 제연구역이 벽과 제연경계로 구획된 거실 ①, ②, ③을 동시에 배출

할 경우 '제연경계로 구획된 거실 ①과 ② 중 최대인 것+벽으로 구획된 ③'의 배출량으로 한다(이때 대각선은 40m 이내가 되어야 한다)([그림 9-32] 참조).

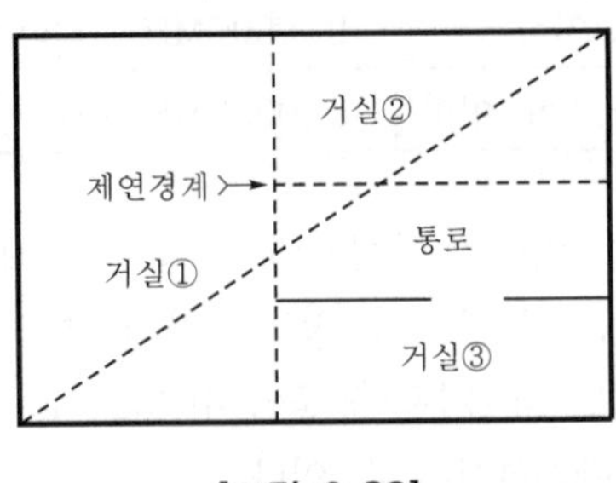

[그림 9-32]

(5) 배출구

① 배출구 수평거리는 10m 이내로 한다.

② 화장실, 목욕실, 50m^2 미만의 사람이 상주하지 아니하는 물품창고 등은 배출구 및 배출량 산정에서 이를 제외할 수 있다.

③ 배출구 설치높이는 제연경계의 경우는 제연경계 하단부보다 높게, 벽으로 구획된 경우는 바닥에서 2m 이상의 높이에 설치한다.

(6) 배출기 및 배출풍도

① 배출기

㉠ 배출기와 풍도의 접속 부분은 석면 등 내열성이 있을 것

㉡ 전동기(motor) 부분과 배풍기(排風機) 부분은 분리하여 설치할 것

㉢ 배출능력은 배출량 이상일 것

㉣ 흡입측 풍속은 15m/s 이하일 것

㉤ 토출측 풍속은 20m/s 이하일 것

② 배출풍도

㉠ 아연도금강판으로 하며, 내열성의 단열재로 단열처리한다.

㉡ 풍도의 크기(단면의 긴 변 또는 직경)에 따라 강판의 두께는 다음과 같다.

긴 변	450mm 이하	450~750mm	750~1,500mm	1,500~2,250mm	2,250mm 초과
두 께	0.5mm 이상	0.6mm 이상	0.8mm 이상	1.0mm 이상	1.2mm 이상

배기의 경우는 화재 시 열풍을 배출해야 하므로 강판의 두께 및 단열처리를 요구한 것이며, 이에 비해 급기의 경우는 신선한 외부의 공기를 주입하므로 강판에 대한 규제(두께 및 단열기준)가 없다.

(7) 급기량

급기량은 배출량 이상으로 해야 하며, 급기의 경우 연기를 배출시킨 화재실의 공간에 외부에서 공기를 주입하는 것이므로 반드시 '급기량≥배출량'이어야 한다.

(8) 유입구

유입구는 바닥으로부터 1.5m 이하에 설치해야 하며, 주변 2m 이내에 가연물이 없어야 한다. 소규모 거실(400m^2 미만)의 경우 바닥 외의 장소에도 설치가 가능하며, 이 경우 유입구는 배출구와 5m 이상의 이격거리를 유지해야 한다. 예상구역이 통로인 경우는 유입구 상단이 천장과 바닥의 중간 높이 이하여야 한다. 유입구 풍속은 5m/s 이하이며, 유입구 크기는 배출량 1CMH당 35cm^2 이상이어야 한다.

(9) 유입기 및 유입풍도

유입풍도의 풍속은 20m/s 이하여야 하고, 옥외에 면하는 유입구는 빗물의 침입방지 및 배출된 연기가 순환하여 유입되지 않도록 한다.

2) 부속실 제연설비

(1) 기본개념

특별피난계단의 부속실이나 비상용 승강기의 승강장의 경우는 화재실이 아니며 피난경로상 안전구역이다. 따라서 거실 등에서 화재가 발생할 경우 안전구역으로 연기의 침투를 방지하는 것이 중요하며, 근본적으로 화재실이 아니므로 배기를 실시할 경우 환기의 의미밖에 되지 않는다. 따라서 부속실 등의 안전구역은 연기의 유입을 방지하기 위해 양압을 유지해야 하므로 이에 따라 급기가압방식을 적용한다.

화재 시 부속실의 압력을 P_1, 화재실의 압력을 P_2라면 일반적으로 화재가 발생하는 장소의 압력은 상승하므로 $P_1 < P_2$ 가 된다. 이때 부속실에 배기만 할 경우, 급배기를 할 경우, 급기만 할 경우를 비교하면 다음과 같다.

① 부속실 배기만 실시할 경우 : 부속실의 압력은 부압(負壓)이 되며 $P_1 \ll P_2$로서 화재실에서 발생하는 연기의 유입을 촉진시킨다.

② 부속실 급배기를 실시할 경우 : 부속실의 압력은 처음과 유사하며 $P_1 < P_2$로서 환기상태의 경우에 해당한다.

③ 부속실 급기만 실시할 경우 : 부속실의 압력은 양압(陽壓)이 되며 $P_1 \gg P_2$로서 화재실로부터 연기의 유입을 차단하게 된다. 이때 연기가 침투되지 못할 정도의 압력차를 유지하기 위한 급기를 부속실에 실시하는 것이 급기가압의 목적이 된다.

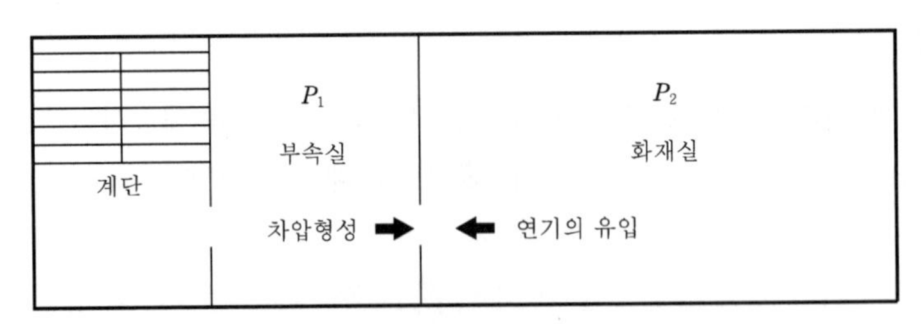

[그림 9-33] 부속실과 화재실의 연기흐름

(2) 제연구역

① 피난층에 부속실이 없는 경우는 계단실 및 그 부속실을 동시에 제연해야 한다. 피난층에 부속실을 설치하지 아니할 경우 1층에서 화재가 발생하면 방화문 개방 시 연기가 계단으로 유입되어 특별피난계단으로서의 기능을 상실하므로 계단실까지 급기가압이 필요하다.

② 피난층에 부속실이 있는 경우는 부속실만 단독으로 제연을 실시한다(단, 계단식 아파트의 경우 제외함).

(3) 급기량

제연구역에 급기해야 할 급기량은 누설량과 보충량의 합계 이상이어야 하며 각각의 의미는 다음과 같다.

① 누설량 : 출입문이 닫혀있을 때를 기준으로 한 것으로, 출입문이 닫혀있을 때 문의 누설틈새를 통해 연기가 유입되지 못하도록 언제나 화재실과 부속실 사이의 차압이 40Pa 이상(옥내에 스프링클러가 설치된 경우 12.5Pa)으로 유지되도록 하기 위한 급기량이다. 제연구역의 누설틈새면적을 A, 차압을 P라면 부속실의 1개층당 급기량($\mathrm{m^3/s}$) Q는 실험에 의하면 다음과 같이 표현할 수 있다.

$$Q = 0.827AP^{\frac{1}{n}} \tag{17}$$

여기서, Q : 급기량($\mathrm{m^3/s}$)
A : 누설면적($\mathrm{m^2}$)
P : 차압(Pa)
n : 문(=2), 창문(=1.6)

n의 값은 개구부가 큰 경우는 2이며, 작은 경우는 1.6으로, 이는 방화문의 경우는 2로, 창문의 경우는 1.6으로 적용한다.

연기의 이동을 원천적으로 차단하여 계단 쪽으로 연기의 누설을 봉쇄하기 위해서는 전층에서 급기를 해야 하므로 식 (17)에 "층수(N)"를 곱하고, 공기이므로 누설을 감안하여 25%의 여유율을 보정하고 제연구역에서 방화문만을 고려한다면 다음의 최종 식이 된다.

$$Q = 0.827A\sqrt{P} \cdot 1.25N(\text{층수})[\text{m}^3/\text{s}] \qquad (18)$$

식 (18)에서 기본풍량은 바닥면적과 무관하며 누설면적과 관계가 있다는 것을 나타낸다. 따라서 급기가압 시 부속실의 기밀성은 대단히 중요한 요소가 된다.

② **보충량** : 출입문이 열려있을 때를 기준으로 한 것으로, 피난 시 출입문을 개방할 경우 순간적으로 차압이 0이 되므로 이때 연기가 유입하게 되며, 연기를 차단할 수 있도록 방연(防煙)풍속을 유지하기 위한 급기량이다.

$$\text{보충량}(q) = \text{방연풍량} - \text{거실유입풍량}(Q_0)$$

$$\text{방연풍량} = k\left(\frac{\text{방화벽면적}(S) \times \text{방연풍속}(V)}{0.6}\right)(\text{실제로는 66.7\% 증가가 원칙})$$

방화문을 개방하는 숫자에 따라 방연풍량의 값은 차이가 나며, 20층 이하는 1개소로, 21층 이상은 2개소가 동시에 방화문을 개방한다고 가정을 하면 최종 식은 다음과 같다.

$$q = k\left(\frac{SV}{0.6}\right) - Q_0[\text{m}^3/\text{s}] \qquad (19)$$

여기서, k : 20층 이하 1개소, 21층 이상 2개소
S : 제연구역과 옥내 사이의 방화면적(m^2)
V : 방연풍속([표 9-12] 참조)(m/s)
Q_0 : 거실로 유입되는 공기량(m^3/s)

[표 9-12] 방연풍속

적 용		방연풍속
부속실이 복도와 면한 경우	방화구조	0.5m/s
	기타 구조	0.7m/s
부속실이 거실과 면한 경우		0.7m/s

이때 거실유입량은 부속실 내의 문이 여러 개 있어도 1짝(each)의 문만 고려한다. 즉 피난 시 거실방향으로 동시에 여러 개의 방화문이 있어도 1개소의 문만 열리는 것으로 가정하여 보충풍량을 구한다.

출입문을 개방할 경우는 부속실의 가압된 공기가 순간적으로 거실 쪽으로 유입하게 되며, 이를 거실유입풍량(Q_0)이라고 하며 [그림 9-34]와 같은 상황이 된다. 따라서 추가로 x라는 바람을 외부에서 보충해 주면 거실유입풍량 Q_0가 부속실에서 유입되므로 방연풍량의 크기가 되어 출입문을 개방해도 연기가 유입되지 않는다.

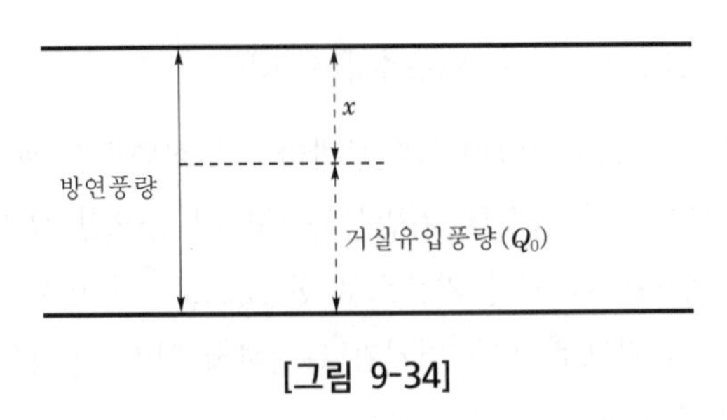

[그림 9-34]

(4) 과압공기배출

누설량의 경우에는 문이 닫혀도 압력이 초과되는 일은 없으나 문이 닫혀있을 경우에는 보충량으로 인해 정상적인 설비에서도 압력이 초과될 수 있다. 부속실 내의 차압이 과다할 경우 피난 시 노약자가 방화문을 용이하게 개방하기 어려우므로 이를 배출시켜 출입문의 개방에 필요한 힘이 110N을 초과하는 경우 작동되는 과압공기의 배출장치가 필요하다. 배출장치로는 압력 상승 시 이를 감지하여 동력 또는 무동력에 의해 작동되는 플랩댐퍼(flap damper)가 있다. 이 경우 배출은 반드시 거실이나 복도로 해야 하며, 계단으로 배출해서는 아니 된다.

(5) 유입공기의 배출

flap damper에 의해 거실로 유입된 급기량 및 방화문의 누설틈새를 통해 거실로 유입되는 급기량은 시간이 경과함에 따라 부속실과 거실 간의 차압형성을 균등하게 해 준다. 따라서 부속실 등의 차압이 형성되려면 거실로 유입된 급기량을 완전히 건물 외부로 배출시켜야 한다. 이를 유입공기배출장치라고 한다.

배출방식은 수직풍도를 이용하여 자연 또는 기계배출방식에 의해 배출하거나 건물의 옥내와 면하는 외벽에 배출구를 설치하고 감지기와 연동하여 damper개방을 motor 또는 solenoid(on-off) 구동으로 하는 구조이다.

(6) 급기기준

① 동일 수직선상의 모든 부속실은 전용수직풍도에 의해 동시에 급기할 것
② 수직풍도는 내화구조로 하고 내부는 아연도(0.5mm) 강판으로 마감할 것
③ 하나의 수직풍도마다 전용의 송풍기로 각각 급기할 것
④ 급기구 damper는 옥내에 설치된 감지기와 연동되어 모든 제연구역의 damper가 개방되도록 할 것(스프링클러설비로 인해 감지기가 없을 경우 옥내에 전용의 연기감지기 또는 당해층의 head 개방에 의해 기동되도록 해야 한다)
⑤ 급기구는 전층이 동시에 개방되는 구조일 것
⑥ 급기구는 벽 또는 천장에 고정하되, 가능한 출입문에서 먼 위치에 설치할 것

(7) 송풍기

① 송풍기 풍량은 급기량에 대해 15%의 여유율을 둘 것
② 송풍기 배출측에는 volume damper를 설치하고 풍량 및 풍압을 실측할 수 있는 조치를 할 것
③ 옥내의 화재감지기에 의해 작동하도록 할 것

(8) 배출기준

① 수직풍도는 내화구조로 할 것
② 내부면은 0.5mm의 아연도 강판으로 마감할 것
③ 각 층별 배출damper를 설치하고 옥내에 설치된 화재감지기의 동작에 의해 당해 층의 damper가 개방할 것
④ 배출damper의 개폐 여부를 당해장치 및 제어반에서 확인할 수 있는 감지기능을 내장할 것
⑤ 개방 시의 실제 개구부(개구율을 감안한 것)의 크기는 수직풍도의 내부단면적과 같도록 할 것

6. 제연설비의 제어 및 감시

1) 제어

① 배출구의 제어 : 제연설비는 시험과 보수 등을 위해 수동개방장치를 반드시 설치해야 하는데, 일반적으로 연기감지기와 연동시킨 자동개방장치를 설치하는 일이 많다.
② 배출기의 제어 : 배출기는 그와 연결된 배출구 중 하나라도 열렸을 때 그에 수반해서 자동으로 작동해야 하므로 배출구가 수동 또는 연기감지기의 연동으로 열렸을 경우 배출기에 기동신호를 보내는 회로가 필요하다. 또 중앙관리실이 있는 건물에서는 원격조작 및 작동을 감시할 수 있어야 한다.
③ 제연 현수벽의 제어 : 가동식의 제연 현수벽에는 수동제어장치를 반드시 설치해야 한다. 자동제어의 경우에는 하나의 방연구획에 1개 이상의 연기감지기를 원칙으로 하며, 중앙관리실이 있는 건물은 이 밖에 원격제어 및 감시를 할 수 있어야 한다.

2) 감시

높이 31m 이상의 건축물(비상용 엘리베이터를 설치해야 하는 건물) 등에서는 공기조화, 환기, 배연, 기타의 설비제어 및 작동상태를 중앙관리실에서 감시해야만 한다.

3) 전원

제연설비에 쓰이는 전원에는 상용전원과 예비전원이 있다.

제 9 장 연습문제

1. 환기의 개념과 목적에 대해 기술하여라.

답 본문 참조.

2. 실내환경의 오염원에 대해 설명하여라.

답 본문 참조.

3. 다음의 환기방식에 대해 비교 설명하여라.
(1) 자연환기와 기계환기
(2) 전반환기와 국소환기

답 본문 참조.

4. 18×6×2.9m인 사무실에 35명의 사무원이 근무하고 있을 때 어느 정도의 환기가 필요한가?

답 1,050m^3/h

5. 피크 시에 3m^3/h 정도의 CO를 발생하는 지하자동차수리공장이 있다. 환기횟수는 어느 정도 필요한가? 단, 공장의 크기는 15×30×3.5m로 한다.

답 19회/h

6. 공장 내에 매시 0.15g 정도의 벤젠(벤졸)이 발생하는 실이 있다. 이 실의 필요환기량은 얼마인가?

답 6,000m^3/h 이상

7. 초등학교 어린이를 30명 수용하는 도서열람실에 대한 필요환기량을 구하여라. 단, 열람실의 크기는 10×6×3m로 한다.

답 1,080m^3/h

8. 16.5×6.5×3m인 회의실이 있다. 이 실에 40명이 들어가 회의를 하는 경우의 환기량을 구하여라. 단, 재실자의 30% 정도는 항시 담배를 피우고 있는 것으로 한다.

답 2,000m^3/h

9. 정원 1,000명의 홀이 있다. 외기온도 10℃일 때 관내를 26℃로 유지하기 위한 환기설비를 설계하여라. 단, 1인당 발열량 65W, 그 밖에 11,628W의 열이 발생한다. 이 환기설비의 배치도를 다음 그림과 같이 한다. 단, 덕트의 국부저항에 대해서는 제7장의 [표 7-3]의 (1)을 참조로 하고, 여기에서는 $r/W=1.0$으로 한다. 또한 취출을 위한 각 분기점(B~G점)에 대한 국부저항은 무시하고, 취출구 · 흡입구 및 공조기 · 체임버(Chamber) 등의 전 저항은 41mmAq로 하며, 송풍기 효율은 0.55로 한다.

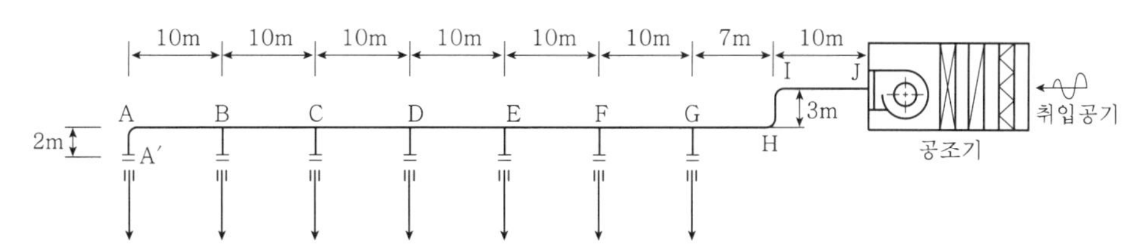

답 A′ B구간 원형 덕트의 직경 : 36×36cm
송풍기의 소요동력 : 3.7kW

10. 다음 용어들을 간단히 설명하여라.

(1) ICR
(2) BCR
(3) Night ventilation
(4) 방연 현수벽

답 본문 참조.

11. 다음 건축물의 환기계획 시 어떤 점들에 유의해야 하는가?

(1) 주택 및 아파트
(2) 사무소 건물
(3) 학교
(4) 공장
(5) 주차장
(6) 보일러실

답 본문 참조.

12. 제연설비의 설치의의와 목적을 기술하여라.

답 본문 참조.

13. 제연방식에 대해 스케치하면서 설명하여라.

답 본문 참조.

14. 제연설비를 구성하는 요소에 대해 간단히 설명하여라.

답 본문 참조.

15. 제연계획 시 어떤 점에 유의해야 하는가를 기술하여라.

답 본문 참조.

Chapter

10

공기조화의 계획과 설계

1. 공기조화의 계획
2. 공기조화의 설계

1 공기조화의 계획

1. 계획상의 요점

공기조화의 계획은 공조설비의 실시설계에 필요한 공기조화방식과 그것에 필요한 기기 선정, 최적의 조합을 고려한 합리적인 기기의 배치와 설비스페이스, 덕트 · 배관의 방법 및 기기의 제어방식 등을 결정하는 것이다. 더욱 일조조정의 방법, 단열계획, 소음, 방진, 조명, 비열 등과 건축물의 구조 · 의장적인 면을 포함해서 가장 경제적인 건축설비로서 건물 내부에 수납, 건축계획의 결정을 보는 것이 필요하다. 다시 말하면 건물의 공조부하 계산을 하고 이 값에 의해 공조기기, 덕트, 배관의 용량이 산출되며, 기계실의 배치와 필요면적이 결정되고 덕트와 배관계통이 선정되어 설계도가 작성되는 등 계획이 대강 종료된 단계부터는 실시설계에 들어가게 된다.

좋은 설비는 설계시점보다도 계획 시의 선택과 판단에 의해 윤곽이 결정된다고 해도 과언이 아니며, 설계 · 시공에서는 계획 시에 채택된 사항을 기술적으로 구체화하는데 불과하다. 그러므로 계획의 단계에서 공조기술자가 참여하지 않고 건축가가 독자적으로 공조방식이나 덕트의 배치, 공조기기 등의 공간을 정해놓고 실시설계단계에 가서 공조기술자에게 정리하도록 하는 사례가 있어서는 안 된다. 특히 새로운 형태의 건축에 있어서는 설비에 대한 건축가의 계획은 공조방식, 배치, 스페이스, 에너지 절약 등 각각에는 만족하고 있다 할지라도 건축 전체적인 시스템화에 연결되지 않은 불만족스러운 결과를 초래하여 비경제적인 설비가 되기 쉽다.

따라서 공조계획가는 건축계획의 초기단계에 적극적으로 참여하여 의장계획가 및 구조전문가와 대등한 입장에서 계획을 진행시켜야 한다. 의장면에서 설비의 제약을 요구하는 것과 같이 설비계획가도 건축계획에 대한 가장 적합한 공조계획의 검토를 제안하여 에너지 소비의 균형, 마감, 유지관리면은 물론 설비비, 운전비에 있어서도 질적 향상을 기하면서 경제적인 방법을 찾아야 한다. 또한 공조계획은 전기 또는 급배수설비와 밀접한 관계가 있으므로 계획 시에는 서로 상의해 진행시켜야 한다. 즉 공조 단독의 계획이 아니라 공조, 위생, 전기, 방재 등 각 설비계획은 조직적으로 인원을 구성하고 서로 협력해서 수행해야 한다.

계획의 순서에 대해서 중규모 이상의 사무소 건물에 대해 기술하면 다음과 같이 된다.

① 조사사항을 체크한다([표 10-1] 참조).

② 건물의 평면 · 단면 · 용도별 등에 의한 조닝을 한다.

③ 개략부하 계산(건물 전체)을 한다.

④ 건물용도별로 가장 경제적인 공기조화방식 가운데서 1~2안으로 줄인다.

⑤ 열원방식, 열원기기의 개략 선정과 기계실, 기기의 배치를 한다.

⑥ 덕트, 취출구, 흡입구의 배치와 수납, 도입외기, 배기구의 상호관계를 체크한다.
⑦ 공조기실, 실내유닛 주변, 파이프샤프트, 보관통 부분과 건축의 의장 · 구조의 관계를 체크한다.
⑧ 개략 기기용량에 기초해서 필요기기의 동력, 필요수량, 배수량을 협의한다.
⑨ 계획도에 의해 설비비, 운전비를 계산한다.
⑩ 계획도에 의해 건축의 단열계획, 일사조정, 용도별 조닝의 조정, 냉각탑, 연돌의 위치 등 건축계획과 협의한다.
⑪ 공기조화 및 열원방식을 결정하고 사용기기 및 부속기기를 결정한다.
⑫ 개요서, 계산서를 작성해서 완성된 계획도에 의해 발주자와 협의하고 실시설계에 들어간다.

[표 10-1] 계획상의 조사사항

건 물	규모, 용도, 구조, 창의 크기 · 위치, 그레이드, 장래계획
외부환경	위치, 입자환경, 온습도, 풍향, 풍속, 일조
실내환경	실내조건, 조명, 인원밀도, 사무기기, 공기조화환기의 범위, 운전시간
에너지의 공급	전력인입, 지역냉난방, 공공하수도
법 규	건축법, 소방법 등 관련 법규

2. 공조기계실의 크기와 배치계획

1) 열원기계의 용량과 선정

공기조화의 기본계획에 필요한 개략의 기기용량은 [표 10-2]의 수치로부터 산출해서 결정된 공기조화방식에 의해 기계실의 위치 · 면적을 검토한다. [표 10-3]은 사무소 건물에 대한 각 공조방식별 연면적과 기계실면적의 관계를 나타내고 있으나, 이 값은 계획의 초기에 적용하는 것이며 기기배치가 되어감에 따라서 기계실의 위치가 수정되어 계획이 완료된 단계에서는 충분하고 적정한 바닥면적을 확정해야 한다.

한편 열원설비는 공조설비의 양부를 결정하는 요점으로 되며, 일반적인 열원기기의 가격, 직접 에너지비의 비교에 의해 선정되지만 기타 상각비(기계실 시설비 · 스페이스 · 부대공사비를 포함), 경상비, 보수관리의 난이, 관계법규 및 에너지의 안정공급 등을 고려할 필요가 있다. [표 10-4]에 현재 일반적으로 사용되고 있는 냉온열원의 조합과 에너지를 나타낸다.

대규모 건물의 열원설비는 종래 원심식 냉동기와 보일러의 조합이 가장 경제적인 형식이었다. 대기오염, 냉동기 동력의 확보 및 수전용량을 감소시키기 위해 전체적인 설비비, 경상비의 관점으로부터 근래에 열펌프와 흡수식 냉온수기, 이중효용흡수식 냉동기가 채용되게 되었다. 또한 에너지의 경제적 이용을 도모하기 위해 축열조의 채택과 건물 내부의 발생열, 배열을 재이용하는 열회수방식의 실시 예를 많이 볼 수 있게 되었다.

[표 10-2] 계획용 설비 제 개산치

항 목		개산치	비 고
냉방부하	전체	151~198W/m^2	식당 291~407W/m^2 [1] 상점 174~233W/m^2
	페리미터	186~221W/m^2	
	인테리어	116~151W/m^2	
난방부하	전체	151~198W/m^2	가습부하를 포함
풍량	전체	15~25$m^3/m^2 \cdot h$	식당 25~35$m^3/m^2 \cdot h$ 상점 20~30$m^3/m^2 \cdot h$
	페리미터	25~35$m^3/m^2 \cdot h$	
	인테리어	10~15$m^3/m^2 \cdot h$	
환기	기계실 · 전기실	50$m^3/m^2 \cdot h$ 이상	
	화장실	25$m^3/m^2 \cdot h$ 이상	
	주방	80$m^3/m^2 \cdot h$ 이상	
냉동기	일반	0.03USRT/m^2	1USRT=3,517W[2]
	백화점	0.045USRT/m^2	
	공회당	0.01~0.07USRT/m^2	
보일러	일반	0.23~0.35W/m^2	
	병원	0.47~0.70W/m^2	
냉수량	냉수코일	8~10l/min · USRT	
냉각수	냉각탑	12~15l/min · USRT	우물물 4~8l/min · USRT
냉동기 동력		0.83~0.93kW/USRT	우물물 0.7~0.8kW/USRT
공조용 전동력		50~60W/m^2	

[주] ① 3,000m^2 이상의 사무실 건물에 (식당을) 개업하는 경우 냉방부하는 174~488W/m^2 정도로 하며, 최상층에 (식당을) 설치하는 경우 제시된 기준에 20% 증가한 수치 적용
② URST : 미국냉동톤(1URST=3,517W), RT : 일본냉동톤(1RT=3,861W)

[표 10-3] 사무소 건물의 공조설비 기계실의 개략 바닥면적

바닥연면적	공조설비 기계실 (개략치)	공조방식별 공조설비기계실		
		각 층, 단일덕트방식 (정풍량, 변풍량)	각 층, 단일덕트방식+팬코일유닛방식	1계통의 단일덕트방식
1,000m^2	70m^2(7.0%)	75m^2(7.5%)	–	50m^2(5.0%)
3,000m^2	200m^2(6.6%)	190m^2(6.3%)	120m^2(4.0%)	130m^2(4.3%)
5,000m^2	290m^2(5.8%)	310m^2(6.2%)	200m^2(4.0%)	220m^2(4.4%)
10,000m^2	450m^2(4.5%)	550m^2(5.5%)	350m^2(3.5%)	–
15,000m^2	600m^2(4.0%)	750m^2(5.0%)	550m^2(3.7%)	–
20,000m^2	770m^2(3.8%)	960m^2(4.8%)	730m^2(3.6%)	–
25,000m^2	920m^2(3.7%)	1,200m^2(4.8%)	850m^2(3.4%)	–
30,000m^2	1,090m^2(3.6%)	1,400m^2(4.7%)	1,000m^2(3.0%)	–

[주] 공조설비의 각 층 기계실을 포함한다.

[표 10-4] 냉온열원의 조합과 에너지

방 식	냉온열원의 조합	에너지	
		냉 방	난 방
통상방식	전동원심식 냉동기+증기(온수)보일러	전력	석유 · 가스
전연료식	단효용(이중효용)흡수식 냉동기+증기(고온수)보일러	석유 · 가스	석유 · 가스
	직화식 냉온수발생기	석유 · 가스	석유 · 가스
	(배압터빈원심식 냉동기+일중효용흡수식 냉동기)+증기보일러	석유 · 가스	석유 · 가스
	복수터빈원심식 냉동기+증기보일러	석유 · 가스	석유 · 가스
열펌프식	전동열펌프(공기열원 · 수열원 · 태양열원)	전력	전력
열회수 열펌프식	열회수열펌프+보조열원(증기 또는 온수보일러)	전력	석유 · 가스
	열회수열펌프+보조열원(전기보일러)	전력	전력
	열회수열펌프+보조열원(공기열원열펌프)	전력	전력

중규모 이상의 건물에 대해서는 공조방식, 조닝, 자동제어기기의 조합과 기기의 분할 등에 의해 열원기기 주변과 공조기 터미널유닛으로의 배관계획도 그 목적에 따른 것으로 할 필요가 있다. 특히 냉온수를 열매로 해서 사용하는 수배관방법에는 다종다양의 것이 있고, 배관방법으로서는 밀폐식 배관, 개방식 배관, 제어방식에 의해 정유량, 변유량, 열공급방법에 의해 2관식, 3관식, 4관식이 있다. 더욱 배관계의 저항밸런스를 취하기 위해 직접환수식, 리버스리턴식, 부스터펌프식 등이 있다. [그림 10-1]에 그 조합의 일례를 나타낸다.

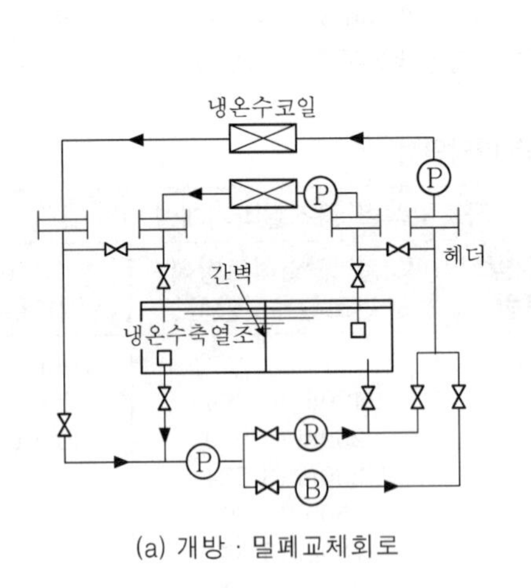

(a) 개방 · 밀폐교체회로

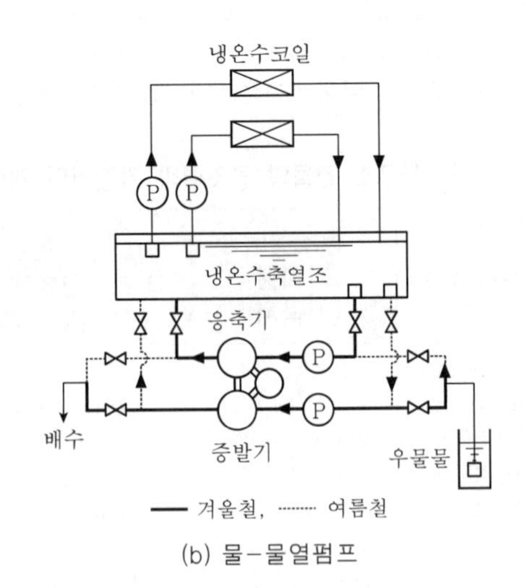

(b) 물-물열펌프

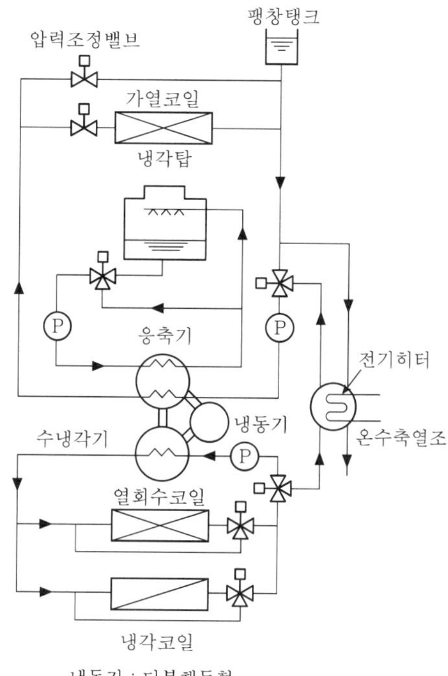

(c) 열펌프에 의한 열회수방식

[주] R : 냉동기, B : 보일러, P : 펌프

[그림 10-1] 열원기기와 배관계통

2) 배관 및 덕트공간의 계획

수직덕트에서 각 층으로 분기하는 경우에는 가능하면 두 방향으로 갈라지는 위치에 덕트샤프트를 위치한다. FCU 등의 배관은 코어에 수직주관을 통하게 하고 각 층으로 분기하는 경우와 외주부의 기둥선을 따라 입상하여 각 층으로 분기하는 경우가 있다. 코어 주변의 덕트 및 배관용 공간이나 외주부의 기둥이 따르는 입상배관용 공간 등은 방재상 샤프트 내에 콘크리트슬래브을 쳐두어야 한다.

건물의 각 스팬마다 외주부용 덕트를 바닥 밑에서 관통시키는 경우에는 슬래브 관통부의 덕트 내에도 연기감지기 연동의 방화댐퍼를 설치해야 하므로 바닥 위에서 덕트를 수평배관시키는 것이 좋다. 기준층의 천장 내부는 보의 관통부 또는 보 밑과 천장판 사이의 공간에 덕트 또는 배관을 통과시키는데, 고층 건물에서는 허니콤구조의 철골에 의하는 경우가 많으므로 보와 천장과의 공간을 600mm 정도로 하고 환기 · 배연용 덕트공간으로 사용한다.

고층 건물에 있어서 기준층의 바닥을 관통하는 덕트 또는 파이프샤프트의 스페이스는 공조방식, 덕트 내의 풍속 등의 의해서도 다르지만 [표 10-5]에 나타낸 바와 같이 각 층 바닥면적당 2~3% 정도이다. 그러나 이것은 개략치이므로 실제 계획에 있어서는 구체적인 배치도면을 작성하여 결정한다.

소규모 건축에 있어서는 지하층이 없는 경우 1층 바닥 밑에 냉온수관 또는 증기관을 통하게 할 때에는 배관용 피트를 설치하고 병원의 진료실과 같이 급·배수관을 포함한 많은 배관이 바닥 밑에 설치될 때에는 가능하면 1층 바닥 밑을 이중바닥구조로 하고 시공에 필요한 공간을 확보한다. 이중바닥의 공간에 보수, 점검을 위해 사람이 들락거릴 수 있는 공간을 크롤스페이스(crawl space) 혹은 서비스덕트(service duct)라고 부르고 있다.

[표 10-5] 사무소 건물의 기준층 덕트 및 배관공간의 면적

항 목		기준층 바닥면적에 대한 비율(%)	비 고
공조	덕트공장(매연을 포함)	1.6~2.5	외기도입, 배기를 위한 공용샤프트는 포함하지 않는다.
	공조배관공간	0.4~1.0	
위생배관공간		0.3~0.8	분전반공간, 변압기실을 포함한다.
전기배관배선공간		0.3~1.0	
계		2.6~5.3 (일반적으로 2.5~3.5가 많다)	

3) 열원기계의 배치계획

열원기기의 배치구성 예는 [그림 10-2]에 나타낸 바와 같이 여러 가지 형식이 있으며 각각 다음과 같은 특성이 있으므로 적용되는 건물의 특징에 알맞는 방식을 선정한다.

(1) 지하층에 기기를 집중, 설치하는 경우

[그림 10-2]의 (a)인 경우이며 지상 12층 정도를 초과하게 되면 기기의 압력이 증대하고 비용이 높게 된다. 집중관리, 소음, 진동에 대해서는 유리하지만 굴뚝처리의 문제가 생긴다.

(2) 최상층에 기기를 집중, 설치하는 경우

[그림 10-2]의 (b)인 경우이며 굴뚝이 짧고 냉동기와 냉각탑이 가깝기 때문에 냉동기의 내압이라든가 배관이 최소가 되는 이점이 있으나, 기기의 반입·반출발생, 소음, 진동 및 방재상 충분한 고려가 요구된다. 미국, 유럽 등에서 지반이 암반이어서 굴착이 곤란한 장소에서 많이 사용되며 30~60층 정도의 초고층 건물에서 채용될 수 있는 예이다.

(3) 보일러를 지하층에 설치하는 경우

[그림 10-2]의 (c)의 경우로서 화기를 사용하는 보일러를 안전한 지하층에 설치하는 것이지만 굴뚝에 문제가 남는다.

(4) 중간층에 기기를 분산하는 경우

[그림 10-2]의 (d)의 경우로서 30층 이상의 초고층 건물에 적용되며 냉동기의 내압상 지하 설치 부분은 불리하다.

(5) 냉각기 분산 · 배치의 경우

[그림 10-2]의 (e)의 경우이며 내압상으로는 유리하나 냉각탑의 소음대책이 필요하다.

(6) 중간기계실에 설치하는 경우

[그림 10-2]의 (f)의 경우이며 기기 전체가 집중, 배치되고 기기의 내압도 적당하여 관리도 유리하다. 그러나 중간 기계실의 층고가 기준층보다 2플로어분 이상 높게 되며 소음, 진동이 상하층에 전해지기 쉬우므로 구조적인 대책이 필요하다. 한편 [그림 10-3]에는 지하층에 각종 기기가 집중설치되어 있는 실제 기계실의 모습을 보여주고 있다.

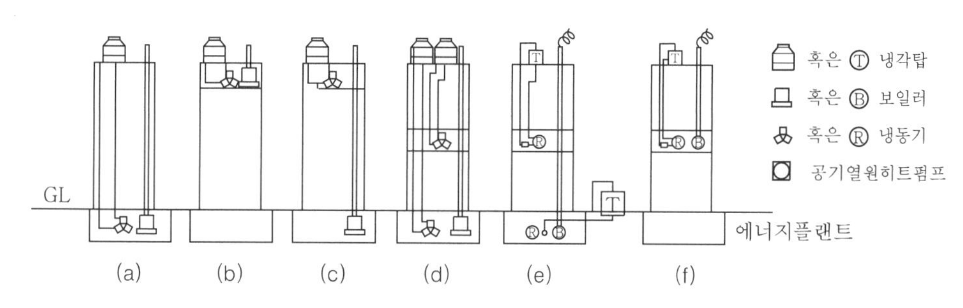

[그림 10-2] 고층 건물의 열원기계실

(a) 터보냉동기

(b) 온수보일러

(c) 각종 펌프

(d) 각종 배관

[그림 10-3] 지하층 기계실의 설치모습

2 공기조화의 설계

1. 다실 건물의 공조설계

1) 설계상의 요점

다실 건물을 통상의 공조방식으로 설계한 경우 최대 부하 시에 대한 송풍온도는 동일 조닝 속에서도 각 실의 부하특성에 따라 각각 다른 값으로 된다. 냉방 시에 있어서 송풍온도는 재순환공기를 사용하지 않을 때 근사적으로 냉각기 표면온도와 같다. 냉각기 표면온도는 실내온습도조건과 현열비로부터 정해지므로 현열비가 낮은 실일수록 낮은 냉각기 표면온도를 필요로 하는 것이다.

여러 개의 실을 26℃, 50%로 냉방하는 설계를 해서 냉각기 표면 최고 온도가 14℃, 최저가 11℃로 되었을 때는 원칙적으로 그 온도를 11℃로 한다. 그 이유는 만일 이들 실의 냉각기 표면 평균온도가 13℃였다고 할지라도 그렇게 하면 13℃ 이하를 필요로 하는 실의 상대습도를 설계치보다는 높이는 결과로 되며, 경우에 따라서는 쾌감대로부터 벗어나 버리는 것으로 되기 때문이다. 그러나 이와 같은 경우에 최저치를 쓰면 그 실의 온습도는 최대 부하 시에 대해서도 설계조건대로 되지만, 그것 이외의 실은 항상 상대습도가 설계치보다도 낮게 되고 그 때문에 장치의 감습부하는 증대한다.

냉각기 표면온도, 즉 취출온도를 낮게 취하면 송풍량은 적게 되어서 경제적이 되지만, 한편으로는 냉동기 부하가 증가한다. 더욱 지금 예의 경우에 11℃의 냉각기 표면온도를 필요로 하는 실이 전체와 비교해서 면적도 커서 50% 전후의 상대습도를 필요로 하게 될 때에는 이와 같이 할 수밖에 없지만, 쾌감대를 약간 상회하는 것은 부득이한 것으로 해서 냉각온도를 전체의 평균치 또는 중점적인 실의 값으로 취해 냉동기 부하의 감소를 도모한다.

이것은 난방 시의 취출온도에 대해서도 똑같은 것이다. 일반적으로 난방 시의 송풍량은 냉방송풍량대로 이루어지는 일이 많고, 북측의 실 등인 경우에는 냉방부하가 적기 때문에 송풍량도 적고, 이 반면에 난방부하는 크기 때문에 소요송풍온도는 높게 되어 북측의 각 실로의 덕트에 재열기를 설치해서 존제어를 하는 것으로 된다. 냉방 시의 냉각기 표면온도는 평균치적 선정을 해도 그것 이하인 실의 상대습도가 높게 될 뿐 실온과는 관계없지만 난방송풍온도는 평균치적 선정을 하면 실온은 높아지지 않은 결과를 초래한다. 다실 건물에서는 각 실로의 급기의 대부분이 도어그릴 또는 벽그릴을 경유해서 복도로 배출되고, 계단실 부근의 코어에서 환기덕트로 유입하는 방법이 잘 사용된다. 이 경우 복도는 어떻든 비공조구역이지만 이 복도와 실내와의 온도차는 공조부하 계산에 쓰는 값보다 아주 적어 0.5~1℃이다.

이것은 복도도 공조구역에 들어 있다는 것을 의미하므로 그만큼의 부하도 당연히 열원에 더해 주어야 하지만 경험적으로 그럴 필요는 없다고 한다. 또한 틈새바람에 대해서도 창은 기밀한 새시로 밀폐되어 있기 때문에 외부로의 출입구를 갖고 있는 부분 이외에는 계산할 필요는 없다. 그러나 겨울철에 북측 실에서는 약간 외기침입이 있기 때문에 이들 실에 대해서는 양을 조금 더 생각해 주는 편이 안전하다.

다실 건물의 공기조화장치는 다음과 같은 각종 이유 때문에 조닝을 할 필요가 있다.

(1) 사용시간대에 의한 조닝

사용시간이 다른 구역이 있으면 운전시차가 생긴다. 이것이 생기는 예로서 학교에 있어서의 교실과 강당, 호텔에 있어서의 개실과 연회장 등 동일 사용자 내부에 의한 것과, 임대빌딩과 다목적 건물 등 개별 사용자가 개입하고 있는 경우를 들 수 있다. 운전시차에 대해서는 경제적인 관점에서 공조장치의 계통구분에 관해 적절한 고려를 해야만 함과 아울러 시차운전계통에 대한 열원의 문제, 공조방식 등에 대해서도 충분히 검토할 필요가 있다.

(2) 쾌감도의 개인차

주로 호텔, 병원 등의 개실에 대해서 중시해야 할 것이지만 사무소 건물에서도 중역실 등은 문제로 되는 일이 있다. 쾌감선도의 쾌감대는 통계적 의미를 갖는 것에 불과하므로 큰 실에 대해서는 의미가 있지만, 개실인 경우에는 재실자의 육체적, 정신적 원인에 의한 쾌감도의 편차에 대해서는 객관적인 설득력을 갖지 못하게 된다.

(3) 열부하에 의한 조닝

건물 전체를 방위별로 조닝하는 방법, 건물의 외주부(perimeter zone)만 방위별로 하고 부하가 거의 일정한 내주부(interior zone)을 별 계통으로 하는 방법, 실내 부분을 여러 개의 계통으로 분할하는 방법 등이 있지만, 세분화의 정도는 건물의 규모, 경제성에 의해 정한다.

(4) 온습도조절에 의한 조닝

사무소 내의 전산실, 연구소 내의 실험실, 병원의 수술실과 같이 일반 사용구역과 온습도조건을 다르게 하는 실에 대해서는 말할 것도 없이 독립한 계통으로 한다. 이들 실은 항온 · 항습요구가 있는 일이 많으며 일반 계통과의 운전시차도 있기 때문에 단독으로 송풍계통을 독립시킬 뿐 아니라 그 규모에 따라서 패키지형 공조기 또는 단독의 소형 냉동기, 보일러 등을 설치해서 일반 계통과 열원을 다르게 하는 일이 많다.

(5) 환기방식에 의한 조닝

병원의 수술실과 같이 전 외기송풍이 이루어지고 있는 경우에는 환기를 사용하는 일반 계통과 별개로 하는 것은 당연하다. 송풍량 중의 외기와 환기의 조성이 현저하게 다른 강당 등도 계통을 다르게 해야 할 것이다. 또한 건물 내에 식당이 있는 경우 일반실과 동일 계통으로 하면 식당으로부터 환기를 취하는 것을 피해야만 하지만, 식당만 독립계통으로 하면 환기를 이용할 수 있다.

(6) 운전시차에 의한 조닝

다목적 건물의 상점가, 은행, 호텔의 객실, 병원 등과 같이 일반 사용구역보다 운전시간이 긴 것과 학교의 강당, 호텔의 연회장 등과 같이 사용시간이 간헐적인 것이 있다. 공조방식은 그 당해 부분의 크기에 따라 작은 실에 대해서는 패키지형 공조기, 큰 실에 대해서는 독립한 열원을 갖는 공조장치를 설치한다. 이 경우 공조기로서 중앙식 공조식(air handling unit) 또는 팬코일유닛(FCU)이 사용된다. 일반 계통과 열원을 공동으로 할 때에는 전체의 용량과 비교해서 시차운전부하에 의해 적당한 분할을 한다.

2) 공기조화장치

(1) 공조방식

열부하에 의한 조닝은 실의 최대 공약수적인 조정을 할 수 없을 뿐만 아니라 개별적인 조정도 할 수 없다. 또한 호텔, 병원 등의 개실 중심의 건물에 대해서는 재실자의 쾌감도에 대한 개인차도 어느 정도 만족시켜야만 한다. 다실 건물에 대해서는 개별제어방식이 가장 적당하다. 전 공기식의 것으로서는 이중덕트, 단일덕트 · 터미널리히트, 단일덕트 · 가변풍량방식, 물-공기식으로서는 FCU, 유인유닛방식 등이 있다. 최근에 건물의 구조 경량화, 창유리면적의 증대, 조명설비의 증가 및 거주자의 요구 등의 이유로부터 연간 공조가 필요해지고 있다. 단일덕트 · 가변풍량방식을 제외하고 상술한 각 방식은 냉온 양 열원을 동시에 공급할 수 있는 것이며 연간 공조가 가능하다. 건물의 외주부와 내주부는 일반적으로 적절히 구별하여 분할한다. 외주부에 대해서는 유인유닛 또는 팬코일유닛방식, 내주부에 대해서는 이중덕트, 단일덕트 · 재열 및 가변풍량방식 등의 전 공기식이 사용된다.

개별제어는 터미널에서 하는 방법과 어느 정도의 존에 대해서 일괄해서 제어하는 방법이 있으며, 내주부는 일반적으로 블록에 대해서는 일정하게 하는 일이 많고 동시에 변동도 별로 없는 등의 이유 때문에 존제어로 충분하다. 또한 중규모 이하의 건물과 대규모이며 예산의 제약이 있는 건물의 내주부에 대해서는 단일덕트방식을 쓴다.

(2) 냉열원

① 용량과 대수 : 냉열원용량은 공조계통의 조닝을 하기가 아주 어렵기 때문에 정확하게 과부족이 없는 값을 구하는 것도 상당히 어렵다. 실제로는 안전상 약간 큰 값을 취하는 일이 많다. [그림 10-4]와 같은 평면을 갖는 건물에 대한 냉동기 용량을 생각해 본다. 개별제어할 수 없는 1계통으로 하면 냉동기 용량은 건물 전체의 최대 부하값의 합계로 결정된다. 즉 120+140+70=330로 된다. 이 건물 전체의 최고 동시부하 시는 16시에 발생하며, 그 값은 290이지만, 이 시점에 있어서 냉동기가 실제로 받는 부하는 290과 330 사이의 것이다. NE측에 발생하는 과냉각현상에 대해서는 자동제어장치를 갖지 않기 때문이며, 과냉각 부분의 부하로 되어서 가산되어 가기 때문이다.

다음에 이 건물이 NE계통, SW계통, 실내계통으로 조닝되고 있는 경우에는 자동제어를 수반하지 않을 때는 단일계통인 경우와 같지만, 자동제어장치를 갖고 있는 경우에는 290으로 된다. 보일러용량은 냉동기만큼 엄격한 검토는 하지 않는다. 냉동기는 경부하로 됨에 따라 효율이 저하하지만, 보일러는 그다지 변하지 않고 오히려 고부하에서의 연속운전은 기기의 수명과 관계되므로 좋지 않다. 냉동기와 보일러의 대수는 설비비면에서는 적은 편이 유리하다. 그러나 조닝에 대응한 분할, 연간 공조를 하는 경우에는 분할에 대해서 고려할 필요가 있다.

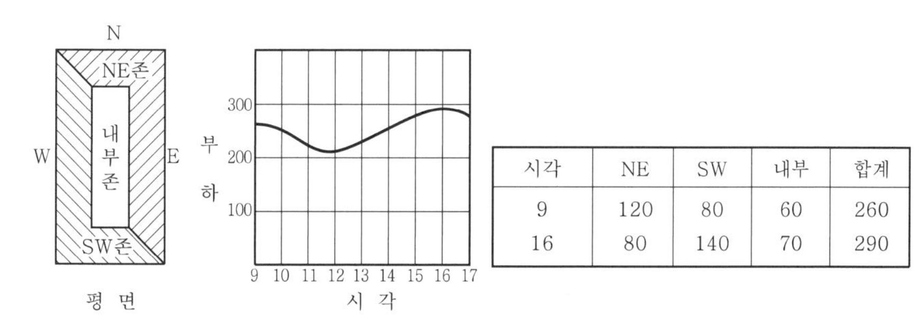

시각	NE	SW	내부	합계
9	120	80	60	260
16	80	140	70	290

[그림 10-4] 동시부하

② 동시부하 : 냉동기의 용량은 최고 부하 시에 있어서도 실제로는 과대하게 되는 일이 많다. 원인은 부하의 파악이 실제 상황에 가깝지 않기 때문이며, 동시부하율에 의한 크레디터(creditor)의 판단을 추가하지 않으면 안 된다. 동시부하율은 주로 내부부하에 대해서 적용되는 사고방식이다. 그러나 정확한 자동제어장치가 설치되어 있지 않으면 과냉각현상이 발생하며, 그것을 위한 부하가 냉동기에 더해져 가기 때문에 동시부하율을 그대로 냉동기 부하에서 빼는 것은 위험하다([표 10-6] 참조).

[표 10-6] 동시부하율 (단위 : %)

종 류	인 원	전 등
사무소	75～90	70～85
호텔	40～60	30～50

(3) 배열이용

연간 공조를 하는 경우에는 동기 또는 중간기에 있어서 동일 건물에서 일부는 냉방, 일부는 난방이라는 형태가 발생하기 때문에 배열이용에 대해서 의의가 있다. 열회수에 사용되는 전열교환기 또는 냉동기의 냉각수를 열교환기에 의해 열을 회수해서 난방 또는 급탕용으로 쓰는 방법, 건물 내부로부터 회수한 온풍을 열펌프의 열원으로 해서 냉풍을 냉각기의 공급공기로 사용하도록 하는 것이 고려된다. [그림 10-5]는 동기 최고 부하 시에 냉풍은 외부로 폐기시키고, 그렇지 않을 때는 건물 내에서 냉풍을 필요로 하는 구역에 대해서 외기를 혼합한 뒤 공급하는 방법을 나타낸 것이다.

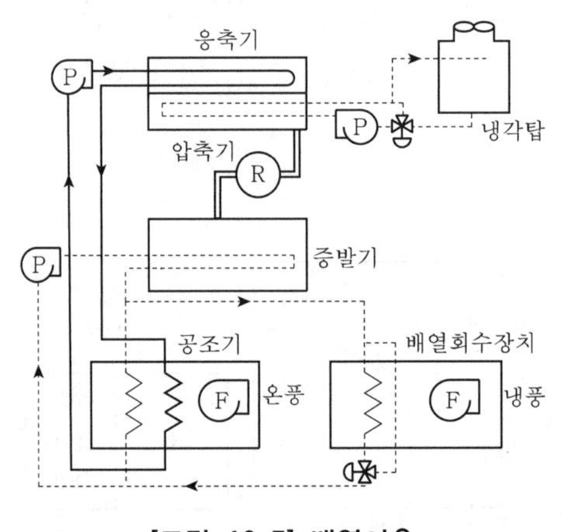

[그림 10-5] 배열이용

(4) 자동제어장치

다실 건물에 대한 온습도의 자동제어는 개별유닛인 경우에는 별도로 하고, 단일덕트방식에서는 그 검출부의 위치에 충분히 주의해야만 한다. 예를 들면, 당초의 사무실에 검출부를 설치한 위치가 응접실로 변경되는 경우 냉방 시에 응접실은 과냉각되며, 이 지령에 의해 제어되는 동일 계통의 사무실은 반대로 냉방되지 않는 상태로 된다. 난방 시의 경우도 마찬가지이다.

이와 같은 현상을 방지하기 위해서는 1공조계통에 검출부를 여러 개 분산배치해서 선택지령으로 하든가, 평균지령으로 하든가, 또는 환기덕트 내에 삽입식 온도조절기를 설치해서 최대공약수적 지령으로 하는 제어방식 등이 고려되지만 어느 것도 완전한 결과는 얻지 못한다. 이와 같은 점으로부터 개별제어방식이 최적이다. 더욱 중앙관제장치의 실내온도의 원격측정으로 측온 저항체의 설치위치와 개수는 공조계통의 조닝을 고려해서 대표적인 위치의 것으로 하고, 실의 수가 많다고 해서 개수를 증가해도 의미가 없다.

(5) 덕트와 흡입구의 문제

일반적으로 덕트스페이스는 건물에 대해서 중요한 문제이다. 특히 다층 다실 건물은 다른 건물에 의해서 층고가 낮고 천장고의 확보로부터 덕트스페이스가 된다. 일반적으로 대규모 건물에서는 주덕트 각 층 평면주행방식으로 하지만, 수평배치덕트를 적게 하기 위해 고속덕트로 하면 소음기가 필요해지며 저속덕트와 큰 차가 없는 경우도 있다.

각 실로부터의 환기를 도어그릴을 경유해서 복도로 배출시켜 코어의 흡입구에서 흡입하는 방식으로 하지만, 도어그릴의 크기와 위치가 부적당하면 환기의 유출을 만족스럽게 할 수 없고 실내의 기류분포가 정체하기도 한다. 또한 흡입구의 위치가 현관, 옥상 출입구 등 외기 개구부 근처에 있으면 외기를 흡입해서 냉각 · 가열능력에 영향을 미친다. 기타 주방이나 화장실 등에 환기구가 근접해 있으면 냄새를 흡입한다.

(6) 초고층 건물

① 공조부하 : 초고층 건물의 열적 특징은 저층 건물에 비해서 열부하가 훨씬 크며 동시에 기상조건변동의 영향을 직접 받기 쉽다. 그 이유는 외주면적이 크고 조망을 좋게 하기 위해 일반적으로 창유리면도 커지게 되기 때문이다. 또한 내진을 고려해 경량 · 유구조로 되므로 열용량이 현저하게 감소하고, 외적요소의 변동에 의한 실내공기상태의 외란이 현저하게 나타남과 함께 연간 공조가 필요하다.

㉠ 풍속의 영향 : 높이가 높으면 바람의 영향을 보다 크게 받기 쉽다. 높이와 풍속과의 관계에 대해서는 다음 식을 참조하면 된다.

$$\frac{v}{v_o} = \left(\frac{h}{h_o}\right)^n \tag{1}$$

여기서, v : 높이 h에 있어서의 풍속(m/s)

v_o : 기준높이 h_o에 있어서의 풍속(m/s)

h : 높이(해발)(m)

h_o : 기준높이(해발 15m)(m)

n : 정수(1/4 또는 1/3)

$$K = \frac{1}{1/\alpha_o + R_W} [\mathrm{W/m^2 \cdot K}] \tag{2}$$

여기서, R_W : 실내측 표면열전달률을 포함한 구조체의 열저항($\mathrm{m^2 \cdot K/W}$)

보통 면에 대한 풍속과 외표면전달률과의 관계는

$$v \leqq 5\text{m/s}인\ 경우\ \alpha_o = 5.82 + 3.95v = 5.8 + 4v \tag{3}$$

$$v \leqq 5\text{m/s}인\ 경우\ \alpha_o = 7.14v^{0.78} = 7.1v^{0.78} \tag{4}$$

[그림 10-6]에 풍속과 외측 표면전달률의 관계를 나타낸다. 식 (2)로부터 열저항 R_W가 작은 물체에 있어서는 α_o의 증가가 K값의 증가에 크게 결부되어 있지만, R_W가 크면 그 영향은 적게 된다. 예를 들면, 20층 70m 전후의 건물에서 유리면에 있어서는 약 10%의 증가, 벽면에 있어서는 약 3%의 증가로 된다. 그러므로 유리면에 있어서는 신중한 취급이 중요하지만 외벽에 대해서는 현저한 증가는 나타나지 않는다. 또한 풍속의 영향에 의한 부하의 증가와 반대로, 흡열유리 등 열용량이 큰 경우에는 풍속이 크게 되면 외측 표면으로부터 열방산이 촉진되어 실내로의 침입열량이 감소하는 점도 당연히 고려되지만, 최고 부하 시에 있어서 무풍상태도 생각할 수 있으므로 이 효과는 안전측 요소로 해서 무시한다.

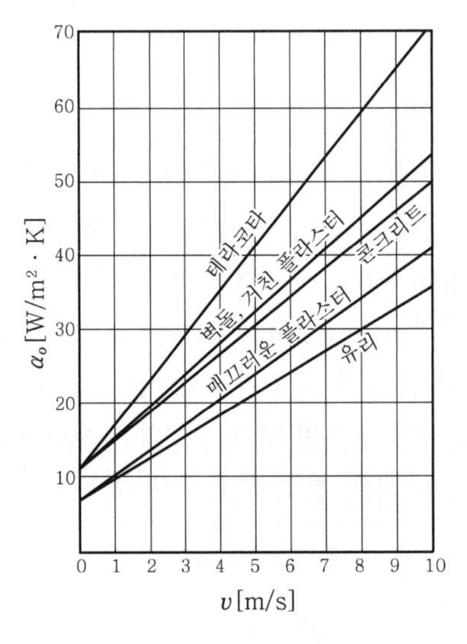

[그림 10-6] 외측 표면열전달률

㉡ 야간의 천공복사 : 저층 건물에 있어서 주위와 같은 높이의 건물이 나란히 있는 경우에는 특별히 고려할 필요는 없지만, 초고층 건물에서 야간에 사용하는 것에 대해서는 난방부하 계산에 있어서 야간의 천공복사의 영향을 검토할 필요가 있다.

예를 들면, 20층 70m 전후의 건물에서 수직면으로부터의 천공복사의 영향을 가미한 외기등가온도는 기준외기온도를 −1℃로 한 경우 유리에 있어서는 약 −3℃, 벽면에 대해서 약 −2℃로 된다. 이와 같이 겨울철 손실열량이 증대한다. 그러나 실제로는 건물과 가구 등의 축열용량과의 균형, 전등 · 인체로부터의 발생열량이 일반적으로 난방부하 계산에 있어서는 안전율로 봐서 무시되고 있으므로 간단히 계산에서 구한 천공복사의 영향에 의한 부하를 그대로 취급하는 것에는 문제가 있다. 주간만 사용하는 사무소 건물은 고려할 필요가 없다.

② 기기의 위치 : 보일러는 굴뚝과의 관계로부터 최상층에 설치하는 것이 바람직하다. 냉동기에 대해서는 배관계의 수압이 관계한다. 20층 70m 전후의 건물에서는 지하층에 설치해도 별 문제는 없지만, 그것 이상으로 되면 중간층 또는 최상층에 분산해서 설치한다. 또한 냉동기는 최상층에 설치하고 중간층에 열교환기를 두어 높은 수압을 피하는 것도 고려되지만, 분산해서 설치해야 할 것인가 아닌가는 경제적인 비교를 한 뒤에 결정해야 할 것이다.

중간층 또는 최상층에 설치하는 냉동기는 소음 · 진동의 점으로부터 흡수식이 원심식보다 적합하다. 특히 보일러가 최상층에 설치되어 있는 경우에는 흡수식이 더욱 유리하다. 또한 옥상에 냉각탑이 있을 때는 지하층의 냉동기에 대해서 큰 수압이 가해진다.

공기조화기의 배치는 수압 외에도 덕트스페이스의 문제가 있으므로 중간층에 설비층을 두어 분산배치하는 것이 일반적이다. 더욱 최상층 또는 중간층에 대한 기계실에서 주의해야만 하는 문제는 소음 · 방진이다. 초고층 건물은 유구조이므로 진동과 소음에 대해 불리하고, 기기 · 덕트 · 배관에 유효한 방진 · 소음장치가 필요하다. [그림 10-7]은 초고층 건물에서 공조기를 여러 가지로 배치한 것을 나타내고 있는데, [그림 10-7]의 (a)는 가장 일반적인 배치로서 옥탑 · 중간층 · 지하층에 공조기를 설치하는 경우이다. [그림 10-7]의 (b)는 중간층 기계실이 증대한 경우이며, [그림 10-7]의 (c)는 각 층 유닛방식을 채용한 경우를 나타내고 있다.

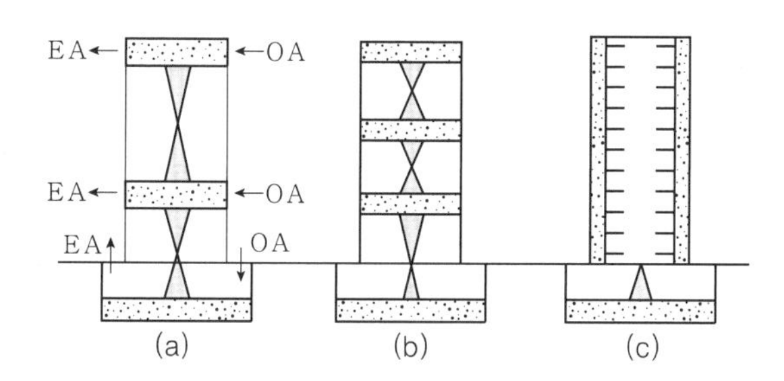

[그림 10-7] 공조의 배치

③ 방재의 문제 : 초고층 건물의 화재는 중대한 인적 · 물적 손해를 초래한다. 스프링클러 등의 소화설비, 피난설비, 배연설비의 설치가 의무적으로 되어 있지만, 가연성 재료를 쓴 공조설비는 가능한 한 그 사용을 피해야 한다. 덕트의 방화벽 관통부와 각 층 바닥 관통부에 방화댐퍼를 설치하는 것은 말할 필요도 없다.

또한 지진에 대해서는 각 층간의 편위에 의한 기기와 배관의 고유진동이 건물의 진동주기와 일치하면 공진작용을 일으켜 상대변위를 생기게 해서 파괴되므로 특히 입상관의 고정을 고려할 필요가 있다.

3) 다실 건물

(1) 사무소 건물

임대사무소 건물인 경우에는 당초의 계획이 나중에 변경되어 간벽으로 되는 것을 고려해 건물의 스팬 등에서 취출구의 배치를 정할 필요가 있다. 천장을 다공판형으로 하는 방법도 있다. 하나의 모델에 대해 1개씩 취출구와 흡입구를 겸용으로 설치한 것은 효과적이다.

공조계통이 외주부와 내주부로 분할되어 있는 경우에 내주부에 간벽을 두면 환기효과가 감소하기 때문에 당초의 설계에 있어서 내주부계통의 송풍량을 증가해 둘 필요가 있다. 이 경우의 환기횟수는 4～6회/h로 할 것이 요망된다. 도어그릴의 통과풍속은 1～1.5m/s로 하고, 한쪽 복도에 면한 도어그릴의 치수는 의장적으로 고려해 최대 치수로 통일한다.

(2) 호텔

호텔 내부는 수익 부분과 비수익 부분으로 나누어진다. 전자는 숙박 부분과 음식 부분이고, 후자는 관리 및 공용 부분으로 나누어지며, 하나의 건물 내에 각각 다른 성격의 구역을 갖게 되는 것이 호텔의 특징이다.

① 숙박 부분의 부하 : 사무실에 비해 전등 · 인원 모두 밀도가 적다. 소음에 대해서는 NC 25～30이 요구되며, 따라서 기기류를 개실 가까이에 설치하는 것은 반드시 피해야 할 것이다. 덕트는 송풍기로부터의 거리, 인접실로의 소음전달 등의 점으로부터 필요가 있을 때는 소음장치를 설치해야 할 것이다. 특히 욕실은 인접실과 대향해 있는 것이 보통이므로 배기덕트를 통한 전달음(cross-talking)의 방지에 신중한 배려가 필요하다. 또한 환기구는 원칙적으로 각 실에 설치하며, 환기배출을 위한 도어그릴 또는 언더컷 등은 바람직하지 않다.

② 공조방식 : 개개인의 쾌감도를 만족시키기 위해 FCU, 유인유닛방식 등이 적합하다. 온도 조절을 위한 서모스탯 · 댐퍼 · 밸브 등의 스위치 등은 실내에서 사람의 손이 미치는 위치에 설치해서 간단히 조작할 수 있도록 한다. 욕실에 배기장치를 설치할 때에는 배기량에 알맞은 만큼 외기를 도입할 필요가 있다.

③ 음식 부분의 부하 : 문제가 되는 것은 상대습도이며, 회의장 · 연회장 · 레스토랑 등은 개실과 비교해서 인원밀도가 높으므로 통상의 온습도조건을 유지하기 위해서는 현열비를 적게 하는 것이다. 그렇게 함으로써 냉각기 표면온도가 아주 낮게 되어 냉동기의 소요동력이 크게 되며 재열이 필요하게 된다. 이것을 피하기 위해서는 통상의 온습도와 쾌감적으로 변하지 않는 범위에서 실온을 낮게 해서 상대습도를 높게 하면 된다.

④ 관리 및 공용 부분 : 주방 · 세탁실은 환기횟수를 많이 두고, 종업원에 대해서 국부냉방(spot cooling)을 하는 취출구는 펑커루버를 사용하는 경우 1~3m의 위치로 하고, 취출온도는 15~26℃, 취출풍속 5~6m/s로 한다. 공용 부분 가운데 입구 로비에 회전문이 있는 경우에는 겨울철에 차가운 공기가 상당량 침입한다. 또한 전면 창유리의 외벽인 경우에는 베이

스보드히터 등 보조난방장치를 같이 설치하는 것이 바람직하다. 한랭지에서는 유리면에서의 결로방지로서도 쓸모가 있다.

호텔과 아파트 · 병원 등은 일반 건물에 비해 운전시간이 길기 때문에, 특히 운전경비의 절감에 대해서도 고려해야만 한다. 설사 설비비가 훨씬 비싸게 되어도 운전비 절감에 의해서 커버될 수 있도록 고려한다. 공조설비는 최고 부하에 알맞는 것을 설치해 두며, 냉동기 용량은 운전시차에 대응하는 것으로 해서 절감을 도모한다. 보일러는 세탁실 · 주방용과 공용의 의미로부터 고압증기보일러가 사용되는 일이 많다. 냉동기의 운전시간 및 중간기에 대한 보일러의 실제 가동률로부터 냉동기는 흡수식이 유리하다.

(3) 아파트

아파트는 재실인원이 비교적 많은 점과 화장실이 각 세대마다 있는 점을 제외하면 호텔의 숙박부분과 거의 마찬가지이지만 경제적인 면에서의 문제가 있다. 아파트의 정도 · 성격을 잘 파악한 뒤에 사용자와 충분히 타협을 한 뒤 계획을 세울 필요가 있다. 공조방식으로서는 각 실에 윈도형 공조기를 설치하는 경우가 많다. 그러나 대규모이며 고급인 아파트에 대해서는 단일덕트 · FCU 방식으로 한다. FCU는 천장현수식이 많이 사용된다.

(4) 병원

병원 내의 감염은 전 외기에 의한 제1종 환기에 의해서 적절한 공기균형이 확보되어 있으면 그런 염려는 없지만, 환기를 이용하는 경우에 대해서는 조닝을 하든가, 전기집진기를 사용하든가, 살균 등을 효과적으로 설치하든가 하는 여러 가지 대책이 고려된다.

전 외기송풍인 유인유닛 또는 FCU를 채용하는 것도 한 가지 방법이다. 또한 덕트방식에서도 병원 내에 있어서 배기의 흐름이 항시 세균에 의한 공기오염도가 낮은 곳에서 높은 곳으로 흘러가도록 고려하면 폐해를 제거할 수 있다. BCR(bio-clean room)에 가까운 수술실, 검사실 등에 대한 장치는 신뢰도가 높은 것이어야만 한다. 각 사용구역에 대한 주의사항은 호텔의 개실과 마찬가지 성질의 것으로 생각해도 좋다. 다만, 전염병동에서는 제1종 환기를 해서 실내를 약간 부압으로 유지하는 것이 오염 예방의 점에서 당연하다.

일반 진료실 관계에서는 내부부하변화의 폭이 상당히 크고, 특히 겨울철에 있어서 단일덕트 방식인 경우 일부의 실온이 이상적으로 상승하는 것을 막기 위한 방법이 없다. 취출구의 셔터로 풍량을 조이는 것은 환기효과로 좋지 않다.

(5) 학교

학교 건물은 일반 교실, 특별교실, 강당, 체육관 및 사무실로 대변된다. 강당 · 체육실 · 사무실에 대한 공기조화는 일반 건물과 다른 것이 없다. 교실에 대해서는 여름철 휴가가 있으므로 여름철의 외기조건설정에 주의해야만 한다. 다만, 휴가 중에 강습회 등의 기타 용도로 사용되는 경우에는 이에 한정되지 않는다. 강당 · 체육관 · 사무실은 통상의 외기조건을 쓰지만 사용시간 및 실내조건의 차이로부터 조닝을 한다. 또한 강당 · 체육관에 대한 공조장치는 간헐적으로 사용되기 때문에 응답속도가 빠른 것으로 해야만 한다. 교실 · 강당은 인원밀도가 높고 발생잠열량이 많게 되어 냉각기 표면온도가 저하해서 송풍량이 감소하는 경향으로 된다. 체취라든가 인체의 열기를 제거하기 위해 송풍량을 증가시키고 외기량의 도입을 일반적인 경우보다 많게 하는 것이 바람직하다.

(6) 연구소

중앙식 공조장치인 경우의 문제점은 연구실의 내부발생열과 배기이다. 내부발생열량은 당초에 불명확한 경우가 많고 정확히 파악하는 것이 곤란하므로 설비용량이 과대하게 되기 쉽다. 그래서 설비용량에 유연성을 주어 후일 부하의 증가에 대한 보조장치의 설비가 용이할 수 있도록 한다. 축열조를 설치해서 당초에는 경부하운전을 하며, 후일 보조장치를 증설하고 FCU 등을 설치하는 방법도 있다. 각 실의 부하의 차이는 일반적인 다실 건물 이상이며, 단독계통의 장치에서는 실내온도의 불균형은 크게 된다. 항온 · 항습이 요구되는 연구실은 단독의 별도계통으로 한다.

한편 [표 10-7]은 각종 다실 건물의 특징 및 이들에 적용할 수 있는 주요 공조방식을 종합해서 나타낸 것이다.

[표 10-7] 각종 다실 건물의 특징과 공조방식

구 분	건물의 특징과 요점	공조방식
사무소	소규모(3,000m^2 이하)에서는 2계통 정도로 분할, 풍량조절에 의한 온도제어, 패키지유닛을 사용할 때는 소음에 유의한다. 열펌프유닛열원에서는 보조열원으로서 온수보일러(가스, 기름), 전기보일러를 설치한다.	• 단일덕트에 의한 패키지방식 • 패키지에 의한 각 층 방식 • FCU · 덕트병용방식
	대규모(20,000m^2 이상)에서는 방위별, 시간별, 조건별, 공조규모별 계통 등의 조닝이 필요하다. 1층, 최상층은 되도록 단독계통이거나 각각 온도조절이 가능한 방식으로 하고, 또 방화구획과 공조계통과의 관계를 검토한다. 중간기의 환기, 연간 공조에 대한 배려를 한다.	• 외부계통 : FCU · 덕트병용방식, 유인유닛방식 • 내부계통 : 이중덕트방식, 재열방식, 각 층 유닛방식, VAV방식
호텔	대규모(객실 100 이상)에서는 객실, 공공 부분의 용도, 사용기간에 의해서 계통을 분할한다. 외기취입량이 다른 건물과 비교해서 많고, 장시간운전에 의한 운전비의 검토가 필요하다. 객실용 유닛의 배관계통을 조닝한다.	• 객실 : FCU · 덕트병용방식, 유인유닛방식 • 공공 부분 : 단일덕트방식

구 분	건물의 특징과 요점	공조방식
병원	병동, 진료부(수술실, 신생아실, 외래진료실 등), 관리부 등 시간별 공조조건별, 공기청정도를 고려해서 계통을 분할한다. 특히 병원 내 감염에 유의한다. 유닛 사용 시에는 Drain Pan의 오염에 주의한다.	• 병동 : FCU · 덕트병용방식, 유인유닛방식 • 수술실 : 재열방식 • 진료실 : 이중덕트방식, 재열방식, 단일덕트방식, 유닛방식

2. 비다실(非多室) 건물의 공조설계

1) 설계상의 요점

다실 건물과 비교해서 실의 면적이 크고 재실인원도 많으며 냉방부하는 실내발생열량이 주체로 되는 경우가 많다. 백화점 · 극장 등은 공기조화가 불가피하며, 건축계획 당초부터 계획을 할 필요가 있다.

2) 비다실 건물

(1) 백화점

① 백화점의 특수성

㉠ 상품에 의해 다소 온습도조건이 다르므로 상품의 배치 · 변경에 즉시 응할 수 있도록 한다.

㉡ 식당 · 교육장(문화강좌 등) · 유아휴게공간 · 특별할인매장 등은 조닝의 필요가 있다.

㉢ 특별할인매장 · 계절용품 · 연말연시용품 등의 매장은 중간기 · 겨울철에도 냉방을 필요로 하기 때문에 충분한 외기의 도입과 더불어 냉동기의 운전이 가능하도록 한다.

㉣ 입구 부분에 유리하고 에어커튼은 방향, 위치 등을 충분히 고려한다. 입구는 백화점에 있어서 큰 부분이다.

㉤ 제연설비를 함과 동시에 불연재료를 사용한다.

② 공조부하 : 외부부하에 비해 인체 · 조명 · 기타 부하의 비율이 아주 크다. 인원밀도는 층수 및 매장에 따라 다르다. 일반적으로 [표 10-8]에 나타낸 바와 같이 1층이 많으며, 위층으로 올라감에 따라 적게 되고 조명부하도 예상하는 것 이상으로 높다. 특히 1층등은 1,000럭스를 초과하는 것까지도 있고, 간접조명인 경우에는 천장 속에 상당량의 열기가 가득 차기 때문에 냉각 또는 환기가 필요하다. 이와 같은 조명부하는 건물구조, 채광방식 등에 따라 다르지만 [표 10-9]에 나타낸 바와 같이 20~30W/m^2 정도이며, 무창인 경우에는 50W/m^2 정도로 되는 예도 있다. 기타 부하로서는 진열장 7~10W/m^2, 콘센트 3~5W/m^2, 에스컬레이터 7.5~11kW/대 정도이다.

[표 10-8] 백화점의 인원밀도

구 분	인원밀도(인/m^2)
1층	0.5~1.0
중간층	0.3~0.5
식당 · 식품매장	1.0
특판매장	2.0

[표 10-9] 백화점의 조명밀도

구 분	조명밀도(W/m^2)
1층	20~50
중간층	20~30
최상층	30~40
사무실	15~20

③ 환기량 : 매장에 따라서는 인원밀도가 크기 때문에 중간기에는 물론 냉난방 시에도 상당량의 외기를 도입하는 것이 필요하다. 여름철에는 10~20$m^3/m^2 \cdot h$, 중간기 · 겨울철에는 30$m^3/m^2 \cdot h$(최소 15$m^3/m^2 \cdot h$)로 한다. 중간기 · 겨울철인 경우 외기가 5℃ 이하로 되지 않을 때는 난방할 필요는 없고 오히려 외기냉방이 요구된다. 중간기 및 겨울철에 외기냉방을 하는 경우의 한도는 외기온도 10℃ 정도까지이며, 그것 이상에서는 냉동기가 필요해진다.

④ 제진 · 제취 : 제진에는 도입외기의 정화와 실내환기의 정화가 있다. 대도시에 있어서 대기오염은 매우 심하며, 특히 겨울철에는 매연이 극심하다. 매연의 제거에는 전기집진기 등 고성능 공기여과기를 써야만 한다. 백화점의 환기 속에 포함되어 있는 린트(lint)의 제거에는 공기세정기가 유효하지만 스페이스를 상당히 차지하므로 각 층 유닛 등에는 청소하기 쉬운 공기여과기를 쓴다. 냄새의 제거에 대해서는 식당 · 식품매장 등에서 실내공기의 재순환을 할 때에는 활성탄 에어필터가 적당하다.

⑤ 공조방식 : 각 층 유닛, 단일덕트방식 및 이들에 페리미터방식을 조합시킨 것 등이 사용된다. 열원의 공급은 냉각기와 가열기를 별도로 해서 각각에 냉수 및 온수 또는 증기를 공급하는 방식이 바람직하다. 조닝은 각 층마다 또는 각 층을 여러 개의 조닝으로 나누고, 더욱 특판매장 · 식당 · 흡연다방 · 미용실 · 전시장 · 전산실 · 일반 사무실 · 임대홀 등은 별도의 계통으로 한다. 주방의 환기횟수는 40~60회/h로 해서 종업원에 대한 배려를 하며, 식당에는 냄새가 유입되지 않도록 한다.

(2) 극장

① 공조부하 : 최대 요소는 인체의 발열량이며, 냉방부하 가운데서 약 60%를 차지한다. 조명부하는 5~10W/m^2이며, 구조는 무창이고 음향처리를 위해 단열성이 높으므로 전열부

하는 적고 시간지연(time lag)도 상당히 크고, 환기도 상당량 필요하다. 그러므로 전열부하의 산정에 임해서는 과대하게 되지 않도록 주의를 요한다. 열용량의 크기를 이용하는 것에 의해 냉각장치를 적게 하는 것이 가능하다. 냉동기의 용량은 290~360W/인 정도, 관객석의 난방은 외기를 실온까지 예열하는 열량으로 보면 된다.

② 환기 : 관객석의 환기량은 각 시 · 도의 조례에 규정되어 있는 지침을 따르는 것이 원칙이다. 흡연이 가능한 휴게실, 로비 등은 흡연이 많기 때문에 가급적 전 송풍량을 외기로 하고 천장면으로 배기하면 좋다. 영사실은 단독계통의 급배기로 함과 동시에 영사기로부터의 배기를 필요로 한다. 화장실은 20~40회/h의 배기를 한다.

③ 공조방식 : 관객석을 하나의 계통으로 해서 스튜디오와 마찬가지로 30~40dB 정도로 소음처리를 한 저속단일덕트방식으로 한다. 흡연이 가능한 휴게실 · 로비 등은 모아서 1계통으로 한다. 관객석의 계통은 겨울철에도 예열 시를 제외하고 거의 난방을 필요로 하지 않는다.

④ 특수성 : 실내온습도조건은 여름철 26℃, 50%이고, 겨울철 20℃, 50%로 한다. 인체발생열량은 관객 1인당 현열 · 잠열부하 모두 5.8W/인으로 한다. 관객수는 좌석수 외에 서서 있는 경우를 위해 여분으로 10~20%로 본다.

관객석은 천장이 높고 앞에서 뒤로 갈수록 객석의 위치가 높게 되고 천장이 낮게 된다. 또한 무대의 영향도 있기 때문에 취출구 및 흡입구의 위치, 송풍온도의 조절 등에 주의를 요한다. 취출구는 천장면, 측벽면, 후부 벽면 등에 설치한다. 취출풍속은 천장현수 하향식 취출구에서 3m/s, 벽붙이 수평형 취출구에서 5m/s 이하로 하고, 관객이 냉기(draft)를 느끼지 않도록 한다. 흡입구는 무대 하부, 측벽면, 후부 벽면 등에 설치한다. 무대 하부의 흡입구는 무대로부터의 냉기를 흡수하기에 유효하다. 머시룸형 흡입구는 먼지가 들어오기 쉽고 화재의 원인으로도 되기 때문에 사용을 피하는 것이 좋다.

(3) 강당, 교회

강당, 교회 등의 건물은 극장과 유사한 요소가 많다. 다른 점은 창이 있고 단열성이 적으며 극장에서 큰 요소로 되었던 창유리의 일사 및 전열부하가 상당히 큰 요소로 되고 있다. 벽붙이 수평형 취출구의 위치를 낮게 설치하는 것에 의해 취출구 상방 1.5m 이상 부분의 전열부하가 무시될 수 있다. 또한 사용시각 및 사용시간도 다르다. 특히 연속사용시간이 짧기 때문에 축열운전에 의해서 장치를 적게 할 수 있다. 이상의 점을 고려하면 장치용량은 인체, 조명, 일사, 전열의 최고 부하치의 60~70%로 된다.

(4) 스튜디오

TV 스튜디오는 조명에 의한 복사열이 크기 때문에 실내온습도조건은 여름철 25℃, 55%이고 겨울철 22℃, 50%로 한다. 음향처리 때문에 벽면의 단열성이 좋게 되며, 실내의 발생열량이 많고 겨울철에도 냉방을 필요로 하는 경우가 있다. TV 스튜디오의 조명부하는 특히 커서 일반 조명 30W/m^2, 특수 조명 600W/m^2 정도이며, 동시사용률은 통상 75%로 한다. 스튜디오는 천장이 높기 때문에 취출구의 위치를 아래에 두고, 천장 상부로부터 배기하는 것에 의해서 조명부하의 일부를 제거하고 냉방부하의 감소를 도모할 수 있다.

공개홀인 경우에는 관객석 부분을 극장과 마찬가지로 고려하면 되지만 인원은 0.15인/m^2 정도로 한다. 또한 사용시간이 불규칙하며 사용기간이 짧기 때문에 사용 전에 예냉 · 예열을 하도록 하며 공조장치를 적게 할 수 있다.

한편 [표 10-10]은 각종 비다실(非多室) 건물의 특징 및 이들에 적용할 수 있는 주요 공조방식을 종합해서 나타낸 것이다.

[표 10-10] 각종 비다실 건물의 특징과 공조방식

구분	건물의 특징과 요점	공조방식
극장	객석, 홀, 음악연주실, 관리실 등을 별도계통으로 한다. 대규모(100석 이상)에서는 1층 전부, 후부, 2층을 분할계통으로 한다. 객석에서는 취출공기의 분포가 양호한 덕트, 취출구, 흡입구를 배치한다. 법규에 의한 환기량을 확보하고 객석의 음향처리(NC 25 이하)에 유의한다.	• 객석 : 단일덕트재열방식 • 홀 : 단일덕트방식 • 연주실 : FCU방식 • 관리실 : 단일덕트방식
백화점, 점포	백화점에서 외부, 내부계통, 식당, 매장, 식품매장을 계통분할하고, 내부계통은 모양교체를 고려해 블록조닝으로 하여 중간기, 겨울철의 외기냉방을 고려한다. 전반적으로 조명, 인원부하가 크다.	• 백화점 : 단일덕트방식, 각 층 유닛방식 • 상점 : 패키지를 사용한 각 층 유닛방식
공장	생산공장과 작업환경의 조화를 유지하고 효과적인 방식을 채용한다. 중공업부문에서는 환기에 유의한다.	• 약전설비공간, 정밀 부분 : 사무소 건물과 동일 • 일반 공장 : 난방, 공기조화

3. 주택의 공기조화

1) 난방방식

주택은 사람이 그 속에서 가장 장시간 생활하는 장소이며, 특히 주부와 어린이들은 대부분의 생활을 주택 내에서 하고 있다. 이 주택에 공기조화를 해서 쾌적한 환경을 유지하는 것은 중요한 문제이다. 현재는 겨울철에 보일러 등으로 난방을 하는 경우가 많다.

(1) 주택의 열적 성질

① 목조주택 : 목조주택은 여름철에는 시원하지만 겨울철에는 춥기 때문에 난방이 필요하며, 다음과 같은 특징이 있다.

㉠ 개구부가 커서 환기량이 많다.
㉡ 외벽 등의 열저항이 적다.
㉢ 지붕으로부터의 침입열량에 대해 비교적 저항이 크다.
㉣ 차양이 일사의 침입을 방지하고 있다.
㉤ 건물의 열용량이 적다.

② **콘크리트주택** : 이 주택의 특징은 전체 열손실이 적고 열용량이 크기 때문에 실내온도의 변화가 적고 난방비용이 목조주택과 비교해서 더 싸다. PC주택은 콘크리트두께가 얇고 보통 콘크리트조와 열적 성질이 매우 다르다. 특히 지붕이 금속 또는 슬레이트인 경우에는 열저항이 적고 여름철의 취득열량이 커서 지붕 속의 통풍을 할 필요가 있다. 야간에는 보통 콘크리트주택과 비교해서 여름철에는 더위를 견뎌낼 수 있지만, 겨울철에는 냉기가 심해서 추위를 견디기는 어렵다.

③ **경량철골주택** : 주요 구조의 경량철골에 벽을 붙인 건식과 그 표면에 모르타르로 마감한 반습식의 경우가 있다. 특징은 열용량이 적으며, 환기량은 목조주택과 비교해서 적고 지붕의 열저항이 적은 경우가 많다. 열용량이 적기 때문에 실내온도의 변화가 커서 난방부하는 콘크리트주택과 비교해서 크게 된다. 그러나 금속제 새시가 사용되기 때문에 목조주택과 비교해서 환기량이 적고, 환기에 의한 열손실이 적으며 난방비용은 싸게 된다. 지붕이 금속 또는 슬레이트인 경우에는 PC주택의 경우와 마찬가지이다.

(2) 난방계획

난방계획은 다음 순서로 한다.

① 외기와 실내의 온도조건을 검토하고 난방부하의 개산을 한다.
② 난방부하의 개산을 기초로 하여 가장 적당한 난방방식을 선정한다.
③ 난방부하의 계산을 하고 난방기기를 선정한다.
④ 기기의 배치 등을 정해서 설계도를 작성한다.
⑤ 설계도를 기초로 해서 적산을 한다.

참고자료로서 실내조건의 설정을 위한 주택 각 실에 대한 겨울철의 적정온도를 [표 10-11]에 나타낸다.

[표 10-11] 주택의 겨울철 적정온도

용 도	온도(℃)
거실 · 식당	16～20
침실	12～14
부엌	15～17
화장실	18～20
복도 · 현관 · 홀	10～15

[주] 상대습도 40～75%일 때

2) 냉방방식

냉방에 대해서도 주택의 열적성질을 고려해야 하지만 모든 실에 종일 냉방을 하는 것은 아니다.

(1) 냉방계획

냉방계획도 난방계획과 마찬가지 순서로 이루어진다.

(2) 냉방방식

주택의 냉방은 경상비가 싸고 취급이 용이하며 안전성이 높은 것이 요구된다. 설비비 · 경상비의 계산을 해서 사용자와 협의한 후 냉방방식을 결정한다. 일반적으로 냉방기기로는 윈도형 공조기기가 가장 많이 사용되지만, 온수보일러 또는 온풍로와 병용한 단일덕트방식이라든가 FCU방식 및 복사냉난방방식도 사용이 가능하다.

(3) 공조장치

① 기계실 : 기계실면적은 경우에 따라 다르지만 연료의 보급과 기계의 보수점검에 필요한 공간을 확보해서 열원기기를 설치한다. 기계실의 위치는 지하실 또는 별채로 하는 것이 바람직하다. 이것이 불가능한 경우에는 블록 또는 콘크리트로 하여 연료의 보급에 편리하며 기계의 소음이 실내에 영향을 미치지 않는 위치로 한다.

② 취출구 · 흡입구 : 취출구와 흡입구의 위치는 실내의 온도 및 기류분포에 영향을 미친다. 특히 주택은 실이 적고 비교적 창 등의 개구면적이 커서 취출구의 위치에 따라 기류를 느끼기도 하고 온도의 불균일을 갖기도 한다. 취출구의 위치는 외벽측 바닥이 1년 내내 가장 좋은 공기분포를 얻을 수 있다. 이 경우 진애를 간단히 청소할 수 있는 구조로 한다. 벽면 하부에서 취출하는 경우에는 가동형 취출구로 해서 여름철과 겨울철에 날개의 방향을 바꿀 필요가 있다.

제10장 연습문제

1. 공기조화계획의 요점에 대해 간단히 기술하여라.

답 본문 참조.

2. 계획용 설비 개산치 가운데서 냉방부하, 난방부하, 풍량, 냉동기 용량 및 보일러용량에 대해 기술하여라.

답 본문 참조.

3. 열원기기의 용량 산정법과 기계실의 크기에 대해 기술하여라.

답 본문 참조.

4. 배관 및 덕트스페이스에 대해 기술하여라.

답 본문 참조.

5. 공조기계실의 배치계획에서는 어떤 점들에 유의해야 하는지를 기술하여라.

답 본문 참조.

6. 공조계획 시 공조계통구분과 조닝계획은 어떻게 해야 하는가?

답 본문 참조.

7. 초고층 건물의 공조계획요점을 기술하여라.

답 본문 참조.

8. 높이 100m에 있어서 풍속이 5m/s일 때 콘크리트조 건물의 외벽 열관류율을 구하여라. 단, 실내측 표면열전달률을 포함한 열저항을 $0.28m^2 \cdot K/W$로 한다.

답 $3.2W/m^2 \cdot K$

9. 사무소 건물에 공조설비를 설치하는 경우 유의사항을 기술하여라.

답 본문 참조.

10. 호텔과 병원의 공조계획상 특징 및 유의할 점에 대해 기술하여라.

답 본문 참조.

11. 백화점과 극장의 공조계획상 특징 및 유의할 점에 대해 기술하여라.

답 본문 참조.

12. 주택의 난방법에 대해 요점을 기술하여라.

답 본문 참조.

13. 다음 용어들을 정의하여라.

(1) 조닝

(2) 동시부하

(3) 서비스덕트

답 본문 참조.

Chapter 11

지역냉난방설비

1. 개요
2. 열매 및 열원플랜트방식
3. 지역냉난방의 배관계획
4. 지역냉난방의 배관 예

1 개요

지역냉난방이란 넓은 지역에 산재해 있는 각종 건물 · 시설에 열매(냉온수 및 증기)를 필요에 따라 중앙열원플랜트로부터 배관을 통해 공급하는 시설이다(규모가 적은 경우에는 그룹 또는 블록냉난방이라고도 부른다). 지역난방은 1870년대에 유럽 및 미국에서 증기기관의 배기를 주변 건물에 공급하여 난방이나 공업프로세스에 이용하기 위해 출현된 것이 그 시초였다. 그 후 20세기에 들어와 구미 각지에서 서서히 발전되기 시작하였으며, 특히 유럽에서는 제2차 세계대전 후의 전후 부흥과 주택단지 건설에 적극적으로 채용되게 됨으로써 급격한 보급 · 발전을 보게 된다. 이런 배경 하에서 현재는 구미 각국의 주요 도시에서 거의 지역난방이 설치되고 있다.

우리나라는 1973년에 대한주택공사(현 한국토지주택공사)가 건설한 서울의 반포아파트단지에서 지역난방방식을 최초로 채택하였으며, 이후 많은 새로운 아파트단지에서 이 방식을 보급 · 발전시켰다. 이 가운데서 가장 대규모라고 할 수 있는 것은 서울의 신시가지로 일컬어지는 목동지구 아파트단지로서 1987년에 열병합발전설비의 형식으로 완공된 지역난방방식이며, 이를 계기로 해서 대단위 주거단지의 난방을 위한 지역난방방식을 기타 여러 지역 및 지구에서 활발히 채택하고 있는 실정이다.

지역냉난방의 특징은 집중에 의한 능률화와 관리의 합리화이며, 이들의 장점을 종합해 보면 [표 11-1]에 나타낸 바와 같다.

[표 11-1] 지역냉난방의 장점

사용자	장 점
① 건물스페이스와 운전요원의 감소음	① 대기오염의 방지
② 화재 · 소음에 대한 염려가 없음	② 에너지의 유효이용, 배열이용도 가능
③ 부하설비용량에 대한 열원설비용량을 합리적으로 설정할 수 있음	③ 도시 방재수준의 향상
	④ 인적자원의 절약
④ 시간에 제약이 없고 공조설비에 이용가능	⑤ 냉동기의 냉각수문제의 해결

지역냉난방방식은 개별식 냉난방방식보다는 열경제성면에서 훨씬 유리하지만, 기후적 조건을 만족하고 있다고 해서(여름에는 고온다습, 겨울에는 한랭으로 모두 냉방 및 난방도일(degree-day)이 큰 것) 경제성이 있는 것이 아니다. 그러기 위해서는 다음의 조건이 필요하다.

① 에너지 소비밀도(지역난방에서 25MW/km^2)가 높아야 한다.

② 설비의 연간 부하율이 높아야 한다.

③ 사회적 협력이 있어야 한다.

2 열매 및 열원플랜트방식

1. 지역냉난방의 열매

지역냉난방에서 고려되고 있는 열매는 다음과 같이 분류할 수 있다.

1) 난방용 열매

① 고온수
㉠ 고압 고온수 : 170~230℃, 8~30기압
㉡ 중압 고온수 : 100~170℃, 1~8기압
② 보통 온수 : 100℃ 이하, 1기압 이하
③ 증기
㉠ 고압증기 : 3.5기압 이상
㉡ 저압증기 : 3.5기압 이하

2) 냉방용 열매

① 냉수
② 저온 특수 열매

또한 지역냉난방설비에서는 중앙열원플랜트에 보일러와 냉동기가 설치되지만, 열매로서는 다음의 조합방식이 채용된다.
① 증기 : 냉수방식
② 고온수 : 냉수방식

3) 열매의 공급조건 및 용도

열매의 선정은 수요자의 사용목적 및 냉난방설비에 의해 좌우되며, 각종 조건을 비교 검토해서 결정되어야 하는데, 이들 열매에 대한 공급온도, 압력 및 용도 등을 간략히 나타내면 다음과 같다.

(1) 증기

미국의 지역난방은 고압(850kPa 이상)·중압(850~220kPa)·저압(220kPa 이하)의 증기 보일러를 단독 또는 조합해서 쓰고 있다. 고압증기는 증기터빈구동형 원심식 냉동기에, 중·저압증기는 흡수식 냉동기와 증기난방 등에 사용되고 있다.

(2) 고온수

미국과 일본에서는 공급관의 온도 150~220℃, 환수관의 온도 70~90℃ 정도의 고온수를 쓰고 있음에 대해 유럽에서는 열병합발전방식에 의한 지역난방이 많고, 일반적으로 공급관의 온도 110~120℃, 환수관의 온도 70~90℃ 정도의 온수가 사용되고 있다. 우리나라는 지역난방의 열매로서 대부분의 아파트단지에서 고온수를 사용하고 있으며, 대략 120~190℃범위의 중온수 및 고온수가 사용되고 있다. [표 11-2]에 고온수를 열매로 사용했을 때의 특징을 나타낸다.

[표 11-2] 고온수의 특징

장 점	① 축열량, 공급환수온도차가 크므로 유효에너지량을 크게 취한다. ② 보일러운전이 연속적인 부하변동이 가능하며 효율이 높다. ③ 시스템이 밀폐식이므로 열손실이 적고 재증발 · Flow손실도 없다. ④ 배관구배의 염려가 없고 감압밸브와 트랩이 불필요하므로 보수관리가 용이하다. ⑤ 배관의 부식이 적고 10km 정도의 배관연장이 가능하다.
단 점	① 고층 빌딩에 공급할 때 정수압이 크게 된다. ② 온수순환펌프의 동력비가 크게 된다. ③ 주방, 급탕 또는 터빈구동의 고압증기의 공급이 불가능하다. ④ 장치의 열용량이 크고 간헐운전에 불리하다.

(3) 냉수

냉수의 공급관의 온도는 냉동기 성능의 면으로부터 4℃가 최저 온도이며, 환수관의 온도는 공조기의 감습성능, 송풍량 확보면으로부터 12~14℃로 되어 온도차는 7~8℃ 정도이다.

2. 열원플랜트방식

열원플랜트방식에는 지역냉난방만을 목적으로 한 전용열원플랜트방식과 발전 · 쓰레기 소각 등의 배열을 지역냉난방에 사용하는 다목적열원플랜트(또는 병용열원플랜트)방식이 있다.

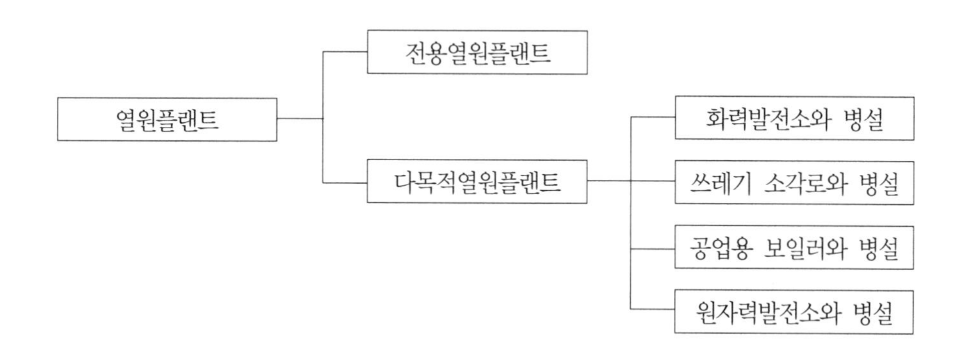

한편 지역냉난방에 대한 열공급의 목적으로서는 난방용 · 냉방용 · 급탕용 · 공업프로세스용의 네 종류가 있지만, 이들 가운데서 어느 것과 어느 것을 조합해서 공급하느냐 하는 것은 그 공급지역의 기상조건, 건물용도, 경제조건에 의해 결정된다.

여기에서 난방용 · 냉방용 · 급탕용의 세 종류로 제한한 경우 열공급의 목적에 의한 방식으로는 다음의 다섯 종류를 생각할 수 있다.

① 난방용＋냉방용

② 난방용 · 냉방용 교체전환

③ 난방용＋냉방용＋급탕용

④ 난방 · 급탕 겸용＋냉방용

⑤ 난방용 · 냉방용 교체전환＋급탕용

이들 가운데 ①, ③, ④는 연간을 통해서 냉난방이 가능하지만, 급탕부하에도 대응할 수 있는 ④의 방식이 현재 가장 일반적으로 사용되고 있다. 또한 ②, ⑤는 봄, 가을의 적당한 시기에 난방용 열매와 냉방용 열매를 교체하는 것으로서 주관의 개수가 적기 때문에 경제적이기는 하지만, 중간기라든가 겨울철에 냉방도 필요한 지역에서는 채용될 수 없다.

1) 전용열원플랜트방식

전용열원플랜트방식은 지역냉난방에 필요한 열매를 지역냉난방 전용의 열원플랜트에서 생산하여 지역에 공급하기 때문에 도시 재개발, 신도시 건설 등에서 지역냉난방을 채용하는 경우에 가장 전형적인 것이다.

전용열원플랜트방식에서는 중앙열원플랜트에 난방 · 급탕용으로 보일러를, 냉방용으로 냉동기를 설치한다. 보일러는 압력과 발생열량에 의해 노통연관보일러 · 수관보일러가 쓰이며, 열매로 온수를 사용하는 경우에는 온수보일러를 쓰고, 증기를 냉동기의 구동용으로 사용하고 있을 때는 열교환기에 의해 온수를 제조한다.

냉동기는 보일러용량 · 설비비 · 운전비 등의 조건을 고려해서 선정해야 하는데, 일반적으로 냉동기로는 원심식과 흡수식이 사용되며, 이들을 분류하면 다음과 같다.

① 원심식 냉동기

㉠ 전동기 구동형

㉡ 복수증기터빈구동형

㉢ 배압증기터빈구동형

㉣ 가스터빈 또는 가스엔진구동형

② 흡수식 냉동기

㉠ 단효용형(증기 또는 온수가열형)

㉡ 이중효용형(증기 또는 온수가열형)

③ 원심식-흡수식 냉동기 조합형

상기의 형식 가운데 비교적 소규모인 것에서는 전동기구동 원심식 냉동기와 흡수식 냉동기가 많고, 대규모인 것에는 [그림 11-1]에 나타내는 바와 같이 증기터빈구동 원심식 냉동기, 배압증기터빈구동 원심식 냉동기와 흡수식 냉동기의 조합방식 등이 사용되고 있다. 또한 냉온열원방식은 [표 11-3]에 나타내는 바와 같은 조합이 대상으로 되고 있다.

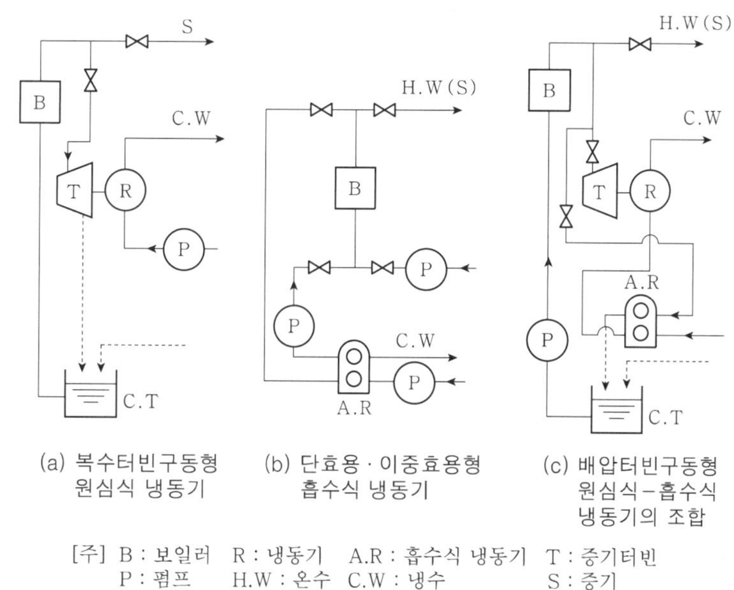

(a) 복수터빈구동형 원심식 냉동기　(b) 단효용·이중효용형 흡수식 냉동기　(c) 배압터빈구동형 원심식-흡수식 냉동기의 조합

[주] B : 보일러　R : 냉동기　A.R : 흡수식 냉동기　T : 증기터빈
P : 펌프　H.W : 온수　C.W : 냉수　S : 증기

[그림 11-1] 중앙플랜트방식

[표 11-3] 냉온열원방식과 에너지의 조합

방 식	냉온열원의 조합	에너지									
		냉 방					난 방				
		전력	석유	가스	태양열	배열	전력	석유	가스	태양열	배열
일반적 방식	전심원동냉동기+증기보일러	○						○			
	전심원동냉동기+온수보일러	○						○			
열펌프 방식	전동열펌프(공기)	○					○				
	전동열펌프(우물물, 하천수)	○					○				
	전동열펌프(태양열)	○					○				

방 식	냉온열원의 조합	에너지									
		냉 방					난 방				
		전력	석유	가스	태양열	배열	전력	석유	가스	태양열	배열
열회수 열펌프 방식	전동열펌프(회수열)+보조열원(전기보일러)	○					○				
	전동열펌프(회수열)+보조열원(공기열원펌프)	○					○				
	전동열펌프(회수열)+보조열원(증기보일러)	○					○	○	○		
	전동열펌프(회수열)+보조열원(온수보일러)	○					○	○	○		
전연료 방식	단효용흡수식 냉동기+증기보일러		○	○			○	○			
	이중효용흡수식 냉동기+증기보일러		○	○			○	○			
	직화식 냉온수발생기		○	○			○	○			
	복수터빈구동 원심식 냉동기		○	○			○	○			
	배압터빈구동 원심식 냉동기 +단효용 흡수식 냉동기+증기보일러		○	○			○	○			
태양열 이용 방식	흡수식 냉동기+보일러				○			○			
	랭킨사이클냉동기				○					○	
	건조제장치				○					○	
코제너레이션 시스템	터빈구동 발전기+열교환기+흡수식 냉동기		○	○		○		○	○		○
	엔진구동 발전기+열교환기+흡수식 냉동기		○	○		○		○	○		○

2) 다목적열원플랜트방식

다목적열원플랜트방식은 화력발전 · 쓰레기 소각 · 공업프로세스용 열원의 배열과 잉여열을 지역냉난방용의 열원으로서 이용하는 방식이다. 단, 지역난방과 전력을 동시에 공급하는 열병합발전방식이 채용되고 있는 유럽 제 도시에서는 통합적인 경제성을 얻을 수 있지만, 일본에서는 입지조건의 면으로부터 현재까지는 채용 예는 없고, 쓰레기 소각도 지역난방열원의 주력으로는 될 수 없지만 에너지 절약의 면으로부터 채용 · 보급하는 것으로 생각된다. 우리나라에서는 아주 제한적이긴 하지만 현재 이 방식이 일부 지역에서 부분적으로 적용되어 이용되고 있다.

[그림 11-2]에는 전용열원플랜트를 중심으로 하고 그 외에 쓰레기 소각이용플랜트와 열병합발전플랜트의 세 가지로 구성된 방식선정모델의 일반적인 흐름도의 일례를 나타내고 있다.

일반적으로 가장 많이 채용되고 있는 방식은 전동식 냉동기와 증기 또는 온수보일러를 조합시키는 것이며, 사용에너지는 전력과 석유 또는 가스이다. 열펌프방식은 전력만을 에너지원으로 하여 압축식 냉동기의 흡열측과 방열측을 냉온열원으로 이용하는 것이며, 열회수열펌프방식에서는 석유, 가스 등의 보조에너지를 필요로 하는 경우가 있다.

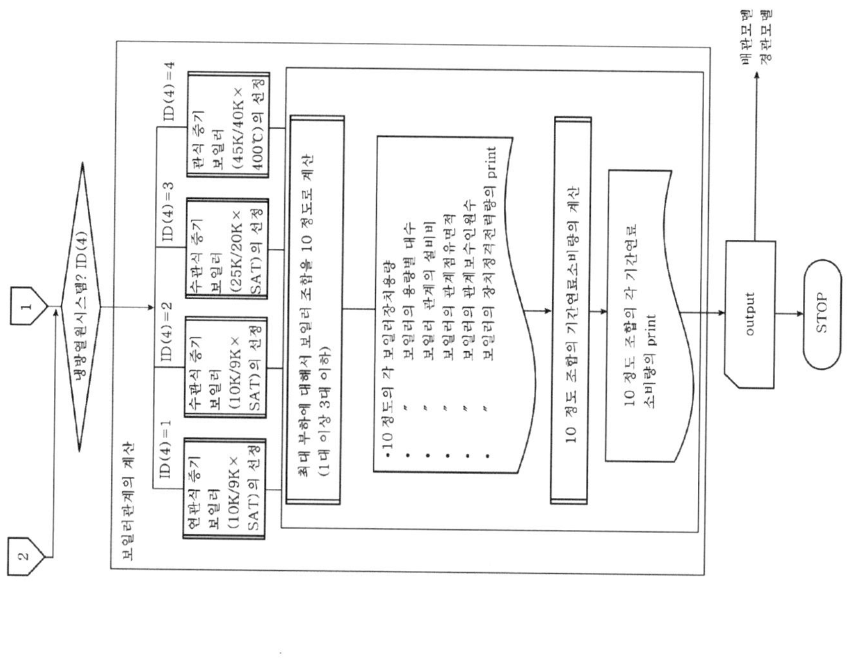

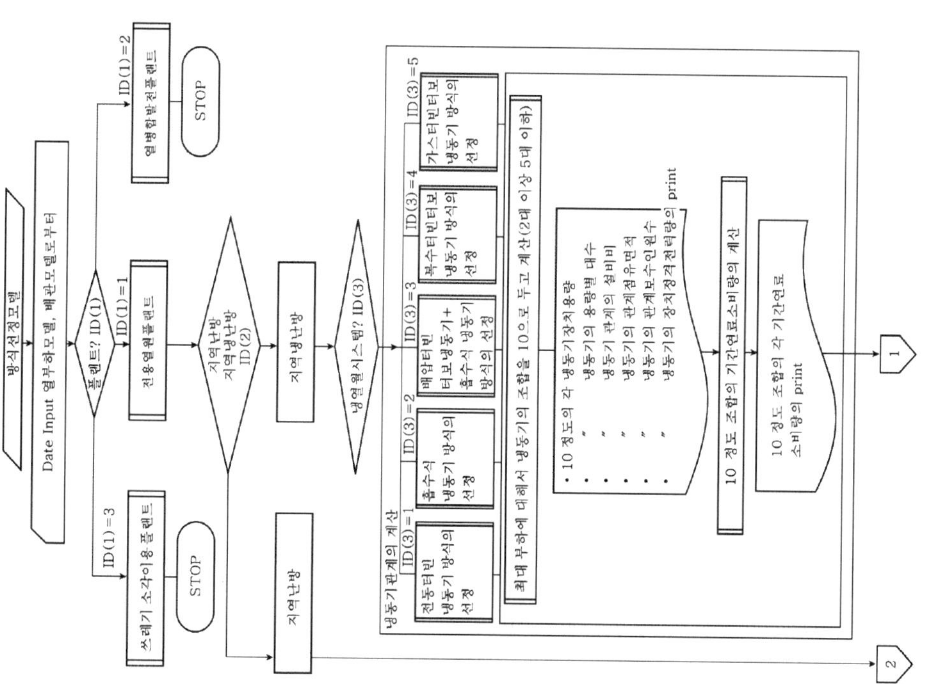

[그림 11-2] 방식선정모델의 흐름도

전 연료방식은 석유, 가스 등의 연료에너지의 연소에 의해 보일러에서 증기를 발생시켜서 난방에 이용하고 흡수식 냉동기 또는 증기터빈구동 원심식 냉동기에 의해 냉방을 행하는 방식으로 전력에너지를 사용하지 않으므로 수전설비가 필요 없다는 이점이 있다.

태양열이용방식은 겨울이나 여름에 집열기에서 태양 일사열을 집열하여 흡수식 냉동기 또는 랭킨사이클냉동기를 구동하는 방식으로 자원절약적이지만 열밀도가 적어서 대용량에는 적합하지 않다.

열병합발전방식은 소위 토털에너지방식(total energy system)으로 코제너레이션시스템(cogeneration system)이라고도 하며 가스, 석유 등의 연료를 에너지원으로 하여 터빈 또는 엔진을 구동시켜서 발전하고, 그 배열을 이용하여 냉방 · 난방 · 급탕을 행하는 방식으로 조건에 따라 에너지 절약성이 높아서 최근 많은 분야에서 보급 · 이용되고 있다.

3 지역냉난방의 배관계획

1. 배관방식

지역냉난방의 배관방식은 사용하는 열매체(온수 · 냉수 · 증기), 열공급목적(난방 · 냉방 · 급탕)의 조합에 의해 단관식, 2관식, 3관식, 4관식, 5관식, 6관식 등이 있다. 이들 배관방식을 [그림 11-3]에 나타내는데 지역난방만을 하기 위해서는 종래에 2관식이 많이 채용되었다. 그러나 냉난방을 겸용할 목적으로는 거의 모두가 4관식 채용하고 있는데, 이 방식은 1년 중 항상 냉온수를 공급하기 때문에 여름의 재열부하와 겨울의 냉방부하 및 연간을 통해서의 급탕부하에도 대처할 수 있으므로 완전 공조를 필요로 하는 지역에서는 가장 바람직하다고 할 수 있다.

또한 지역열매로 증기를 사용할 때는 증기주관과 환수주관을 배관하는 복관식이 사용되지만, 증기사용 후 응축수를 폐기하는 단관식도 있다. 이것은 보일러 급수의 수처리비가 환수관 설치비용보다 싼 경우에 사용된다([그림 11-3]의 (a) 참조).

고온수(또는 냉수)를 열매로 할 때에는 공급관과 환수관을 배관하는 복관식이 일반적이다. 이것에 대해 [그림 11-3]의 (c)는 공급관의 큰 관과 작은 관 또는 온수관과 급탕관을 나누어서 배관하고, 환수관은 공통으로 하는 방식이다. [그림 11-3]의 (d)는 온수배관과 냉수배관의 공급 및 환수관을 각각 2개씩 배관하는 방식이며, 중 · 대규모의 지역냉난방에 많이 사용되고 있다.

한편 지역배관 내를 흐르는 열매의 유량은 열수요의 변화에 대해서 공급열매온도를 변화시켜 유량 일정으로 보내는 정류양식과, 공급열매온도를 일정으로 하고 열매유량을 변화시키는 변류

양식이 있다. 전자는 지역배관의 압력분포가 일정하게 되므로 공급열량은 안정되지만 저부하 시에도 펌프동력비가 변하지 않고 열원측에서 바이패스(bypass)제어를 하지 않으면 저부하 시의 경제운전을 기대할 수 없다.

이것에 대해서 후자는 지역배관의 압력변화가 있으므로 시스템에 압력조절장치를 조입할 필요가 있지만 열원기기의 저부하 시의 경제운전이 가능하고 에너지 절약면에서 봐도 현재는 변유량식이 많이 사용되고 있다.

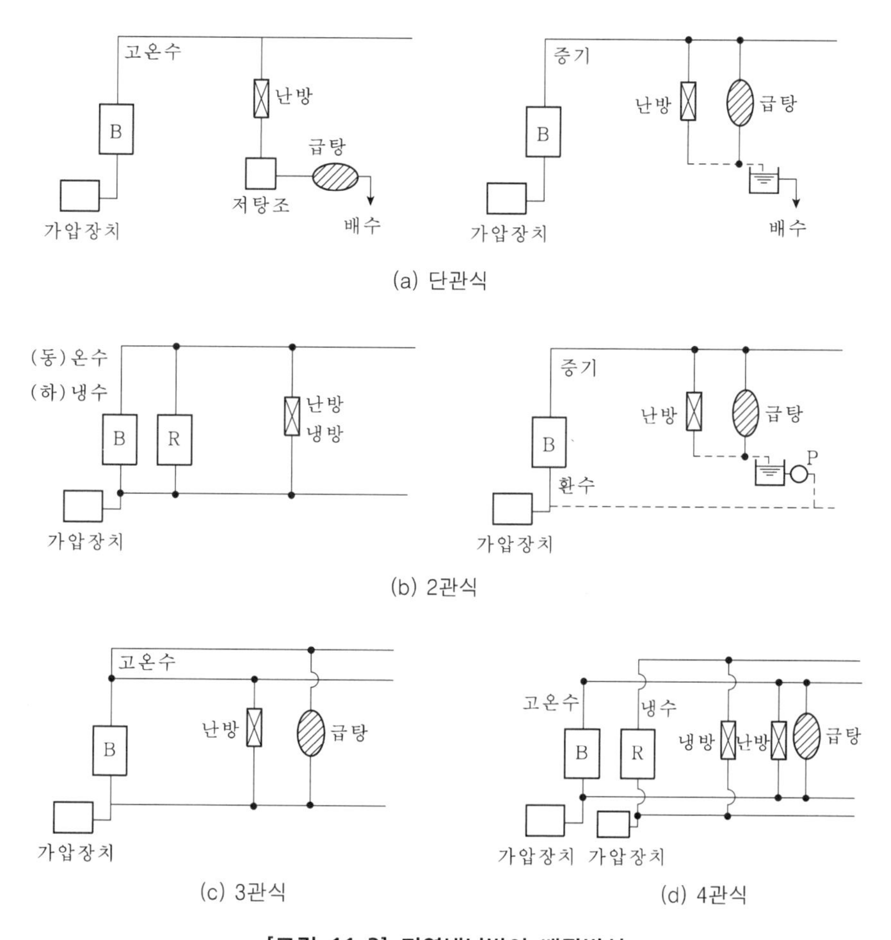

[그림 11-3] 지역냉난방의 배관방식

2. 배관부설방식

가공배관, 지상배관 및 매설배관이 있다. 가공배관 · 지상배관은 공사비가 싼 이점이 있지만, 동결과 외관상 문제가 있고 공장 · 학교 등 블록난방에 사용되는 정도이며, 지역냉난방의 주배관은 거의 지중에 매설배관된다.

매설배관에는 [그림 11-4]에 나타내는 바와 같은 종류가 있고, 터널배관은 전기 · 가스 · 수도 배관 등과 공동구를 이용하는 것이 이상적이지만 입지조건과 경제적인 면으로부터 불가능하고 대부분은 경제적이며 시공이 용이한 지중직접매설배관으로 하는 일이 많다. 직접매설공법은 배관의 강도, 열손실, 보수관리, 매설장소의 조건과 시공성을 고려해서 결정하지만, 특히 토양에 의한 외면부식에 대해 충분한 주의를 기울여야 한다.

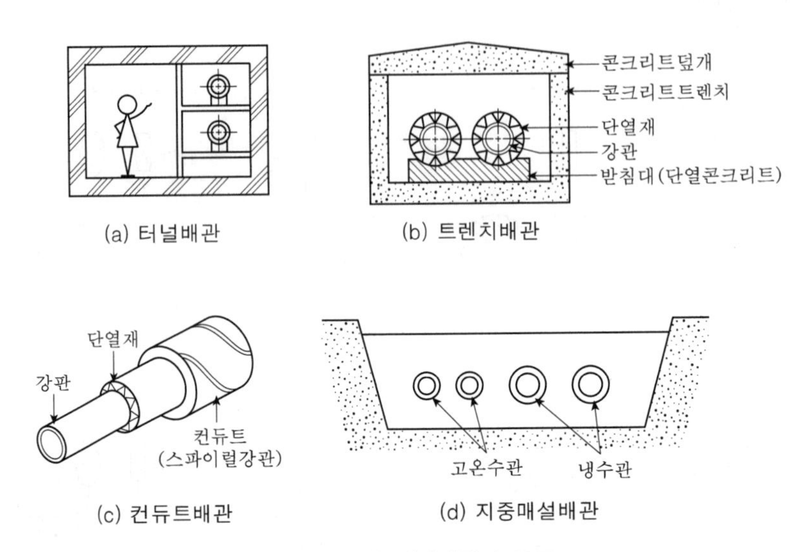

[그림 11-4] 매설배관의 구조

또한 배관망의 형식으로서는 [그림 11-5]에 나타내는 바와 같이 방사형 · 장방형 · 환형 · 격자형 등의 배관이 있고 소규모인 것은 방사형 배관으로 하고, 열원플랜트를 다수 설치하는 경우에는 환형과 장방형 배관으로 한다.

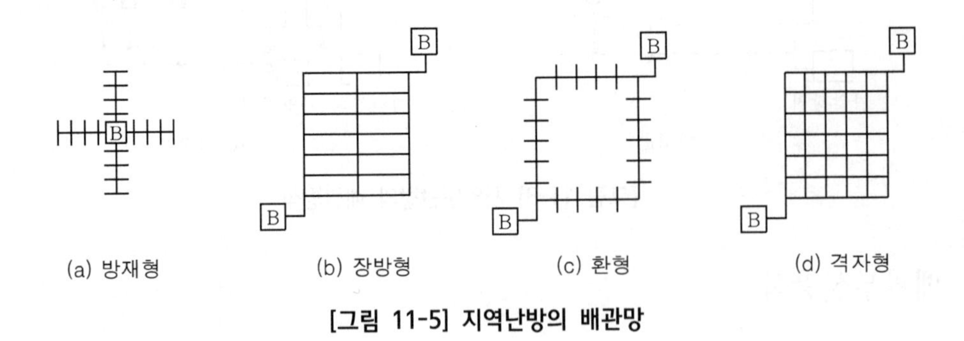

[그림 11-5] 지역난방의 배관망

배관망의 결정은 열수요의 현상과 장래를 예측하여 지질조건 · 기설매설물 등을 고려해서 시공이 용이하며 경제적인 것으로 한다.

3. 서브스테이션

서브스테이션(sub-station)이란 지역냉난방에 있어서 지역배관(一次側)과 수요가배관(二次側)의 접속에 설치되는 장치를 말하며, 서브스테이션은 열원플랜트로부터 보내지는 열매의 온도, 압력 및 유량을 2차측 설비에 필요한 상태로 조정하는 기능을 갖고 있다.

서브스테이션방식은 고온수를 열매로 할 때에는 [그림 11-6]에 나타내는 바와 같이 직접식, 블리드 인(bleed-in) 방식 및 열교환방식 등이 있다. [그림 11-6]의 (a)의 직접방식은 가장 간단한 방식이며, [그림 11-6]의 (b)의 블리드 인 방식은 2차 펌프를 써서 2차측의 환수와 혼합해서 1차측 수온의 제어가 가능한 것이다.

[그림 11-6]의 (c)는 열교환방식으로서 많이 사용되는 것이고, 1차측의 고온수에 의해 2차측 온수를 열교환기에 의해 가열하므로 1차측과 2차측의 압력이 분리된다. 이 방식에서는 2차측은 저압이므로 옥내장치의 내압강도를 크게 할 필요가 없고 2차측의 누수사고도 1차측에 영향이 없고 안전하다. 단, 서브스테이션의 건설비는 가장 높게 된다.

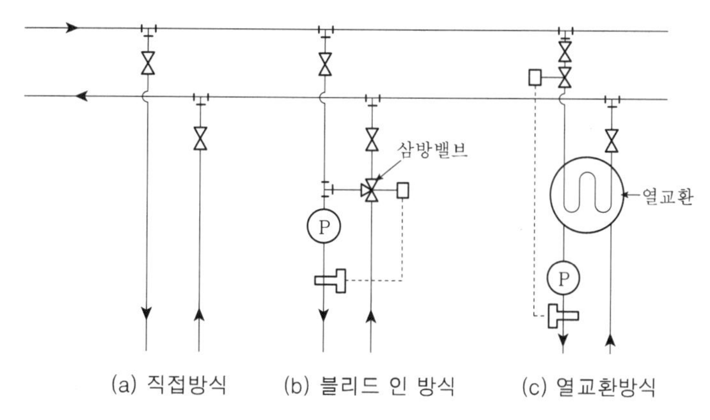

[그림 11-6] 서브스테이션방식

4. 중앙보일러플랜트의 배관방식

중앙보일러플랜트의 배관방식에는 [그림 11-7]에 나타내는 바와 같이 1펌프방식과 2펌프방식이 있다. [그림 11-7]의 (a)의 1펌프방식은 시스템 전체를 1개소의 펌프로 온수를 순환시키는 것으로서 중·소규모 설비에 사용되는 방식이며, 제어성은 다소 나쁘지만 설비비가 싸고 노통연관식 보일러를 사용할 때에 잘 쓰인다.

[그림 11-7]의 (b)의 2펌프방식은 시스템의 온수순환량이 변화되어도 보일러로의 순환량은 일정하게 유지하는 것이 가능하며, 제어성은 좋지만 설비비가 높아진다.

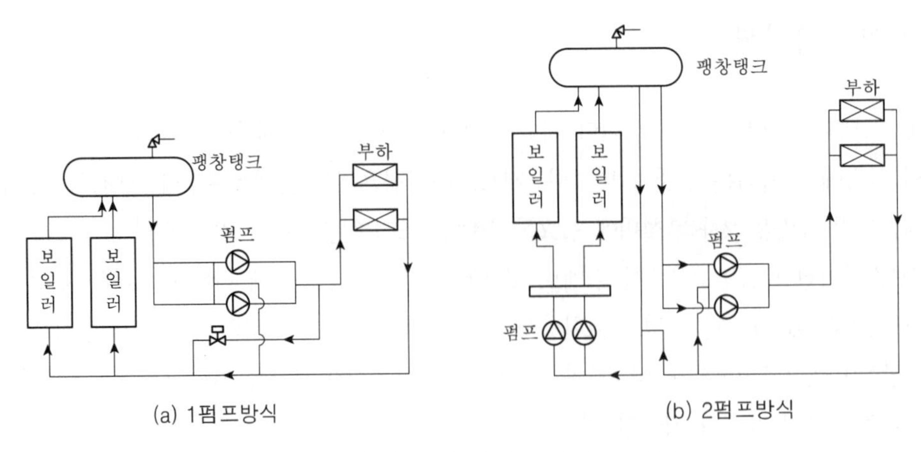

[그림 11-7] 중앙보일러플랜트의 배관방식

4 지역냉난방의 배관 예

[그림 11-8]은 지역배관과 옥내배관의 일례를 나타낸다. [그림 11-9]와 [그림 11-10]은 서울에 건설된 소규모 아파트단지에 대한 열원시스템의 계통도와 각 세대 내 난방배관도의 일례를 나타내고 있으며, [그림 11-11]은 비교적 대규모인 서울의 M동 주택단지의 난방열공급시스템을 나타내고 있다. 이 단지에서는 각 가구마다 열량계와 실내온도조절기를 설치하여 공급열량에 의해 난방비를 지불하도록 하여 에너지 절약을 도모하고 있다.

또한 여기에서는 120℃의 중온수를 열원플랜트로부터 22개소의 서브스테이션에 공급하고 있으며, 플랜트에서의 환수온도는 70℃로 하고 있다. 이 온수온도는 표준시간인 경우에 해당되며, 외기조건의 변화에 따라서 열공급량의 조절(변온도, 변유량에 의함)이 가능한 시스템으로 되어 있다.

[그림 11-12]는 이 단지에 대한 열원공급시스템을 나타내고 있다.

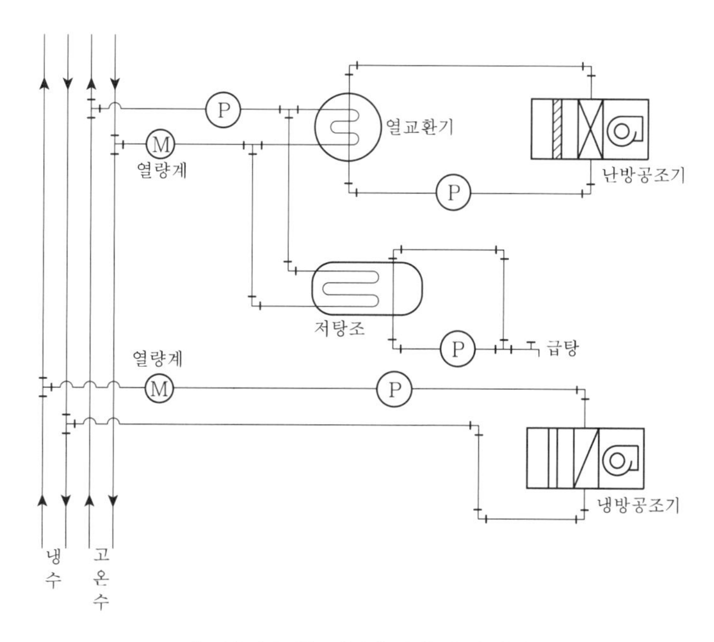

[그림 11-8] 지역배관과 옥내장치

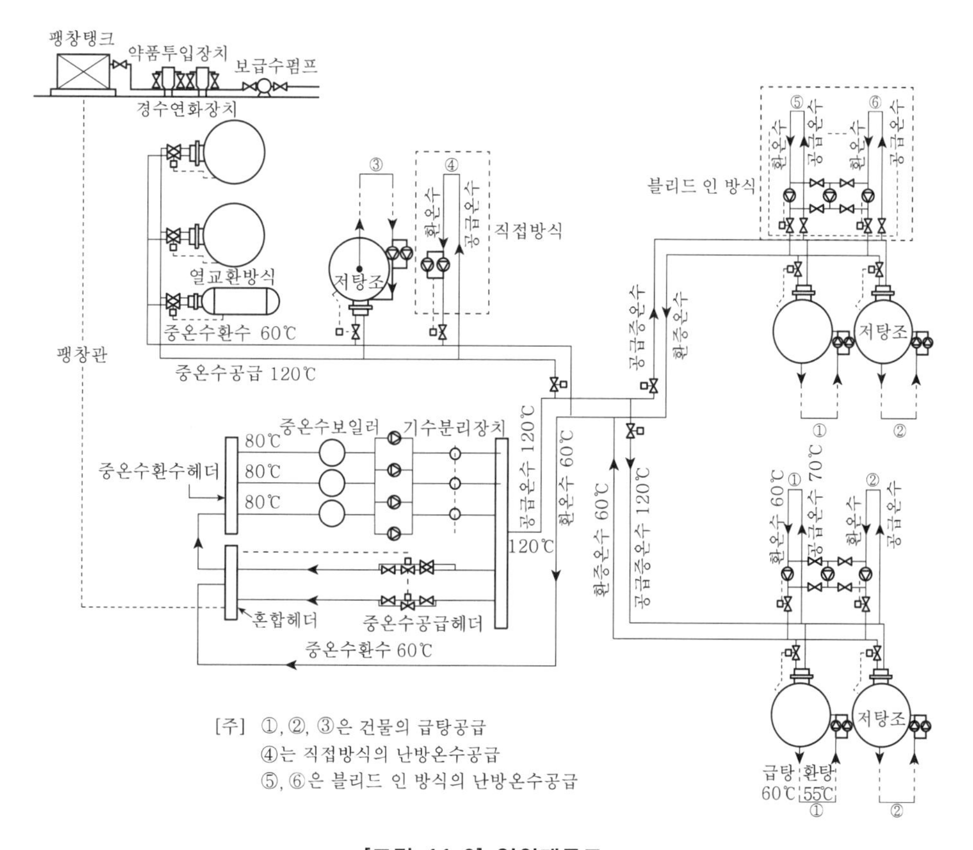

[그림 11-9] 열원계통도

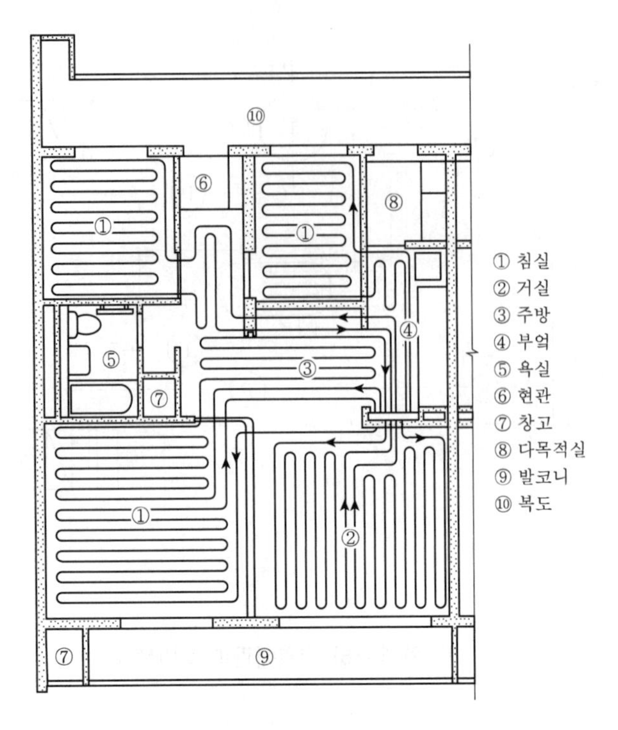

[그림 11-10] 각 세대 내의 난방배관도

[그림 11-11] M아파트단지의 배치도

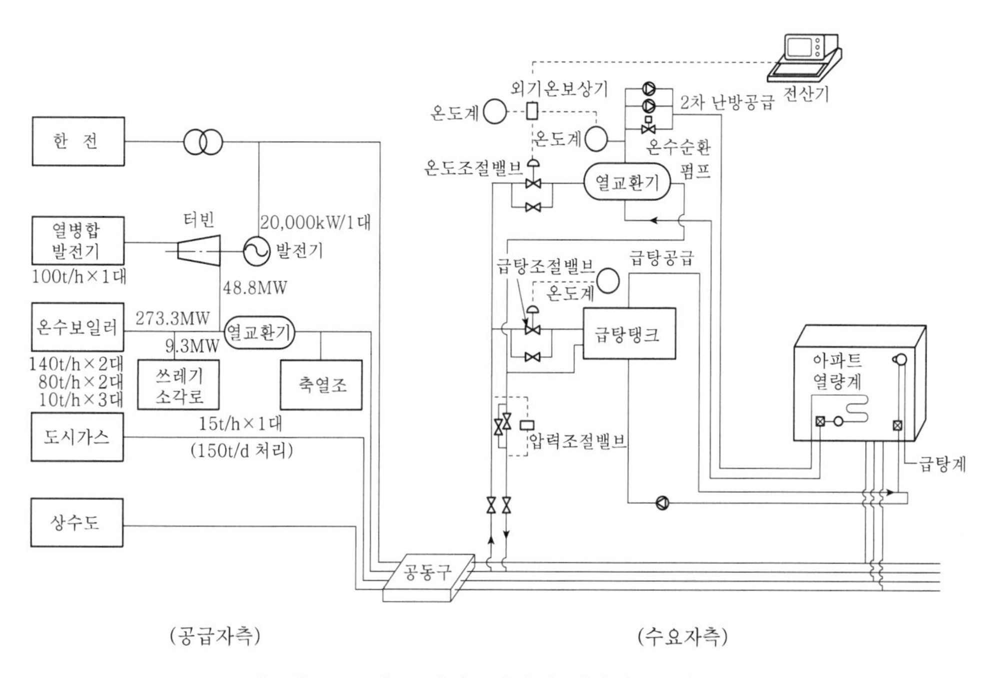

[그림 11-12] M아파트단지의 에너지공급시스템

제11장 연습문제

1. 지역냉난방방식의 이점과 설치에 필요한 조건을 들어라.

답 본문 참조.

2. 지역냉난방의 의의와 그것이 어떤 배경 하에서 채택되기 시작하였는가를 기술하여라.

답 본문 참조.

3. 지역냉난방의 열매를 고온수로 사용했을 경우 그 특징을 기술하여라.

답 본문 참조.

4. 지역냉난방의 열원플랜트방식에는 어떤 것이 있는가를 열거하고 각각에 대해 간단히 설명하여라.

답 본문 참조.

5. 지역냉난방의 배관방식에 대해 기술하여라.

답 본문 참조.

6. 지역냉난방의 배관망형식에 대해 기술하여라.

답 본문 참조.

7. 지역냉난방의 배관부설방식에 대해 기술하여라.

답 본문 참조.

8. 지역냉난방의 서브스테이션배관방식에 대해 기술하여라.

답 본문 참조.

9. 지역냉난방의 열원시스템계통도를 스케치하면서 필요한 설명을 하여라.

답 본문 참조.

10. 다음 용어들을 설명하여라.

(1) 전용열원과 다목적열원플랜트방식
(2) 코제너레이션시스템
(3) 정유량 및 변유량방식
(4) 블리드 인 방식
(5) 서브스테이션

답 본문 참조.

Chapter

12

종합설계 예

1. 건물의 개요 및 설비계획
2. 공조부하 계산
3. 공조설비의 설계
4. 환기설비의 설계
5. 공조설비설계도면

1 건물의 개요 및 설비계획

1. 건물계획

① 건물규모 : 지하 1층, 지상 9층, 옥탑 1층
② 구조 : 철골 · 철근콘크리트조 라멘주조
③ 용도
　㉠ 지상층 : 전층 임대사무실
　㉡ 지하층 : 기계실 및 사무실
④ 높이 : G.L+30.7m
⑤ 소재지 : 서울의 중심시가지
⑥ 건물연면적 : 6,196.9m^2

층	바닥면적(m^2)
지하층	562.4
1층	607.2
2~9층	616.1×8=4,928.8
옥탑 1층	98.5
계	6,196.9

⑦ 이하 본 건물에 대한 건축설계도면은 [그림 12-1]~[그림 12-6]에 나타낸다.

2. 공조설비계획

1) 공조방식의 선정

공조시스템에는 여러 가지의 방식이 있으며, 그 각각의 특성과 건물의 사용목적에 따라 검토 · 결정되어야 한다. 본 건물은 임대사무소이므로 실거주자의 칸막이 변동에 시스템이 대응할 수 있어야 하며, 더욱 시간외운전도 가능하도록 배려해야 한다. 또한 각종 시스템에 대한 설비비 · 운전비 · 유지관리비 등을 비교하고, 더 나아가 열원의 공해에 대한 고려와 종합적인 에너지 절약을 검토해서 결정한다.

따라서 여기에서는 페리미터존에 FCU방식을, 또 실내부하존에 각 층 유닛방식을 각각 채용하는 것으로 한다. 이에 대한 설비계통도를 [그림 12-7]에 나타낸다.

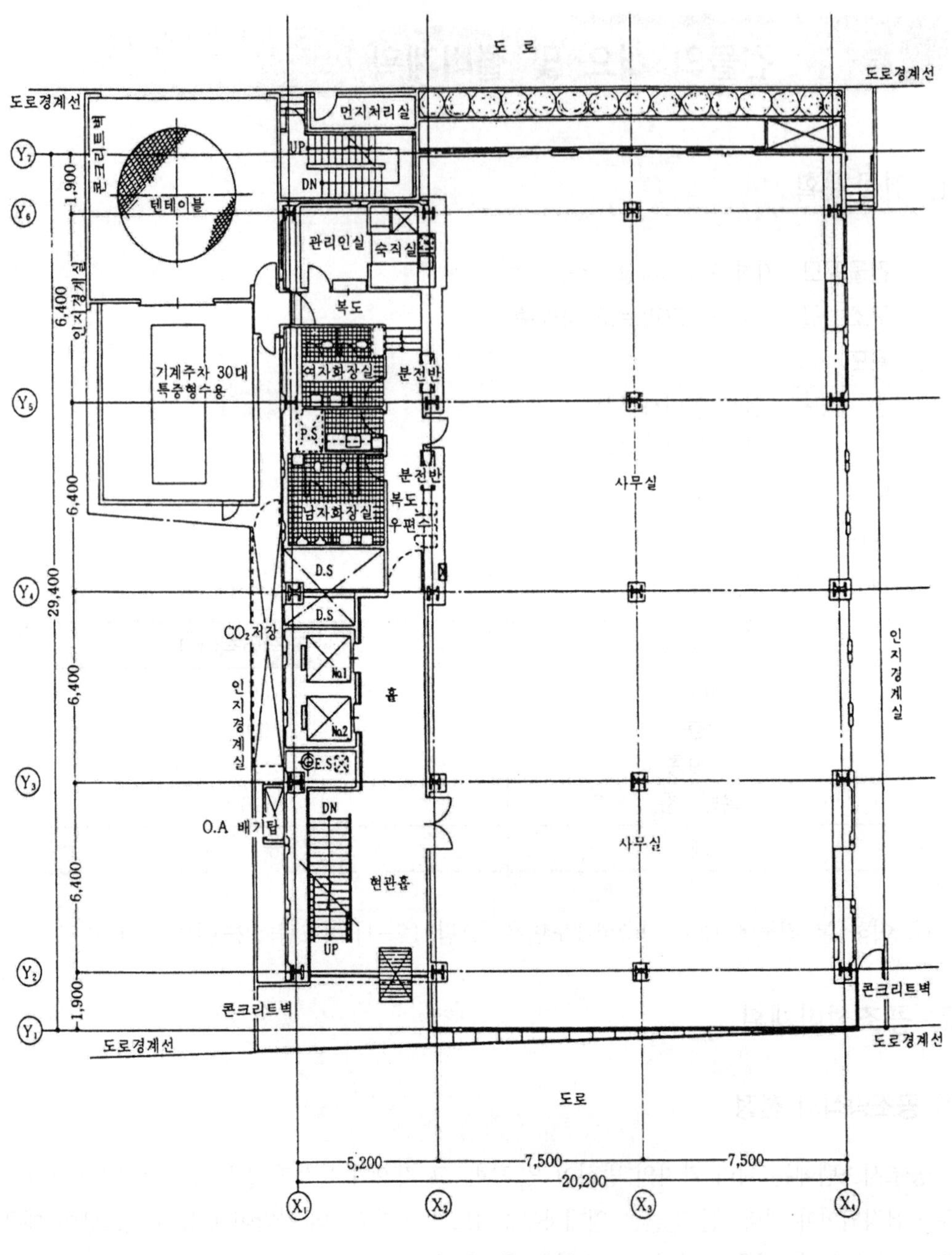
도 로
도로경계선
도로경계선
먼지처리실
콘크리트벽
UP
DN
텐테이블
관리인실
숙직실
인지경계실
복도
기계주차 30대
특중형수용
여자화장실
분전반
P.S
분전반
사무실
남자화장실
복도
우편수
D.S
D.S
CO₂저장
인지경계실
홀
No.1
No.2
인지경계실
E.S
DN
O.A 배기탑
사무실
현관홀
UP
콘크리트벽
콘크리트벽
도로경계선
도로경계선
도로
1,900
6,400
6,400
29,400
6,400
6,400
1,900
5,200
7,500
7,500
20,200
Y1
Y2
Y3
Y4
Y5
Y6
Y7
X1
X2
X3
X4

[그림 12-1] 1층 평면도

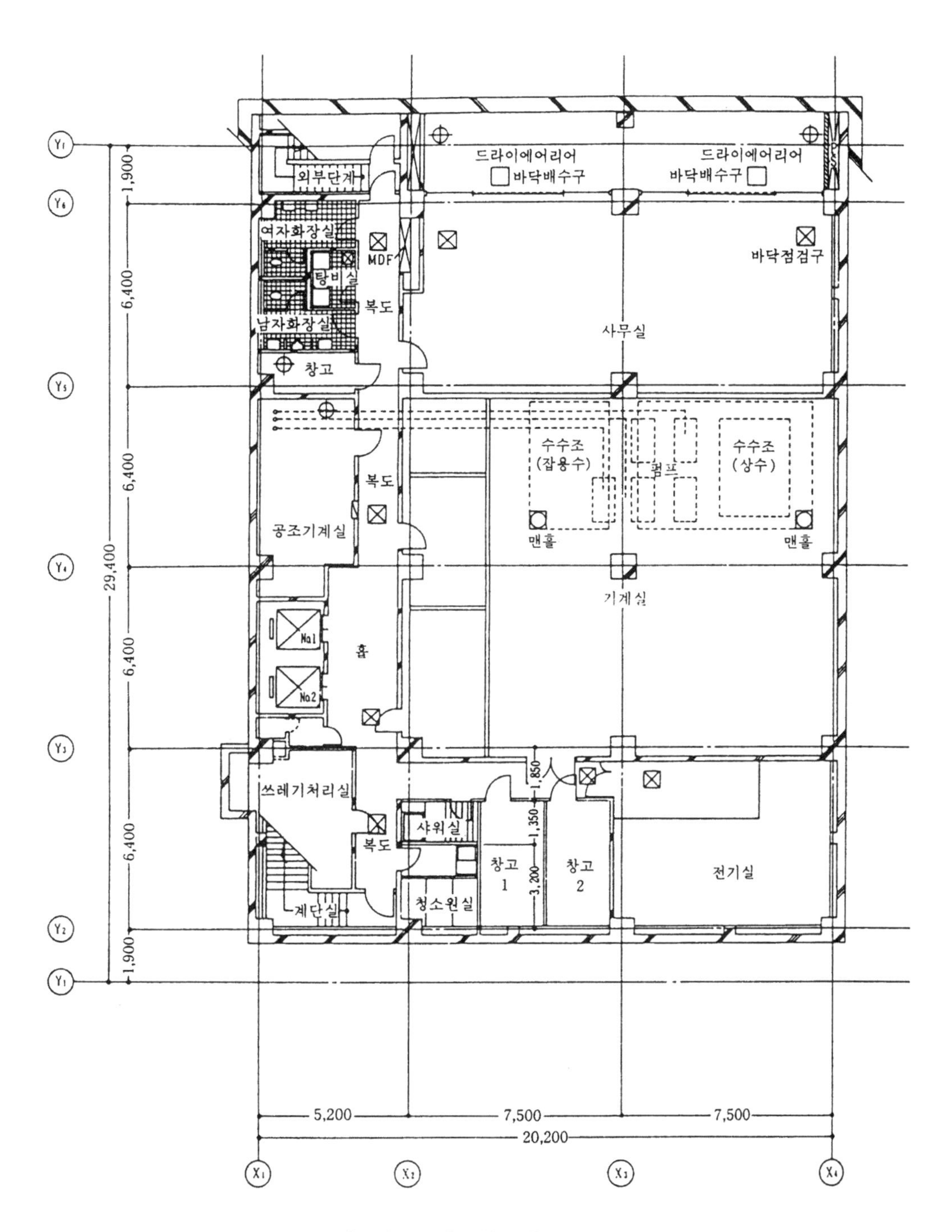

[그림 12-2] 지하 1층 평면도

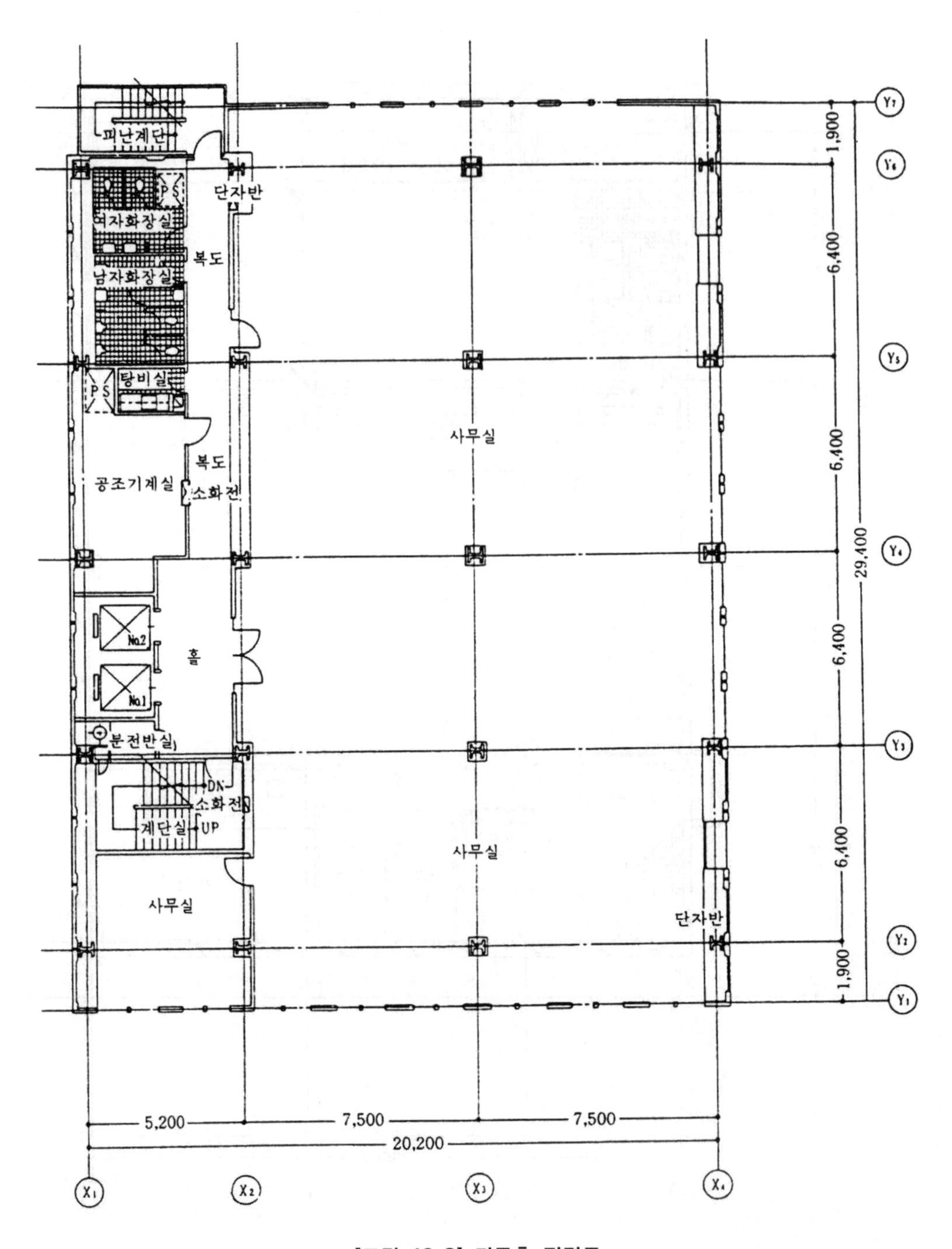

[그림 12-3] 기준층 평면도

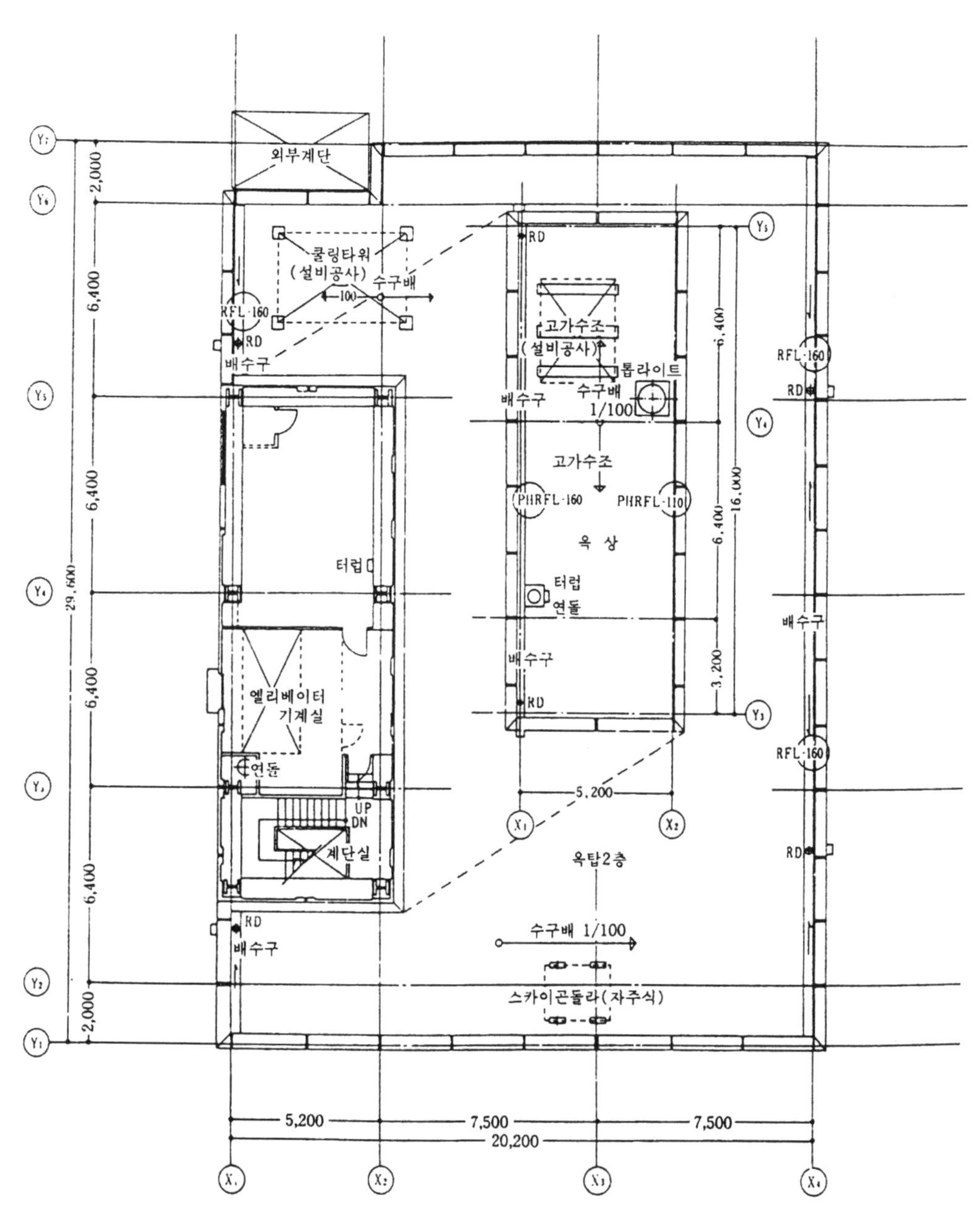
외부계단
쿨링타워
(설비공사)
수구배
RFL·160
RD
배수구
고가수조
(설비공사)
톱라이트
수구배
1/100
옥 상
PHRFL·160
PHRFL·110
터럽
연돌
엘리베이터
기계실
계단실
UP
DN
옥탑2층
수구배 1/100
스카이곤돌라(자주식)
2,000
6,400
29,600
16,000
3,200
5,200
7,500
20,200

[그림 12-4] 옥상 평면도

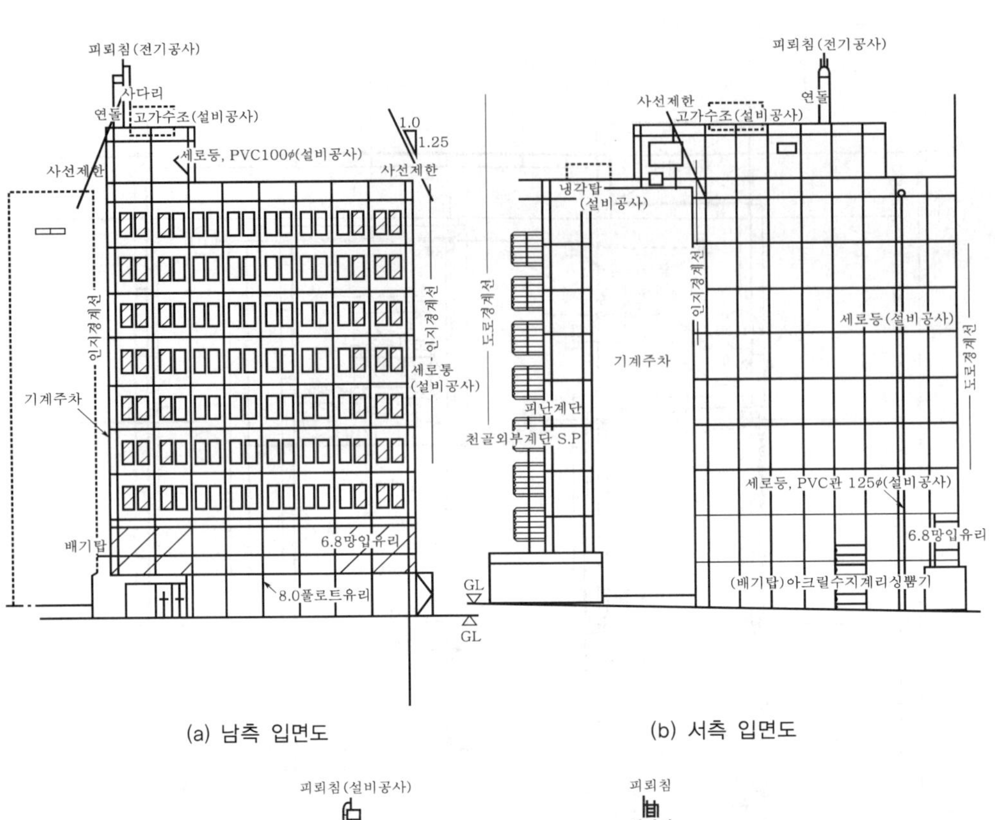

(a) 남측 입면도 (b) 서측 입면도

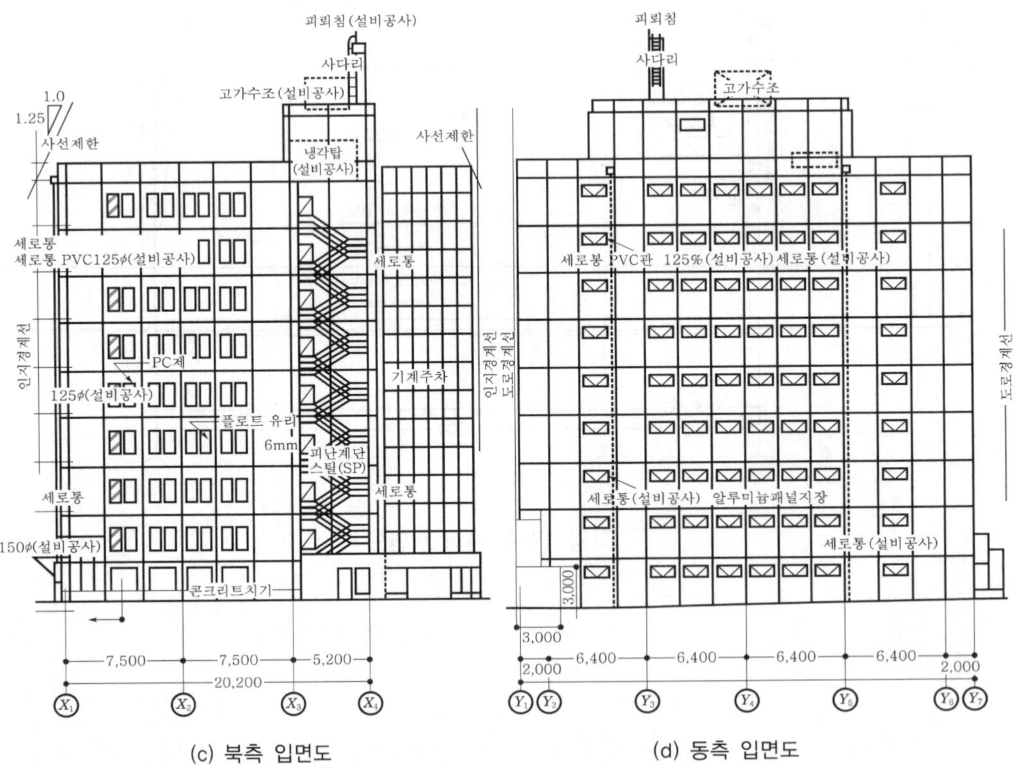

(c) 북측 입면도 (d) 동측 입면도

[그림 12-5] 입면도

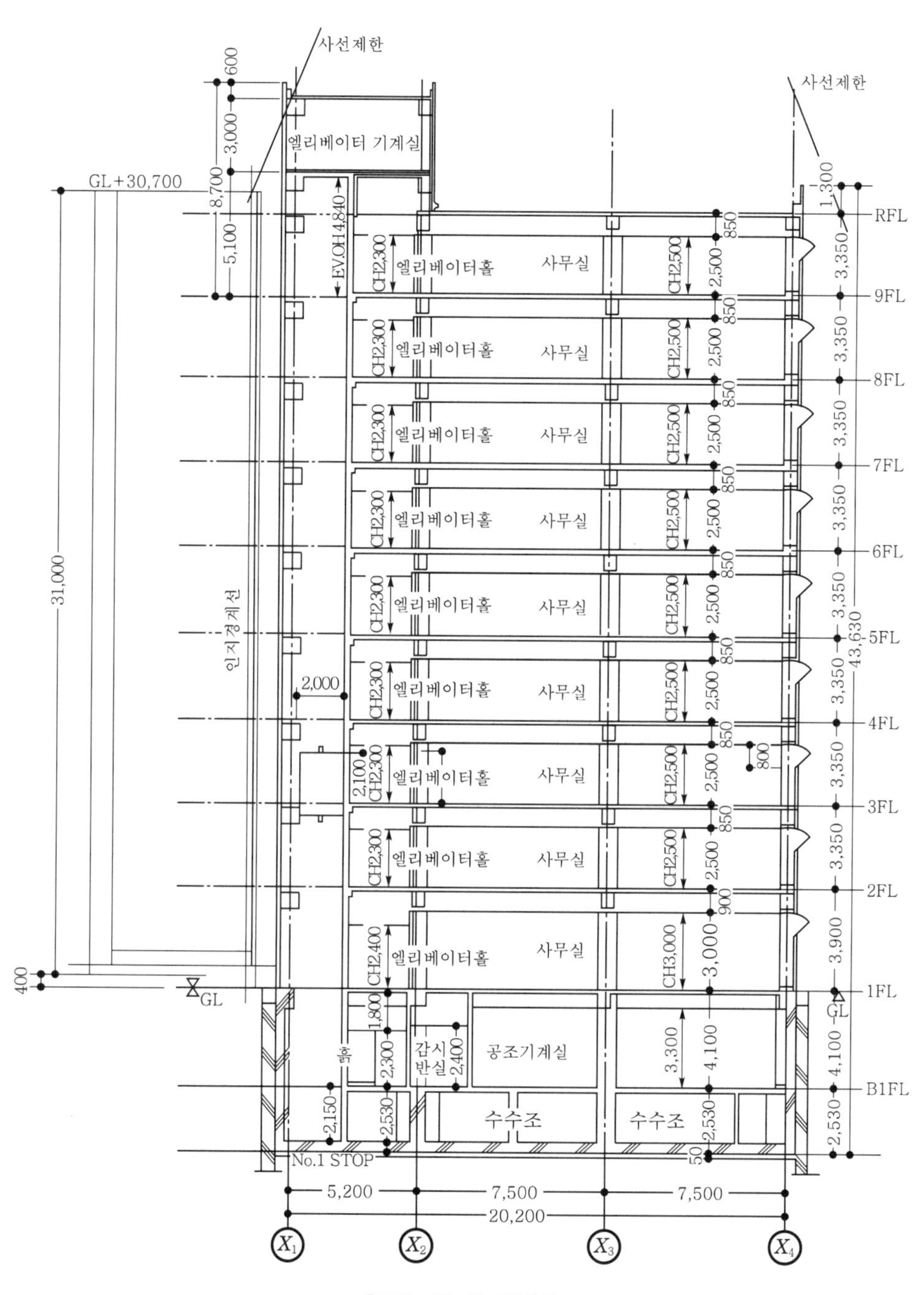

사선제한
사선제한
엘리베이터 기계실
GL+30,700
엘리베이터홀
사무실
공조기계실
감시반실
수수조
수수조
No.1 STOP
인지경계선
RFL
9FL
8FL
7FL
6FL
5FL
4FL
3FL
2FL
1FL
B1FL
GL
5,200
7,500
7,500
20,200
31,000
43,630

[그림 12-6] 단면도

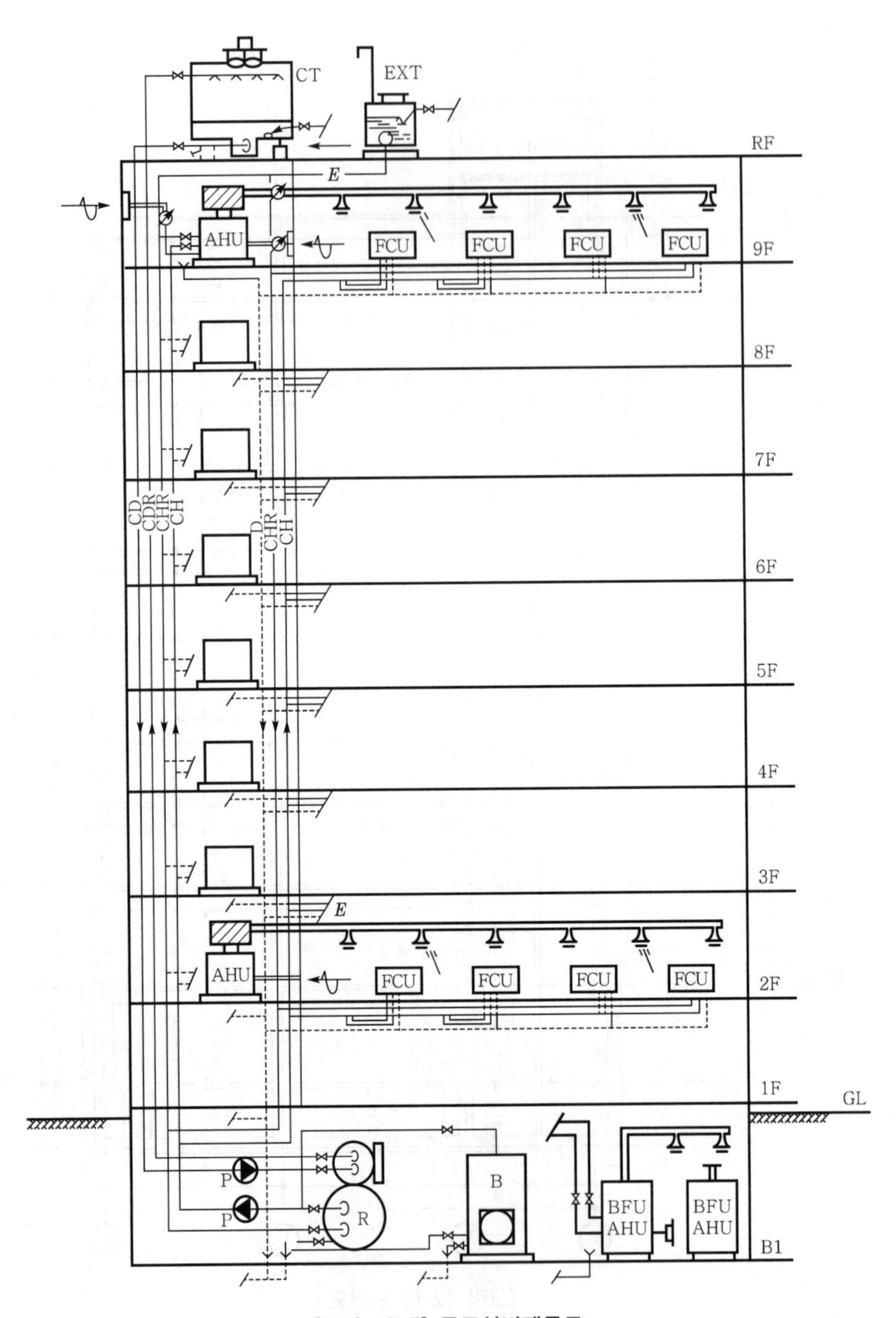

[그림 12-7] 공조설비계통도

2) 기기의 배치계획

각종 기기의 선정과 배치계획은 시스템계획과도 밀접한 관련이 있으며, 이후의 설계에 기본적으로 관계되는 것이므로 신중히 진행해야만 한다. 페리미터존의 FCU는 바닥설치형으로 하며, 실내부하존은 천장취출인 아네모스탯형 기구로 하고 임대사무소이므로 칸막이의 변경을 고려해서 [그림 12-8]에 나타낸 바와 같이 각 스팬마다 취출구를 배치한다. 더욱 이 덕트를 연장해서 동측 창 부분에 선형 취출구(line diffuser)를 설치한다. 이들의 리턴은 문에 설치된 리턴 그릴(return grille)을 경유해 복도로부터 각 층 공조기계실로 이끈다. 냉동기와 보일러설비기기는 운전조작의 여건이 좋은 지하층에 설치하며, 옥탑층에 설치한 냉각탑의 평면상의 배치는 [그림 12-4]에 나타낸 바와 같다.

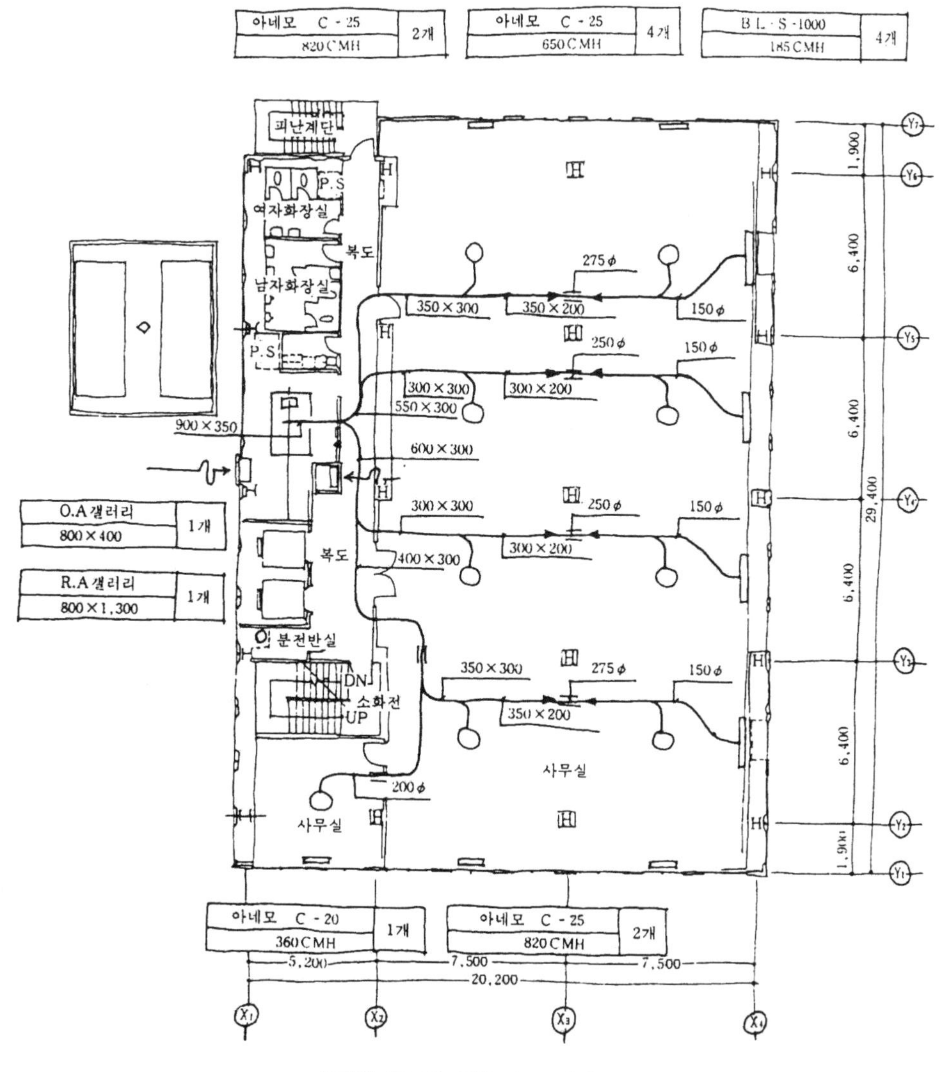

[그림 12-8] 공조덕트 평면도

3) 열원장치의 계획

열원설비의 계획은 기기의 배치계획과 병행해서 실시되는 것이 일반적이며, 주요 기기의 개략용량을 초기 계획단계에서 산정해 두면 실시설계의 계산과정에서 만일의 계산착오가 일어나도 곧 오산을 알아낼 수 있다. 더욱 건물규모가 파악되면 개략수치로 주요 기기의 용량을 약산해서 기기의 종류 · 대수 · 공조방식의 대강을 판단할 수 있다.

그러므로 건물연면적 또는 공조실 바닥면적에 의거하여 산출된 기계실면적을 참고로 해서 어림잡은 면적을 파악해 둘 필요가 있다. 이때 개산에 사용되는 수치는 그 건물의 성격 · 용도 · 구조 등에 따라 다르게 되겠지만 경험을 통해 ±10% 전후의 폭이 되도록 노력해서 전체적인 파악을 항상 염두에 두어야 한다.

전술한 건물개요로부터 기준층 유효면적을 $616.1m^2 \times 0.75$, 건물연면적 $6,196.9m^2$로 하면 각 기기의 용량은 다음과 같이 된다.

(1) 각 층 공조기

공조기의 개략용량을 산출하는 개산치로서 m^2당 실내부하존의 송풍량을 $13m^3/h$로 하면

$$\text{공조기 송풍량} = 13 \times 616.1 \times 0.75 \fallingdotseq 6,000m^3/h$$

로 된다.

(2) 냉동기

냉동기 부하의 개산치를 $0.026 \sim 0.036RT/m^2 \cdot h$로 하면

$$\text{냉동기 용량(터보형)} = (0.026 \sim 0.036) \times 6,196.9 \fallingdotseq 161 \sim 223RT/h$$

가 된다.

(3) 보일러

보일러부하의 개산치로서 $0.16 \sim 0.3kg/m^2 \cdot h$로 하면

$$\text{보일러용량} = (0.15 \sim 0.3) \times 6,196.9 \fallingdotseq 930 \sim 1,860kg/h \fallingdotseq 583.72 \sim 1,166.28kW$$

로 된다.

2 공조부하의 계산

1. 설계조건의 결정

1) 설계용 온습도조건의 설정

냉난방설계용 외기온습도조건은 위험률 2.5%를 가정한 [부표 3]과 [표 4-3]에 의거하여 구하고, 동일 실내온습도조건도 제4장의 내용을 참고로 하여 구한다. 이들을 조합한 것이 [표 12-1]이다.

[표 12-1] 설계용 온습도조건

설계조건		DB (℃)	WB (℃)	RH (%)
여름철	외 기	31.1	25.8	65
	실 내	26.0	22.8	60
	차	5.1		
겨울철	외 기	−11.9	−12.8	69
	실 내	20.0	12.3	40
	차	31.9		

2) 상당온도차 및 일사량 결정

냉방부하를 계산하기 위해서는 상당온도차 및 일사량이 추정되어야 하며, 또한 이를 알기 위해서는 여름철 설계시각(최대 부하 시)이 먼저 결정되어야 한다. 여름철 설계시각은 건물의 형상 · 방위 · 외벽유리창의 면적 및 인접 건물과의 관계 등을 고려해서 최대 부하로 예상되는 시각을 선정한다. 이에 따라 본 예제에 대한 여름철 설계시각은 12시로 결정하며 상당온도차, 일사량 등은 다음 사항을 참조하여 구한다.

① 일사를 받는 외벽의 온도차는 상당온도차(Δt_e)라 부르며 [표 3-18]에 의거하여 산정한다. 종일 음영이 있는 외벽에 대해서는 북측의 값을 사용하며 유리면의 내외 온도차는 외기온과 실온의 차로 한다.

② 유리를 통과하는 일사량은 유리의 두께 · 종류에 따라 다르며 [표 3-20]에 의거하여 수치를 찾는다.

③ 각종 유리의 차폐계수는 블라인드의 위치 · 색에 따라 다르며 [표 3-21]에 의거하여 수치를 찾는다.

④ 각종 유리에 대한 축열계수를 무시하는 것으로 한다.

3) 열관류율의 계산

열관류율은 다음 식을 토대로 해서 계산한다.

$$\frac{1}{K} = \frac{1}{\alpha_0} + \Sigma\frac{d}{\lambda} + \frac{1}{c} + \frac{1}{\alpha_i}$$

여기서, K : 열관류율(W/m^2 · K)

α_0 : 외표면 열전달률(W/m^2 · K)

d : 구조재의 두께(m)

λ : 재료의 열전도율(W/m · K)

$1/c$: 공기층의 열전달저항(m^2 · K/W)

α_i : 내표면 열전달률(W/m^2 · K)

이에 따라 본 예제에 대한 각 구조체의 열관류율을 계산하면 [그림 12-9]와 같다.

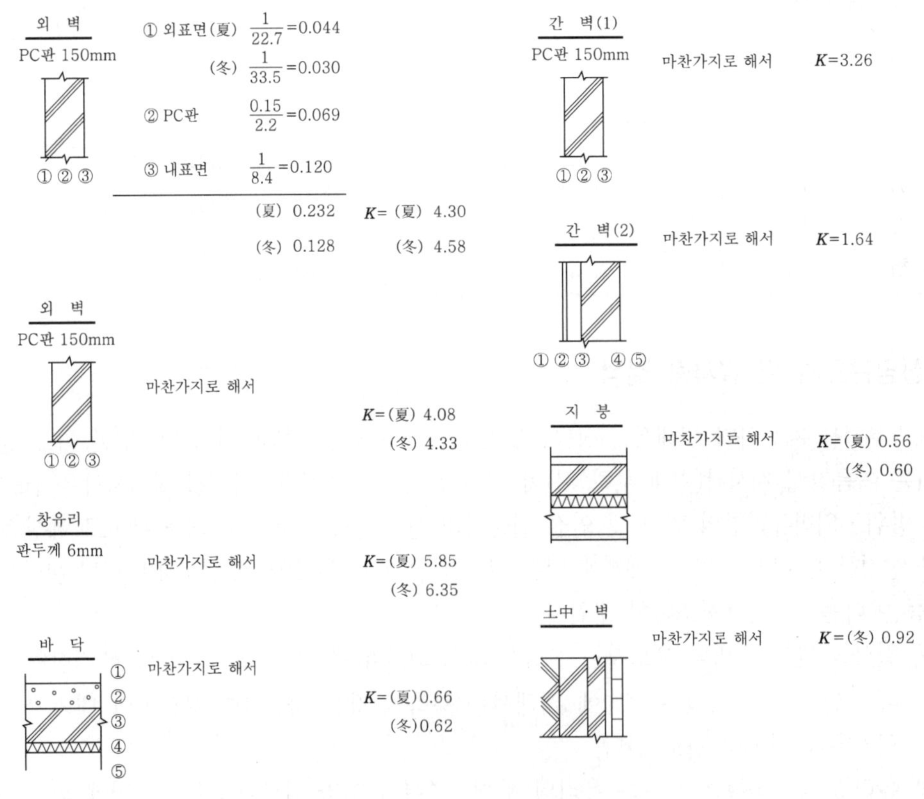

[그림 12-9] K값의 계산

2. 기준단위열량의 산출

단위손실 및 단위취득열량은 설계조건에 의한 온습도 · 열관류율 · 일사량 및 차폐계수 등에 의거하여 산출하는데, 이 계산서 서식은 여러 가지 형식이 이용될 수 있다. 여기에서는 그 일례로서 [표 12-2]를 사용한다. 또한 이 표에 수록된 방위계수는 겨울철에 대해서 계절풍의 영향에 대한 할증률을 고려한 것이다.

[표 12-2] 부하단위열량 계산표 (부하 계산시각 : 12시)

명칭		사무소 건물			지역	서울	구분	사무소
설계조건		DB	WB	RH	DP	TH	SH	SV
		℃	℃	%	℃	kJ/kg′	kg/kg′	m^3/kg'
여름	외 기	31.1	25.8	65	24.0	79.6	0.0188	0.888
	실 내	26.0	22.8	60	17.7	58.2	0.0125	0.864
	차(Δ)	5.1			6.3	21.4	0.0063	
겨울	외 기	−11.9	−12.8	69	−15.9	−9.6	0.00094	0.742
	실 내	20.0	12.3	40	6.0	34.8	0.0058	0.838
	차(Δ)	31.9			21.9	44.4	0.00486	

		계산기준		냉방부하					난방부하		
종별		① 열관류율(하)	② 열관류율(동)	③ 상당온도차	④ 실제온도차	⑤ 일사량	⑥ 경감율	단위취득열량 ①×④+⑤×⑥	⑦ 온도차	⑧ 방위계수	단위손실열량 ②×⑦×⑧
창유리	북	5.85	6.35		5.1	37.0	1.0	79.9	31.9	1.1	222.8
	남	5.85	6.35		5.1	181.4	0.65	147.8	31.9	1.0	202.6
	동	5.85	6.35		5.1	37.0	0.65	62.3	31.9	1.1	222.8
	서	5.85	6.35		5.1	37.0	1.0	79.9	31.9	1.2	243.0
외벽	북	(하) 4.30 (동) 4.58		14.4				62.0	31.9	1.1	160.8
	남	(하) 4.08 (동) 4.33		5.1				20.8	31.9	1.0	138.0
	동	(하) 4.30 (동) 4.58		4.8				20.7	31.9	1.1	160.8
	서	(하) 4.08 (동) 4.33		4.0				16.3	31.9	1.2	165.6
지붕		(하) 0.56 (동) 0.60		11.5				6.4	31.9		19.3
바닥		(하) 0.66 (동) 0.62			3.0			2.0	16		9.9
천장		(하) 0.62 (동) 0.66			3.0			1.9	16		10.6
간벽 (1)		3.26			3.0			9.8	16		52.1
토중 · 벽		0.92									
간벽 (2)		1.64			3.0			4.9	16		26.3
침입외기 (q_s)		1.21	Δt 5.1					1.7	Δt 31		10.5
침입외기 (q_L)		3,001	Δx 0.0063					5.2	Δx 0.00486		4.1

3. 각 실의 부하 계산

각 실의 냉난방부하발생개소의 면적을 구해서 이 값과 미리 선정한 시각에 대한 단위열량에 의거하여 냉난방부하를 산출한다. 이 계산서 서식도 여러 가지 형식이 있지만, 그 일례를 [표 12-3] 및 [표 12-4]에 나타낸다.

[표 12-3] 냉난방부하 계산서(I)

실명		3~8층 사무실(大)		방위	계통	No.	
바닥면적		15.6×29.4=458.7m^2		실체적	458.7m^2×2.5m=1,146.8m^3		
항목		면적		냉방부하(최대 12시)		난방부하	
				단위열량	취득열량	단위열량	손실열량
창유리	북	1.6×1,685×4=	10.8m^2	79.9	863	222.8	2,406
창유리	남	1.6×1,685×6=	16.2m^2	147.8	2,394	202.6	3,281
창유리	동	1.6×0.8×8=	10.2m^2	62.3	636	222.8	2,272
창유리	서						
외벽	북	(15.8×3.35)−10.8=	42.1m^2	62.0	2,609	160.8	6,770
외벽	남	(15.1×3.35)−16.2=	34.4m^2	20.8	716	138.0	4,748
외벽	동	(29.4×3.35)−10.2=	88.3m^2	20.7	1,828	160.8	14,200
외벽	서	1.5×3.35=	5.0m^2	16.3	81	165.6	828
지붕							
침입외기		(여름) m^3×R/h	m^3/h				
침입외기		(겨울) 1,146.8m^3×1R/h	1,147m^3/h			10.5	12,003
여름/겨울 W/m^2		페리미터부하계		① 9,128W		① 46,508W	
간벽		26.0×2.5=	65.0	4.9	317	26.3	1,708
바닥							
천장							
여름/겨울 W/m^2		소계		② 317W		② 1,708W	
인체		458.7m^2×0.2인/m^2	92인	57.0	5,135		
조명		458.7m^2×25W/m^2	11,468W	1.3	14.401		
기구							
동력		계수	kW				
여름/겨울 W/m^2		소계		③ 19,536		③	
여름/겨울 W/m^2		인테리어부하계		④=②+③ 19,853W		④=②+③ 1,708W	
여름/겨울 W/m^2		현열부하계	안전율 여름 10% / 겨울 10%	Ⓐ=(①+④)×1.1 31,879W		Ⓓ=(①+④)×1.1 53,037W	
침입외기			여름 m^3/h				
침입외기			겨울 1,147m^3/h			4.1	4,669
인체			92인	61.6	5,670		
기타			kg/h		567		402
여름/겨울 W/m^2		잠열부하계		Ⓑ 6,237W		Ⓔ 5,136W	
Ⓕ 여름 83.1W/m^2 / Ⓖ 겨울 126.9W/m^2		전열량		Ⓒ=Ⓐ+Ⓑ 38,116W		58,173W	

[표 12-4] 냉난방부하 계산서(Ⅱ)

실명		3~8층 사무실(小)		방위	계통	No.	
바닥면적		5.4×5.0=27.0m^2		실체적	27.0m^2×2.5m=67.5m^3		
항목		면적		냉방부하(최대 12시)		난방부하	
				단위열량	취득열량	단위열량	손실열량
창유리	북						
	남	1.6×1,685×2=	5.4m^2	147.8	798	202.6	1,094
	동						
	서						
외벽	북						
	남	5.4×3.35−5.4=	12.7	20.8	264	138.0	1,752
	동						
	서	5.0×3.35=	16.8	16.3	273	165.6	2,781
지붕							
침입외기		(여름) m^3×R/h	m^3/h				
		(겨울) 67.5m^3×1R/h	67.5m^3/h			10.5	706
여름/겨울 W/m^2		페리미터부하계		① 1,335W		① 6,334W	
간벽		5.4×3.35=	18.1	4.9	88.4	26.3	476
바닥							
천장							
여름/겨울 W/m^2		소계		② 88W		② 476W	
인체		27.0m^2×0.2인/m^2	6인	57.0	342		
조명		27.0m^2×25W/m^2	702W	1.26	881		
기구							
동력		계수	kW				
여름/겨울 W/m^2		소계		③ 1,223		③	
여름/겨울 W/m^2		인테리어부하계		④=②+③ 1,312W		④=②+③ 476W	
여름/겨울 W/m^2		현열부하계	안전율 여름 10% / 겨울 10%	Ⓐ=(①+④)×1.1 2,910W		Ⓓ=(①+④)×1.1 7,490W	
침입외기			여름 m^3/h				
			겨울 67.5m^3/h			4.1	274
인체			6인	61.6	370		
기타			kg/h		37		28
여름/겨울 W/m^2		잠열부하계		Ⓑ 407W		Ⓔ 302W	
Ⓕ 여름 122.9W/m^2 Ⓖ 겨울 288.6W/m^2		전열량		Ⓒ=Ⓐ+Ⓑ 3,318W		7,792W	

4. 건물 전체의 부하집계

각 실의 부하를 집계하고 건물 전체에 대한 부하를 결정한다. 또한 존별 부하도 집계하며, 이 건물의 총부하집계표를 [표 12-5]에 나타낸다.

[표 12-5] 부하집계표

No.	층	설명	방위	바닥면적 (m^2)	실용적 (m^2)	인	취득 현열량 (W)	잠열량	SHF	전열량 (W)	W/m^2	냉방 송풍량	환기 횟수	손실 열량 (W)	W/m^2	기타
1	B1	사무실		100.5	251.3	21	5,526	1,423	0.80	6,949	69.2			4,334	43.1	
2	1	사무실		464.5	1,393.5	93	36,773	6,305	0.86	43,078	93.0			69,841	150.3	
3	2	사무실(大)		458.7	1,146.8	92	31,879	6,237	0.84	38,116	83.1			58,173	126.9	
4		사무실(小)		27.0	6.75	6	2,910	407	0.88	3,319	122.9			7,792	288.6	
5	3	사무실(大)		458.7	1,146.8	92	38,179	6,237	0.84	38,116	83.1			58,173	126.9	
6		사무실(小)		27.0	6.75	6	2,910	407	0.88	3,319	122.9			7,792	288.6	
7	4	사무실(大)		458.7	1,146.8	92	38,179	6,237	0.84	38,116	83.1			58,173	126.9	
8		사무실(小)		27.0	6.75	6	2,910	407	0.88	3,319	122.9			7,792	288.6	
9	5	사무실(大)		458.7	1,146.8	92	38,179	6,237	0.84	38,116	83.1			58,173	126.9	
10		사무실(小)		27.0	6.75	6	2,910	407	0.88	3,319	122.9			7,792	288.6	
11	6	사무실(大)		458.7	1,146.8	92	38,179	6,237	0.84	38,116	83.1			58,173	126.9	
12		사무실(小)		27.0	6.75	6	2.910	407	0.88	3,319	122.9			7,792	288.6	
13	7	사무실(大)		458.7	1,146.8	9	38,179	6,237	0.84	38,116	83.1			58,173	126.9	
14		사무실(小)		27.0	6.75	6	2,910	407	0.88	3,319	122.9			7,792	288.6	
15	8	사무실(大)		458.7	1,146.8	92	38,179	6,237	0.84	38,116	83.1			58,173	126.9	
16		사무실(小)		27.0	6.75	6	2,910	407	0.88	3,319	122.9			7,792	288.6	

No.	층	설명	방위	바닥면적 (m^2)	실용적 (m^2)	인	취득 현열량 (W)	잠열량	SHF	전열량 (W)	W/m^2	냉방 송풍량	환기 횟수	손실 열량 (W)	W/m^2	기타
17	9	사무실(大)		458.7	1,146.8	92	34,812	6,237	0.85	41,049	89.5			67,027	146.2	
18		사무실(小)		27.0	6.75	6	3,084	407	0.88	3,491	129			8,313	307.9	
합계						898				384,610				611,270		

3 공조설비의 설계

1. 주요 기기용량의 결정

지금까지의 부하 계산을 기초로 해서 공조기, 열원기기의 용량을 결정하게 되는데, 우선 공조기에 대해서는 존의 최대 부하 시에서의 취출온도를 결정한 뒤 다음과 같이 각 기기용량을 산정한다.

1) 송풍량 산정과 공조기 용량

(1) 실내존(interior zone)부하 및 송풍량

[표 12-3], [표 12-4]로부터 기준층 사무실의 실내존부하는 다음과 같이 된다.

사무실(大)의 interior load ≒ 19,853
사무실(小)의 interior load = 1,312
기준층의 interior load 계 21,165W

따라서 취출온도차를 11℃로 하면 송풍량 $Q[m^3/h]$는

$$Q = \frac{21,165 \times 3.6}{1.21 \times (26-15)} = 5,706m^3/h$$

(2) 외부존(perimeter)부하 및 송풍량

① 동측 : perimeter load(창, 외벽) = 2,464

$$Q = \frac{2,646 \times 3.6}{1.21 \times (26-15)} = 664m^3/h$$

계 $6,370m^3/h$

② 남측(사무실-大) : perimeter load(창, 외벽)=3,110(여름)
=8,029(겨울)

FCU는 FC-302 C.L형 2대를 설치한다.

③ 남측(사무실-小) : perimeter load(창, 외벽)=3,553(여름)
=10,003(겨울)

※ 서측의 perimeter load도 합친다.

FCU는 FC-302 C.L형 1대를 설치한다.

④ 북측 : perimeter load(창, 외벽)=3,553(여름)
=10,003(겨울)

※ 서측의 perimeter load도 합친다.

FCU는 FC-302 C.L형 2대를 설치한다.

(3) 공조기(기준층 AHU) 용량

① 급기량 : 누설 등에 의한 여유를 10%로 본다.

$$Q_{SA}=(5,706+664)\times 1.1=7,007\text{m}^3/\text{h}$$

② 외기량 : 신선외기는 25m³/인 · h로 한다.

$$Q_{OA}=(92+6)\times 25=2,450\text{m}^3/\text{h}(\text{OA비 } 35\%)$$

③ 여름철 공조기 부하

실내부하(현열 : 여유 10%)	(21,165+2,464)×1.1	=25,992
(잠열)	6,237+407	=7,308
외기부하	1.01×2,450×1.2×(19.0−13.9)	=15,119
공조기 부하		=48,419W

④ 겨울철 공조기 부하

외기부하	1.01×2,450×1.2×(8.3+2.3)	=31,424
실내부하(현열 : 여유 10%)	(18,180+470)×1.1	=20,515
(잠열)	5,136+302	=5,438
공조기 부하		= 62,167W

⑤ AHU 시방

㉠ 형식 : 수직형 AH-602V

㉡ 외형치수 : 1,400H×900E×2,100D

2) 열원설비의 용량

(1) 냉난방부하

① 여름철

실내부하 합계(12시)		= 384,884
외기부하	1.01×898×25×1.2×(19.0−13.9)	≒ 539
합계		= 523,423W

② 겨울철

실내손실열량 합계		= 611,628
외기부하	1.01×898×25×1.2×(8.3+2.3)	≒ 287,944
합계		= 899,572W

(2) 냉동기

배관계통에서의 열손실을 고려해서 여유를 7%로 본다.

냉동기 용량=523,423×1.07≒575,765W≒164USRT

① 냉동기 시방

㉠ 형식 : TR−14S 터보냉동기

㉡ 냉동용량 : 200USRT(703,400W)

㉢ 냉수 : 입구온도 10℃, 출구온도 5℃, 유량 121m^3/h

㉣ 냉각수 : 입구온도 32℃, 출구온도 37℃, 유량(m^3/h)

㉤ 전동기 출력 : 3ϕ 220V 197kW

㉥ 중량 : (운반) 7.3ton, (반입) 6.7ton

② 냉각탑 시방

㉠ 형식 : 직교류형 200RT. CT 1,5002S

㉡ 냉각수 : 1,950l/min

㉢ 전동기 출력 : 3ϕ 220V 5.6kW

㉣ 외형치수 : 4,860A×2,200B×3,900C

(3) 보일러

배관계통의 열손실을 15%, 예열부하의 여유를 15%로 한다.

보일러 정격출력 944,186×1.15×1.15=1,248,686W

① 보일러 시방
- ㉠ 형식 : 대용량 고온수보일러 KRH-1,000
- ㉡ 정격출력 : 1,100,000kcal/h=1,279,070W
- ㉢ 전열면적 : 45m^2
- ㉣ 연료 : 117.8l/h
- ㉤ 외형치수 : 1,900W×3,700L×2,450H
- ㉥ 중량 : 8,200kg

② Main oil tank용량
117.8l/h×8h/day×0.6×7day≒4,000l

③ Oil service tank용량
117.8l/h×2h≒240l

2. 덕트 및 배관크기의 결정

1) 덕트크기의 결정

덕트의 설계법은 우선 위에서 구한 풍량을 부하에 따라 각 실, 존 또는 기둥간격단위로 할당한다. 다음에 풍량에 적합한 취출구를 결정한다. 수평취출구에 대해서는 도달거리, 강하도, 천장취출할 때는 도달거리와 확산반경을 검토하고, 더욱 천장높이에 의한 배려, 조명기구와의 배치균형, 실내기류 및 취출구로부터의 소음을 고려하여 취출구의 개수 · 크기를 결정한다.

취출구의 배치를 결정한 후 송풍기로부터 각 취출구에 이르는 덕트경로를 결정하고, 그 경로는 Single line으로 계속되는 것으로 본다. 이때 천장 속의 수납상태, 존마다의 제어에 대한 배려, 덕트의 경제적인 경로 등을 검토할 것이 요망된다. 그 후 이 경로를 따라 취출구측(말단측)으로부터의 풍량을 누계하여 합류점(또는 분기점)마다에서 덕트크기를 결정한다.

저속덕트에서는 기준저항을 ΔP=0.1mmAq/m로 가정하고 [그림 7-5]의 덕트마찰선도에 의거하여 원형 덕트의 관경을 구한다. 더욱 [표 7-2]의 장방형 덕트의 환산표에 의해 직사각형 덕트크기로 변환하여 덕트크기를 결정한다. 이 덕트크기의 결정법은 정압법에 의한 저속덕트의 설계이며, 송풍기의 필요정압은 송풍기에서부터 가장 먼 곳에 있는 취출구까지의 저항과 마찬가지로 된다.

고속덕트인 경우에는 정압재취득법에 의한 설계로 해서 각 취출구까지 이르는 저항을 동일하게 해서 구한다.

2) 배관크기의 결정

배관크기의 설계법은 다음 식에 의한다.

$$수량 = \frac{냉각(또는\ 가열)능력(kJ/h)}{4.19 \times 60 \times \Delta t[℃]}[L/min]$$

먼저 각 방열기 · 코일에 대한 수량을 구하며, 배관경로는 입상샤프트위치에서부터 각 코일로 Single line으로 계속되는 것으로 본다. 이때 배관 신축에 대한 대응, 천장 내의 수납상태, 경제적인 경로 등을 검토할 것이 요망된다. 이후 그 경로를 따라 말단측으로부터의 수량을 누계한 뒤 분기점(또는 합류점)마다 배관크기를 결정한다.

배관의 마찰저항은 30~100mmAq/m, 유속은 1.5m/s로 하고, 마찰저항선도(관경)에 의해 관경을 결정한다. 온수배관에 대해서는 역환수식(reverse return system)에 의해 각 방열기에 이르는 배관저항을 동일하게 할 것도 필요하다.

증기배관에 대해서는 별도 증기배관 선정표를 만들어 증기응축수량을 계산하고 트랩(steam trap)장치를 설치할 것이 요망된다.

4 환기설비의 설계

환기장치의 설계는 실의 용도에 따라 환기횟수를 사전에 결정한 뒤 실용적에 의거하여 산출한다. 이 예를 [표 12-6]에 나타낸다. 또한 충분한 환기가 요망되는 지하 1층에 대해서는 기계식 급 · 배기에 의한 환기(제1종 기계환기)로 한다. 기타 냄새를 유발하는 화장실, 탕비실 등은 기계실 배기(제2종 기계환기)만으로 한다.

[표 12-6] 환기 계산서

명칭		사무소 건물		계통							
No.	층	실명	바닥면적		실용적		환기 횟수	배기량	환기 횟수	급기량	비고
					천장 높이						
	B1	여자화장실	2.75×3.6−1.0×1.7	8.3	2.3	18.9	10	200			
		남자화장실	2.55×3.6−1.0×1.7	7.5	2.3	17.3	10	200			
		탕비실	2.0×1.7	3.4	2.3	7.8		250			
		(소계)									
	1	여자화장실	3.2×2.6	8.3	2.4	19.9	10	200			
		남자화장실	3.2×3.7	11.8	2.4	28.3	10	200			
		탕비실	2.3×1.5	3.5	2.4	8.4		250			
		(소계)									
	2~9	여자화장실	2.9×2.1+1.5	7.6	2.3	17.5	10	200			
		남자화장실	3.6×3.1	11.2	2.3	25.8	10	200			
		탕비실	2.4×1.5	3.6	2.3	8.28		250			
		(소계)									
	B1	기계실	15.6×13.3	207.5	4.1	850.7	8	6,800			
		전기실	8.0×5.8	46.4	4.1	190.2	8	1,520			
		창고	2.3×4.5	10.4	4.1	42.6	6	256			
		창고	2.3×4.5	10.4	4.1	42.6	6	256			
		쓰레기처리실	4.7×5.0	23.5	4.1	96.4	8	770			
		창고	1.5×3.7	5.6	4.1	23.0	6	138			
		(소계)						9,740			
	P1	엘리베이터 기계실	5.2×6.4	33.3	3.0	99.9	10	999.0			
특기사항	탕비실 가스사용량 5,500m³/h, 유효환기량 V는 $V=KQ=40\times5.34\times5,500/5,500 \fallingdotseq 235 \rightarrow 250\text{m}^3/\text{h}$ (가스는 도시가스 6B)										

5 공조설비설계도면

1. 일반사항

설계도면의 작성은 계획에서부터 설계 계산을 경유해서 이들 모두의 의도를 나타내는 것이며, 이와 같은 설계도서는 시방서와 설계도로 대별된다.

설계도는 선 · 기호 · 문자 · 도식 등을 사용해서 기술정보를 전달하기 위한 것이므로 읽기에 용이하고 동시에 의도하는 바를 충분히 표현하는 것이어야 한다. 또한 도면에 대해서는 그 도면을 사용하고자 하는 사람들에게 완전한 내용을 전달해야 하므로 건축 또는 각종 설비가 도면상에서 혼재해 나누어져 각각 선의 굵기 등으로 구별되게 되는데, 그 사용목적과 상호관계 등이 분명하고 알기 쉽게 표현되어야 한다.

설계도로서 요구되는 도면은 대체로 배치도, 각 층 평면도, 계통도의 세 가지가 주된 것이며, 기타 필요에 따라 부분상세도, 제작도 등이 첨가되는 경우가 있다. 여기에서는 공조설비설계도를 작성할 경우의 기본적인 사항에 대해서 나타내고 있다.

2. 설계도의 종류

1) 건물 및 설비개요서

건물개요, 설비개요, 범례, 특기사항, 메이커리스트 등을 표현한다.

2) 배치도

부지와 건물의 위치관계를 나타낸다. 또한 외부위치의 급유구(Oil Tank), 외부로부터의 인입 등을 나타낸다. 배치도의 축척은 일반적으로 1/100 또는 1/200로 한다.

3) 기기표

주요 기기의 능력, 시방, 대수, 동력, 원격조작 등의 관계를 나타낸다.

4) 계통도

공기조화 · 환기설비의 시스템과 구성, 기계실의 위치, 기기의 종류, 덕트 또는 배관의 연결관계(흐름)를 나타낸다. 평면도에서 알아보기 어려운 입관의 크기 등은 이 계통도에 나타낸다. 계통도는 건물의 규모에 따라 덕트, 배관 및 자동제어계통도 등으로 나누어지는 일이 많다.

5) 각 층 평면도

각 층 기기의 배치, 덕트, 배관, 자동제어의 연결관계를 나타낸다. 건물의 규모에 따라 복잡해서 읽기 어려운 경우에는 덕트, 배관 및 자동제어평면도로 각각 세분해서 표현한다. 축척은 보통 1/100 또는 1/200로 한다.

6) 기계실 상세도

기계실 내부는 복잡하게 되는 것이 일반적이므로 확대해서 상세도를 작성한다. 또한 수납상태를 분명히 나타내도록 하기 위해 필요에 따라 소요개소의 단면상세도도 작성한다. 축척은 1/20 또는 1/50로 한다.

7) 자동제어도

자동제어도에는 전술한 계통도 및 각 층 평면도와는 다른 제어관련도를 작성해서 제어기기 상호 간의 신호의 왕래, 배선상태 등을 표시한다.

8) 기계제작도

제작도는 각종 기기류에 대해 요구되는 것이며, 카탈로그에 게재되지 않은 것, 혹은 메이커의 표준제작품 이외의 것 등은 반드시 제작도를 작성한다. 예를 들면, 특제공조기, Oil tank, Oil service tank, Header류, 특제열교환기 등은 제작요령 · 시방을 나타낸 제작도를 작성한다. 축척은 기기의 크기에 따라 1/10에서 1/50 정도까지의 범위로 한다.

9) 기계배관요령도

기계실 상세도에서 나타내기 어려운 사항은 배관접속요령을 입체적으로 나타낸다. 이 도면에서는 각종 밸브류, 압력계 설치, 온도계 설치, 공기빼기, 배수장치 등을 상세히 표현한다.

설계도 속에 표시되어야 하는 것 가운데 각 기기의 시방과 수량 및 표시기호(범례)는 상기한 도면들 속에 표시하며, 각 도면 모두 통일된 표시방법으로 하는 점에 유의해야 한다. 또한 설계개요, 특기시방, 메이커리스트 등을 도면 속에 표시하면 편리하다.

이에 본 예제의 사무소 건물에 대한 설비설계도면의 예를 실었다([그림 12-10]~[그림 12-12] 참조).

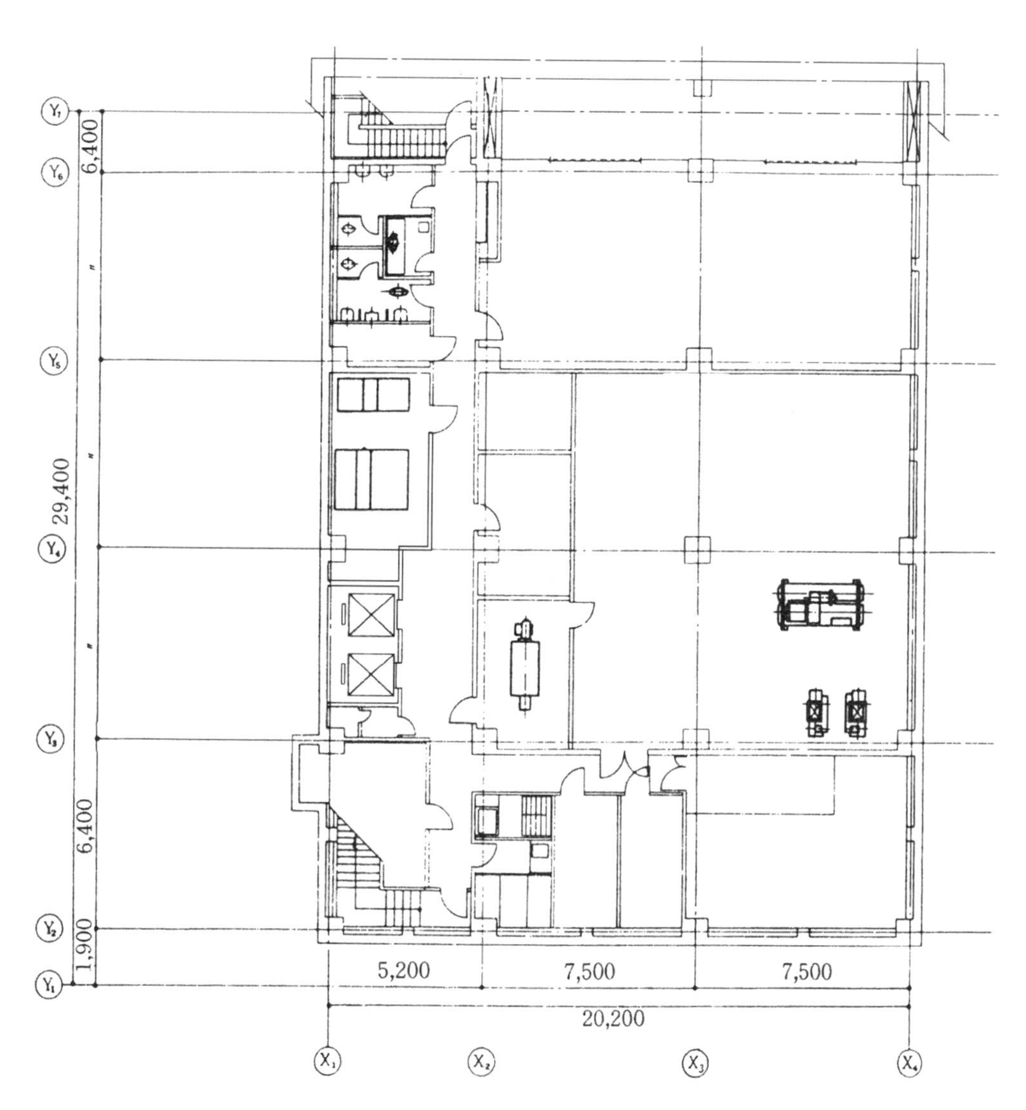

[그림 12-10] 지하 1층 평면계통도(설치기기를 그려 넣는다)

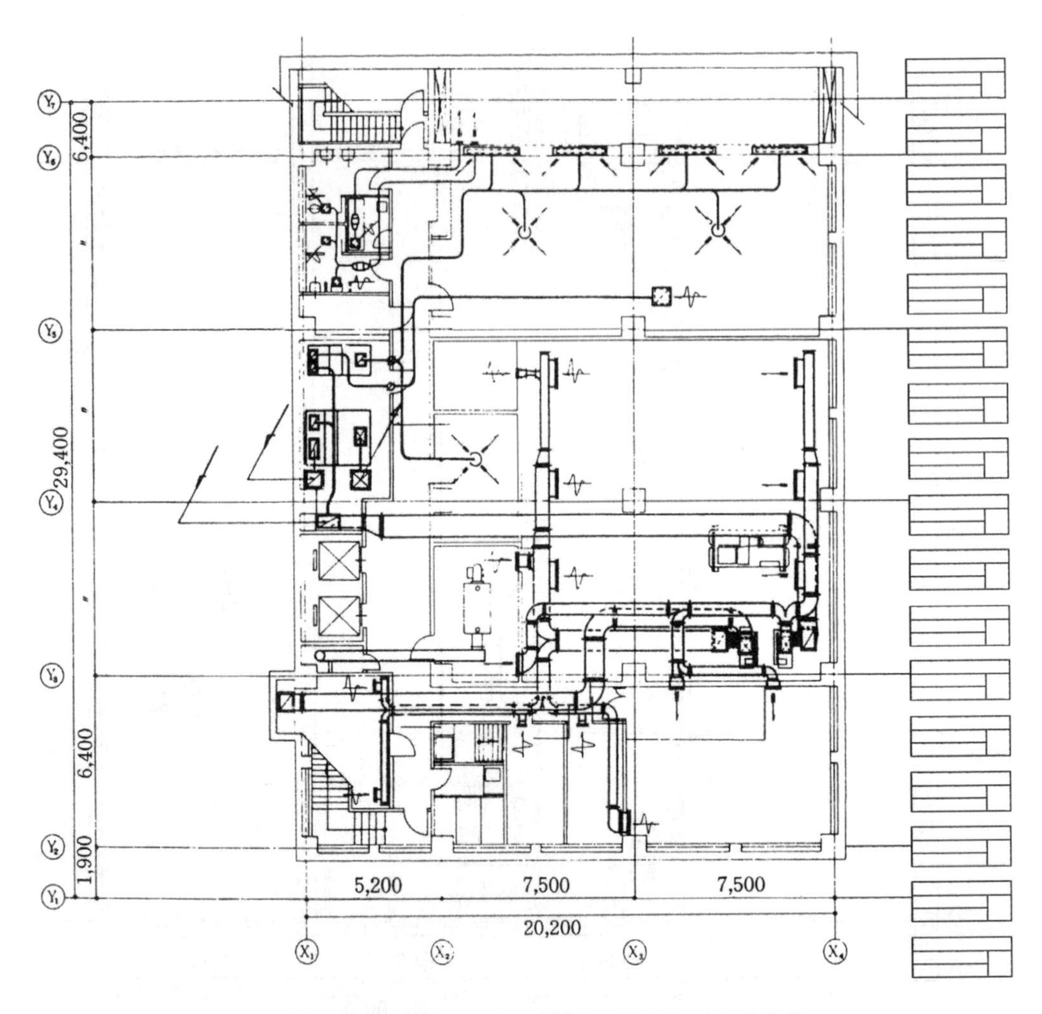

[그림 12-11] 지하 1층 덕트평면도(덕트를 완성시킨다)

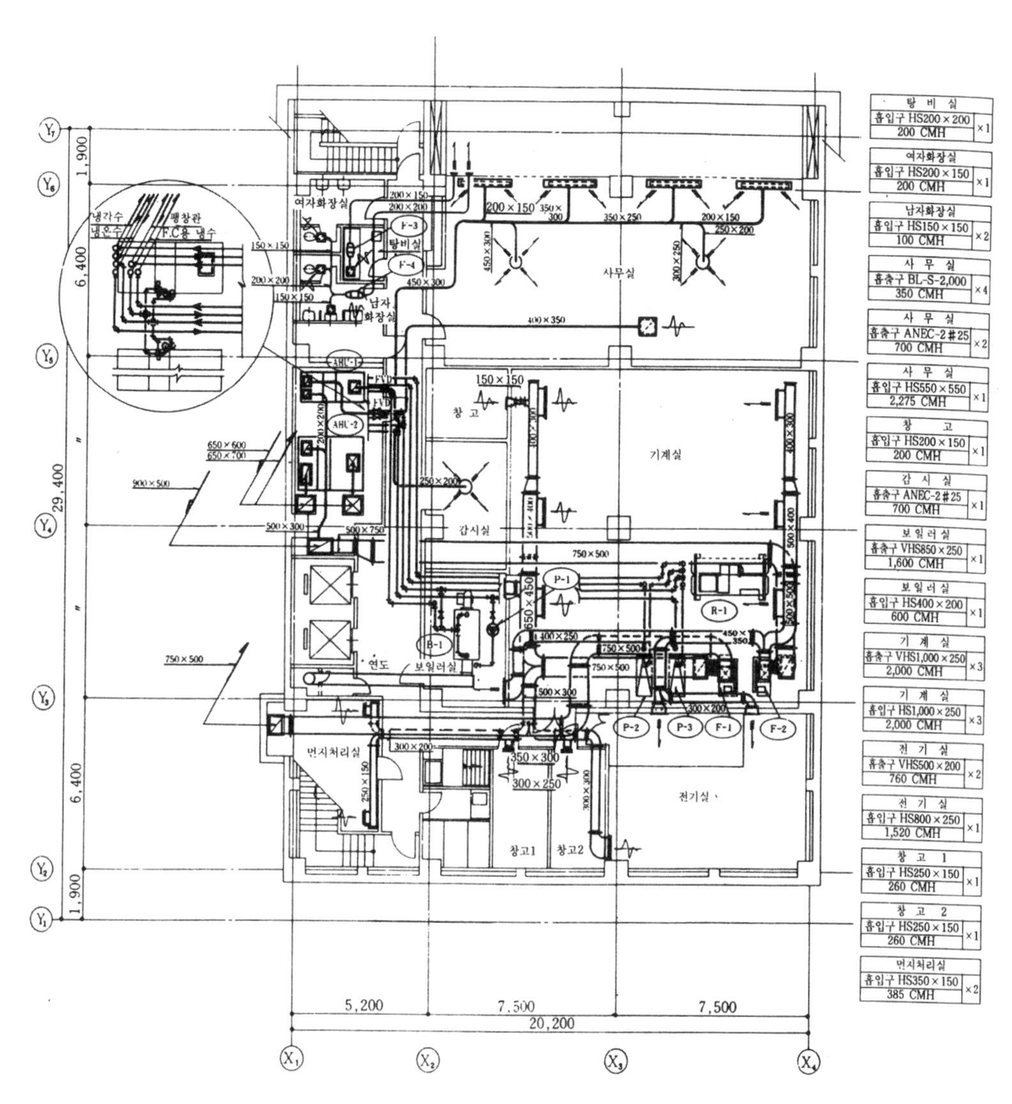

[그림 12-12] 지하 1층 배관평면도(배관도 완성)

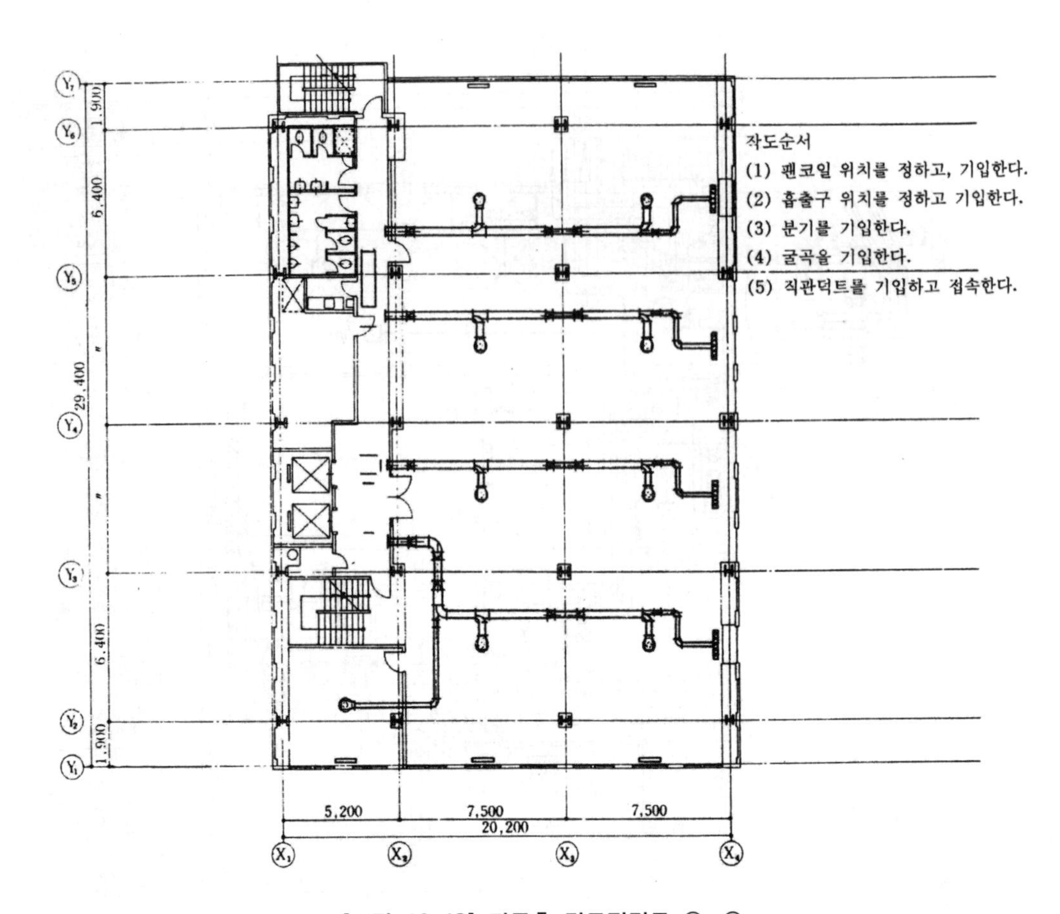

[그림 12-13] 기준층 덕트평면도 ①, ②

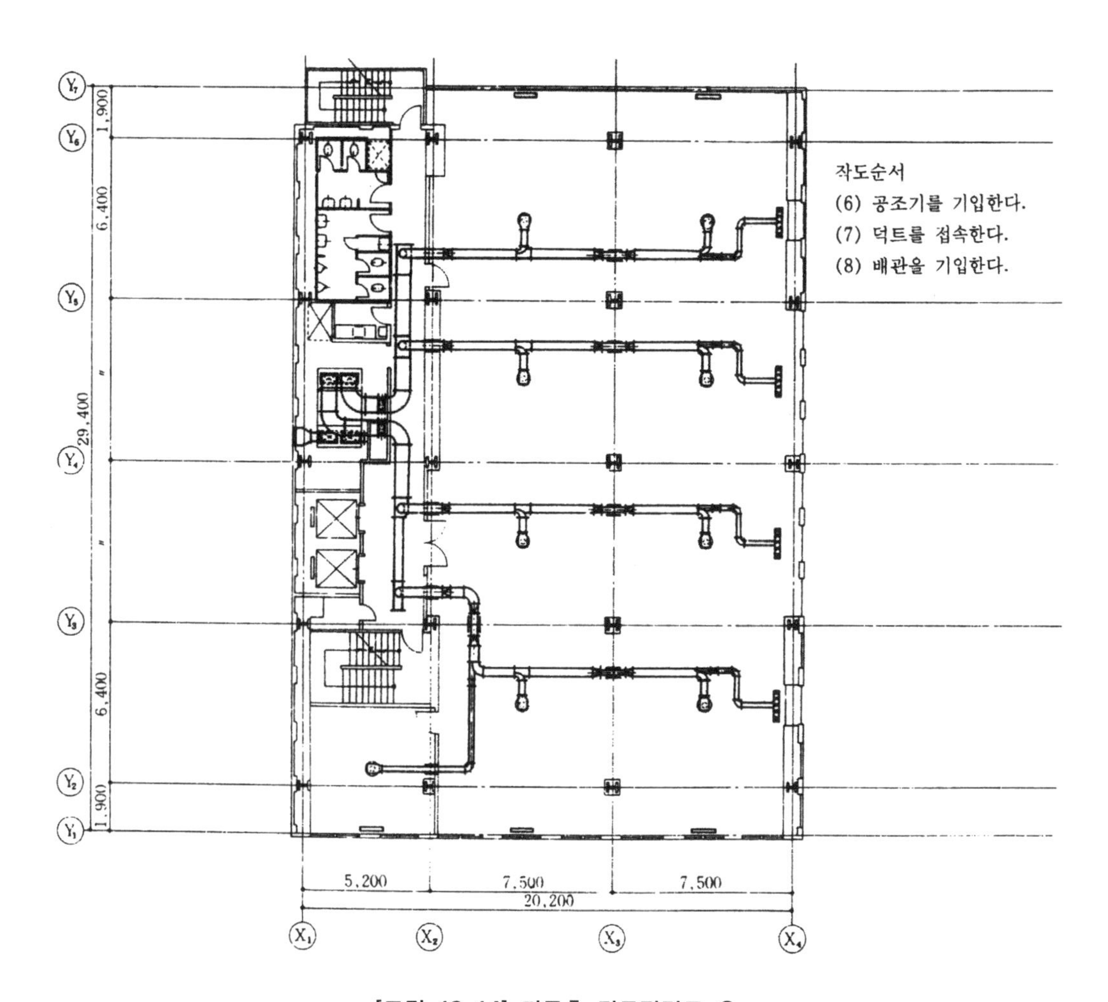

[그림 12-14] 기준층 덕트평면도 ③

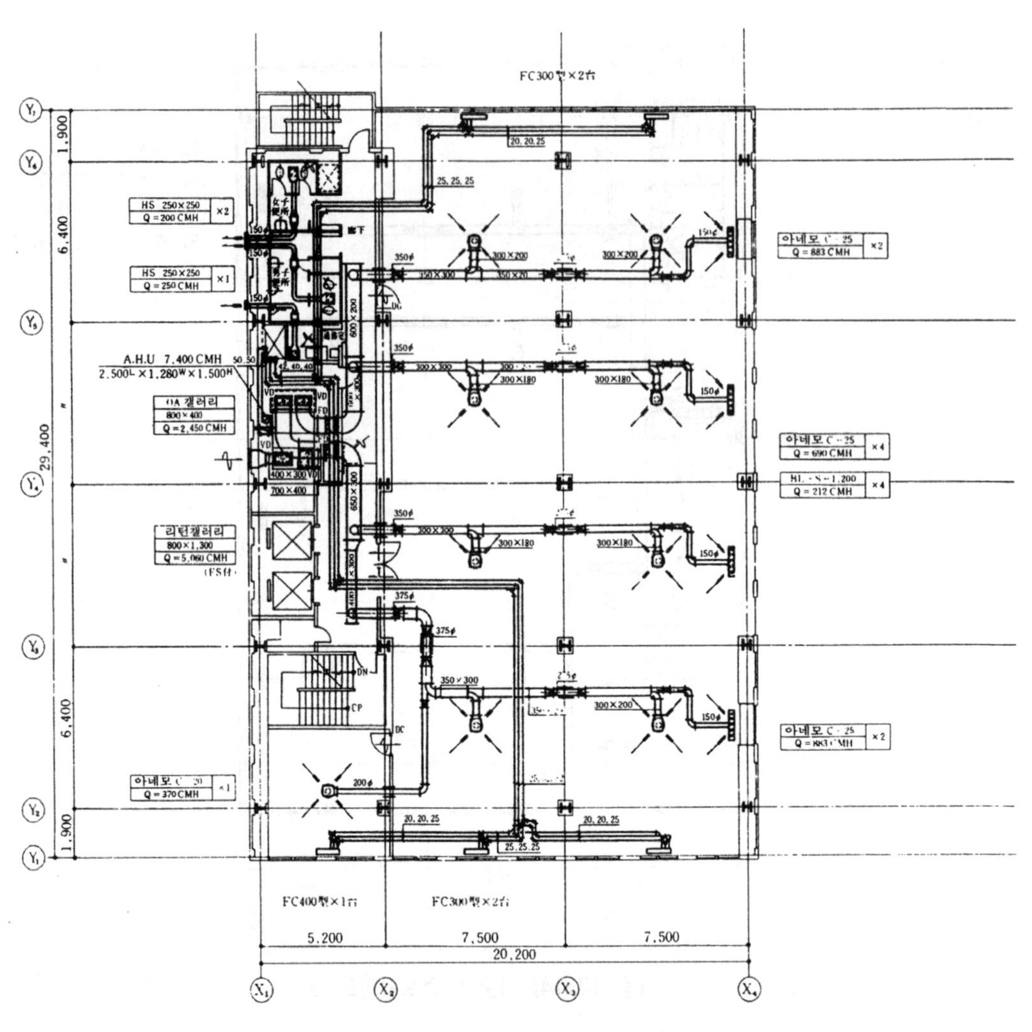

[그림 12-15] 기준층 배관평면도 ④

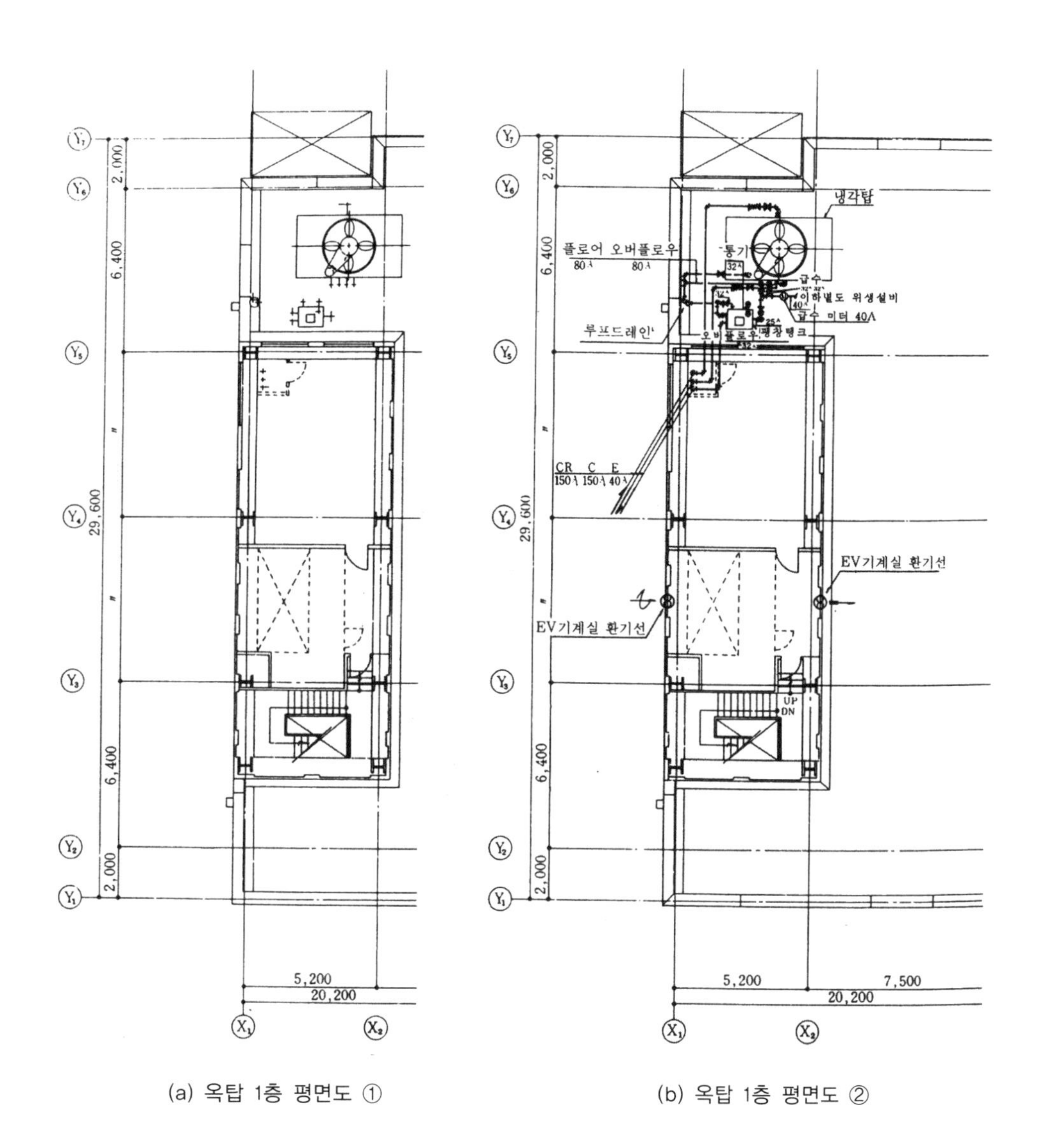

(a) 옥탑 1층 평면도 ①

(b) 옥탑 1층 평면도 ②

작도순서
(1) 기기(쿨링타워 팽창탱크, 그 외)를 기입한다.
(2) 배관의 입상위치를 기입한다.
(3) 배관을 기입, 접속한다.

[그림 12-16] 옥탑 1층 배관평면도

부록

[부표 1] 온도환산표
[부표 2] 여러 가지 단위
[부표 3] 냉난방장치의 용량 계산을 위한 설계외기온습도
[부표 4] 각종 재료의 비중(ρ), 전도율(λ), 비열(C), 실험온도(t)
[부표 5] 각종 재료의 열관류율
[부표 6] 포화증기표
[부표 7] 습공기표
[부표 8] 기체의 물성표(포화수증기는 제외)
[부표 9] 물의 물성표(포화온도 이상은 포화압력)
[부표 10] 단위 및 도량형

[부표 1] 온도환산표

℃ → ℉ ℃ ← ℉			℃ → ℉ ℃ ← ℉			℃ → ℉ ℃ ← ℉			℃ → ℉ ℃ ← ℉		
−73.33	−100	−148	7.22	45	113.0	40.56	105	221.0	73.89	165	329.0
−45.56	−50	−58	7.78	46	114.8	41.11	106	222.8	74.44	166	330.8
−40.00	−40	−40	8.33	47	116.6	41.67	107	224.6	75.00	167	332.6
−38.44	−30	−22	8.89	48	118.4	42.22	108	226.4	75.56	168	334.4
−28.89	−20	−4.0	9.44	49	120.2	42.78	109	228.2	76.11	169	336.2
−23.83	−10	14.0	10.00	50	122.0	43.33	110	230.0	76.67	170	338.0
−22.78	−9	15.8	10.56	51	123.8	43.89	111	231.8	77.22	171	339.8
−22.22	−8	17.6	11.11	52	125.6	44.44	112	233.6	77.78	172	341.6
−21.67	−7	19.4	11.67	53	127.4	45.00	113	235.4	78.33	173	343.4
−21.11	−6	21.2	12.22	54	129.2	45.56	114	237.2	78.89	174	345.2
−20.56	−5	23.0	12.78	55	131.0	46.11	115	239.0	79.44	175	347.0
−20.00	−4	24.8	13.33	56	132.8	46.67	116	240.8	80.00	176	348.8
−19.44	−3	26.6	13.89	57	134.6	47.22	117	242.6	80.56	177	350.6
−18.89	−2	28.4	14.44	58	136.4	47.78	118	244.4	81.11	178	352.4
−18.33	−1	30.2	15.00	59	138.2	48.33	119	246.2	81.67	179	354.2
−17.78	0	32.0	15.56	60	140.0	48.89	120	248.0	82.22	180	356.0
−12.22	1	33.8	16.11	61	141.8	49.44	121	249.8	82.78	181	357.8
−16.67	2	35.6	16.67	62	143.6	50.00	122	251.6	83.33	182	359.6
−16.11	3	37.4	17.22	63	145.4	50.56	123	253.4	83.89	183	361.4
−15.56	4	39.2	17.78	64	147.2	51.11	124	255.2	84.44	184	363.2
−15.00	5	41.0	18.33	65	149.0	51.67	125	257.0	85.00	185	365.0
−14.44	6	42.8	18.89	66	150.8	52.22	126	258.8	85.56	186	366.8
−13.89	7	44.6	19.44	67	152.6	52.78	127	260.6	86.11	187	368.6
−13.33	8	46.4	20.00	68	154.4	53.33	128	262.4	86.67	188	370.4
−12.78	9	48.2	20.56	69	156.2	53.89	129	264.2	87.22	189	372.2
−12.22	10	5.0	21.11	70	158.0	54.44	130	266.0	87.78	190	374.0
−11.67	11	51.8	21.67	71	159.8	55.00	131	267.8	88.33	191	375.8
−11.11	12	53.6	22.22	72	161.6	55.56	132	269.6	88.89	192	377.6
−10.56	13	55.4	22.78	73	163.4	56.11	133	271.4	89.44	193	378.4
−10.00	14	57.2	23.33	74	165.2	56.67	134	273.2	90.00	194	381.2
−9.44	15	59.0	23.89	75	167.0	57.22	135	275.0	90.56	195	383.0
−8.89	16	60.8	24.44	76	168.8	57.78	136	276.8	91.11	196	384.8
−8.33	17	62.6	25.00	77	170.6	58.33	137	278.6	91.67	197	386.6
−7.78	18	64.4	25.56	78	172.4	58.89	138	280.4	92.22	198	388.4
−7.22	19	66.2	26.11	79	174.2	59.44	139	282.2	92.78	199	390.2
−6.76	20	68.0	26.67	80	176.0	60.00	140	284.0	93.33	200	392.0
−6.11	21	69.8	27.22	81	177.8	60.56	141	285.8	93.89	201	393.8
−5.56	22	71.8	27.78	82	179.6	61.11	142	287.6	94.44	202	395.6
−5.00	23	73.4	28.33	83	181.4	61.67	143	289.4	95.00	203	397.4
−4.44	24	75.2	28.89	84	183.2	62.22	144	291.2	95.56	204	399.2
−3.89	25	77.0	29.44	85	185.0	62.78	145	293.0	96.11	205	401.0
−3.33	26	78.8	30.00	86	186.8	63.33	146	294.8	96.67	206	402.8
−2.78	27	80.6	30.56	87	188.6	63.89	147	296.6	97.22	207	404.6
−2.22	28	82.4	31.11	88	190.4	64.44	148	298.4	97.78	208	406.4
−1.67	29	84.2	31.67	89	192.2	65.00	149	300.2	98.33	209	408.2

℃ → ℉ ℃ ← ℉			℃ → ℉ ℃ ← ℉			℃ → ℉ ℃ ← ℉			℃ → ℉ ℃ ← ℉		
-1.11	30	86.0	32.22	90	194.0	65.56	150	302.0	98.89	210	410.0
-0.56	31	87.8	32.78	91	195.8	66.11	151	303.8	99.44	211	411.8
0.00	32	89.6	33.33	92	197.6	66.67	152	305.6	100.00	212	413.6
0.56	33	91.4	33.89	93	199.4	67.22	153	307.4	100.56	213	415.4
1.11	34	93.25	34.44	94	201.2	67.78	154	309.2	101.11	214	417.2
1.67	35	95.0	35.00	95	203.0	68.33	155	311.0	101.67	215	4090
2.22	36	96.8	35.56	96	204.8	68.89	156	312.8	104.44	220	428.0
2.78	37	98.6	36.11	97	206.6	69.44	157	314.6	107.22	225	437.0
3.33	38	100.4	36.67	98	208.4	70.00	158	316.4	110.00	230	446.0
3.89	39	102.2	37.22	99	210.2	70.56	159	318.2	112.78	235	455.6
4.44	40	104.0	37.78	100	212.0	71.11	160	320.0	115.56	240	464.0
5.00	41	105.8	38.33	101	213.8	71.67	161	321.8	118.33	245	4730.
5.56	42	107.6	38.89	102	215.6	72.22	162	323.6	121.11	250	482.0
6.11	43	109.4	39.44	103	217.4	72.38	163	325.4	123.89	255	491.0
6.67	44	111.2	40.00	104	219.2	73.33	164	327.2	126.67	260	500.0

[부표 2] 여러 가지 단위

보일러열량	1kg/h(환산증발량)(상당증발량)=2,256kJ/h=2,623.7W 1lb/h(환산증발량)=970.2Btu/h 1보일러마력=33,479Btu/h=9,809W=140ft^2(증발EDR)=34.6lbs/h(증발량)
방열기 방열량	1m^2 EDR=756W(증기난방), 523W(온수난방) 1ft^2 EDR=240Btu/h
냉동기열량	1RT(일본냉동톤)=3,320kcal/h=13,174Btu/h=3,861kW 1USRT(미국냉동톤)=3,024kcal/h=12,000Btu/h=3,517kW
방열량	1kcal/kg=1.8Btu/lb=4.187kJ/kg
비 열	1kcal/kg · ℃=1Btu/lb · ℃=4.187kJ/kg · K
비 중	1g/cm^3=1,000kg · m^3=62.425lb/ft^3
열류량	1kcal/m^2=0.36866Btu/ft^2=4.187kJ/m^2
열관류율(K)	1kcal/m^2 · h · ℃=0.2048Btu/ft^2 · h · ℉=1.163W/m^2 · K
열전도율(λ)	1kcal/m · h · ℃=8.061Btu.in/ft^2 · h · ℉=0.672Btu/ft · h · ℉=1.163W/m · K
압력강하	1mmAq/m=1.20inAq/100ft=9.8Pa/m 1lbs/in^2/100ft=2.31mm/m 1oz/in^2/100ft=0.0144kg/cm^2/100m

[부표 3] 냉난방장치의 용량 계산을 위한 설계외기온습도

구분 / 도시명	냉방		난방	
	건구온도(℃)	습구온도(℃)	건구온도(℃)	상대습도(℃)
서울	31.2	25.5	−11.3	63
인천	30.1	25.0	−10.4	58
수원	31.2	25.5	−12.4	70
춘천	31.6	25.2	−14.7	77
강릉	31.6	25.1	−7.9	42
대전	32.3	25.5	−10.3	71
청주	32.5	25.8	−12.1	76
전주	32.4	25.8	−8.7	72
서산	31.1	25.8	−9.6	78
광주	31.8	26.0	−6.6	70
대구	33.3	25.8	−7.6	61
부산	30.7	26.2	−5.3	46
진주	31.6	26.3	−8.4	76
울산	32.2	26.8	−7.0	70
포항	32.5	26.0	−6.4	41
목포	31.1	26.3	−4.7	75
제주	30.9	26.3	0.1	70

[주] ① 국토교통부의 '건축물의 에너지절약 설계기준'(2017년 1월)의 설계외기온습도임
② 본문에서 제시한 외기조건과 비교하여 편리하게 적용할 수 있음
③ TAC 2.5%의 온습도값임

[부표 4] 각종 재료의 비중(ρ), 열전도율(λ), 비열(C), 실험온도(t)

재료명	ρ[kg/m^3]	λ[W/m·K]	C[kJ/kg·K]	t[℃]
알루미늄	2,560~2,750	201~205	0.879~0.955	6~100
납(純)	11,300	3,147~3,379	0.130	0~100
강철(C=0.1% 이하)	7,850	34~55	0.50	100~900
강철(C=1~1.5% 이하)	7,680~7,750	29~37	–	100~900
주철	6,850~7,280	49~62.3	–	30
연철	7,800	44~56.1	0.50~0.59	0~400
동(純)	8,840	386~402	0.381	0~200
동(不純)	–	52~142	–	20
아스팔트	2,000	0.7	–	20~30
흙	1,890	0.561	–	45
모래(細粒, 乾)	1,520	0.30~0.33	0.92	0~20
자갈	1,850	0.34~0.37	–	0~20
콘크리트	2,270	1.3~1.6	0.883	–
신더콘크리트	1,557	0.7	–	24
철근콘크리트	–	1.5~1.6	–	0~20
보통 벽돌벽	–	0.72	–	–
화강암	2,810	3.4	0.8	41
대리석	2,700	1.3~3.4	0.88	–
목재	–	1.33	–	–
판유리	2,490~2,600	0.7~0.8	–	20~100

재료명	ρ[kg/m³]	λ[W/m·K]	C[kJ/kg·K]	t[℃]
고무(경질)	1,190	0.15~0.16	1.419	0~50
리놀륨	1,200	0.19	–	20
고무타일(0.6cm 두께)	1,780	0.40	1.59	–
아스팔트타일(0.3cm 두께)	1,830	0.33	–	–
두꺼운 종이	625	0.26	–	20
셀룰로이드	1,400	0.21	1.30	30
석면판	930	0.1~0.16	–	40
코르크판	200	0.052~0.060	–	0~50
지붕슬레이트	2,240	1.27	–	43
텍스	209~264	0.060~0.120	–	33~37
하이드텍스	494	0.095~0.145	–	–
톱밥(乾)	190~215	0.06~0.07	–	0~20
짚	140	0.045~0.050	–	0~20
다다미	229	0.064~0.131	1.3	–
시멘트모르타르	–	1.3~1.73	–	–
보통 화벽(내벽)	–	0.63~0.7	–	–
공기(습도 33%)	1.17	0.030	–	27
아연철판	7,860	43.5	–	50
루핑페이퍼	1,020	0.1135	–	45

[부표 5] 각종 재료의 열관류율 (단위 : W/m²·K)

벽구조		단위면적당 중량 (kg/m²)	여 름	겨 울
목구조	외면모르타르 20mm, 졸대 3mm, 내면모르타르 20mm, 공기층 75mm	70	3.14	3.26
콘크리트	외면타일붙임 5mm, 외면모르타르 15mm			
	콘크리트(주구조) ─ 두께 120mm	335	3.66	3.86
	─ 두께 150mm	400	3.43	3.61
	─ 두께 200mm	510	3.11	3.24
	내면모르타르 15mm, 플라스터 3mm			

지붕구조		단위면적당 중량 (kg/m²)	여 름	겨 울
목조지붕(슬레이트, 반자-12mm 하드텍스)		40	1.93	2.67
콘크리트 지붕	표면모르타르 20mm, 신더콘크리트 65mm			
	아스팔트 10mm			
	콘크리트(주구조) ─ 두께 120mm			
	천장 있음(1)	495	1.43	1.81
	천장 없음	525	2.47	2.98
	─ 두께 150mm			
	천장 있음(1)	560	1.40	1.76
	천장 없음	590	2.36	2.81

	천장 · 바닥구조	단위면적당 중량 (kg/m²)	상향 열류	하향 열류
목조	마루널(10mm), 보, 노송나무바닥널(18mm), 공기층, 천장널(바닥널 및 하드텍스 12mm)	110	1.58	1.35
콘크리트조	아스타일붙임 5mm, 모르타르 15mm 콘크리트(주구조)─두께 100mm			
	천장 있음[1]	270	1.83	1.52
	천장 없음	300	3.15	2.34
	└두께 150mm			
	천장 있음[1]	380	1.72	1.45
	천장 없음	410	2.90	2.19

	칸막이벽			단위면적당 중량 (kg/m²)	열관류율 (W/m² · K)
목조	일중벽 : 양면 졸대 위 플라스터마감			20	2.8
	이중벽(중공) : 양면 졸대 위 플라스터마감			40	1.5
콘크리트조	주구조 : 콘크리트 또는 콘크리트블록 양면 : 모르타르 15mm 플라스터 3mm 마감	콘크리트	100mm	290	3.3
			120mm	335	3.1
		콘크리트 블록	100mm	210	2.2
			150mm	240	2.1

[주] ① 천장이 있는 경우 : 콘크리트의 밑에 공기층을 두고 하이텍스 12mm 정도의 천장을 한다.
② 천장이 없는 경우 : 콘크리트의 밑에 모르타르 15mm, 플라스터 3mm로 마감한다.

[부표 6] (a) 포화증기표(I)

온도기준									
온도 t [℃]	압력 P [kPa]	비체적(m³/kg)		엔탈피(kJ/kg)			엔트로피(kJ/kg · K)		
		포화액체 v'_f	포화증기 v'_g	포화액체 i_f	포화증기 i_g	$i_{fg}=i_g-i_f$	포화액체 s_f	포화증기 s_g	$s_{fg}=s_g-s_f$
0	0.6113	0.001000	206.1292	0.00	2500.56	2500.56	0.0000	9.1546	9.1546
5	0.8726	0.001000	147.0239	21.06	2509.75	2488.69	0.0765	9.0238	8.9473
10	1.2281	0.001000	106.3229	42.03	2518.93	2476.90	0.1512	8.8988	8.7477
15	1.7056	0.001001	77.89709	62.96	2528.08	2465.12	0.2244	8.7794	8.5550
20	2.3388	0.001002	57.77772	83.88	2537.21	2453.33	0.2964	8.6653	8.3689
25	3.1690	0.001003	43.35663	104.79	2546.31	2441.52	0.3672	8.5560	8.1889
30	4.2455	0.001004	32.89553	125.71	2555.38	2429.67	0.4367	8.4515	8.0147
35	5.6267	0.001006	25.22041	146.63	2564.41	2417.78	0.5052	8.3513	7.8461
40	7.3814	0.001008	19.52831	167.54	2573.40	2405.86	0.5725	8.2552	7.6828
45	9.5898	0.001010	15.26343	188.46	2582.34	2393.89	0.6387	8.1631	7.5244

온도기준									
온도 t [℃]	압력 P[kPa]	비체적(m³/kg)		엔탈피(kJ/kg)			엔트로피(kJ/kg · K)		
		포화액체 v'_f	포화증기 v'_g	포화액체 i_f	포화증기 i_g	$i_{fg}=i_g-i_f$	포화액체 s_f	포화증기 s_g	$s_{fg}=s_g-s_f$
50	12.344	0.001012	12.03666	209.37	2591.23	2381.86	0.7039	8.0747	7.3708
60	19.932	0.001017	7.674324	251.19	2608.83	2357.63	0.8314	7.9082	7.0768
70	31.176	0.001023	5.044649	293.05	2626.14	2333.09	0.9551	7.7542	6.7990
80	47.373	0.001029	3.408812	334.97	2643.11	2308.14	1.0755	7.6114	6.5359
90	70.117	0.001036	2.361668	376.97	2659.67	2282.70	1.1927	7.4786	6.2858
100	101.32	0.001043	1.673635	419.10	2675.77	2256.66	1.3071	7.3547	6.0476
110	143.24	0.001052	1.210640	461.38	2691.31	2229.93	1.4188	7.2388	5.8200
120	198.48	0.001060	0.892193	503.82	2706.23	2202.42	1.5280	7.1299	5.6020
130	270.02	0.001070	0.668726	546.45	2720.45	2174.00	1.6348	7.0274	5.3925
140	361.19	0.001080	0.508993	589.28	2733.88	2144.59	1.7396	6.9304	5.1908
150	475.72	0.001090	0.392859	632.36	2746.42	2114.06	1.8423	6.8383	4.9960
160	617.66	0.001102	0.307092	675.69	2757.99	2082.30	1.9431	6.7505	4.8073
170	791.47	0.001114	0.242828	719.32	2768.49	2049.17	2.0423	6.6664	4.6241
180	1001.9	0.001127	0.194026	763.29	2777.82	2014.54	2.1399	6.5855	4.4456
190	1254.2	0.001141	0.156504	807.64	2785.88	1978.25	2.2360	6.5073	4.2713
200	1553.6	0.001156	0.127320	852.42	2792.56	1940.14	2.3310	6.4314	4.1005
210	1906.2	0.001173	0.104376	897.70	2797.74	1900.04	2.4248	6.3574	3.9326
220	2317.8	0.001190	0.086157	943.55	2801.31	1857.76	2.5177	6.2849	3.7671
230	2795.1	0.001209	0.071552	990.04	2803.11	1813.07	2.6099	6.2133	3.6034
240	3344.7	0.001229	0.059742	1037.28	2803.00	1765.72	2.7015	6.1425	3.4409
250	3973.6	0.001251	0.050111	1085.36	2800.79	1715.43	2.7928	6.0719	3.2790
260	4689.4	0.001276	0.042194	1134.42	2796.27	1661.85	2.8840	6.0011	3.1170
270	5499.9	0.001303	0.035636	1184.61	2789.18	1604.58	2.9753	5.9295	2.9542
280	6413.2	0.001332	0.030164	1236.12	2779.21	1543.09	3.0671	5.8567	2.7896
290	7438.0	0.001366	0.025563	1289.18	2765.92	1476.74	3.1597	5.7820	2.6223
300	8583.8	0.001404	0.021667	1344.09	2748.79	1404.70	3.2536	5.7044	2.4508
310	9860.5	0.001447	0.018340	1401.27	2727.08	1325.81	3.3493	5.6228	2.2735
320	11279	0.001498	0.015476	1461.29	2699.77	1238.48	3.4478	5.5358	2.0880
330	12852	0.001560	0.012985	1525.02	2665.34	1140.32	3.5503	5.4409	1.8906
340	14594	0.001637	0.010788	1593.87	2621.38	1027.51	3.6589	5.3347	1.6758
350	16521	0.001740	0.008812	1670.48	2563.51	893.03	3.7776	5.2107	1.4331
360	18655	0.001894	0.006962	1761.01	2482.06	721.06	3.9155	5.0544	1.1388
370	21030	0.002207	0.004993	1889.78	2340.20	450.42	4.1096	4.8100	0.7003
373.95	22064	0.003110	0.003110	2084.26	2084.26	0.00	4.4070	4.4070	0.0000

[부표 6] (b) 포화증기표(Ⅱ)

압력기준									
압력 P [kPa]	온도 t [℃]	비체적(m^3/kg)		엔탈피(kJ/kg)			엔트로피(kJ/kg · K)		
		포화액체 v'_f	포화증기 v'_g	포화액체 i_f	포화증기 i_g	$i_{fg}=i_g-i_f$	포화액체 s_f	포화증기 s_g	$s_{fg}=s_g-s_f$
0.6113	0.00	0.001000	206.1292	0.00	2500.56	2500.56	0.0000	9.1546	9.1546
1.0	6.97	0.001000	129.1943	29.33	2513.37	2484.04	0.1059	8.9720	8.8660
1.5	13.02	0.001001	87.97126	54.68	2524.46	2469.78	0.1954	8.8241	8.6287
2.0	17.50	0.001001	66.99723	73.41	2532.64	2459.24	0.2603	8.7199	8.4595
3.0	24.08	0.001003	45.66137	100.96	2544.64	2443.69	0.3540	8.5738	8.2198
4.0	28.97	0.001004	34.79789	121.39	2553.51	2432.12	0.4221	8.4708	8.0487
5.0	32.88	0.001005	28.19106	137.76	2560.59	2422.82	0.4760	8.3913	7.9153
7.5	40.30	0.001008	19.23731	168.80	2573.94	2405.14	0.5761	8.2477	7.6716
10	45.82	0.001010	14.67356	191.87	2583.80	2391.92	0.6491	8.1465	7.4975
20	60.07	0.001017	7.649874	251.50	2608.96	2357.46	0.8318	7.9051	7.0733
30	69.11	0.001022	5.229756	289.34	2624.62	2335.28	0.9438	7.7655	6.8217
40	75.88	0.001026	3.994005	317.68	2636.16	2318.48	1.0257	7.6671	6.6414
50	81.34	0.001030	3.240851	340.58	2645.35	2304.77	1.0908	7.5911	6.5004
75	91.78	0.001037	2.217509	384.48	2662.58	2278.10	1.2127	7.4540	6.2413
100	99.63	0.001043	1.694318	417.55	2675.18	2257.63	1.3022	7.3572	6.0550
150	111.38	0.001053	1.159528	467.22	2693.41	2226.19	1.4332	7.2215	5.7882
200	120.24	0.001060	0.885855	504.84	2706.58	2201.74	1.5298	7.1255	5.5957
300	133.56	0.001073	0.605864	561.65	2725.32	2163.67	1.6715	6.9904	5.3189
400	143.64	0.001084	0.462456	604.95	2738.55	2133.61	1.7763	6.8944	5.1181
500	151.87	0.001093	0.374861	640.42	2748.66	2108.23	1.8603	6.8197	4.9594
600	158.86	0.001101	0.315626	670.75	2756.73	2085.98	1.9308	6.7584	4.8275
800	170.44	0.001115	0.240370	721.27	2768.93	2047.67	2.0457	6.6608	4.6152
1,000	179.92	0.001127	0.194383	762.92	2777.75	2014.83	2.1380	6.5842	4.4462
1,200	188.00	0.001138	0.163277	798.72	2784.38	1985.66	2.2158	6.5209	4.3051
1,400	195.08	0.001149	0.140789	830.32	2789.46	1959.13	2.2833	6.4666	4.1833
1,600	201.41	0.001159	0.123748	858.77	2793.39	1934.61	2.3432	6.4190	4.0758
1,800	207.15	0.001168	0.110374	884.75	2796.43	1911.68	2.3971	6.3764	3.9794
2,000	212.42	0.001177	0.099588	908.73	2798.76	1890.03	2.4462	6.3379	3.8916
2,200	217.29	0.001185	0.090700	931.05	2800.51	1869.45	2.4915	6.3025	3.8110
2,400	221.83	0.001193	0.083244	952.00	2801.77	1849.77	2.5335	6.2698	3.7363
2,600	226.08	0.001201	0.076898	971.75	2802.62	1830.87	2.5727	6.2393	3.6666
2,800	230.10	0.001209	0.071427	990.49	2803.12	1812.63	2.6096	6.2108	3.6012
3,000	233.89	0.001217	0.066662	1008.33	2803.30	1794.97	2.6444	6.1838	3.5394
4,000	250.39	0.001252	0.049771	1087.26	2800.66	1713.39	2.7952	6.0672	3.2720
5,000	263.98	0.001286	0.039440	1154.24	2793.78	1639.54	2.9190	5.9708	3.0518

압력기준									
압력 P [kPa]	온도 t[℃]	비체적(m³/kg)		엔탈피(kJ/kg)			엔트로피(kJ/kg · K)		
		포화액체 v'_f	포화증기 v'_g	포화액체 i_f	포화증기 i_g	$i_{fg}=i_g-i_f$	포화액체 s_f	포화증기 s_g	$s_{fg}=s_g-s_f$
6,000	275.62	0.001319	0.032442	1213.38	2783.96	1570.57	3.0255	5.8869	2.8614
8,000	295.04	0.001384	0.02352	1316.61	2757.80	1441.19	3.2054	5.7414	2.5359
10,000	311.03	0.001452	0.018025	1407.32	2724.54	1317.23	3.3579	5.6122	2.2544
12,000	324.71	0.001526	0.014262	1490.77	2684.57	1193.80	3.4940	5.4904	1.9964
14,000	336.70	0.001610	0.011485	1570.47	2637.14	1066.68	3.6207	5.3694	1.7487
16,000	347.39	0.001710	0.009310	1649.53	2580.31	930.78	3.7438	5.2434	1.4996
18,000	357.04	0.001840	0.007505	1732.05	2509.71	777.65	3.8700	5.1037	1.2338
20,000	365.80	0.002036	0.005874	1826.79	2413.60	586.81	4.0131	4.9313	0.9182
22,064	373.95	0.003110	0.003110	2084.26	2084.26	0.00	4.4070	4.4070	0.0000

[주] 절대압력=게이지압력(kgf/cm²)+1.0

[부표 7] 습공기표

온도 t[℃]	포화습공기 수증기분압 P_{vs}[kPa]	포화습공기 절대습도 x_s[kg/kgDA]	건조공기 비체적 v'_{DA}[m³/kgDA]	포화습공기 비체적 v'_s[m³/kgDA]	건조공기 엔탈피 i_{DA}[kJ/kgDA]	포화습공기 엔탈피 i_s[kJ/kgDA]
−30	0.038016	0.000233	0.688816	0.689074	−30.096	−29.525
−29	0.042166	0.000259	0.691649	0.691937	−29.093	−28.459
−28	0.046730	0.000287	0.694482	0.694802	−28.09	−27.387
−27	0.051744	0.000318	0.697314	0.697671	−27.087	−26.308
−26	0.057250	0.000351	0.700147	0.700543	−26.084	−25.222
−25	0.063289	0.000388	0.702980	0.703420	−25.081	−24.127
−24	0.069909	0.000429	0.705813	0.706300	−24.078	−23.024
−23	0.077160	0.000474	0.708646	0.709186	−23.075	−21.910
−22	0.085096	0.000522	0.711479	0.712077	−22.072	−20.786
−21	0.093775	0.000576	0.714312	0.714974	−21.069	−19.651
−20	0.10326	0.000634	0.717145	0.717876	−20.066	−18.503
−19	0.11362	0.000698	0.719978	0.720786	−19.063	−17.342
−18	0.12492	0.000767	0.722810	0.723703	−18.060	−16.166
−17	0.13725	0.000843	0.725643	0.726628	−17.057	−14.974
−16	0.15068	0.000925	0.728476	0.729561	−16.054	−13.765
−15	0.16530	0.001015	0.731309	0.732504	−15.051	−12.537
−14	0.18121	0.001113	0.734142	0.735457	−14.048	−11.290
−13	0.19852	0.001220	0.736975	0.738422	−13.044	−10.020
−12	0.21732	0.001336	0.739808	0.741398	−12.041	−8.728
−11	0.23774	0.001461	0.742641	0.744387	−11.038	−7.409
−10	0.25990	0.001598	0.745473	0.747391	−10.035	−6.064
−9	0.28394	0.001746	0.748306	0.750409	−9.031	−4.689
−8	0.30998	0.001907	0.751139	0.753444	−8.028	−3.283
−7	0.33819	0.002081	0.753972	0.756497	−7.025	−1.842
−6	0.36873	0.002269	0.756805	0.759569	−6.021	−0.365
−5	0.40176	0.002474	0.759638	0.762662	−5.018	1.152
−4	0.43748	0.002694	0.762471	0.765777	−4.014	2.711
−3	0.47606	0.002933	0.765304	0.768917	−3.011	4.316
−2	0.51772	0.003191	0.768137	0.772082	−2.007	5.969
−1	0.56267	0.003470	0.770969	0.775275	−1.004	7.676
0	0.61129	0.003771	0.773802	0.778499	0.000	9.440
1	0.65716	0.004056	0.776635	0.781705	1.004	11.164
2	0.70605	0.004360	0.779468	0.784937	2.007	12.937
3	0.75813	0.004684	0.782301	0.788198	3.011	14.762
4	0.81359	0.005029	0.785134	0.791489	4.015	16.641
5	0.87260	0.005397	0.787967	0.794811	5.018	18.579
6	0.93537	0.005789	0.790800	0.798167	6.022	20.578
7	1.0021	0.006206	0.793633	0.801559	7.026	22.642
8	1.0730	0.006649	0.796465	0.804989	8.030	24.775
9	1.1482	0.007121	0.799298	0.808459	9.034	26.98
10	1.2281	0.007623	0.802131	0.811972	10.038	29.263

온도 t[℃]	포화습공기 수증기분압 P_{vs}[kPa]	포화습공기 절대습도 x_s[kg/kg$_{DA}$]	건조공기 비체적 v'_{DA}[m^3/kg$_{DA}$]	포화습공기 비체적 v'_s[m^3/kg$_{DA}$]	건조공기 엔탈피 i_{DA}[kJ/kg$_{DA}$]	포화습공기 엔탈피 i_s[kJ/kg$_{DA}$]
11	1.3129	0.008156	0.804964	0.815530	11.042	31.626
12	1.4027	0.008722	0.807797	0.819136	12.046	34.075
13	1.4979	0.009323	0.810630	0.822793	13.050	36.614
14	1.5988	0.009961	0.813463	0.826504	14.054	39.249
15	1.7056	0.010637	0.816296	0.830271	15.058	41.985
16	1.8185	0.011355	0.819128	0.834099	16.062	44.827
17	1.9380	0.012116	0.821961	0.837990	17.067	47.781
18	2.0644	0.012922	0.824794	0.841948	18.071	50.853
19	2.1979	0.013776	0.827627	0.845978	19.075	54.050
20	2.3388	0.014681	0.830460	0.850083	20.080	57.379
21	2.4877	0.015639	0.833293	0.854267	21.084	60.847
22	2.6447	0.016653	0.836126	0.858536	22.088	64.460
23	2.8104	0.017726	0.838959	0.862894	23.093	68.228
24	2.9850	0.018861	0.841792	0.867346	24.097	72.159
25	3.1690	0.020062	0.844624	0.871897	25.102	76.260
26	3.3629	0.021331	0.847457	0.876553	26.107	80.542
27	3.5670	0.022673	0.850290	0.881320	27.111	85.015
28	3.7818	0.024092	0.853123	0.886205	28.116	89.688
29	4.0078	0.025592	0.855956	0.891213	29.121	94.572
30	4.2455	0.027176	0.858789	0.896353	30.126	99.680
31	4.4953	0.028849	0.861622	0.901631	31.131	105.023
32	4.7578	0.030617	0.864455	0.907055	32.136	110.613
33	5.0335	0.032485	0.867288	0.912634	33.141	116.466
34	5.3229	0.034457	0.870120	0.918377	34.146	122.594
35	5.6267	0.036539	0.872953	0.924293	35.151	129.013
36	5.9454	0.038738	0.875786	0.930393	36.156	135.739
37	6.2795	0.041060	0.878619	0.936686	37.161	142.790
38	6.6298	0.043511	0.881452	0.943184	38.166	150.184
39	6.9969	0.046100	0.884285	0.949900	39.172	157.940
40	7.3814	0.048833	0.887118	0.956846	40.177	166.078
41	7.7840	0.051719	0.889951	0.964036	41.182	174.622
42	8.2054	0.054766	0.892783	0.971484	42.188	183.593
43	8.6463	0.057984	0.895616	0.979206	43.194	193.018
44	9.1076	0.061383	0.898449	0.987220	44.199	202.922
45	9.5898	0.064974	0.901282	0.995543	45.205	213.335
46	10.094	0.068768	0.904115	1.004193	46.211	224.288
47	10.620	0.072777	0.906948	1.013193	47.216	235.813
48	11.171	0.077015	0.909781	1.022565	48.222	247.946
49	11.745	0.081495	0.912614	1.032331	49.228	260.725
50	12.344	0.086233	0.915447	1.042519	50.234	274.191

[부표 8] 기체의 물성표(포화수증기는 제외)

물 질	온도 t [℃]	비중량 γ [kg/m³]	비열 c_p [kJ/kg · K]	점성계수 η [kg · s/m²]	동점성계수 ν [m²/s]	열전도율 λ [W/m · K]	온도전도율 a [m²/h]	프란틀 수 P_r
공기				$\times 10^{-6}$	$\times 10^{-4}$			
	−100	1.984	1.009	1.21	0.060	0.0157	0.0281	0.77
	−50	1.533	1.005	1.49	0.095	0.0200	0.0468	0.73
	−20	1.348	1.005	1.65	0.120	0.0224	0.0597	0.73
	0	1.251	1.005	1.76	0.138	0.0241	0.0689	0.72
	20	1.166	1.005	1.86	0.156	0.0257	0.0789	0.71
	40	1.091	1.009	1.95	0.175	0.0272	0.0992	0.71
	60	1.026	1.009	2.05	0.196	0.0287	0.100	0.71
	80	0.968	1.009	2.14	0.217	0.0302	0.111	0.70
	100	0.916	1.013	2.23	0.239	0.0316	0.123	0.70
	120	0.869	1.013	2.32	0.262	0.0331	0.135	0.70
포화 수증기				$\times 10^{-6}$	$\times 10^{-4}$			
	100	0.598	2.098	1.22	0.200	0.0241	0.0691	1.04
	120	1.121	2.181	1.31	0.115	0.0259	0.0382	1.08
	140	1.9696	2.257	1.38	0.0688	0.0281	0.0228	1.09
	160	3.258	2.416	1.45	0.0436	0.0305	0.0139	1.13
	180	5.16	2.592	1.52	0.0289	0.0330	0.00890	1.17

[부표 9] 물의 물성표(포화온도 이상은 포화압력)

온도 t [℃]	비중량 γ [kg/m³]	비열 c_p [kJ/kg · K]	점성계수 η [kg · s/m²]	동점성계수 ν [m²/s]	열전도율 λ [W/m · K]	온도전도율 a [m²/h]	프란틀 수 P_r	팽창율 β [1/℃]	표면장력 (kg/m)
			$\times 10^{-4}$	$\times 10^{-8}$		$\times 10^{-4}$		$\times 10^{-3}$	$\times 10^{-3}$
0	999.9	4.220	1.829	1.79	0.569	4.85	13.3	−0.06	7.72
10	999.7	4.195	1.336	1.31	0.587	5.04	9.36	−0.09	7.56
20	998.2	4.183	1.022	1.00	0.602	5.08	7.09	0.20	7.39
30	995.7	4.179	0.816	0.803	0.618	5.34	5.41	0.29	7.24
40	992.3	4.179	0.676	0.668	0.632	5.48	4.39	0.38	7.08
50	988.1	4.183	0.559	0.555	0.642	5.59	3.57	0.45	6.90
60	983.2	4.187	0.482	0.480	0.654	5.72	3.02	0.54	6.74
70	977.8	4.191	0.416	0.417	0.664	5.85	2.69	0.59	6.55
80	971.8	4.200	0.365	0.368	0.672	5.93	2.23	0.65	6.37
90	965.3	4.208	0.323	0.328	0.678	6.01	1.97	0.72	6.19
100	958.4	4.216	0.290	0.297	0.682	6.08	1.76	0.78	6.00
120	943.1	4.246	0.238	0.247	0.685	6.16	1.44	0.91	5.55
140	926.1	4.283	0.197	0.209	0.684	6.21	1.21	1.05	5.10
160	907.3	4.342	0.172	0.186	0.680	6.22	1.08	1.20	4.65
180	886.9	4.413	0.152	0.168	0.672	6.25	0.97	1.37	4.17

[부표 10] 단위 및 도량형

1. 국제단위계(SI) 단위

(1) 기본단위

구 분	명 칭	기 호
길이	meter	m
질량	kilogram	kg
시간	second	s
전류	ampere	A
열역학온도	kelvin	K
물질량	mol	mol
광도	candle	cd

(2) 보조단위

구 분	명 칭	기 호
평면각	radian	rad
입체각	steradian	sr

(3) 조립단위

양	명 칭	기 호
점도	파스칼 초	Pa · S
힘의 모멘트	뉴턴 미터	N · m
표면장력	뉴턴 매 미터	N/m
열류밀도	와트 매 제곱미터	W/m^2
열용량 · 엔트로피	줄 매 켈빈	J/K
비열	줄 매 킬로그램 켈빈	J/kg · K
열전도계수	와트 매 미터 켈빈	W/m · K
열관류율	와트 매 제곱미터 켈빈	$W/m^2 \cdot K$
유전율(誘電率)	패럿 매 미터	F/m
투자율(透磁率)	헨리 매 미터	H/m

(4) 고유의 명칭을 갖는 유도단위

양	명 칭		기본단위 또는 보조단위에 의한 조립방법
	명칭	기호	
주파수	herz	Hz	$1Hz=1s^{-1}$
힘	newton	N	$1N=1kg \cdot m/s^2$
압력, 응력	pascal	Pa	$1Pa=1N/m^2$
에너지, 일, 열량	joule	J	$1J=1N \cdot m$
일률, 공률, 동력, 전력	watt	W	$1W=1J/s$
전하, 전기량	coulomb	C	$1C=1A \cdot s$
전위, 전위차, 전압, 기전력	volt	V	$1V=1J/C$
정전용량	farad	F	$1F=1C/V$
전기저항	ohm	Ω	$1\Omega=1V/A$
(전기의) 전도도	sjemens	S	$1S=1\Omega^{-1}$
자속	weber	Wb	$1W=1V \cdot s$
자속밀도, 자기유도	tesla	T	$1T=1Wb/m^2$
유도용량	henry	H	$1H=1Wb/A$
광속	lumen	lm	$1lm=1cd \cdot sr$
조도	lux	lx	$1lx=1lm/m^2$

2. 단위환산표

(1) 길이환산

SI단위	미터계 공학단위			ft-lb계 공학단위			
m	km	cm	mm	mile	yard	ft	in
1	0.001	1,000	1×10^{2}	6.214×10^{-4}	1.094	3.281	39.37
1×10^{3}	1	1×10^{5}	1×10^{6}	0.62140	1.094×10^{3}	3.281×10^{3}	3.937×10^{4}
1×10^{-2}	1×10^{-5}	1	10	6.214×10^{-6}	1.094×10^{-2}	3.281×10^{-2}	0.3937
1×10^{-3}	1×10^{-6}	0.1	1	6.214×10^{-7}	1.094×10^{-3}	3.281×10^{-3}	3.937×10^{-2}
1.609×10^{3}	1.609	1.609×10^{5}	1.609×10^{6}	1	1.760×10^{3}	5.28×10^{3}	6.336×10^{4}
0.9144	0.9144×10^{-3}	91.44	914.4	5.682×10^{-4}	1	3	36
0.3048	0.3048×10^{-3}	30.48	304.8	108940×10^{-4}	0.3333	1	12
2.54×10^{-2}	2.54×10^{-5}	2.540	25.40	1.578×10^{-5}	2.778×10^{-2}	8.333×10^{-2}	1

(2) 면적환산

SI단위	미터계 공학단위				ft-lb계 공학단위				
m^2	km^2	ha	a	cm^2	$mile^2$	acre(ac)	yd^2	ft^2	in^2
1	1×10^{-6}	1×10^{-4}	1×10^{-2}	1×10^{4}	3.861×10^{-7}	2.471×10^{-4}	1.1960	10.764	1.55×10^{3}
1×10^{6}	1	100	1×10^{4}	1×10^{10}	0.3861	247.1	1.196×10^{6}	1.0764×10^{7}	1.55×10^{9}
10×10^{4}	0.01	1	100	1×10^{3}	3.861×10^{-3}	2.471	1.196×10^{4}	1.0764×10^{5}	1.55×10^{7}
1,000	1×10^{-4}	1×10^{-2}	1	1×10^{6}	3.861×10^{-5}	2.471×10^{-2}	119.6	1.0764×10^{3}	1.55×10^{5}
1×10^{-4}	1×10^{-10}	1×10^{-3}	1×10^{-6}	1	3.861×10^{-11}	2.471×10^{-3}	1.196×10^{-4}	1.0764×10^{-3}	0.1550
2.590×10^{6}	2.590	258.98	2.59×10^{4}	2.59×10^{10}	1	640	3.097×10^{6}	2.788×10^{7}	4.015×10
4.047×10^{3}	0.4047×10^{-2}	0.4047	40.47	4.047×10^{7}	1.563×10^{-3}	1	4.84×10^{3}	4.356×10^{4}	6.273×10
0.8361	0.8361×10^{-5}	0.8361×10^{-4}	0.8361×10^{-2}	8.361×10^{3}	3.228×10^{-7}	2.066×10^{-4}	1	9	1.296×10
9.290×10^{-2}	9.29×10^{-3}	9.29×10^{-6}	9.29×10^{-4}	929.0	3.587×10^{-8}	2.296×10^{-5}	0.1111	1	144
0.645×10^{-3}	0.645×10^{-9}	0.645×10^{-7}	0.645×10^{-5}	6.452	2.49×10^{-10}	1.594×10^{-7}	7.716×10^{-4}	6.944×10^{-3}	1

(3) 질량환산

SI단위	미터계 공학단위			ft-lb계 공학단위			
kg	g	ton	lb	oz	grain(gr)	영Ton	미ton
1	1×10^{3}	1×10^{-3}	2.205	35.27	1.543×10^{4}	0.9842×10^{-3}	1.1023×10^{-3}
1×10^{-3}	1	1×10^{-6}	2.205×10^{-3}	3.527×10^{-2}	15.43	0.9842×10^{-6}	1.1023×10^{-6}
1×10^{3}	1×10^{6}	1	2.205×10^{3}	3.527×10^{4}	1.543×10^{7}	0.9842	1.1023
0.45359	453.6	0.4536×10^{-3}	1	16	7×10^{3}	4.464×10^{-4}	5×10^{-4}
2.835×10^{-2}	28.350	2.835×10^{-5}	0.0625	1	437.5	2.78×10^{-5}	3.125×10^{-5}
6.480×10^{-5}	6.48×10^{-2}	6.480×10^{-6}	1.4285×10^{-4}	2.286×10^{-3}	1	6.378×10^{-6}	7.143×10^{-2}
1.016×10^{3}	1.016×10^{6}	1.0160	2,240	3.584×10^{4}	1.568×10^{7}	1	1.12
907.2	0.9072×10^{6}	0.9072	2,000	3.2×10^{4}	1.40×10^{7}	0.8929	1

(4) 압력환산

SI단위		미터계 공학단위				ft-lb계 공학단위	
Pa(N/m²)	bar	kgf/cm²	mmHg	dyne/cm²	atm	lbf/in²(psi)	lbf/ft²
1	1×10^{-5}	1.0197×10^{-5}	7.50×10^{-3}	10	0.987×10^{-5}	1.450×10^{-4}	2.089×10^{-2}
1×10^{5}	1	1.0197	750.06	1×10^{6}	0.9870	14.50	2.089×10^{3}
9.807×10^{4}	0.9807	1	735.56	9.807×10^{5}	0.9678	14.22	2.05×10^{3}
133.32	1.333×10^{-3}	1.3595×10^{-3}	1	1.3332×10^{3}	1.3157×10^{-3}	1.933×10^{-2}	2.784
0.10	1×10^{-5}	1.0197×10^{-6}	7.50×10^{-4}	1	0.987×10^{-6}	1.450×10^{-5}	2.089×10^{-3}
1.01325×10^{5}	1.01325	1.0332	760.0	1.0133×10^{6}	1	14.6925	2116.0
6.895×10^{3}	6.895×10^{-2}	7.031×10^{-2}	51.73	6.895×10^{4}	6.806×10^{-2}	1	144.0
47.88	4.788×10^{-4}	4.88×10^{-4}	0.359	478.80	4.726×10^{-4}	0.6944×10^{-2}	1

(5) 체적환산

SI단위	미터계 공학단위		ft-lb계 공학단위			
m^3	cm^3	L	ft^3	in^3	영gal	미gal
1	1×10^6	1×103	35.31	6.102×10^4	220.0	264.2
1×10^{-6}	1	1×10^{-3}	0.3531×10^{-4}	0.06102	2.20×10^{-4}	2.642×10^{-4}
1×10^{-2}	1,000	1	3.531×10^{-2}	61.02	0.220	0.2642
2.832×10^{-2}	2.832×10^4	28.32	1	1.728×10^3	6.230	7.481
1.639×10^{-5}	16.39	1.639×10^{-2}	0.5787×10^{-3}	1	3.605×10^{-3}	4.329×10^{-3}
4.546×10^{-3}	4.546×10^3	4.546	0.1605	277.4	1	1.20
3.785×10^{-3}	3.785×10^3	3.785	0.1337	231	0.8327	1

(6) 밀도(또는 비중량)환산

SI단위	미터계 공학단위		ft-lb계 공학단위	
kg/m^3	g/cm^3	kg/l	lb/in^3	lb/tf^3
1	1×10^{-3}	1×10^{-3}	3.613×10^{-5}	6.244×10^{-2}
1×10^3	1	1	3.613×10^{-2}	62.44
2.768×10^4	27.680	27.680	1	1.728×10^3
16.02	1.602×10^2	1.602×10^{-2}	5.787×10^{-4}	1

(7) 비체적환산

SI단위	미터계 공학단위		ft-lb계 공학단위	
m^3/kg	cm^3/g	l/kg	in^3/lb	ft^3/lb
1	1×10^3	1×10^3	2.768×10^4	16.02
1×10^{-3}	1	1	27.68	1.602×10^{-2}
1×10^{-3}	1	1	27.68	1.602×60^{-2}
3.613×10^{-5}	3.613×10^{-2}	3.613×10^{-2}	1	5.787×10^{-4}
6.244×10^{-2}	62.44	62.44	1.728×10^3	1

(8) 속도환산

SI단위	미터계 공학단위		ft-lb계 공학단위		
m/s	km/h	m/h	ft/s	ft/h	mile/h
1	3.6	3.6×10^3	3.281	1.181×10^4	2.237
0.278	1	1×10^3	0.9114	3.281×10^3	0.6214
0.278×10^{-3}	1×10^{-3}	1	9.114×10^{-4}	3.281	6.214×10^{-4}
0.3048	1.097	1.097×10^3	1	3.6×10^3	0.6818
8.47×10^{-5}	3.048×10^{-4}	0.3048	2.780×10^{-4}	1	1.894×10^{-4}
0.4470	1.609	1.609×10^3	1.467	5.28×10^3	1

(9) 힘(또는 중량)환산

SI단위	미터계 공학단위		ft-lb계 공학단위
N	kgf	g · cm/s^2	lbf
1	0.10197	1×10^5	0.2248
9.80665	1	9.807×10^5	2.205
1×10^5	1.020×10^6	1	2.248×10^{-6}
4.448	0.4536	4.448×10^5	1

※ 1N=1kg · m/s^2, 1dyne=1g · cm/s^2

(10) 점도환산

SI단위	미터계 공학단위			ft-lb계 공학단위
Pa · s	kgf · s/m^2	g/cm · s(P)	kg/m · h	lbf · s/ft^2
1	0.10197	10	3.6×10^3	2.089×10^{-2}
9.80665	1	98.07	3.53×10^4	0.20481
0.1	1.020×10^{-2}	1	360	2.089×10^{-3}
2.778×10^{-4}	2.833×10^{-5}	2.778×10^{-3}	1	5.80×10^{-6}
47.88	4.882	478.8	1.724×10^5	1

※ 1P(Poise)=100cP, 1Pa · s=1N · s/m^2=1kg/m · s

(11) 동점도환산

SI단위	미터계 공학단위		ft-lb계 공학단위	
m^2/s	cm^2/s(St)	m^2/h	ft^2/s	ft^2/h
1	1×10^4	3.6×10^3	10.764	3.875×10^4
1×10^4	1	0.36	1.0764×10^{-3}	3.875
2.778×10^{-4}	2.778	1	2.990×10^{-3}	10.764
9.290×10^{-2}	929.0	334.4	1	3.6×10^3
2.581×10^{-5}	0.2581	9.29×10^{-2}	2.778×10^{-4}	1

※ 1St(Stokes)=100cSt=100mm^2/s

(12) 일(열량, 에너지)환산

SI단위	미터계 공학단위				ft-lb계 공학단위
J	kgf · m	kcal	PS · h	W · h	Btu
1	0.102	2.39×10^{-4}	3.7767×10^{-7}	2.778×10^{-4}	9.478×10^{-4}
9.80665	1	2.34×10^{-3}	3.7037×10^{-6}	2.724×10^{-3}	9.295×10^{-3}
4.187×10^3	426.9	1	1.581×10^{-3}	1.163	3.968
2.6478×10^6	2.7×10^5	632.4	1	735.5	2.51×10^3
3.6×10^3	367.10	0.860	1.3596×10^{-3}	1	3.412
1.0551×10^3	107.558	0.252	0.398×10^{-3}	0.2931	1

※ 1J=1N · m

(13) 동력(일률)환산

SI단위	미터계 공학단위				ft-lb계 공학단위	
kW	kgf · m/s	kcal/h	PS	HP	lbf · ft/s	Btu/h
1	101.97	859.8	1.360	1.341	737.4	3.412×10^{3}
9.807×10^{-3}	1	8.432	1.333×10^{-2}	1.315×10^{-2}	7.232	33.46
1.163×10^{-3}	0.1186	1	1.58×10^{-3}	1.56×10^{-3}	0.8576	3.968
0.7355	75.0	632.4	1	0.9863	542.4	2.509×10^{3}
0.7457	76.4	641.2	1.014	1	550.0	2.544×10^{3}
1.356×10^{-3}	0.1383	1.166	1.844×10^{-3}	1.820×10^{-3}	1	4.627
2.931×10^{-4}	2.989×10^{-2}	0.2520	3.986×10^{-4}	3.93×10^{-4}	0.216	1

(14) 냉동능력환산

SI단위	미터계 공학단위			ft-lb계 공학단위
W	USRT	RT	kcal/h	Btu/h
1	0.2843×10^{-3}	0.2590×10^{-3}	0.8598	3.412
3.517×10^{3}	1	0.9108	3024	1.20×10^{4}
3.862×10^{3}	1.098	1	3320	1.317×10^{4}
1.163	3.307×10^{-4}	3.012×10^{-4}	1	3.968
0.2931	0.833×10^{-4}	0.759×10^{-4}	0.2520	

※ USRT : 미국냉동톤, RT : 미터계 냉동톤(일본냉동톤)

(15) 열전도율환산

SI단위		미터계 공학단위		ft-lb계 공학단위	
W/m · K	kJ/m · h · K	kcal/m · h · ℃	cal/cm · s · ℃	Btu/ft · h · F	Btu/in · h · F
1	3.60	0.8598	2.388×10^{-3}	0.5778	4.815×10^{-2}
0.2778	1	0.2390	6.639×10^{-4}	0.1605	1.338×10^{-2}
1.163	4.187	1	2.778×10^{-3}	0.672	5.60×10^{-2}
418.70	1.506×10^{2}	360	1	241.9	20.16
1.731	6.232	1.488	4.134×10^{-3}	1	8.333×10^{-2}
20.77	74.8	17.86	4.96×10^{-2}	12	1

(16) 열전달계수(열관류율)환산

SI단위	미터계 공학단위		ft-lb계 공학단위
$W/m^2 \cdot K$	$kcal/m^2 \cdot h \cdot ℃$	$cal/cm^2 \cdot s \cdot ℃$	$Btu/ft^2 \cdot h \cdot ℉$
1	0.8598	0.2388×10^{-4}	0.1761
1.163	1	2.778×10^{-5}	0.2048
4.187×10^{4}	3.6×10^{4}	1	7.37×10^{3}
5.680	4.883	1.356×10^{-4}	1

Reference | 참고문헌

국토교통부, 건축설비설계기준 KDS 31 25 20, 2016.
기술문화사 편역, 건축설비의 기본계획 : 계획편, 기술문화사, 1980.
김광문, 박경호, 건축환경계획원론, 세진사, 1982.
김교두 역편, 건축설비 핸드북(상), 금탑사, 1982.
김영호, 장순익, 건축설비, 보성문화사, 1986.
김효경 역, 건축설비, 技多利, 1984.
대한설비공학회, RTS-SAREK 냉난방부하 계산프로그램, Ver. 5.2, 2018.
대한설비공학회, 설비공학편람, 제3판, 2011.
박병전, 건축설비, 기문당, 1983.
박영무 외, 열역학, 제8판, 텍스트북스, 2015.
서승직, 건축설비, 영문사, 1983.
서정일, 차종희, 공기조화와 난방, 광임사, 1982.
소방청, 국가화재안전기준 NFSC, 2017.
위용호, 이순덕 편, 공조·위생설비 실무 핸드북, 산업도서, 1974.
일본공기조화·위생공학회, 공기조화·위생설비의 알기 쉬운 지식, 태림문화사, 1982.
임영화, 이산복, 표준배관공학, 성안당, 1983.
정광섭, 김수빈, 이연생, 김영일, 그린빌딩과 설비시스템, 성안당, 2009.
한국설비기술협회, 건축설비 에너지절약 핸드북, 2004.
한국종합 ; 건설 기계설비협의회, 기계설비시공개선사례집, 2014.

Green & Blue Units 編, 最高にわかりやすい建築設備, (株)エクスナレッジ, 2014.
近藤靖史, 置換換気ガイドブック—基礎と応用, 2007.
吉野博, 換気効率ガイドブック(理論と応用), 2009.
吉村武 外, 繪とき建築設備, オーム社, 1981.
菱和調溫工業(株), 空調·衛生技術 データブック, 森北出版(株), 1981.
石福昭 外, 建築設備(第3版), オーム社, 1982.
設備と管理 編集部編, 繪とき空調·給排水の 基礎知識, オーム社, 1977.
伊藤一秀, 換気設計のための数值流体力学CFD, 2011.
日本空氣調和·衛生工學會, 空氣調和設備の實務の知識, オーム社, 1985.
日本空氣調和·衛生工學會, 空氣調和衛生工學會便覽 14版, 2010.
田尻陸夫, 建築電氣設備の 基礎知識, オーム社, 1975.
井上宇市, 建築設備計劃法, コロナ社, 1974.
早川一也, 中尾修, 建築設備, 森北出版(株), 1976.
天津昇, 戸崎重弘, 空氣調和と暖房, パワー社, 1975.

ASHRAE, Fundamentals Handbook, SI Edition, 2017.

ASHRAE, HVAC Application Handbook, SI Edition, 2015.

ASHRAE, HVAC Systemsand Equipment Handbook, SI Edition, 2016.

ASHRAE, Refrigeration Handbook, SI Edition, 2018.

F. Hall, Building Service and Equipment ; Vol.3, Longman, 1980.

F. Hall, Heating, Ventilation and Air Conditioning, The Construction Press, 1980.

H. J. Cowan & P. R. Smith, Environmental System, Van Nostrand Reinhold Co., 1983.

J. Gladstone & W. D. Bevirt, HVAC Testing, Adjusting, and Balancing Manual, 3rd ed., Mc Graw Hill, 1997.

N. C. Harris & D. F. Conde, Modern Air Conditioning Practice, Mc Graw Hall Book Co. 1974.

NFPA, 92A Standard for Smoke-Control System Utilizing Barrier and Pressure Difference, 2009.

NFPA, 92B Standard for Smoke Management Systems in Malls, Atria, and Large Spaces, 2009.

Norbert Lechner, Heating, Cooling Lighting, Sustainable Design Methods for Architects, 4th ed., 2015.

Riley Shuttleworht, Mechanical and Electrical System for Construction Mc Graw Hill Book Co., 1983.

S. M. Elonka & Q. W. Minch, Standard Refrigeration and Air Conditioning Questions & Answers, Mc Graw Hill Book Co., 1983.

W. E. Stoecker & J. W. Jones, Refrigeration and Air Conditioning, Mc Graw Hill Book Co. 1982.

W. F. Stoecker & J. W. Jones, Refrigeration & Air Conditioning, 2nd ed., 1982.

William J. Mc Guinness, et. al., Mechanical and Electrical Equipment for Buildings ; 6th Edition, John Wiley & Sons, 1980.

Y. A. Cengel, J. Cimbala & R. H. Turner, Fundamentals of Thermal-Fluid Sciences, 5th ed., Mc Graw Hill, 2017.

Index | 찾아보기

ㄱ

가변풍량유닛	254
가요이음쇠	230
가이드베인	223, 229
각 층 유닛방식	183
간선덕트방식	201
개량등압법	210
개별덕트방식	201
건구온도	29
건도	16
고속덕트	200
고온복사난방	153
고온수	419
공기세정기(air washer)	258
공기조화	21
공기조화기	245, 246
공기층의 열저항	77
공동현상(cavitation)	302
공랭식(空冷式)	250
공학단위	3
관류보일러	275
국부저항	205
국소배기	349
기간열부하	73
기체상수	12

ㄴ

난방부하	74
냉각탑	291
냉매(refrigerant)	280, 289
냉방부하	85
노점온도	33
노통연관보일러	274
누설량	380

ㄷ

다목적열원플랜트방식	422
단열변화	57
단위변환	4
단일덕트 · 변풍량방식	181
단일덕트 · 일정풍량방식	179
단일덕트 · 존리히트방식	180
단일덕트 · 터미널리히트방식	181
대향류형 냉각탑	292
덕트저항선도	207
돌턴	29
드래프트	233
등속법	210
등압법	210

ㄹ

레이놀즈수 *Re*	204
루버댐퍼	231
룸에어컨	193
리프트이음(lift fitting)	120

ㅁ

마찰저항	204
멀티존유닛방식	184
몰리에르선도(mollier chart)	280
밀도	7

ㅂ

바이패스계수	63

바이패스댐퍼(by-pass damper) 254
방위보정계수 79
방화댐퍼 230, 232
배관마찰저항 148
배연댐퍼 230
배열이용 400
밸런스관(balance pipe) 122
버터플라이댐퍼 231
보정된 상당온도차 89
보충량 380
복사냉난방방식 190
부하 계산법 72
분압 29
비난방공간 79
비중 8
비중량 8
비체적 7, 36
빙축열시스템 314

ㅅ

상당방열면적(EDR) 269
상당온도차 87
상대습도 31
상사법칙 301
상태량 6
상호제연방식 375
서브스테이션 427
선형보간법 14
성적계수 288
소음기 224
소음체임버 224
수격작용(steam hammering) 118
수관보일러 275
수랭식(水冷式) 250
수증기분압 29
수축열(水蓄熱)시스템 312
스크루식 냉동기 287
스플릿댐퍼 232
습공기 27
습공기선도 28, 40, 47
습구온도 29
시간적 지연 87
시퀀스제어 319
신축이음쇠 126
실내 설계조건 75, 86
실내 서모스탯(room thermostat) 324
심야전력 314

ㅇ

안내날개(guide vane) 222
압축식 냉동사이클 280
야간의 천공복사 402
양정(揚程) 298
언더컷 237
에어워셔(air washer) 248
에어필터 262
엔탈피 37
여과식 262
열관류율 76
열수분비 47, 60
열원플랜트방식 418
열펌프(heat pump) 250, 306
온도차에 의한 환기 346
온풍로 164
왕복동식 냉동기 285
외기 설계조건 74, 85
원심송풍기 226
원심식 냉동기 284
원심펌프 297
위도 89
유닛히터 165

유리 93
유인유닛 253
유인유닛방식 186
응축수펌프(condensation pump) 120
이산화탄소 21
이상기체 11
이중덕트방식 185
2차 냉매 289
일사온도 87
일산화탄소 21
입형보일러 274

ㅈ

자동제어설비 318
자연순환수두 138
잠열 51
장치노점온도 63
저속덕트 200
적외선복사난방 153
절대습도 34
절대온도 12
접촉계수 64
정압재취득법 210, 211
정전식 263
정풍량댐퍼 232
제연경계벽 370
제연구역 374
제연방식 365
제연설비 364
조닝 72
주철제 보일러 274
중력가속도 10
중앙식 공기조화기 246
증기트랩(steam trap) 118
증발냉각 58
증발잠열 52, 117
지역냉난방 417
지중온도 80
직교류형 냉각탑 292
직접팽창식 256

ㅊ

초고성능 필터 263
최대 부하 73
축류송풍기 226
축열조 309
출입문 96
충돌점착식 263
취득열량 86

ㅋ

캐리어선도 47
캔버스이음쇠 230
코일표면온도 159
코제너레이션시스템 424

ㅌ

태양시 87
틈새바람 81
틈새법 81

ㅍ

패키지형 유닛방식 191
팬코일유닛 252
팬코일유닛방식 188
페리미터방식(perimeter system) 188
평균복사온도 158
포집효율 266
포화 15
포화상태량표 31
포화액체 16

포화증기 16
표준대기압 10
풍량조절댐퍼 230
풍력에 의한 환기 347
플랩댐퍼(flap damper) 382
피드백제어 318
필요순환량 147
필요신선외기량 202
필요환기량 351

ㅎ

하트포드접속법(hartford connection) 122
현열 48
현열비 47, 59
혼합상자 185
혼합유닛 255
환기계획 358
환기방식 345
환기횟수법 82
환상(環狀)덕트방식 201
후드(Hood) 350
흡수식 냉동기 286
흡수식 냉동사이클 282
흡수제 290
희석환기 349

C

COP 288

D

DDC방식 322, 326

H

HEPA Filter 263

S

SI단위 3
SMACNA공법 219, 220

최신 건축공기조화설비

2003. 3. 31. 초 판 1쇄 발행
2020. 2. 21. 개정증보 1판 2쇄(통산 12쇄) 발행

지은이 | 정광섭, 김영일, 이정재, 정용호
펴낸이 | 이종춘
펴낸곳 | BM (주)도서출판 성안당
주소 | 04032 서울시 마포구 양화로 127 첨단빌딩 3층(출판기획 R&D 센터)
10881 경기도 파주시 문발로 112 출판문화정보산업단지(제작 및 물류)
전화 | 02) 3142-0036
031) 950-6300
팩스 | 031) 955-0510
등록 | 1973. 2. 1. 제406-2005-000046호
출판사 홈페이지 | **www.cyber.co.kr**
ISBN | 978-89-315-6371-9 (93540)
정가 | 29,000원

이 책을 만든 사람들
기획 | 최옥현
진행 | 이희영
교정·교열 | 문 황
전산편집 | 방영미
표지 디자인 | 박원석
홍보 | 김계향
국제부 | 이선민, 조혜란, 김혜숙
마케팅 | 구본철, 차정욱, 나진호, 이동후, 강호묵
제작 | 김유석